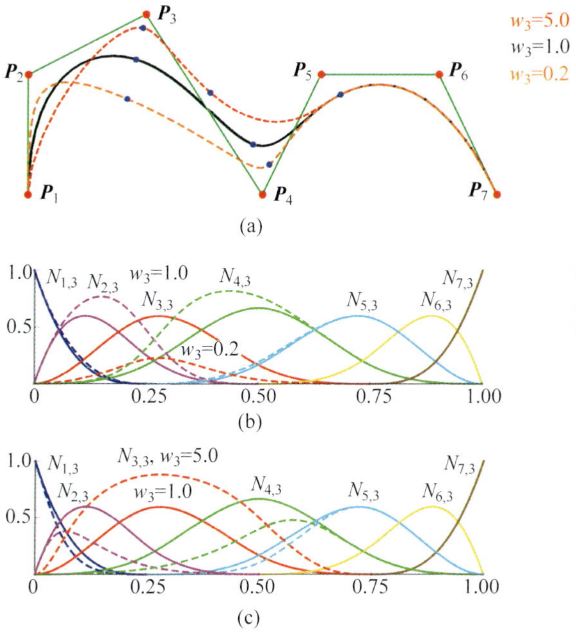

图 1-10 权重对 NURBS 基函数以及曲线的影响

(a) 不同权重对 NURBS 曲线的影响；(b) $w_3=0.2$ 时对 NURBS 函数的影响；(c) $w_3=5.0$ 时对 NURBS 函数的影响

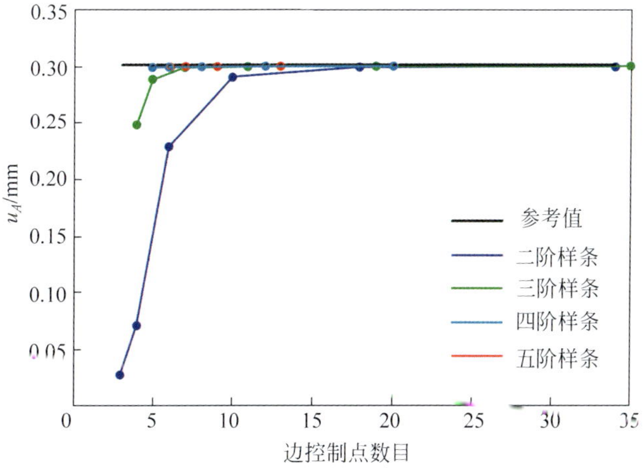

图 1-32 Scordelis-Lo 屋顶在 A 点 z 向位移收敛曲线

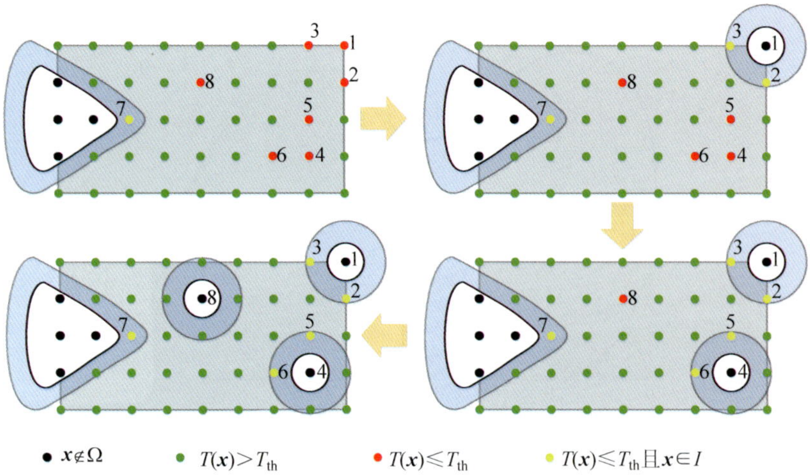

图 2-36　孔洞特征自适应引入机制

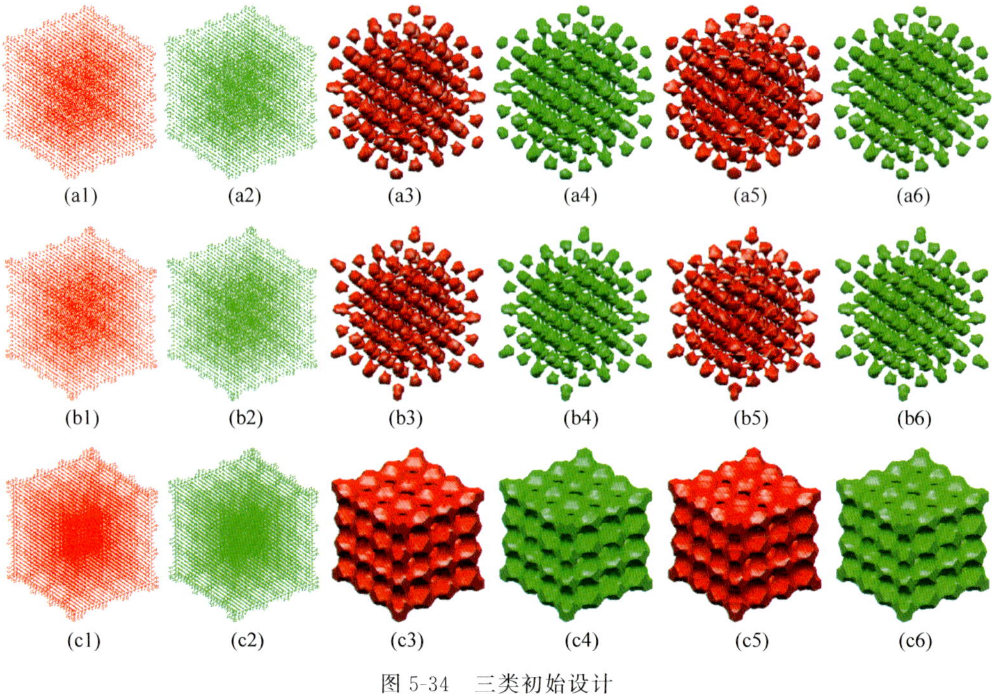

图 5-34　三类初始设计

(a1) $\rho^1=0.5$；(a2) $\rho^2=0.5$；(a3) $\chi^1=0.5$；(a4) $\chi^2=0.5$；(a5) $\phi^1=0.25$；(a6) $\phi^2=0.25$

(b1) $\rho^1=0.5$；(b2) $\rho^2=0.5$；(b3) $\chi^1=0.5$；(b4) $\chi^2=0.5$；(b5) $\phi^1=0.25$；(b6) $\phi^2=0.25$

(c1) $\rho^1=0.5$；(c2) $\rho^2=0.5$；(c3) $\chi^1=0.5$；(c4) $\chi^2=0.5$；(c5) $\phi^1=0.25$；(c6) $\phi^2=0.25$

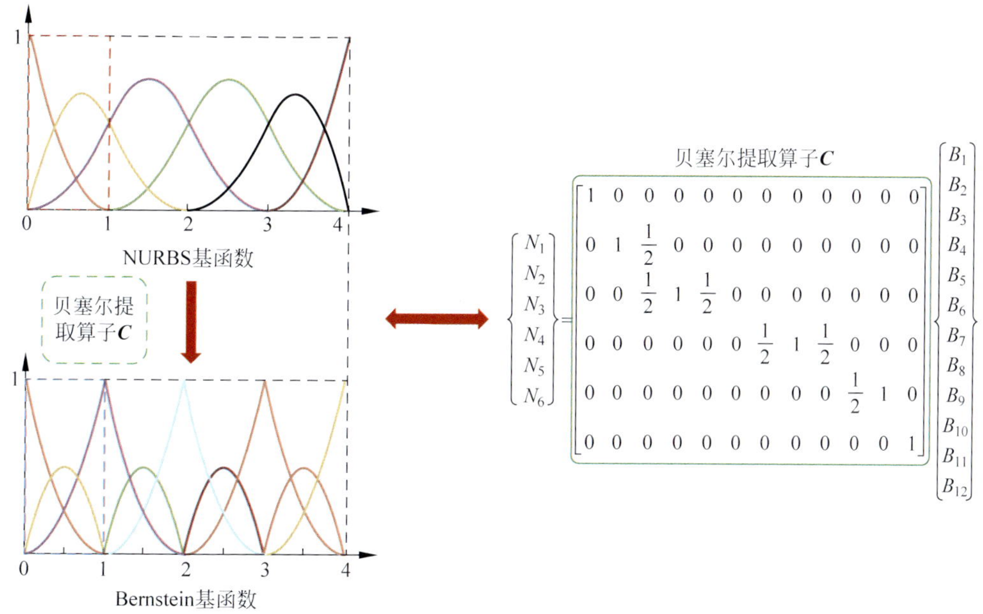

图 8-3　图 8-2(a)所示的 NURBS 基函数和图 8-2(g)所示的 Bernstein 基函数间的贝塞尔提取算子

智能制造系列教材

智能优化设计

等几何拓扑优化方法与应用

INTELLIGENT OPTIMIZATION DESIGN

ISOGEOMETRIC TOPOLOGY OPTIMIZATION METHODS AND APPLICATIONS

高亮　高杰　肖蜜　郭玉杰　主编

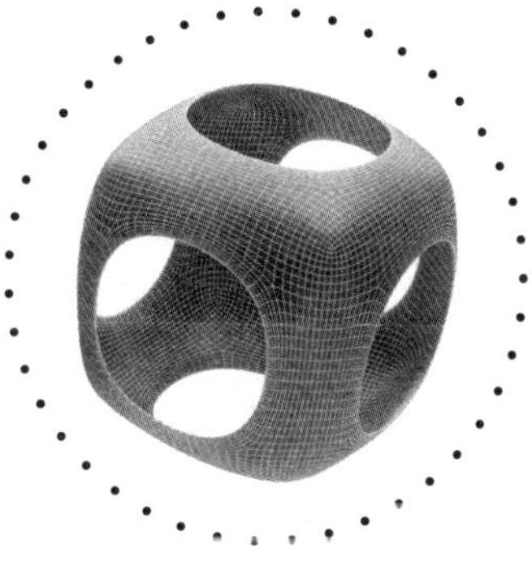

清華大学出版社
北京

图书在版编目（CIP）数据

智能优化设计：等几何拓扑优化方法与应用 / 高亮等主编. -- 北京 ：清华大学出版社，2025. 4. --（智能制造系列教材）. -- ISBN 978-7-302-68484-8

Ⅰ. TB21

中国国家版本馆 CIP 数据核字第 2025MS1843 号

责任编辑：刘　杨
封面设计：李召霞
责任校对：欧　洋
责任印制：宋　林

出版发行：清华大学出版社
网　　址：https://www.tup.com.cn，https://www.wqxuetang.com
地　　址：北京清华大学学研大厦 A 座　　**邮　　编**：100084
社 总 机：010-83470000　　**邮　　购**：010-62786544
投稿与读者服务：010-62776969，c-service@tup.tsinghua.edu.cn
质量反馈：010-62772015，zhiliang@tup.tsinghua.edu.cn
印 装 者：三河市君旺印务有限公司
经　　销：全国新华书店
开　　本：185mm×260mm　　**印　　张**：22.25　　**插　　页**：2　　**字　　数**：545 千字
版　　次：2025 年 4 月第 1 版　　**印　　次**：2025 年 4 月第1 次印刷
定　　价：69.00 元

产品编号：106903-01

智能制造系列教材编审委员会

主任委员

李培根　雒建斌

副主任委员

吴玉厚　吴　波　赵海燕

编审委员会委员（按姓氏首字母排列）

陈雪峰	邓朝晖	董大伟	高　亮
葛文庆	巩亚东	胡继云	黄洪钟
刘德顺	刘志峰	罗学科	史金飞
唐水源	王成勇	轩福贞	尹周平
袁军堂	张　洁	张智海	赵德宏
郑清春	庄红权		

秘书

刘　杨

丛书序1

FOREWORD

多年前人们就感叹，人类已进入互联网时代；近些年人们又惊叹，社会步入物联网时代。牛津大学教授舍恩伯格(Schönberger)心目中大数据时代最大的转变，就是放弃对因果关系的渴求，转而关注相关关系。人工智能则像一个幽灵徘徊在各个领域，兴奋、疑惑、不安等情绪分别蔓延在不同的业界人士中间。今天，5G的出现使作为整个社会神经系统的互联网和物联网更加敏捷，使宛如社会血液的数据更富有生命力，自然也使人工智能未来能在某些局部领域扮演超级脑力的作用。于是，人们惊呼数字经济的来临，憧憬智慧城市、智慧社会的到来，人们还想象着虚拟世界与现实世界、数字世界与物理世界的融合。这真是一个令人咋舌的时代！

但如果真以为未来经济就"数字"了，以为传统工业就"夕阳"了，那可以说我们就真正迷失在"数字"里了。人类的生命及其社会活动更多地依赖物质需求，除非未来人类生命形态真的变成"数字生命"了，不用说维系生命的食物之类的物质，就连"互联""数据""智能"等这些满足人类高级需求的功能也得依赖物理装备。所以，人类最基本的活动便是把物质变成有用的东西——制造！无论是互联网、物联网、大数据、人工智能，还是数字经济、数字社会，都应该落脚在制造上，而且制造是其应用的最大领域。

前些年，我国把智能制造作为制造强国战略的主攻方向，即便从世界上看，也是有先见之明的。在强国战略的推动下，少数推行智能制造的企业取得了明显成效，更多企业对智能制造的需求日盛。在这样的背景下，很多学校成立了智能制造等新专业(其中有教育部的推动作用)。尽管一窝蜂地开办智能制造专业未必是一个好现象，但智能制造的相关教材对高等院校与制造关联的专业(如机械、材料、能源动力、工业工程、计算机、控制、管理……)都是刚性需求，只是侧重点不一。

教育部高等学校机械类专业教学指导委员会(以下简称"机械教指委")不失时机地发起编著这套智能制造系列教材。在机械教指委的推动和清华大学出版社的组织下，系列教材编委会认真思考，在2020年新型冠状病毒感染疫情正盛之时进行视频讨论，其后教材的编写和出版工作有序进行。

编写本系列教材的目的是为智能制造专业以及与制造相关的专业提供有关智能制造的学习教材，当然教材也可以作为企业相关的工程师和管理人员学习和培训之用。系列教材包括主干教材和模块单元教材，可满足智能制造相关专业的基础课和专业课的需求。

主干教材，即《智能制造概论》《智能制造装备基础》《工业互联网基础》《数据技术基础》《制造智能技术基础》，可以使学生或工程师对智能制造有基本的认识。其中，《智能制造概论》给读者一个智能制造的概貌，不仅概述智能制造系统的构成，而且还详细介绍智能制造的理念、意识和思维，有利于读者领悟智能制造的真谛。其他几本教材分别论及智能制造系统的“躯干”“神经”“血液”“大脑”。对于智能制造专业的学生而言，应该尽可能必修主干课程。如此配置的主干课程教材应该是本系列教材的特点之一。

本系列教材的特点之二是配合“微课程”设计了模块单元教材。智能制造的知识体系极为庞杂，几乎所有的数字-智能技术和制造领域的新技术都和智能制造有关，不仅涉及人工智能、大数据、物联网、5G、VR/AR、机器人、增材制造（三维打印）等热门技术，而且像区块链、边缘计算、知识工程、数字孪生等前沿技术都有相应的模块单元介绍。本系列教材中的模块单元差不多成了智能制造的知识百科。学校可以基于模块单元教材开出微课程（1学分），供学生选修。

本系列教材的特点之三是模块单元教材可以根据各所学校或者专业的需要拼合成不同的课程教材，列举如下。

#课程例1——“智能产品开发”（3学分），内容选自模块：

- 优化设计
- 智能工艺设计
- 绿色设计
- 可重用设计
- 多领域物理建模
- 知识工程
- 群体智能
- 工业互联网平台

#课程例2——“服务制造”（3学分），内容选自模块：

- 传感与测量技术
- 工业物联网
- 移动通信
- 大数据基础
- 工业互联网平台
- 智能运维与健康管理

#课程例3——“智能车间与工厂”（3学分），内容选自模块：

- 智能工艺设计
- 智能装配工艺
- 传感与测量技术
- 智能数控
- 工业机器人
- 协作机器人
- 智能调度
- 制造执行系统（MES）
- 制造质量控制

总之，模块单元教材可以组成诸多可能的课程教材，还有如“机器人及智能制造应用”“大批量定制生产”等。

此外，编委会还强调应突出知识的节点及其关联，这也是此系列教材的特点。关联不仅体现在某一课程的知识节点之间，也表现在不同课程的知识节点之间。这对于读者掌握知识要点且从整体联系上把握智能制造无疑是非常重要的。

本系列教材的编著者多为中青年教授，教材内容体现了他们对前沿技术的敏感和在一线的研发实践的经验。无论在与部分作者交流讨论的过程中，还是通过对部分文稿的浏览，笔者都感受到他们较好的理论功底和工程能力。感谢他们对这套系列教材的贡献。

衷心感谢机械教指委和清华大学出版社对此系列教材编写工作的组织和指导。感谢庄红权先生和张秋玲女士，他们卓越的组织能力、在教材出版方面的经验、对智能制造的敏锐性是这套系列教材得以顺利出版的最重要因素。

希望本系列教材在推进智能制造的过程中能够发挥“系列”的作用！

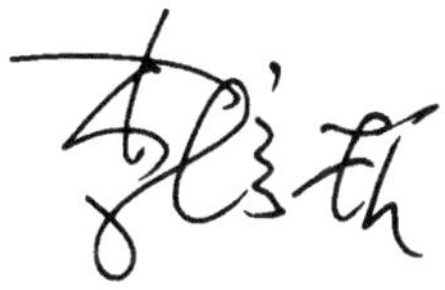

2021年1月

丛书序 2

FOREWORD

制造业是立国之本，是打造国家竞争能力和竞争优势的主要支撑，历来受到各国政府的高度重视。而新一代人工智能与先进制造深度融合形成的智能制造技术，正在成为新一轮工业革命的核心驱动力。为抢占国际竞争的制高点，在全球产业链和价值链中占据有利位置，世界各国纷纷将智能制造的发展上升为国家战略，全球新一轮工业升级和竞争就此拉开序幕。

近年来，美国、德国、日本等制造强国纷纷提出新的国家制造业发展计划。无论是美国的"工业互联网"、德国的"工业 4.0"，还是日本的"智能制造系统"，都是根据各自国情为本国工业制定的系统性规划。作为世界制造大国，我国也把智能制造作为推进制造强国战略的主攻方向，并于 2015 年发布了《中国制造 2025》。《中国制造 2025》是我国全面推进建设制造强国的引领性文件，也是我国实施制造强国战略的第一个十年的行动纲领。推进建设制造强国，加快发展先进制造业，促进产业迈向全球价值链中高端，培育若干世界级先进制造业集群，已经成为全国上下的广泛共识。可以预见，随着智能制造在全球范围内的孕育兴起，全球产业分工格局将受到新的洗礼和重塑，中国制造业也将迎来千载难逢的历史性机遇。

无论是开拓智能制造领域的科技创新，还是推动智能制造产业的持续发展，都需要高素质人才作为保障，创新人才是支撑智能制造技术发展的第一资源。高等工程教育如何在这场技术变革乃至工业革命中履行新的使命和担当，为我国制造企业转型升级培养一大批高素质专门人才，是摆在我们面前的一项重大任务和课题。我们高兴地看到，我国智能制造工程人才培养日益受到高度重视，各高校都纷纷把智能制造工程教育作为制造工程乃至机械工程教育创新发展的突破口，全面更新教育教学观念，深化知识体系和教学内容改革，推动教学方法创新，我国智能制造工程教育正在步入一个新的发展时期。

当今世界正处于以数字化、网络化、智能化为主要特征的第四次工业革命的起点，正面临百年未有之大变局。工程教育需要适应科技、产业和社会快速发展的步伐，需要有新的思维、理解和变革。新一代智能技术的发展和全球产业分工合作的新变化，必将影响几乎所有学科领域的研究工作、技术解决方案和模式创新。人工智能与学科专业的深度融合、跨学科网络以及合作模式的扁平化，甚至可能会消除某些工程领域学科专业的划分。科学、技术、经济和社会文化的深度交融，使人们可以充分使用便捷的软件、工具、设备和系统，彻底改变或颠覆设计、制造、销售、服务和消费方式。因此，工程教育特别是机械工程教育应当更加具有前瞻性、创新性、开放性和多样性，应当更加注重与世界、社会和产业的联系，为服务我国新的"两步走"宏伟愿景做出更大贡献，为实现联合国可持续发展目标发挥关键性引领作用。

需要指出的是，关于智能制造工程人才培养模式和知识体系，社会和学界存在多种看法，许多高校都在进行积极探索，最终的共识将会在改革实践中逐步形成。我们认为，智能制造的主体是制造，赋能是靠智能，要借助数字化、网络化和智能化的力量，通过制造这一载体把物质转化成具有特定形态的产品（或服务），关键在于智能技术与制造技术的深度融合。正如李培根院士在丛书序1中所强调的，对于智能制造而言，“无论是互联网、物联网、大数据、人工智能，还是数字经济、数字社会，都应该落脚在制造上”。

经过前期大量的准备工作，经李培根院士倡议，教育部高等学校机械类专业教学指导委员会（以下简称“机械教指委”）课程建设与师资培训工作组联合清华大学出版社，策划和组织了这套面向智能制造工程教育及其他相关领域人才培养的本科教材。由李培根院士和雒建斌院士、部分机械教指委委员及主干教材主编，组成了智能制造系列教材编审委员会，协同推进系列教材的编写。

考虑到智能制造技术的特点、学科专业特色以及不同类别高校的培养需求，本套教材开创性地构建了一个“柔性”培养框架：在顶层架构上，采用“主干教材＋模块单元教材”的方式，既强调了智能制造工程人才必须掌握的核心内容（以主干教材的形式呈现），又给不同高校最大程度的灵活选用空间（不同模块教材可以组合）；在内容安排上，注重培养学生有关智能制造的理念、能力和思维方式，不局限于技术细节的讲述和理论知识的推导；在出版形式上，采用“纸质内容＋数字内容”的方式，“数字内容”通过纸质图书中列出的二维码予以链接，扩充和强化纸质图书中的内容，给读者提供更多的知识和选择。同时，在机械教指委课程建设与师资培训工作组的指导下，本系列书编审委员会具体实施了新工科研究与实践项目，梳理了智能制造方向的知识体系和课程设计，作为规划设计整套系列教材的基础。

本系列教材凝聚了李培根院士、雒建斌院士以及所有作者的心血和智慧，是我国智能制造工程本科教育知识体系的一次系统梳理和全面总结，我谨代表机械教指委向他们致以崇高的敬意！

2021年3月

前言

PREFACE

在现代工程装备研制追求高产品质量与短研发周期的时代背景下，优化设计扮演着至关重要的角色。随着计算技术的迅猛发展，智能优化设计已经成为工程师和设计师提高产品质量、缩短研发周期的必备工具。等几何拓扑优化方法作为一种新兴的数值分析技术，允许设计师在保持几何精确性的同时进行结构优化设计，极大地丰富了结构设计的可能性和自由度。本书致力于为读者提供一个全面而深入的视角，探讨智能优化设计的最新理论、方法及其在实际工程中的应用。

在本书中，我们对等几何拓扑优化方法进行了深入剖析，通过详细阐述其理论框架、代码实现及工程案例，帮助读者建立坚实的研究基础，以应对未来工程领域的各项挑战。一方面，深入探讨等几何拓扑优化的理论框架、算法实现以及与传统优化技术的不同之处。通过一系列精选的案例研究，我们展示了如何将理论应用于实践，解决实际问题，并从中提炼出一般性的指导原则和最佳实践。另一方面，我们更致力于为读者提供一本系统性强、实用性强的教材，该教材既符合教学特点和规律，又反映智能优化设计学科的发展水平，满足现代装备工程应用的实际需求。

本书共分 9 章。第 1 章深入探讨了等几何分析的基本概念和方法，为后续章节的内容打下坚实的理论基础。第 2 章介绍了一些经典的拓扑优化方法，包括变密度法、水平集方法、移动组件法、泡泡法。第 3 章和第 4 章介绍了基于非均匀有理 B 样条(non-uniform rational B-spline，NURBS)和多片 NURBS 的等几何拓扑优化方法，这些方法在保持几何形状连续性的同时，能够有效地进行结构材料的分布优化，为工程设计带来了全新的可能性。第 5 章进一步探讨了基于等几何拓扑优化的拉胀超材料设计，从其基本概述及思想出发，引出能量均匀化方法与优化模型，并介绍灵敏度分析方法，最后针对单相拉胀超材料的二维及三维微观结构单胞设计、拉胀复合超材料的二维及三维微观结构单胞设计案例进行讨论。第 6 章介绍了基于多片等几何拓扑优化的多孔结构全尺度设计，从其基本概述及思想出发，引出多功能多区域设计及其周期性约束机制，并介绍优化模型及灵敏度分析方法，最后进行案例讨论。第 7 章介绍了基于多片等几何拓扑优化的结构跨尺度设计，包括周期性分布式多孔结构跨尺度设计与微观结构单胞的几何描述，以及基于 Kriging 模型的微观结构等效属性评估，最后介绍跨尺度优化模型及灵敏度分析方法，并进行案例讨论。第 8 章介绍了等几何拓扑优化 MATLAB 程序实施，主要包含 MATLAB 相关内容介绍、方法原理，以及相应代码框架与具体实施模块，最后通过案例进行验证。

在阅读本书时，读者应具备一定的工程学、计算机辅助设计(CAD)和计算机辅助工程(CAE)基础知识，以便更好地理解书中的概念和算法。我们建议读者按照章节顺序学习，以便逐步地构建起完整的知识体系，每章末尾提供的练习题和案例分析也是理解内容的重要辅助工具。

我们特别感谢所有参与编写工作的专家学者，他们的专业知识极大地提升了本书的质量。本书主要编写人员如下：第 1 章由南京航空航天大学郭玉杰教授编写；第 2 章由华中科技大学高亮教授团队、大连理工大学郭旭院士团队、清华大学杜建镔教授团队与郑州大学蔡守宇副教授团队共同编写；第 3 章至第 9 章由华中科技大学高亮教授、高杰副教授与肖蜜教授共同编写。

最后，值得说明的是，虽然我们力求内容准确无误，但随着技术不断进步，新的发现可能很快会出现。因此，我们鼓励读者保持批判性思维，并将本书作为学习的起点，不断探索和应用新知识。

编　者

2024 年 8 月

目录

CONTENTS

第1章

等几何分析

本章主要介绍等几何分析的概念、方法及其在弹性力学问题分析中的应用，主要内容包括8个小节：1.1节为等几何分析概述，主要介绍等几何分析提出的背景以及目前的发展现状；1.2节为样条函数及几何造型，主要包括B样条以及非均匀有理B样条(non-uniform rational B-spline，NURBS)函数、几何造型方法以及细化方法，其作为等几何分析的重要基础；1.3节为弹性力学基本方程，包括二维以及三维问题，其作为等几何方法所要分析的对象，具体为平衡微分方程、几何方程、物理方程、边界条件；1.4节为等效积分弱形式及其近似求解方法，包括由弹性力学基本方程推导得到的等效积分及其弱形式，以及伽辽金法和里茨方法两种数值求解方法，其作为等几何分析的理论基础；1.5节为有限元基本思想及等参变换，主要介绍有限元分析的基本步骤以及现今广泛使用的等参变换和等参有限元方法，为引出等几何分析做铺垫；1.6节为等几何分析，主要包括其基本思想、基于等效积分弱形式的等几何离散、刚度矩阵以及载荷向量的数值积分方法以及组装方法、边界条件施加方法、等几何分析的基本流程及其与有限元方法的对比；1.7节通过两个经典案例，即二维无限大带孔方板受面内拉伸载荷作用以及三维Scordelis-Lo屋顶受自重作用，说明等几何分析的精度及效率；1.8节为本章小结。

1.1 等几何分析概述

现代工业及军事装备的结构往往较为复杂，包含成千上万个零部件，这些装备的结构从最初的设计到形成最终的产品往往需要经过多次更改，而每一次结构上的变化都会带来一系列烦琐的前处理工作，比如从计算机辅助设计(computer aided design，CAD)模型转换为分析用的有限元模型时需要进行耗时的网格划分等前处理工作，当CAD模型较为复杂时，其模型转换所耗费的前处理时间则更加显著。据美国Sandia实验室统计，工业产品的设计所耗费的前处理时间约占整个设计与分析流程的80%，只有约20%的时间真正用在分析与计算方面[1]，这严重制约了工业产品的研发效率，显著增加了人力、时间等方面的成本，因此如何消除CAD与计算机辅助工程(computer aided engineering，CAE)之间烦琐的模型转换这一"卡脖子"问题就显得极其重要[2]。

2005年，T. J. R. Hughes教授指出，造成上述问题的根本原因在于CAD与CAE中几何模型的描述方式存在不一致[3]。在CAD中，几何模型一般是以非均匀有理B样条

(NURBS)或者构造实体几何(constructive solid geometry,CSG)的方式来描述，而在 CAE 中(比如有限元分析)，其模型一般是以线性或二次插值的方式来构造，是真实几何的一种近似。这种不一致导致了 CAD 与 CAE 之间模型转换效率较低，且缺乏双向关联。为了消除两者几何模型描述的不一致，Hughes 等人提出了等几何分析(isogeometric analysis)的概念[3]，其基本思想是将 CAD 中描述几何形状的 NURBS 引入到等参有限元中，通过统一的几何描述可以消除产品设计过程中 CAD 与 CAE 之间反复的数据转换过程，从而节省了大量的前处理时间，这为 CAD/CAE 无缝融合问题提供了独特的思路。等几何分析与有限元分析的基本流程对比如图 1-1 所示。相比有限元方法，等几何分析具有一些独特的优势，比如单元间高阶连续性、几何精确性等，这些特点对于板壳结构分析[4-5]、接触碰撞分析[6-7]、流固耦合分析[8-9]等问题具有显著优势。

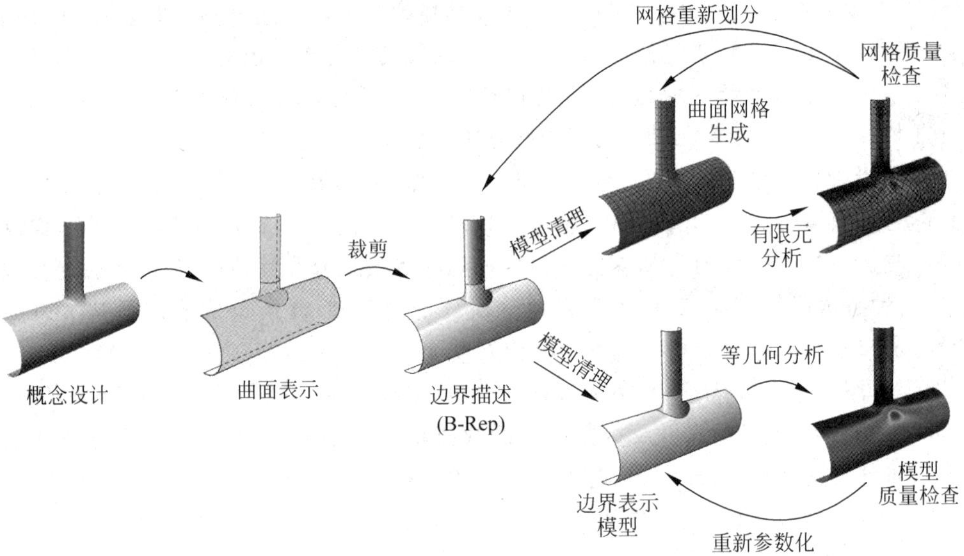

图 1-1　等几何分析与有限元分析流程对比

等几何分析自 2005 年提出以来迅速成为计算力学以及计算几何领域的研究热点且取得了长足的发展，但还存在一些困难亟待解决，包括复杂形状的处理及其等几何分析，局部细化、实体模型生成等。这主要是由于 NURBS 函数具有张量积的性质，从而难以描述复杂几何形状，为了实现等几何分析的目标，许多学者主要从分析与几何两个方面进行了研究。

分析方面主要是基于 CAD 中的边界描述(B-Rep)模型直接进行等几何分析[5]，主要方法包括：基于剪裁(trimmed)特征的等几何分析[5,10-11]，基于浸没边界(immersed boundary)思想的有限单胞法(finite cell method)[2,12]，以及边界元方法[13-14]等。此外，由于复杂几何模型通常是由多个面片(patch)组成，因此需要发展相应的界面约束方法，包括多片耦合以及边界条件施加。常见的界面约束方法包括拉格朗日乘子法[15]、罚函数法[5]以及 Nitsche 方法[16-17]等，其中 Nitsche 方法具有变分一致的特性，且所获得的刚度矩阵性态良好，因此受到了学术界的广泛关注，特别是在薄壳结构的多片耦合方面，应用较多。其他的多片耦合约束方法包括区域分解法[18-19]等。在边界条件施加方面，除了上述常用的方法之外，还包括配点法[20]等。

几何方面主要是研究复杂曲面以及实体的参数化[21-23]，以及针对 NURBS 样条本身的缺点构造新的或发掘已有的适合等几何分析的样条，使其具备局部细分能力，这些新型样条包括：T 样条[24-25]、截断层次 B 样条(THB-splines)[26]、层次 B 样条[27]、LR B 样条[28]、细分曲面[29]以及贝塞尔(Bezier)三角形样条[30]等。

综上所述，等几何分析在 CAD/CAE 无缝融合方面具有极大潜力，并且由于等几何分析具有几何精确、高阶、高连续性等特点，使得其在计算力学、计算几何以及计算数学等领域得到了广泛关注并获得了长足的发展。

1.2 样条函数及几何造型

等几何分析以样条函数为基础，因此本节将详细介绍 B 样条(B-spline)以及非均匀有理 B 样条(NURBS)函数的构造方法及其性质；此外，还包括基于这些样条函数的几何造型方法。

1.2.1 B 样条函数及其导数

首先以一维 B 样条函数为例，其节点向量由一系列非递减的节点序列构成，可以写为 $\boldsymbol{\Xi}=[\xi_1,\xi_2,\cdots,\xi_{n+p+1}]$，其中 $\xi_i\in\mathbb{R}$ 为第 i 个节点，$i=1,2,\cdots,n+p+1$ 为节点索引指标，相邻两个节点组成的区间$[\xi_i,\xi_{i+1}]$称为一个节点区间(或单元)，p 为基函数阶数，n 为基函数个数，当节点向量首末两个节点的重复度为 $p+1$ 时，该节点向量称为开节点向量(open knot vector)。

基于节点向量，可以采用 Cox-de Boor 递归方程[31]构造一维 B 样条函数：

$$N_{i,0}(\xi)=\begin{cases}1, & \xi_i\leqslant\xi\leqslant\xi_{i+1}\\0, & \text{其他}\end{cases}\tag{1-1}$$

$$N_{i,p}(\xi)=\frac{\xi-\xi_i}{\xi_{i+p}-\xi_i}N_{i,p-1}(\xi)+\frac{\xi_{i+p+1}-\xi}{\xi_{i+p+1}-\xi_{i+1}}N_{i+1,p-1}(\xi)\tag{1-2}$$

以节点向量$\boldsymbol{\Xi}=[\xi_1,\xi_2,\xi_3,\xi_4,\xi_5,\xi_6,\xi_7]=[0,0,0,1,2,2,2]$为例，首先构造 $N_{i,0}(\xi)$如下：

$$\begin{aligned}&N_{1,0}(\xi)=N_{2,0}(\xi)=N_{5,0}(\xi)=N_{6,0}(\xi)=0\\&N_{3,0}(\xi)=\begin{cases}1, & 0\leqslant\xi<1\\0, & \text{其他}\end{cases}\\&N_{4,0}(\xi)=\begin{cases}1, & 1\leqslant\xi<2\\0, & \text{其他}\end{cases}\end{aligned}\tag{1-3}$$

基于式(1-2)与式(1-3)，并定义 $0/0\doteq0$，可以得到 $N_{i,1}(\xi)$为

$$N_{1,1}(\xi)=0$$

$$N_{2,1}(\xi)=\begin{cases}1-\xi, & 0\leqslant\xi<1\\0, & \text{其他}\end{cases}$$

$$N_{3,1}(\xi)=\begin{cases}\xi, & 0\leqslant\xi<1\\2-\xi, & 1\leqslant\xi<2\\0, & \text{其他}\end{cases}$$

$$N_{4,1}(\xi)=\begin{cases}\xi-1, & 1\leqslant\xi<2\\0, & \text{其他}\end{cases}\tag{1-4}$$

以此类推，可以得到 $N_{i,2}(\xi)$ 为

$$\begin{aligned}&N_{1,2}(\xi)=\begin{cases}(1-\xi)^2, & 0\leqslant\xi<1\\0, & \text{其他}\end{cases}\\&N_{2,2}(\xi)=\begin{cases}\xi(1-\xi)+(2-\xi)\xi/2, & 0\leqslant\xi<1\\(2-\xi)^2/2, & 1\leqslant\xi<2\\0, & \text{其他}\end{cases}\\&N_{3,2}(\xi)=\begin{cases}\xi^2/2, & 0\leqslant\xi<1\\\xi(2-\xi)/2+(2-\xi)(\xi-1), & 1\leqslant\xi<2\\0, & \text{其他}\end{cases}\\&N_{4,2}(\xi)=\begin{cases}(\xi-1)^2, & 1\leqslant\xi<2\\0, & \text{其他}\end{cases}\end{aligned}\tag{1-5}$$

通过式(1-5)可以在相应节点向量区间内绘制其函数曲线图，如图 1-2 所示，其中横坐标为节点向量参数值，在节点向量端点处 B 样条函数的值为 1。此外，B 样条函数在整个节点向量区间内都是非负的，并且满足单位分解特性，即

$$\sum_{i=1}^{n}N_{i,p}(\xi)=1\tag{1-6}$$

由上述 B 样条函数定义公式可知，B 样条函数的支撑区间为 $p+1$ 个，即 $N_{i,p}(\xi)$ 在节点区间 $[\xi_i,\xi_{i+p+1}]$ 上非零，因此，随着 B 样条函数阶数的升高，其支撑区间将逐渐增大。

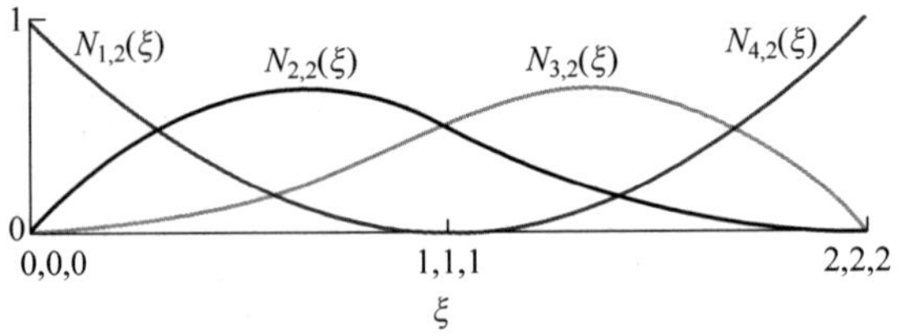

图 1-2　二阶 B 样条函数，节点向量为 $\boldsymbol{\Xi}=[0,0,0,1,2,2,2]$

B 样条函数的导数可以根据递推关系式(1-1)及式(1-2)得到，则第 i 个 p 阶 B 样条函数的一阶导数为

$$\frac{\mathrm{d}}{\mathrm{d}\xi}N_{i,p}(\xi)=\frac{p}{\xi_{i+p}-\xi_i}N_{i,p-1}(\xi)-\frac{p}{\xi_{i+p+1}-\xi_{i+1}}N_{i+1,p-1}(\xi)\tag{1-7}$$

根据上式可以进一步推导得到第 k 阶导数：

$$\frac{\mathrm{d}^k}{\mathrm{d}\xi^k}N_{i,p}(\xi)=\frac{p}{\xi_{i+p}-\xi_i}\left(\frac{\mathrm{d}^{k-1}}{\mathrm{d}\xi^{k-1}}N_{i,p-1}(\xi)\right)-\frac{p}{\xi_{i+p+1}-\xi_{i+1}}\left(\frac{\mathrm{d}^{k-1}}{\mathrm{d}\xi^{k-1}}N_{i+1,p-1}(\xi)\right)\tag{1-8}$$

进一步化简，可以得到如下求导公式：

$$\frac{\mathrm{d}^k}{\mathrm{d}\xi^k}N_{i,p}(\xi)=\frac{p!}{(p-k)!}\sum_{j=0}^{k}\alpha_{k,j}N_{i+j,p-k}(\xi)\tag{1-9}$$

其中

$$
\begin{aligned}
&\alpha_{0,0}=1\\
&\alpha_{k,0}=\frac{\alpha_{k-1,0}}{\xi_{i+p-k+1}-\xi_i}\\
&\alpha_{k,j}=\frac{\alpha_{k-1,j}-\alpha_{k-1,j-1}}{\xi_{i+p+j-k+1}-\xi_{i+j}},\quad j=1,2,\cdots,k-1\\
&\alpha_{k,k}=\frac{-\alpha_{k-1,k-1}}{\xi_{i+p+1}-\xi_{i+k}}
\end{aligned}
\tag{1-10}
$$

式(1-10)中，当节点为重复节点时，定义其系数为0。不难发现，B样条函数在节点 ξ_i 处具有 C^{p-m_i} 次连续性，其中 m_i 为节点 ξ_i 的重复度。以图1-2所示二阶B样条函数为例，在节点向量端点处，即 $\xi_i=0$ 以及 $\xi_i=2$，B样条函数具有 C^{-1} 连续性(即不连续)，而在中间节点 $\xi_i=1$ 处，由于其重复度为1，因此B样条函数具有 C^1 连续性。随着B样条函数阶数的升高，当节点重复度保持不变时，B样条函数在该节点处的连续性将升高。

1.2.2 B样条几何

本小节首先介绍B样条曲线的构造方法，在此基础上介绍二维曲面以及三维实体的B样条构造方法。

1. B样条曲线

B样条曲线的构造是通过B样条函数与控制点坐标向量的线性组合得到的，控制点坐标向量与有限元中的节点坐标向量类似，但控制点通常不在几何上，这与有限元中的节点有所区别。B样条曲线的定义如下：

$$
\boldsymbol{C}(\xi)=\sum_{i=1}^{n}N_{i,p}(\xi)\boldsymbol{P}_n \tag{1-11}
$$

其中 n 为控制点(B样条函数)数量，$\boldsymbol{P}_n$ 为控制点坐标向量，以二维空间为例，$\boldsymbol{P}_n$ 可表示为 $\boldsymbol{P}_n=(x,y)$，其中 x、y 为点 $\boldsymbol{P}_n$ 的坐标。

图1-3为一B样条曲线及其B样条函数，B样条函数阶数为 $p=3$，节点向量为 $\boldsymbol{\Xi}=[0,0,0,0,0.25,0.5,0.75,1,1,1,1]$，图中点 $\boldsymbol{P}_1,\boldsymbol{P}_2,\cdots,\boldsymbol{P}_7$ 为控制点，可以看到在曲线两端点，由于节点向量的重复度关系，控制点正好落在曲线上，其余控制点均不在曲线上。

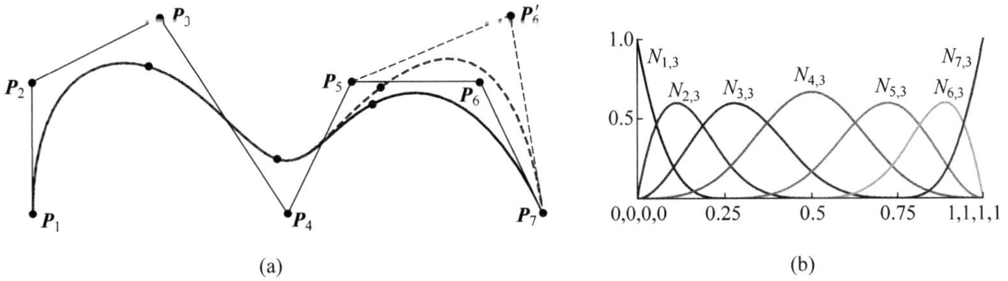

图1-3 B样条曲线及其B样条函数

(a) 几何及位移描述；(b) B样条基函数

图 1-3(a)中曲线上点为节点值在曲线上对应的坐标点，则节点区间$[\xi_i,\xi_{i+1}]$可以称为一个单元，其对应到B样条曲线上即为两个相邻蓝色点之间的曲线段。图 1-3(a)中直线段为曲线的控制多边形，其在曲线两端点处与曲线相切，控制多边形具有凸包的特性，即B样条曲线被完全包裹在控制多边形内。由于B样条函数具有局部支撑特性，因此当控制点$\boldsymbol{P}_6$移动到$\boldsymbol{P}'_6$时，B样条曲线的改变只集中在局部区间$[\xi_6,\xi_{10}]=[0.5,1]$上。

2. B样条曲面

B样条曲面可通过两个方向的B样条函数张量积及其控制点集进行构造。给定控制点集$\boldsymbol{P}_{ij}(i=1,2,\cdots,n;\ j=1,2,\cdots,m)$，以及节点向量$\boldsymbol{\Xi}=[\xi_1,\xi_2,\cdots,\xi_{n+p+1}]$、$\boldsymbol{H}=[\eta_1,\eta_2,\cdots,\eta_{m+q+1}]$，其中$p$、$q$为两个方向的B样条函数阶数，$n$、$m$为两个方向的B样条函数个数，则B样条曲面可以表示为

$$\boldsymbol{S}(\xi,\eta)=\sum_{i=1}^{n}\sum_{j=1}^{m}N_{ij,pq}(\xi,\eta)\boldsymbol{P}_{ij}=\sum_{i=1}^{n}\sum_{j=1}^{m}N_{i,p}(\xi)M_{j,q}(\eta)\boldsymbol{P}_{ij} \tag{1-12}$$

其中，$N_{i,p}(\xi)$、$M_{j,q}(\eta)$为一维B样条函数，分别定义在节点向量$\boldsymbol{\Xi}$和$\boldsymbol{H}$上，$N_{ij,pq}(\xi,\eta)$为对应的二维B样条函数。与一维B样条函数类似，二维B样条函数$N_{ij,pq}(\xi,\eta)$也具有非负性以及单位分解特性，即

$$N_{ij,pq}(\xi,\eta)=\sum_{i=1}^{n}\sum_{j=1}^{m}N_{i,p}(\xi)M_{j,q}(\eta)=\left(\sum_{i=1}^{n}N_{i,p}(\xi)\right)\left(\sum_{j=1}^{m}M_{j,q}(\eta)\right)=1 \tag{1-13}$$

并且二维B样条函数的支撑区间为$[\xi_i,\xi_{i+p+1}]\times[\eta_j,\eta_{j+q+1}]$。

以一个三阶B样条曲面为例，其节点向量分别为$\boldsymbol{\Xi}=\boldsymbol{H}=[0,0,0,0,1,1,1,1]$，阶数$p=q=3$，控制点和所构造的B样条曲面如图 1-4 所示。同样，B样条曲面也具有凸包特性，即其控制多边形将B样条曲面包含在内。

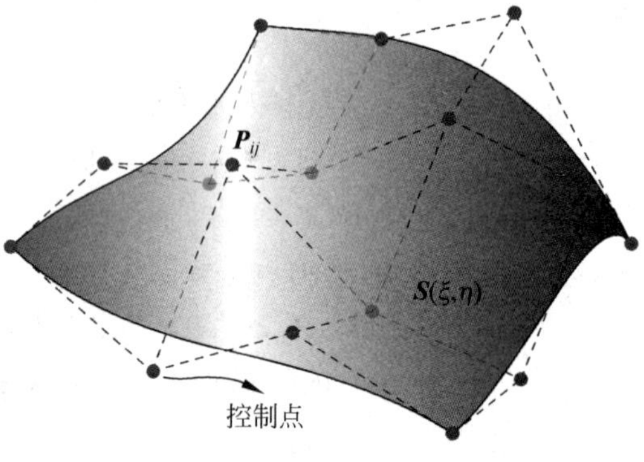

图 1-4　二维B样条曲面

3. B样条实体

与B样条曲面类似，B样条实体可通过三个方向的B样条函数的张量积以及控制点集进行构造。给定控制点集$\boldsymbol{P}_{ijk}(i=1,2,\cdots,n;\ j=1,2,\cdots,m;\ k=1,2,\cdots,l)$，以及节点向量$\boldsymbol{\Xi}=[\xi_1,\xi_2,\cdots,\xi_{n+p+1}]$、$\boldsymbol{H}=[\eta_1,\eta_2,\cdots,\eta_{m+q+1}]$、$\boldsymbol{Z}=[\zeta_1,\zeta_2,\cdots,\zeta_{l+r+1}]$，其中$p$、$q$、$r$为三个方向的B样条函数阶数，$n$、$m$、$l$为三个方向的B样条函数个数，则B样条实体可以定义为

$$\boldsymbol{S}(\xi,\eta,\zeta)=\sum_{i=1}^{n}\sum_{j=1}^{m}\sum_{k=1}^{l}N_{ijk,pqr}(\xi,\eta,\zeta)\boldsymbol{P}_{ijk}=\sum_{i=1}^{n}\sum_{j=1}^{m}\sum_{k=1}^{l}N_{i,p}(\xi)M_{j,q}(\eta)L_{k,r}(\zeta)\boldsymbol{P}_{ijk} \tag{1-14}$$

其中，$N_{i,p}(\xi)$、$M_{j,q}(\eta)$、$L_{k,r}(\zeta)$为一维B样条函数，分别定义在节点向量$\boldsymbol{\Xi}$、$\boldsymbol{H}$和$\boldsymbol{Z}$上，$N_{ijk,pqr}(\xi,\eta,\zeta)$为对应的三维B样条函数。三维B样条函数以及三维B样条实体与一维、二维B样条几何以及B样条函数具有类似的性质，此处不再赘述。三维B样条实体实例如图1-5所示。

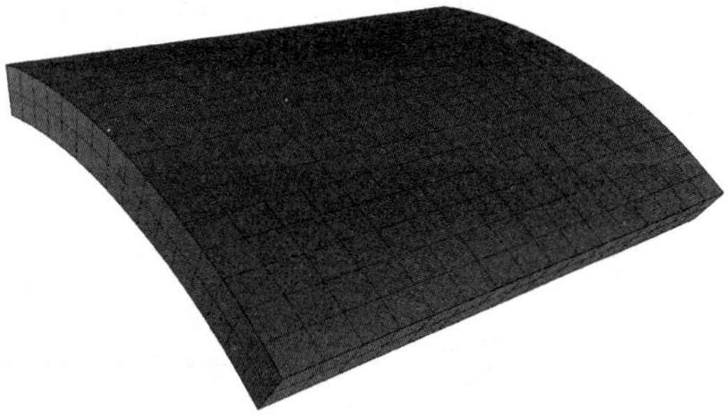

图1-5　三维B样条实体

1.2.3　B样条函数细化

B样条几何有一个重要的性质，即对B样条进行细化时，其几何形状是保持不变的。与传统有限元方法类似，B样条的细化方法包括节点插入细化（h型细化）以及升阶细化（p型细化）。节点插入细化相当于增加单元数量，而升阶细化相当于提升单元阶次。除了上述两种细化之外，B样条函数还具有一种独特的k型细化方法，即改变单元交界处的基函数的连续性，这使得等几何分析相比有限元方法具有更丰富的细化空间。下面将分别介绍上述三种细化方法。

1. 节点插入(knot insertion)——*h* 型细化

节点插入细化即在原节点向量$\boldsymbol{\Xi}=[\xi_1,\xi_2,\cdots,\xi_{n+p+1}]$中插入一个或多个节点值，形成新的节点向量$\bar{\boldsymbol{\Xi}}=[\bar{\xi}_1=\xi_1,\bar{\xi}_2,\cdots,\bar{\xi}_{n+m+p+1}=\xi_{n+p+1}]$的细化方法，其中$\boldsymbol{\Xi}\subset\bar{\boldsymbol{\Xi}}$。根据新的节点向量，采用递推公式(1-1)、式(1-2)即可得到新的$n+m$个B样条函数，而新的B样条曲线的控制点$\bar{\boldsymbol{P}}_i(i=1,2,\cdots,n+m)$可由原来的B样条曲线控制点$\boldsymbol{P}_j(j=1,2,\cdots,n)$的线性组合计算得到，其计算公式为

$$\bar{\boldsymbol{P}}_i=\boldsymbol{T}^p\boldsymbol{P}_j \tag{1-15}$$

其中，$\boldsymbol{T}^p$为转换矩阵，其元素的构造方法如下：

$$T_{ij}^0=\begin{cases}1, & \bar{\xi}_i\in[\xi_j,\xi_{j+1})\\0, & \text{其他}\end{cases} \tag{1-16}$$

$$T_{ij}^{q+1}=\frac{\bar{\xi}_{i+q}-\xi_j}{\xi_{j+q}-\xi_j}T_{ij}^q+\frac{\xi_{j+q+1}-\bar{\xi}_{i+q}}{\xi_{j+q+1}-\xi_{j+1}}T_{ij+1}^q,\quad q=0,1,2,\cdots,p-1 \tag{1-17}$$

图 1-6 为节点插入细化示意图，原节点向量为$\boldsymbol{\Xi}=[0,0,0,0,0.5,1,1,1,1]$，B 样条函数阶数为 $p=3$，其对应的控制点及曲线如图 1-6(a)所示，B 样条函数如图 1-6(d)所示。当插入节点 $\xi_i=0.25,0.75$ 后，得到新的 B 样条函数(图 1-6(e))以及对应的控制点(图 1-6(b))，此时 B 样条函数在节点 $\xi_i=0.25$ 以及 $\xi_i=0.75$ 处具有 $C^{p-1}=C^2$ 次连续。重复插入上述两个节点两次，此时在节点 $\xi_i=0.25$ 以及 $\xi_i=0.75$ 处，节点重复度均为 3 次，因此 B 样条函数在插入节点处具有 C^0 连续，如图 1-6(f)所示。观察图 1-6(c)可知，在插入节点处，由于 B 样条函数具有 C^0 连续，因此控制点将落在曲线上(即在该点处具有插值特性)，此时每个单元(比如节点区间[0,0.25])上的 B 样条函数称为贝塞尔(Bezier)函数，其对应的曲线段称为贝塞尔曲线。

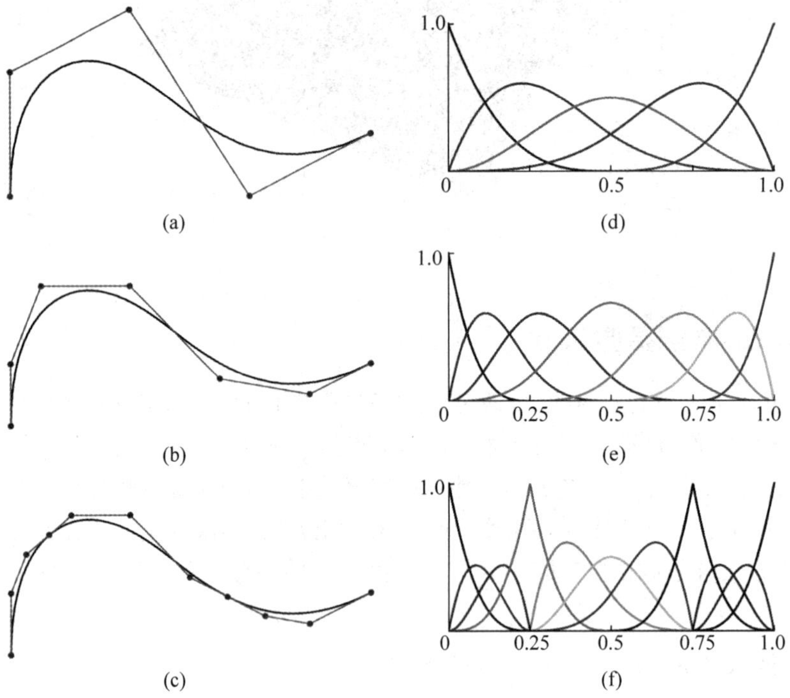

图 1-6 节点插入细化

(a) 初始样条曲线及其控制多边形；(b)～(c) 细化后的样条曲线以及控制多边形；(d) 初始 B 样条函数$\boldsymbol{\Xi}=[0,0,0,0,0.5,1,1,1,1]$；(e)～(f) 细化后的 B 样条函数，节点向量分别为$\boldsymbol{\Xi}=[0,0,0,0,0.25,0.5,0.75,1,1,1,1]$以及$\boldsymbol{\Xi}=[0,0,0,0,0.25,0.25,0.25,0.5,0.75,0.75,0.75,1,1,1,1]$

从上述细化过程可知，节点插入细化与有限元中的 h 型细化有相似之处，即对已有单元进行剖分，形成更多单元。除此之外，节点插入细化还可以改变单元交界处的连续性，而有限元方法在 h 型细化过程中，单元交界处为 C^0 连续。

2. 升阶(order elevation)——*p* 型细化

除了节点插入型细化，B 样条函数也可以通过提升函数的阶数进行细化，通常在进行升阶细化时，单元交界处的连续性是保持不变的，这主要是为了保证原有几何模型的几何连续性。下面以图 1-7 所示为例，详细描述升阶细化过程。

初始 B 样条曲线以及 B 样条函数如图 1-7(a)、(c)所示，B 样条函数阶数为 $p=2$，节点向量为$\Xi=[0,0,0,0.5,1,1,1]$，在内部节点$\xi_4=0.5$处，连续性为C^1连续。升阶细化首先需要将内部节点$\xi_4=0.5$的重复度提升为2次，则在单元交界处B样条函数均为C^0连续，即每个单元均为贝塞尔单元。其次对每个贝塞尔单元进行升阶，比如从$p=2$阶升高为$p=3$阶，升阶后节点$\xi_4=0.5$的重复度变为3次，单元交界处的连续性仍为C^0连续，因此，最后需要删除第一步中插入的节点$\xi_4=0.5$一次，使得在内部节点$\xi_4=0.5$处的连续性与初始几何保持一致，此时，两个贝塞尔曲线将合并为一个经过升阶细化后的B样条曲线，如图1-7(b)所示。

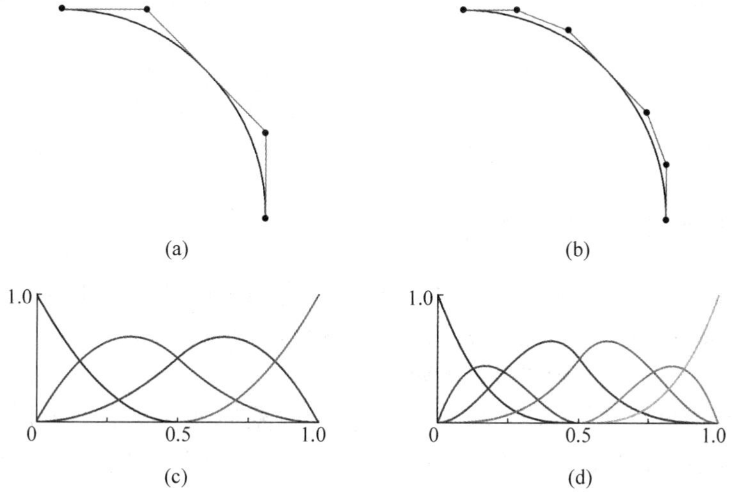

图 1-7 升阶细化

(a) 初始B样条曲线以及控制多边形；(b) 升阶后的B样条曲线以及控制多边形；(c) 初始B样条函数$\Xi=[0,0,0,0.5,1,1,1]$；(d) 升阶后的B样条函数$\Xi=[0,0,0,0,0.5,0.5,1,1,1,1]$

上述升阶细化与有限元中的p型细化有许多相似之处，即提升基函数的阶数。两者不同之处在于，p型细化过程中，单元交界处的连续性始终为C^0连续，而升阶细化可以保持原始B样条函数在单元交界处的连续性，其可以是C^0到C^{p-1}之间的任意值。基于这一特点，可以引出等几何分析特有的k型细化。

3. k型细化——高阶以及高连续性

基于上述B样条的节点插入以及升阶这两种细化方法，可以衍生出一种特有的k型细化方法，其能够保持单元间的高阶连续性。k型细化方法的基本步骤可由图1-8得到。以线性B样条函数为初始状态，节点向量为$\Xi=[0,0,1,1]$，单元个数为1，B样条函数个数为2。首先，对其进行升阶，得到阶数为$p=4$的B样条函数，其节点向量为$\Xi=[0,0,0,0,0,1,1,1,1,1]$，B样条函数个数为5，即阶数每升高一次，B样条函数个数增加一个。其次，插入节点$\xi_i=0.2,0.4,0.6,0.8$各一次，得到新的节点向量为$\Xi=[0,0,0,0,0,0.2,0.4,0.6,0.8,1,1,1,1,1]$，此时，B样条函数的个数为9，即每插入一个节点，B样条函数个数增加1，B样条函数在新插入的节点处的连续性为$C^{p-1}=C^3$次。值得注意的是，插入节点处的连续性可以根据需要进行调整。相比有限元中的h型细化以及p型细化，k型细化一方面可以保持单元间的高连续性，另一方面在细化过程中所产生的新的B样条函数个数也较h型细化以及p型细化少，这主要得益于单元间的高连续性。

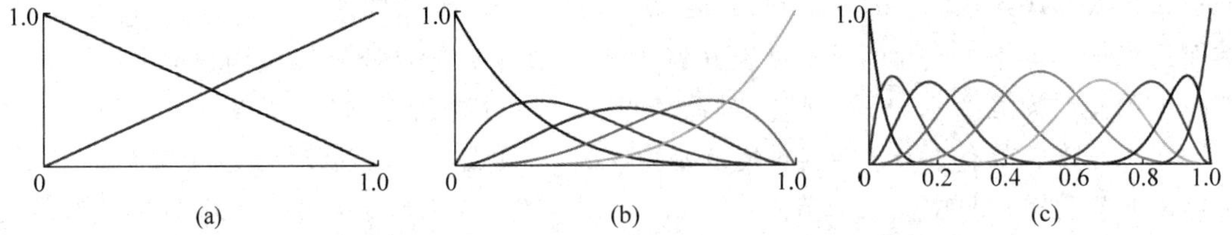

图 1-8 k 型细化

(a) 初始线性 B 样条函数，$p=1$，$\boldsymbol{\Xi}=[0,0,1,1]$；(b) 升阶后的 B 样条函数，$p=4$，$\boldsymbol{\Xi}=[0,0,0,0,0,1,1,1,1,1]$；(c) 插入节点后的 B 样条函数，$p=4$，$\boldsymbol{\Xi}=[0,0,0,0,0,0.2,0.4,0.6,0.8,1,1,1,1,1]$

当然，实际情况中，初始几何模型通常比图 1-8(a)所示的线性、单个单元要复杂，并且存在几何连续性的约束限制，比如在某些部位存在 C^0 连续的几何特征等，从而在进行 k 型细化时，需要保留该特殊部位的几何连续性，因此并不能在全域使用 k 型细化。

1.2.4 非均匀有理 B 样条

非均匀有理 B 样条(NURBS)是 B 样条的一种推广形式，其可以精确描述更为复杂的模型，比如圆锥曲线、曲面等，而这些几何形状是无法通过 B 样条函数进行描述的。非均匀有理 B 样条的构造可以从几何以及代数两个方面介绍。

从几何的角度出发，$\mathbb{R}^d$ 空间中的 NURBS 几何对象可通过将 $\mathbb{R}^{d+1}$ 空间中的 B 样条几何对象经过投影变换得到。如图 1-9 所示，黑色曲线 $\boldsymbol{C}^w(\xi)$ 为 $\mathbb{R}^3$ 空间中的 B 样条曲线，其中竖轴 w 表示控制点 $\boldsymbol{P}_i^w$ 的权重，控制点 $\boldsymbol{P}_i^w$ 坐标可以写为

$$\boldsymbol{P}_i^w=\begin{pmatrix}\boldsymbol{P}_i w_i\\ w_i\end{pmatrix} \tag{1-18}$$

则，B 样条曲线 $\boldsymbol{C}^w(\xi)$ 可以表示为

$$\boldsymbol{C}^w(\xi)=\sum_{i=1}^{n}N_{i,p}(\xi)\boldsymbol{P}_i^w \tag{1-19}$$

将 B 样条曲线 $\boldsymbol{C}^w(\xi)$ 向 $z=1$ 平面投影，首先将控制点 $\boldsymbol{P}_i^w$ 进行投影，如图 1-9 所示，采用过控制点以及坐标原点的射线与 $z=1$ 平面的交点 $\boldsymbol{P}_i$ 作为 $z=1$ 平面上的 NURBS 样条曲线控制点，则 $\boldsymbol{P}_i$ 可以表示为

$$\boldsymbol{P}_i=[\boldsymbol{P}_i]_j=\frac{[\boldsymbol{P}_i^w]_j}{w_i} \tag{1-20}$$

其中，下标 $j=1,2,\cdots,d$ 表示前 d 个坐标分量。

B 样条曲线上每一点向平面进行投影时，均需要用该点的坐标除以其权重，而 B 样条曲线上任意一点处的权重可表示为

$$W(\xi)=\sum_{i=1}^{n}N_{i,p}(\xi)w_i \tag{1-21}$$

因此，$\mathbb{R}^2$ 空间中的 NURBS 曲线可表示为

$$\boldsymbol{C}(\xi)=\frac{[\boldsymbol{C}^w(\xi)]_j}{W(\xi)}=\sum_{i=1}^{n}\frac{N_{i,p}(\xi)}{W(\xi)}[\boldsymbol{P}_i^w]_j=\sum_{i=1}^{n}\frac{N_{i,p}(\xi)w_i}{W(\xi)}\boldsymbol{P}_i \tag{1-22}$$

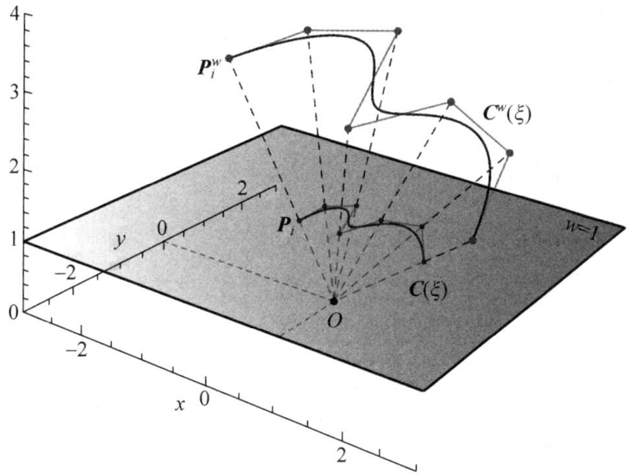

图 1-9 B样条曲线的投影变换生成非均匀有理B样条曲线

其中,下标 $j=1,\cdots,d$ 表示前 d 个坐标分量,由于 NURBS 曲线在$\mathbb{R}^2$空间中,因此 $j=1,2$。

式(1-22)中,$\boldsymbol{C}^w(\xi)$以及 $W(\xi)$均为分段多项式函数,因此投影得到的 NURBS 曲线 $\boldsymbol{C}(\xi)$为分段有理函数。

从代数的角度出发,我们可以定义 NURBS 函数的形式,再利用前述 B 样条几何的构造方法生成 NURBS 几何。NURBS 函数可以表示为

$$R_{i,p}(\xi)=\frac{N_{i,p}(\xi)w_i}{W(\xi)}=\frac{N_{i,p}(\xi)w_i}{\sum\limits_{\hat{i}=1}^{n}N_{\hat{i},p}(\xi)w_{\hat{i}}} \tag{1-23}$$

基于式(1-23),NURBS 曲线可表示为

$$\boldsymbol{C}(\xi)=\sum_{i=1}^{n}R_{i,p}(\xi)\boldsymbol{P}_i \tag{1-24}$$

对比式(1-24)与式(1-22)可知,从几何以及代数的角度出发,可以得到相同的结果。此外,式(1-24)表明,NURBS 曲线的表达形式与式(1-19)B样条曲线的表达形式相似。

与 B 样条函数相同,二维以及三维 NURBS 函数可表示为

$$R_{ij,pq}(\xi,\eta)=\frac{N_{i,p}(\xi)M_{j,q}(\eta)w_{ij}}{\sum\limits_{\hat{i}=1}^{n}\sum\limits_{\hat{j}=1}^{m}N_{\hat{i},p}(\xi)M_{\hat{j},q}(\eta)w_{\hat{i}\hat{j}}} \tag{1-25}$$

$$R_{ijk,pqr}(\xi,\eta,\zeta)=\frac{N_{i,p}(\xi)M_{j,q}(\eta)L_{k,r}(\zeta)w_{ijk}}{\sum\limits_{\hat{i}=1}^{n}\sum\limits_{\hat{j}=1}^{m}\sum\limits_{\hat{k}=1}^{l}N_{\hat{i},p}(\xi)M_{\hat{j},q}(\eta)L_{\hat{k},r}(\zeta)w_{\hat{i}\hat{j}\hat{k}}} \tag{1-26}$$

不难证明,NURBS 函数同样具有单位分解特性,并且在节点区间上是非负的,NURBS 几何体同样具有凸包特性。此外,当控制点权重均为 1 时,NURBS 函数退化为 B 样条函数,因此 B 样条函数是 NURBS 函数的特例。

与 B 样条函数不同的是,NURBS 函数中权重的影响不可忽略,图 1-10 所示为权重对 NURBS 函数以及几何形状的影响。图 1-10(a)中,实线为初始 NURBS 曲线,其每个控制

点的权重均为 1，红色虚线为修改控制点 $\boldsymbol{P}_3$ 的权重为 $w_3=5$ 后的 NUBRS 曲线，黄色虚线则为修改控制点 $\boldsymbol{P}_3$ 的权重为 $w_3=0.2$ 后的 NUBRS 曲线。可以观察到，当控制点权重增大后，NURBS 曲线有向该控制点靠近的趋势。此外，与 B 样条函数类似，控制点 $\boldsymbol{P}_3$ 的影响区间为$[\xi_3,\xi_7]$，包含 $p+1$ 个节点跨度。图 1-10(b)、(c)分别为权重 $w_3=0.2$ 以及 $w_3=5.0$ 时 NURBS 函数的变化曲线，其中实线为初始 NURBS 函数曲线，虚线表示改变控制点权重之后的 NURBS 函数曲线。

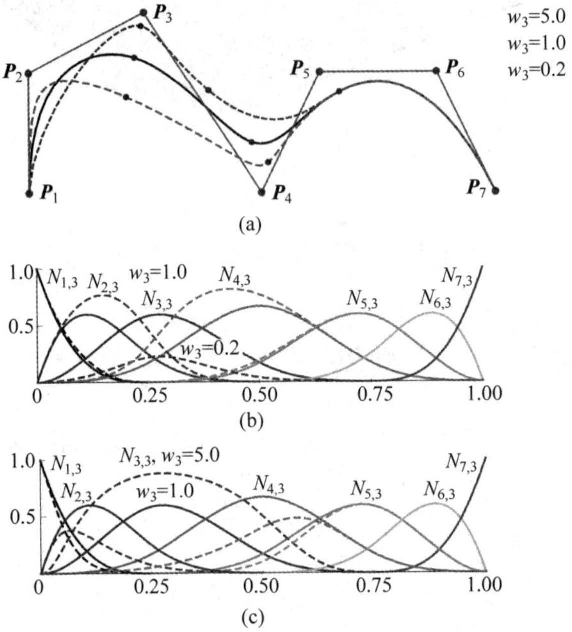

图 1-10　权重对 NURBS 基函数以及曲线的影响(见文前彩图)

(a) 不同权重对 NURBS 曲线的影响；(b) $w_3=0.2$ 时对 NURBS 函数的影响；(c) $w_3=5.0$ 时对 NURBS 函数的影响

根据式(1-23)，NURBS 函数的导数可表示为

$$\frac{\mathrm{d}}{\mathrm{d}\xi}R_{i,p}(\xi)=w_i\frac{W(\xi)N'_{i,p}(\xi)-W'(\xi)N_{i,p}(\xi)}{(W(\xi))^2} \tag{1-27}$$

其中

$$\begin{aligned} N'_{i,p}(\xi) &\equiv \mathrm{d}N_{i,p}(\xi)/\mathrm{d}\xi, \\ W'(\xi) &= \sum_{\hat{i}=1}^{n} N'_{\hat{i},p}(\xi)w_{\hat{i}} \end{aligned} \tag{1-28}$$

同理，NURBS 函数的高阶导数也可以根据求导公式得到，这里不再赘述。

1.3　弹性力学基本方程

本节主要介绍弹性力学基本方程，包括三个方面的内容：第一个方面为应力、应变、位移等弹性力学的基本概念；第二个方面为弹性力学基本方程，包括平衡微分方程、几何方程、物理方程以及边界条件；第三个方面为二维弹性力学问题基本方程，包括平面应力以及平面应变两个问题。

1.3.1 弹性力学的几个基本概念

在弹性力学中，经常用到外力、位移、应力以及应变的概念，现将其含义做如下说明。

(1) 外力：作用于弹性体上的力，按作用方式的不同可以分为体力以及面力。体力即分布于整个弹性体内的力，其可以为重力、惯性力等。面力为作用于弹性体表面的力，其可以为接触力、压力等。上述外力均为矢量，在三维卡氏坐标系中，具有沿 x、y、z 三个坐标的分量。

(2) 位移：弹性体在受到外力作用下，其内部会产生位置移动，其移动的位移矢量 $\boldsymbol{u}$ 可以用其沿三个坐标轴分量 u、v、w 来表示。

(3) 应力：当外力作用于弹性体时，其将在弹性体内部产生应力，其内部任意一点处的应力状态可用该点处的六面体微元表示，如图 1-11 所示，作用在微元体表面的应力分量有 σ_x、σ_y、σ_z、τ_{xy}、τ_{yx}、τ_{xz}、τ_{zx}、τ_{yz}、τ_{zy}，可以证明剪应力之间有如下互等关系：

$$\tau_{xy}=\tau_{yx},\quad \tau_{yz}=\tau_{zy},\quad \tau_{xz}=\tau_{zx} \tag{1-29}$$

因此，上述九个应力分量只有六个是独立的，通常将正应力 σ_x、σ_y、σ_z 以及剪应力 τ_{yz}、τ_{zx}、τ_{xy} 这六个应力分量称为该点的应力分量。

此外，需要对应力的正负做出规定。首先需要定义正面与负面，正面是指某一截面的外法线与坐标轴的正方向相同，负面是指某一截面的外法线指向坐标轴的负方向。正面上的应力分量沿着坐标轴的正向则为正，反向为负；负面上的应力分量沿坐标轴负向为正，正向为负。图 1-11 中的应力分量均为正。

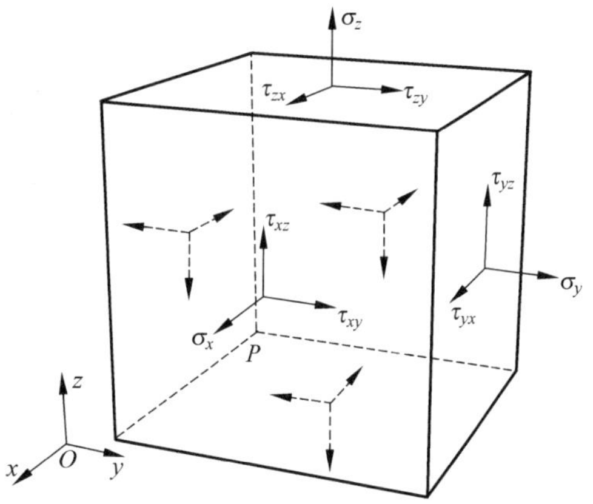

图 1-11　弹性体内任意一点处的应力状态

(4) 应变：为了描述弹性体内任意一点的变形状态，可在该点沿 x、y、z 坐标轴分别取三个微小线段，则弹性体变形后，这三个线段的长度以及它们之间的夹角将有一定变化，每个线段单位长度的伸、缩量称为正应变，用 ε 表示，且伸长为正，缩短为负。此外，沿 x、y、z 方向的线段的正应变分别记为 ε_x、ε_y、ε_z。剪应变可用两个互相垂直的线段之间夹角的变化来表示，用 γ 表示，单位为弧度，若两线段间的夹角变小，则剪应变为正，反之为负。剪应变包括三个独立分量 γ_{yz}、γ_{zx}、γ_{xy}，从而与三个正应变构成这一点的应变分量。

1.3.2 弹性力学基本方程

弹性力学在研究弹性体的应力、应变和位移时，通常取体内的六面体微元为研究对象，建立其平衡微分方程，但弹性体微元的未知应力分量数量大于平衡方程数量，因此，需要同时考虑微元体的变形条件以及应力与应变的关系，即几何方程和物理方程，才能对其进行求解。那么，平衡微分方程、几何方程以及物理方程统称为弹性力学的基本方程。

1. 平衡微分方程

取弹性体内任意一点处的正六面体微元，六个面与对应的 x、y、z 坐标轴垂直，假设微元的棱边长度分别为 $\mathrm{d}x$、$\mathrm{d}y$、$\mathrm{d}z$，如图 1-12 所示。该微元受到其周围弹性体的力的作用，在其每个面上作用三个应力分量。又由于弹性体内的应力是位置坐标的函数，因此，作用在该六面体两对面上的应力分量将有微小变化，该变化量可用应力分量对坐标的导数再乘以对应的棱边长度表示。

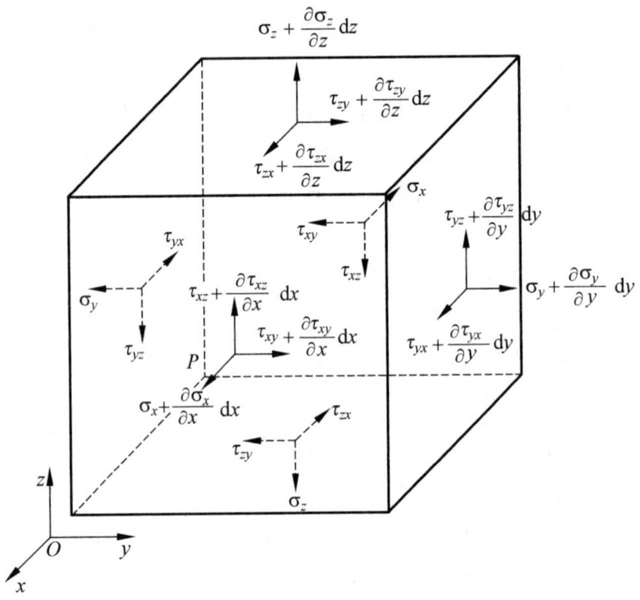

图 1-12 弹性体微元受力平衡图

在外力平衡条件下，该微元体也应处于平衡状态，假设微元体中的体力是均匀分布的，其沿三个坐标轴的分量为 $\bar{f}_x$、$\bar{f}_y$、$\bar{f}_z$，从而可以列出三个力平衡方程和三个力矩平衡方程，力平衡方程为

$$
\begin{aligned}
&\left(\sigma_x+\frac{\partial\sigma_x}{\partial x}\mathrm{d}x\right)\mathrm{d}y\mathrm{d}z-\sigma_x\mathrm{d}y\mathrm{d}z+\left(\tau_{yx}+\frac{\partial\tau_{yx}}{\partial y}\mathrm{d}y\right)\mathrm{d}x\mathrm{d}z-\tau_{yx}\mathrm{d}x\mathrm{d}z+\left(\tau_{zx}+\frac{\partial\tau_{zx}}{\partial z}\mathrm{d}z\right)\mathrm{d}x\mathrm{d}y-\\
&\tau_{zx}\mathrm{d}x\mathrm{d}y+\bar{f}_x\mathrm{d}x\mathrm{d}y\mathrm{d}z=0\\
&\left(\sigma_y+\frac{\partial\sigma_y}{\partial y}\mathrm{d}y\right)\mathrm{d}x\mathrm{d}z-\sigma_y\mathrm{d}x\mathrm{d}z+\left(\tau_{zy}+\frac{\partial\tau_{zy}}{\partial z}\mathrm{d}z\right)\mathrm{d}x\mathrm{d}y-\tau_{zy}\mathrm{d}x\mathrm{d}y+\left(\tau_{xy}+\frac{\partial\tau_{xy}}{\partial x}\mathrm{d}x\right)\mathrm{d}y\mathrm{d}z-\\
&\tau_{xy}\mathrm{d}y\mathrm{d}z+\bar{f}_y\mathrm{d}x\mathrm{d}y\mathrm{d}z=0\\
&\left(\sigma_z+\frac{\partial\sigma_z}{\partial z}\mathrm{d}z\right)\mathrm{d}x\mathrm{d}y-\sigma_z\mathrm{d}x\mathrm{d}y+\left(\tau_{yz}+\frac{\partial\tau_{yz}}{\partial y}\mathrm{d}y\right)\mathrm{d}x\mathrm{d}z-\tau_{yz}\mathrm{d}x\mathrm{d}z+\left(\tau_{xz}+\frac{\partial\tau_{xz}}{\partial x}\mathrm{d}x\right)\mathrm{d}y\mathrm{d}z-\\
&\tau_{xz}\mathrm{d}y\mathrm{d}z+\bar{f}_z\mathrm{d}x\mathrm{d}y\mathrm{d}z=0
\end{aligned}
\tag{1-30}
$$

化简后得平衡微分方程：

$$\begin{aligned}&\frac{\partial \sigma_x}{\partial x}+\frac{\partial \tau_{yx}}{\partial y}+\frac{\partial \tau_{zx}}{\partial z}+\bar{f}_x=0\\&\frac{\partial \tau_{xy}}{\partial x}+\frac{\partial \sigma_y}{\partial y}+\frac{\partial \tau_{zy}}{\partial z}+\bar{f}_y=0\\&\frac{\partial \tau_{xz}}{\partial x}+\frac{\partial \tau_{yz}}{\partial y}+\frac{\partial \sigma_z}{\partial z}+\bar{f}_z=0\end{aligned} \tag{1-31}$$

根据力矩的平衡方程，可以得到 $\tau_{xy}=\tau_{yx}$，$\tau_{yz}=\tau_{zy}$，$\tau_{xz}=\tau_{zx}$，即为剪应力互等定律式(1-29)。

2. 几何方程

弹性体的几何方程主要描述了其位移与应变之间的关系。取弹性体内 P_0 点处的正六面体微元，其棱边长度分别为 $\mathrm{d}x$、$\mathrm{d}y$、$\mathrm{d}z$。为了便于研究正六面体微元的变形，可将其投影到 xOy、yOz、xOz 三个坐标平面，其投影的形状为正方形，再通过这三个投影矩形的变化来研究微元体的变形。

首先将该正六面体微元投影到 xOy 平面，如图 1-13 所示，则 P_0 点的投影记为 P 点，从 P 点出发的两个边 PA、PB 的长度分别为 $\mathrm{d}x$、$\mathrm{d}y$，并且 PA 与 PB 之间夹角为直角。变形后，P、A、B 三点分别移动到 P'、A'、B'，则 P 点的位移可用线段 PP' 来表示，其在 x 和 y 方向的位移分量分别为 u 和 v，A 点沿 x 和 y 方向的位移则可以用 $u+(\partial u/\partial x)\mathrm{d}x$ 以及 $v+(\partial v/\partial x)\mathrm{d}x$ 表示，同理，B 点沿 x 和 y 方向的位移可以分别表示为 $u+(\partial u/\partial y)\mathrm{d}y$ 以及 $v+(\partial v/\partial y)\mathrm{d}y$。

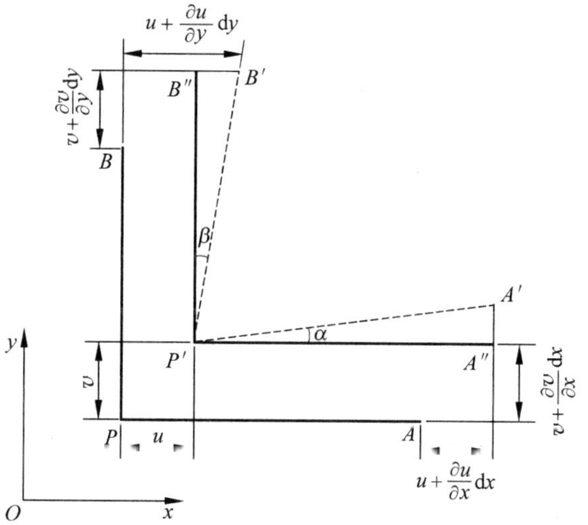

图 1-13　xOy 平面内的应变分析

考虑到小变形的假设，该微元沿 y 方向的位移引起的线段 PA 的伸缩，以及沿 x 方向的位移引起的线段 PB 的伸缩均可忽略，因此线段 PA、PB 的正应变可表示为

$$\varepsilon_x=\frac{P'A'-PA}{PA}=\frac{P'A''-PA}{PA}=\frac{u+\dfrac{\partial u}{\partial x}\mathrm{d}x-u}{\mathrm{d}x}=\frac{\partial u}{\partial x} \tag{1-32}$$

$$\varepsilon_y=\frac{P'B'-PB}{PB}=\frac{P'B''-PB}{PB}=\frac{v+\dfrac{\partial v}{\partial y}\mathrm{d}y-v}{\mathrm{d}y}=\frac{\partial v}{\partial y} \tag{1-33}$$

同理，将该微元体投影到 yOz 平面即可得到沿 z 方向的正应变：

$$\varepsilon_z=\frac{w+\dfrac{\partial w}{\partial z}\mathrm{d}z-w}{\mathrm{d}z}=\frac{\partial w}{\partial z} \tag{1-34}$$

剪应变 γ_{xy} 可以通过线段 PA 与 PB 的夹角的改变来表示，其包含两部分，即 PA 与 $P'A'$ 的夹角 α，以及 PB 与 $P'B'$ 的夹角 β，其分别可表示为

$$\alpha\approx\tan\alpha=\frac{A'A''}{P'A''}=\frac{\dfrac{\partial v}{\partial x}\mathrm{d}x}{\mathrm{d}x+\dfrac{\partial u}{\partial x}\mathrm{d}x}=\frac{\dfrac{\partial v}{\partial x}}{1+\dfrac{\partial u}{\partial x}} \tag{1-35}$$

由于 $\dfrac{\partial u}{\partial x}\ll 1$，因此 α 可简化为

$$\alpha=\frac{\partial v}{\partial x} \tag{1-36}$$

同理，β 可表示为

$$\beta\approx\tan\beta=\frac{B'B''}{P'B''}=\frac{\dfrac{\partial u}{\partial y}\mathrm{d}y}{\mathrm{d}y+\dfrac{\partial v}{\partial y}\mathrm{d}y}=\frac{\dfrac{\partial u}{\partial y}}{1+\dfrac{\partial v}{\partial y}}=\frac{\partial u}{\partial y} \tag{1-37}$$

因此，剪应变 γ_{xy} 可表示为

$$\gamma_{xy}=\alpha+\beta=\frac{\partial v}{\partial x}+\frac{\partial u}{\partial y} \tag{1-38}$$

采用同样的方法，将微元体投影到 yOz 以及 xOz 平面，可以得到另外两个剪应变的表达式：

$$\gamma_{yz}=\frac{\partial w}{\partial y}+\frac{\partial v}{\partial z},\quad \gamma_{zx}=\frac{\partial u}{\partial z}+\frac{\partial w}{\partial x} \tag{1-39}$$

综上所述，式(1-32)～式(1-39)建立了正六面体微元的六个应变分量与其位移的关系，即该弹性体的几何方程，现汇总如下：

$$\begin{aligned}
\varepsilon_x&=\frac{\partial u}{\partial x},\quad \gamma_{yz}=\frac{\partial w}{\partial y}+\frac{\partial v}{\partial z}\\
\varepsilon_y&=\frac{\partial v}{\partial y},\quad \gamma_{zx}=\frac{\partial u}{\partial z}+\frac{\partial w}{\partial x}\\
\varepsilon_z&=\frac{\partial w}{\partial z},\quad \gamma_{xy}=\frac{\partial v}{\partial x}+\frac{\partial u}{\partial y}
\end{aligned} \tag{1-40}$$

由式(1-40)可知，六个应变分量全部由三个独立的位移分量得到，因此这六个应变分量不是独立的，其互相之间的联系可以表示为两组关系式，第一组关系式可以表示为

$$\begin{aligned}
\frac{\partial^2\varepsilon_x}{\partial y^2}+\frac{\partial^2\varepsilon_y}{\partial x^2}&=\frac{\partial^2}{\partial y^2}\left(\frac{\partial u}{\partial x}\right)+\frac{\partial^2}{\partial x^2}\left(\frac{\partial v}{\partial y}\right)=\frac{\partial^2\gamma_{xy}}{\partial x\partial y}\\
\frac{\partial^2\varepsilon_y}{\partial z^2}+\frac{\partial^2\varepsilon_z}{\partial y^2}&=\frac{\partial^2}{\partial z^2}\left(\frac{\partial v}{\partial y}\right)+\frac{\partial^2}{\partial y^2}\left(\frac{\partial w}{\partial z}\right)=\frac{\partial^2\gamma_{yz}}{\partial y\partial z}\\
\frac{\partial^2\varepsilon_z}{\partial x^2}+\frac{\partial^2\varepsilon_x}{\partial z^2}&=\frac{\partial^2}{\partial x^2}\left(\frac{\partial w}{\partial z}\right)+\frac{\partial^2}{\partial z^2}\left(\frac{\partial u}{\partial x}\right)=\frac{\partial^2\gamma_{zx}}{\partial z\partial x}
\end{aligned} \tag{1-41}$$

第二组关系式表示为

$$\begin{aligned}
\frac{\partial}{\partial x}\left(\frac{\partial \gamma_{zx}}{\partial y}+\frac{\partial \gamma_{xy}}{\partial z}-\frac{\partial \gamma_{yz}}{\partial x}\right)&=2\,\frac{\partial^2 \varepsilon_x}{\partial y \partial z}\\
\frac{\partial}{\partial y}\left(\frac{\partial \gamma_{xy}}{\partial z}+\frac{\partial \gamma_{yz}}{\partial x}-\frac{\partial \gamma_{zx}}{\partial y}\right)&=2\,\frac{\partial^2 \varepsilon_y}{\partial z \partial x}\\
\frac{\partial}{\partial z}\left(\frac{\partial \gamma_{yz}}{\partial x}+\frac{\partial \gamma_{zx}}{\partial y}-\frac{\partial \gamma_{xy}}{\partial z}\right)&=2\,\frac{\partial^2 \varepsilon_z}{\partial x \partial y}
\end{aligned} \tag{1-42}$$

上述两组关系共六个方程称为变形协调方程。

3. 物理方程

上述平衡微分方程以及几何方程适用于任何弹性体，与物体的物理性质无关，但由于平衡微分方程以及几何方程还不能求解弹性力学问题，需要建立应力分量与应变分量之间的关系，即物理方程。

对于各向同性均匀弹性体，基于线弹性假设，应力与应变分量之间满足广义胡克定律，即

$$\begin{aligned}
\sigma_x &= C_{11}\varepsilon_x + C_{12}\varepsilon_y + C_{13}\varepsilon_z + C_{14}\gamma_{yz} + C_{15}\gamma_{zx} + C_{16}\gamma_{xy}\\
\sigma_y &= C_{21}\varepsilon_x + C_{22}\varepsilon_y + C_{23}\varepsilon_z + C_{24}\gamma_{yz} + C_{25}\gamma_{zx} + C_{26}\gamma_{xy}\\
\sigma_z &= C_{31}\varepsilon_x + C_{32}\varepsilon_y + C_{33}\varepsilon_z + C_{34}\gamma_{yz} + C_{35}\gamma_{zx} + C_{36}\gamma_{xy}\\
\tau_{yz} &= C_{41}\varepsilon_x + C_{42}\varepsilon_y + C_{43}\varepsilon_z + C_{44}\gamma_{yz} + C_{45}\gamma_{zx} + C_{46}\gamma_{xy}\\
\tau_{zx} &= C_{51}\varepsilon_x + C_{52}\varepsilon_y + C_{53}\varepsilon_z + C_{54}\gamma_{yz} + C_{55}\gamma_{zx} + C_{56}\gamma_{xy}\\
\tau_{xy} &= C_{61}\varepsilon_x + C_{62}\varepsilon_y + C_{63}\varepsilon_z + C_{64}\gamma_{yz} + C_{65}\gamma_{zx} + C_{66}\gamma_{xy}
\end{aligned} \tag{1-43}$$

将上式以矩阵形式表示为

$$\begin{bmatrix}\sigma_x\\ \sigma_y\\ \sigma_z\\ \tau_{yz}\\ \tau_{zx}\\ \tau_{xy}\end{bmatrix}=\begin{bmatrix}C_{11} & C_{12} & C_{13} & C_{14} & C_{15} & C_{16}\\ C_{21} & C_{22} & C_{23} & C_{24} & C_{25} & C_{26}\\ C_{31} & C_{32} & C_{33} & C_{34} & C_{35} & C_{36}\\ C_{41} & C_{42} & C_{43} & C_{44} & C_{45} & C_{46}\\ C_{51} & C_{52} & C_{53} & C_{54} & C_{55} & C_{56}\\ C_{61} & C_{62} & C_{63} & C_{64} & C_{65} & C_{66}\end{bmatrix}\begin{bmatrix}\varepsilon_x\\ \varepsilon_y\\ \varepsilon_z\\ \gamma_{yz}\\ \gamma_{zx}\\ \gamma_{xy}\end{bmatrix} \tag{1-44}$$

其中，$C_{ij}(i,j=1,2,3,4,5,6)$为弹性系数，可以证明$C_{ij}=C_{ji}$，因此，独立的弹性常数个数缩减为21。对于在不同方向上具有不同物理性质的弹性体，其独立的弹性常数个数也不相同，对于正交各向同性弹性体，其独立的弹性常数个数为9，而对于各向同性弹性体，其独立的弹性常数个数为2，此时式(1-44)可简化为

$$\begin{bmatrix}\sigma_x\\ \sigma_y\\ \sigma_z\\ \tau_{yz}\\ \tau_{zx}\\ \tau_{xy}\end{bmatrix}=\begin{bmatrix}C_{11} & C_{12} & C_{12} & 0 & 0 & 0\\ C_{12} & C_{11} & C_{12} & 0 & 0 & 0\\ C_{12} & C_{12} & C_{11} & 0 & 0 & 0\\ 0 & 0 & 0 & \dfrac{(C_{11}-C_{12})}{2} & 0 & 0\\ 0 & 0 & 0 & 0 & \dfrac{(C_{11}-C_{12})}{2} & 0\\ 0 & 0 & 0 & 0 & 0 & \dfrac{(C_{11}-C_{12})}{2}\end{bmatrix}\begin{bmatrix}\varepsilon_x\\ \varepsilon_y\\ \varepsilon_z\\ \gamma_{yz}\\ \gamma_{zx}\\ \gamma_{xy}\end{bmatrix} \tag{1-45}$$

由式(1-45)可得

$$\begin{bmatrix} \varepsilon_x \\ \varepsilon_y \\ \varepsilon_z \\ \gamma_{yz} \\ \gamma_{zx} \\ \gamma_{xy} \end{bmatrix} = \begin{bmatrix} S_{11} & S_{12} & S_{12} & 0 & 0 & 0 \\ S_{12} & S_{11} & S_{12} & 0 & 0 & 0 \\ S_{12} & S_{12} & S_{11} & 0 & 0 & 0 \\ 0 & 0 & 0 & 2(S_{11}-S_{12}) & 0 & 0 \\ 0 & 0 & 0 & 0 & 2(S_{11}-S_{12}) & 0 \\ 0 & 0 & 0 & 0 & 0 & 2(S_{11}-S_{12}) \end{bmatrix} \begin{bmatrix} \sigma_x \\ \sigma_y \\ \sigma_z \\ \tau_{yz} \\ \tau_{zx} \\ \tau_{xy} \end{bmatrix} \tag{1-46}$$

分别记 $\boldsymbol{\sigma}=[\sigma_x \quad \sigma_y \quad \sigma_z \quad \tau_{yz} \quad \tau_{zx} \quad \tau_{xy}]^{\mathrm{T}}$ 以及 $\boldsymbol{\varepsilon}=[\varepsilon_x \quad \varepsilon_y \quad \varepsilon_z \quad \gamma_{yz} \quad \gamma_{zx} \quad \gamma_{xy}]^{\mathrm{T}}$，则式(1-45)及式(1-46)可简写为

$$\boldsymbol{\sigma}=\boldsymbol{C\varepsilon} \tag{1-47}$$

$$\boldsymbol{\varepsilon}=\boldsymbol{S\sigma} \tag{1-48}$$

其中，$\boldsymbol{C}$ 称为弹性矩阵，$\boldsymbol{S}=\boldsymbol{C}^{-1}$ 称为柔度矩阵。对于各向同性弹性体，有

$$\boldsymbol{S}=[S_{ij}]=\begin{bmatrix} 1/E & -\mu/E & -\mu/E & 0 & 0 & 0 \\ -\mu/E & 1/E & -\mu/E & 0 & 0 & 0 \\ -\mu/E & -\mu/E & 1/E & 0 & 0 & 0 \\ 0 & 0 & 0 & 1/G & 0 & 0 \\ 0 & 0 & 0 & 0 & 1/G & 0 \\ 0 & 0 & 0 & 0 & 0 & 1/G \end{bmatrix} \tag{1-49}$$

其中，E 为材料的弹性模量，μ 为泊松比，G 为剪切弹性模量，三者具有如下关系：

$$G=\frac{E}{2(1+\mu)} \tag{1-50}$$

根据弹性矩阵 $\boldsymbol{C}$ 与柔度矩阵 $\boldsymbol{S}$ 互逆的关系，可得

$$\boldsymbol{C}=[C_{ij}]=\begin{bmatrix} \lambda+2G & \lambda & \lambda & 0 & 0 & 0 \\ \lambda & \lambda+2G & \lambda & 0 & 0 & 0 \\ \lambda & \lambda & \lambda+2G & 0 & 0 & 0 \\ 0 & 0 & 0 & G & 0 & 0 \\ 0 & 0 & 0 & 0 & G & 0 \\ 0 & 0 & 0 & 0 & 0 & G \end{bmatrix} \tag{1-51}$$

其中，λ 与 G 称为拉梅(Lamé)常数，且 λ 可表示为

$$\lambda=\frac{E\mu}{(1+\mu)(1-2\mu)} \tag{1-52}$$

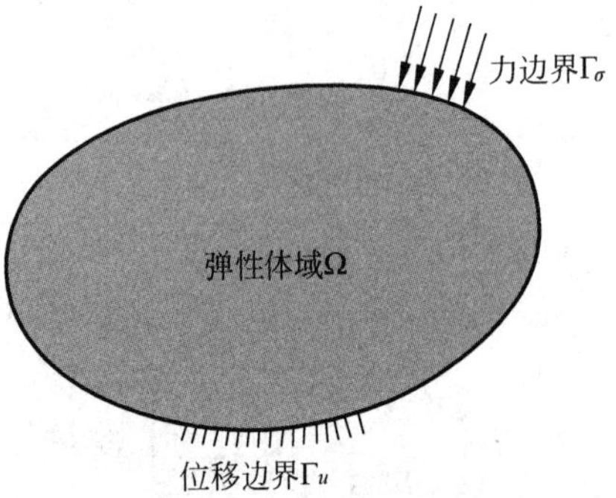

图 1-14　弹性体边界条件示意图

4. 边界条件

弹性体域 Ω 所对应的边界 Γ 包含两部分，即位移边界 Γ_u 和力的边界 Γ_σ，其构成了弹性体的全部边界，如图 1-14 所示，即

$$\Gamma=\Gamma_u \cup \Gamma_\sigma \tag{1-53}$$

1) 位移边界条件

位移边界的作用是给弹性体提供足够的约束，从

而消除刚体位移，保证上述弹性体的基本方程有解。因为根据式(1-40)可知，当给定弹性体的位移分量，则其应变分量即可完全确定。但是，当给定弹性体的应变分量时，其位移分量却不能完全确定，其一般包含刚体位移以及转动。因此，位移边界条件对于弹性力学问题的求解至关重要。

在位移边界 Γ_u 上，给定弹性体的位移分量，即

$$u=\bar{u},\quad v=\bar{v},\quad w=\bar{w} \tag{1-54}$$

其中，$\bar{u}$、$\bar{v}$、$\bar{w}$ 为已知位移分量。

2）应力边界条件

在弹性体边界上，取如图1-15所示的四面体微元 $PABC$，其区别于推导平衡微分方程时所用的正六面体微元。斜微分面 ABC 是物体表面的一部分，其外法线 N 与各坐标轴的夹角方向余弦为

$$l=\cos(N,x),\quad m=\cos(N,y),\quad n=\cos(N,z) \tag{1-55}$$

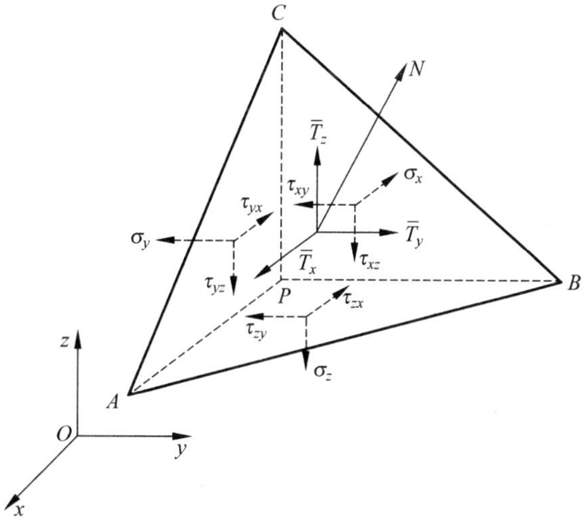

图1-15 应力边界受力平衡图

斜微分面 P_{ABC} 上的面力可等效为均匀分布，则该面力沿三个坐标轴的投影分别为 $\bar{T}_x$、$\bar{T}_y$、$\bar{T}_z$，则根据三个坐标轴方向的力的平衡关系，可以建立三个平衡方程：

$$\begin{aligned}
&\bar{T}_x\,\mathrm{d}A-\sigma_x l\,\mathrm{d}A-\tau_{yx}m\,\mathrm{d}A-\tau_{zx}n\,\mathrm{d}A+\bar{f}_x\,\mathrm{d}V=0\\
&\bar{T}_y\,\mathrm{d}A-\tau_{xy}l\,\mathrm{d}A-\sigma_y m\,\mathrm{d}A-\tau_{zy}n\,\mathrm{d}A+\bar{f}_y\,\mathrm{d}V=0\\
&\bar{T}_z\,\mathrm{d}A-\tau_{xz}l\,\mathrm{d}A-\tau_{yz}m\,\mathrm{d}A-\sigma_z n\,\mathrm{d}A+\bar{f}_z\,\mathrm{d}V=0
\end{aligned} \tag{1-56}$$

其中，$\mathrm{d}A$ 表示三角形 ABC 的面积，$\mathrm{d}V$ 表示四面体 $PABC$ 的体积，其可以表示为 $\mathrm{d}V=\mathrm{d}A\times\mathrm{d}h/3$，其中 $\mathrm{d}h$ 为 P 点到三角形面 ABC 的垂直距离。

将式(1-56)两边同时除以三角形 ABC 面积 $\mathrm{d}A$，并注意到，当 P 点无限接近物体表面，即 $\mathrm{d}h\to 0$ 时，有 $\mathrm{d}V/\mathrm{d}A=\mathrm{d}h/3\to 0$，则式(1-56)可简化为

$$l\sigma_x+m\tau_{yx}+n\tau_{zx}=\bar{T}_x$$

$$l\tau_{xy}+m\sigma_y+n\tau_{zy}=\bar{T}_y$$

$$l\tau_{xz}+m\tau_{yz}+n\sigma_z=\overline{T}_z \tag{1-57}$$

上式即为应力边界条件，若整个弹性体处于平衡状态，则平衡微分方程式(1-31)以及应力边界条件式(1-57)应同时得到满足。

1.3.3 二维弹性力学基本方程

在一些特殊情况下，实际工程问题可以从三维简化为二维，比如薄板受面内力作用时可以简化为平面应力问题，很长的堤坝可以简化为平面应变问题。因此相应的弹性力学基本方程也会得到简化。

1. 平面应力问题

对于平面应力问题，通常弹性体只受面内应力作用，面外应力分量 σ_z、τ_{zx}、τ_{yz} 均为零，独立的应力分量只有 σ_x、σ_y、τ_{xy}，如图 1-16 所示。此外，体力分量 $\bar{f}_z$ 也为零。因此平衡微分方程式(1-31)可简化为

$$\begin{aligned}&\frac{\partial\sigma_x}{\partial x}+\frac{\partial\tau_{yx}}{\partial y}+\bar{f}_x=0\\&\frac{\partial\tau_{xy}}{\partial x}+\frac{\partial\sigma_y}{\partial y}+\bar{f}_y=0\end{aligned} \tag{1-58}$$

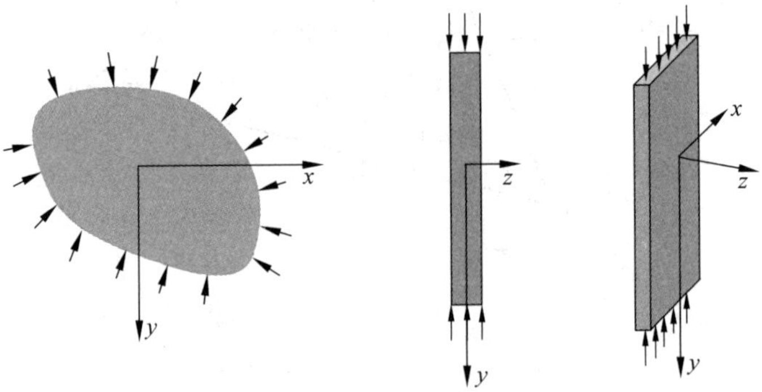

图 1-16 平面应力问题

根据物理方程式(1-46)可知，平面应力问题的面外剪切应变分量 γ_{zx}、γ_{yz} 为零，但法向正应变 $\varepsilon_z\neq0$。因此，几何方程(1-40)可简化为

$$\varepsilon_x=\frac{\partial u}{\partial x},\quad \varepsilon_y=\frac{\partial v}{\partial y},\quad \gamma_{xy}=\frac{\partial v}{\partial x}+\frac{\partial u}{\partial y} \tag{1-59}$$

相应地，平面应力问题的变形协调方程可以简化为

$$\frac{\partial^2\varepsilon_x}{\partial y^2}+\frac{\partial^2\varepsilon_y}{\partial x^2}=\frac{\partial^2\gamma_{xy}}{\partial x\partial y} \tag{1-60}$$

对于平面应力问题的物理方程，其可以表示为

$$\begin{bmatrix}\varepsilon_x\\\varepsilon_y\\\gamma_{xy}\end{bmatrix}=\begin{bmatrix}1/E&-\mu/E&0\\-\mu/E&1/E&0\\0&0&1/G\end{bmatrix}\begin{bmatrix}\sigma_x\\\sigma_y\\\tau_{xy}\end{bmatrix} \tag{1-61}$$

$$\begin{bmatrix}\sigma_x\\ \sigma_y\\ \tau_{xy}\end{bmatrix}=\frac{E}{1-\mu^2}\begin{bmatrix}1 & \mu & 0\\ \mu & 1 & 0\\ 0 & 0 & (1-\mu)/2\end{bmatrix}\begin{bmatrix}\varepsilon_x\\ \varepsilon_y\\ \gamma_{xy}\end{bmatrix} \tag{1-62}$$

此外，根据式(1-46)以及式(1-49)，平面应力问题的面外法向应变 ε_z 可用 σ_x、σ_y 进行表示，因此不将其当作未知量，其表达式为

$$\varepsilon_z=-\frac{\mu}{E}(\sigma_x+\sigma_y) \tag{1-63}$$

相应地，其位移边界条件以及力边界条件也分别简化为

$$u=\bar{u},\quad v=\bar{v}\quad (\text{在 }\Gamma_u\text{ 上}) \tag{1-64}$$

$$\left.\begin{aligned}l\sigma_x+m\tau_{yx}&=\bar{T}_x\\ l\tau_{xy}+m\sigma_y&=\bar{T}_y\end{aligned}\right.\quad (\text{在 }\Gamma_\sigma\text{ 上}) \tag{1-65}$$

2. 平面应变问题

平面应变问题的基本方程与平面应力问题较为类似，其平衡微分方程、几何方程、变形协调方程以及边界条件与式(1-58)～式(1-60)以及式(1-64)～式(1-65)均相同。对于物理方程，由于 $\varepsilon_z=0$，因此可以根据式(1-46)第三行得到：

$$\sigma_z=\mu(\sigma_x+\sigma_y) \tag{1-66}$$

将式(1-66)代入式(1-46)并化简，可得

$$\begin{bmatrix}\varepsilon_x\\ \varepsilon_y\\ \gamma_{xy}\end{bmatrix}=\frac{1-\mu^2}{E}\begin{bmatrix}1 & -\dfrac{\mu}{1-\mu} & 0\\ -\dfrac{\mu}{1-\mu} & 1 & 0\\ 0 & 0 & \dfrac{2}{1-\mu}\end{bmatrix}\begin{bmatrix}\sigma_x\\ \sigma_y\\ \tau_{xy}\end{bmatrix} \tag{1-67}$$

因此，用应变表示应力可以得到：

$$\begin{bmatrix}\sigma_x\\ \sigma_y\\ \tau_{xy}\end{bmatrix}=\frac{E}{(1+\mu)(1-2\mu)}\begin{bmatrix}1-\mu & \mu & 0\\ \mu & 1-\mu & 0\\ 0 & 0 & (1-2\mu)/2\end{bmatrix}\begin{bmatrix}\varepsilon_x\\ \varepsilon_y\\ \gamma_{xy}\end{bmatrix} \tag{1-68}$$

式(1-67)以及式(1-68)即为平面应变问题的物理方程。

此外，由式(1-66)以及式(1-68)可得

$$\sigma_z=\frac{E\mu}{(1+\mu)(1-2\mu)}(\varepsilon_x+\varepsilon_y) \tag{1-69}$$

1.4 等效积分弱形式及其近似求解方法

1.3 节中所介绍的应力平衡方程、几何方程以及本构方程均为微分方程，需要在弹性体内每一点处都得到满足，因此，要求得弹性力学问题的精确解是十分困难的。通常可将上述微分方程转化为其等效积分形式，再采用分部积分方法得到等效积分的弱形式，以便后续采用有限元法等近似方法进行求解。

在介绍等效积分及其弱形式时，将弹性力学基本物理量表示为张量形式将有助于公式的表达，因此本节首先介绍弹性力学基本方程的张量形式，其次介绍弹性力学基本方程的等效积分弱形式，最后介绍基于等效积分形式的近似求解方法——伽辽金法与里茨方法。

1.4.1 弹性力学基本方程的张量形式

首先，采用张量形式对 1.3 节中的基本方程进行改写，并约定：

$$\sigma_{11}=\sigma_x,\quad \sigma_{22}=\sigma_y,\quad \sigma_{33}=\sigma_z,$$
$$\sigma_{12}=\sigma_{21}=\tau_{xy},\quad \sigma_{23}=\sigma_{32}=\tau_{yz},\quad \sigma_{31}=\sigma_{13}=\tau_{zx} \tag{1-70}$$

$$\varepsilon_{11}=\varepsilon_x,\varepsilon_{22}=\varepsilon_y,\quad \varepsilon_{33}=\varepsilon_z,$$
$$\varepsilon_{12}=\varepsilon_{21}=\frac{1}{2}\gamma_{xy},\quad \varepsilon_{23}=\varepsilon_{32}=\frac{1}{2}\gamma_{yz},\quad \varepsilon_{31}=\varepsilon_{13}=\frac{1}{2}\gamma_{zx} \tag{1-71}$$

$$u_1=u,\quad u_2=v,\quad u_3=w \tag{1-72}$$

$$\bar{f}_1=\bar{f}_x,\quad \bar{f}_2=\bar{f}_y,\quad \bar{f}_3=\bar{f}_z \tag{1-73}$$

$$\bar{T}_1=\bar{T}_x,\quad \bar{T}_2=\bar{T}_y,\quad \bar{T}_3=\bar{T}_z \tag{1-74}$$

基于上述约定，平衡微分方程(1-31)可写为

$$\sigma_{ij,j}+\bar{f}_i=0,\quad 在\ \Omega\ 内 \tag{1-75}$$

其中，$(i,j=1,2,3)$，下标 i，j 分别表示对 x、y、z 坐标分量求导。式(1-75)中 $\sigma_{ij,j}$ 下标 j 重复出现，表示需要在 j 的取值范围内遍历求和。

基于张量形式，几何方程(1-40)以及物理方程(1-45)可分别改写为

$$\varepsilon_{ij}=\frac{1}{2}(u_{i,j}+u_{j,i}),\quad 在\ \Omega\ 内 \tag{1-76}$$

$$\sigma_{ij}=C_{ijkl}\varepsilon_{kl},\quad 在\ \Omega\ 内 \tag{1-77}$$

其中，由于 σ_{ij}、ε_{ij} 具有对称性，因此分别有 $C_{ijkl}=C_{jikl}$、$C_{ijkl}=C_{ijlk}$，此外，当变形过程为绝热或等温过程时，有 $C_{ijkl}=C_{klij}$。因此，独立的弹性常数 C_{ijkl} 个数从 81 减少为 21。对于各向同性材料，独立的弹性常数只有两个，即拉梅常数 G 和 λ 或者弹性模量 E 与泊松比 μ，从而弹性张量 C_{ijkl} 可以表示为

$$C_{ijkl}=2G\delta_{ik}\delta_{jl}+\lambda\delta_{ij}\delta_{kl} \tag{1-78}$$

其中，δ_{ij} 为克罗内克符号，其满足：

$$\delta_{ij}=\begin{cases}1, & 当\ i=j\\ 0, & 当\ i\neq j\end{cases} \tag{1-79}$$

基于式(1-78)，物理方程(1-77)可表示为

$$\sigma_{ij}=2G\varepsilon_{ij}+\lambda\delta_{ij}\varepsilon_{kk},\quad 在\ \Omega\ 内 \tag{1-80}$$

力的边界条件式(1-57)可改写为

$$\sigma_{ij}n_j=\bar{T}_i,\quad 在\ \Gamma_\sigma\ 上 \tag{1-81}$$

其中，$n_1=l$，$n_2=m$，$n_3=n$。

位移边界条件则为

$$u_i=\bar{u}_i,\quad 在\ \Gamma_u\ 上 \tag{1-82}$$

1.4.2 等效积分弱形式

平衡微分方程(1-75)在整个弹性体域 Ω 内都得到满足，力的边界条件(1-81)在力的边界 Γ_σ 上都得到满足，因此可将平衡微分方程以及力的边界条件写为如下等效积分形式：

$$\int_\Omega \delta u_i(\sigma_{ij,j}+\bar{f}_i)\mathrm{d}\Omega-\int_{\Gamma_\sigma}\delta u_i(\sigma_{ij}n_j-\bar{T}_i)\mathrm{d}\Gamma=0 \tag{1-83}$$

其中，δu_i 为加权函数，可取为真实位移的变分，因此是连续可导的，并且在给定的位移边界 Γ_u 上满足 $\delta u_i=0$。

对式(1-83)中第一项进行分部积分，得到：

$$\begin{aligned}\int_\Omega \delta u_i\sigma_{ij,j}\mathrm{d}\Omega&=\int_\Omega(\delta u_i\sigma_{ij})_{,j}\mathrm{d}\Omega-\int_\Omega\frac{1}{2}(\delta u_{i,j}+\delta u_{j,i})\sigma_{ij}\mathrm{d}\Omega\\&=-\int_\Omega\frac{1}{2}(\delta u_{i,j}+\delta u_{j,i})\sigma_{ij}\mathrm{d}\Omega+\int_{\Gamma_\sigma}\delta u_i\sigma_{ij}n_j\mathrm{d}\Gamma\\&=-\int_\Omega\delta\varepsilon_{ij}\sigma_{ij}\mathrm{d}\Omega+\int_{\Gamma_\sigma}\delta u_i\sigma_{ij}n_j\mathrm{d}\Gamma\end{aligned} \tag{1-84}$$

其中，应变的变分可表示为 $\delta\varepsilon_{ij}=(\delta u_{i,j}+\delta u_{j,i})/2$，将式(1-84)代入式(1-83)可得其等效积分的弱形式：

$$-\int_\Omega\delta\varepsilon_{ij}\sigma_{ij}\mathrm{d}\Omega+\int_\Omega\delta u_i\bar{f}_i\mathrm{d}\Omega+\int_{\Gamma_\sigma}\delta u_i\bar{T}_i\mathrm{d}\Gamma=0 \tag{1-85}$$

上式中的第一项可看作弹性体内的应力在虚应变上所做的功，即内力虚功，第二项和第三项可看作体积力以及面力在虚位移上所做的功，即外力虚功。外力虚功与内力虚功的总和为零，即虚位移原理。其内在含义是：如果弹性体在外力以及内力组成的力系的作用下是平衡的，即满足平衡微分方程以及力的边界条件，则该力系在虚位移和虚应变上所做的功的总和为零；反之，如果力系在虚应变以及虚位移上所做功之和为零，则它们必然满足平衡方程以及力的边界条件。

上述虚位移原理是从弹性体的平衡方程以及力的边界条件出发推导得到的，同样，我们也可以从弹性体的几何方程以及位移边界条件出发，选择真实应力的变分 $\delta\sigma_{ij}$ 及相应的边界值 $\delta T_i=\delta\sigma_{ij}n_j$ 作为加权函数，构造等效积分形式，其中真实应力的变分必然满足应力平衡方程，且在 Γ_σ 上有 $\delta T_i=0$。通过对等效积分形式进行分部积分，即可得到虚应力原理。

上述等效积分弱形式也可以通过泛函取极值得到，即定义泛函 Π 为弹性体的总位能，其可以表示为

$$\Pi=U+V \tag{1-86}$$

其中，U 为弹性体的弹性位能，V 为外力位能，其可分别表示为

$$U=\int_\Omega\frac{1}{2}\sigma_{ij}\varepsilon_{ij}\mathrm{d}\Omega=\int_\Omega\frac{1}{2}C_{ijkl}\varepsilon_{ij}\varepsilon_{kl}\mathrm{d}\Omega \tag{1-87}$$

$$V=-\int_\Omega\bar{f}_iu_i\mathrm{d}\Omega-\int_{\Gamma_\sigma}\bar{T}_iu_i\mathrm{d}\Gamma \tag{1-88}$$

泛函 Π 的变分 $\delta\Pi$ 可表示为

$$\delta\Pi=\delta U+\delta V=\int_\Omega\delta\varepsilon_{ij}C_{ijkl}\varepsilon_{kl}\mathrm{d}\Omega-\int_\Omega\delta u_i\bar{f}_i\mathrm{d}\Omega-\int_{\Gamma_\sigma}\delta u_i\bar{T}_i\mathrm{d}\Gamma \tag{1-89}$$

将式(1-85)中的应力张量 σ_{ij} 用物理方程(1-77)代入，并对比式(1-85)与式(1-89)，可以

得到，真实位移场使得弹性体的总位能取驻值，即有 $\delta\Pi=0$。可以进一步证明，在所有可能的位移中，真实位移使系统总位能 Π 取最小值，因此式(1-85)又可称为最小位能原理。

同理，也可以从弹性体的总余能出发，推导得到最小余能原理，其表达的含义是，在弹性体内所有满足平衡方程，并且在边界上满足力的边界条件的可能应力中，真实的应力使系统的总余能取最小值[32]。

值得注意的是，上述讨论的弹性力学最小位能原理、最小余能原理均属于自然变分原理，其试探函数需要事先满足规定的条件：比如，最小位能原理中，位移试探函数需要满足几何方程以及位移边界条件，因此，要求位移试探函数具有一定的连续性；最小余能原理中，应力试探函数需要满足平衡方程以及力的边界条件，同样对应力试探函数的连续性提出了一定要求。

从虚位移原理的推导过程(式(1-83)～式(1-85))可以看出，等效积分弱形式是通过提高权函数的连续性要求来降低待求场函数(比如位移场 $\boldsymbol{u}$)的连续性要求的，因此，为弹性力学问题的求解，尤其是对于有限单元法的运用提供了极大便利。此外，虽然等效积分的弱形式降低了待求场函数的连续性要求，但对实际的物理问题来说，弱形式常常较原始的微分方程更逼近真正解，因为原始的微分方程通常对解的光滑性提出过高的要求。

1.4.3 基于等效积分形式的近似求解方法——伽辽金法与里茨方法

1. 基于加权余量思想的伽辽金(Galerkin)法

对于弹性体域 Ω，若位移场 $\boldsymbol{u}$ 是精确解，则其必然在 Ω 内每一点处都满足平衡微分方程，并在 Γ 上任一点处满足边界条件，从而其等效积分的弱形式必然也严格地得到满足。但对于实际问题，精确解往往难以找到，因此需要寻找某种近似解，加权余量法正是一种平均意义上的近似解法。

假设未知位移场 $\boldsymbol{u}$ 可用一系列函数及其对应的系数表示为

$$\boldsymbol{u}\approx\tilde{\boldsymbol{u}}=\sum_{i=1}^{n}N_i\boldsymbol{u}_i=\boldsymbol{N}^{\mathrm{T}}\boldsymbol{U} \tag{1-90}$$

其中，$\tilde{\boldsymbol{u}}=[\tilde{u}_1\quad \tilde{u}_2\quad \tilde{u}_3]^{\mathrm{T}}$ 为位移场的近似解，$\boldsymbol{u}_i=[u_1^i\quad u_2^i\quad u_3^i]^{\mathrm{T}}$ 为待定参数向量，N_i 为试探函数，其应取自完全的函数序列，从而任一函数都可以用该序列进行线性表示，n 表示选取的试探函数的数量，$\boldsymbol{N}$、$\boldsymbol{U}$ 分别为对应的矩阵形式。

加权函数有多种取法，其中有限元法常用伽辽金法，即取上述近似解公式(1-90)中的试探函数序列 N_i 作为加权函数，因此等效积分形式(1-83)可写为

$$\int_{\Omega}N_k(\sigma(\tilde{\boldsymbol{u}})_{ij,j}+\bar{f}_i)\mathrm{d}\Omega-\int_{\Gamma_\sigma}N_k(\sigma(\tilde{\boldsymbol{u}})_{ij}n_j-\bar{T}_i)\mathrm{d}\Gamma=0\quad(k=1,2,\cdots,n) \tag{1-91}$$

其中，$\sigma(\tilde{\boldsymbol{u}})$表示应力 σ 是位移场 $\boldsymbol{u}$ 的函数，并且 $\boldsymbol{u}$ 用近似表达式 $\tilde{\boldsymbol{u}}$ 表示。

根据式(1-90)，近似位移 $\tilde{\boldsymbol{u}}$ 的变分可表示为

$$\delta\tilde{\boldsymbol{u}}=\sum_{i=1}^{n}N_i\delta\boldsymbol{u}_i=\boldsymbol{N}^{\mathrm{T}}\delta\boldsymbol{U} \tag{1-92}$$

其中，$\delta\boldsymbol{u}_i$ 为任意的，因此式(1-91)与下式等价：

$$\int_{\Omega}\delta\tilde{\boldsymbol{u}}(\sigma(\tilde{\boldsymbol{u}})_{ij,j}+\bar{f}_i)\mathrm{d}\Omega-\int_{\Gamma_\sigma}\delta\tilde{\boldsymbol{u}}(\sigma(\tilde{\boldsymbol{u}})_{ij}n_j-\bar{T}_i)\mathrm{d}\Gamma=0 \tag{1-93}$$

类似式(1-84),利用分部积分方法,式(1-93)可进一步写为

$$-\int_{\Omega}\delta\varepsilon(\tilde{\boldsymbol{u}})_{ij}\sigma(\tilde{\boldsymbol{u}})_{ij}\mathrm{d}\Omega+\int_{\Omega}\delta\tilde{u}_i\bar{f}_i\mathrm{d}\Omega+\int_{\Gamma_\sigma}\delta\tilde{u}_i\bar{T}_i\mathrm{d}\Gamma=0 \tag{1-94}$$

式(1-94)即为基于近似积分的弱形式。对比式(1-93)与式(1-94),采用等效积分弱形式可以降低对近似函数 $\tilde{\boldsymbol{u}}$ 的连续性要求。

式(1-94)中,$\delta\varepsilon(\tilde{\boldsymbol{u}})_{ij}$ 为用近似位移场表示的应变的变分,

$$\delta\varepsilon(\tilde{\boldsymbol{u}})_{ij}=\frac{1}{2}(\delta\tilde{u}_{i,j}+\delta\tilde{u}_{j,i})=\frac{1}{2}\left(\frac{\partial\delta\tilde{u}_i}{\partial x_j}+\frac{\partial\delta\tilde{u}_j}{\partial x_i}\right) \tag{1-95}$$

结合式(1-90),并采用工程应变表示,式(1-95)可写为如下矩阵形式:

$$\delta\varepsilon(\tilde{\boldsymbol{u}})=\begin{bmatrix}\delta\varepsilon_x\\ \delta\varepsilon_y\\ \delta\varepsilon_z\\ \delta\gamma_{yz}\\ \delta\gamma_{xz}\\ \delta\gamma_{xy}\end{bmatrix}=\underbrace{\begin{bmatrix}\frac{\partial}{\partial x}&0&0\\ 0&\frac{\partial}{\partial y}&0\\ 0&0&\frac{\partial}{\partial z}\\ 0&\frac{\partial}{\partial z}&\frac{\partial}{\partial y}\\ \frac{\partial}{\partial z}&0&\frac{\partial}{\partial x}\\ \frac{\partial}{\partial y}&\frac{\partial}{\partial x}&0\end{bmatrix}}_{\boldsymbol{L}}\underbrace{\begin{bmatrix}N_1&0&0&\cdots&N_n&0&0\\ 0&N_1&0&\cdots&0&N_n&0\\ 0&0&N_1&\cdots&0&0&N_n\end{bmatrix}}_{\boldsymbol{N}}\begin{bmatrix}\delta u_1^1\\ \delta u_2^1\\ \delta u_3^1\\ \vdots\\ \delta u_1^n\\ \delta u_2^n\\ \delta u_3^n\end{bmatrix} \tag{1-96}$$

若引入 $\boldsymbol{L}$ 为微分算子,$\boldsymbol{N}$ 为试探函数矩阵,则上式可简写为

$$\delta\varepsilon(\tilde{\boldsymbol{u}})=\boldsymbol{LN}\delta\boldsymbol{U}=\boldsymbol{B}\delta\boldsymbol{U} \tag{1-97}$$

其中 $\boldsymbol{B}$ 为应变矩阵,可以表示为

$$\boldsymbol{B}=\boldsymbol{LN}=\left[\begin{array}{ccc|ccc|c|ccc}\frac{\partial N_1}{\partial x}&0&0&\frac{\partial N_2}{\partial x}&0&0&&\frac{\partial N_n}{\partial x}&0&0\\ 0&\frac{\partial N_1}{\partial y}&0&0&\frac{\partial N_2}{\partial y}&0&&0&\frac{\partial N_n}{\partial y}&0\\ 0&0&\frac{\partial N_1}{\partial z}&0&0&\frac{\partial N_2}{\partial z}&&0&0&\frac{\partial N_n}{\partial z}\\ 0&\frac{\partial N_1}{\partial z}&\frac{\partial N_1}{\partial y}&0&\frac{\partial N_2}{\partial z}&\frac{\partial N_2}{\partial y}&\cdots&0&\frac{\partial N_n}{\partial z}&\frac{\partial N_n}{\partial y}\\ \frac{\partial N_1}{\partial z}&0&\frac{\partial N_1}{\partial x}&\frac{\partial N_2}{\partial z}&0&\frac{\partial N_2}{\partial x}&&\frac{\partial N_n}{\partial z}&0&\frac{\partial N_n}{\partial x}\\ \frac{\partial N_1}{\partial y}&\frac{\partial N_1}{\partial x}&0&\frac{\partial N_2}{\partial y}&\frac{\partial N_2}{\partial x}&0&&\frac{\partial N_n}{\partial y}&\frac{\partial N_n}{\partial x}&0\end{array}\right] \tag{1-98}$$

在此基础上,近似积分的弱形式(1-94)可写成如下矩阵形式:

$$\boldsymbol{KU}=\boldsymbol{F} \tag{1-99}$$

其中，$\boldsymbol{K}$ 为刚度矩阵，$\boldsymbol{F}$ 为外载向量，分别表示为

$$\boldsymbol{K}=\int_{\Omega}\boldsymbol{B}^{\mathrm{T}}\boldsymbol{CB}\,\mathrm{d}\Omega \tag{1-100}$$

$$\boldsymbol{F}=\int_{\Omega}\boldsymbol{N}^{\mathrm{T}}\bar{f}\,\mathrm{d}\Omega+\int_{\Gamma_\sigma}\boldsymbol{N}^{\mathrm{T}}\bar{\boldsymbol{T}}\,\mathrm{d}\Gamma \tag{1-101}$$

矩阵形式(1-99)为一线性方程组，其方程个数为 n，等于未知量的个数，因此，对其进行线性方程组求解，即可得到待定参数向量 $\boldsymbol{U}$ 的解。值得注意的是，方程(1-99)中的系数矩阵 $\boldsymbol{K}$ 具有对称性，因此，可以降低矩阵存储的空间，这也是在采用加权余量法建立有限元格式时，基本都采用伽辽金法的一个重要原因。

2. 基于变分原理的里茨(Ritz)方法

除了上述加权余量方法，也可以从变分原理以及里茨方法出发，推导得到相同的结果，其前提条件是微分方程具有线性和自伴随的性质。

基于 1.4.2 节的推导可知，弹性力学问题的微分方程和边界条件的等效积分的伽辽金法等效于它的变分原理，即泛函的变分等于零，反之亦然。根据式(1-89)，泛函变分为零可表示为

$$\delta\Pi=\delta U+\delta V=\int_{\Omega}\delta\varepsilon_{ij}C_{ijkl}\varepsilon_{kl}\,\mathrm{d}\Omega-\int_{\Omega}\delta u_i\bar{f}_i\,\mathrm{d}\Omega-\int_{\Gamma_\sigma}\delta u_i\bar{T}_i\,\mathrm{d}\Gamma=0 \tag{1-102}$$

假设未知场函数 $\boldsymbol{u}$ 也用式(1-90)所示的一族试探函数及其待定系数进行近似表达，将式(1-90)代入问题的泛函公式(1-86)，泛函的变分为零等价于泛函对所包含的待定参数进行全微分，并令所得方程为零：

$$\delta\Pi=\frac{\partial\Pi}{\partial\boldsymbol{u}_1}\delta\boldsymbol{u}_1+\frac{\partial\Pi}{\partial\boldsymbol{u}_2}\delta\boldsymbol{u}_2+\cdots+\frac{\partial\Pi}{\partial\boldsymbol{u}_n}\delta\boldsymbol{u}_n=0 \tag{1-103}$$

由于 $\delta\boldsymbol{u}_i\,(i=1,2,\cdots,n)$ 是任意的，因此上式中 $\delta\boldsymbol{u}_i$ 前的系数必然为零，从而可以得到由 n 个方程组成的方程组：

$$\frac{\partial\Pi}{\partial\tilde{\boldsymbol{u}}}=\begin{bmatrix}\dfrac{\partial\Pi}{\partial\boldsymbol{u}_1}\\ \dfrac{\partial\Pi}{\partial\boldsymbol{u}_2}\\ \vdots\\ \dfrac{\partial\Pi}{\partial\boldsymbol{u}_n}\end{bmatrix}=\boldsymbol{0} \tag{1-104}$$

其中，方程组的个数与待定系数的个数相等，经过化简，最终可以得到与式(1-99)形式相同的矩阵方程，即

$$\frac{\partial\Pi}{\partial\tilde{\boldsymbol{u}}}=\boldsymbol{KU}-\boldsymbol{F}=\boldsymbol{0} \tag{1-105}$$

上述推导过程即为经典的里茨方法，同样可以证明刚度矩阵 $\boldsymbol{K}$ 是对称的，即 $\boldsymbol{K}$ 的子矩阵 $\boldsymbol{K}_{ij}=\boldsymbol{K}_{ji}$：

$$\boldsymbol{K}_{ij}=\frac{\partial^2\Pi}{\partial\boldsymbol{u}_i\partial\boldsymbol{u}_j}=\frac{\partial^2\Pi}{\partial\boldsymbol{u}_j\partial\boldsymbol{u}_i}=\boldsymbol{K}_{ji} \tag{1-106}$$

综上，当原物理问题存在自然变分原理时，里茨方法与基于加权余量思想的伽辽金法所得结果是一致的。通常当所选取的试探函数数量增多时，里茨方法所得到的近似解的精度也会相应提高，并且可以证明，试探函数需满足如下条件：

(1) 完备性条件：试探函数应取自完备函数系列；

(2) 连续性条件：试探函数应满足 C^{m-1} 连续性要求(即试探函数的 $0\sim m-1$ 阶导数是连续的)，其中泛函中的场函数存在的最高导数次数为 m。

当试探函数的个数 $n\rightarrow\infty$ 时，近似解 $\tilde{\boldsymbol{u}}$ 趋于精确解 $\boldsymbol{u}$，并且问题的泛函取极值，即 $\Pi(\tilde{\boldsymbol{u}})$ 单调的收敛于 $\Pi(\boldsymbol{u})$。

里茨方法是在弹性体的全域 Ω 上定义试探函数族，实际使用过程中，求解域通常较为复杂，因此试探函数的选择往往难以满足实际的边界条件；此外，由于实际问题在不同区域所要求的解的精度也不一样，为了满足局部高精度的解的要求，所选取的试探函数数量势必增多，因此造成求解的繁杂性。而有限元法将求解域 Ω 分解为若干个子域(单元)，并在单元上定义近似函数，因此，相比里茨方法，有限元方法能够克服上述困难，并且由于计算机技术的发展，使得有限元法在科学与工程技术领域得到了广泛的使用。

1.5　有限元基本思想及等参变换

经典有限元分析及应用

本节主要介绍传统有限元方法的基本思路以及等参变换的概念，对于后续引出等几何分析的思想具有铺垫作用，还可以用于有限元方法与等几何方法的对比分析。

1.5.1　有限元基本思想

有限元方法的基本思想可以归纳为[32]：

(1) 将连续体离散成有限个互不重叠、仅通过节点相互连接的子域(单元)，单元的形状可根据需要进行选择：比如三维的六面体、五面体以及四面体；二维四边形、三角形等(如图 1-17 所示)。

(2) 在单元内选择合适的近似函数来分片表示整个求解域内待求的未知场变量，其中单元内的场函数可以通过单元节点的数值和其对应的插值函数进行表示。此外，在连接不同单元的节点上(公共节点)，场函数应具有相同数值，因而可以将其作为求解的未知量，从而将求解原待求场函数的无穷多自由度问题即转化为求解场函数节点值的有限自由度问题。

(3) 通过与原问题等效变分原理或者加权余量法，建立求解场函数节点值的代数方程组，并表示成矩阵形式，在此基础上，采用数值方法进行方程组求解，得到问题的解。

通常，有限元方法采用位移作为基本未知量，并以最小位能原理为基础建立有限单元，称为位移元。在单元内部，位移函数(或位移模式)的选择至关重要，通常选择以广义坐标为待定参数的有限多项式作为近似函数，近似函数需要包含常数项以及完备的一次项，以保证单元可以反映刚体位移以及常应变的特性。以三节点三角形单元为例，如图 1-17 所示，其位移模式选取一次多项式如下：

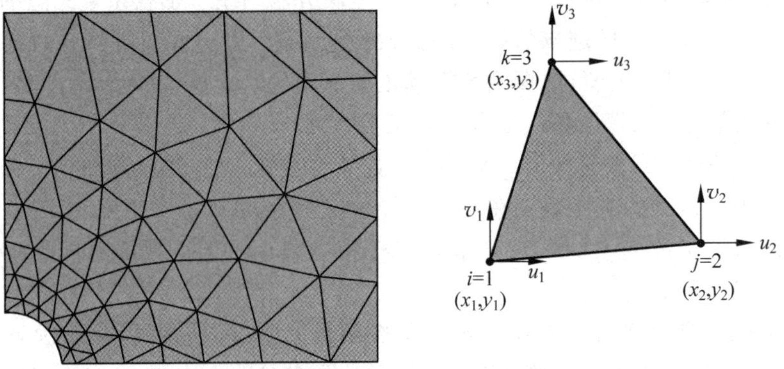

图 1-17 平面区域有限元离散及三角形单元描述

$$\boldsymbol{u}=\begin{bmatrix}u\\v\end{bmatrix}=\begin{bmatrix}\beta_1+\beta_2x+\beta_3y\\\beta_4+\beta_5x+\beta_6y\end{bmatrix}=\boldsymbol{\varphi\beta} \tag{1-107}$$

其中，u、v 分别为单元内(x,y)处的 x 方向以及 y 方向位移，$\boldsymbol{\varphi}$ 为位移模式，$\boldsymbol{\beta}$ 为广义坐标，是待定系数，$\boldsymbol{\varphi}$、$\boldsymbol{\beta}$ 分别表示为

$$\boldsymbol{\varphi}=\begin{bmatrix}1&x&y&0&0&0\\0&0&0&1&x&y\end{bmatrix},\quad \boldsymbol{\beta}=\begin{bmatrix}\beta_1&\beta_2&\beta_3&\beta_4&\beta_5&\beta_6\end{bmatrix}^{\mathrm{T}} \tag{1-108}$$

在式(1-107)中代入三角形的节点坐标，可以得到用位移模式表示的节点位移：

$$\boldsymbol{u}^a=\begin{bmatrix}u_1\\v_1\\u_2\\v_2\\u_3\\v_3\end{bmatrix}=\begin{bmatrix}1&x_1&y_1&0&0&0\\0&0&0&1&x_1&y_1\\1&x_2&y_2&0&0&0\\0&0&0&1&x_2&y_2\\1&x_3&y_3&0&0&0\\0&0&0&1&x_3&y_3\end{bmatrix}\begin{bmatrix}\beta_1\\\beta_2\\\beta_3\\\beta_4\\\beta_5\\\beta_6\end{bmatrix}=\boldsymbol{A\beta} \tag{1-109}$$

其中，(x_i,y_i)为节点 $i(i=1,2,3)$的位置坐标，u_i、v_i 为节点 i 的 x 方向以及 y 方向位移，因此有

$$\boldsymbol{\beta}=\boldsymbol{A}^{-1}\boldsymbol{u}^a \tag{1-110}$$

将式(1-110)代入式(1-107)，得到用节点位移表示的单元位移函数：

$$\boldsymbol{u}=\boldsymbol{\varphi\beta}=\boldsymbol{\varphi A}^{-1}\boldsymbol{u}^a=\boldsymbol{N}\boldsymbol{u}^a \tag{1-111}$$

其中，$\boldsymbol{N}$ 为单元的插值矩阵，其可以写成如下形式：

$$\boldsymbol{N}=\begin{bmatrix}N_1&0&N_2&0&N_3&0\\0&N_1&0&N_2&0&N_3\end{bmatrix} \tag{1-112}$$

其中 $N_i(i=1,2,3)$为三节点三角形单元的插值函数或形函数，其可以表示为单元位置坐标(x,y)的函数，并且具有如下性质：

$$N_i(x_j,y_j)=\delta_{ij}=\begin{cases}1, & 当\ j=i\\0, & 当\ j\neq i\end{cases},\quad (i,j=1,2,3) \tag{1-113}$$

即在单元节点处具有插值特性。此外，单元中任意一点处的插值函数之和为 1，即

$$\sum_{i=1}^{3} N_i(x, y) = 1 \tag{1-114}$$

基于式(1-111)可以进一步得到单元的应变：

$$\boldsymbol{\varepsilon} = \boldsymbol{L}\boldsymbol{u} = \boldsymbol{L}\boldsymbol{N}\boldsymbol{u}^a = \boldsymbol{B}\boldsymbol{u}^a \tag{1-115}$$

在选定单元形式以及插值函数后，可基于最小位能原理或加权余量法建立单元刚度矩阵 $\boldsymbol{K}_e$ 以及载荷向量 $\boldsymbol{F}_e$：

$$\boldsymbol{K}_e = \int_{\Omega^e} \boldsymbol{B}^{\mathrm{T}} \boldsymbol{C} \boldsymbol{B} \, \mathrm{d}\Omega \tag{1-116}$$

$$\boldsymbol{F}_e = \int_{\Omega^e} \boldsymbol{N}^{\mathrm{T}} \bar{\boldsymbol{f}} \, \mathrm{d}\Omega + \int_{\Gamma_\sigma^e} \boldsymbol{N}^{\mathrm{T}} \bar{\boldsymbol{T}} \, \mathrm{d}\Gamma \tag{1-117}$$

其中，$\boldsymbol{F}_e$ 为作用在单元节点上的等效载荷向量。

总体刚度矩阵 $\boldsymbol{K}$ 以及载荷向量 $\boldsymbol{F}$ 可由单元进行集成，其可以表示为

$$\boldsymbol{K} = \sum_{e=1}^{m} \boldsymbol{K}_e, \quad \boldsymbol{F} = \sum_{e=1}^{m} \boldsymbol{F}_e \tag{1-118}$$

对于具有公共节点的单元，单元之间的等效载荷向量可看成是内力，彼此之间相互抵消，最终 $\boldsymbol{F}$ 只包含作用于单元节点上的外载荷。

在得到系统的总体刚度矩阵以及载荷向量之后，施加位移边界条件，即可进行线性方程组求解，得到节点位移向量，在此基础上可以进行后处理，计算单元的应变以及应力等，至此完成整个有限元分析流程。

值得注意的是，采用上述位移函数的描述有时会出现式(1-110)中 $\boldsymbol{A}^{-1}$ 不存在的情况，并且利用广义坐标建立的有限元单元刚度矩阵的积分也较为复杂，特别对于复杂几何形状的分析对象，更加困难。

1.5.2　等参有限元

等参有限元是建立在实际单元的局部自然坐标系描述基础之上的，该自然坐标系下的单元具有规则的几何形状，称为母单元(parent element)，其物理坐标下的实际单元(physical element)则是通过等参变换的方法得到，如图 1-18 所示。

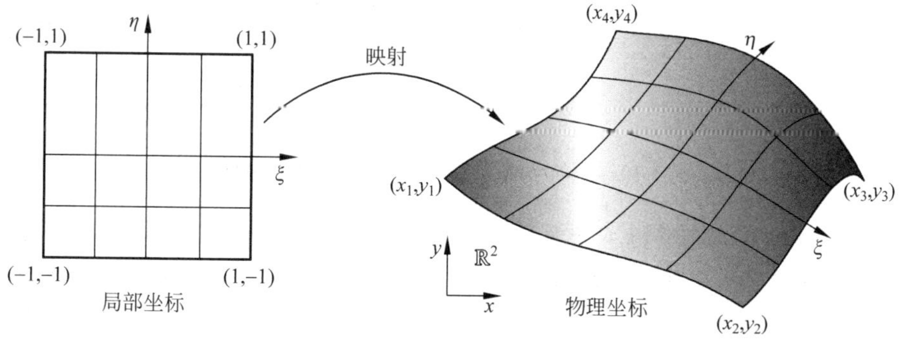

图 1-18　二维矩形单元的坐标变换

建立上述映射的方法为

$$\boldsymbol{X}(\xi,\eta)=\begin{bmatrix}x(\xi,\eta)\\y(\xi,\eta)\end{bmatrix}=\sum_{i=1}^{n}N_i(\xi,\eta)\begin{bmatrix}x_i\\y_i\end{bmatrix}=\sum_{i=1}^{n}N_i(\xi,\eta)\boldsymbol{X}_i \tag{1-119}$$

对应的单元位移场插值可以表示为

$$\boldsymbol{u}(\xi,\eta)=\begin{bmatrix}u(\xi,\eta)\\v(\xi,\eta)\end{bmatrix}=\sum_{i=1}^{n}N_i(\xi,\eta)\begin{bmatrix}u_i\\v_i\end{bmatrix}=\sum_{i=1}^{n}N_i(\xi,\eta)\boldsymbol{u}_i \tag{1-120}$$

式(1-119)与式(1-120)的含义为：用与位移插值函数相同的函数 N_i 插值单元节点的物理坐标(x_i,y_i)。其中插值函数 $N_i(i=1,2,\cdots,n)$是(ξ,η)的函数，通常选择拉格朗日多项式作为插值函数，其需要在单元的局部坐标系下建立，以四边形四节点单元(线性单元)为例，其拉格朗日插值函数可表示为

$$N_i(\xi,\eta)=\frac{1}{4}(1+\xi_i\xi)(1+\eta_i\eta)\quad(i=1,2,3,4) \tag{1-121}$$

其中，ξ、η 的取值范围为$[-1,1]$，(ξ_i,η_i)对应局部坐标下母单元的节点坐标，如图 1-19 所示。与式(1-113)、式(1-114)相同，该局部坐标表示的插值函数在单元节点处取值为 1，并且对于单元内任意一点(ξ,η)，其基函数的和为 1，即

$$N_i(\xi_j,\eta_j)=\delta_{ij}=\begin{cases}1, & \text{当 } j=i\\0, & \text{当 } j\neq i\end{cases},(i,j=1,2,3,4) \tag{1-122}$$

$$\sum_{i=1}^{4}N_i(\xi,\eta)=1 \tag{1-123}$$

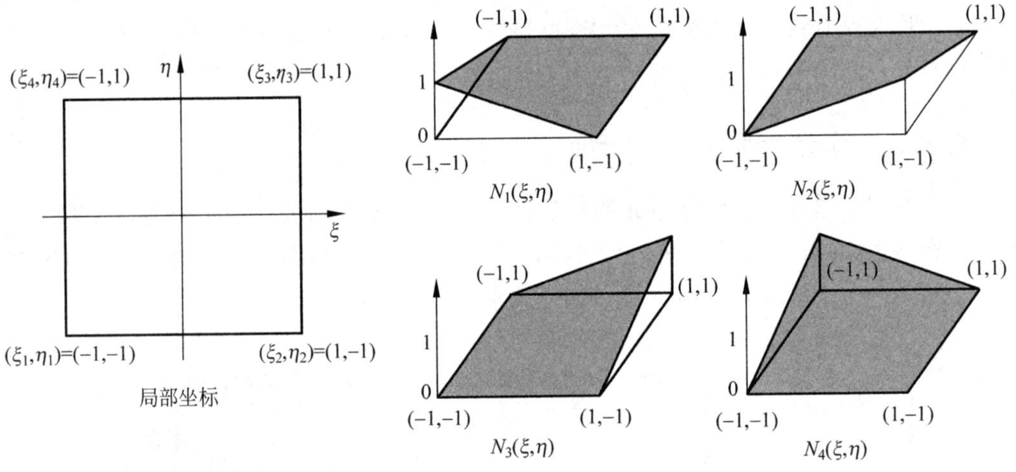

图 1-19 局部坐标下的线性拉格朗日插值函数

式(1-119)建立了局部坐标下标准单元(母单元)与物理坐标(笛卡儿坐标)下实际单元之间的坐标变换，比如，局部坐标系内的任意一点(ξ,η)对应物理坐标系下的一点(x,y)，相应地，该点处的位移可由式(1-120)得到。当单元的几何形状和单元内的场函数采用相同数目的节点参数及相同的插值函数时，该变换即称为等参变换。

基于等参变换，式(1-115)中的单元应变矩阵可表示为

$$\boldsymbol{B}=\boldsymbol{L}\boldsymbol{N}=\left[\begin{array}{cc|cc|cc|cc}\frac{\partial N_1}{\partial x} & 0 & \frac{\partial N_2}{\partial x} & 0 & \frac{\partial N_3}{\partial x} & 0 & \frac{\partial N_4}{\partial x} & 0 \\ 0 & \frac{\partial N_1}{\partial y} & 0 & \frac{\partial N_2}{\partial y} & 0 & \frac{\partial N_3}{\partial y} & 0 & \frac{\partial N_4}{\partial y} \\ \frac{\partial N_1}{\partial y} & \frac{\partial N_1}{\partial x} & \frac{\partial N_2}{\partial y} & \frac{\partial N_2}{\partial x} & \frac{\partial N_3}{\partial y} & \frac{\partial N_3}{\partial x} & \frac{\partial N_4}{\partial y} & \frac{\partial N_4}{\partial x}\end{array}\right] \tag{1-124}$$

其中,由于 N_i 是(ξ,η)的函数,因此$\partial N_i/\partial\xi$、$\partial N_i/\partial\eta$ 可表示为

$$\begin{aligned}\frac{\partial N_i}{\partial\xi}&=\frac{\partial N_i}{\partial x}\frac{\partial x}{\partial\xi}+\frac{\partial N_i}{\partial y}\frac{\partial y}{\partial\xi}\\ \frac{\partial N_i}{\partial\eta}&=\frac{\partial N_i}{\partial x}\frac{\partial x}{\partial\eta}+\frac{\partial N_i}{\partial y}\frac{\partial y}{\partial\eta}\end{aligned} \tag{1-125}$$

写成矩阵形式为

$$\begin{bmatrix}\frac{\partial N_i}{\partial\xi}\\ \frac{\partial N_i}{\partial\eta}\end{bmatrix}=\begin{bmatrix}\frac{\partial x}{\partial\xi} & \frac{\partial y}{\partial\xi}\\ \frac{\partial x}{\partial\eta} & \frac{\partial y}{\partial\eta}\end{bmatrix}\begin{bmatrix}\frac{\partial N_i}{\partial x}\\ \frac{\partial N_i}{\partial y}\end{bmatrix}=\boldsymbol{J}\begin{bmatrix}\frac{\partial N_i}{\partial x}\\ \frac{\partial N_i}{\partial y}\end{bmatrix} \tag{1-126}$$

其中,$\boldsymbol{J}$ 为等参变换的雅可比矩阵。根据上式可以进一步得到:

$$\begin{bmatrix}\frac{\partial N_i}{\partial x}\\ \frac{\partial N_i}{\partial y}\end{bmatrix}=\boldsymbol{J}^{-1}\begin{bmatrix}\frac{\partial N_i}{\partial\xi}\\ \frac{\partial N_i}{\partial\eta}\end{bmatrix} \tag{1-127}$$

同理,基于最小位能原理或加权余量法可建立单元刚度矩阵 $\boldsymbol{K}_e$ 以及单元载荷向量 $\boldsymbol{F}_e$。在计算单元刚度矩阵(式(1-116))以及载荷向量(式(1-117))时,通常采用数值积分方法,这将在1.6节进行介绍。基于等参变换,微元的面积 $\mathrm{d}\Omega$ 以及边界的线段微元长度 $\mathrm{d}\Gamma$ 可分别表示为

$$\mathrm{d}\Omega=|\,\mathrm{d}\boldsymbol{x}\times\mathrm{d}\boldsymbol{y}\,|=\begin{vmatrix}\frac{\partial x}{\partial\xi} & \frac{\partial y}{\partial\xi}\\ \frac{\partial x}{\partial\eta} & \frac{\partial y}{\partial\eta}\end{vmatrix}\mathrm{d}\xi\mathrm{d}\eta=|\,\boldsymbol{J}\,|\,\mathrm{d}\xi\mathrm{d}\eta \tag{1-128}$$

$$\mathrm{d}\Gamma=\left[\left(\frac{\partial x}{\partial\xi}\right)^2+\left(\frac{\partial y}{\partial\xi}\right)^2\right]^{1/2}\mathrm{d}\xi=s\,\mathrm{d}\xi \tag{1-129}$$

其中,$\mathrm{d}\boldsymbol{x}$、$\mathrm{d}\boldsymbol{y}$ 为物理坐标下面积微元的棱边长度向量。此处 $\mathrm{d}\Gamma$ 为 $\eta=\pm1$ 曲线微元的长度,若边界 $\mathrm{d}\Gamma$ 为 $\xi=\pm1$,则可将式(1-129)中 ξ 替换为 η。

基于式(1-128)~式(1-129),式(1-116)、(1-117)可以变换到自然坐标系的规则化域内进行数值积分,其有利于计算机编程的实现,变换后的 $\boldsymbol{K}_e$ 以及 $\boldsymbol{F}_e$ 表示为

$$\boldsymbol{K}_e=\int_{-1}^{1}\int_{-1}^{1}\boldsymbol{B}^{\mathrm{T}}\boldsymbol{C}\boldsymbol{B}\,|\,\boldsymbol{J}\,|\,\mathrm{d}\xi\mathrm{d}\eta \tag{1-130}$$

$$\boldsymbol{F}_e=\int_{-1}^{1}\int_{-1}^{1}\boldsymbol{N}^{\mathrm{T}}\bar{\boldsymbol{f}}\,|\,\boldsymbol{J}\,|\,\mathrm{d}\xi\mathrm{d}\eta+\int_{-1}^{1}\boldsymbol{N}^{\mathrm{T}}\bar{\boldsymbol{T}}s\,\mathrm{d}\xi \tag{1-131}$$

通常式(1-130)、式(1-131)可采用高斯积分方法进行计算,其积分阶次的选择及具体的

积分计算公式将在 1.6 节介绍，这里只介绍等参有限元的基本原理。

1.6 等几何分析的基本流程

本节主要介绍等几何分析的基本流程，包括等效积分弱形式的等几何离散，数值积分方法，单元刚度矩阵以及载荷向量的组装方法，边界条件施加方法，等几何分析的流程，以及等几何分析与有限元分析的对比等方面的内容。

等几何分析基于等参元的思想，将计算机辅助设计中常用的非均匀有理 B 样条(NURBS)用于描述几何形状以及插值物理场。其基本思路可从图 1-20 中所示的二维曲线观察到：图 1-20(a)中的黑色曲线为变形前的初始几何形状，其可以描述为

$$\boldsymbol{X}(\xi)=\sum_{i=1}^{n} N_i(\xi)\boldsymbol{P}_i \tag{1-132}$$

其中，n 为控制点(或基函数)的数量，对于图 1-20 所示曲线有 $n=7$，$\boldsymbol{P}_i(i=1,2,\cdots,7)$为曲线的控制点向量，包含该点的位置坐标，以二维为例，$\boldsymbol{P}_i=[x_i,y_i]^{\mathrm{T}}$。$N_i(\xi)$为控制点 $\boldsymbol{P}_i$ 所对应的基函数(见图 1-20(b))，其阶数为 $p=3$，为了便于描述，此处省略了其下标中的阶数。$\xi\in[0,1]$为参数值，参数向量为$\boldsymbol{\Xi}=[\xi_1,\xi_2,\cdots,\xi_{n+p+1}]=[0,0,0,0,0.25,0.5,0.75,1,1,1,1]$，首尾节点值重复度均为 $p+1$，因此称为开节点向量。开节点向量的节点数量 n_ξ 与控制点数量 n(或基函数数量)的关系为 $n_\xi=n+p+1$。开节点向量在首末控制点处($\boldsymbol{P}_1,\boldsymbol{P}_7$)具有插值特性，即首末控制点正好落在曲线上，其余的控制点均不具有插值特性，$\boldsymbol{P}_1$ 到 $\boldsymbol{P}_7$ 实线段表示该曲线的控制多边形。

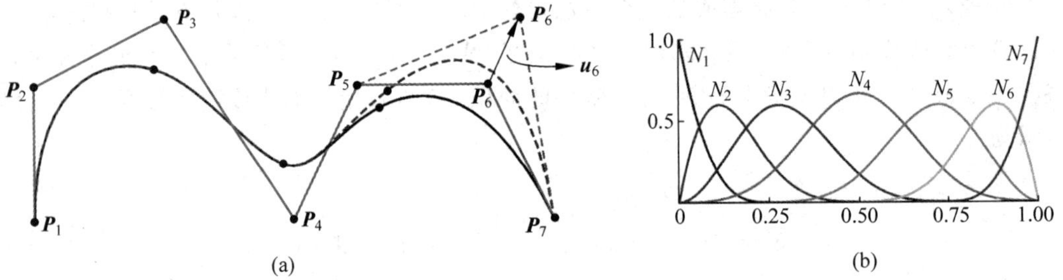

图 1-20 等几何分析思想

(a) 变形前、后几何形状描述；(b) 对应的 B 样条基函数，阶数 $p=3$，节点向量为$\boldsymbol{\Xi}=[0,0,0,0,0.25,0.5,0.75,1,1,1,1]$

假设该曲线控制点 $\boldsymbol{P}_6$ 具有一位移向量 $\boldsymbol{u}_6=[u_6,v_6]^{\mathrm{T}}$，其移动到新的控制点 $\boldsymbol{P}_6'$处，并且有 $\boldsymbol{P}_6'=\boldsymbol{P}_6+\boldsymbol{u}_6$，则新的几何形状(图 1-20(a)中直的虚线所示)可以描述为

$$\boldsymbol{x}(\xi)=\sum_{i=1}^{n} N_i(\xi)\boldsymbol{P}_i' \tag{1-133}$$

则该曲线的在任意一点处的位移可以描述为

$$\boldsymbol{u}(\xi)=\boldsymbol{x}(\xi)-\boldsymbol{X}(\xi)=\sum_{i=1}^{n} N_i(\xi)\boldsymbol{u}_i \tag{1-134}$$

将式(1-132)、式(1-134)与前述等参有限元思想进行联系，可以发现，此处采用控制点位移

代替了有限元中的节点位移，这是等几何分析与有限元的区别之一。下面将对等几何分析的基本思路进行说明。

1.6.1　控制方程弱形式及其等几何离散

下面以二维平面应力问题为例，说明基于等几何分析进行弹性力学问题求解的详细过程。二维平面的几何描述如图 1-21 所示，其中左边为该矩形区域的参数域，由 ξ、η 两个方向的节点向量的张量积 $\boldsymbol{\Xi}\otimes\boldsymbol{H}$ 构成，其节点向量可表示为

$$\boldsymbol{\Xi}=[\xi_1,\xi_2,\cdots,\xi_{n+p+1}]=[0,0,0,0,0.25,0.5,0.75,1,1,1,1]$$

$$\boldsymbol{H}=[\eta_1,\eta_2,\cdots,\eta_{m+q+1}]=[0,0,0,0,0.25,0.5,0.75,1,1,1,1] \tag{1-135}$$

其中，n、m 为 ξ、η 方向的样条函数个数，p、q 为对应方向上基函数的阶数。

该二维区域的基函数也遵循张量积定义，即

$$N_{ij}(\xi,\eta)=N_i(\xi)M_j(\eta),\quad (i=1,\cdots,n)(j=1,\cdots,m) \tag{1-136}$$

对于 ξ 方向样条函数，其编号从左至右依次为 $i=1,\cdots,n$，对于 η 方向样条函数，其编号从下至上依次为 $j=1,\cdots,m$。引入总体的索引指标 $I=(j-1)\times n+i$，则式(1-136)可写为

$$N_I(\xi,\eta)=N_i(\xi)M_j(\eta),\quad (i=1,\cdots,n)(j=1,\cdots,m) \tag{1-137}$$

图 1-21 右边为该参数域所对应的物理域，可由如下映射公式得到：

$$\boldsymbol{X}(\xi,\eta)=\sum_{I=1}^{n_I}N_I(\xi,\eta)\boldsymbol{P}_I \tag{1-138}$$

其中，$n_I=n\times m$ 为总的基函数个数，$\boldsymbol{P}_I$ 为对应于基函数 $N_I(\xi,\eta)$ 的控制点，其编号顺序与基函数保持一致，即从最底部第一行开始，从左至右编号，再从第二行开始依次从左至右编号，以此类推。

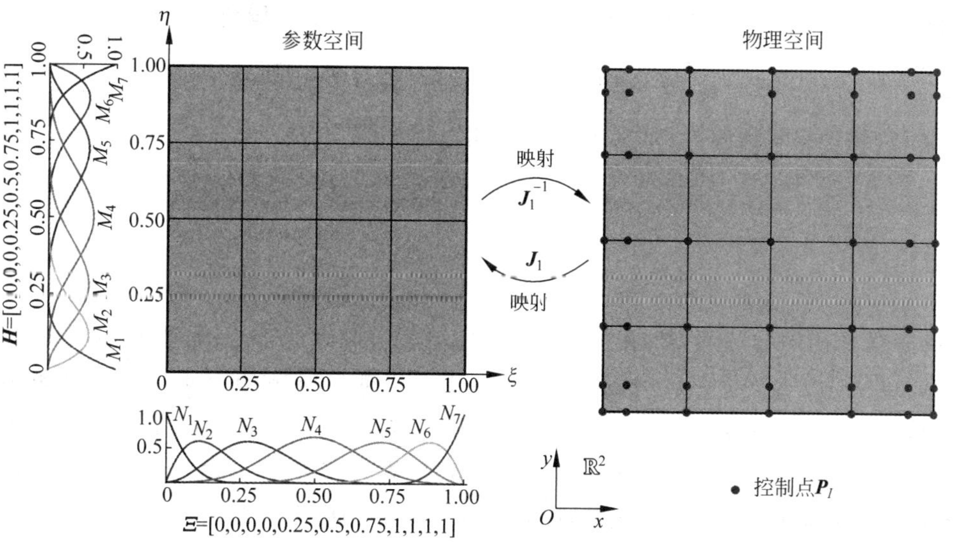

图 1-21　基于 B 样条函数的二维平面区域几何描述

弹性体能量泛函的变分公式(1-102)可以改写为如下形式：

$$\delta\Pi = \delta U + \delta V = \int_{\Omega} \delta\boldsymbol{\varepsilon}^{\mathrm{T}} \boldsymbol{C}\boldsymbol{\varepsilon}\,\mathrm{d}\Omega - \int_{\Omega} \delta\boldsymbol{u} \cdot \bar{\boldsymbol{f}}\,\mathrm{d}\Omega - \int_{\Gamma_\sigma} \delta\boldsymbol{u} \cdot \bar{\boldsymbol{T}}\,\mathrm{d}\Gamma = 0 \tag{1-139}$$

其中，$\boldsymbol{\varepsilon} = [\varepsilon_x \quad \varepsilon_y \quad \gamma_{xy}]^{\mathrm{T}}$ 为应变向量，$\boldsymbol{C}$ 为二维弹性矩阵，其公式参见式(1-51)。

基于等几何分析的思想，采用描述几何形状的样条函数插值物理场（即位移场），因此有

$$\boldsymbol{u}(\xi,\eta) = \sum_{I=1}^{n_I} N_I(\xi,\eta)\boldsymbol{u}_I \tag{1-140}$$

因此，其应变可以表示为

$$\boldsymbol{\varepsilon}(\xi,\eta) = \boldsymbol{L}\boldsymbol{u}(\xi,\eta) = \boldsymbol{L}\sum_{I=1}^{n_I} N_I(\xi,\eta)\boldsymbol{u}_I = \boldsymbol{B}\boldsymbol{U} \tag{1-141}$$

其中，$\boldsymbol{U}$ 为包含所有控制点位移的向量。

基于有限元离散思想，泛函变分公式(1-139)中的应变能变分可写为单元求和的形式：

$$\delta U = \sum_{e=1}^{N_e} \delta U_e = \sum_{e=1}^{N_e} \int_{\Omega^e} \delta\boldsymbol{\varepsilon}^{\mathrm{T}} \boldsymbol{C}\boldsymbol{\varepsilon}\,\mathrm{d}\Omega \tag{1-142}$$

区别于有限元方法，在等几何分析中，单元是由相邻节点值构成的，比如图 1-20 中的曲线的节点向量为

$$\begin{aligned}\boldsymbol{\Xi} &= [\xi_1,\xi_2,\xi_3,\xi_4,\xi_5,\xi_6,\xi_7,\xi_8,\xi_9,\xi_{10},\xi_{11}] \\ &= [0,0,0,0,0.25,0.5,0.75,1,1,1,1]\end{aligned} \tag{1-143}$$

则，区间$[\xi_i,\xi_{i+1}]$称为一个单元，但由于 $\xi_1=\xi_2=\xi_3=\xi_4$、$\xi_8=\xi_9=\xi_{10}=\xi_{11}$，因此区间$[\xi_i,\xi_{i+1}]$，$(i=1,2,3,8,9,10)$均为空单元，在计算时可以省略。实单元包括$[\xi_4,\xi_5]$、$[\xi_5,\xi_6]$、$[\xi_6,\xi_7]$以及$[\xi_7,\xi_8]$共 4 个单元。同理，对于二维区域，其单元是由$[\xi_i,\xi_{i+1}]\times[\eta_j,\eta_{j+1}]$两个方向的节点参数区间构成，对于图 1-21 所示参数描述，其中实单元共有 16 个，即$[\xi_i,\xi_{i+1}]\times[\eta_j,\eta_{j+1}]$，$(i=4,5,6,7)(j=4,5,6,7)$。

依据微元面积 dΩ 的定义式(1-128)，式(1-142)中单元应变能变分可写为

$$\int_{\Omega^e} \delta\boldsymbol{\varepsilon}^{\mathrm{T}} \boldsymbol{C}\boldsymbol{\varepsilon}\,\mathrm{d}\Omega = \int_{\eta_j}^{\eta_{j+1}} \int_{\xi_i}^{\xi_{i+1}} \delta\boldsymbol{\varepsilon}^{\mathrm{T}} \boldsymbol{C}\boldsymbol{\varepsilon}\,|\boldsymbol{J}_1|\,\mathrm{d}\xi\mathrm{d}\eta \tag{1-144}$$

其中，$\boldsymbol{J}_1$ 为物理空间到参数空间映射的雅可比矩阵，可以写为

$$\boldsymbol{J}_1 = \begin{bmatrix} \dfrac{\partial x}{\partial \xi} & \dfrac{\partial y}{\partial \xi} \\ \dfrac{\partial x}{\partial \eta} & \dfrac{\partial y}{\partial \eta} \end{bmatrix} \tag{1-145}$$

由 B 样条函数定义可知，在节点区间$[\xi_i,\xi_{i+1}]$上，ξ 方向上非零的 B 样条函数为 $N_k(\xi)$，$(k=i-p,i-p+1,\cdots,i)$，共有 $p+1$ 个；同样，η 方向上非零的 B 样条函数为 $M_k(\eta)$，$(k=j-q,j-q+1,\cdots,j)$，共有 $q+1$ 个。因此在二维单元上，非零的 B 样条基函数个数共有 $n_e=(p+1)(q+1)$个。基于这一规律，在计算单元$[\xi_i,\xi_{i+1}]\times[\eta_j,\eta_{j+1}]$的应变能变分时，可舍去值为零的基函数，进而式(1-141)中的应变可表示为

$$\boldsymbol{\varepsilon}^e(\xi,\eta) = \boldsymbol{L}\boldsymbol{u}^e(\xi,\eta) = \boldsymbol{L}\sum_{I=1}^{n_e} N_I(\xi,\eta)\boldsymbol{u}_I = \boldsymbol{L}\boldsymbol{N}^e\boldsymbol{U}^e = \boldsymbol{B}^e\boldsymbol{U}^e \tag{1-146}$$

其中

$$\boldsymbol{L}=\begin{bmatrix}\dfrac{\partial}{\partial x} & 0 & \dfrac{\partial}{\partial y}\\ 0 & \dfrac{\partial}{\partial y} & \dfrac{\partial}{\partial x}\end{bmatrix}^{\mathrm{T}} \tag{1-147}$$

$$\boldsymbol{N}^e=\begin{bmatrix}N_1 & 0 & N_2 & 0 & \cdots & N_{n_e} & 0\\ 0 & N_1 & 0 & N_2 & \cdots & 0 & N_{n_e}\end{bmatrix} \tag{1-148}$$

$$\boldsymbol{B}^e=\left[\begin{array}{cc|cc|c|cc}\dfrac{\partial N_1}{\partial x} & 0 & \dfrac{\partial N_2}{\partial x} & 0 & & \dfrac{\partial N_{n_e}}{\partial x} & 0\\ 0 & \dfrac{\partial N_1}{\partial y} & 0 & \dfrac{\partial N_2}{\partial y} & \cdots & 0 & \dfrac{\partial N_{n_e}}{\partial y}\\ \dfrac{\partial N_1}{\partial y} & \dfrac{\partial N_1}{\partial x} & \dfrac{\partial N_2}{\partial y} & \dfrac{\partial N_2}{\partial x} & & \dfrac{\partial N_{n_e}}{\partial y} & \dfrac{\partial N_{n_e}}{\partial x}\end{array}\right] \tag{1-149}$$

$$\boldsymbol{U}^e=[u_1,v_1,u_2,v_2,\cdots,u_{n_e},v_{n_e}]^{\mathrm{T}} \tag{1-150}$$

此外，式(1-149)中$\partial N_i/\partial x$、$\partial N_i/\partial y$可以借助式(1-127)计算得到。

式(1-145)中雅可比矩阵元素可由式(1-138)计算得到：

$$\boldsymbol{J}_1=\begin{bmatrix}\dfrac{\partial x}{\partial \xi} & \dfrac{\partial y}{\partial \xi}\\ \dfrac{\partial x}{\partial \eta} & \dfrac{\partial y}{\partial \eta}\end{bmatrix}=\sum_{I=1}^{n_e}\begin{bmatrix}\dfrac{\partial N_I x_I}{\partial \xi} & \dfrac{\partial N_I y_I}{\partial \xi}\\ \dfrac{\partial N_I x_I}{\partial \eta} & \dfrac{\partial N_I y_I}{\partial \eta}\end{bmatrix}=\sum_{I=1}^{n_e}\begin{bmatrix}N_{I,\xi}x_I & N_{I,\xi}y_I\\ N_{I,\eta}x_I & N_{I,\eta}y_I\end{bmatrix} \tag{1-151}$$

其中，$N_{I,\xi}$、$N_{I,\eta}$表示基函数N_I对ξ、η的一阶导数。

单元应变能变分式(1-144)需要在参数域单元$[\xi_i,\xi_{i+1}]\times[\eta_j,\eta_{j+1}]$内进行积分，由于不同单元其积分区间$[\xi_i,\xi_{i+1}]\times[\eta_j,\eta_{j+1}]$均不同，因此需要将该参数域区间$[\xi_i,\xi_{i+1}]\times[\eta_j,\eta_{j+1}]$映射到标准积分区间$[\tilde{\xi},\tilde{\eta}]\in[-1,1]\times[-1,1]$，如图1-22所示，该映射关系可表示为

$$\begin{bmatrix}\xi\\ \eta\end{bmatrix}=\begin{bmatrix}\dfrac{\partial \xi}{\partial \tilde{\xi}} & 0\\ 0 & \dfrac{\partial \eta}{\partial \tilde{\eta}}\end{bmatrix}\begin{bmatrix}\tilde{\xi}\\ \tilde{\eta}\end{bmatrix}=\boldsymbol{J}_2\begin{bmatrix}\tilde{\xi}\\ \tilde{\eta}\end{bmatrix} \tag{1-152}$$

其中

$$\xi=\frac{(\xi_{i+1}-\xi_i)\tilde{\xi}+(\xi_{i+1}+\xi_i)}{2},\quad \eta=\frac{(\eta_{i+1}-\eta_i)\tilde{\eta}+(\eta_{i+1}+\eta_i)}{2} \tag{1-153}$$

因此，式(1-152)中$\boldsymbol{J}_2$表示为

$$\boldsymbol{J}_2=\begin{bmatrix}\dfrac{\xi_{i+1}-\xi_i}{2} & 0\\ 0 & \dfrac{\eta_{i+1}-\eta_i}{2}\end{bmatrix} \tag{1-154}$$

因此，式(1-144)写成矩阵形式为

$$\delta U_e=\int_{\Omega^e}\delta\boldsymbol{\varepsilon}^{\mathrm{T}}\boldsymbol{C}\boldsymbol{\varepsilon}\,\mathrm{d}\Omega=\int_{-1}^{1}\int_{-1}^{1}\delta\boldsymbol{\varepsilon}^{e\mathrm{T}}\boldsymbol{C}\boldsymbol{\varepsilon}^e\,|\boldsymbol{J}_1|\,|\boldsymbol{J}_2|\,\mathrm{d}\tilde{\xi}\,\mathrm{d}\tilde{\eta} \tag{1-155}$$

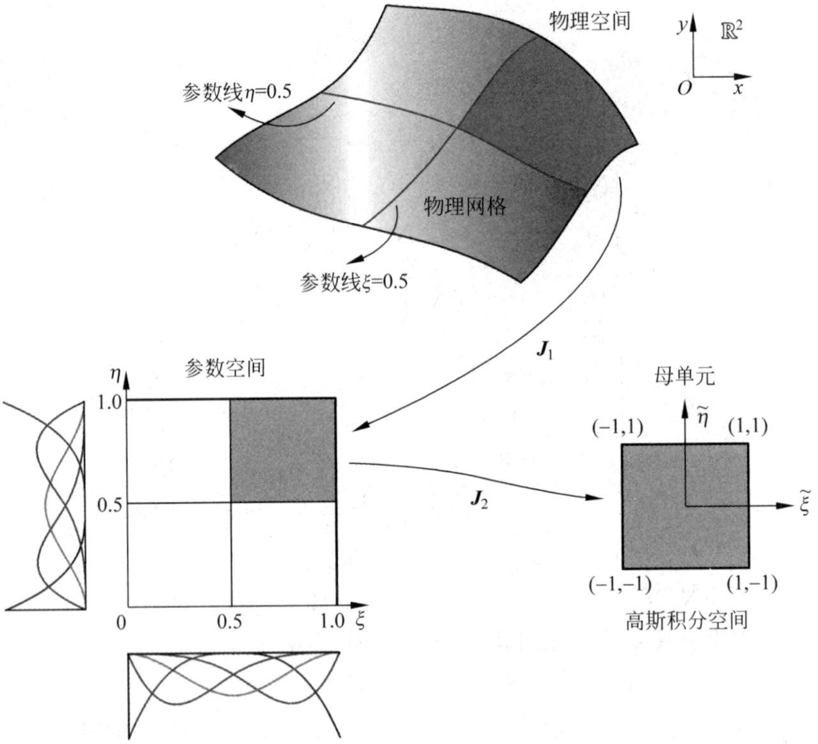

图 1-22　等几何分析映射关系

同理，单元的外力位能的变分可写为

$$\delta V_e = \int_{-1}^{1}\int_{-1}^{1} \delta \boldsymbol{u}^e \cdot \bar{\boldsymbol{f}}^e \mid \boldsymbol{J}_1 \mid\mid \boldsymbol{J}_2 \mid \mathrm{d}\tilde{\xi}\mathrm{d}\tilde{\eta} - \int_{-1}^{1} \delta \boldsymbol{u}^e \cdot \bar{\boldsymbol{T}}^e s s_1 \mathrm{d}\tilde{\xi} - \int_{-1}^{1} \delta \boldsymbol{u}^e \cdot \bar{\boldsymbol{T}}^e s s_2 \mathrm{d}\tilde{\eta} \tag{1-156}$$

其中，等式右边第二、三项为力的边界上分布力的位能变分。由于相邻单元之间作用力大小相等，方向相反，从而在组装总体载荷向量时单元间的作用力会相互抵消，因此，只列出了力的边界上的分布力的贡献。当单元受边界力作用时需要考虑上述两项的贡献，其余情况可以不考虑。式(1-156)中 s 为边界曲线微元的长度，可由式(1-129)计算得到，s_1 为参数域 $[\xi_i, \xi_{i+1}]$ 与积分域 $\tilde{\xi} \in [-1,1]$ 之间的雅可比系数，s_2 为参数域 $[\eta_j, \eta_{j+1}]$ 与积分域 $\tilde{\eta} \in [-1,1]$ 之间的雅可比系数，其分别等于：

$$s_1 = \frac{\xi_{i+1} - \xi_i}{2}, \quad s_2 = \frac{\eta_{i+1} - \eta_i}{2} \tag{1-157}$$

将式(1-140)、式(1-146)代入式(1-155)、式(1-156)，得

$$\delta U_e = \int_{\Omega^e} \delta \boldsymbol{\varepsilon}^{\mathrm{T}} \boldsymbol{C} \boldsymbol{\varepsilon} \mathrm{d}\Omega = \int_{-1}^{1}\int_{-1}^{1} \delta \boldsymbol{U}^{e\mathrm{T}} (\boldsymbol{B}^{e\mathrm{T}} \boldsymbol{C} \boldsymbol{B}^e) \boldsymbol{U}^e \mid \boldsymbol{J}_1 \mid\mid \boldsymbol{J}_2 \mid \mathrm{d}\tilde{\xi}\mathrm{d}\tilde{\eta} \tag{1-158}$$

$$\delta V_e = \int_{-1}^{1}\int_{-1}^{1} \delta \boldsymbol{U}^{e\mathrm{T}} (\boldsymbol{N}^{e\mathrm{T}} \bar{\boldsymbol{f}}^e) \mid \boldsymbol{J}_1 \mid\mid \boldsymbol{J}_2 \mid \mathrm{d}\tilde{\xi}\mathrm{d}\tilde{\eta} - \int_{-1}^{1} \delta \boldsymbol{U}^{e\mathrm{T}} (\boldsymbol{N}^{e\mathrm{T}} \bar{\boldsymbol{T}}^e) s s_1 \mathrm{d}\tilde{\xi} - \int_{-1}^{1} \delta \boldsymbol{U}^{e\mathrm{T}} (\boldsymbol{N}^{e\mathrm{T}} \bar{\boldsymbol{T}}^e) s s_2 \mathrm{d}\tilde{\eta} \tag{1-159}$$

由于 $\delta \boldsymbol{u}_I$ 的任意性，因此根据式(1-158)、式(1-159)分别可以得到单元刚度矩阵以及单元载荷向量：

$$\boldsymbol{K}_e=\int_{-1}^{1}\int_{-1}^{1}\boldsymbol{B}^{e\mathrm{T}}\boldsymbol{C}\boldsymbol{B}^e\ |\boldsymbol{J}_1||\boldsymbol{J}_2|\ \mathrm{d}\tilde{\xi}\mathrm{d}\tilde{\eta} \tag{1-160}$$

$$\boldsymbol{F}_e=\int_{-1}^{1}\int_{-1}^{1}\boldsymbol{N}^{e\mathrm{T}}\bar{\boldsymbol{f}}^e\ |\boldsymbol{J}_1||\boldsymbol{J}_2|\ \mathrm{d}\tilde{\xi}\mathrm{d}\tilde{\eta}-\int_{-1}^{1}\boldsymbol{N}^{e\mathrm{T}}\bar{\boldsymbol{T}}^e ss_1\mathrm{d}\tilde{\xi}-\int_{-1}^{1}\boldsymbol{N}^{e\mathrm{T}}\bar{\boldsymbol{T}}^e ss_2\mathrm{d}\tilde{\eta} \tag{1-161}$$

1.6.2 数值积分

单元刚度矩阵 $\boldsymbol{K}_e$ 以及单元载荷向量 $\boldsymbol{F}_e$ 可以用高斯积分方法计算得到，在 1.6.1 节中已将 $\boldsymbol{K}_e$ 以及 $\boldsymbol{F}_e$ 转换到标准积分区域，因此只需要根据被积函数的类型及阶次选择相应的高斯积分点数量即可。通常对于 p 阶 NURBS 函数，其积分点数目通常取为 $p+1$ 个，其能够保证数值积分的精度。对于二维以及三维问题的积分，其采用与解析方法计算多重积分相同的方法，即保持一个方向(外层)积分变量为常量，而依次改变另一个方向(内层)的积分变量。

基于积分公式，式(1-160)、式(1-161)可以写为

$$\boldsymbol{K}_e=\sum_{i,j=1}^{\substack{i=p+1\\ j=q+1}}\omega_i\omega_j\boldsymbol{B}^{e\mathrm{T}}(\xi_{g_i},\eta_{g_j})\boldsymbol{C}\boldsymbol{B}^e(\xi_{g_i},\eta_{g_j})\ |\boldsymbol{J}_1(\xi_{g_i},\eta_{g_j})||\boldsymbol{J}_2| \tag{1-162}$$

$$\begin{aligned}\boldsymbol{F}_e=&\sum_{i,j=1}^{\substack{i=p+1\\ j=q+1}}\omega_i\omega_j\boldsymbol{N}^{e\mathrm{T}}(\xi_{g_i},\eta_{g_j})\boldsymbol{f}^e\ |\boldsymbol{J}_1(\xi_{g_i},\eta_{g_j})||\boldsymbol{J}_2|-\sum_{i=1}^{i=p+1}\omega_i\boldsymbol{N}^{e\mathrm{T}}(\xi_{g_i},\eta)\bar{\boldsymbol{T}}^e s(\xi_{g_i},\eta)s_1-\\&\sum_{j=1}^{j=q+1}\omega_j\boldsymbol{N}^{e\mathrm{T}}(\xi,\eta_{g_j})\bar{\boldsymbol{T}}^e s(\xi,\eta_{g_j})s_2\end{aligned} \tag{1-163}$$

其中，ω_i、ω_j 为高斯积分权重系数，ξ_{g_i}、η_{g_j} 为高斯积分点 $\tilde{\xi}_{g_i}$、$\tilde{\eta}_{g_j}$ 在参数空间中的坐标，ξ_{g_i}、η_{g_j} 与 $\tilde{\xi}_{g_i}$、$\tilde{\eta}_{g_j}$ 之间的关系可由式(1-153)得到。常用的高斯积分点坐标和权重系数取值如表 1-1 所示。

表 1-1 高斯积分点坐标和权重系数

积分点数目 n	积分点坐标 $\tilde{\xi}_{g_i}$	积分权重系数 ω_i
1	0.0000000000000000	2.0000000000000000
2	±0.5773502691896258	1.0000000000000000
3	±0.7745966692414834	0.5555555555555556
	0.0000000000000000	0.8888888888888889
4	±0.8611363115940526	0.3478548451374539
	±0.3399810435848563	0.6521451548625461
5	±0.9061798459386640	0.2369268850561891
	±0.5384693101056831	0.4786286704993665
	0.0000000000000000	0.5688888888888889
6	±0.9324695142031520	0.1713244923791703
	±0.6612093864662645	0.3607615730481386
	±0.2386191860831969	0.4679139345726910
7	±9.491079123427585	0.1294849661688697
	±7.415311855993944	0.2797053914892767
	±4.058451513773972	0.3818300505051189
	0.000000000000000	0.4179591836734694

以二维三阶单元为例，其 ξ、η 方向高斯积分点数目均为 4 个，积分点分布如图 1-23 所示。

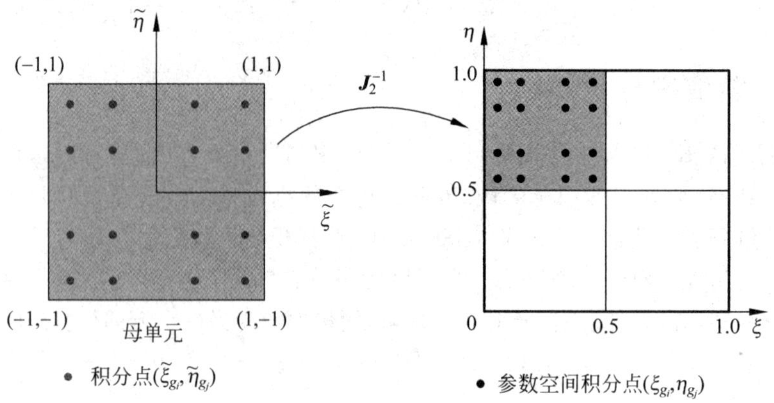

图 1-23　高斯积分点分布

1.6.3　单元刚度矩阵以及载荷向量组装

根据 1.6.2 节中的数值积分方法可以计算得到单元的刚度矩阵 $\boldsymbol{K}_e$ 以及载荷向量 $\boldsymbol{F}_e$，由于整个结构包含多个单元，因此需要将每个单元的刚度矩阵以及载荷向量集成到结构的总体刚度矩阵 $\boldsymbol{K}$ 以及载荷向量 $\boldsymbol{F}$ 中。

首先需要对几何面(体)的节点向量进行编号，以二维区域为例，其节点向量可写为

$$\begin{aligned}\boldsymbol{\Xi} &= [\xi_1, \cdots, \xi_{p+1}, \xi_{p+2}, \cdots, \xi_n, \xi_{n+1}, \cdots, \xi_{n+p+1}] \\ \boldsymbol{H} &= [\eta_1, \cdots, \eta_{q+1}, \eta_{q+2}, \cdots, \eta_m, \eta_{m+1}, \cdots, \eta_{m+q+1}]\end{aligned} \tag{1-164}$$

其中，n、m 为 ξ、η 方向样条函数个数，p、q 为 ξ、η 方向样条函数阶数。

其次建立几何面(体)的总体基函数的编号：

$$I = (j-1) \times n + i, \quad (i = 1, \cdots, n)(j = 1, \cdots, m) \tag{1-165}$$

由于二维基函数是由 ξ、η 方向的一维基函数的张量积构成式(1-137)，因此可以构造一个索引矩阵 $\boldsymbol{INC}$，输入基函数总体编号以及参数方向，输出该方向上的基函数编号，即

$$i = \boldsymbol{INC}(I, 1), \quad j = \boldsymbol{INC}(I, 2) \tag{1-166}$$

对于每个一维基函数，其在节点向量中的跨度是已知的，即 $N_i(\xi)$ 在 $[\xi_i, \xi_{i+p+1}]$ 上非零，对应的节点编号起点为 i，跨 $p+1$ 个节点区间，$N_j(\eta)$ 在 $[\eta_j, \eta_{j+q+1}]$ 上非零，对应的节点编号起点为 j，跨 $q+1$ 个节点区间，因此 $\boldsymbol{INC}$ 索引矩阵也可看作是基函数全局编号 I 与不同方向上基函数的跨度之间的联系。

以图 1-22 中的参数域为例，其 ξ、η 方向的基函数阶数为 $p=3$、$q=3$，节点向量为 $\boldsymbol{\Xi} = \boldsymbol{H} = [0,0,0,0,0.5,1,1,1,1]$，其 $\boldsymbol{INC}$ 编号如表 1-2 所示。

表 1-2　***INC*** 索引矩阵

	I(全局基函数编号 global basis function number)												
INC	1	2	3	4	5	6	7	8	9	10	11	12	13
ξ 方向	1	2	3	4	5	1	2	3	4	5	1	2	3
η 方向	1	1	1	1	1	2	2	2	2	2	3	3	3

续表

INC	I(全局基函数编号 global basis function number)											
	14	15	16	17	18	19	20	21	22	23	24	25
ξ 方向	4	5	1	2	3	4	5	1	2	3	4	5
η 方向	3	3	4	4	4	4	4	5	5	5	5	5

接下来需要对单元进行编号，由定义可知，对于开节点向量，单元定义为区间$[\xi_i,\xi_{i+1}]\times[\eta_j,\eta_{j+1}]$，并且有 $p+1\leqslant i\leqslant n$、$q+1\leqslant j\leqslant m$。对照节点向量编号(1-164)，在 ξ、η 方向上分别有单元数 $n-p$、$m-q$，则单元编号可以表示为

$$e=(j-q-1)(n-p)+(i-p),\quad (i=p+1,\cdots,n)(j=q+1,\cdots,m) \tag{1-167}$$

根据 ***INC*** 的定义式(1-166)，结合单元编号式(1-167)可得每个单元上具有支撑(非零)的基函数。ξ 方向上在单元 e 具有支撑的基函数有 $N_\alpha(\xi)$，$i-p\leqslant\alpha\leqslant i$，$\eta$ 方向上在单元 e 具有支撑的基函数有 $N_\beta(\eta)$，$j-q\leqslant\beta\leqslant j$，因此单元 e 上非零的基函数个数为 $n_e=(p+1)(q+1)$。依照先 ξ 方向，后 η 方向，并且节点值从大到小的规则，单元 e 上局部基函数的编号可以写为

$$I_e=(j-\beta)\times(p+1)+(i-\alpha+1)\quad (i-p\leqslant\alpha\leqslant i,j-q\leqslant\beta\leqslant j) \tag{1-168}$$

根据以上关系式，可以构造 ***IEN*** 索引矩阵，输入单元编号以及单元上基函数的局部编号，输出基函数的总体编号，即

$$I=\boldsymbol{IEN}(I_e,e) \tag{1-169}$$

同样以图 1-22 为例，其共有 4 个单元，每个单元的 ***IEN*** 如表 1-3 所示。

最后需要对每个自由度进行编号，由于每个控制点对应一个基函数，因此控制点的编号规则与基函数保持一致，对于二维弹性力学问题，每个控制点有(u,v)两个自由度，对于三维问题，每个控制点有(u,v,w)三个自由度，因此需要建立全局自由度编号 k 与单元编号 e、单元内局部基函数编号 I_e 以及单个控制点的自由度 d 之间的映射矩阵，称为 ***LM*** 矩阵，其可以表示为

$$k=\boldsymbol{LM}(d,I_e,e) \tag{1-170}$$

表 1-3　*IEN* 索引矩阵

IEN	I_e(单元内基函数编号)															
	1	2	3	4	5	6	7	8	9	10	11	12	13	14	15	16
$e=1$	19	18	17	16	14	13	12	11	9	8	7	6	4	3	2	1
$e=2$	20	19	18	17	15	14	13	12	10	9	8	7	5	4	3	2
$e=3$	24	23	22	21	19	18	17	16	14	13	12	11	9	8	7	6
$e=4$	25	24	23	22	20	19	18	17	15	14	13	12	10	9	8	7

同样以图 1-22 为例，这里考虑二维平面问题，因此每个控制点的自由度为 2，则每个单元所对应的全局自由度编号可由 ***LM*** 矩阵得到，具体如表 1-4 所示。

表 1-4　LM 索引矩阵

LM		e(单元编号) 1	2	3	4	LM		e(单元编号) 1	2	3	4
$I_e=1$	$d=1$	37	39	47	49	$I_e=9$	$d=1$	17	19	27	29
	$d=2$	38	40	48	50		$d=2$	18	20	28	30
$I_e=2$	$d=1$	35	37	45	47	$I_e=10$	$d=1$	15	17	25	27
	$d=2$	36	38	46	48		$d=2$	16	18	26	28
$I_e=3$	$d=1$	33	35	43	45	$I_e=11$	$d=1$	13	15	23	25
	$d=2$	34	36	44	46		$d=2$	14	16	24	26
$I_e=4$	$d=1$	31	33	41	43	$I_e=12$	$d=1$	11	13	21	23
	$d=2$	32	34	42	44		$d=2$	12	14	22	24
$I_e=5$	$d=1$	27	29	37	39	$I_e=13$	$d=1$	7	9	17	19
	$d=2$	28	30	38	40		$d=2$	8	10	18	20
$I_e=6$	$d=1$	25	27	35	37	$I_e=14$	$d=1$	5	7	15	17
	$d=2$	26	28	36	38		$d=2$	6	8	16	18
$I_e=7$	$d=1$	23	25	33	35	$I_e=15$	$d=1$	3	5	13	15
	$d=2$	24	26	34	36		$d=2$	4	6	14	16
$I_e=8$	$d=1$	21	23	31	33	$I_e=16$	$d=1$	1	3	11	13
	$d=2$	22	24	32	34		$d=2$	2	4	12	14

在得到上述索引矩阵 ***INC***、***IEN***、***LM*** 后，就可以将单元刚度矩阵 $\boldsymbol{K}_e$ 以及单元载荷向量 $\boldsymbol{F}_e$ 依据索引矩阵集成到总体刚度矩阵 $\boldsymbol{K}$ 以及总体载荷向量 $\boldsymbol{F}$ 中：

$$K_{k_1k_2}=\sum_{e=1}^{N_e}K^e_{(I_e,d_1)(J_e,d_2)},\quad F_k=\sum_{e=1}^{N_e}F^e_{(I_e,d)} \tag{1-171}$$

其中，下标(I_e,d)表示单元 e 中第 I_e 个局部基函数所对应的第 d 个自由度分量，下标 k 表示单元 e 中指标(I_e,d)所对应的总体编号，$K_{k_1k_2}$ 为总体刚度矩阵在位置(k_1,k_2)处的元素值，$K^e_{(I_e,d_1)(J_e,d_2)}$为单元刚度矩阵在位置(I_e,d_1)，(J_e,d_2)处的元素值，同样的规则适用于载荷向量。

通常单元刚度矩阵 $\boldsymbol{K}_e$ 是稠密的，但集成到总体刚度矩阵 $\boldsymbol{K}$ 中，由于基函数具有局部支撑性，使得 $\boldsymbol{K}$ 通常具有带状稀疏结构，并且该带状结构通常都沿着主对角线方向分布，从而有助于提升线性方程组的求解效率。此外，由单元刚度矩阵 $\boldsymbol{K}_e$ 的对称性可知，总体刚度矩阵 $\boldsymbol{K}$ 也具有对称性，从而在存储矩阵时可以利用这种对称性节省存储空间。

1.6.4　边界条件施加

由于在构造单元泛函变分时，并未考虑试探函数在边界上满足位移边界要求，这会导致得到的刚度矩阵 $\boldsymbol{K}$ 是奇异的，因此需要对其施加本质边界条件，也称狄里克雷边界条件(Dirichlet boundary condition)，以消除刚体位移。

本质边界条件的施加方法通常有两类，第一类为强施加方法，第二类为弱施加方法，即通过约束变分原理将本质边界条件引入系统的变分方程进行施加。

1. 本质边界条件强施加方法

本质边界条件可表示为

$$\boldsymbol{u}=\bar{\boldsymbol{u}} \quad 在\ \Gamma_u\ 上 \tag{1-172}$$

其中，对于二维问题，Γ_u 为面片边界，可以用边界曲线 $\Gamma_u(\xi)=\boldsymbol{X}(\xi,(\eta=0,1))$ 或 $\Gamma_u(\eta)=\boldsymbol{X}((\xi=0,1),\eta)$ 表示。以边界 $\Gamma_u(\eta)=\boldsymbol{X}(\xi=0,\eta)$ 为例，当给定边界位移为恒定值时，比如 $\boldsymbol{u}=\boldsymbol{0}$，通常可以采用强施加方法，即将边界 Γ_u 所对应的面片控制点的位移均置零，即

$$\boldsymbol{u}_I=\boldsymbol{0} \quad 在\ \Gamma_u\ 上 \tag{1-173}$$

则基于边界处的几何形状描述方程可得

$$\boldsymbol{u}(\xi=0,\eta)=\sum_{I=1}^{m} N_I(\xi=0,\eta)\boldsymbol{u}_I=\boldsymbol{0} \quad 在\ \Gamma_u\ 上 \tag{1-174}$$

即边界 $\Gamma_u(\eta)=\boldsymbol{X}(\xi=0,\eta)$ 上每一点处的位移均为零，同理当给定边界位移为一非零的常值时，也可以得到相同的结果。

对于系统方程，可采用置大数法施加上述边界条件，若设置第 i 个控制点的 u 方向位移 $u_i=\bar{u}$，则可对总体刚度矩阵 $\boldsymbol{K}$ 的主对角线元素 K_{ii} 乘以一个大数 α（通常取 10^{10} 左右量级），同样，将载荷向量的元素 F_i 用 $\alpha K_{ii}\bar{u}$ 代替，如下式所示：

$$\begin{bmatrix} K_{11} & K_{12} & \cdots & & & K_{1n} \\ K_{21} & K_{22} & \cdots & & & K_{2n} \\ \vdots & \vdots & & & & \\ K_{i1} & K_{i2} & \cdots & \alpha K_{ii} & \cdots & K_{in} \\ \vdots & \vdots & & & & \\ K_{n1} & K_{n2} & \cdots & & & K_{nn} \end{bmatrix} \begin{bmatrix} u_1 \\ v_1 \\ \vdots \\ u_i \\ \vdots \\ u_n \end{bmatrix} = \begin{bmatrix} F_1 \\ F_2 \\ \vdots \\ \alpha K_{ii}\bar{u} \\ \vdots \\ F_n \end{bmatrix} \tag{1-175}$$

其中，第 i 个方程可以写为

$$K_{i1}u_1+K_{i2}v_1+\cdots+\alpha K_{ii}u_i+\cdots+K_{in}u_n=\alpha K_{ii}\bar{u} \tag{1-176}$$

由于 α 的值很大，因此上式近似等于：

$$\alpha K_{ii}u_i \approx \alpha K_{ii}\bar{u} \tag{1-177}$$

因此，有 $u_i\approx\bar{u}$。对于多个控制点的本质边界条件施加，则可重复上述过程。

对于复杂的本质边界条件，比如 $\boldsymbol{u}=\bar{\boldsymbol{u}}$ 在边界 Γ_u 上是某个函数形式，采用上述方法施加该种类型的边界条件则较为困难，主要原因为 NURBS 函数是非插值的，其除了端点以外的控制点均不在几何上，因此每个控制点需要施加的位移值大小难以确定，需要借助比如最小二乘法的方法来拟合边界位移函数，这给本质边界条件的施加带来了一定的难度。

2. 本质边界条件弱施加方法

本质边界条件弱施加方法将边界条件式(1-172)以弱形式引入问题的泛函，则当泛函变分为零时，得到问题的解。通常以弱形式引入边界条件的方法有多种，其中最常用的包含罚函数法、拉格朗日乘子法以及 Nitsche 方法等。此处以罚函数方法为例，介绍边界条件弱施加方法，原问题的泛函变分可以改写为

$$\delta\Pi=\int_{\Omega}\delta\boldsymbol{\varepsilon}^{\mathrm{T}}\boldsymbol{C}\boldsymbol{\varepsilon}\,\mathrm{d}\Omega-\int_{\Omega}\delta\boldsymbol{u}\cdot\bar{\boldsymbol{f}}\,\mathrm{d}\Omega-\int_{\Gamma_\sigma}\delta\boldsymbol{u}\cdot\bar{\boldsymbol{T}}\,\mathrm{d}\Gamma+$$
$$\int_{\Gamma_u}\alpha\delta(\boldsymbol{u}-\bar{\boldsymbol{u}})\cdot(\boldsymbol{u}-\bar{\boldsymbol{u}})\,\mathrm{d}\Gamma=0 \tag{1-178}$$

其中，$\int_{\Gamma_u}\alpha\delta(\boldsymbol{u}-\bar{\boldsymbol{u}})\cdot(\boldsymbol{u}-\bar{\boldsymbol{u}})\,\mathrm{d}\Gamma$ 为新引入的罚函数项，其将位移边界条件式(1-172)改写为

$\boldsymbol{u}-\bar{\boldsymbol{u}}=\mathbf{0}$，并以乘积的形式引入泛函变分。方程(1-178)中 α 为罚因子，通常 α 值越大，边界条件式满足的越好，但过大的罚因子会破坏刚度矩阵的性态，因此不宜过大，一般可以取 $\alpha=10E\sim100E$，E 为材料的弹性模量。

基于式(1-178)，可以得到罚函数项分为两部分：

$$\delta\Pi^{p}=\int_{\Gamma_u}\alpha\delta(\boldsymbol{u}-\bar{\boldsymbol{u}})\cdot(\boldsymbol{u}-\bar{\boldsymbol{u}})\mathrm{d}\Gamma=\int_{\Gamma_u}\alpha\delta(\boldsymbol{u}-\bar{\boldsymbol{u}})\cdot\boldsymbol{u}\mathrm{d}\Gamma-\int_{\Gamma_u}\alpha\delta(\boldsymbol{u}-\bar{\boldsymbol{u}})\cdot\bar{\boldsymbol{u}}\mathrm{d}\Gamma \tag{1-179}$$

基于变分原理，等式右边第一项可以得到罚函数项对于刚度矩阵的贡献项：

$$\boldsymbol{K}^{p}=\int_{\Gamma_u}\alpha\boldsymbol{N}^{\mathrm{T}}\boldsymbol{N}\mathrm{d}\Gamma \tag{1-180}$$

等式右边第二项可以得到罚函数项对于外载荷向量的贡献项：

$$\boldsymbol{F}^{p}=-\int_{\Gamma_u}\alpha\boldsymbol{N}^{\mathrm{T}}\cdot\bar{\boldsymbol{u}}\mathrm{d}\Gamma \tag{1-181}$$

从而系统的矩阵方程可以写为

$$(\boldsymbol{K}+\boldsymbol{K}^{p})\boldsymbol{U}=\boldsymbol{F}+\boldsymbol{F}^{p} \tag{1-182}$$

值得注意的是，当所要施加的本质边界条件为 $\boldsymbol{u}=\bar{\boldsymbol{u}}=\mathbf{0}$ 时，罚函数对于载荷向量的贡献项式(1-181)为零。

上述式(1-180)、式(1-181)的计算需要针对每个边界单元进行数值积分，并集成到总体刚度矩阵以及载荷向量中，具体积分与组装过程与 1.6.2 节以及 1.6.3 节类似，这里不再赘述。

仔细观察可以发现，罚函数方法施加本质边界条件与强施加方法有相似之处，只不过罚函数方法对于刚度矩阵的贡献项包含边界条件自由度之间的耦合项，而强施加方法只对相应自由度的主对角线元素进行了修改。

1.6.5 等几何分析基本流程

等几何分析的基本流程与有限元分析基本类似，如图 1-24 所示。首先需要读取几何信息，包括维数、节点向量、基函数阶数、控制点坐标等。其次根据所读取的信息，构建面片/体的索引矩阵，同时给相应的总体刚度矩阵以及载荷向量分配内存并初始化。接下来循环每个单元，在每个单元中，分配单元刚度矩阵以及载荷向量的内存并初始化；循环每个积分点，在每个积分点上，调用计算样条函数及其导数值的函数(可将其作为标准化的函数)，通过矩阵运算得到每个积分点上单元刚度矩阵以及载荷向量的值，并累加每个积分点的贡献，最终形成单元刚度矩阵以及载荷向量。在此基础上，基于索引矩阵，将单元刚度矩阵以及载荷向量组装到总体刚度矩阵以及载荷向量中，直至单元循环结束。再基于位移边界条件，对刚度矩阵以及载荷向量施加相应的约束项，并进行矩阵求解。最后基于得到的控制点位移值，计算结构的应力、应变等变量，并写入输出文件，至此完成整个结构的等几何分析。

图 1-24 中深色框所示为等几何分析与有限元分析在程序计算上的区别，主要是几何描述的方式、参数，索引矩阵，基函数及其导数，以及最后的后处理部分等。因此基于已有的有限元程序修改相应的深色框内的部分即可用于等几何分析。

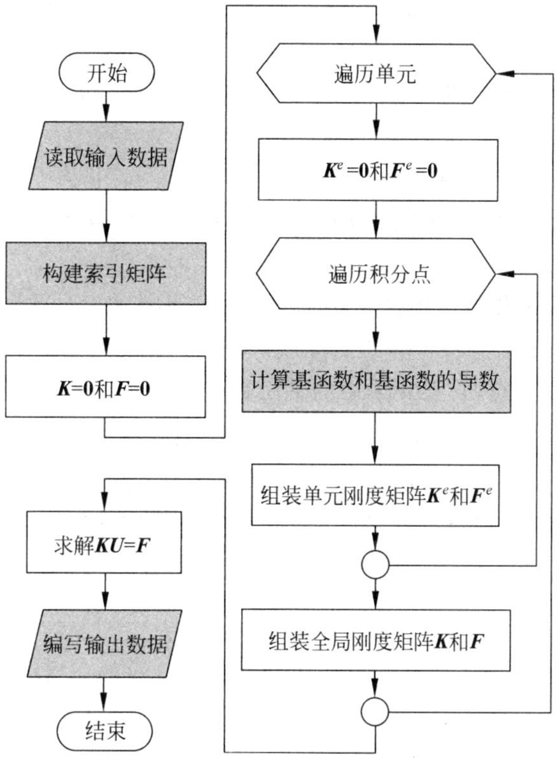

图 1-24　等几何分析流程图

1.6.6　等几何分析与有限元分析的对比

等几何分析与有限元分析在总体分析框架以及程序框架上是非常相似的，因此有限元中许多成熟的方法均可用于等几何分析，比如等参变换、数值积分等。此外，在所选择的基函数方面，有限元采用的基函数以及等几何分析中采用的样条基函数均具有单位分解属性，以及局部支撑性。

等几何分析中采用样条函数作为几何描述以及物理场插值函数，在这一点上与有限元中常用的拉格朗日基函数有着一定的区别，参见表 1-5。但正是这些区别带来了诸多等几何分析独有的特点。两者的区别主要包括以下几点：

(1) 有限元中的节点对应着等几何分析中的控制点，因此节点位移就对应着控制点的位移。

(2) 有限元中的单元是通过对实际几何进行离散得到的，而等几何分析中的单元是由参数域中的节点向量确定的，其物理域中的单元则是将参数域中的单元通过等参变换映射到物理域得到的。

(3) 有限元中采用的基函数在单元的节点上具有插值特性，而等几何分析中对应的控制点在几何描述以及物理场描述上均不具有插值特性，因此，等几何分析中的边界条件施加方法与传统有限元方法具有一定的区别。

(4) 有限元方法中，几何描述是分段近似的，而等几何分析中的几何描述是精确的，这种几何描述上的差别对于计算精度有一定的影响。此外，对于需要细化网格的情形，有限元方法需要借助于原有的几何模型进行网格加密或者重新划分，该过程将改变有限元模型的几何形状(特别是对于包含曲面等形状的情形)。而等几何分析则可以基于原始模型进行细化，并且细化后的模型几何形状保持不变。

(5) 有限元模型中常用的拉格朗日基函数在单元交界处具有 C^0 连续性，而等几何分析所采用的样条基函数在单元界面处具有 C^{p-1} 阶连续，并且该连续性是可以通过插入重复节点进行调整的，因此更加灵活。

(6) 有限元中单元细化方法包括 h 型细化以及 p 型细化，而等几何分析不仅包括 h 型细化以及 p 型细化，还包括一种特有的 k 型细化，即保持单元间高阶连续的细化方式。

(7) 在基函数特征方面，有限元采用的基函数并不总是正值，而等几何分析采用的样条函数在参数支撑区间内都保持正值。

表 1-5　等几何分析与有限元分析的主要区别

等几何分析	有限元分析
控制点	节点
控制点变量(位移)	节点变量(位移)
单元：节点向量区间	单元
样条函数不具有插值特性	基函数在节点上具有插值特性
几何精确描述	几何近似描述
单元间高阶连续	单元间 C^0 连续
h 型细化，p 型细化，k 型细化	h 型细化，p 型细化
基函数为正值	基函数不一定为正值

1.7 经典案例

本节将基于两个经典案例来说明等几何分析的特点以及分析精度，案例包括二维无限大带孔方板受面内拉伸作用下的应力分析问题以及三维 Scordelis-Lo 屋顶受自重作用的问题。

1.7.1 二维无限大带孔方板受面内拉伸载荷作用

二维无限大带孔方板左边界受一均匀分布的拉力 $T_x=10$ 作用，其可以简化为如图 1-25 所示的有限大带孔方板问题，由于对称性，因此只取其四分之一作为分析对象，模型尺寸以及材料参数如图 1-25 所示。该有限大带孔方板下边界以及右边界为对称边界条件，上边界以及左边界受边界力作用，边界力大小及方向可由解析解得到，根据 Cottrell 等[1]，该带孔方板在极坐标下的应力表达式如下：

$$\sigma_{rr}(r,\theta)=\frac{T_x}{2}\left(1-\frac{R^2}{r^2}\right)+\frac{T_x}{2}\left(1-4\frac{R^2}{r^2}+3\frac{R^4}{r^4}\right)\cos 2\theta$$

$$\sigma_{\theta\theta}(r,\theta)=\frac{T_x}{2}\left(1+\frac{R^2}{r^2}\right)-\frac{T_x}{2}\left(1+3\frac{R^4}{r^4}\right)\cos 2\theta$$

$$\sigma_{r\theta}(r,\theta)=-\frac{T_x}{2}\left(1+2\frac{R^2}{r^2}-3\frac{R^4}{r^4}\right)\sin 2\theta \tag{1-183}$$

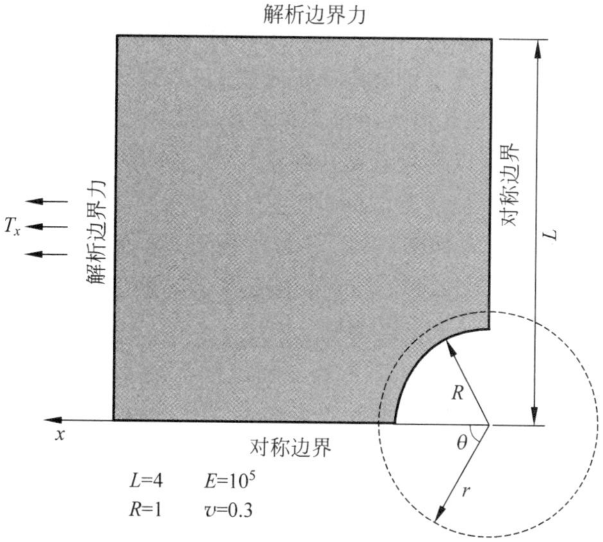

图 1-25　带孔方板受面内载荷几何模型

根据该应力表达式可求出其在有限大方板左边界以及上边界处的应力，再将其转化到总体笛卡儿坐标系下即可求得所要施加的边界力，极坐标与笛卡儿坐标下的应力分量转换关系如下：

$$\begin{aligned}
\sigma_x&=\frac{\sigma_r+\sigma_\theta}{2}+\frac{\sigma_r-\sigma_\theta}{2}\cos 2\theta-\tau_{r\theta}\sin 2\theta\\
\sigma_y&=\frac{\sigma_r+\sigma_\theta}{2}-\frac{\sigma_r-\sigma_\theta}{2}\cos 2\theta+\tau_{r\theta}\sin 2\theta\\
\tau_{xy}&=\frac{\sigma_r-\sigma_\theta}{2}\sin 2\theta+\tau_{r\theta}\cos 2\theta
\end{aligned} \tag{1-184}$$

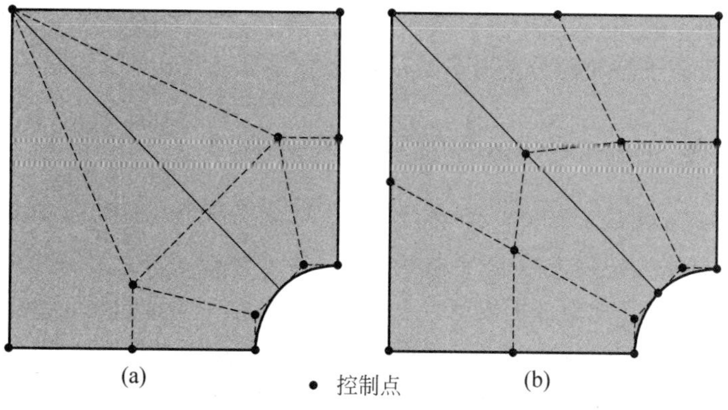

图 1-26　带孔方板模型不同建模方法所生成的控制点

(a) 左上角存在重叠控制点；(b) 单元交界线(斜对角线)具有 C^0 连续性

采用样条函数描述该带孔方板模型，对于初始的几何模型，在 ξ、η 方向上均采用二阶基函数，其中 ξ 方向有两个单元，节点向量为 $\boldsymbol{\Xi}=[0,0,0,0.5,1,1,1]$，沿圆周方向，$\eta$ 方向有一个单元，节点向量为 $\boldsymbol{H}=[0,0,0,1,1,1]$，沿孔的半径方向。该初始几何模型的控制点如图 1-26(a)所示，其中左上角处拐角的描述可以采用两个重复的控制点实现，但会使该点处的雅可比矩阵产生奇异。但在进行单元刚度矩阵积分时，通常高斯积分点不会落在该拐点处，因此这种几何描述方法对等几何分析结果的影响是可控的。图 1-26(a)所示实例表明，通过重复放置控制点的方式可以保证基函数在单元交界面处具有 C^{p-1} 阶连续。当然也可以通过其他方式生成该带孔方板模型，比如通过重复插入节点来降低单元交界面处的连续性，从而使得模型在拐角处具有插值特性，针对本模型，可以在节点向量 $\boldsymbol{\Xi}$ 中插入节点值 $\xi=0.5$，得到 $\boldsymbol{\Xi}=[0,0,0,0.5,0.5,1,1,1]$，其生成的几何模型如图 1-26(b)所示，通过该方法生成的模型在单元交界处具有 C^0 连续性。

以图 1-26(b)所示几何建模方法，对带孔方板进行 k 型细化，得到 32×16 个单元，基函数阶数为 $p=q=3$，网格如图 1-27 所示。

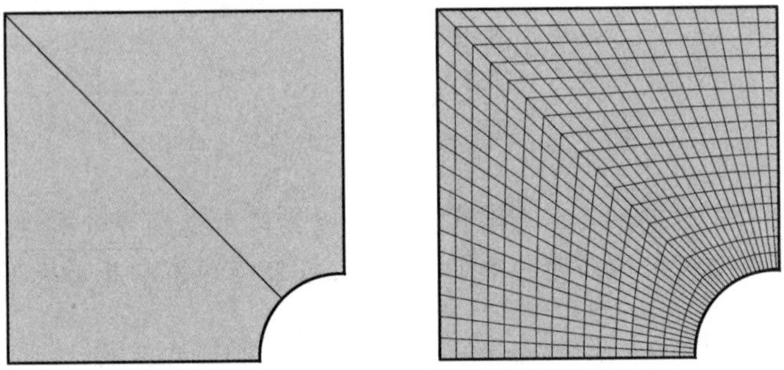

初始网格　　细化网格

图 1-27　初始网格和细化网格

基于细化网格进行等几何分析并进行后处理，可以得到其位移以及应力结果如图 1-28 所示。从图中可以观察到，应力 σ_x 的最大值发生在孔边处，方位角为 $\theta=3\pi/2$，等几何分析结果为 $\sigma_{x\_\max}^{\mathrm{IGA}}=30.0386$，与精确解 $\sigma_{x\_\max}^{\mathrm{exact}}=30.0$ 非常接近，说明了等几何分析可以准确捕捉孔边的应力集中。此外，从图中可以观察到应力分量在整个区域内呈光滑连续分布。上述分析结果主要得益于等几何分析所具有的高阶连续基函数以及几何精确描述等特性。

1.7.2　三维 Scordelis-Lo 屋顶受自重作用

第二个案例 Scordelis-Lo 屋顶来自“shell obstacle course”[33]，如图 1-29 所示，该壳体结构受自重作用，在两端受固定隔板约束，另外两个直边为自由边，几何以及材料参数如图 1-29 所示，由于对称性，在建立等几何分析模型时只考虑其四分之一对称模型，边界条件如图 1-30 所示，在左端弯曲边界上约束 y 和 z 向位移，在直对称边界上约束其 y 向位移，在曲对称边界上约束其 x 方向位移，计算过程中以直边中点 A 处的 z 向位移作为模型收敛性分析对象。

如图 1-31 所示为采用 8×8×1 个三维单元，三个方向的节点向量分别为 $\boldsymbol{\Xi}=\boldsymbol{H}=[0,0,0,0,1/8,1/4,3/8,1/2,5/8,3/4,7/8,1,1,1,1]$、$\boldsymbol{Z}=[0,0,0,0,1,1,1,1]$，单元阶数取 $p=q=r=3$ 所得到的结果云图。其中图 1-31(a)为 z 向位移云图，图 1-31(b)为 Von Mises

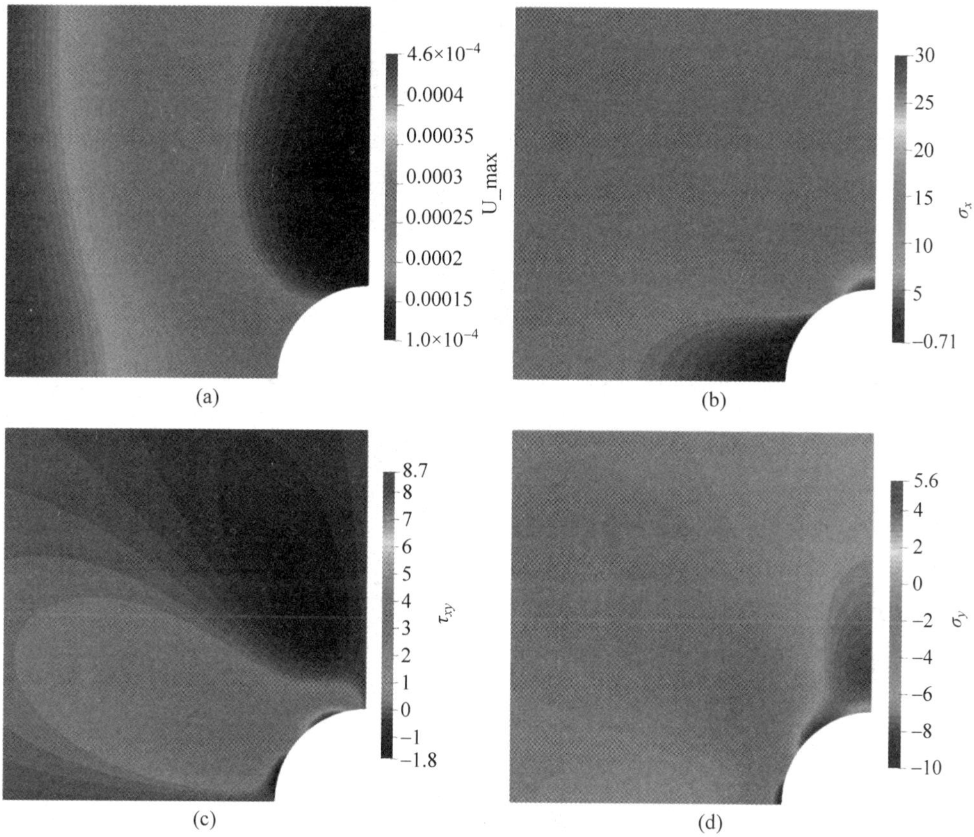

图 1-28 无限大带孔方板模型等几何分析结果云图

(a) 位移云图；(b) σ_x 云图；(c) τ_{xy} 云图；(d) σ_y 云图

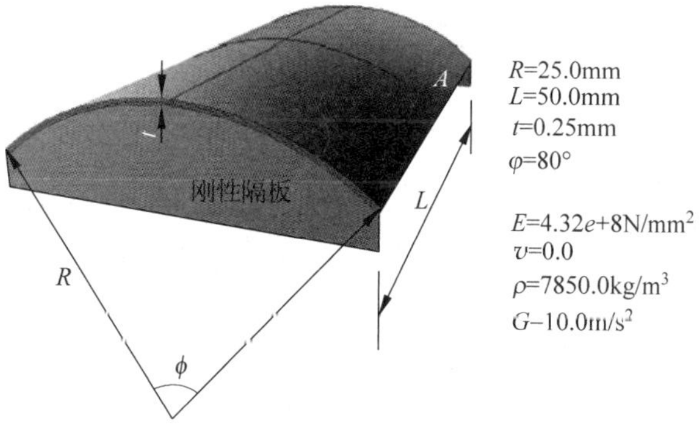

图 1-29 Scordelis-Lo 屋顶问题

应力云图，可以观察到在 A 点处 z 向位移为 $u_z^A=-0.3034$。图 1-32 所示为采用不同单元数以及不同单元阶数所得到的 A 点 z 向位移的收敛曲线，其中横坐标为模型边界上控制点数量。可以观察到，随着控制点数量(单元数量)的增多，A 点 z 向位移逐渐收敛于参考值，并且当单元阶数越高，其收敛速度越快。特别是当单元阶数取五阶时，采用一个单元即可以得到较为准确的解，这验证了高阶连续基函数以及几何精确描述可以显著提升分析的精度。

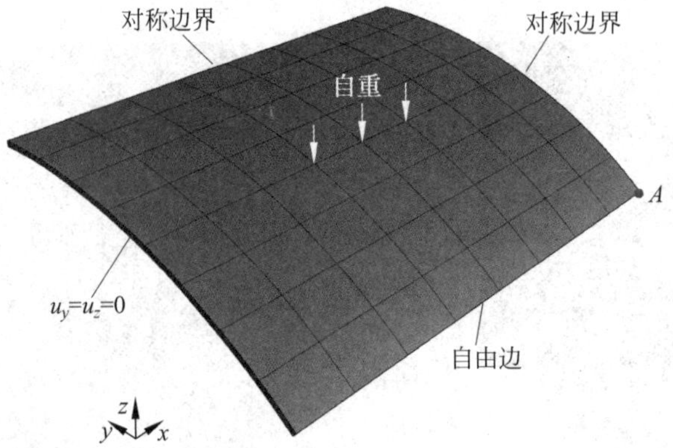

图 1-30　Scordelis-Lo 屋顶等几何分析模型

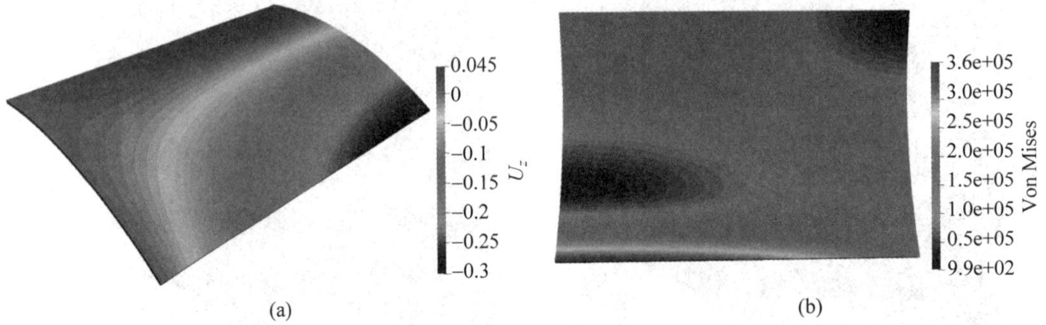

图 1-31　Scordelis-Lo 屋顶等几何分析结果云图

(a) z 向位移；(b) Von Mises 应力

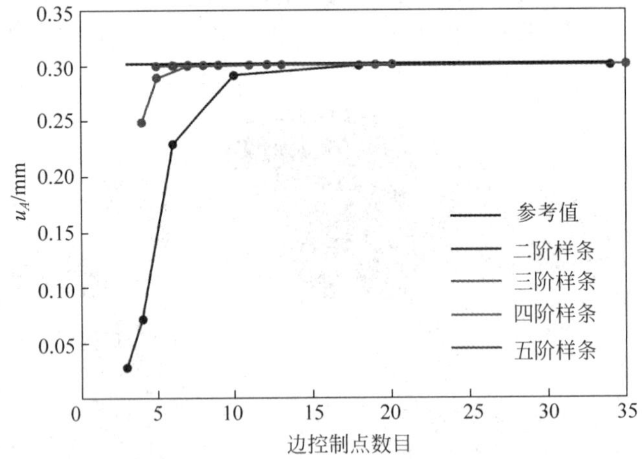

图 1-32　Scordelis-Lo 屋顶在 A 点 z 向位移收敛曲线(见文前彩图)

1.8　本章小结

本章主要围绕等几何分析方法，简要介绍了其提出的背景以及发展现状，并详细介绍了等几何分析所涉及的基本理论知识，包括样条函数及几何造型技术、弹性力学基本方程、等效积分弱形式及其数值求解方法、有限元方法的思想及等参变换、等几何分析的计算方法，最后通过两个经典案例说明等几何分析的过程并验证等几何分析的精度及效率。

在样条函数及几何造型技术中(1.2节)，通过Cox-de Boor递归方程介绍了B样条函数的构造方法，并引出其求导公式。B样条函数在单元交界处(即节点ξ_i处)具有C^{p-m_i}次连续性，其中m_i为节点ξ_i的重复度。基于B样条函数，通过与控制点坐标进行线性组合，即可得到相应的B样条曲线。在此基础上，基于张量积的形式，将一维B样条函数及曲线拓展到了二维以及三维的情形。随后，介绍了B样条函数的三种细化方式，包括节点插入、升阶以及等几何分析特有的高阶、高连续性的k型细化方法，这对于提升等几何分析的效率至关重要。最后从几何以及代数的角度介绍了B样条函数更一般的形式，即非均匀有理B样条(NURBS)，并分析了权重对NURBS及其曲线的影响。

在1.3节中，以弹性力学问题为对象，介绍了其基本方程，包括平衡微分方程、几何方程、物理方程以及边界条件。此外，针对常见的二维平面问题，即平面应力、平面应变，给出了其基本方程，这为接下来等几何分析的格式的推导提供了基础。

在1.4节中，主要针对1.3节给出的弹性力学问题基本方程，构造了其等效积分形式，将原本在弹性体内每一点处都需要得到满足的基本方程转化为在平均意义下得到满足的积分形式，再借助分部积分，可以进一步得到其等效积分弱形式，其通过提升权函数的连续性要求来降低待求场函数的连续性要求，为有限元方法的运用提供了极大便利。最后，介绍了基于等效积分弱形式的数值求解方法——伽辽金法以及里茨方法，并且说明了当原物理问题存在自然变分原理时，这两种方法是一致的。此外，伽辽金法和里茨方法是在弹性体全域上进行求解的，因此实际使用过程中，由于求解问题的复杂性，往往难以应用，但后续有限元法以及等几何分析的提出为其提供了基础。

在1.5节中，主要基于1.4节中的伽辽金法以及里茨方法，介绍了有限元方法的基本思想、基本步骤。其中，针对二维平面三角形单元，给出了其常用的位移模式，并基于该位移模式推导得到了单元插值函数(形函数)以及应变公式，在此基础上形成了单元刚度矩阵以及载荷向量。随后，针对广泛使用的等参有限元，介绍了等参变换的思想，以及基于等参变换得到的有限元基本方程，为等几何分析的提出提供基础。

在1.6节中，首先，用一维曲线介绍了等几何分析的基本思想。其次，基于1.4节中介绍的控制方程弱形式以及1.5节中的等参变换思想，介绍了等几何离散方法，形成了其单元刚度矩阵以及载荷向量表达式，值得注意的是，等几何分析中存在两个映射关系，即积分域到参数域的映射以及参数域到物理域的映射。然后介绍了单元刚度矩阵以及载荷向量的数值积分方法，通常采用高斯积分，对于一维问题，积分点数目一般取$p+1$个。随后，重点介绍了几种索引矩阵的构造方法，包括$\boldsymbol{IEN}$、$\boldsymbol{INC}$、$\boldsymbol{LM}$矩阵，基于这些矩阵，可以将单元矩阵以及向量进行组装得到总体刚度矩阵以及载荷向量。在本质边界条件施加方面，介绍了两种施加方法，即强施加以及弱施加，由于等几何分析的模型在边界处通常不具备插值特性，因此，弱施加方法应用较多。最后，介绍了等几何分析的基本流程，并与有限元分析进行了对比。

在1.7节中，给出了两个经典的数值案例，即无限大带孔方板的孔边应力求解、Scordelis-Lo屋顶受自重作用的分析问题，说明了等几何分析的精度及效率。对于带孔方板的网格生成问题，给出了两种网格生成方法，并针对其中一种网格生成方法进行了网格细化，得到了准确的孔边最大应力值。对于 Scordelis-Lo 屋顶问题，研究了不同单元数、不同基函数阶次下，该曲面结构位移的收敛率问题。可以发现，随着基函数阶次的增高，其收敛率显著提升，验证了几何精确描述以及高阶、高连续性的基函数对于分析精度及效率的影响。

习题

1.1　以图 1-3 中所示 B 样条函数为例，试采用 Cox-de Boor 递归方程计算一维 B 样条函数公式，并验证当 $\xi=0.4$ 时，$\sum_{i=1}^{n} N_{i,p}(\xi)\equiv 1$。

1.2　同样以图 1-3 中所示 B 样条函数为例，试计算 B 样条函数的一阶导数，并绘制其导数的曲线。

1.3　构造一条存在一个尖点的 C^2 连续的三次 B 样条曲线。

1.4　设 $\boldsymbol{C}(\xi)=\sum_{i=1}^{8} N_{i,3}(\xi)\boldsymbol{P}_i$ 是定义在节点矢量 $\boldsymbol{\Xi}=[0,0,0,0,1/4,1/4,2/3,3/4,1,1,1,1]$ 上的三次 B 样条曲线。

(1) 任意给出一些控制点 $\boldsymbol{P}_i$ 并画出 B 样条曲线。

(2) 确定点 $\boldsymbol{C}(\xi=0.25)$ 的位置。

(3) 如果移动 $\boldsymbol{P}_2$，曲线 $\boldsymbol{C}(\xi)$ 在哪个子区间内的形状会受到影响？

(4) 曲线在区间 $[1/4,2/3)$ 内的形状由哪些控制点所决定？

1.5　试以图 1-6(a) 为例，计算插入节点 $\xi=0.25$ 一次后曲线的控制点坐标，已知初始 B 样条函数节点向量为 $\boldsymbol{\Xi}=[0,0,0,0,0.5,1,1,1,1]$，控制点坐标为：$\boldsymbol{P}_1=(0,0)$，$\boldsymbol{P}_2=(0,2)$，$\boldsymbol{P}_3=(1,3)$，$\boldsymbol{P}_4=(2,0)$，$\boldsymbol{P}_5=(3,1)$。

1.6　如有一问题的泛函为 $\Pi=\int_0^L\left[\frac{EI}{2}\left(\frac{\mathrm{d}^2 w}{\mathrm{d}x^2}\right)^2+\frac{kw^2}{2}+qw\right]\mathrm{d}x$，其中 E、I、k 是常数，q 是给定函数，w 是未知函数，试导出原问题的微分方程和边界条件。

1.7　什么是位移插值函数？它有什么性质？

1.8　如何通过最小位能原理建立等几何分析求解方程？等几何分析的基本步骤是什么？

1.9　以图 1-3 中的 B 样条函数及其曲线为例，试写出其 $\boldsymbol{LM}$ 矩阵。

1.10　试以图 1-26 为例，采用图 1-26(a) 中的细化方法，将该带孔方板的 1/4 对称模型划分为 16×8 个单元，其中沿圆弧方向单元数为 16 个，基函数阶数为 $p=q=3$，并以此细化后的网格进行等几何分析。

参 考 文 献

[1]　COTTRELL J A，HUGHES T J R，BAZILEVS Y. Isogeometric analysis：towards integration of CAD and FEA[M]. Singapore：John Wiley & Sons，2009.

[2] RANK E,RUESS M,KOLLMANNSBERGER S,et al. Geometric modeling,isogeometric analysis and finite cell method[J]. Computer Methods in Applied Mechanics and Engineering,2012,249: 104-115.

[3] HUGHES T J R,COTTRELL J A, BAZILEVS Y. Isogeometric analysis: CAD, finite elements, NURBS,exact geometry and mesh refinement[J]. Computer Methods in Applied Mechanics and Engineering,2005,194: 4135-4195.

[4] KIENDL J,BLETZINGER K U,LINHARD J,et al. Isogeometric shell analysis with Kirchhoff-Love elements[J]. Computer Methods in Applied Mechanics and Engineering,2009,198: 3902-3914.

[5] BREITENBERGER M,APOSTOLATOS A,PHILIPP B,et al. Analysis in computer aided design: Nonlinear isogeometric B-Rep analysis of shell structures [J]. Computer Methods in Applied Mechanics and Engineering,2015,284: 401-457.

[6] LEIDINGER L F,BREITENBERGER M,BAUER A M,et al. Explicit dynamic isogeometric B-Rep analysis of penalty-coupled trimmed NURBS shells[J]. Computer Methods in Applied Mechanics and Engineering,2019,351: 891-927.

[7] OCCELLI M,ELGUEDJ T,BOUABDALLAH S,et al. LR B-Splines implementation in the Altair Radioss solver for explicit dynamics IsoGeometric Analysis[J]. Advances in Engineering Software, 2019,131: 166-185.

[8] BAZILEVS Y,CALO V M,ZHANG Y,et al. Isogeometric fluid-structure interaction analysis with applications to arterial blood flow[J]. Computational Mechanics,2006,38: 310-322.

[9] BAZILEVS Y,CALO V M,HUGHES T J R,et al. Isogeometric fluid-structure interaction: theory, algorithms,and computations[J]. Computational Mechanics,2008,43: 3-37.

[10] GUO Y,HELLER J,HUGHES T J R,et al. Variationally consistent isogeometric analysis of trimmed thin shells at finite deformations, based on the STEP exchange format[J]. Computer Methods in Applied Mechanics and Engineering,2018,336: 39-79.

[11] HAO P,WANG Y,WU Z,et al. Progressive optimization of complex shells with cutouts using a smart design domain method[J]. Computer Methods in Applied Mechanics and Engineering,2020, 362: 112814.

[12] NAGY A P,BENSON D J. On the numerical integration of trimmed isogeometric elements[J]. Computer Methods in Applied Mechanics and Engineering,2015,284: 165-185.

[13] WANG Y,BENSON D J,Nagy A P. A multi-patch nonsingular isogeometric boundary element method using trimmed elements[J]. Computational Mechanics,2015,56: 173-191.

[14] GONG Y,TREVELYAN J,HATTORI G,et al. Hybrid nearly singular integration for isogeometric boundary element analysis of coatings and other thin 2D structures[J]. Computer Methods in Applied Mechanics and Engineering,2019,346: 642-673.

[15] WANG Y W,HUANG Z D,ZHENG Y,et al. Isogeometric analysis for compound B-spline surfaces [J]. Computer Methods in Applied Mechanics and Engineering,2013,261: 1-15.

[16] GUO Y,RUESS M. Nitsche's Method for a Coupling of Isogeometric Thin Shells and Blended Shell Structures[J]. Computer Methods in Applied Mechanics and Engineering,2015,284: 881-905.

[17] HU Q,CHOULY F,HU P,et al. Skew-symmetric Nitsche's formulation in isogeometric analysis: Dirichlet and symmetry conditions,patch coupling and frictionless contact[J]. Computer Methods in Applied Mechanics and Engineering,2018,341: 188-220.

[18] KLEISS S K,PECHSTEIN C,JÜTTLER B,et al. IETI - Isogeometric Tearing and Interconnecting [J]. Computer Methods in Applied Mechanics and Engineering,2012,247: 201-215.

[19] STAVROULAKIS G,TSAPETIS D,PAPADRAKAKIS M. Non-overlapping domain decomposition solution schemes for structural mechanics isogeometric analysis[J]. Computer Methods in Applied Mechanics and Engineering,2018,341: 695-717.

[20] WANG D, XUAN J. An improved NURBS-based isogeometric analysis with enhanced treatment of essential boundary conditions[J]. Computer Methods in Applied Mechanics and Engineering, 2010, 199: 2425-2436.

[21] SHEPHERD K M, GU X D, HUGHES T J R. Feature-aware reconstruction of trimmed splines using Ricci flow with metric optimization[J]. Computer Methods in Applied Mechanics and Engineering, 2022, 402: 115555.

[22] XU G, LI M, MOURRAIN B, et al. Constructing IGA-suitable planar parameterization from complex CAD boundary by domain partition and global/local optimization[J]. Computer Methods in Applied Mechanics and Engineering, 2018, 328: 175-200.

[23] PAN M, CHEN F, TONG W. Volumetric spline parameterization for isogeomtric analysis[J]. Computer Methods in Applied Mechanics and Engineering, 2020, 359: 112769.

[24] YANG J, ZHAO G, WANG W, et al. Non-uniform C^1 patches around extraordinary points with applications to analysis-suitable unstructured T-splines[J]. Computer Methods in Applied Mechanics and Engineering, 2023, 405: 115849.

[25] LI X, ZHENG J, SEDERBERG T W, et al. On linear independence of T-spline blending functions[J]. Computer Aided Geometric Design, 2012, 29: 63-76.

[26] GIANNELLI C, JÜTTLER B, KLEISS S K, et al. THB-splines: An effective mathematical technology for adaptive refinement in geometric design and isogeometric analysis[J]. Computer Methods in Applied Mechanics and Engineering, 2016, 299: 337-365.

[27] VUONG A V, GIANNELLI C, JÜTTLER B, et al. A hierarchical approach to adaptive local refinement in isogeometric analysis[J]. Computer Methods in Applied Mechanics and Engineering, 2011, 200: 3554-3567.

[28] JOHANNESSEN K A, KVAMSDAL T, DOKKEN T. Isogeometric analysis using LR B-splines[J]. Computer Methods in Applied Mechanics and Engineering, 2014, 269: 471-514.

[29] PAN Q, XU G, XU G, et al. Isogeometric analysis based on extended Catmull-Clark subdivision[J]. Computers and Mathematics with Applications, 2016, 71: 105-119.

[30] ZAREH M, QIAN X. Kirchhoff-Love shell formulation based on triangular isogeometric analysis[J]. Computer Methods in Applied Mechanics and Engineering, 2019, 347: 853-873.

[31] PIEGL L, TILLER W. The NURBS book-Monographs in visual communication[M]. Heidelberg: Springer-Verlag, 1997.

[32] 王勖成. 有限单元法[M]. 北京：清华大学出版社，2003.

[33] BELYTSCHKO T, STOLARSKI H, Wing Kam Let al. Stress projection for membrane and shear locking in shell finite elements[J]. Computer Methods in Applied Mechanics and Engineering, 1985, 51: 221-258.

第2章

经典拓扑优化方法

2.1 简要概述

结构优化是面向现代工业装备,基于数学、力学与计算机等多学科而发展的研究领域,可有效实现复杂装备结构高性能轻量化设计,近些年得到了广泛的关注、应用和讨论[1-2]。根据研究对象的不同,结构优化可大致分为离散体结构优化[3]和连续体结构优化。其中前者主要用于工程中常见的骨架类结构优化设计,如钢架、桁架和加强筋等,主要目的在于寻找合理的空间分布,以实现结构性能提升。连续体结构优化则应用更加广泛,主要以空间三维连续实体结构或者板壳类结构优化设计为主。围绕连续体结构优化,依据现代产品设计三个不同阶段,即概念设计、基本设计和详细设计,连续体结构优化可大致细分为拓扑优化(topology optimization)、形状优化(shape optimization)和尺寸优化(size optimization)三大分支,如图 2-1 所示。

拓扑优化
基础讲解

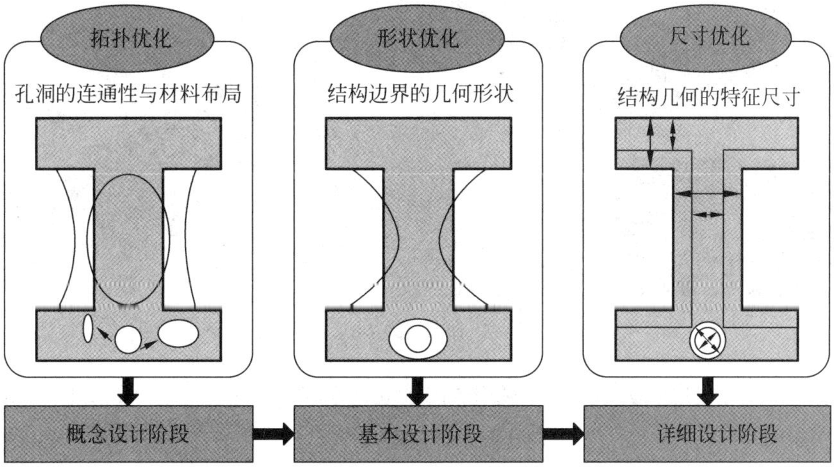

图 2-1 结构优化:拓扑优化、形状优化和尺寸优化

尺寸优化是指在保证结构的形状与拓扑不变时,通过不断调整结构的特征尺寸,如结构横截面尺寸、宽度、厚度以及孔洞尺寸等,实现结构的性能优化。形状优化是指在保持结构拓扑不变的情况下,寻找理想的结构边界和几何形状来优化结构性能。拓扑优化[4]是以结

构设计域内的孔洞连通性为研究对象，即孔洞的位置、数量以及有无，在满足给定的边界以及约束条件下，基于有限元技术、数值分析与优化理论，寻找设计域内最优材料布局以实现结构性能评价指标的目标函数(如刚度、强度、重量等)达到最优。与尺寸优化和形状优化相比，拓扑优化是在产品结构的概念设计阶段(即结构的几何特征与拓扑信息完全未知)寻找到理想的材料布局方法。同时，拓扑优化本身的数学、力学以及优化理论算法的复杂性使得拓扑优化成为了结构优化领域内最具有挑战性的研究课题。

拓扑优化本身具有优异特性，其可作为一种科学的计算工具，搜寻材料在结构设计域内的最优分布形式，实现在结构材料用量最少下性能达到最优，因此逐渐应用于航空航天、工业汽车、材料工程、化学工程、生物工程等领域。常见结构案例的设计，如福特汽车底盘设计、空客 A380 翼肋、卫星主承力结构等，部分案例如图 2-2 所示。从上述案例中可以看出拓扑优化在现代工业产品结构设计中发挥了关键作用，可消除传统以工程师个人经验为核心的“设计—试验—修改—试验”反复试错模式，可有效减少以往产品结构设计的研发周期，降低研发成本。因此，以数学和力学为核心基础理论构建的结构拓扑设计模型、基于优化算法与计算机迭代更新的结构拓扑可促进形成以科学且高效为核心的现代化结构优化设计模式，为新一代工业装备研制带来重大变革。拓扑优化不仅在工业装备中得到了广泛的应用，在建筑结构设计中也得到了较多的关注：如经典的赵州桥设计历经千年而不倒，拓扑优化可为其提供科学的理论依据。通过深度结合美学要素，拓扑优化设计了不仅可满足实际应用载荷，而且高度迎合人类美学视觉的建筑结构，如图 2-3 所示卡塔尔国际会议中心、座椅、中信金融中心等。综上所述，拓扑优化主要具备以下几个关键特点。

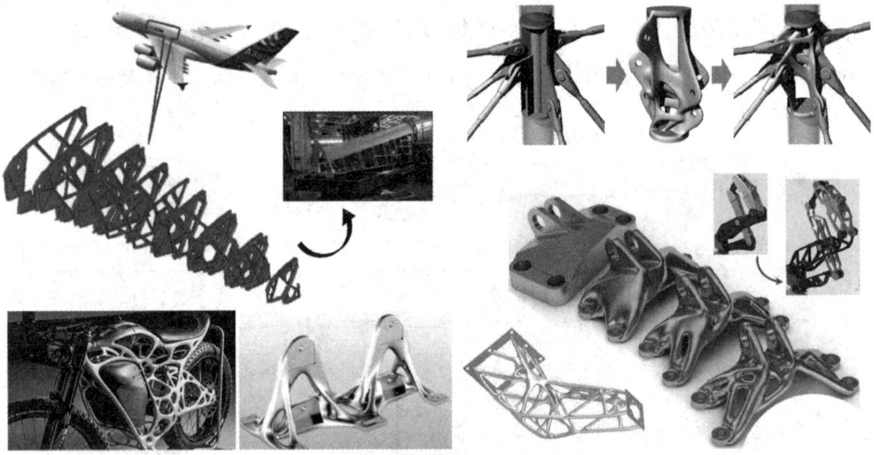

图 2-2　拓扑优化工业应用案例

(1) 结构概念设计阶段：在结构的几何、形状等信息完全未知下，在结构设计域内寻找合理的材料分布。

(2) 科学计算设计架构：基于结构的载荷工况条件，建立优化设计模型，以性能需求为导向科学地“算出”结构内材料分布。

(3) 减重提升结构性能：致力于以性能提升为导向寻找合理的材料布局，降低材料使用量，优化结构性能且满足工程需求。

拓扑优化研究起源于 Michell[5] 在 1904 年提出的桁架结构优化设计理论，但该理论有

图 2-3 拓扑优化建筑家具应用案例

其本身的局限性，仅能用于离散桁架结构优化设计，无法扩展到一般问题解决上。连续体结构拓扑优化设计研究主要来源于我国程耿东院士[4,6]于 20 世纪 80 年代针对实心弹性薄板结构开展的刚度优化设计研究，该先驱性工作引发了后续三十多年多个研究学者针对结构拓扑优化设计的研究热潮。到 1988 年，国外 Bendsøe 和 Kikuchi[7]以连续多孔结构分布介质为假设提出了可实现结构拓扑优化的均匀化方法(homogenization method)，该方法是将结构离散成多个微小的多孔结构，将多孔结构尺寸特征进行参数化，并通过改变多孔结构的尺寸来实现结构拓扑优化。该方法的建立一般可认为是拓扑优化领域内的里程碑式工作，为后续拓扑优化方法的建立提供了重要的基础思想，也使拓扑优化进入了高速发展时期。发展至今，依据结构设计域内拓扑的描述形式，目前已经存在的拓扑优化方法主要可分为三大类：

(1) 基于“伪”“密度”建立的材料分布模型[8]，主要包含最为经典的带惩罚的固体各向同性微观结构优化方法[7,9](solid isotropic microstructures with penalization，SIMP)、渐进结构优化法[10](evolutionary structural optimization，ESO)等；

(2) 基于“边界”建立的拓扑表征模型[11]，主要包含最为经典的水平集方法(level set method，LSM)[12-14]、泡泡法[15](bubble method)、相场法[16-17](phase field method)等；

(3) 基于“组件”建立的特征驱动模型[18]，主要包含近期提出的可移动组件法[19-20](moving morphable components，MMC)以及特征驱动法(feature-based methods)[18,21]等。

相比较而言，各类拓扑优化方法都有其优异的特点和缺陷，如基于“伪”密度建立的 SIMP 法和 ESO 法，具有拓扑概念清晰、优化模型简便与数值更稳定等优点，但也存在优化后拓扑构型存在密度单元、无几何特征且难以直接导入现有 CAD 软件，并且无法加工的缺点；基于“边界”或者“组件”建立的拓扑优化方法，如水平集方法，具有数学理论严谨与结构边界光滑等特点，但数值迭代相对来说不稳定、难以收敛且依赖初始构型，不易找寻最优拓扑。基于各类拓扑优化方法优化的标准案例结果如图 2-4 所示。

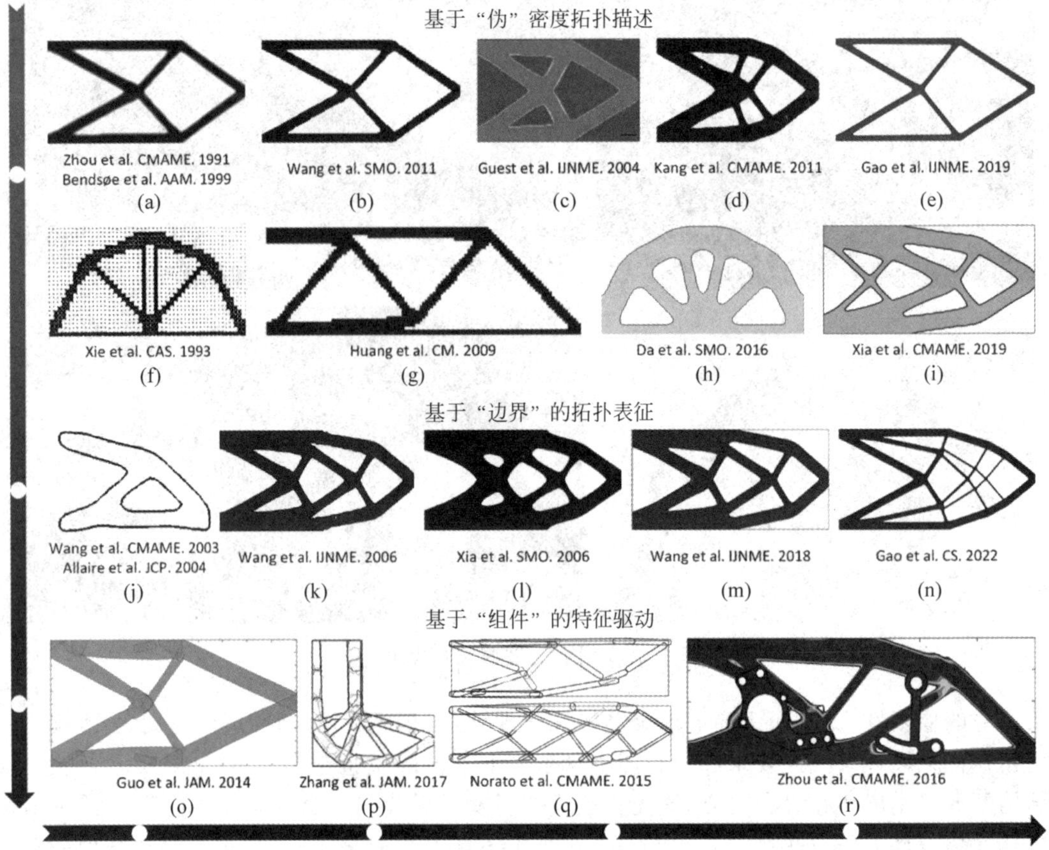

图 2-4　拓扑优化方法发展概况

2.2　问题描述

如图 2-5 所示，给出了任意结构设计域 Ω，及其边界条件与负载条件等相关信息。结构刚度最大化是拓扑优化经常探讨的设计问题，也是众多拓扑优化方法用于验证方法有效性的标准问题。一般来说，结构刚度最大化问题是指在给定的材料用量下，寻找设计域内最优材料分布，以实现在给定的边界条件和外力作用下，结构柔顺性达到最小。

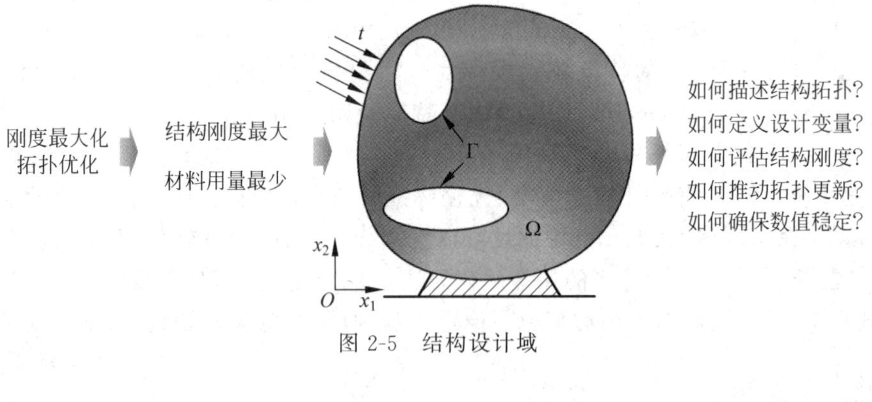

图 2-5　结构设计域

一般来讲，结构的柔顺性定义如下：

$$J(\boldsymbol{u})=\int_{\Omega}\boldsymbol{f}\boldsymbol{u}\,\mathrm{d}\Omega+\int_{\Gamma_t}\boldsymbol{t}\boldsymbol{u}\,\mathrm{d}\Gamma_t \tag{2-1}$$

式中，J 为结构柔顺性，即优化目标函数；$\boldsymbol{f}$ 为体积力，为施加在边界 Γ_t 上的力 $\boldsymbol{t}$，$\boldsymbol{u}$ 为结构平衡时的位移场。结构柔顺性最小化优化模型如下：

$$\begin{cases}\text{Find: } \boldsymbol{x}\\ \underset{\boldsymbol{u},\boldsymbol{x}}{\text{Min}}: J(\boldsymbol{u},\boldsymbol{x})\\ \text{s. t. :}\begin{cases}V(\boldsymbol{x})\leqslant V_{\max}\\ a(\boldsymbol{u}(\boldsymbol{x}),\boldsymbol{v}(\boldsymbol{x}))=l(\boldsymbol{v}(\boldsymbol{x})),\ \forall\ \boldsymbol{v}\in U\\ \boldsymbol{x}_{\text{lower}}\leqslant\boldsymbol{x}\leqslant\boldsymbol{x}_{\text{upper}}\end{cases}\end{cases} \tag{2-2}$$

式中，$\boldsymbol{x}$ 为设计变量，用于描述结构拓扑的变化，$\boldsymbol{x}_{\text{lower}}$ 为其最小值，$\boldsymbol{x}_{\text{upper}}$ 为其最大值。U 为结构域可允许的虚位移场集合，$\boldsymbol{v}$ 为结构域内虚位移场。a 为结构域内线弹性平衡方程双线性形式，l 对应方程内单线性形式，其对应的方程弱形式具体如下：

$$\begin{cases}a(\boldsymbol{u},\boldsymbol{v})=\int_{\Omega}\varepsilon(\boldsymbol{u})^{\mathrm{T}}\boldsymbol{D}(\boldsymbol{x})\varepsilon(\boldsymbol{v})\,\mathrm{d}\Omega\\ l(\boldsymbol{v})=\int_{\Omega}\boldsymbol{f}\boldsymbol{v}\,\mathrm{d}\Omega+\int_{\Gamma_t}\boldsymbol{t}\boldsymbol{v}\,\mathrm{d}\Gamma_t\end{cases} \tag{2-3}$$

结构拓扑优化一般主要包含五个模块：拓扑表征模型、有限元求解、稳定实施方案、数值求解算法、拓扑几何信息输出。在上述方法分类中，主要就是围绕拓扑表征模型的不同，分别引出变密度法、水平集法、移动组件法等，具体如图 2-6 所示。图 2-6 也给出了拓扑优化一般基本实施流程，以及对应的变密度法更新的几个关键步骤，具体如下：

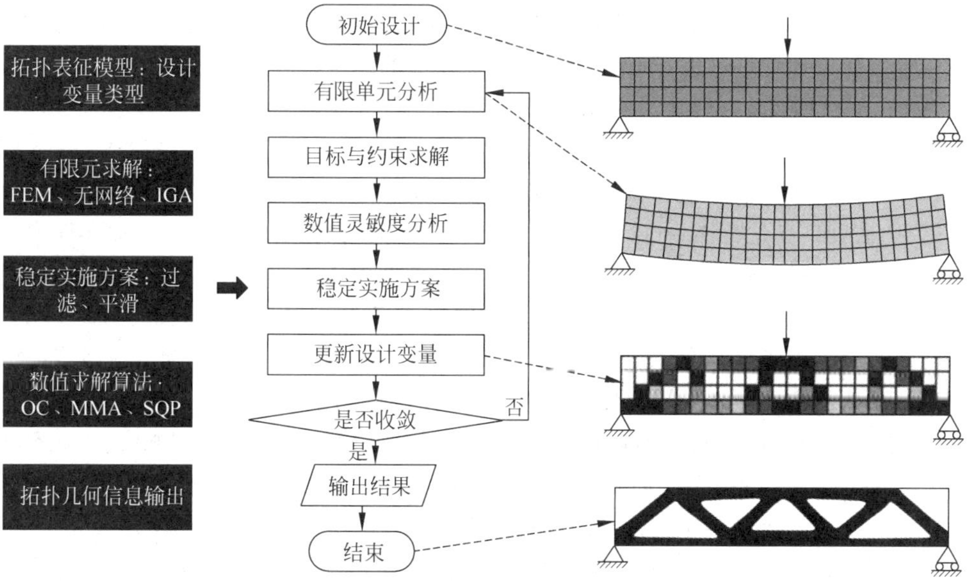

图 2-6　拓扑优化相关模块和基本流程

（1）定义初始设计：最关键的是如何定义合理的结构拓扑表征模型，选择合适的设计变量以描述结构拓扑的更新和演化，如在变密度法中，常以单元密度作为基本设计变量，当为 0 时代表孔洞无材料，当为 1 时代表实体，又如在水平集方法中建立隐式边界描述模型，以明确实体与孔洞区域；

（2）有限单元分析：基于施加的外界载荷、结构边界条件，建立结构设计域内对应的平衡方程，求解域内位移场、应变场等响应，进而评估结构域当前对应的目标函数与约束函数；

（3）数值敏度分析：基于目标函数和约束函数与设计变量的函数关系，显示推导目标与约束函数关于设计变量的灵敏度，即一阶微分，用于引导拓扑优化中设计变量的更新演化，驱动目标性能的提升；

（4）稳定实施方案：为确保拓扑优化迭代的稳定性，例如变密度法中常存在各类数值问题，水平集方法迭代不稳定，需要引入各类数值稳定方案，如密度过滤、灵敏度过滤，以确保拓扑的稳定变化；

（5）更新设计变量：基于目标函数、约束函数及其对应的灵敏度，采用基于数学梯度的优化算法，如最优准则法（OC）、移动渐进线法（MMA）推动设计变量更新；

（6）拓扑几何输出：若满足收敛条件，输出优化后的拓扑构型几何信息，若不满足收敛条件，返回至第二步，反复迭代直至收敛。

2.3 变密度法

2.3.1 发展概况

99 行拓扑优化代码完全解读：明晰拓扑优化问题

88 行代码讲解及算例分析

由于均匀化方法具有严格的数学理论框架，可保证拓扑优化设计结果的存在性和唯一性，使得该方法在拓扑优化早期得到了广泛的关注与应用。均匀化以微观结构为核心，将原本拓扑优化本质的离散优化问题简便地转化为连续性结构优化设计问题。然而该方法本身仍存在不足，如设计变量过大，理论推导复杂，优化后的结构以多孔状分布，为后续制造带来了很大的麻烦。因此，为解决均匀化数值实施复杂、优化求解困难等问题，由 Bendsøe、Rozvany 和 Sigmund 等[9,22]率先提出了改进方法，逐渐形成了变密度法理论体系，如 SIMP 法，RAMP 法。变密度法的基本思想是在宏观结构内引入一系列连续变化的人工密度单元，也称“伪密度”，变化范围为[0,1]，通过在伪密度单元与材料的物理属性（如杨氏模量）间人为构造一种函数关系，实现材料属性与伪密度关系显式化表达。在 SIMP 法中，通过引入指数函数与相应的惩罚参数机制，在优化过程中可驱使人工单元密度能够更加趋近于 0-1 变化，进而可减少大量的中间设计变量。相比较于均匀化方法，SIMP 法并未引入微观结构，而是以单元的密度值来决定单元内是否存在材料，如当单元密度等于 0 时为孔洞，当单元密度等于 1 时为实体材料。然而由于中间密度单元的存在，以及惩罚机制的引入，使得 SIMP 法有效性大大降低，在优化后的结构中常常存在网格依赖性、棋盘格以及局部最优解等数值问题，经常需要采用相关的过滤等技术来消除优化不稳定现象，如密度过滤、灵敏度过滤以及周长约束等。因 SIMP 方法本身的优越性，如概念清晰简便，迭代稳定，优化效率高，使得 SIMP 法得到了广泛的研究，并运用于各个领域解决相关问题，如动力学、柔性机构、电磁场、声学、几何非线性、可靠性优化设计以及压电结构等。然而也存在关键缺陷，即中间密度。相关案例如图 2-7 所示。

ESO 法是 Xie 和 Steven[10]于 1993 年基于自然进化策略所提出的一种面向结构拓扑

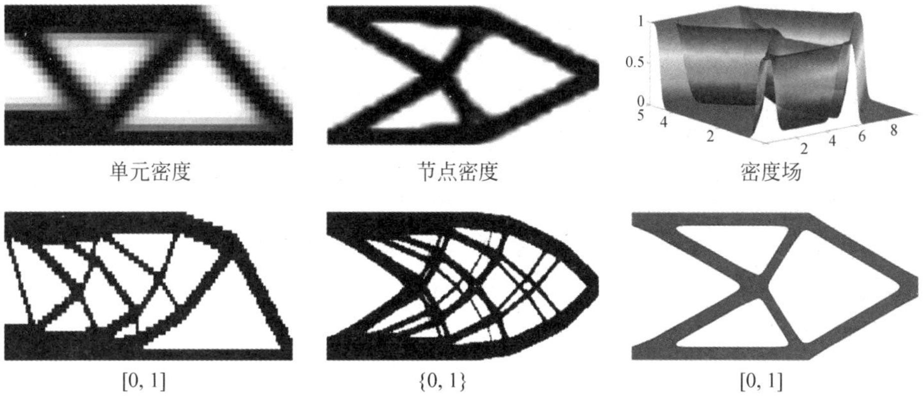

图 2-7 基于密度的材料分布模型发展概况

优化设计方法。相较于 SIMP 法，ESO 法也以单元密度为核心，但并不存在中间密度。其基本思想是，以有限单元离散结构设计域，并针对每个有限单元赋值密度，或为 0(孔洞)或为 1(实体)，以此为设计变量，通过力学与数学构建优化设计模型及其相应的负载约束及其边界条件，针对每个设计变量建立合适的评价准则来评估每个有限单元对结构性能提升的贡献度，以贡献度的大小来构造单元密度删除的准则，在不断迭代中实现结构拓扑优化设计以及目标性能的提升。在早期的研究中，ESO 只能实现结构单元密度的删除，而并不能增加，即"硬杀法"。Huang 和 Xie 于 2009 年针对 ESO 做了改进，提出了一种双向渐进结构优化设计方法 BESO，能够实现单元密度的删除与增加。相较于 SIMP 法，基于 ESO/BESO 法可以得到清晰的 0-1 离散结构设计。相关案例如图 2-7 所示。

以单元密度建立的拓扑优化方法，无论是 SIMP 还是 ESO/BESO，其存在一个本质的缺陷，即过于依赖密度单元，在整个优化过程中，密度单元不仅用于描述结构拓扑，同时又用于后续有限元分析，求解结构内未知响应，使得结构拓扑描述与数值分析强耦合，对结构的稳定性造成了一定的影响。为提升结构优化的效果，多位研究学者开始提出节点密度法，将单元密度映射至节点上后用于描述结构拓扑，一定程度上实现两者解耦；后续学者基于离散点密度，引入水平集函数隐式边界描述机制，构造密度场，形成具有高一维的拓扑表征函数，描述结构拓扑的变化，相关案例如图 2-7 所示。

2.3.2 基本原理

在式(2-2)中，其本质在于设计域 Ω 内寻找最优设计变量分布 $\boldsymbol{x}$，以实现结构目标性能达到最优。在连续体结构优化中，因为结构是连续的，其内部的点也是无限的。因此对于初始连续体结构优化设计问题，本质上是一个求解连续无限维数学规划问题，在数学上，这类问题是没办法求解的。因此在早期拓扑优化工作中，多位研究学者提出将连续体结构离散化成有限个单元，此时只需要在有限个单元内决定是否存在材料，即可找寻对应的结构拓扑。因此初始的无限维连续优化问题被转化为有限维离散优化问题，而每个有限单元是否存在材料以及如何优化，则引发了众多不同拓扑优化方法的建立，如图 2-8 所示。

在变密度法中，是人为在每个离散单元上赋予一个"伪密度"，假定用变量 x_{ij} 表示，当其值为 0 时代表孔洞，当为 1 时代表实体。此时在优化模型中则转化为求解一系列离散的

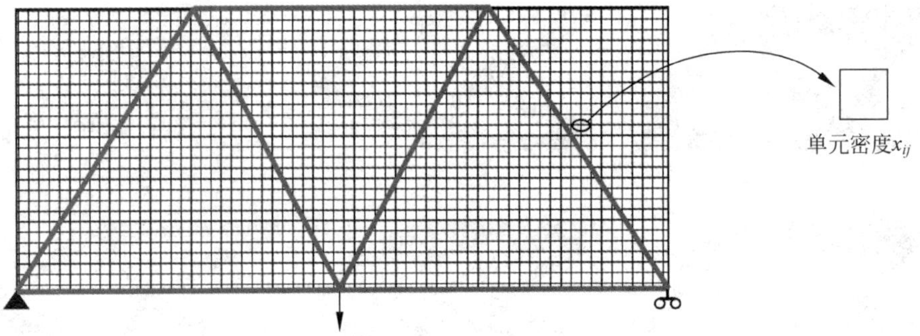

图 2-8 变密度法基本原理

变量，其对应的数学表征方程如下：

$$\boldsymbol{D}=x_{ij}\boldsymbol{D}_0=\begin{cases}1, & \text{实体}\\ 0, & \text{孔洞}\end{cases} \tag{2-4}$$

式中，$\boldsymbol{D}$ 表示当前单元的材料弹性张量。此时整个拓扑优化模型为离散变量优化问题，当连续体结构网格单元划分后，存在较多网格单元，原连续体结构材料连续分布优化问题转化为求解离散变量布局规划问题。因为设计变量多，存在多种可能性，假设整个设计域中划分 N 个网格单元，需要在 $M(M<N)$个单元上放置材料，此时存在的可能有

$$C_N^M=\frac{N!}{(N-M)!M!} \tag{2-5}$$

式中，C_N^M 代表可能的次数，并且 M 的个数会随着不同的材料用量或者约束条件的不同而不同，可能次数将会大幅度增加。即使现在计算机发展迅猛，当网格单元上千万个时，对求解算力、算法、计算成本等多个方面均提出了重大挑战。

为降低上述问题求解难题，在变密度法中，将初始的离散单元变量值，转化成连续的，即从{0,1}转化成[0,1]；并且在中间变量密度值单元上，在单元密度值和材料属性值之间建立指数函数关系，对应的插值关系如下：

$$\boldsymbol{D}=(\boldsymbol{x}_{ij})^p\boldsymbol{D}_0 \tag{2-6}$$

式中，p 代表惩罚参数，值大于 1，一般取值为 3。式(2-6)则为经典的 SIMP 材料属性插值模型。惩罚参数的含义则在于：对于中间密度单元的刚度收益相对于材料用量来说不经济，可以减少中间密度区域。为避免在优化中求解数值奇异性问题，在上述变量取值中，其设计变量设置下限，即 $x_{\min}=1\mathrm{e}^{-3}$，其对应的上限则定义为 $x_{\max}=1$。引入上下限后，其对应的 SIMP 材料属性插值模型如下：

$$\boldsymbol{D}=\boldsymbol{D}_{\min}+(x_{ij})^p(\boldsymbol{D}_0-\boldsymbol{D}_{\min}) \tag{2-7}$$

除 SIMP 材料属性插值模型，多位研究学者也提出了其他类型的材料属性插值模型，如 RAMP 法，其对应的数学公式如下：

$$\boldsymbol{D}=\boldsymbol{D}_{\min}+\frac{x_{ij}}{1+q(1-x_{ij})}(\boldsymbol{D}_0-\boldsymbol{D}_{\min}) \tag{2-8}$$

式中，q 代表惩罚参数，两类模型各有自己的优缺点，多位研究学者针对上述模型做了深入的讨论。关于 SIMP 和 RAMP 两类材料属性插值模型，其密度与刚度属性变化曲线对比如图 2-9 所示。通过上述引入连续密度变量，将初始的离散范式转化成连续问题，其次引入材

料属性插值评估模型，建立 SIMP 材料插值函数，实现对中间密度单元材料属性的求解，使得初始离散问题可转化为连续问题，进而可以将常用的基于梯度的数学优化算法应用于上述模型中进行求解，大大减轻了初始离散布局优化问题的求解难度。

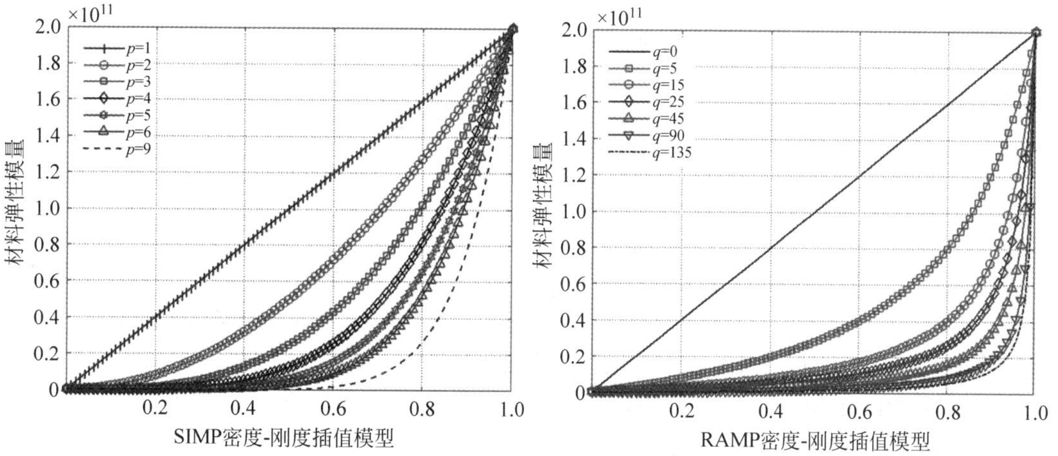

图 2-9　SIMP 与 RAMP 材料属性插值模型对比

2.3.3　结构刚度最大化模型

基于上述 SIMP 材料属性插值模型，针对结构刚度最大化问题，在式(2-2)给出的体积约束下结构最小柔顺性优化模型可转化为如下具体形式：

$$\begin{cases}\text{Find: } r_e(e=1,2,\cdots,N_e)\\ \underset{r}{\text{Min}}: c=\boldsymbol{F}^{\mathrm{T}}\boldsymbol{U}=\boldsymbol{U}^{\mathrm{T}}\boldsymbol{K}\boldsymbol{U}=\sum_{e=1}^{N_e}(\boldsymbol{u}_e)^{\mathrm{T}}\boldsymbol{K}_e\boldsymbol{u}_e\\ \text{s. t. :}\begin{cases}\boldsymbol{K}(r_e)\boldsymbol{U}=\boldsymbol{F}\\ G(r_e)=\sum_{e=1}^{N_e}r_e v_0-V_{\max}\leqslant 0\\ 0<r_{\min}\leqslant r_e\leqslant 1,\quad e=1,2,\cdots,N_e\end{cases}\end{cases}\tag{2-9}$$

式中，r_e 代表 e_{th} 密度单元，其取值范围为$[r_{\min},1]$；N_e 表示为设计域内有限单元的总个数。$V_{\max}$ 为最大体积分数值，v_0 表示实体有限单元的体积分数值，取值为 1。C 为结构最大柔顺度，$\boldsymbol{F}$ 表示结构承受的外界载荷。$\boldsymbol{U}$ 表示结构内全局位移场，$\boldsymbol{K}$ 为全局刚度矩阵，$\boldsymbol{U}_e$ 为单元内位移场，$\boldsymbol{K}_e$ 表示单元刚度矩阵，其与单元密度的关系如下：

$$\boldsymbol{K}_e=(\boldsymbol{D}_{\min}+(r_e)^p(\boldsymbol{D}_0-\boldsymbol{D}_{\min}))\boldsymbol{K}_0\tag{2-10}$$

式中，$\boldsymbol{K}_0$ 为实体有限单元刚度矩阵。为求解上述优化模型，常采用基于数学梯度的优化算法，因此需要求解目标函数与约束函数关于设计变量的一阶微分。首先针对上述公式中目标函数结构柔顺度的定义，可采用直接法，具体如下：

$$\frac{\partial c}{\partial\rho_e}=\frac{\partial\boldsymbol{U}^{\mathrm{T}}\boldsymbol{K}\boldsymbol{U}}{\partial\rho_e}=\frac{\partial\boldsymbol{U}^{\mathrm{T}}}{\partial\rho_e}\boldsymbol{K}\boldsymbol{U}+\boldsymbol{U}^{\mathrm{T}}\frac{\partial\boldsymbol{K}}{\partial\rho_e}\boldsymbol{U}+\boldsymbol{U}^{\mathrm{T}}\boldsymbol{K}\frac{\partial\boldsymbol{U}}{\partial\rho_e}\tag{2-11}$$

根据结构内线弹性平衡方程 $\boldsymbol{F}=\boldsymbol{K}\boldsymbol{U}$，在本模型中施加的外力与结构设计变量无关，即

不随结构拓扑的变化而变化，此时针对结构线弹性平衡方程，两边分别对设计变量求导，可得

$$\boldsymbol{K}\frac{\partial \boldsymbol{U}}{\partial \rho_e}=-\frac{\partial \boldsymbol{K}}{\partial \rho_e}\boldsymbol{U} \tag{2-12}$$

另一方面，因为结构全局刚度矩阵具有对称性，可得

$$\frac{\partial \boldsymbol{U}^{\mathrm{T}}}{\partial \rho_e}\boldsymbol{K}\boldsymbol{U}=\boldsymbol{U}^{\mathrm{T}}\boldsymbol{K}\frac{\partial \boldsymbol{U}}{\partial \rho_e} \tag{2-13}$$

将式(2-13)代入式(2-11)中，可得

$$\frac{\partial c}{\partial \rho_e}=-\boldsymbol{U}^{\mathrm{T}}\frac{\partial \boldsymbol{K}}{\partial \rho_e}\boldsymbol{U}=-p(\rho_e)^{p-1}\boldsymbol{U}_e^{\mathrm{T}}\boldsymbol{K}_e\boldsymbol{U}_e \tag{2-14}$$

上述求解方法是直接对目标函数求关于设计变量的一阶微分，再基于平衡方程对设计变量微分，建立补充方程，代入可直接求出目标函数关于设计变量的灵敏度，整个求解过程较为简单。结构刚度最大化问题推导直接、数值求解方法也较为简便，常用直接法即可求解。对于较为复杂的优化问题，常采用伴随法推导目标函数关于设计变量的一阶微分，以结构柔顺性最小化问题，具体推导如下。

首先，针对上述优化模型，构造拉格朗日函数 L，即

$$L=c+\lambda^{\mathrm{T}}(\boldsymbol{K}\boldsymbol{U}-\boldsymbol{F}) \tag{2-15}$$

式中，λ 为拉格朗日乘子。针对拉格朗日函数 L，对设计变量求导，可得：

$$\begin{aligned}\frac{\partial L}{\partial \rho_e}&=\frac{\partial c}{\partial \rho_e}+\lambda^{\mathrm{T}}\left(\frac{\partial \boldsymbol{K}}{\partial \rho_e}\boldsymbol{U}+\boldsymbol{K}\frac{\partial \boldsymbol{U}}{\partial \rho_e}-\frac{\partial \boldsymbol{F}}{\partial \rho_e}\right)=\frac{\partial \boldsymbol{F}^{\mathrm{T}}}{\partial \rho_e}\boldsymbol{U}+\boldsymbol{F}^{\mathrm{T}}\frac{\partial \boldsymbol{U}}{\partial \rho_e}+\lambda^{\mathrm{T}}\left(\frac{\partial \boldsymbol{K}}{\partial \rho_e}\boldsymbol{U}+\boldsymbol{K}\frac{\partial \boldsymbol{U}}{\partial \rho_e}-\frac{\partial \boldsymbol{F}}{\partial \rho_e}\right)\\&=\frac{\partial \boldsymbol{F}^{\mathrm{T}}}{\partial \rho_e}\boldsymbol{U}+\boldsymbol{F}^{\mathrm{T}}\frac{\partial \boldsymbol{U}}{\partial \rho_e}+\lambda^{\mathrm{T}}\frac{\partial \boldsymbol{K}}{\partial \rho_e}\boldsymbol{U}+\lambda^{\mathrm{T}}\boldsymbol{K}\frac{\partial \boldsymbol{U}}{\partial \rho_e}-\lambda^{\mathrm{T}}\frac{\partial \boldsymbol{F}}{\partial \rho_e}\end{aligned} \tag{2-16}$$

即

$$\frac{\partial L}{\partial \rho_e}=(\boldsymbol{F}^{\mathrm{T}}+\lambda^{\mathrm{T}}\boldsymbol{K})\frac{\partial \boldsymbol{U}}{\partial \rho_e}+\lambda^{\mathrm{T}}\frac{\partial \boldsymbol{K}}{\partial \rho_e}\boldsymbol{U} \tag{2-17}$$

令

$$\boldsymbol{F}^{\mathrm{T}}+\lambda^{\mathrm{T}}\boldsymbol{K}=0 \tag{2-18}$$

可求得

$$\lambda=-\boldsymbol{K}^{-1}\boldsymbol{F}=-\boldsymbol{U} \tag{2-19}$$

则式(2-17)可转化为

$$\frac{\partial L}{\partial \rho_e}=\lambda^{\mathrm{T}}\frac{\partial \boldsymbol{K}}{\partial \rho_e}\boldsymbol{U}=-\boldsymbol{U}^{\mathrm{T}}\frac{\partial \boldsymbol{K}}{\partial \rho_e}\boldsymbol{U}=-p(\rho_e)^{p-1}\boldsymbol{U}_e^{\mathrm{T}}\boldsymbol{K}_e\boldsymbol{U}_e \tag{2-20}$$

从上述公式可以看出，对于结构刚度最大化问题，构造的伴随变量 $\lambda=-\boldsymbol{U}$，最后通过式(2-20)求得的灵敏度值与式(2-14)一致。因此采用直接法和伴随法求得的目标函数灵敏度值一致。对于体积约束，其对设计变量的一阶微分，可通过直接微分求得，具体如下：

$$\frac{\partial G(r_e)}{\partial r_e}=v_0 \tag{2-21}$$

综上所述，可得目标函数与约束函数关于密度单元设计变量的灵敏度如下：

$$\begin{cases}\dfrac{\partial c}{\partial \rho_e}=-p(\rho_e)^{p-1}\boldsymbol{U}_e^{\mathrm{T}}\boldsymbol{K}_e\boldsymbol{U}_e\\[2mm]\dfrac{\partial G}{\partial r_e}=v_0\end{cases}\tag{2-22}$$

2.3.4 最优准则法

最优准则法在早期结构优化设计中应用较为广泛，其基本思想在于，通过建立某一设计准则，建立对应的迭代公式，然后进行迭代，直至求得合适解。该方法特点在于收敛速度快、迭代次数较少，一般同结构设计变量的多少和复杂程度无关，因此最优准则法一般适用于中、大型结构优化设计问题。其缺陷在于针对不同类型的优化问题，需要建立不同的优化准则，问题较为复杂，且需要正确区分作用约束和不作用约束。因此最优准则法一般适用于约束条件较少的优化问题，并且最优准则法不能保证得到全局最优解，甚至不能保证收敛到局部最优解，适用性较窄。针对上述结构刚度最大化问题，对应的设计变量更新准则如下：

$$\rho_e^{\text{new}}=\begin{cases}\max(\rho_{\min},\rho_e-m), & \rho_e(B_e)^{\eta}\leqslant\max(\rho_{\min},\rho_e-m)\\ \rho_e(B_e)^{\eta}, & \left\{\begin{matrix}\max(\rho_{\min},\rho_e-m)<\rho_e(B_e)^{\eta}\\ <\min(1,\rho_e+m)\end{matrix}\right\}\\ \min(1,\rho_e+m), & \min(1,\rho_e+m)\leqslant\rho_e(B_e)^{\eta}\end{cases}\tag{2-23}$$

式中，m 是移动步长；η 是阻尼系数，一般取值 0.5。B_e 具体求解方程如下：

$$B_e=-\frac{\partial c}{\partial \rho_e}\Big/\left(\lambda\frac{\partial G}{\partial \rho_e}\right)\tag{2-24}$$

式中，λ 为拉格朗日乘子，一般可采用二分法求解。

2.3.5 常见数值问题

基于变密度法开展结构拓扑优化设计，优化中常出现各类数值不稳定结构问题，如灰度单元、棋盘格、网格依赖性、局部极值问题。

1）灰度单元

由于 SIMP 材料插值模型的不适定性，在数值计算中易出现灰度现象，这是一种数值奇异性，如图 2-10 所示。在优化中，主要表现为设计域中出现大量中间密度单元，即密度值介于 0～1 之间的单元，使得无法判定优化结构具体的拓扑构型，从而使得优化结果难以在工程实际中得到应用。

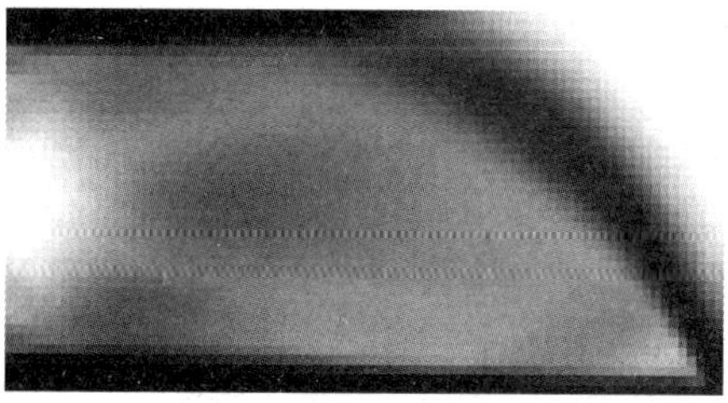

图 2-10　悬臂梁优化拓扑

2）棋盘格式

棋盘格式是变密度法中常见的数值不稳定现象，指在某些区域内，结构拓扑优化设计变量（如密度法中的伪密度、渐进法中的单元存在状态）在 0～1 之间反复变化；导致优化结构中实体和孔洞交替出现，在整个设计域中表现为一种棋盘状的拓扑构型，具体如图 2-11 所示。多位研究学者围绕该类问题做了深入的讨论，如有学者指出棋盘格的出现源于有限元离散、离散中间密度单元刚度估计过高、有限元近似的收敛性等。不管如何，棋盘格拓扑优化构型的存在是结构拓扑优化中需要解决的数值不稳定现象造成的，其优化的构型无法适用于实际应用需求，为获得合理设计构型，须避免拓扑优化设计中棋盘格式的出现。

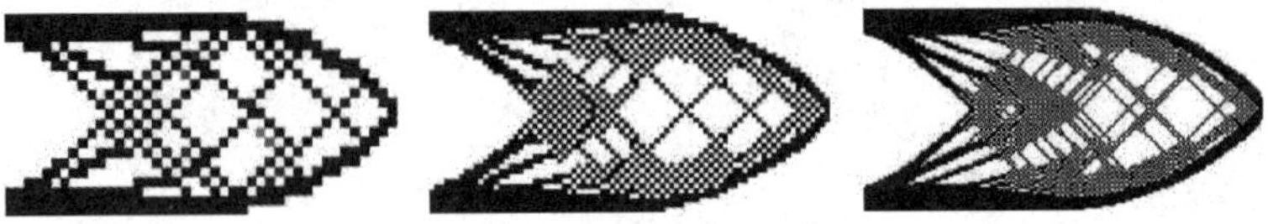

图 2-11 拓扑优化构型棋盘格现象

3）网格依赖性

网格依赖性是指对相同的结构优化设计问题，拓扑优化构型与网格数目相关，随着网格数量的增加，结构最优拓扑不断发生变化，优化结果的几何复杂性增加，最优拓扑中含有越来越多的细小构件，如图 2-12 所示。这些细小结构杆件极不利于生产加工，同时也容易产生屈曲等问题。事实上，随着现代计算机的发展，高分辨率拓扑优化设计框架的提出，可知这类细小杆件的生成更符合实际应用，更利于提升结构性能。因此网格依赖性可认为是从工程便于加工的角度应该去除的数值问题，实际上并不是优化本身存在的问题。

(a)

(b)

(c)

图 2-12 拓扑优化构型网格依赖性

4）局部极值问题

局部极值问题一般是指，对于相同的拓扑优化设计问题，在相同的有限单元网格数目下，不同的参数设置会得到不同的优化结果，初始设计参数的不同，也会对结果造成一定的影响。一般来说，针对凸问题，优化算法可以保证结构设计迭代的稳定性和收敛性；然而对于非凸问题，一般只能收敛到局部最优解。部分展示结果对比如图 2-13 所示。

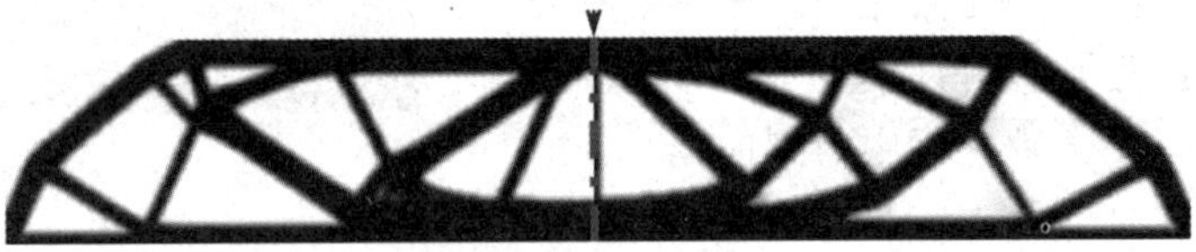

图 2-13 局部最优解

2.3.6 过滤实施方案

为解决上述常见的数值问题，针对变密度法，多位学者开展了大量的研究工作，如周长约束法、高阶有限单元提高数值精度、密度梯度控制法、各类过滤机制等。其中灵敏度过滤和密度过滤，因其实施简单且效果良好，得到了广泛的关注和应用。针对灵敏度过滤，具体公式如下：

$$\frac{\widehat{\partial c}}{\partial \rho_e}=\frac{1}{\max(1e^{-3},\rho_e)\sum_{i\in N_e}H_{ei}}\sum_{i\in N_e}H_{ei}\rho_i\frac{\partial c}{\partial \rho_i} \tag{2-25}$$

式中

$$H_{ei}=\max(0,r_{\min}-\Delta(e,i)) \tag{2-26}$$

针对密度过滤，具体公式如下：

$$\hat{\rho}_e=\frac{1}{\sum_{i\in N_e}H_{ei}}\sum_{i\in N_e}H_{ei}\rho_i \tag{2-27}$$

在上式中，当密度过滤采用时，在式(2-22)中求解的灵敏度则需要做修正，具体修正统一公式如下：

$$\frac{\partial \bullet}{\partial \rho_j}=\sum_{j\in N_e}\frac{\partial \bullet}{\partial \hat{\rho}_e}\frac{\partial \hat{\rho}_e}{\partial \rho_j}=\sum_{j\in N_e}\frac{1}{\sum_{i\in N_e}H_{ei}}H_{je}\frac{\partial \bullet}{\partial \hat{\rho}_e} \tag{2-28}$$

该类方法属于启发式算法，在数学上并未得到严格证明，但是大量的数值实验表明了其有效性，使其成为避免棋盘格式和网格依赖性最为常用的方法。

2.3.7　程序实施

自 SIMP 方法提出后，国内外学者发布了多类不同语言下的结构拓扑优化刚度最大化程序实施版本，如 C++、Python、MATLAB 等。为便于工程实施，本教材以 MATLAB 作为基础语言，阐明 SIMP 方法的具体实施。目前围绕 SIMP 方法的 MATLAB 程序主要有以下几个：

(1) SIGMUND, A 99 line topology optimization code written in Matlab, Struct. Multidiscip. Optim. 21(2001) 120-127.

(2) E. ANDREASSEN, A. CLAUSEN, M. SCHEVENELS, B. S. LAZAROV, O. Sigmund, Efficient topology optimization in MATLAB using 88 lines of code, Struct. Multidiscip. Optim. 43(2011) 1-16.

(3) F. FERRARI, O. SIGMUND, A new generation 99 line Matlab code for compliance topology optimization and its extension to 3D, Struct. Multidiscip. Optim. 62 (2020) 2211-2228.

(4) K. LIU, A. TOVAR, An efficient 3D topology optimization code written in Matlab, Struct. Multidiscip. Optim. 50(2014) 1175-1196.

早期，主要由 Sigmund 发布了 99 行 MATLAB 版本的 SIMP 拓扑优化实施程序，因其实施简单、概念清晰，迅速得到了广泛的应用；在 2011 年，为充分调用 MATLAB 内部编程效率，采用矩阵编程计算模式，对 99 行程序做了高效化处理，形成了 88 行版本。基于 99 行和 88 行 SIMP 方法程序，Liu 等实施了三维变密度法的拓扑优化 MATLAB 程序实施架构。近两年，为再次大幅提升计算效率，Sigmund 通过引入矩阵分块运算，重构了原 99 行

MATLAB 程序，提出了新版本 99 行，并拓展至计算三维，可在个人笔记本下实施百万级网格单元的拓扑优化，大幅的提升计算效率。虽然基于 MATLAB 的拓扑优化程序实施简洁明了、快速，但难以解决实际工程中结构优化设计问题，因此 Sigmund 课题组开发了基于 PETSc 的并行计算高分辨率拓扑优化设计框架，具体信息如下：

(1) T. SMIT, N. AAGE, S. J. FERGUSON, B. HELGASON, Topology optimization using PETSc: a Python wrapper and extended functionality, Struct. Multidiscip. Optim. 64 (2021) 4343-4353.

(2) N. AAGE, E. ANDREASSEN, B. S. LAZAROV, Topology optimization using PETSc: An easy-to-use, fully parallel, open source topology optimization framework, Struct. Multidiscip. Optim. 51(2015) 565-572.

针对 SIMP 方法的 88 行 MATLAB 程序如下[23]：

```
%%%% AN 88 LINE TOPOLOGY OPTIMIZATION CODE Nov, 2010 %%%%
function top88(nelx,nely,volfrac,penal,rmin,ft)
%% MATERIAL PROPERTIES
E0 = 1;
Emin = 1e-9;
nu = 0.3;
%% PREPARE FINITE ELEMENT ANALYSIS
A11 = [12 3 -6 -3; 3 12 3 0; -6 3 12 -3; -3 0 -3 12];
A12 = [-6 -3 0 3; -3 -6 -3 -6; 0 -3 -6 3; 3 -6 3 -6];
B11 = [-4 3 -2 9; 3 -4 -9 4; -2 -9 -4 -3; 9 4 -3 -4];
B12 = [ 2 -3 4 -9; -3 2 9 -2; 4 9 2 3; -9 -2 3 2];
KE = 1/(1-nu^2)/24*([A11 A12;A12' A11]+nu*[B11 B12;B12' B11]);
nodenrs = reshape(1:(1+nelx)*(1+nely),1+nely,1+nelx);
edofVec = reshape(2*nodenrs(1:end-1,1:end-1)+1,nelx*nely,1);
edofMat = repmat(edofVec,1,8)+repmat([0 1 2*nely+[2 3 0 1] -2 -1],nelx*nely,1);
iK = reshape(kron(edofMat,ones(8,1))',64*nelx*nely,1);
jK = reshape(kron(edofMat,ones(1,8))',64*nelx*nely,1);
% DEFINE LOADS AND SUPPORTS (HALF MBB-BEAM)
F = sparse(2,1,-1,2*(nely+1)*(nelx+1),1);
U = zeros(2*(nely+1)*(nelx+1),1);
fixeddofs = union([1:2:2*(nely+1)],[2*(nelx+1)*(nely+1)]);
alldofs = [1:2*(nely+1)*(nelx+1)];
freedofs = setdiff(alldofs,fixeddofs);
%% PREPARE FILTER
iH = ones(nelx*nely*(2*(ceil(rmin)-1)+1)^2,1);
jH = ones(size(iH));
sH = zeros(size(iH));
k = 0;
for i1 = 1:nelx
for j1 = 1:nely
    e1 = (i1-1)*nely+j1;
for i2 = max(i1-(ceil(rmin)-1),1):min(i1+(ceil(rmin)-1),nelx)
for j2 = max(j1-(ceil(rmin)-1),1):min(j1+(ceil(rmin)-1),nely)
        e2 = (i2-1)*nely+j2;
        k = k+1;
        iH(k) = e1;
        jH(k) = e2;
        sH(k) = max(0,rmin-sqrt((i1-i2)^2+(j1-j2)^2));
```

```
end
end
end
end
H = sparse(iH,jH,sH);
Hs = sum(H,2);
%% INITIALIZE ITERATION
x = repmat(volfrac,nely,nelx);
xPhys = x;
loop = 0;
change = 1;
%% START ITERATION
while change > 0.01
  loop = loop + 1;
  %% FE-ANALYSIS
  sK = reshape(KE(:)*(Emin+xPhys(:)'.^penal*(E0-Emin)),64*nelx*nely,1);
  K = sparse(iK,jK,sK); K = (K+K')/2;
  U(freedofs) = K(freedofs,freedofs)\F(freedofs);
  %% OBJECTIVE FUNCTION AND SENSITIVITY ANALYSIS
  ce = reshape(sum((U(edofMat)*KE).*U(edofMat),2),nely,nelx);
  c = sum(sum((Emin+xPhys.^penal*(E0-Emin)).*ce));
  dc = -penal*(E0-Emin)*xPhys.^(penal-1).*ce;
  dv = ones(nely,nelx);
  %% FILTERING/MODIFICATION OF SENSITIVITIES
if ft == 1
    dc(:) = H*(x(:).*dc(:))./Hs./max(1e-3,x(:));
elseif ft == 2
    dc(:) = H*(dc(:)./Hs);
    dv(:) = H*(dv(:)./Hs);
end
  %% OPTIMALITY CRITERIA UPDATE OF DESIGN VARIABLES AND PHYSICAL DENSITIES
  l1 = 0; l2 = 1e9; move = 0.2;
while (l2-l1)/(l1+l2) > 1e-3
    lmid = 0.5*(l2+l1);
    xnew = max(0,max(x-move,min(1,min(x+move,x.*sqrt(-dc./dv/lmid)))));
if ft == 1
      xPhys = xnew;
elseif ft == 2
      xPhys(:) = (H*xnew(:))./Hs;
end
if sum(xPhys(:)) > volfrac*nelx*nely, l1 = lmid; else l2 = lmid; end
end
  change = max(abs(xnew(:)-x(:)));
  x = xnew;
  %% PRINT RESULTS
  fprintf(' It.:%5i Obj.:%11.4f Vol.:%7.3f ch.:%7.3f\n',loop,c, ...
    mean(xPhys(:)),change);
  %% PLOT DENSITIES
  colormap(gray); imagesc(1-xPhys); caxis([0 1]); axis equal; axis off; drawnow;
end
```

2.3.8 常见案例

在拓扑优化设计中，常用标准案例有悬臂梁、Michell 结构、MBB 梁，具体负载、边界条件等信息如图 2-14 所示。基于上述 88 行 MATLAB 程序，针对三个标准案例，分别设定对应的参数，优化后的拓扑构型如图 2-15 所示，其中每个优化后拓扑构型具体对应参数放置在下方。可以看出当惩罚参数等于 1 时，优化后的拓扑构型中存在大量的中间灰度单元，事实上该优化后的拓扑构型并没有明确的几何特征；当惩罚参数等于 3 时，说明此时惩罚机制产生效果，可促使设计变量密度单元在优化过程中尽量地逼近 0 或 1，优化后的拓扑有较为清晰的主要几何杆件，用于传递负载路径。

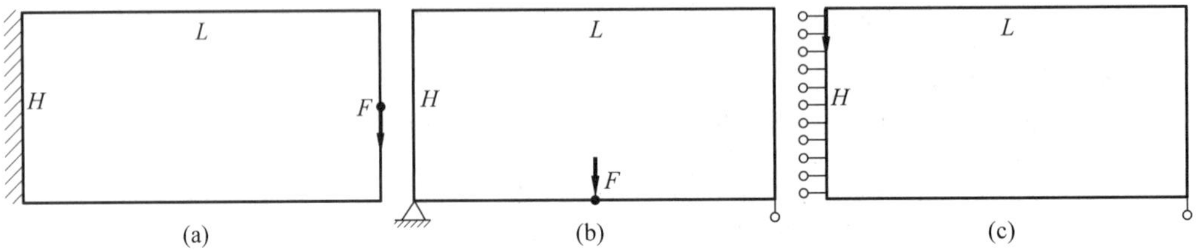

图 2-14　标准案例设计域

(a) 悬臂梁；(b) Michell 结构；(c) MBB 梁

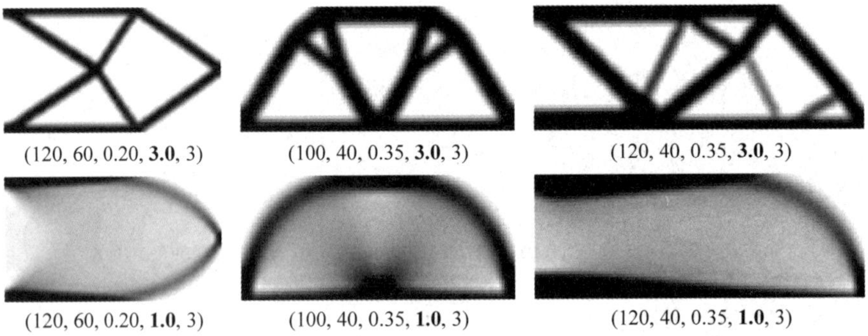

图 2-15　拓扑优化结构

通过观察图 2-15 优化后的拓扑构型，可以发现，即使惩罚机制的引入，优化后的拓扑仍存在较多中间密度单元，尤其是杆件与孔洞的过渡区域。为了获得更为清晰的拓扑构型，多位研究学者做了大量的工作，其中阈值投影映射机制得到了较为广泛的应用，也可在 88 行 MATLAB 程序中，通过调节参数实现，优化后的拓扑构型如图 2-16 所示。

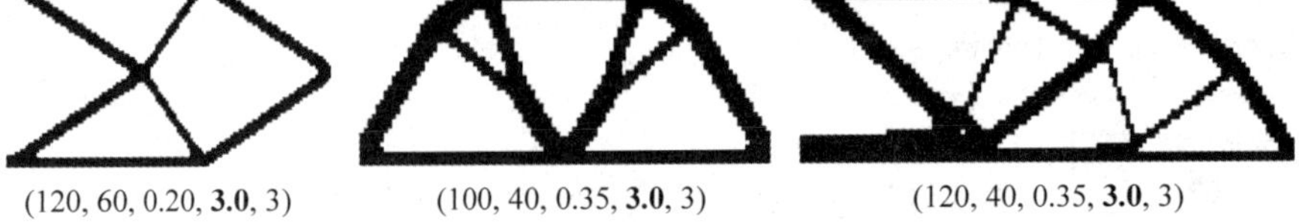

图 2-16　引入阈值投影后的拓扑优化结果

如图 2-17 所示，基于 169 行 MATLAB 程序，针对三维悬臂梁、Michell 结构以及带孔的悬臂梁，也做了基本测试，具体讨论可见上述程序(4)。

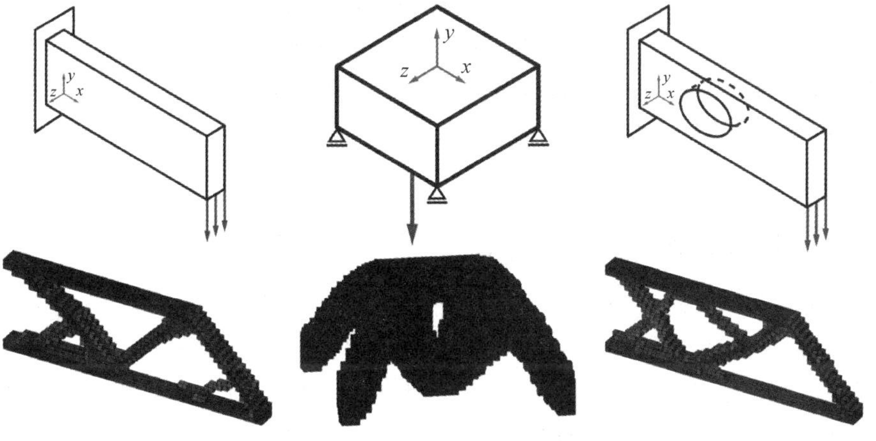

图 2-17　相关三维拓扑优化结果

2.4　水平集方法

2.4.1　发展概况

基于单元密度的结构描述方式，无法获得明确清晰的结构边界。水平集方法具有与单元密度不同的结构表达方式，如图 2-18 所示，它采用高一维的水平集函数来描述低一维的结构，通过对高维函数进行等值线或等值面切割，可获得结构的明确边界，对于处理一些边界问题具有优势。

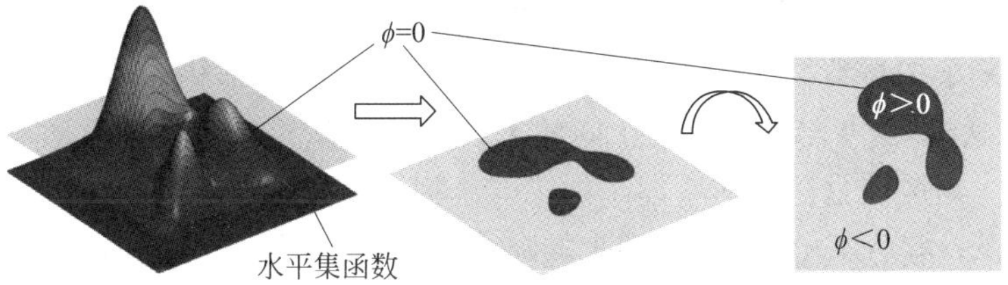

图 2-18　基于水平集方法的结构描述

1988 年 Osher 与 Sethian 提出水平集方法(level set method)[24]用于追踪火苗的外形变化过程，之后水平集方法在计算机图形学、流体力学、图像处理和结构优化等领域得到广泛的应用。基于水平集的拓扑优化方法，利用高维标量函数场的零等值线或零等值面来隐式描述结构的几何轮廓(不同材料的交界面)，并利用特定的速度场驱动结构的边界演化，最终通过孔洞的融合与消失来实现拓扑的改变。因此，连续体结构的拓扑优化问题转化为如何根据优化目标控制高维的水平集函数演化的问题。Sethian 与 Wiegmann 将 ESO 法与水平集方法结合以进行等应力结构设计，其中以水平集描述结构边界的变化，同时根据应力准则引入孔洞。Wang 等通过引入目标函数的形状导数来获得水平集函数的速度场，对均布孔结构进行体积约束下的最小柔顺度设计[13]。Allaire 等独立提出了与 Wang 等相似的水平集拓扑优化方法[14]。Wang 等和 Allaire 等提出的基于形状导数的方法也被认为是传统的水平集方法。由于传统水平集基于形状演变的方式无法产生孔洞，Burger 等、Yulin 与 Xiaoming、Allaire 等多位研究学者在基于形状导数的水平集法中引入拓扑导数，实现新开孔洞。在传统水平集方法的基础上，Wang 等提出了参数化水平集方法[25]，Wei 等对参数化水平集方法做了改进[26]。Liu 等提出了边界惩罚法，对传统水平集方法做了重大改进[27]。

2.4.2 基本原理

描述物体的几何，有拉格朗日显式描述和欧拉隐式描述两种方式，水平集方法是一类基于结构隐式描述的方法。如示例图 2-19 所示，要描述一个圆可以采用圆解析式 $x^2+y^2=r^2$ 对该圆进行显示表达，也可以用一个三维曲面嵌入二维平面所得的切割面来隐式描述。显然，并非所有结构几何都能找到解析表达，或者解析表达十分复杂，而采用欧拉隐式描述则可对任意复杂的结构几何进行描述，因此在描述复杂结构拓扑及其演化时隐式描述具有优势。

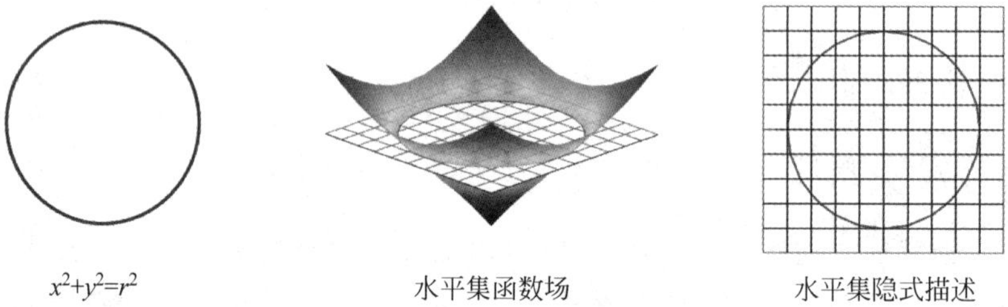

图 2-19 基于水平集方法对圆的描述

现有的结构拓扑优化方法中，变密度法、离散变量法、水平集方法是三类主要基于隐式结构描述的方法(图 2-20)，但它们各自又有所不同。如图 2-21 所示，这三类方法均能很好地描述简单和复杂拓扑结构。变密度法是具有 0～1 的隐式结构点阵描述，0 表示没有材料，1 表示存在材料，而 0 与 1 之间的中间状态表示结构单元处所填充的是一种具有微观结构孔洞的材料。离散变量法是非 0 即 1 的隐式结构点阵描述，而不存在中间变量，但结构边界存在锯齿现象；水平集方法是非 0 即 1 的隐式结构边界描述，不存在中间变量，且边界是清晰光滑的(图 2-22)。以上不同的结构拓扑描述方式在进行结构有限单元离散后，可归结为材料的不同分配方式。在结构拓扑优化中，材料分配的变化可等同于材料交界面的变化，因此，基于水平集的隐式描述具有优势，可以在结构拓扑优化过程中有效地表达动态变化中的连续体结构几何边界。

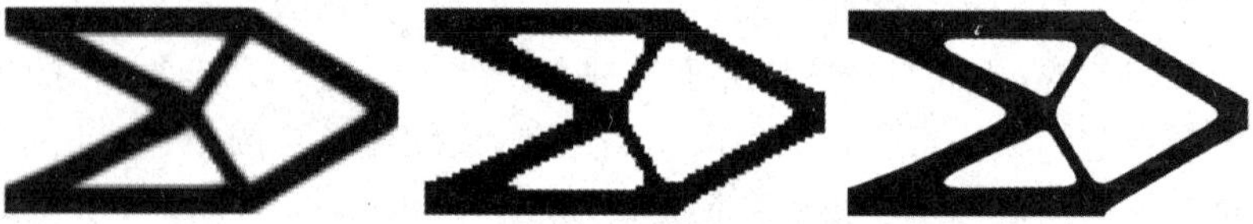

图 2-20 变密度法、离散变量法、水平集方法的结构界面描述

一般而言，在计算过程中，水平集函数并不具有解析的表达形式，通常是采用设计区域内的固定网格进行离散以求解相应的边界几何特征，其中，当以水平集正值为结构内部时，

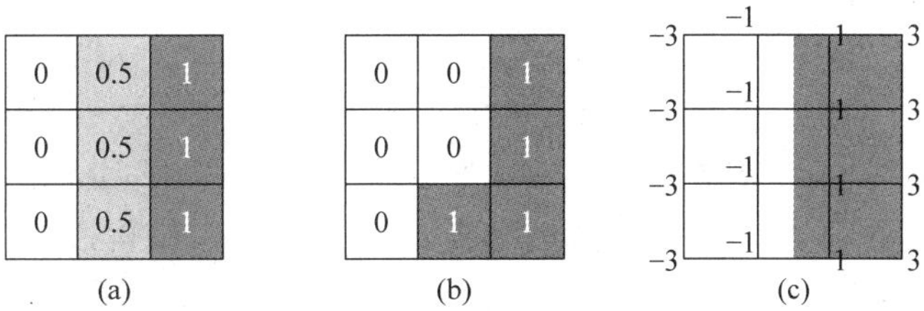

图 2-21　不同隐式描述方式

(a) 0～1 的隐式结构点阵描述；(b) 非 0 即 1 的隐式结构点阵描述；(c) 非 0 即 1 的隐式结构边界描述

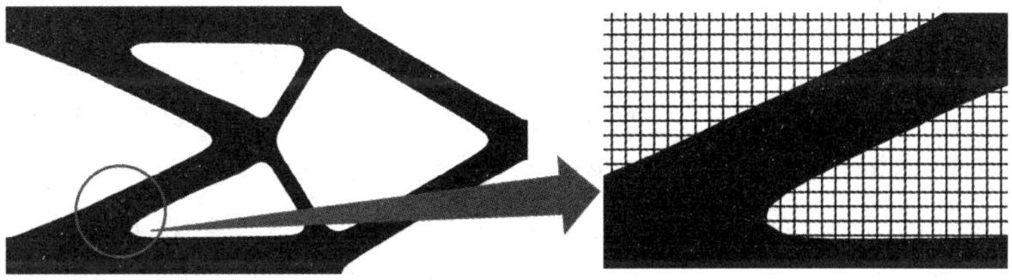

图 2-22　水平集结构描述局部细节

结构几何边界的平均曲率与外法向量的计算公式分别如下：

$$\boldsymbol{\kappa}=-\nabla\cdot\left(\frac{\nabla\phi}{(|\nabla\phi|)}\right)=-\frac{\phi_{,xx}\phi_{,y}^{2}-2\phi_{,x}\phi_{,y}\phi_{,xy}+\phi_{,yy}\phi_{,x}^{2}}{(\phi_{,x}^{2}+\phi_{,y}^{2})^{\frac{3}{2}}} \tag{2-29}$$

$$\boldsymbol{n}=-\nabla\cdot\left(\frac{\nabla\phi}{(|\nabla\phi|)}\right)=-\frac{\nabla\phi}{\sqrt{\nabla\phi\cdot\nabla\phi}} \tag{2-30}$$

2.4.3　Hamilton-Jacobi 方程

在水平集描述中，水平集函数 ϕ 可以用数学式表达为：

$$\begin{cases}\phi(\boldsymbol{x})>0 & \forall\,\boldsymbol{x}\in\Omega\backslash\partial\Omega\\ \phi(\boldsymbol{x})=0 & \forall\,\boldsymbol{x}\in\partial\Omega\\ \phi(\boldsymbol{x})<0 & \forall\,\boldsymbol{x}\in D\backslash\partial\Omega\end{cases} \tag{2-31}$$

其中 $\boldsymbol{x}$ 是设计域 D 内任一点坐标，$\partial\Omega$ 是实体区域 Ω 的边界，即 $\phi(\boldsymbol{x})>0$ 部分为结构实体，$\phi(\boldsymbol{x})<0$ 部分为结构外部，$\phi(\boldsymbol{x})=0$ 为结构边界。由于结构需要发生演化以达到优化的目的，因此引入人工时间变量 t 对结构边界进行动态描述，此时水平集函数变为

$$\phi(\boldsymbol{x}(t),t)=0 \tag{2-32}$$

对任意 $\boldsymbol{x}(t)\in\partial\Omega(t)$ 成立。在结构进行动态演化过程中，结构边界始终为水平集函数 ϕ 的零水平集。要研究结构的动态演化方式，可采用链式法则求式(2-32)对时间的偏导数，可得

$$\frac{\partial\phi(\boldsymbol{x}(t),t)}{\partial t}+\nabla\phi(\boldsymbol{x}(t),t)\cdot\frac{\mathrm{d}\boldsymbol{x}(t)}{\mathrm{d}t}=0 \tag{2-33}$$

即水平集方法中结构演化的动态方程：Hamilton-Jacobi(H-J)方程。其中 $\mathrm{d}\boldsymbol{x}(t)/\mathrm{d}t$ 是曲面上一点演化速度，由于在界面演化过程中，界面的切向速度并不影响界面改变，即结构拓扑变化只与界面法向速度相关，因此定义边界演化的法向速度为 $\bar{V}(\boldsymbol{x}(t),t)$，则水平集演

化方程变为

$$\frac{\partial \phi}{\partial t}+\bar{V}\mid \nabla \phi \mid=0 \tag{2-34}$$

通过建立结构优化目标函数与边界演化速度 $\bar{V}$ 的关系式，根据优化目前确定的边界演化速度 $\bar{V}$ 的大小和方向，使得目标函数进一步优化，从而驱动结构边界朝着最优结构进行演化。

2.4.4 Hamilton-Jacobi 方程的求解

在传统水平集结构拓扑优化方法中，通常需要先给定一个合适的初始解，然后根据不同的优化目标建立目标函数与边界演化速度的关系式，在给定的时间步长下，对 H-J 方程进行求解。Sethian 和 Wiegmann[12]将水平集方法引入结构优化设计时，提出一种显式跳跃嵌入界面法来求解 H-J 方程。后续发展的水平集方法中，研究人员普遍采用差分方法对 H-J 方程进行数值求解。对于空间离散，对于规则的结构化网格，经常采用迎风有限差分格式对 H-J 方程进行求解，而对于不规则网格，迎风差分格式难以适用于求解 H-J 方程，有学者提出采用流线扩散有限元法求解 H-J 方程。对于时间离散，现有方法多采用显式的欧拉向前差分，然而其最大步长受到 Courant-Friedrichs-Lewy(CFL)条件的限制，例如对于规则的结构化网格，求解 H-J 方程的时间步长需满足：

$$\nabla t \max(\bar{V}) \leqslant l \tag{2-35}$$

其中 l 为网格单元边长，即求解 H-J 方程的最大时间步长受限于最小网格单元长度。

2.4.5 结构刚度最大化模型

对于结构刚度最大化优化问题，在线弹性条件下，对于具有一般性目标函数和材料体积约束的问题，基于水平集函数的优化数学模型可采用以下列式：

$$\begin{cases}\text{Find: } f \\ \underset{f}{\text{Min}}: J(\boldsymbol{u}, f)=\int_D F(\boldsymbol{u}) \mathrm{H}(f) \mathrm{d}V \\ \text{s.t.: } \begin{cases} a(\boldsymbol{u}, \boldsymbol{u}, f)=L(\boldsymbol{u}, f), \boldsymbol{u} \mid_{\partial \Omega_u}=u_0, & \forall \boldsymbol{u} \in U \\ V(f) \leqslant V_{\max} \end{cases}\end{cases} \tag{2-36}$$

其中 $\mathrm{H}(\phi)$是 Heaviside 函数，用来描述材料的有和无。结构内能，外荷载做的功，以及结构体积均可通过 Heaviside 函数 $\mathrm{H}(\phi)$用水平集函数来表达：

$$a(\boldsymbol{u}, \upsilon, \phi)=\int_D E_{ijkl} \varepsilon_{ij}(\boldsymbol{u}) \varepsilon_{kl}(\upsilon) \mathrm{H}(\phi) \mathrm{d}V \tag{2-37}$$

$$L(\upsilon, \phi)=\int_D p \upsilon \mathrm{H}(\phi) \mathrm{d}V+\int_{\partial \Omega} \tau \upsilon \delta(\phi) \mid \nabla \phi \mid \mathrm{d}S \tag{2-38}$$

$$V(\phi)=\int_D \mathrm{H}(\phi) \mathrm{d}V \tag{2-39}$$

其中，$\delta(\phi)$为 Dirac 函数。为保证目标函数和约束函数的可微性，选取的 Heaviside 函数 $\mathrm{H}(\phi)$和 Dirac 函数 $\delta(\phi)$通常是连续可微的函数。由此，水平集函数便嵌入到了数学规划模型当中，基于水平集法的结构拓扑优化具备了理论基础。

2.4.6 形状导数

基于 H-J 方程的水平集演化的显著特征是能产生结构形状的变化，传统的水平集拓扑优化方法通常是基于形状导数进行水平集函数的演化，而形状导数表征的是结构边界沿法向发生微小变化时所引起的目标函数变化，因此传统水平集法也通常被认为是形状优化方法[11]。为了能使用梯度算法，确保优化收敛效率，研究人员采用形状导数对基于水平集方法描述的结构进行优化，即形状导数使得目标函数朝下降的方向变化。对于式(2-36)所定义的优化问题，令连续函数 $\psi(x)$ 表示任意微小形状变化 $\psi(x)\in C^0(D)$，则目标函数 $J(u,\phi)$ 对 $\psi(x)$ 的 Fréchet 导数可表达为

$$\left\langle\frac{\partial J(\boldsymbol{u},\phi)}{\partial\phi},\psi\right\rangle=\int_D\delta(\phi)F(\boldsymbol{u})\psi\mathrm{d}V \tag{2-40}$$

$$\left\langle\frac{\partial J(\boldsymbol{u},\phi)}{\partial\boldsymbol{u}},\delta\boldsymbol{u}\right\rangle=\int_D\frac{\partial F(\boldsymbol{u})}{\partial\boldsymbol{u}}\mathrm{H}(\phi)\delta\boldsymbol{u}\,\mathrm{d}V \tag{2-41}$$

结构内能、外荷载，以及材料体积约束对 $\psi(x)$ 的 Fréchet 导数分别为

$$\left\langle\frac{\partial a(\boldsymbol{u},\upsilon,\phi)}{\partial\phi},\psi\right\rangle=\int_D\delta(\phi)E_{ijkl}\varepsilon_{ij}(\boldsymbol{u})\varepsilon_{kl}(\upsilon)\psi\mathrm{d}V \tag{2-42}$$

$$\left\langle\frac{\partial a(\boldsymbol{u},\upsilon,\phi)}{\partial\boldsymbol{u}},\delta\boldsymbol{u}\right\rangle=a(\delta\boldsymbol{u},\upsilon,\phi) \tag{2-43}$$

$$\left\langle\frac{\partial L(\upsilon,\phi)}{\partial\phi},\psi\right\rangle=\left(\int_D\delta(\phi)\left(p\upsilon-\tau\upsilon\,\nabla\left(\frac{\nabla\phi}{|\nabla\phi|}\right)\right)\psi\mathrm{d}V+\int_D\frac{\delta(\phi)}{|\nabla\phi|}\frac{\partial\phi}{\partial n}\psi\mathrm{d}V+\int_D\frac{\delta(\phi)}{|\nabla\phi|}\frac{\partial\phi}{\partial n}\psi\mathrm{d}V\right) \tag{2-44}$$

$$\left\langle\frac{\partial V(\phi)}{\partial\phi},\psi\right\rangle=\int_D\delta(\phi)\psi\mathrm{d}V \tag{2-45}$$

为了能将式(2-42)显式地表达为 ψ 的函数，可通过求解以下共轭式并获得相应的伴随位移场 $\boldsymbol{w}$：

$$a(\boldsymbol{u},\boldsymbol{w},\phi)=\int_D\frac{\partial F(\boldsymbol{u})}{\partial\boldsymbol{u}}\mathrm{H}(\phi)\upsilon\mathrm{d}V,\quad \boldsymbol{w}\,|_{\partial\Omega_u}=0\,\forall\,\upsilon\in U \tag{2-46}$$

对平衡方程式(2-37)求对 ϕ 的偏导，得到：

$$a(\delta\boldsymbol{u},\upsilon,\phi)=\left\langle\frac{\partial L(\upsilon,\phi)}{\partial\phi},\psi\right\rangle-\left\langle\frac{\partial a(\boldsymbol{u},\upsilon,\phi)}{\partial\phi},\psi\right\rangle \tag{2-47}$$

将式(2-47)代入式(2-41)可得

$$\left\langle\frac{\partial J(\boldsymbol{u},\phi)}{\partial\boldsymbol{u}},\delta\boldsymbol{u}\right\rangle=\left(\int_D\delta(\phi)\left(p\upsilon-\tau\upsilon\,\nabla\left(\frac{\nabla\phi}{|\nabla\phi|}\right)-E_{ijkl}\varepsilon_{ij}(\boldsymbol{u})\varepsilon_{kl}(\boldsymbol{w})\right)\psi\mathrm{d}V+\int_D\frac{\delta(\phi)}{|\nabla\phi|}\frac{\partial\phi}{\partial n}\psi\mathrm{d}V\right) \tag{2-48}$$

采用拉格朗日乘子法对原问题构造等效的优化问题：

$$\begin{cases}\text{Find: } f\\ \underset{f}{\text{Min}}\text{: } \hat{J}(\boldsymbol{u},f)=J(\boldsymbol{u},f)+l_+(V(f)-V_{\max})\\ \text{s.t.: }\begin{cases}a(\boldsymbol{u},\boldsymbol{u},f)=L(\boldsymbol{u},f),\boldsymbol{u}\,|_{\partial\Omega_u}=u_0,\forall\boldsymbol{u}\in U\\ l_+(V(f)-V_{\max})=0\\ l_+\geqslant 0\end{cases}\end{cases} \tag{2-49}$$

式中，λ_+ 为非负的拉格朗日乘子。则新构造的目标函数 $\hat{J}(\boldsymbol{u},\phi)$ 的 Fréchet 导数可写为

$$\left\langle \frac{\mathrm{d}\hat{J}(\boldsymbol{u},\phi)}{\mathrm{d}\phi},\psi \right\rangle = \left\langle \frac{\partial J(\boldsymbol{u},\phi)}{\partial \boldsymbol{u}},\delta \boldsymbol{u} \right\rangle + \left\langle \frac{\partial J(\boldsymbol{u},\phi)}{\partial \phi},\psi \right\rangle + \lambda_+ \left\langle \frac{\partial V(\phi)}{\partial \phi},\psi \right\rangle$$
$$= \int_D \delta(\phi)(\beta(\boldsymbol{u},\boldsymbol{w},\phi) + \lambda_+)\psi \mathrm{d}V + \int_D \frac{\delta(\phi)}{|\nabla\phi|}\frac{\partial\phi}{\partial n}\psi \mathrm{d}V \tag{2-50}$$

其中

$$\beta(\boldsymbol{u},\boldsymbol{w},\phi) = F(\boldsymbol{u}) + p\boldsymbol{w} - \tau \boldsymbol{w} \nabla\left(\frac{\nabla\phi}{|\nabla\phi|}\right) - E_{ijkl}\varepsilon_{ij}(\boldsymbol{u})\varepsilon_{kl}(\boldsymbol{w}) \tag{2-51}$$

即为优化问题的形状导数，它表示边界发生微小变化时所引起的目标函数 $\hat{J}(\boldsymbol{u},\phi)$ 的变化。

2.4.7 拓扑导数

基于 H-J 方程的水平集演化具有描述形状与拓扑变化的能力，如隐式边界的移动、旋转、变形、融合和消失等，然而却无法在实体区域生成新的孔洞或在空白区域生成新的实体。因为存在这种局限，研究人员通常在选择初始结构时在设计域内均匀分布多个孔洞，以弥补优化过程中难以产生孔洞的困难。尽管如此，传统的水平集拓扑优化方法依然对初始解有较强的依赖性。

为增强基于 H-J 方程水平集函数的拓扑演化能力，研究人员提出了速度扩展的方法。通过将演化速度场扩展到设计域全域，而不是局限在结构边界处，可在一定程度上缓解初始解依赖性，但并不能从理论上保证基于 H-J 方程的水平集函数具有产生孔洞的能力，进而无法保证结构设计性能的提高。为此，研究人员通过引入拓扑导数的方法来解决产生孔洞的问题。拓扑导数描述的是在材料域内生成一个半径趋近于 0 的孔洞时目标函数发生的变化：

$$\mathrm{d}_t R = \lim_{r\to 0}\frac{J(\Omega \backslash \overline{H}(r)) - J(\Omega)}{|\overline{H}(r)|} \tag{2-52}$$

其中 R 为优化目标函数，$\overline{H}(r)$ 为生成的孔洞，$|\cdot|$ 是对孔洞面积或体积的表征。在基于形状改变已无法进一步继续优化时，通过引入拓扑导数产生新的孔洞，使得结构性能进一步提升。Eschenauer 等提出基于显式边界描述的泡泡法(bubble method)，以解决形状优化中不能产生孔洞的问题。Yulin 与 Xiaoming、Allaire 等基于类似的思想将拓扑导数引入到基于 H-J 方程的水平集方法中，进行形状演化的同时，依据拓扑导数周期性地在结构实体区域中引入新孔洞。研究人员也提出了通过在 H-J 方程中增加与拓扑导数相关的反应项，实现在优化过程中自动地在结构实体中开孔，从而提升结构拓扑演化能力。

引入拓扑导数使传统水平集方法具备了形状和拓扑协同优化的能力，成为较为完善的拓扑优化方法，但拓扑导数的引入同时也可能对优化的收敛性产生较大影响。

2.4.8 优化收敛准则

根据式中构造的广义的优化数学模型，可根据 Karush-Kuhn-Tucker(KKT)条件求得优化收敛的必要条件，即

$$\beta(\boldsymbol{u},\boldsymbol{w},\phi)+\lambda_{+}|_{\partial\Omega}=0,\quad \left.\frac{\partial\phi}{\partial n}\right|_{\partial D}=0 \tag{2-53}$$

$$\lambda_{+}(V(\phi)-V_{\max})=0,\quad \lambda_{+}\geqslant 0 \tag{2-54}$$

通过选取合适的加权函数 $\mu(x)(\mu(x)\neq 0,\forall x\in D)$，可以构造水平集函数演化的速度场函数 $\bar{V}(x)$ 如下：

$$\int_D \mu^2(x)\bar{V}(x)\psi(x)\mathrm{d}V=\int_D \delta(\phi)(\beta(\boldsymbol{u},\boldsymbol{w},\phi)+\lambda_{+})\psi(x)\mathrm{d}V \tag{2-55}$$

其中，$\bar{V}|_{\partial D}=0,\forall\psi\in C^0(D)$。易证明，采用此速度场函数 $\bar{V}$ 基于 H-J 方程可确保优化问题目标函数沿下降方向演化。目标函数 $J(\boldsymbol{u},\phi)$ 对时间的导数为

$$\frac{\mathrm{d}J(\boldsymbol{u},\phi)}{\mathrm{d}t}=\left\langle\frac{\partial J(\boldsymbol{u},\phi)}{\partial u},\frac{\partial\phi}{\partial t}\right\rangle+\left\langle\frac{\partial J(\boldsymbol{u},\phi)}{\partial\phi},\frac{\partial\phi}{\partial t}\right\rangle=\int\delta(\phi)\beta(\boldsymbol{u},\boldsymbol{w},\phi)\bar{V}\,|\nabla\phi|\,\mathrm{d}V \tag{2-56}$$

将式(2-55)代入式(2-56)可得

$$\frac{\mathrm{d}J(\boldsymbol{u},\phi)}{\mathrm{d}t}=-\int_D \mu^2(x)\bar{V}^2(x)\,|\nabla\phi|\,\mathrm{d}V-\lambda_{+}\int_D \delta(\phi)\bar{V}\,|\nabla\phi|\,\mathrm{d}V \tag{2-57}$$

根据 KKT 条件，式中最后一项 $\int_D \delta(\phi)\bar{V}\,|\nabla\phi|\,\mathrm{d}V$ 为 0，因此恒有

$$\frac{\mathrm{d}J(\boldsymbol{u},\phi)}{\mathrm{d}t}=-\int_D \mu^2(x)\bar{V}^2(x)\,|\nabla\phi|\,\mathrm{d}V\leqslant 0 \tag{2-58}$$

即根据 H-J 方程随着时间演化，目标函数始终是降低的。又根据 KKT 条件可得收敛到最优解的必要条件为

$$\beta(\boldsymbol{u},\boldsymbol{w},\phi)+\lambda_{+}|_{\partial\Omega}=0 \tag{2-59}$$

即结构边界处任一点的形状导数为常数，此时边界速度场函数 $\bar{V}$ 也处处相等，结构边界无法再进行演化，优化达到收敛。

2.4.9 符号距离函数正则化

在水平集方法进行结构拓扑优化时，需要选取合适的描述初始结构的水平集函数初始值，如符号距离函数。在优化过程中还需关注水平集函数的性态。在水平集方法中，结构边界仅仅取决于水平集函数的零等值线或零等高面，对材料域内的水平集函数场以及几何边界处的水平集函数梯度并未进行唯一定义，因此，这种非唯一性可能会导致收敛问题。此外，对于结构边界处的水平集函数空间梯度而言，其值过大或过小，或者不同边界处的梯度值之间差异过大，均可能导致产生数值问题，从而影响优化的收敛稳定性和收敛速度。因此，在优化过程中，水平集函数需要保持良好的性态。现有方法多采用符号距离函数对优化过程中水平集函数进行正则化(也称重新初始化)，使其始终具有符号距离函数的特性，即

$$|\nabla\phi|=1 \tag{2-60}$$

通过采用符号距离函数的正则化措施，使得水平集函数能保持良好的形态和性态，不至于过于陡峭或过于平坦，引起边界水平集空间梯度过大或过小，有助于稳定求解 H-J 方程。需知优化过程中边界演化速度并不能保证水平集函数符合符号距离函数，因此这种正则化措施通常需要周期性进行，可通过求解以下偏微分方程来实现：

$$\frac{\partial\phi}{\partial t}+\mathrm{sign}(\phi_0)(|\nabla\phi|-1)=0 \tag{2-61}$$

其中，$\phi_0=\phi(x,0)$为初始水平集函数。该方程通常也采用迎风差分格式进行求解。显然，当方程(2-61)收敛时，有$|\nabla\phi|=1$。

基于符号距离函数的水平集函数正则化，虽然有利于求解 H-J 方程的稳定性，然而这样的重新初始化通常也会引起零水平集函数边界的轻微改变，即重初始化前后的结构几何边界与原优化边界出现不一致，可能导致优化出现不连续或振荡问题。

2.4.10 基于 Hamilton-Jacobi 方程的水平集方法算法流程

依据给定的优化数学模型，可构造迭代优化算法。在传统水平集方法中，采用 H-J 方程的水平集法的具体求解流程可主要分为以下步骤：

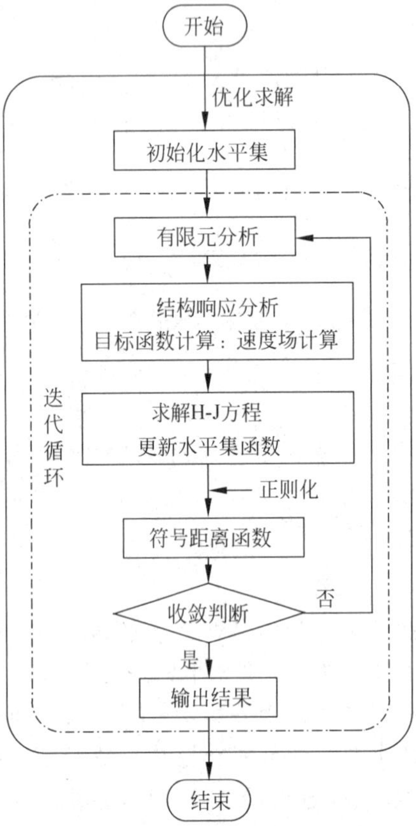

图 2-23 基于 Hamilton-Jacobi 方程的水平集法算法流程图

(1) 初始化水平集函数。通常根据给定的初始结构拓扑构造具有符号距离函数特征的初始水平集函数。

(2) 有限元分析。基于当前水平集函数转化为材料分布的物理模型，并进行结构有限元分析，求解结构响应。

(3) 获取速度场。依据结构有限元分析的获得的响应，计算出结构几何边界处的速度场。

(4) 求解 H-J 方程。采用有限差分法求解 H-J 方程，并根据计算结果更新水平集函数。

(5) 正则化。通过有限差分法求解正则化方程，并根据当前零水平集重新生成具有符号距离函数特征的水平集函数。

(6) 判断收敛性。若符合优化收敛条件，则迭代终止，否则重复步骤(2)～(5)，直至满足给定的收敛条件。

以上是基于 H-J 方程的水平集法的主要步骤，其相应的流程图如图 2-23 所示。

2.4.11 程序实施

对于水平集方法以及相关的变体方法等，国内外学者开发了诸多不同语言环境的结构拓扑优化代码，如 MATLAB、Python、FEMLAB 等。感兴趣的读者可以查阅以下参考文献：

(1) WANG M Y, WANG X, GUO D. A level set method for structural topology optimization[J]. Computer methods in applied mechanics and engineering, 2003, 192(1-2): 227-246.

(2) ALLAIRE G, JOUVE F, TOADER A M. Structural optimization using sensitivity analysis and a level-set method[J]. Journal of computational physics, 2004, 194(1): 363-393.

(3) CHALLIS V J. A discrete level-set topology optimization code written in Matlab [J]. Structural and multidisciplinary optimization, 2010, 41: 453-464.

(4) WEI P, LI Z, LI X, et al. An 88-line MATLAB code for the parameterized level set method based topology optimization using radial basis functions [J]. Structural and Multidisciplinary Optimization, 2018, 58: 831-849.

(5) LIU Y, YANG C, WEI P, et al. An ODE-driven level-set density method for topology optimization [J]. Computer Methods in Applied Mechanics and Engineering, 2021, 387: 114-159.

2.4.12 常见案例

以一个二维悬臂梁算例为例，如图 2-24 所示，悬臂梁的边界条件为左端固支，右端中部有一集中荷载。设计域采用 80×40 四边形有限单元离散，给定体积分数约束为 20%，优化过程中每 5 个迭代步进行一次符号距离函数初始化。优化结果如图 2-24 所示，可以看到水平集法优化结果具有光滑明确的结构边界。

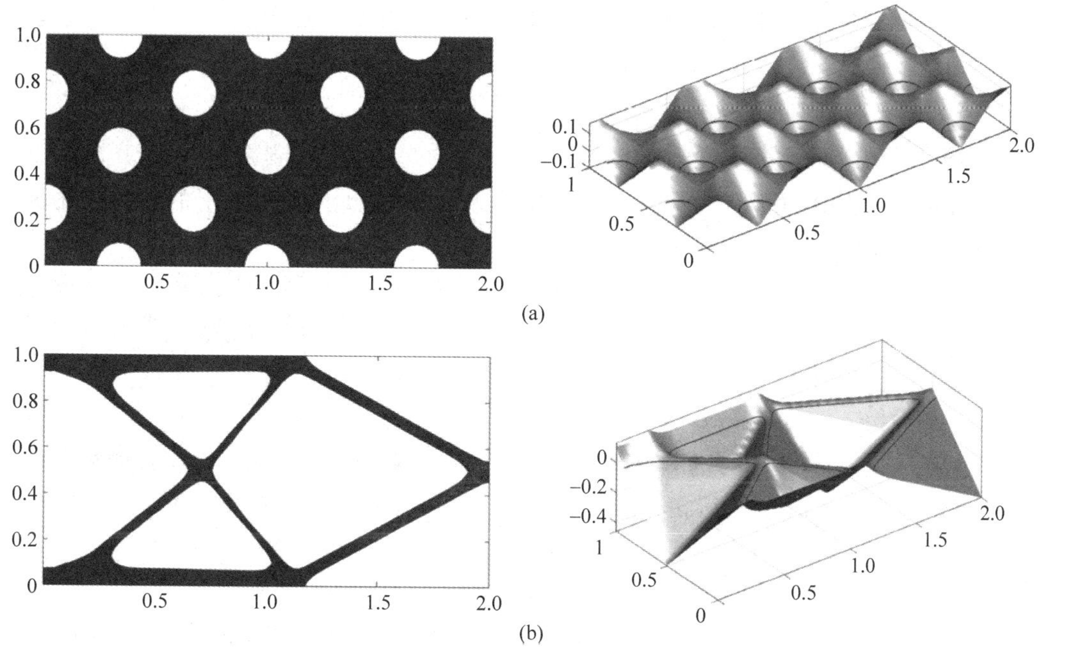

图 2-24　水平集法悬臂梁优化结果

(a) 初始结构和水平集函数；(b) 优化结构及水平集函数

2.5 移动组件法

2.5.1 发展概况

移动可变形组件法(moving morpable components, MMC)是郭旭院士在 2014 年[19]首次提出的一种基于显式几何拓扑描述新框架的拓扑优化方法。其基本思想是将结构由一组具有显式几何参数(如组件的尺寸、形状、位置和角度)表征的组件来描述，通过在优化过程中的组件移动、变形、交叠或融合等机制来获得结构的最优拓扑形式。与传统的拓扑优化方法(如基于单元像素描述结构拓扑的变密度法和基于节点水平集函数描述的水平集法)不同的是，MMC 方法具有设计变量少、优化模型与分析模型完全解耦、具有显式几何参数、拓扑优化结果可导入 CAD 系统等显著优势。基于 MMC 拓扑优化方法的显式几何特点，尺寸控制[35]、悬垂角度[36]等增材制造约束可以直接通过控制设计变量的上下界来实现。由于具有较少的设计变量，MMC 方法也适合于解析灵敏度不易获得的复杂拓扑优化问题，如后屈曲问题优化[37]等。

近年来，基于移动可变形组件法的显式拓扑优化方法得到了学者的广泛关注。在组件描述方法方面，Guo 等[20]提出了一种具有弯曲骨架的结构组件，Zhang 等[38]提出了 B 样条描述孔洞的移动可变形孔洞法(moving morphable void，MMV)，作为一种与移动可变形组件法对偶的显式拓扑优化方法。MMC 方法也被用于柔顺机构设计、基频最大化设计、动力响应设计、薄壁加筋设计[39]、多材料结构设计[40]等多种优化问题。数值分析方面，基于 MMC 方法的优化模型与分析模型完全解耦优势，MMC 方法可以与多种结构分析方法结合，如有限元法[41]、比例边界有限元法[42]、边界元法[43]、等几何分析方法[44]等。更多关于移动可变形组件法的研究进展可阅读相关综述文献[45]，在此不再详述。

2.5.2 基本原理

1. 基于 MMC 的三维结构拓扑表征方法

在 MMC 方法中，由第 i 个组件占有的实体结构域(如 Ω^i)通过如下的拓扑描述函数(topology description function，TDF)ϕ^i 来实现：

$$\begin{cases}\phi^i(x)>0, & 若\ x\in\Omega^i\cap D\\ \phi^i(x)=0, & 若\ x\in\partial\Omega^i\cap D\\ \phi^i(x)<0, & 若\ x\in D\backslash(\Omega^i\cup\partial\Omega^i).\end{cases} \tag{2-62}$$

其中，D 是设计域。

为了便于实现，这里所有的三维组件由超椭球函数来构建。在第 i 个组件的局部笛卡儿坐标系 $O\text{-}x'y'z'$ 的原点构建拓扑描述函数 ϕ^i 如下，具体如图 2-25 所示：

$$\phi^i(x,y)=1-\left[\left(\frac{x'}{L_1^i}\right)^p+\left(\frac{y'}{L_2^i}\right)^p+\left(\frac{z'}{L_3^i}\right)^p\right]^{1/p} \tag{2-63}$$

其中，L_1^i、L_2^i、L_3^i 表示组件的半长、半宽和半高，p 是一个相对比较大的正偶数(如 $p=6$)。值得说明的是，式(2-63)中的 $1/p$ 是为了保证 TDF 的值和其偏导数不会变化得太快。

γ，β，α 分别表示局部坐标系和全局坐标系之间的旋转角度，有如下的坐标转换矩阵：

$$\begin{pmatrix}x'\\ y'\\ z'\end{pmatrix}=\begin{bmatrix}\cos\beta^i\cos\gamma^i & \cos\beta^i\sin\gamma^i & -\sin\beta^i\\ \sin\alpha^i\sin\beta^i\cos\gamma^i-\cos\alpha^i\sin\gamma^i & \sin\alpha^i\sin\beta^i\sin\gamma^i+\cos\alpha^i\cos\gamma^i & \sin\alpha^i\cos\beta^i\\ \cos\alpha^i\sin\beta^i\cos\gamma^i+\sin\alpha^i\sin\gamma^i & \cos\alpha^i\sin\beta^i\sin\gamma^i-\sin\alpha^i\cos\gamma^i & \cos\alpha^i\cos\beta^i\end{bmatrix}\begin{pmatrix}x-x_0^i\\ y-y_0^i\\ z-z_0^i\end{pmatrix} \tag{2-64}$$

其中，x_0^i，y_0^i，z_0^i 表示在全局坐标系中的第 i 个组件的中心点坐标。结合式(2-63)和式(2-64)，在全局坐标系下的第 i 个组件的拓扑描述函数仅需 9 个几何参数就可以显式描述，如 $\boldsymbol{d}^i=$

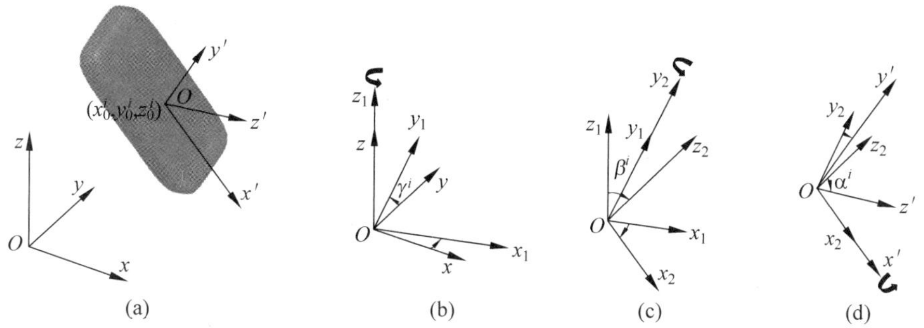

图 2-25 在局部和全局笛卡儿坐标系中的组件描述

(a) 坐标系总览；(b)～(d) 将全局坐标系转换到局部坐标系

$(x_0^i, y_0^i, z_0^i, L_1^i, L_2^i, L_3^i, \alpha^i, \beta^i, \gamma^i)^{\mathrm{T}}$。一旦 ϕ^i 确定，整个结构的 TDF 可以表示为 $\phi^s = \max(\phi^1, \phi^2, \cdots, \phi^n)$，$n$ 是设计域中所有组件的数量[1,14]。为了保证 ϕ^s 的可微性以获得解析灵敏度，采用 K-S 函数近似 max 算子：

$$\phi^s \approx \frac{\left(\ln\left(\sum_{i=1}^{n} \exp(\lambda \phi^i)\right)\right)}{\lambda} \tag{2-65}$$

其中 λ 是一个比较大的正整数，如 $\lambda=100$。

正如式(2-62)，实际的结构域 $\Omega=\{x \mid x \in D, \phi^s(x)>0\}$ 被实体材料填充。于是，在 MMC 方法中的设计变量为 $\boldsymbol{d}=((\boldsymbol{d}^1)^{\mathrm{T}}, \cdots, (\boldsymbol{d}^n)^{\mathrm{T}})^{\mathrm{T}}$。最优结构可以通过几十个到几百个组件进行描述，尽管在三维拓扑优化问题中，MMC 方法中的设计变量数量也仅有几十个到几千个。此外，设计变量全为显式的几何参数，可以将优化结果直接导入 CAD/CAE 系统，无需多余的后处理过程。

2. 材料属性插值模型

MMC 方法中的采用等效材料插值模型进行有限元分析。以三维问题为例，在固定欧拉网格下的弹性模量 E_e 和第 e 个单元的密度 ρ_e 可以表示为如下形式：

$$\begin{gathered} E_e = \rho_e E \\ \rho_e = \frac{1}{8} \sum_{i=1}^{8} \mathrm{H}_\varepsilon^\alpha(\phi_{e,i}^s) \end{gathered} \tag{2-66}$$

其中，E 为实体材料的杨氏模量，$\phi_{e,i}^s$ 为在第 e 个单元的第 i 个节点处的 TDF 值。$\mathrm{H}_\varepsilon^\alpha$ 为正则化的光滑 Heaviside 函数。

$$H_\varepsilon^\alpha(x) = \begin{cases} 1, & x > \varepsilon \\ \dfrac{3(1-\alpha)}{4}\left(\dfrac{x}{\varepsilon} - \dfrac{x^3}{3^3}\right) + \dfrac{1+\alpha}{2}, & |x| \leqslant \varepsilon \\ \alpha, & \text{其他} \end{cases} \tag{2-67}$$

其中，ε 为 Heaviside 函数 $\mathrm{H}_\varepsilon^\alpha$ 过渡区域的宽度，α 是一个很小的正数(如 $\alpha=10^{-3}$)以避免刚度阵奇异。

2.5.3 结构刚度最大化模型

以柔度最小化问题为例，在有限元离散下的数学列式为

$$\begin{cases}\text{求：}\boldsymbol{d}=((\boldsymbol{d}^1)^{\mathrm{T}},\cdots,(\boldsymbol{d}^n)^{\mathrm{T}})^{\mathrm{T}}\in U^d\\ \text{Min.：}f=\boldsymbol{F}^{\mathrm{T}}\boldsymbol{U}\\ \text{s. t.：}\boldsymbol{KU}=\boldsymbol{F}\\ g=\dfrac{V}{|D|}-v\leqslant 0\end{cases}\tag{2-68}$$

其中$\boldsymbol{K}$,$\boldsymbol{F}$和$\boldsymbol{U}$分别为全局刚度矩阵、节点力向量和位移列向量；V,$|D|$和v分别为优化结构的体积、设计域所占体积和允许的体积分数上界，U^d代表设计变量所属集合。

式(2-68)中关心的目标函数f(结构柔顺度)和约束函数g(结构体积)对于具体设计变量d_j^i(第i个组件的第j个参数)的解析灵敏度计算如下：

$$\frac{\partial f}{\partial d_j^i}=\frac{\partial f}{\partial \rho_e}\frac{\partial \rho_e}{\partial d_j^i}=-\sum_{e=1}^{N}\boldsymbol{U}_e^{\mathrm{T}}\boldsymbol{K}_e^0\boldsymbol{U}_e\frac{\partial \rho_e}{\partial \phi^s}\frac{\partial \phi^s}{\partial \phi^i}\frac{\partial \phi^i}{\partial d_j^i}\tag{2-69}$$

$$\frac{\partial g}{\partial d_j^i}=\frac{\partial g}{\partial \rho_e}\frac{\partial \rho_e}{\partial d_j^i}=\sum_{e=1}^{N}\frac{V_e}{|D|}\frac{\partial \rho_e}{\partial \phi^s}\frac{\partial \phi^s}{\partial \phi^i}\frac{\partial \phi^i}{\partial d_j^i}\tag{2-70}$$

其中，$\boldsymbol{U}_e$和V_e是第e个单元的节点位移向量和单元体积；$\boldsymbol{K}_e^0$是相关实体材料的单元刚度矩阵。其中

$$\frac{\partial \rho_e}{\partial \phi^s}\frac{\partial \phi^s}{\partial \phi^i}=\frac{1}{8}\sum_{j=1}^{8}\mathrm{H}_\varepsilon^{\alpha'}(\phi_{e,j}^s)\frac{\exp(\lambda\phi_{e,j}^i)}{\sum_{k=1}^{n}\exp(\lambda\phi_{e,j}^k)}\tag{2-71}$$

引入下列标记，

$$w\triangleq\left(\frac{x'}{L_1^i}\right)^p+\left(\frac{y'}{L_2^i}\right)^p+\left(\frac{z'}{L_3^i}\right)^p\tag{2-72}$$

$$\tilde{x}=\frac{x'}{L_1^i},\quad \tilde{y}=\frac{y'}{L_2^i},\quad \tilde{z}=\frac{z'}{L_3^i}\tag{2-73}$$

$$R\triangleq\begin{bmatrix}\cos\beta^i\cos\gamma^i & \cos\beta^i\sin\gamma^i & -\sin\beta^i\\ \sin\alpha^i\sin\beta^i\cos\gamma^i-\cos\alpha^i\sin\gamma^i & \sin\alpha^i\sin\beta^i\sin\gamma^i+\cos\alpha^i\cos\gamma^i & \sin\alpha^i\cos\beta^i\\ \cos\alpha^i\sin\beta^i\cos\gamma^i+\sin\alpha^i\sin\gamma^i & \cos\alpha^i\sin\beta^i\sin\gamma^i-\sin\alpha^i\cos\gamma^i & \cos\alpha^i\cos\beta^i\end{bmatrix}\tag{2-74}$$

$$R^\alpha\triangleq\begin{bmatrix}0 & 0 & 0\\ \cos\alpha^i\sin\beta^i\cos\gamma^i+\sin\alpha^i\sin\gamma^i & \cos\alpha^i\sin\beta^i\sin\gamma^i-\sin\alpha^i\cos\gamma^i & \cos\alpha^i\cos\beta^i\\ \cos\alpha^i\sin\gamma^i-\sin\alpha^i\sin\beta^i\cos\gamma^i & -\sin\alpha^i\sin\beta^i\sin\gamma^i-\cos\alpha^i\cos\gamma^i & -\sin\alpha^i\cos\beta^i\end{bmatrix}\tag{2-75}$$

$$R^\beta\triangleq\begin{bmatrix}-\sin\beta^i\cos\gamma^i & -\sin\beta^i\sin\gamma^i & -\cos\beta^i\\ \sin\alpha^i\cos\beta^i\cos\gamma^i & \sin\alpha^i\cos\beta^i\sin\gamma^i & -\sin\alpha^i\sin\beta^i\\ \cos\alpha^i\cos\beta^i\cos\gamma^i & \cos\alpha^i\cos\beta^i\sin\gamma^i & -\cos\alpha^i\sin\beta^i\end{bmatrix}\tag{2-76}$$

$$R^{\gamma} \triangleq \begin{bmatrix} -\cos\beta^i \sin\gamma^i & \cos\beta^i \cos\gamma^i & 0 \\ -\sin\alpha^i \sin\beta^i \sin\gamma^i - \cos\alpha^i \cos\gamma^i & \sin\alpha^i \sin\beta^i \cos\gamma^i - \cos\alpha^i \sin\gamma^i & 0 \\ -\cos\alpha^i \sin\beta^i \sin\gamma^i + \sin\alpha^i \cos\gamma^i & \cos\alpha^i \sin\beta^i \cos\gamma^i + \sin\alpha^i \sin\gamma^i & 0 \end{bmatrix} \tag{2-77}$$

因此，超椭球函数描述的 MMC 的$\dfrac{\partial \phi^i}{\partial d_j^i}$计算如下：

$$\frac{\partial \phi^i}{\partial x_0^i} = w^{\frac{1-p}{p}} \left(\frac{\tilde{x}^{p-1}}{L_1^i} R_{11} + \frac{\tilde{y}^{p-1}}{L_2^i} R_{21} + \frac{\tilde{z}^{p-1}}{L_3^i} R_{31} \right) \tag{2-78}$$

$$\frac{\partial \phi^i}{\partial y_0^i} = w^{\frac{1-p}{p}} \left(\frac{\tilde{x}^{p-1}}{L_1^i} R_{12} + \frac{\tilde{y}^{p-1}}{L_2^i} R_{22} + \frac{\tilde{z}^{p-1}}{L_3^i} R_{32} \right) \tag{2-79}$$

$$\frac{\partial \phi^i}{\partial z_0^i} = w^{\frac{1-p}{p}} \left(\frac{\tilde{x}^{p-1}}{L_1^i} R_{13} + \frac{\tilde{y}^{p-1}}{L_2^i} R_{23} + \frac{\tilde{z}^{p-1}}{L_3^i} R_{33} \right) \tag{2-80}$$

$$\frac{\partial \phi^i}{\partial L_1^i} = \frac{1}{L_1^i} w^{\frac{1-p}{p}} \tilde{x}^p \tag{2-81}$$

$$\frac{\partial \phi^i}{\partial L_2^i} = \frac{1}{L_2^i} w^{\frac{1-p}{p}} \tilde{y}^p \tag{2-82}$$

$$\frac{\partial \phi^i}{\partial L_3^i} = \frac{1}{L_3^i} w^{\frac{1-p}{p}} \tilde{z}^p \tag{2-83}$$

$$\frac{\partial \phi^i}{\partial \alpha} = -w^{\frac{1-p}{p}} \left(\frac{\tilde{x}^{p-1}}{L_1^i} \frac{\partial x'}{\partial \alpha} + \frac{\tilde{y}^{p-1}}{L_2^i} \frac{\partial y'}{\partial \alpha} + \frac{\tilde{z}^{p-1}}{L_3^i} \frac{\partial z'}{\partial \alpha} \right) \tag{2-84}$$

$$\frac{\partial \phi^i}{\partial \beta} = -w^{\frac{1-p}{p}} \left(\frac{\tilde{x}^{p-1}}{L_1^i} \frac{\partial x'}{\partial \beta} + \frac{\tilde{y}^{p-1}}{L_2^i} \frac{\partial y'}{\partial \beta} + \frac{\tilde{z}^{p-1}}{L_3^i} \frac{\partial z'}{\partial \beta} \right) \tag{2-85}$$

$$\frac{\partial \phi^i}{\partial \gamma} = -w^{\frac{1-p}{p}} \left(\frac{\tilde{x}^{p-1}}{L_1^i} \frac{\partial x'}{\partial \gamma} + \frac{\tilde{y}^{p-1}}{L_2^i} \frac{\partial y'}{\partial \gamma} + \frac{\tilde{z}^{p-1}}{L_3^i} \frac{\partial z'}{\partial \gamma} \right) \tag{2-86}$$

有如下计算：

$$\frac{\partial x'}{\partial \zeta} = R_{11}^{\zeta}(x - x_0) + R_{12}^{\zeta}(y - y_0) + R_{13}^{\zeta}(z - z_0) \tag{2-87}$$

$$\frac{\partial y'}{\partial \zeta} = R_{21}^{\zeta}(x - x_0) + R_{22}^{\zeta}(y - y_0) + R_{23}^{\zeta}(z - z_0) \tag{2-88}$$

$$\frac{\partial z'}{\partial \zeta} = R_{31}^{\zeta}(x - x_0) + R_{32}^{\zeta}(y - y_0) + R_{33}^{\zeta}(z - z_0) \tag{2-89}$$

其中，$\zeta = \alpha, \beta, \gamma$。

2.5.4 常见案例

1. 具有不可设计域的扭转梁算例

如图 2-26 所示，本节考虑一个左端面固支，右端面四个角点受到集中力载荷的扭转梁算例。左右端面分别有 0.25 厚度的不可设计实体域。目标函数为在 15%的许可体积分数下的结构柔顺度。扭转梁的结构尺寸为 12×4×4，结构被均匀划分为 96×32×32 的八节点立方体单元。

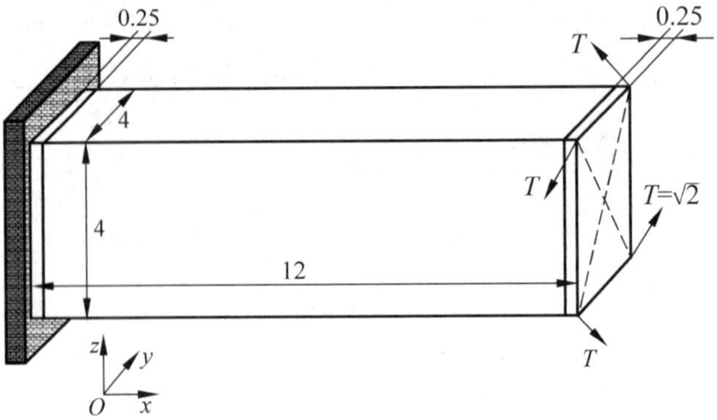

图 2-26 扭转梁边界条件及不可设计域示意图

初始设计如图 2-27 所示，共计 96 个组件(864 个设计变量)。在第 4 迭代步和第 5 迭代步(如图 2-27(b)、图 2-27(c))，分别有 24 个细小组件被删除。于是，第 6 迭代步的剩余组件共同组成了一个框架结构，结构中此时仅剩 432 个设计变量。在第 15 迭代步，框架结构得到扩展，构型和柔顺度都与传统的三维 MMC 方法[20]得到的设计结果很接近。实际上，进一步优化可以得到如图 2-27(f)所示的箱型结构(相比于传统 MMC 方法，结构柔顺度降低 30%，现在的 MMC 设计结果为 1902.86，传统的 MMC 设计结果为 2742.12)，光滑的结构表面可以通过增加网格分辨率来得到。

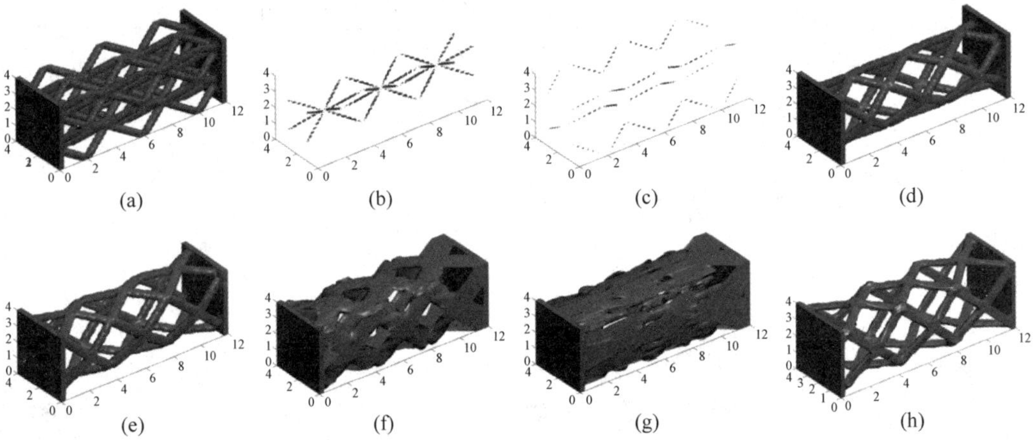

图 2-27 扭转梁算例在 96×32×32 网格划分下的中间代表构型

(a) Iter. 1, f=4301.40; (b) Iter. 4, 24 deleted components; (c) Iter. 5, 24 deleted components; (d) Iter. 6, f=3402.24; (e) Iter. 15, f=2741.57; (f) Iter. 78, f=2103.36; (f) Iter. 227, f=1902.86; (f) Reference, f=2742.12

为了测试 MMC 方法对于求解大规模问题的性能，这个算例被重新划分为 192×64×64 的网格进行优化。从图 2-28 可以看到，优化结果呈现出很光滑的箱型结构，这种中空的箱型结构可以有效地抵抗剪切变形。

2. 柔顺机构算例

不同于刚度优化问题，柔顺机构优化问题需要求解伴随场，其灵敏度分析可以从如下公

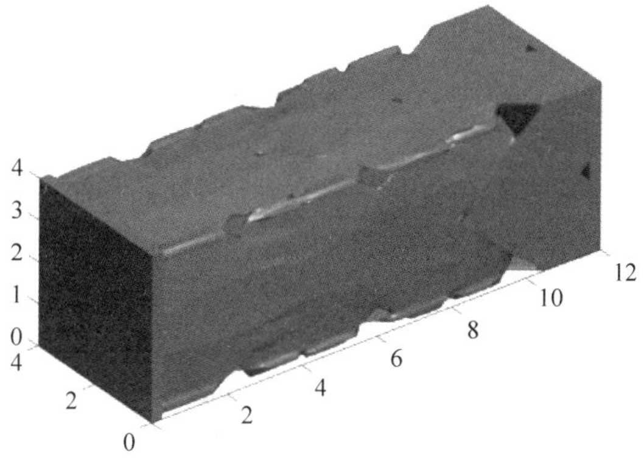

图 2-28　优化得到的箱型结构(网格划分为 192×64×64)

式计算得到：

$$\frac{\partial U_{out}}{\partial d_j^i}=-\sum_{e=1}^{N}\boldsymbol{u}_e\boldsymbol{K}_e^0\boldsymbol{u}_e^{adj}\ \frac{\partial \rho_e}{\partial \phi^s}\ \frac{\partial \phi^s}{\partial \phi^i}\ \frac{\partial \phi^i}{\partial d_j^i} \tag{2-90}$$

其中，$\boldsymbol{u}^{adj}$ 是在右端中点沿着 x 方向作用单位力产生的位移场。

考虑到问题的对称性(如图 2-29)，将四分之一设计域均匀地离散为 200×100×100 的有限单元，同时设置对称边界条件。分别对比了两种不同初始设计和不同 α 参数(10^{-3}，10^{-9})对设计结果的影响。可以从图 2-30(a)、(c)发现，初始设计 1 共有 12 个组件平行分布在 xz 平面上，铰链设计以诱导右端中点尽可能产生 x 向的运动。此外，在图 2-30(d)中的三维空间分布的初始设计 2 总共包括 48 个组件(432 个设计变量)，得到的优化设计在构型上更复杂，且具有更优的性能。柔顺机构算例也展示了 α 参数从 10^{-3} 减小到 10^{-9}，对优化结果仅有很小的影响。另一方面，结构拓扑优化本质上具有高度非凸性，不恰当的初始设计可能会导致优化结果的次优性，为破除组件初始依赖性问题，可以引入组件生长机制[21]来避免，使得在优化过程中产生新的组件。

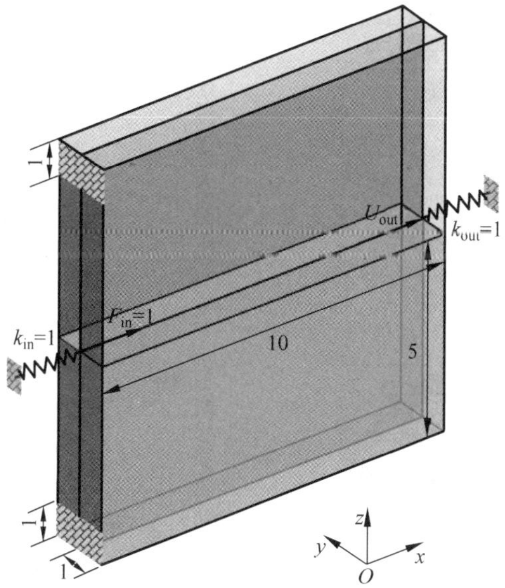

图 2-29　体分比小于 0.2 的柔顺机构算例

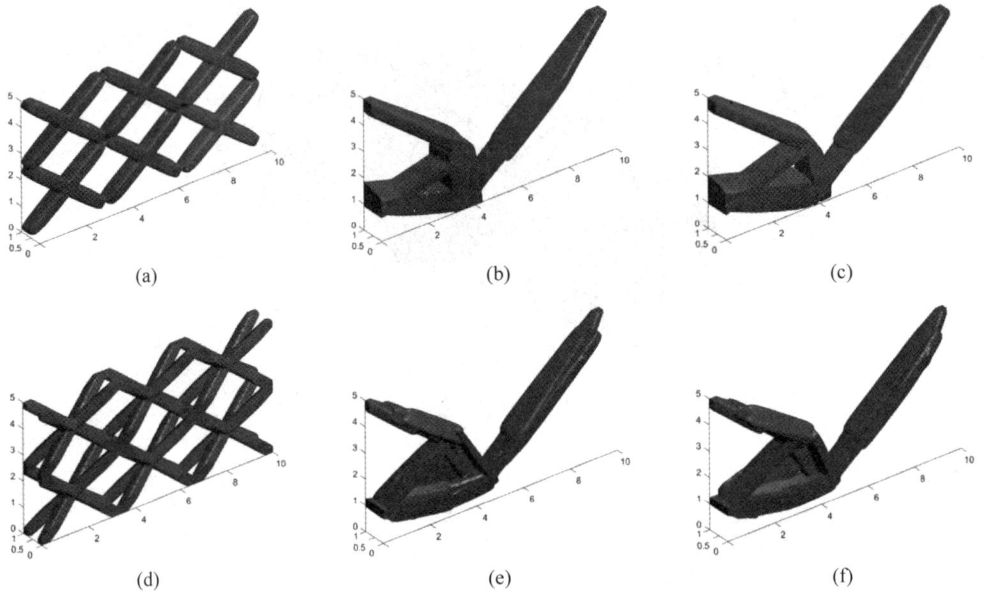

图 2-30　不同初始设计和不同 α 参数的柔顺机构优化结果

(a) 初始设计 1；(b) 最优化 1，$\alpha=10^{-3}$，$U_{out}=-0.902$；(c) 最优化 1，$\alpha=10^{-9}$，$U_{out}=-0.904$；(d) 初始设计 2；(e) 最优化 2，$\alpha=10^{-3}$，$U_{out}=-0.944$；(f) 最优化 2，$\alpha=10^{-9}$，$U_{out}=-0.944$

2.5.5 常见数值策略及方法

MMC 方法的设计变量为显式的组件几何参数，不存在如传统的变密度法中的棋盘格现象、灰度单元等数值问题，也不存在如传统水平集方法迭代过程中需要的符号距离化。另外，MMC 方法具有优化模型与分析模型完全解耦的优势，可以采用传力路径识别技术和弱单元删除技术相结合的方式进一步缩减分析自由度，以大幅缩减拓扑优化计算成本，如图 2-31 所示，具体讨论细节见参考文献[46]。

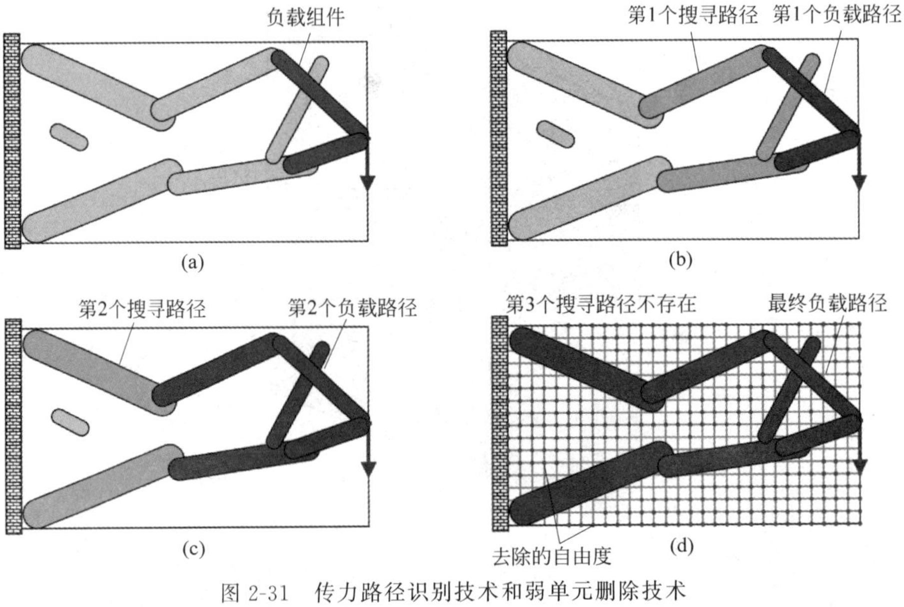

图 2-31　传力路径识别技术和弱单元删除技术

2.5.6 程序实施

目前有关于 MMC 方法二维问题的经典 188 行 MATLAB 代码[41]。2022 年郭旭院士团队最新分别开源了 256 行三维 MMC 代码和 218 行二维 MMC 代码[46]，这里引入了最新的载荷路径识别技术、弱单元删除技术、无效组件删除技术、解析灵敏度求解等技术。由于篇幅原因，下面仅列出最新的 256 行三维 MMC 的 MATLAB 代码。

```
function MMC3d(DL,DW,DH,nelx,nely,nelz,xInt,yInt,zInt,vInt,volfrac)
% ---------------------------- SEC 1): PARAMETERS SETTING
E = 1.0; nu = 0.3;                  % Young's modulus, Poisson ratio
dgt0 = 5; scl = 1.0;                % significant digit of sens., scale factor for obj.
p = 6; lmd = 100;                   % power of super ellipsoid, power of KS aggregation
iter = 1; maxiter = 500;            % initial and maximum number of iterations
objVr5 = 1.0;                       % initial relative variat. of obj. last 5 iterations
% ---------------------------- SEC 2): SETTING OF FE DISCRETIZATION
nEle = nelx * nely * nelz;          % number of finite elements
nNod = (nelx + 1) * (nely + 1) * (nelz + 1); nNodfc = (nelx + 1) * (nely + 1); % numbers of all
nodes and nodes in each layer
nDof = 3 * nNod;                    % number of degree of freedoms
EL = DL/nelx; EW = DW/nely; EH = DH/nelz;    % length, width, height of each finite element
minSz = min([EL,EW,EH]);            % minimum size of finite elements
alpha = 1e - 3; epsilon = 0.25;     % void density, regularization term in Heaviside
[Ke] = Ke_tril(E,nu,EL,EW,EH);      % non - zero upper triangular of ele. stiffness
KE(tril(ones(24)) == 1) = Ke';
KE = reshape(KE,24,24); KE = KE + KE' - diag(diag(KE)); % full elemental stiffness matrix
nodMat = int32(reshape(1:nNod, 1 + nelx, 1 + nely, 1 + nelz)); % maxtrix of nodes numbers
(int32)
edofVec = reshape(3 * nodMat(1:nelx,1:nely,1:nelz),nEle,1);
edofMat = edofVec + int32([3 * nNodfc + [[3 * nelx + [4 5 6 1 2 3]] - 2 - 1 0 1 2 3]...
    3 * nelx + [4 5 6 1 2 3] - 2 - 1 0 1 2 3]); % connectivity matrix
eleNodesID = edofMat(:,[3:3:24])./3;
[sI,sII] = deal([]);
for j = 1:24
    sI = cat(2,sI,j:24);
    sII = cat(2,sII,repmat(j,1,24 - j + 1));
end
[iK,jK] = deal(edofMat(:,sI)',edofMat(:,sII)');
Iar0 = sort([iK(:),jK(:)],2,'descend'); clear iKjK % reduced assembly indexing
[x,y,z] = meshgrid(EL * [0:nelx],EW * [0:nely],EH * [0:nelz]); % coordinates of nodal points
LSgrid.x = permute(x,[2,1,3]); LSgrid.y = permute(y,[2,1,3]); LSgrid.z = permute(z,[2,1,
3]);
volNod = sparse(double(eleNodesID(:)),1,1/8); % weight of each node in volume calculation
% ------------------------------- SEC 3): LOADS, DISPLACEMENT BOUNDARY CONDITIONS (3D
cantilever beam example)
[jN,kN] = meshgrid(1:nely + 1,1:nelz + 1); fixNd = [(kN - 1) * nNodfc + (jN - 1) * (nelx + 1) +
1]; % fixed nodes
fixDof = [3 * fixNd(:) - 2; 3 * fixNd(:) - 1; 3 * fixNd(:)]; % fixed dofs
[jE,kE] = meshgrid(1:nely,1:nelz); fixEle = [(kE - 1) * nelx * nely + (jE - 1) * nelx + 1]; %
elements related to fixed nodes
freeDof = setdiff([1:nDof],fixDof);                    % index of free dofs
loadNd = (nely/2 + 1) * (nelx + 1); loadDof = 3 * loadNd;   % loaded nodes and loaded dofs
loadEle = nelx * (nely/2 + [0 1]); % elements related to loaded nodes
```

```
F = fsparse(loadDof',1, - 1/length(loadNd),[nDof,1]);      % external load vector
% ---------------------------- SEC 4): INITIAL SETTING OF COMPONENTS
x0 = xInt:2 * xInt:DL; y0 = yInt:2 * yInt:DW; z0 = zInt:2 * zInt:DH; % coordinates of initial
components' center
xn = length(x0); yn = length(y0); zn = length(z0);       % num. of component along x,y,z
x0 = kron(x0,ones(1,2 * yn * zn));                       % full x0 vector
y0 = repmat(repmat(y0,1,zn),1,2 * xn);                   % full y0 vector
z0 = repmat(reshape(repmat(z0,2,1),1,4),1,xn);           % full z0 vector
N = length(x0);                                          % total number of components
l1 = repmat(vInt(1),1,N);                                % vector of half - length
l2 = repmat(vInt(2),1,N);                                % vector of half - width
l3 = repmat(vInt(3),1,N);                                % vector of half - height
alp = repmat(vInt(4),1,N);                               % vector of alpha
bet = repmat([1 -1 1 -1 1 -1 1 -1] * vInt(5),1,N/8);     % vector of beta
gam = repmat([1 1 -1 -1 1 1 -1 -1] * vInt(6),1,N/8);     % vector of gamma
dd = [x0; y0; z0; l1; l2; l3; alp; bet; gam];            % design variable vector
nDsvb = length(dd(:));                                   % number of all design variables
nEhcp = nDsvb/N;                 % number of design variables each component
actComp = [1:N];                 % initial set of active components
actDsvb = [1:nDsvb];             % initial set of active design variables
nNd = 0; PhiNd = [];             % number of non - design patches and its TDF matrix
allPhi = [zeros(nNod,N) PhiNd];  % initialized TDF matrix
% ------------------------------ SEC 5): SETTING OF MMA
m = 1; c = 1000 * ones(m,1); d = zeros(m,1);          % MMA parameters
a0 = 1; a = zeros(m,1);
xval = dd(:); xold1 = xval; xold2 = xval;
xmin = [0.0; 0.0; 0.0; 0.0; 0.0; 0.0; - pi; - pi; - pi];           % lower bounds
xmax = [DL; DW; DH; sqrt(DL^2 + DW^2 + DH^2)/2 * [1; 1; 1]; pi; pi; pi]; % upper bounds
xmin = repmat(xmin,N,1); xmax = repmat(xmax,N,1);
low = xmin; upp = xmax;
% ------------------------------ SEC 6): OPTIMIZATION LOOP
while objVr5 > 1e - 4 && iter < = maxiter
% --------------------------- LP 1): Generating TDFs and their derivatives
    allPhiDrv = sparse(nNod,nDsvb);
for i = actComp                  % calculating TDF of the active MMCs
        [allPhi,allPhiDrv,xval,actComp,actDsvb] = ...
calc_Phi(allPhi,allPhiDrv,xval,i,LSgrid,p,nEhcp,epsilon,actComp,actDsvb,minSz);
end
    allPhiAct = [allPhi(:,actComp) PhiNd];       % TDF matrix of active components
    temp = exp(lmd * allPhiAct);
    Phimax = max( - 1e3,log(sum(temp,2))/lmd);  % global TDF vector using K - S aggregation
    allPhiDrvAct = allPhiDrv(:,actDsvb);
    Phimaxdphi = kron(temp(:,1:length(actComp))./(sum(temp,2) + eps),ones(1,nEhcp));
    PhimaxDrvAct = Phimaxdphi. * allPhiDrvAct;  % nodal sensitivity of global TDF
% --------------------------- LP 2): Plotting current design
    clf; h = patch(isosurface(x,y,z,permute(reshape(Phimax, nelx + 1,nely + 1,nelz + 1),[2,
1,3]),0));
    h1 = patch(isocaps(x,y,z,permute(reshape(Phimax, nelx + 1,nely + 1,nelz + 1),[2,1,3]),
0));
    set(h,'FaceColor','red','EdgeColor','none','facealpha',1); set(h1,'FaceColor','interp','
EdgeColor','none');
    colormap([1 0 0]); isonormals(x,y,z,permute(reshape(Phimax, nelx + 1,nely + 1,nelz + 1),
[2,1,3]),h); lighting phong;
    view(3); axis image; axis([0,DL,0,DW,0,DH]); camlight right; pause(1e - 1)
```

```
% -------------------------- LP 3): Finite element analysis
    H = Heaviside(Phimax,alpha,epsilon);          % nodal density vector
    den = sum(H(eleNodesID),2)/8;                 % elemental density vector (for volume)
    U = zeros(nDof,1);
    nAct = length(actComp) + nNd; % number of active components (for load path)
    [strct, loadPth] = srch_ldpth(nAct, allPhiAct, Phimax, epsilon, eleNodesID, loadEle,
fixEle); % load path identification
if strct == 1                                     % load path existed, FEA with DOFs removal
if length(loadPth) == nAct denSld = den;          % no islands
else % isolated components existed
            PhimaxSld = max(-1e3,log(sum(exp(lmd * allPhiAct(:,loadPth)),2))/lmd); %
global TDF of components in load path
            HSld = Heaviside(PhimaxSld,alpha,epsilon);       % nodal density vector for FEA
            denSld = sum(HSld(eleNodesID), 2)/8;    % elemental density vector for FEA
end
        eleLft = setdiff([1:length(denSld)],find(denSld<alpha+eps)); % retained elements
for FEA
        edofMatLft = edofMat(eleLft,:);
        freedofLft = setdiff(edofMatLft,fixDof);    % retained DOFs for FEA
        [iK1,jK1] = deal(edofMatLft(:,sI)',edofMatLft(:,sII)');
          Iar = sort([iK1(:), jK1(:)], 2, 'descend'); clear iK1jK1 % new reduced
assembly indexing
        sK = reshape(Ke(:) * denSld(eleLft)',length(Ke) * length(eleLft),1);
        K = fsparse(Iar(:,1),Iar(:,2),sK,[nDof,nDof]); K = K + K' - diag(diag(K));
        K = K + fsparse([1:nDof],[1:nDof],eps * ones(1,nDof),[nDof,nDof]); %
regularization of disconnected component
        U(freedofLft) = K(freedofLft,freedofLft)\F(freedofLft);
else % no load path, regular FEA
        disp('WARNING!!! NO loading path is founded!!!')
        sK = reshape(Ke(:) * den(:)',length(Ke) * nEle,1);
        K = fsparse(Iar0(:,1),Iar0(:,2),sK,[nDof,nDof]); K = K + K' - diag(diag(K));
        U(freeDof) = K(freeDof,freeDof)\F(freeDof);
end
    f0val = F' * U/scl; OBJ(iter) = f0val * scl; % scaled objective function
    fval = sum(den) * EL * EW * EH/(DL * DW * DH) - volfrac; CONS(iter) = fval + volfrac; %
volume constraint
% -------------------------- LP 4): Sensitivity analysis
    df0dx = zeros(1,nDsvb); dfdx = zeros(1,nDsvb);
    delta_H = 3 * (1-alpha)/(4 * epsilon) * (1-Phimax.^2/(epsilon^2));
    delta_H(abs(Phimax)>epsilon) = 0;             % derivative of nodal density to nodal TDF
    energy = sum((U(edofMat) * KE).* U(edofMat),2);    % vector of Ue' * K0 * Ue
    sEner = energy * ones(1,8)/8;
    engyNod = sparse(double(eleNodesID(:)),1,sEner(:)); % nodal form of Ue' * K0 * Ue
    df0dx(actDsvb) = -(engyNod.* delta_H)' * PhimaxDrvAct; % sensitivity of
objective function
    dfdx(actDsvb) = (volNod.* delta_H)' * PhimaxDrvAct * EL * EW * EH/(DL * DW * DH); %
sensitivity of volume constraint
    dgt = dgt0 - floor(log10([max(abs(df0dx(:))) max(abs(dfdx(:)))])); % significant
digits for sensitivity truncation
    df0dx = round(df0dx * 10^dgt(1))/10^dgt(1)/scl; % truncated scaled
objective sensitivity
    dfdx = round(dfdx * 10^dgt(2))/10^dgt(2);    % truncated constraint sensitivity
% -------------------------- LP 5): Updating design variables
    [xmma,~,~,~,~,~,~,~,~,low,upp] = mmasub(m,nDsvb,iter,xval(:),...
```

```
xmin,xmax,xold1,xold2,f0val,df0dx,fval,dfdx,low,upp,a0,a,c,d);
    xold2 = xold1; xold1 = xval(:); xval = xmma;      % design variable's update
if iter>=5 && fval/volfrac<1e-4
        objVr5 = abs(max(abs(OBJ(iter-4:iter)-mean(OBJ(iter-4:iter))))/mean(OBJ(iter
-4:iter)));
end
    disp(['It.: ' sprintf('%4i\t',iter) 'Obj.: ' sprintf('%6.3f\t',f0val*scl) ...
'Vol.: ' sprintf('%6.4f\t',fval) 'ch.:' sprintf('%6.4f\t',objVr5)])
    iter = iter + 1;
end
end
%% ============================ FUNCTIONS ============================
% Element stiffness matrix (eight-node brick elements)
function [Ke] = Ke_tril(E,nu,EL,EW,EH)
t1 = EL*EW/36/EH; t2 = EL*EH/36/EW; t3 = EW*EH/36/EL;
p1 = EL/48; p2 = EW/48; p3 = EH/48;
k1 = nu*[-4*(t1+t2+t3) 0 0 2*(-t1-t2+2*t3) 8*p3 8*p2 -t1+2*(t2+t3) 0 4*p2
-2*(t1-2*t2+t3) -8*p3 0 ...
     2*(2*t1-t2-t3) 0 -8*p2 2*(t1+t3)-t2 4*p3 0 t1+t2+t3 0 0 2*(t1+t2)-t3 -
4*p3 -4*p2] + ...
     [2*(t1+t2+2*t3) 2*p3 2*p2 t1+t2-4*t3 -2*p3 -2*p2 t1/2-t2-2*t3 -2*p3
-p2 t1-2*(t2-t3) 2*p3 p2 ...
     -2*(t1-t3)+t2 p3 2*p2 -t1+t2/2-2*t3 -p3 -2*p2 -(t1+t2)/2-t3 -p3 -p2
-(t1+t2)+t3 p3 p2];
k2 = nu*[-4*(t1+t2+t3) 0 -8*p3 -2*(t1+t2-2*t3) 0 0 -t1+2*(t2+t3) 4*p1 8*
p3 -2*(t1-2*t2+t3) 8*p1 0 ...
     2*(2*t1-t2-t3) -8*p1 -4*p3 2*(t1+t3)-t2 -4*p1 0 t1+t2+t3 0 4*p3 2*(t1
+t2)-t3 0] + ...
     [2*(t1+2*t2+t3) 2*p1 2*p3 t1+2*(t2-t3) p1 -2*p3 t1/2-2*t2-t3 -p1 -2*
p3 t1-4*t2+t3 -2*p1 p3 ...
     -2*(t1-t2)+t3 2*p1 p3 -t1+t2-t3 p1 -p3 -(t1+t3)/2-t2 -p1 -p3 -t1-2*t2
+t3/2 -2*p1];
k3 = nu*[-4*(t1+t2+t3) -8*p2 0 -2*(t1+t2-2*t3) -4*p2 -4*p1 -t1+2*(t2+
t3) 0 -8*p1 -2*(t1-2*t2+t3) ...
     8*p2 8*p1 2*(2*t1-t2-t3) 0 4*p1 2*(t1+t3)-t2 0 0 t1+t2+t3 4*p2 0 2*(t1+
t2)-t3] + ...
     [2*(2*t1+t2+t3) 2*p2 p1 2*(t1-t3)+t2 p2 p1 t1-t2-t3 p2 2*p1 2*(t1-t2)+t3
-2*p2 -2*p1 ...
     -4*t1+t2+t3 -2*p2 -p1 -2*t1+t2/2-t3 -p2 -p1 -t1-(t2+t3)/2 -p2 -2*
p1 -2*t1-t2+t3/2];
Ke = E/((1+nu)*(1-2*nu))*[k1';k2';k3';k1(1);k1(8);k1(18);k1(10);k1(5);k1(21);k1(7);
k1(2);k1(24); ...
     k1(16);k1(23);k1(3);k1(13);k1(20);k1(6);k1(22);k1(17);k1(9);k1(19);k1(14);k1(12);
k2(1);k2(2); ...
     k2(3);k2(10);k2(11);k1(2);k2(7);k2(8);k1(17);k2(16);k2(17);k1(20);k2(13);k2(14);
k1(23);k2(22); ...
     k2(23);k1(14);k2(19);k2(20);k3(1);k1(21);k2(14);k3(10);k1(9);k2(17);k3(7);k1(3);
k2(8);k3(16); ...
     k1(15);k2(11);k3(13);k1(24);k2(23);k3(22);k1(12);k2(20);k3(19);k1(1);k1(2);k1(18);
k1(4);k1(5); ...
     k1(15);k1(19);k1(20);k1(12);k1(22);k1(23);k1(9);k1(13);k1(14);k1(6);k1(16);k1(17);
k1(3);k2(1); ...
     k2(23);k2(3);k2(4);k2(20);k1(20);k2(19);k2(5);k1(17);k2(22);k2(2);k1(14);k2(13);
k2(11);k1(23); ...
```

```
    k2(16);k2(8);k3(1);k1(6);k2(20);k3(4);k1(12);k2(5);k3(19);k1(24);k2(2);k3(22);
k1(15);k2(14); ...
    k3(13);k1(3);k2(17);k3(16);k1(1);k1(8);k1(3);k1(22);k1(17);k1(24);k1(19);k1(14);
k1(21);k1(16); ...
    k1(23);k1(18);k1(13);k1(20);k1(15);k2(1);k2(23);k1(23);k2(22);k2(2);k1(14);k2(19);
k2(5);k2(21); ...
    k2(16);k2(8);k1(20);k2(13);k2(11);k3(1);k1(9);k2(2);k3(22);k1(21);k2(5);k3(19);
k1(18);k2(17); ...
    k3(16);k1(6);k2(14);k3(13);k1(1);k1(2);k1(18);k1(4);k1(5);k1(15);k1(7);k1(8);
k1(24);k1(10); ...
    k1(11);k1(21);k2(1);k2(23);k2(3);k2(4);k2(20);k1(8);k2(7);k2(17);k1(5);k2(10);
k2(14);k3(1); ...
    k1(6);k2(20);k3(4);k1(9);k2(8);k3(7);k1(21);k2(11);k3(10);k1(1);k1(8);k1(3);
k1(10);k1(5); ...
    k1(12);k1(7);k1(2);k1(9);k2(1);k2(23);k2(3);k2(10);k2(14);k1(2);k2(7);k2(17);
k3(1);k1(12); ...
    k2(11);k3(10);k1(24);k2(8);k3(7);k1(1);k1(2);k1(3);k1(4);k1(5);k1(6);k2(1);k2(2);
k2(3);k2(4);...
    k2(5);k3(1);k3(2);k3(3);k3(4);k1(1);k1(8);k1(18);k2(1);k2(2);k3(1)];
end
% Topology description function and derivatives
function [allPhi,allPhidrv,xval,actComp,actDsvb] = ...
calc_Phi(allPhi,allPhidrv,xval,i,LSgrid,p,nEhcp,epsilon,actComp,actDsvb,minSz)
di = xval((i-1)*nEhcp+1:i*nEhcp);
x0 = di(1); y0 = di(2); z0 = di(3); l1 = di(4) + eps; l2 = di(5) + eps; l3 = di(6)
+ eps;
sa = sin(di(7)); sb = sin(di(8)); sg = sin(di(9));
ca = cos(di(7)); cb = cos(di(8)); cg = cos(di(9));
R = [cb*cg cb*sg -sb; sa*sb*cg-ca*sg sa*sb*sg+ca*cg sa*cb;...
         ca*sb*cg+sa*sg ca*sb*sg-sa*cg ca*cb];
xyzLc = [LSgrid.x(:)-x0 LSgrid.y(:)-y0 LSgrid.z(:)-z0]; % local coordinates of all nodes
xyz = xyzLc*R';
x1 = xyz(:,1) + eps; y1 = xyz(:,2) + eps; z1 = xyz(:,3) + eps;
temp = (x1/l1).^p + (y1/l2).^p + (z1/l3).^p;
allPhi(:,i) = 1 - temp.^(1/p);                    % TDF of i-th component
if min(di(4:6))/minSz > 0.1 && min(abs(allPhi(:,i))) < epsilon
    Ra = [0 0 0; R(3,1) R(3,2) R(3,3); -R(2,1) -R(2,2) -R(2,3)];
    Rb = [-sb*cg -sb*sg -cb; sa*cb*cg sa*cb*sg -sa*sb; ca*cb*cg ca*cb*sg -
ca*sb];
    Rg = [-cb*sg cb*cg 0; -sa*sb*sg-ca*cg sa*sb*cg-ca*sg 0; -ca*sb*sg+sa*
cg ca*sb*cg+sa*sg 0];
    dx1 = [[-R(1,:) 0.0 0.0 0.0] + 0.0*x1 xyzLc*[Ra(1,:); Rb(1,:); Rg(1,:)]']; %
variation of x'
    dy1 = [[-R(2,:) 0.0 0.0 0.0] + 0.0*y1 xyzLc*[Ra(2,:); Rb(2,:); Rg(2,:)]']; %
variation of y'
    dz1 = [[-R(3,:) 0.0 0.0 0.0] + 0.0*y1 xyzLc*[Ra(3,:); Rb(3,:); Rg(3,:)]']; %
variation of z'
    temp1 = -temp.^(1/p-1).*(x1/l1).^(p-1);
    temp2 = -temp.^(1/p-1).*(y1/l2).^(p-1);
    temp3 = -temp.^(1/p-1).*(z1/l3).^(p-1);
    dpdx1 = temp1/l1; dpdy1 = temp2/l2; dpdz1 = temp3/l3;
    dpdl1 = -temp1.*(x1/l1^2); dpdl2 = -temp2.*(y1/l2^2); dpdl3 = -temp3.*(z1/l3^2);
    dpdL = 0.0*dx1; dpdL(:,4:6) = [dpdl1 dpdl2 dpdl3];
```

```
    allPhidrv(:,nEhcp*(i-1)+1:nEhcp*i) = dpdL + dpdx1.*dx1 + dpdy1.*dy1 + dpdz1.
*dz1;
else % deleting tiny component and removing it from active sets
    disp(['The 'sprintf('%i',i) '-th component is too small! DELETE it!!!']);
    allPhi(:,i) = -1e3;
    xval((i-1)*nEhcp+[4:6]) = 0;
    actComp = setdiff(actComp,i);
    actDsvb = setdiff(actDsvb,nEhcp*i-nEhcp+1:nEhcp*i);
end
end
% Loading path identification
function [strct, loadPth] = srch_ldpth(nAct, allPhiAct, Phimax, epsilon, eleNodesID, loadEle,
fixEle)
strct = 0; fixSet = []; loadPth = []; Frnt = [];    % initialization
Hmax = Heaviside(Phimax,0,epsilon); denmax = sum(Hmax(eleNodesID), 2)/8;
allH = Heaviside(allPhiAct,0,epsilon); allden = repmat(denmax,1,nAct);
for i = 1:nAct
    tempH = allH(:,i);
    allden(:,i) = sum(tempH(eleNodesID), 2)/8; % density matrix of all active components
end
if min(denmax(loadEle(:)))> eps && max(denmax(fixEle(:)))> eps
    cnnt = sparse(nAct,nAct);                        % connection matrix of components
for i = 1:nAct
for j = i+1:nAct
if max(min(allden(:,[i,j]),[],2))> 0
                cnnt(i,j) = 1; cnnt(j,i) = 1;
end
end
if max(allden(loadEle,i))> 0
            loadPth = unique([loadPth i]);
            Frnt = unique(setdiff([Frnt find(cnnt(i,:)> 0)],loadPth)); % search front
end
if max(allden(fixEle,i))> 0 fixSet = unique([fixSet i]); end
end
while ~isempty(Frnt)
        loadPth = sort([loadPth Frnt]); Temp = [];
for i = Frnt
            Temp = [Temp find(cnnt(i,:)> 0)];
end
        Frnt = unique(setdiff(Temp,loadPth));
end
if ~isempty(intersect(loadPth,fixSet)) strct = 1; end
end
end
% Smoothed Heaviside function
function [H] = Heaviside(phi,alpha,epsilon)
H = 3*(1-alpha)/4*(phi/epsilon-phi.^3/(3*(epsilon)^3)) + (1+alpha)/2;
H(phi>epsilon) = 1;
H(phi<-epsilon) = alpha;
end
%% ------------ A 256-LINE MATLAB CODE FOR THE 3D-MMC METHOD, JULY 2021 -----------
%% ------------------- BY Z DU, T CUI, C LIU, W ZHANG, Y GUO, X GUO ------------------
%% ------------- DALIAN UNIVERSITY OF TECHNOLOGY, ENGINEERING MECHANICS -------------
%% ------------ PLEASE SEND SUGGESTIONS & COMMENTS TO guoxu@dlut.edu.cn ------------
```

2.6 泡泡法

2.6.1 发展概况

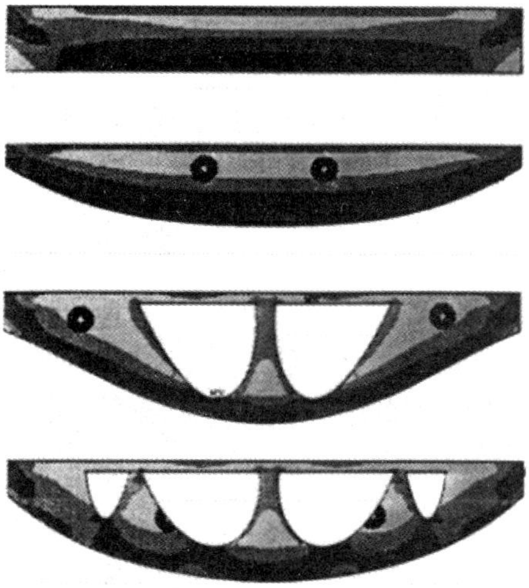

图 2-32 传统泡泡法结果[1]

Eschenauer 等[15]于 1994 年提出的泡泡法能够在保证拓扑优化设计精度的条件下有效降低变量数目：采用参数化 B 样条曲线精确表达孔洞边界，使用沿结构边界生成的有限元网格保证分析精度，通过逐步增加新孔丰富设计变量数目。但是，所采用的有限元拉格朗日网格给泡泡法的实施带来了极大不便，每次优化迭代后均需调整甚至重新划分网格，而且存在网格更新复杂、网格易畸变等问题，因此在提出后发展缓慢，具体如图 2-32 所示。

蔡守宇等[28]于 2019 年在借鉴特征驱动方法[29]的优点的基础上，对传统泡泡法进行改进，提出一种基于固定网格和拓扑导数的自适应泡泡拓扑优化方法，该方法采用有限胞元方法(finite cell method，FCM)[30]在固定网格下计算结构力学响应，避免了传统泡泡法中繁琐的网格更新和重划分操作；优化迭代时通过综合考虑拓扑导数信息[31]和创新性地设置孔洞影响区域，不仅能自适应地在合理位置逐步引入新的孔洞，还能克服特征驱动类方法中存在的初始布局依赖性，从而有效提升了数值计算稳定性；同时采用参数少且变形能力强的闭合 B 样条(closed B-splines，CBS)[32]描述孔洞边界，有效减少了设计变量。目前，自适应泡泡法(adaptive bubble method，ABM)用于柔顺机构设计[33]以及结合等几何分析方法(isogeometric analysis，IGA)进行壳结构的设计[34]。

2.6.2 基本原理

ABM 的基本原理主要包括三个部分：孔洞模型构建、孔洞自适应引入、固定网格分析。

1. 孔洞模型构建

ABM 采用 CBS 构建孔洞特征，其具有参数和隐式两种表达形式，其中隐式表达式为

$$x^2+y^2=R^2(\theta) \tag{2-91}$$

其参数形式为

$$\begin{cases} x=R(\theta)\cos\theta \\ y=R(\theta)\sin\theta \end{cases} \tag{2-92}$$

式中，θ 为极坐标系中的极角，半轴长函数 $r(\theta)$ 可借助 B 样条基函数定义为

$$R(\theta)=\sum_{j=1}^{n}N_{j,q}(\xi)P_j=\sum_{j=1}^{n}N_{j,q}\left(\frac{\theta+\pi/2}{2\pi}\right)P_j \tag{2-93}$$

式中，n 为 B 样条基函数的数量；ξ 为节点区间[0,1]上的任意点。对于一个给定的节点区

间$\boldsymbol{\Xi}=\{\xi_1,\xi_2,\xi_3,\cdots,\xi_{n+p+1}\}$，$q$ 阶 B 样条基函数 $N_{j,q}$ 可以根据以下递推公式得出：

$$\begin{cases} N_{j,0}(\xi)=\begin{cases}1, & \xi_j\leqslant\xi\leqslant\xi_{j+1}\\ 0, & \text{其他}\end{cases} \\ N_{j,q}(\xi)=\dfrac{\xi-\xi_j}{\xi_{j+q}-\xi_j}N_{j,q-1}(\xi)+\dfrac{\xi_{j+q+1}-\xi}{\xi_{j+q+1}-\xi_{j+1}}N_{j+1,q-1}(\xi) \\ \text{规定：}\dfrac{0}{0}=0 \end{cases} \tag{2-94}$$

式中，P_j 为第 j 个控制参数，P_j 恒为正且满足 $P_1=P_n=(P_2+P_{n-1})/2$，极角 θ 可表示为坐标(x,y)的函数：

$$\theta=\arctan\frac{y}{x}+\operatorname{sgn}(x)(\operatorname{sgn}(x)-1)\frac{\pi}{2} \tag{2-95}$$

由上式可知 θ 的值域为$[-\pi/2,3\pi/2)$，则式(2-92)中参数区域坐标的取值范围为$[0,1)$。鉴于在拓扑优化设计中要引入一定数量的孔洞而且每个孔洞还要能够自由地移动，这就需要按照孔洞的引入顺序 i 将隐函数具体写为

$$\varphi_i=\frac{(x-x_i)^2}{R_i^2(\theta_i)}+\frac{(y-y_i)^2}{R_i^2(\theta_i)}-1 \tag{2-96}$$

在式(2-96)中，半轴长函数 $R_i(\theta_i)$可根据下式计算：

$$R_i(\theta_i)=\sum_{j=1}^{n}N_{j,q}(\xi_i)P_{i,j}=\sum_{j=1}^{n}N_{j,q}\left(\frac{\theta_i+\pi/2}{2\pi}\right)P_{i,j} \tag{2-97}$$

其中

$$\theta_i=\arctan\frac{y-y_i}{x-x_i}+\frac{\pi}{2}\operatorname{sgn}(x-x_i)(\operatorname{sgn}(x-x_i)-1) \tag{2-98}$$

图 2-33 展示了包含 8 个控制参数的 CBS 的构建过程，为了使其在连接处光滑，P_1 和 P_8 的值等于$(P_2+P_7)/2$。

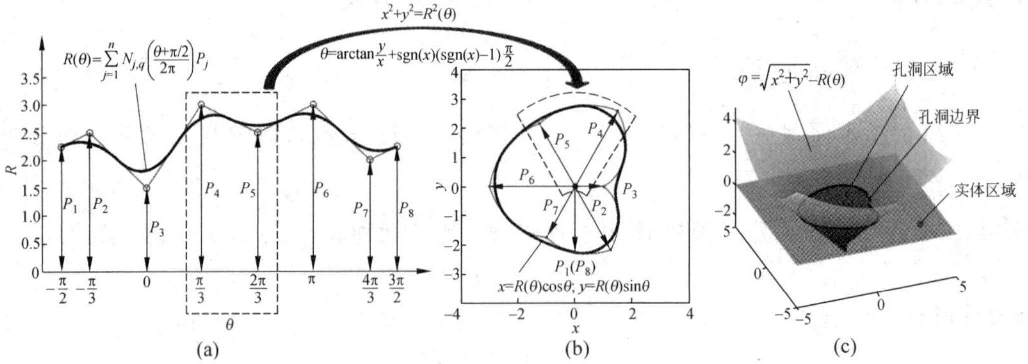

图 2-33　CBS 的构建过程

(a) 半轴长函数；(b) CBS 曲线；(c) 隐函数

此外，还可采用节点均匀分布的 unclamped（非固定）类型 B 样条曲线，保证构建 CBS 的光滑性处处相同，且在各个方向上具有相同的变形能力。此时 CBS 的构建过程如图 2-33 所示。

在 ABM 中，孔洞的融合过程相较于基于裁剪曲面分析（trimmed surface analysis，TSA）[19]的方法更加简便，其通过寻找隐函数的最小值（$\min\{\varphi_1,\varphi_2,\varphi_3,\cdots,\varphi_{\mathrm{num}}\}$，num 为相融合的孔洞数量）即可实现，如图 2-34 所示。

若已知计算域 D 的隐函数记为 Φ_D，则结构区域 Ω 的隐函数为

$$\Phi_\Omega = \min\{\Phi_D, \{\varphi_i\}_{i=1}^{\mathrm{num}}\} \tag{2-99}$$

式中，num 为已引入孔洞的数量，在优化迭代中会逐渐增加，Φ_Ω 满足：

$$\begin{cases} \Phi_\Omega(x) = 0, & \forall x \in \partial\Omega \\ \Phi_\Omega(x) > 0, & \forall x \in \Omega \backslash \partial\Omega \\ \Phi_\Omega(x) < 0, & \forall x \in \mathrm{D} \backslash \Omega \end{cases} \tag{2-100}$$

由上式可知，根据隐函数 Φ_Ω 可直接判断出点 x 是否位于区域 Ω 之内。

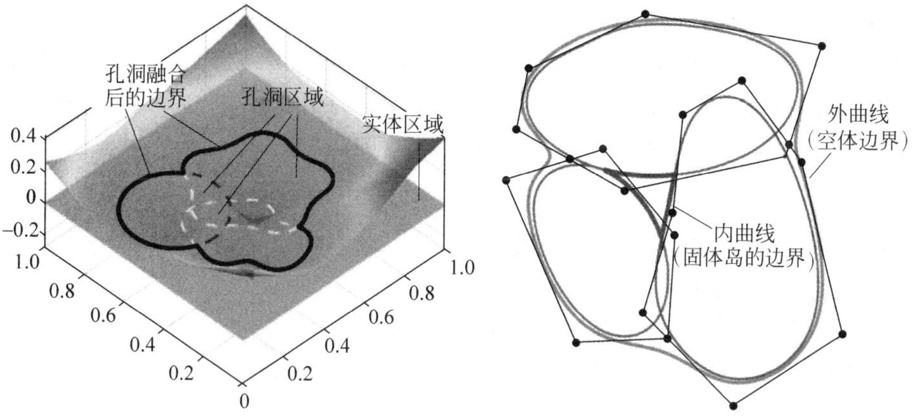

图 2-34　不同优化方法中孔洞的融合方式

(a) 基于 ABM 的孔洞融合；(b) 基于 TSA 方法的孔洞融合

2. 孔洞的自适应引入

拓扑导数反映一个无穷小的区域扰动(引入孔洞、夹杂和裂纹等)对于一个给定的目标函数的影响。不失一般性地，假设一个二维的开放有界设计区域 ω。通过在任意点 $\boldsymbol{x}\in\omega$ 引入一个半径无穷小的孔洞，得到一个新区域 $\omega_\alpha=\omega\backslash\bar{B}_\alpha$，其中 $\bar{B}_\alpha=B_\alpha\cup\partial B_\alpha$ 表示半径为 α 的圆孔形区域及其边界。若以结构刚度最大化设计中的结构柔顺度为优化目标：

$$C = \int_\Omega \boldsymbol{\sigma}(\boldsymbol{u}) : \boldsymbol{\varepsilon}(\boldsymbol{u}) \mathrm{d}\Omega \tag{2-101}$$

其中，$\boldsymbol{\sigma}$、$\boldsymbol{\varepsilon}$ 和 $\boldsymbol{u}$ 分别表示结构区域 Ω 中任意点处的柯西应力张量、柯西应变张量和位移向量。则与其对应的拓扑导数 $T(\boldsymbol{x})$ 定义为

$$T(\boldsymbol{x}) = \lim_{\alpha\to 0} \frac{C(\omega_\alpha) - C(\omega)}{\mathrm{meas}(\bar{B}_\alpha)} \tag{2-102}$$

对于平面弹性应力问题，结构柔顺度的拓扑导数可以根据下式计算：

$$T(\boldsymbol{x}) = \frac{4}{1+\nu}\boldsymbol{\sigma}(\boldsymbol{u}(\boldsymbol{x})) : \boldsymbol{\varepsilon}(\boldsymbol{u}(\boldsymbol{x})) - \frac{1-3\nu}{1+\nu}\mathrm{tr}(\boldsymbol{\sigma}(\boldsymbol{u}(\boldsymbol{x})))\mathrm{tr}(\boldsymbol{\varepsilon}(\boldsymbol{u}(\boldsymbol{x}))) \tag{2-103}$$

其中，ν 为泊松比。由于孔洞的引入会削弱结构的刚度，结构的柔顺度 J 增大，得到的拓扑导数满足 $T(\boldsymbol{x})\geqslant 0$。拓扑导数值 $T(\boldsymbol{x})$ 反映了在点 $\boldsymbol{x}$ 处引入孔洞对结构柔顺度 J 的影响程度，若 $T(\boldsymbol{x})$ 等于或者接近于 0，则说明在点 x 处开孔后结构柔顺度不增加或者增加量很小。由此，在以柔顺度最小化为设计目标的拓扑优化设计中，开孔位置要优先选在 $T(\boldsymbol{x})$ 最小点处。

结构拓扑优化是一个迭代过程，结构的物理场在每步优化迭代之后就会发生变化，这就需要依据变化后的物理场调整结构的形状和拓扑。若每步因孔洞数量引入过多，使得形状/拓扑改变量过大，则极易导致优化设计收敛于局部最优解或无法收敛。此外，在引入孔洞之后还要对其进行形状优化设计，如果两个孔洞之间相距较近，则它们在形状优化过程中就会相互重叠甚至吞并，从而造成设计变量的浪费。

为解决上述两个问题，我们定义了拓扑导数阈值，以限制每步优化迭代中潜在开孔位置的数量，并提出了“孔洞影响区域”概念，要求结构中已存在的孔洞都有各自独立的影响区域，在这些影响区域内不能引入新的孔洞。以 CBS 为例，其特征影响区域的隐函数可以简便地在 CBS 的所有控制参数上加一个定值 r 来计算。同时，由于 B 样条基函数的规范性（即任意节点处的基函数和为 1），孔洞特征影响区域的隐函数 φ_i^{I} 同样可以根据下式计算：

$$\varphi_i^{\mathrm{I}}=\min\{(R_i(\theta_i)+r)-\sqrt{(x-x_i)^2+(y-y_i)^2},\varphi_i\}=\min\{r-\varphi_i,\varphi_i\} \tag{2-104}$$

式中，i 为第 i 个孔洞特征，r 为影响区域宽度。对于结构的总体影响区域的隐函数 Φ^{I}，同样可以通过隐函数的布尔操作得到：

$$\Phi^{\mathrm{I}}=\min\{\Phi_\Omega,\max\{\varphi_i^{\mathrm{I}}\}_{i=1}^{\mathrm{num}}\} \tag{2-105}$$

图 2-35 展示了基于 CBS 的孔洞特征影响区域的构建过程。

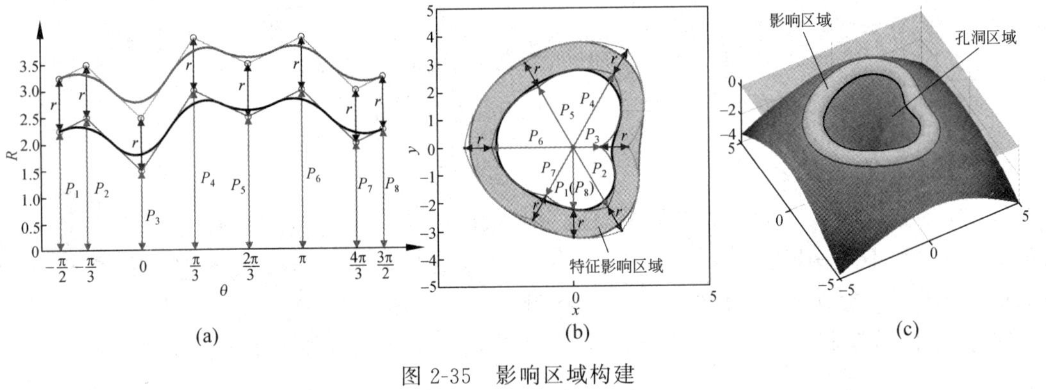

图 2-35 影响区域构建

(a) 半轴长函数；(b) 特征影响区域；(c) 影响区域的隐函数

假设当前优化问题为在一个矩形设计区域 D 中寻求最优的材料分布。图 2-36 展示了在某一优化循环中孔洞特征的自适应引入机制，具体分为以下 5 个步骤。

步骤 1：在设计区域 D 中均匀地分布一些采样点，并计算位于结构区域内采样点处的拓扑导数值 $T(\boldsymbol{x})$。在图 2-36 中，位于结构区域 Ω 外的采样点标记为黑色。

步骤 2：将得到的拓扑导数值进行升序排列，并根据采样点总数 N_S 和比例阈值 β 计算拓扑导数阈值 T_{th}。在图 2-36 中，拓扑导数值不大于拓扑导数阈值的采样点标记为红色，同时这些点被归类为潜在引入点。

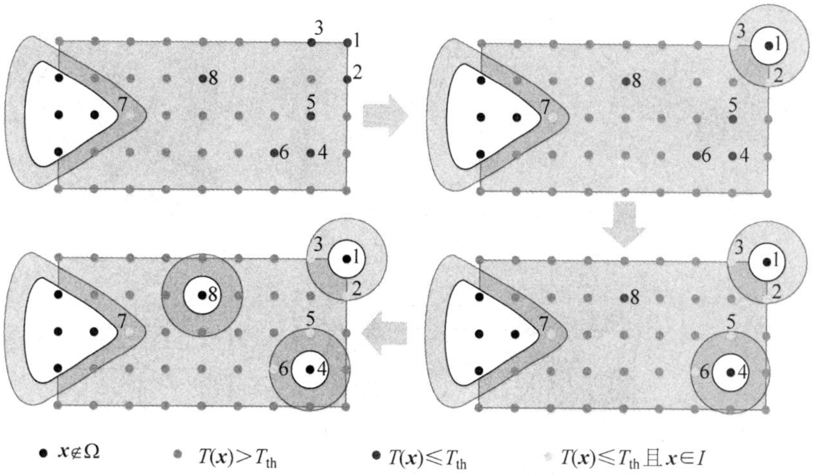

图 2-36　孔洞特征自适应引入机制(见文前彩图)

步骤 3：根据各个孔洞特征的隐函数 φ_i 计算结构的总体影响区域 Φ^I。在图 2-36 中，淡蓝色区域表示结构的总体影响区域，位于影响区域外的潜在引入点标记为黄色，这些采样点将不再引入孔洞特征。

步骤 4：将位于结构总体影响区域外的潜在引入点归类于有效引入点，并在拓扑导数值最小的有效引入点处引入一个孔洞特征。在图 2-36 中，有效引入点标记为红色，可以观察到在前三幅图中，采样点 1、4、8 分别为拓扑导数值最小的有效引入点。

步骤 5：重复步骤 3 和步骤 4，直到结构区域 Ω 中不再存在有效引入点。

3. 固定网格分析

FCM 本质上是一种采用高阶形函数插值逼近待求物理场的虚拟区域法，其计算原理如图所示，为求解结构区域 Ω 上的力学问题，先将 Ω 嵌入到规则的计算域 D 中，然后使用规则网格将 D 离散，并基于加权余量法或变分原理建立起离散后的平衡方程组，最后通过求解此方程组以得到待求物理场。对于线弹性力学问题，相应的线性方程组为

$$\boldsymbol{K}\boldsymbol{U}=\boldsymbol{F} \tag{2-106}$$

式中，$\boldsymbol{U}$ 为待求位移向量，$\boldsymbol{K}$ 和 $\boldsymbol{F}$ 分别为刚度矩阵和载荷向量，表达式如下：

$$\begin{cases}\boldsymbol{K}=\int_D \boldsymbol{B}^{\mathrm{T}}\boldsymbol{D}\boldsymbol{B}\,\mathrm{d}\Omega \\ \boldsymbol{F}=\int_D \boldsymbol{N}^{\mathrm{T}}\boldsymbol{f}_b\,\mathrm{d}\Omega+\int_{\Gamma_N}\boldsymbol{N}^{\mathrm{T}}\boldsymbol{t}_t\,\mathrm{d}\Gamma\end{cases} \tag{2-107}$$

式中，$\boldsymbol{B}$ 为应变矩阵，$\boldsymbol{D}$ 为弹性矩阵，$\boldsymbol{N}$ 为形函数矩阵，$\boldsymbol{f}$ 为体积力向量，$\boldsymbol{t}$ 为边界力向量，再引入下面用到的 β，β 为定义如下的标量因子：

$$\beta=\begin{cases}1, & \text{in}\Omega \\ 0, & \text{in}D/\Omega\end{cases} \tag{2-108}$$

FCM 与传统有限元方法的求解方式相同，但需将由计算域 D 离散而成的规则胞元区分为三种类型分别处理：虚拟胞元(fictitious cell)、物理胞元(physical cell)和边界胞元(boundary cell)(参见图 2-37)。其中，虚拟胞元内 β 为 0，则无须积分计算；物理胞元内 β 为 1，则按照有限元的积分方式进行计算；边界胞元内 β 取值不定，则在积分时一般采用四

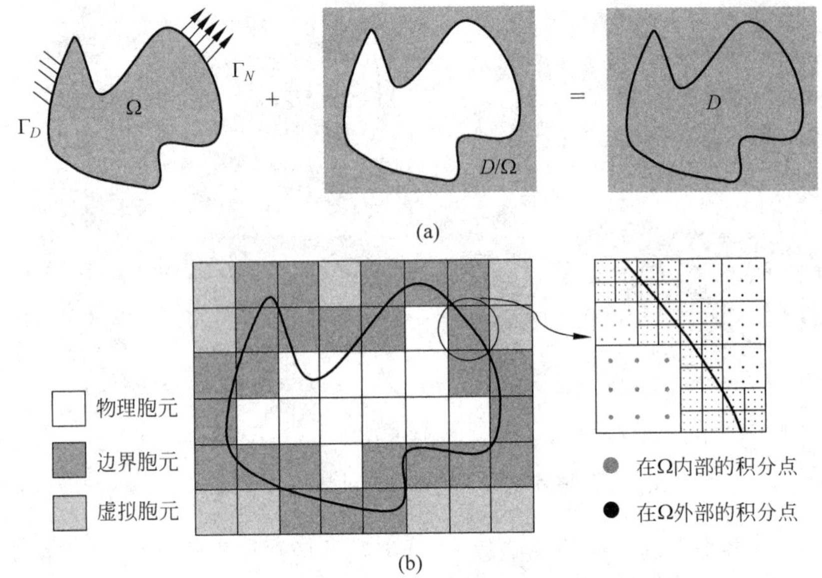

图 2-37　有限胞元法示意图

(a) 区域嵌入；(b) 胞元类型辨别和四叉树细化

叉树(quadtree)细化技术生成沿结构边界高度聚集的高斯积分点(参见图 2-37)，从而实现对胞元内实体材料部分的高精度积分计算。当结构边界发生变化时，FCM 的网格无须更新或重划分，这是其与传统有限元方法的主要区别。

2.6.3　结构刚度最大化模型

在 ABM 的框架下，设计变量包含各个孔洞特征的中心点坐标和控制参数。因此，结构刚度最大化问题的数学模型可以表示为

$$\begin{cases}\text{求：}\{x_i, y_i, \{P_{i,j}\}_{j=2}^{n}\}_{i=1}^{\text{num}} \\ \text{Min：} C = \boldsymbol{F}^{\mathrm{T}}\boldsymbol{U} \\ \text{s. t. ：}\begin{cases}\boldsymbol{KU} = \boldsymbol{F} \\ V_\Omega / V_D \leqslant f_V \\ (x_i, y_i)^{\mathrm{T}} \in \widetilde{D}, P_{i,j} > 0 \quad i = 1,2,\cdots,\text{num} \quad j = 2,3,\cdots,n-1\end{cases}\end{cases} \tag{2-109}$$

式中，V_Ω 和 V_D 分别为结构区域和设计区域的体积，f_V 为预设的体分比上限，x_i、y_i 和 $P_{i,j}$ 分别为各个孔洞特征的中心点坐标以及控制参数，num 和 n_a 分别为设计区域中的孔洞特征个数和每个特征控制参数的数量，$\boldsymbol{U}$、$\boldsymbol{K}$ 和 $\boldsymbol{F}$ 分别为结构的待求位移向量、结构总体刚度矩阵和荷载向量，$\widetilde{D}$ 表示扩展的设计区域，目的是使孔洞特征的中心点可以移出于设计区域 D，从而提高特征变量的求解空间。设 $\boldsymbol{a}$ 为设计变量向量，包含所有孔洞特征的中心坐标和控制参数，记为

$$\boldsymbol{a} = \{a_k\}_{k=1}^{n \times \text{num}} = \{x_i, y_i, \{P_{i,j}\}_{j=1}^{n_a}\}_{i=1}^{\text{num}} \tag{2-110}$$

则结构柔顺度 C 对于设计变量的灵敏度 $\partial C / \partial a_k$ 为

$$\frac{\partial C}{\partial a_k}=\left(\frac{\partial \boldsymbol{F}}{\partial a_k}\right)^{\mathrm{T}}\boldsymbol{U}+\boldsymbol{F}^{\mathrm{T}}\frac{\partial \boldsymbol{U}}{\partial a_k} \tag{2-111}$$

如果 $\boldsymbol{F}$ 的大小、方向和施加位置在优化过程中不变，则$\partial \boldsymbol{F}/\partial a_k=0$，因此

$$\frac{\partial C}{\partial a_k}=\boldsymbol{F}^{\mathrm{T}}\frac{\partial \boldsymbol{U}}{\partial a_k}=\boldsymbol{U}^{\mathrm{T}}\boldsymbol{K}^{\mathrm{T}}\frac{\partial \boldsymbol{U}}{\partial a_k} \tag{2-112}$$

其中，$\partial \boldsymbol{U}/\partial a_k$ 为结构位移向量对设计变量的灵敏度，一般难以直接求得，因此可以利用有限元平衡方程对其进行间接计算。对有限元平衡方程两侧同时求导可得

$$\frac{\partial \boldsymbol{K}}{\partial a_k}\boldsymbol{U}+\boldsymbol{K}\frac{\partial \boldsymbol{U}}{\partial a_k}=\frac{\partial \boldsymbol{F}}{\partial a_k} \tag{2-113}$$

若$\dfrac{\partial \boldsymbol{F}}{\partial a_k}=0$ 再对其进行变形得

$$\frac{\partial \boldsymbol{U}}{\partial a_k}=-\boldsymbol{K}^{-1}\frac{\partial \boldsymbol{K}}{\partial a_k}\boldsymbol{U} \tag{2-114}$$

将式(2-114)代入式(2-112)可得

$$\frac{\partial C}{\partial a_k}=-\boldsymbol{U}^{\mathrm{T}}\frac{\partial \boldsymbol{K}}{\partial a_k}\boldsymbol{U} \tag{2-115}$$

其中，刚度矩阵可根据式(2-107)推导为

$$\begin{aligned}\frac{\partial \boldsymbol{K}}{\partial \alpha_j}&=\int_D \boldsymbol{B}^{\mathrm{T}}\boldsymbol{D}\boldsymbol{B}\frac{\partial H(\Phi_\Omega)}{\partial \alpha_j}\mathrm{d}\Omega\\&=\int_D \boldsymbol{B}^{\mathrm{T}}\boldsymbol{D}\boldsymbol{B}\frac{\mathrm{dH}(\Phi_\Omega)}{d\Phi_\Omega}\frac{\partial \Phi_\Omega}{\partial \alpha_j}\mathrm{d}\Omega\\&=\int_D \boldsymbol{B}^{\mathrm{T}}\boldsymbol{D}\boldsymbol{B}\frac{\partial \Phi_\Omega}{\partial \alpha_j}\frac{1}{\|\nabla\Phi_\Omega\|}\left(\frac{\mathrm{dH}(\Phi_\Omega)}{\mathrm{d}\Phi_\Omega}\|\nabla\Phi_\Omega\|\right)\mathrm{d}\Omega\\&=\int_{\partial\Omega} \boldsymbol{B}^{\mathrm{T}}\boldsymbol{D}\boldsymbol{B}\frac{\partial \Phi_\Omega}{\partial \alpha_j}\frac{1}{\|\nabla\Phi_\Omega\|}\hat{\delta}\mathrm{d}\Omega=\int_{\partial\Omega} \boldsymbol{B}^{\mathrm{T}}\boldsymbol{D}\boldsymbol{B}\frac{\partial \Phi_\Omega}{\partial \alpha_j}\frac{1}{\|\nabla\Phi_\Omega\|}\mathrm{d}\Gamma\end{aligned} \tag{2-116}$$

式中，$\hat{\delta}$ 为 Diracdelta 函数，可以将区域积分转化为边界积分。结构区域体积对于设计变量的灵敏度为

$$\frac{\partial \boldsymbol{V}}{\partial \alpha_j}=\int_C \frac{\partial \boldsymbol{H}(\Phi_\Omega)}{\partial \alpha_j}\mathrm{d}\Omega=\int_C \frac{\mathrm{dH}(\Phi_\Omega)}{\mathrm{d}\Phi_\Omega}\frac{\partial \Phi_\Omega}{\partial \alpha_j}\mathrm{d}\Omega=\int_{\partial\Omega}\frac{\partial \Phi_\Omega}{\partial \alpha_j}\frac{1}{\|\nabla\Phi_\Omega\|}\mathrm{d}\Gamma \tag{2-117}$$

2.6.4　常见数值策略及方法

自适应泡泡法中的固定网格分析、孔洞自适应引入并不局限于采用上文所述的方式，也可分别使用传统有限元方法(边界单元刚度依据单元体分比进行打折)[12]、基于伪材料插值模型的固定网格分析方法、渐进结构法的材料消除策略。这种替代方案以降低一定精度为代价，能够有效地简化结构力学响应和灵敏度等计算过程，从而大幅提升优化效率。相应的简化后的自适应泡泡法与渐进结构法有着较大的相似性，区别在于前者消除材料的方式是引入边界光滑可变的孔洞，而且孔洞引入的频次和位置可被自适应地调整。

2.6.5　程序实施

由于篇幅原因，下面仅列出 ABM 的 168 行 MATLAB 代码，程序详细介绍可参考：

Yu D Y, Cai S Y, Gao T, et al. A 168-line MATLAB code for topology optimization with the adaptive bubble method(ABM), Struct. Multidiscip. Optim. 66(2023) 10.

```
%% A 168 LINE MATLAB CODE FOR ADAPTIVE BUBBLE METHOD BASED TOPOLOGY OPTIMIZATION
function ABM(nelx,nely,volfrac,NumA,IntR,InfW,Beta,penal)
%% PARAMETER INITIALIZATION
nu = 0.3;
E0 = 1;
t = 1;
MaxIter = 500;
lambda = 1e-3;
delta = 1;
[X,Y] = meshgrid(0:nelx,0:nely);
NumBubble = 0;
NumVar = NumA+2;
BubbleVar = [];
PhiBubble = [];
PhiStr = ones(nely+1,nelx+1);
PhiInf = ones(nely+1,nelx+1);
xmaxVar = [11/10*nelx; 11/10*nely; min(nelx,nely)*ones(NumA,1)];
xminVar = [-1/10*nelx; -1/10*nely; 0.01*ones(NumA,1)];
Step = 0.5;
%% INPUT PARAMETERS RELATED TO MMA OPTIMIZER
m = 1;
iter = 0;
xold1 = [];
xold2 = [];
fval = 1;
low = [];
upp = [];
a0 = 1;
a = zeros(m,1);
c = 1000*ones(m,1);
d = zeros(m,1);
%% FINITE ELEMENT ANALYSIS PREPARATION
A11 = [12 3 -6 -3; 3 12 3 0; -6 3 12 -3; -3 0 -3 12];
A12 = [-6 -3 0 3; -3 -6 -3 -6; 0 -3 -6 3; 3 -6 3 -6];
B11 = [-4 3 -2 9; 3 -4 -9 4; -2 -9 -4 -3; 9 4 -3 -4];
B12 = [ 2 -3 4 -9; -3 2 9 -2; 4 9 2 3; -9 -2 3 2];
KE = E0*t*1/(1-nu^2)/24*([A11 A12;A12' A11]+nu*[B11 B12;B12'B11]);
KME0 = E0*t*1/(1-nu^2)^2/24*((3*nu^2-2*nu+3)*[A11 A12;A12' A11]+
(-nu^2+6*nu-1)*[B11 B12;B12' B11]);
nodenrs = reshape(1:(1+nelx)*(1+nely),1+nely,1+nelx);
edofVec = reshape(2*nodenrs(1:end-1,1:end-1)+1,nelx*nely,1);
edofMat = repmat(edofVec,1,8)+repmat([0 1 2*nely+[2 3 0 1] -2
-1],nelx*nely,1);
iK = reshape(kron(edofMat,ones(8,1))',64*nelx*nely,1);
jK = reshape(kron(edofMat,ones(1,8))',64*nelx*nely,1);
alldofs = 1:2*(nely+1)*(nelx+1);
loaddofs = 2*(nely+1)*(nelx)+nely+2;
F = sparse(loaddofs,1,-1,length(alldofs),1);
U = zeros(length(alldofs),1);
fixeddofs = 1:2*(nely+1);
freedofs = setdiff(alldofs,fixeddofs);
```

```
% % OPTIMIZATION LOOP
change = 5 * Step;
while iter < MaxIter && (fval > 0 || change > = Step/5)
iter = iter + 1;
% % FEA WITH ERSATZ MATERIAL MODEL
NodeH = Heaviside(PhiStr,lambda,delta,nelx,nely);
ElmDen = 0.25 * (NodeH(1:end - 1,1:end - 1) + NodeH(2:end,1:end - 1) +
        NodeH(1:end - 1,2:end) + NodeH(2:end,2:end));
sK = reshape(KE(:) * (ElmDen(:).^penal)',64 * nelx * nely,1);
K = sparse(iK(:),jK(:),sK(:));
K = (K + K')/2;
U(freedofs,:) = K(freedofs,freedofs)\F(freedofs,:);
Comp = F' * U;
vol = sum(ElmDen(:));
% % DESIGN VARIABLE UPDATE
if iter > 1
% % FINITE DIFFERENCE QUOTIENT OF ELEMENT DENSITIES
DiffDen = zeros(nely * nelx,NumBubble * NumVar);
DiffVect = zeros(nely * nelx,2);
DiffStep = [Step, - Step];
for nb = 1:NumBubble
for nv = 1:NumVar
for nc = 1:2
ChangeVar = BubbleVar;
PhiChange = PhiBubble;
ChangeVar(nv,nb) = ChangeVar(nv,nb) + DiffStep(nc);
PhiChange(:,:,nb) = CloseBSpline(ChangeVar(:,nb),X,Y);
PhiStrCh = min(PhiChange,[],3);
NodeHvCh = Heaviside(PhiStrCh,lambda,delta,nelx,nely);
ElmHvCh = 0.25 * (NodeHvCh(1:end - 1,1:end - 1) + NodeHvCh(2:end,
        1:end - 1) + NodeHvCh(1:end - 1,2:end) + NodeHvCh(2:end,2:end));
        DiffVect(:,nc) = ElmHvCh(:);
        end
        iffDen(:,(nb - 1) * NumVar + nv) = (DiffVect(:,1) - DiffVect(:,2))/
            (2 * Step);
end
end
% % MMA BASED OPTMIZATION
f0val = Comp;
fval = vol/(nelx * nely) - volfrac;
df0dx = - penal * (sum((U(edofMat) * KE). * U(edofMat),2)'. * (ElmDen(:).^(penal - 1))' *
DiffDen)';
dfdx = sum(DiffDen)/(nelx * nely);
        if NumNewBubble~ = 0
xval = BubbleVar(:);
            xold1 = [xold1;xval(end - NumVar * NumNewBubble + 1:end)];
            xold2 = [xold2;xval(end - NumVar * NumNewBubble + 1:end)];
            low = [low;repmat(xminVar,NumNewBubble,1)];
            upp = [upp;repmat(xmaxVar,NumNewBubble,1)];
        end
        xmin = max(xval - Step,repmat(xminVar,NumBubble,1));
        xmax = min(xval + Step,repmat(xmaxVar,NumBubble,1));
        n = NumVar * NumBubble; % number of design variables
        [xmma,~,~,~,~,~,~,~,~,low,upp] = mmasub(m,n,iter,xval,xmin,
         xmax,xold1,xold2,f0val,df0dx,fval,dfdx,low,upp,a0,a,c,d);
        xold2 = xold1;
```

```
        xold1 = xval;
        change = max(abs(xval - xmma));
        xval = xmma;
        BubbleVar = reshape(xval,NumVar,NumBubble);
    end
%% ADAPTIVE BUBBLE INSERTION
    ElmT = ElmDen.^penal. * reshape(sum((U(edofMat) * KME0)
        . * U(edofMat),2),nely,nelx);
    Extd = ElmT([1,1:end,end],[1,1:end,end]);
    NodeT = 0.25 * (Extd(1:end - 1,1:end - 1) + Extd(2:end,1:end - 1)
        + Extd(1:end - 1,2:end) + Extd(2:end,2:end));
    Tthl = sort(NodeT(PhiStr > 0));
    Tth = Tthl(ceil((nelx + 1) * (nely + 1) * Beta));
    EffectP = find(PhiInf > 0 & NodeT <= Tth);
    NumNewBubble = 0; % number of new insertion bubbles
    if ~isempty(EffectP)
        [~,EPorder] = sort(NodeT(EffectP));
        EPindex = EffectP(EPorder);
        [NumNewBubble,Position] = BubbleInsert(EPindex,IntR,InfW,
            X,Y);
        BubbleVar = [BubbleVar,[Position;ones(NumA,NumNewBubble)
            * IntR]];
        NumBubble = NumBubble + NumNewBubble;
    end
%% STRUCTURAL IMPLICIT FUNCTION AND TOTAL INFLUENCE REGION
    PhiBubble = zeros(nely + 1,nelx + 1,NumBubble);
    for i = 1:NumBubble
        PhiBubble(:,:,i) = CloseBSpline(BubbleVar(:,i),X,Y);
    end
    PhiStr = min(PhiBubble,[],3);
    PhiInf = PhiStr - InfW;
%% RESULTS DISPLAY
    contourf(X, - Y, PhiStr,[0,0],'k','linewidth',1);
        colormap bone;hold on;
    plot(BubbleVar(1,:), - BubbleVar(2,:),'o');hold off;axis equal;
        axis off;pause(1e - 6);
    fprintf('It.: %i, Obj.: %f, Vol.: %f, Ch.: %f, Num.:
        %i\n',iter,Comp,fval,change,NumBubble);
end
end
%% HEAVISIDE FUNCTION SUBROUTINE
function H = Heaviside(Phi,lambda,delta,nelx,nely)
H = zeros(nely + 1,nelx + 1);
H(Phi > delta) = 1;
H(Phi < - delta) = lambda;
IndexElse = find(Phi >= - delta & Phi <= delta);
H(IndexElse) = 3 * (1 - lambda)/4 * (Phi(IndexElse)/delta - Phi(IndexElse).^3/(3 * (delta)^
3)) + (1 + lambda)/2;
end
%% CLOSED B - SPLINE SUBROUTINE
function CBS = CloseBSpline(Var,X,Y)
xx = X - Var(1);
yy = Y - Var(2);
Ends = (Var(3) + Var(end))/2;
CtrlP = [Ends,Var(3:end)',Ends];
knots = [0 0 0:1/(length(CtrlP) - 2):1 1 1];
```

```
theta = atan(yy./xx) + sign(xx).*(sign(xx) - 1)*pi/2;
theta(isnan(theta)) = 1;
xi = (theta + pi/2)/2/pi;
sp = spmak(knots,CtrlP);
R = fnval(sp,xi);
CBS = sqrt(xx.^2 + yy.^2) - R;
end
%% INSERTION POINT SEARCH SUBROUTINE
function [NumNewBubble,Position] = BubbleInsert(EPindex,IntR,InfW,X,Y)
[EffectPX, EffectPY] = meshgrid(X(EPindex),Y(EPindex));
DistanceMatrix = sqrt((EffectPX - EffectPX').^2 + (EffectPY - EffectPY').^2);
NumNewBubble = 1;
NewIPindex = 1;
LogicVect = double(DistanceMatrix(1,:)>(InfW + IntR));
while nnz(LogicVect)> 0
    NumNewBubble = NumNewBubble + 1;
    NewInsertP = find(LogicVect,1);
    NewIPindex(NumNewBubble) = NewInsertP;
    DistanceMatrix = LogicVect' * LogicVect.* DistanceMatrix;
    LogicVect = double(DistanceMatrix(NewInsertP,:)>(InfW + IntR));
end
Position = [X(EPindex(NewIPindex)),Y(EPindex(NewIPindex))]'; % coordinates of new insertion
points
end
```

2.6.6 常见案例

1. 非对称边界条件悬臂梁

非对称边界条件悬臂梁的计算域和边界条件如图 2-38 所示，对此计算域采用了 60×30 的网格划分。目标函数为在 50%的体分比下的结构柔顺度。

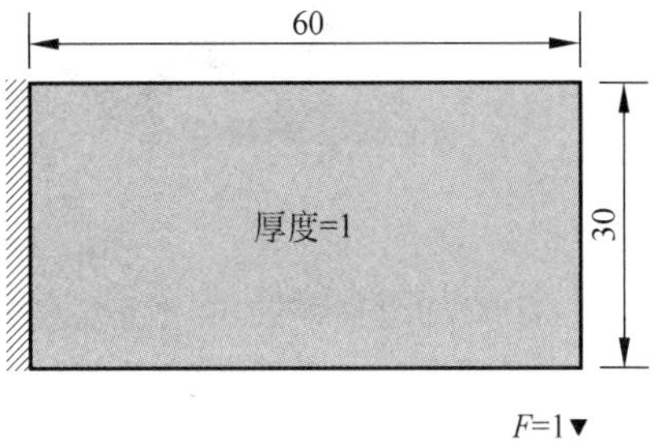

图 2-38　非对称边界条件悬臂梁

图 2-39 展示了结构的中间优化结果和第 79 步的最终优化结果，整个优化过程中共自适应引入 8 个孔洞，最终的设计变量数量为 256 个，图中的圆圈为各个孔洞特征的中心点。

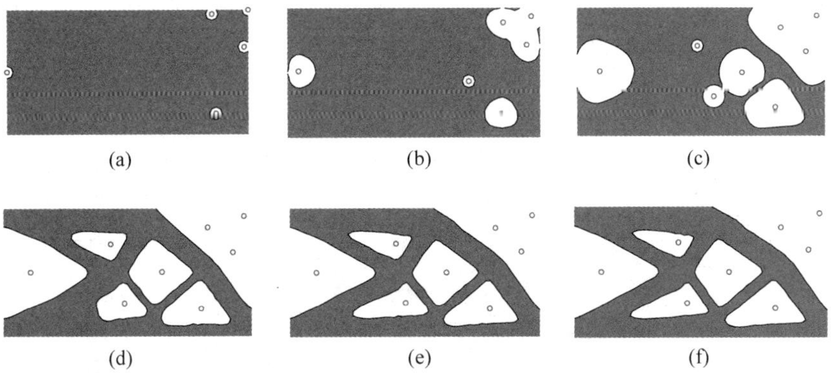

图 2-39　非对称边界条件悬臂梁优化过程

(a) 第 1 次迭代结果；(b) 第 7 次迭代结果；(c) 第 14 次迭代结果；(d) 第 30 次迭代结果；(e) 第 50 次迭代结果；(f) 第 79 次迭代结果

2. 对称边界条件悬臂梁

对称边界条件悬臂梁的计算域和边界条件如图 2-40 所示，对此计算域采用了 120×60 的网格划分。目标函数为在 50%的体分比下的结构柔顺度。

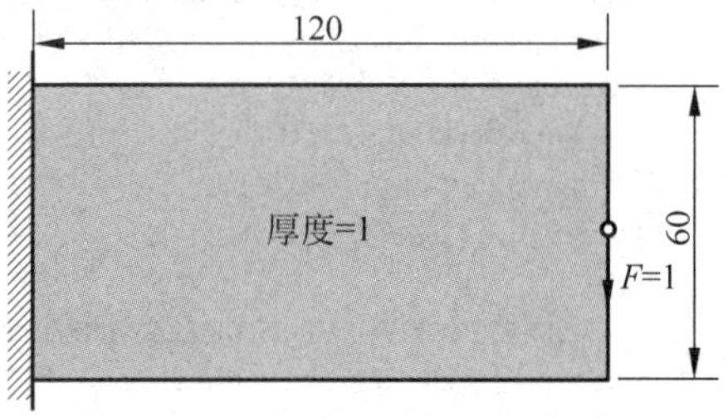

图 2-40　对称边界条件悬臂梁

图 2-41 展示了优化过程以及最终设计结果，优化过程中共计引入 11 个孔洞特征，最终的设计变量数量为 352 个。此外，可以看到设计域中的材料布局在优化前期具有很强的对称性，而在优化中期对称性略微降低，在优化后期仍保持了良好的对称性。此处，我们可以看到孔洞特征在引入时均对称分布，因此推测产生不对称的原因为计算误差。

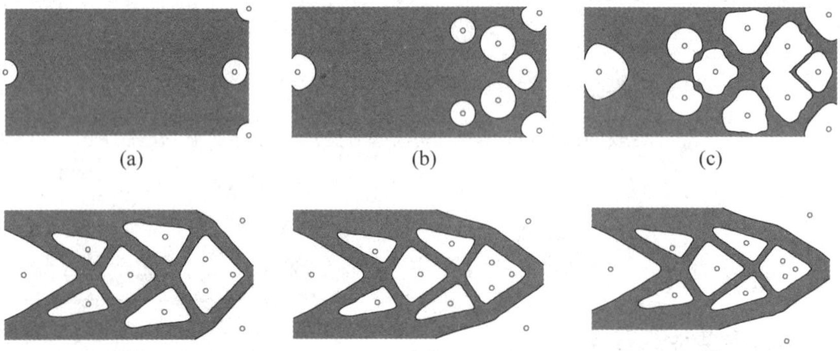

图 2-41　对称边界条件悬臂梁优化过程

(a) 第 1 次迭代结果；(b) 第 4 次迭代结果；(c) 第 9 次迭代结果；(d) 第 50 次迭代结果；(e) 第 110 次迭代结果；(f) 第 184 次迭代结果

3. 带有特定非设计区域的简支梁

在工程实际中，进行结构拓扑优化设计时常考虑因工程需要而保留的非设计区域，对于这类带有固定工程特征的优化设计问题，使用传统的以单元为变量的变密度法或渐进结构法并不容易实现。而在 ABM 的结构隐式描述框架下，可直接将非设计区域的隐函数融入结构隐函数中进行拓扑优化，从而大大降低了计算成本。图 2-42 展示了带有三个固定非设计区域的简支梁，其中深灰色区域为固定的非设计区域，优化结果如图 2-43 所示。

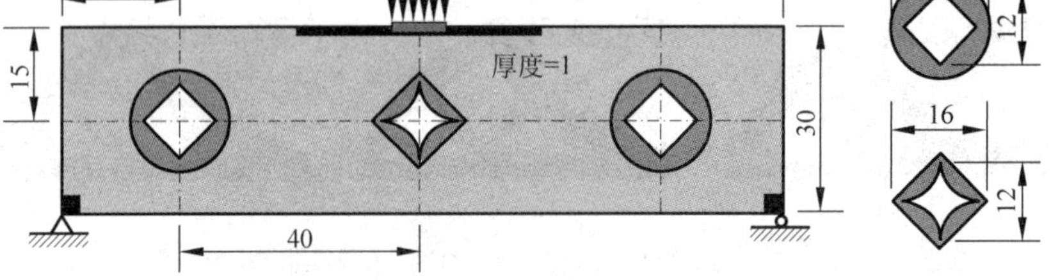

图 2-42　带有非设计区域的简支梁

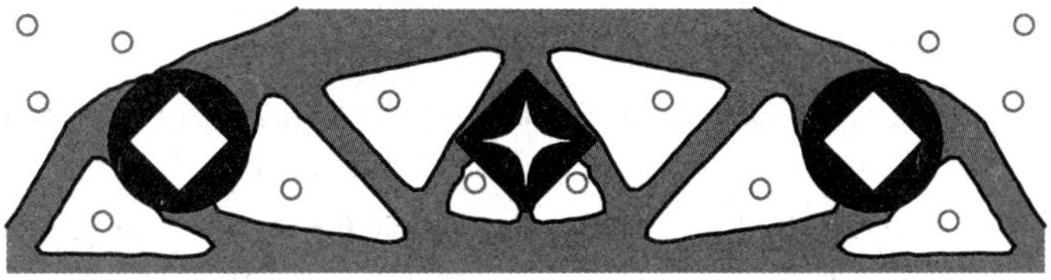

图 2-43 结构刚度最大化设计的优化结果

2.7 本章小结

本章主要介绍了拓扑优化中几个较为经典的方法，包含变密度法、水平集方法、移动组件法和泡泡法。在每一个方法介绍中，主要围绕发展概况、基本原理、优化模型、数值方案、程序实施和经典案例几个方面具体展开；详细探讨了每个方法的基本特点、独特优势和核心理念，并通过基本案例来验证方法的有效性；细致地阐明了各类方法之间的差异性和共同性，明确展示了各类方法的优异性。

习题

2.1 简要阐述变密度法、水平集方法、移动组件法、泡泡法之间的共同性和差异性。

2.2 分别简要概述变密度法、水平集方法、移动组件法和泡泡法的优缺点，并通过案例证明。

2.3 基于 SIMP 的 88 行程序，实现 Michell 结构、L 形梁结构拓扑优化，参数自拟。

2.4 基于 LSM 的程序，实现 Michell 结构、L 形梁结构拓扑优化，参数自拟。

2.5 基于泡泡法的程序，实现 Michell 结构、L 形梁结构拓扑优化，参数自拟。

2.6 基于移动组件法的程序，实现 Michell 结构、L 形梁结构拓扑优化，参数自拟。

2.7 阐述变密度法中过滤机制的重要性，并用案例证明。

2.8 阐述经典水平集方法中重新初始化的必要性，并用案例证明。

2.9 简要说明经典水平集方法、泡泡法和移动组件法中初始化设计对后续优化结果的影响，并给出合理的初始化布局方案。

2.10 简要说明为什么变密度法中，初始化设计中密度变量值最好一致，而不是像水平集方法中需要设置不一致。

参考文献

[1] 钱令希. 工程结构优化设计[M]. 北京：水利电力出版社，1983.

[2] HAFTKA R T，GÜRDAL Z. Elements of Structural Optimization[M]. Berlin：Springer Science & Business Media，2012.

[3] RAJEEV S，KRISHNAMOORTHY C S. Discrete Optimization of Structures Using Genetic Algorithms[J]. Journal of Structural Engineering，1992，118(5)：1233-1250.

[4] CHENG K-T，OLHOFF N. An investigation concerning optimal design of solid elastic plates[J].

International Journal of Solids and Structures, 1981, 17(3): 305-323.

[5] MICHELL A G M. The limits of economy of material in frame-structures [J]. The London, Edinburgh, and Dublin Philosophical Magazine and Journal of Science, Taylor & Francis, 1904, 8(47): 589-597.

[6] KENO-TUNG C, OLHOFF N. Regularized formulation for optimal design of axisymmetric plates [J]. International Journal of Solids and Structures, 1982, 18(2): 153-169.

[7] BENDSØE M, KIKUCHI N. Generating optimal topologies in stuctural design using a homogenization method[J]. Comput Methods Appl Mech Eng, Elsevier, 1988, 71(2): 197-224.

[8] GAO J, CAO X, XIAO M, et al. Rational designs of Mechanical Metamaterials: Formulations, Architectures, Tessellations and Prospects[J]. Materials Science and Engineering R: Reports, Elsevier B. V., 2023, 156(5): 100755.

[9] BENDSØE M P, SIGMUND O. Material interpolation schemes in topology optimization[J]. Archive of Applied Mechanics, 1999, 69(9/10): 635-654.

[10] XIE Y M, STEVEN G P. A simple evolutionary procedure for structural optimization[J]. Computers & Structures, 1993, 49(5): 885-969.

[11] VAN DIJK N P, MAUTE K, LANGELAAR M, et al. Level-set methods for structural topology optimization: a review[J]. Structural and Multidisciplinary Optimization, 2013, 48(3): 437-472.

[12] SETHIAN J A, WIEGMANN A. Structural boundary design via level set and immersed interface methods[J]. Journal of Computational Physics, 2000, 163(2): 489-528.

[13] WANG M Y, WANG X, GUO D. A level set method for structural topology optimization [J]. Computer Methods in Applied Mechanics and Engineering, 2003, 192(1/2): 227-246.

[14] ALLAIRE G, JOUVE F, TOADER A M. Structural optimization using sensitivity analysis and a level-set method[J]. Journal of Computational Physics, 2004, 194(1): 363-393.

[15] ESCHENAUER H A, KOBELEV V V, SCHUMACHER A. Bubble method for topology and shape optimization of structures[J]. Structural optimization, 1994, 8(1): 42-51.

[16] WANG M Y, ZHOU S. Phase field: A variational method for structural topology optimization[J]. Computer Modeling in Engineering & Sciences, 2004, 6(6): 547-566.

[17] TAKEZAWA A, NISHIWAKI S, KITAMURA M. Shape and topology optimization based on the phase field method and sensitivity analysis [J]. Journal of Computational Physics, 2010, 229 (7): 2697-2718.

[18] WEIN F, DUNNING P D, NORATO J A. A review on feature-mapping methods for structural optimization[J]. Structural and Multidisciplinary Optimization, 2020, 62(4): 1597-1638.

[19] GUO X, ZHANG W, ZHONG W. Doing topology optimization explicitly and geometrically—a mew moving morphable components based framework [J]. Journal of Applied Mechanics, 2014, 81(8): 081009.

[20] GUO X, ZHANG W, ZHANG J, et al. Explicit structural topology optimization based on moving morphable components(MMC) with curved skeletons[J]. Computer Methods in Applied Mechanics and Engineering, Elsevier B. V., 2016, 310: 711-748.

[21] ZHANG W, ZHOU Y, ZHU J. A comprehensive study of feature definitions with solids and voids for topology optimization[J]. Computer Methods in Applied Mechanics and Engineering, Elsevier B. V., 2017, 325: 289-313.

[22] ZHOU M, ROZVANY G I N. The COC algorithm, Part Ⅱ: Topological, geometrical and generalized shape optimization[J]. Computer Methods in Applied Mechanics and Engineering, 1991, 89(1/2/3): 309-336.

[23] ANDREASSEN E, CLAUSEN A, SCHEVENELS M, et al. Efficient topology optimization in

MATLAB using 88 lines of code[J]. Structural and Multidisciplinary Optimization, Springer-Verlag, 2011, 43(1): 1-16.

[24] OSHER S, FEDKIW R, PIECHOR K. Level set methods and dynamic implicit surfaces[J]. Applied Mechanics Reviews, 2004, 57(3): 15.

[25] WANG S, WANG M Y. Radial basis functions and level set method for structural topology optimization[J]. International Journal for Numerical Methods in Engineering, Wiley Online Library, 2006, 65(12): 2060-2090.

[26] WEI P, LI Z, LI X, et al. An 88-line MATLAB code for the parameterized level set method based topology optimization using radial basis functions[J]. Structural and Multidisciplinary Optimization, Structural and Multidisciplinary Optimization, 2018, 58(2): 831-849.

[27] LIU Y, YANG C, WEI P, et al. An ODE-driven level-set density method for topology optimization [J]. Computer Methods in Applied Mechanics and Engineering, Elsevier B. V., 2021, 387: 114159.

[28] 蔡守宇,张卫红,高彤,等. 基于固定网格和拓扑导数的结构拓扑优化自适应泡泡法[J]. 力学学报, 2019, 51(4): 1235-1244.

[29] ZHOU Y, ZHANG W, ZHU J, et al. Feature-driven topology optimization method with signed distance function[J]. Computer Methods in Applied Mechanics and Engineering, Elsevier B. V., 2016, 310: 1-32.

[30] CAI S, ZHANG W, ZHU J, et al. Stress constrained shape and topology optimization with fixed mesh: A B-spline finite cell method combined with level set function[J]. Computer Methods in Applied Mechanics and Engineering, Elsevier B. V., 2014, 278: 361-387.

[31] ZHANG W, ZHAO L, GAO T. CBS-based topology optimization including design-dependent body loads[J]. Computer Methods in Applied Mechanics and Engineering, Elsevier, 2017, 322: 1-22.

[32] ZHOU L, ZHANG W. Topology optimization method with elimination of enclosed voids [J]. Structural and Multidisciplinary Optimization, Springer, 2019, 60: 117-136.

[33] CAI S, ZHANG W. An adaptive bubble method for structural shape and topology optimization[J]. Computer Methods in Applied Mechanics and Engineering, Elsevier B. V., 2020, 360: 112778.

[34] CAI S, ZHANG H, ZHANG W. An integrated design approach for simultaneous shape and topology optimization of shell structures[J]. Computer Methods in Applied Mechanics and Engineering, 2023, 415: 116218.

[35] ZHANG W, LI D, ZHANG J, et al. Minimum length scale control in structural topology optimization based on the Moving Morphable Components(MMC) approach[J]. Computer Methods in Applied Mechanics and Engineering, 2016, 311: 327-355.

[36] GUO X, ZHOU J, ZHANG W, et al. Self-supporting structure design in additive manufacturing through explicit topology optimization [J]. Computer Methods in Applied Mechanics and Engineering, Elsevier B. V., 2017, 323: 27-63.

[37] XUE R, LI R, DU Z, et al. Kirigami pattern design of mechanically driven formation of complex 3D structures through topology optimization[J]. Extreme Mechanics Letters, Elsevier Ltd, 2017, 15: 139-144.

[38] ZHANG W, YANG W, ZHOU J, et al. Structural topology optimization through explicit boundary evolution[J]. Journal of Applied Mechanics, Transactions ASME, American Society of Mechanical Engineers Digital Collection, 2017, 84(1): 1-10.

[39] JIANG X, LIU C, DU Z, et al. A unified framework for explicit layout/topology optimization of thin-walled structures based on Moving Morphable Components(MMC) method and adaptive ground structure approach [J]. Computer Methods in Applied Mechanics and Engineering, 2022, 396: 115047.

[40] ZHANG W, SONG J, ZHOU J, et al. Topology optimization with multiple materials via moving morphable component (MMC) method [J]. International Journal for Numerical Methods in Engineering, Wiley Online Library, 2018, 113(11): 1653-1675.

[41] ZHANG W, YUAN J, ZHANG J, et al. A new topology optimization approach based on Moving Morphable Components(MMC) and the ersatz material model[J]. Structural and Multidisciplinary Optimization, Structural and Multidisciplinary Optimization, 2016, 53(6): 1243-1260.

[42] ZHANG W, XIAO Z, LIU C, et al. A scaled boundary finite element based explicit topology optimization approach for three-dimensional structures [J]. International Journal for Numerical Methods in Engineering, 2020, 121(21): 4878-4900.

[43] ZHANG W, JIANG Q, FENG W, et al. Explicit structural topology optimization using boundary element method-based moving morphable void approach[J]. International Journal for Numerical Methods in Engineering, 2021, 122(21): 1-52.

[44] ZHANG W, LI D, KANG P, et al. Explicit topology optimization using IGA-based moving morphable void (MMV) approach [J]. Computer Methods in Applied Mechanics and Engineering, 2020, 360: 112685.

[45] LI Z, XU H, ZHANG S. A comprehensive review of explicit topology optimization based on moving morphable components(MMC) method[J]. Archives of Computational Methods in Engineering, Springer, 2024, 31(5): 2507-2536.

[46] DU Z, CUI T, LIU C, et al. An efficient and easy-to-extend Matlab code of the Moving Morphable Component (MMC) method for three-dimensional topology optimization [J]. Structural and Multidisciplinary Optimization, Springer Berlin Heidelberg, 2022, 65(5): 1-29.

第3章

基于NURBS的等几何拓扑优化方法

3.1 简要概述

以往拓扑优化方法建立常常基于经典的有限单元法(finite element method,FEM),用于求解结构设计域内的未知响应,如位移场、应变场。然而有限单元法在数值分析中存在一些缺陷,主要包含:①有限元网格只是结构几何模型的近似,而不是精确表示;②相邻有限单元仅具有结构响应的低阶(C^0)连续性,即使在高阶有限单元中也是如此;③获得适合分析的高质量有限单元网格效率较低,需要不断和CAD几何模型人工反复校对。以上主要源于有限单元法中的本质缺陷:CAD几何模型和CAE分析模型不统一,采用不同的基函数构造。在CAD几何建模中,常常采用样条基函数,而CAE数值分析中常采用拉格朗日多项式函数构造响应空间,两者前后不一致,从而导致针对复杂几何体难以精确表征结构特征的问题,只能无限划分网格逼近原几何,然后又受限于计算时间成本。

等几何分析1

等几何分析2

为了使CAD与CAE分析模型能够统一,美国三院院士Hughes等[1]于2005年系统地提出了等几何分析(isogeometric analysis,IGA)的概念,为实现结构几何模型的建立与力学分析的融合打开了新思路。等几何分析方法其本质上舍弃了传统拉格朗日多项式函数构造响应空间,在CAD几何建模的基础上仍采用样条基函数(如NURBS、T样条等),用于后续CAE数值分析。因此,等几何分析用于数值计算所具有的许多特征和优势具体可体现在以下几个方面:①在描述几何形体尤其是带有曲面等复杂结构的建模更加精确,能够消除几何误差;②相比于传统有限元分析低阶连续,NURBS基函数的高阶连续性具有更加显著的优势;③NURBS基函数可避免拉格朗日插值多项式在阶次提高时带来的数值振荡,④几何模型与分析模型相统一,在很大程度上精简了几何建模与结构分析的求解过程,使优化效率大幅提升。总体来说,等几何分析将几何建模与结构分析相统一,解决了设计与分析过程分离的问题,摆脱了传统有限单元法和样条有限元的局限,为CAD和CAE的集成提供了理论基础。关于IGA和FEM的区别,具体阐述见第2章。

在拓扑优化实施过程中,首先需要导入结构CAD几何模型,根据几何模型信息划分对应的网格,并采用有限单元法求解,后续引入设计变量表征拓扑的更新与演化,直至找到最优解。可以发现,CAD几何模型和CAE分析模型在整个拓扑优化实施过程中占据非常重要的前端位置,也是直接影响拓扑优化有效性的重要因素。目前基于有限单元法实施拓扑优化，有限单元法本身的缺陷将对拓扑优化的有效性提出重大挑战：如在经典的变密度法中，有研究学者认为棋盘格数值问题是源于数值精度不高，提高有限单元的阶数即可解决；水平集方法中几何边界需要随时追踪更新，需要建立精确的几何表征，但有限单元法从本质上却抹除了结构边界的几何信息。因此，近些年，多位学者开始尝试采用 IGA 代替 FEM，用于建立新的拓扑优化设计框架。发展至今，仍依照第 2 章中结构拓扑表征模型进行分类，也可大致分为三类。

3.1.1 基于"密度"的等几何拓扑优化方法

早期，有研究学者建立了基于 B 样条有限单元法的拓扑优化方法[2]，但并未引入等几何分析思想。后续在 2012 年，由 Hassani 等[3]将等几何分析与 SIMP 法深入结合，通过采用 NURBS 基函数在设计域内构建密度场，并通过优化准则法找寻最优设计，但该工作采用控制点云的密度描述结构拓扑，导致优化后的结构拓扑存在大量灰度单元，并没有深入运用 NURBS 高阶连续性。美国威斯康星大学麦迪逊分校钱小平教授[4]也提出了基于 B 样条等几何分析的拓扑优化方法，通过采用 B 样条构造设计空间，将任意形状设计域嵌入至 B 样条表征设计区域中，并且深度讨论了基于 B 样条的密度过滤机制，探究了其与密度过滤的关联之处。至今，华中科技大学高亮教授等[5]在 Hassani 和钱小平教授工作的基础上，采用 NURBS 函数构造密度场，并引入光滑机制，建立增强密度分布函数以确保后续结构拓扑的连续性和光滑性，并且实现了二维、三维等复杂结构域设计与制造。Xie 等[6]基于截断样条的性质，提出了具有局部细化特性的自适应等几何拓扑优化方法。上海交通大学庄春刚教授等[7]利用贝塞尔提取技术，提出了具有局部细分密度场的等几何拓扑优化方法。华南理工大学王英俊教授等[8]提出了人辅助的等几何拓扑优化方法，该方法使用嵌入域等几何分析及超曲面层次建模技术，实现了对拓扑优化结果的自由编辑。值得注意的是，由于密度法本身的局限性，基于等几何分析的密度法依然存在灰度单元，结构边界模糊等现象；虽然增强密度分布函数和隐式边界描述模型的引入，可以直观上获取边界光滑的结构，但实际上其并不是基于边界更新演化机理建立的拓扑优化方法，这与水平集方法是有本质区别的。

3.1.2 基于"边界"的等几何拓扑优化方法

为避免变密度法的本身缺陷，多位研究者开始探究在水平集方法框架下，引入等几何分析代替有限单元法，建立等几何水平集拓扑优化设计框架。相比于变密度法，水平集方法是通过追踪结构边界的更新、演化，引入孔洞生成机理，来获取较优的拓扑构型的方法，从数学原理上，基于水平集方法得到的结构拓扑边界光滑且几何特征清晰，便于后续的加工。在 2016 年，华南理工大学王英俊教授和 Benson 教授[9]通过采用 NURBS 基函数构造水平集函数，实现结构设计空间参数化，用于表征结构拓扑的更新与演化，此时设计变量是定义在控制顶点上，可实现多个案例的设计与优化。接着，王英俊教授[10]又基于裁剪单元和引入包容点算法，建立了面向任意几何约束的等几何参数化水平集拓扑优化方法。Ghasemi 等[11]将 IGA-LSM 与逐点密度映射技术结合，用于压电/挠曲电材料的拓扑优化设计，该方法对微纳级的挠曲材料设计具有有效性。华中科技大学高亮教授等[12]提出了一种使用水平集和自适应高斯积分来设计复合结构的多相材料等几何拓扑优化方法；后续又将移动立方体算法引入等几何水平集法中，以精确描述边界单元中的材料分布，并实现了对边界单元中实体和孔洞材料的精确积分，提高计算精度的同时也提升了优化结果的可信度[13]。Jahangiry 等[14]将 IGA-LSM 应用到最小柔度问题以及考虑应力约束的拓扑优化问题，数值算例表明了该方法在应力集中问题等方面的优势。Nishi 等[15]提出一种基于等几何水平集拓扑优化方法，用于控制周期性微观结构中的高频电磁波。

3.1.3 基于"组件"的等几何拓扑优化方法

虽然水平集方法所优化得到的结构具有清晰光滑的边界，但是与 SIMP 法都属于隐式描述边界的方法，在后续与 CAD 对接时也需要经过后处理操作。而出于对等几何分析特点的思考，能够更好地实现几何建模与分析一体化的过程，研究者建立了基于"组件或者特征"的等几何拓扑优化方法。该方法主要包含两类，一类是基于剪裁分析技术的拓扑优化方法，另一类是基于 MMC 方法和 MMV 方法的拓扑优化方法。基于剪裁分析技术的等几何分析是由 Youn 等[16]所提出的，该方法的特点是将形状优化中孔洞融合的思想引入设计中，设计变量是剪裁曲线的控制点的坐标，通过控制坐标信息来改变结构形状，首次被应用于连续体结构的拓扑优化设计中。该方法所得到的结果可以省略后处理步骤，直接与 CAD 进行关联，且设计参数化的过程不涉及网格。后来，经过 Youn 等[17]的研究，建立了一种针对壳体结构的优化方法，解决了传统基于有限元法框架下的设计空间受限等问题。该方法对复杂结构的壳体结构设计与分析具有有效性。在第二类方法的应用中，Hou 等[18]提出了一种基于等几何分析的 MMC 拓扑优化方法，通过数值案例证明了等几何分析对 MMC 算法在数值计算的稳定性上有明显提升，同时结构的边界也清晰光滑。Xie 等[19]也在等几何分析与 MMC 方法的结合上做了相关的研究，用 R 函数进行拓扑结构的表达，同样具有很好的收敛性和高效性。大连理工大学郭旭院士等[20]将 IGA 与 MMV 方法相结合，提出了一种基于移动变形孔洞的等几何拓扑优化方法，用于解决应力约束问题，该方法的优势在于用更少的设计变量和自由度进行有限元分析，获得清晰的参数化边界结果。

近些年，将等几何分析融入拓扑优化，建立等几何拓扑优化方法在现代结构优化设计领域得到了广泛的关注与讨论，关于等几何拓扑优化近些年发展可具体参考由华中科技大学高亮教授撰写的综述[21]和英文专著[22]。

3.2 基于 NURBS 的几何参数化

针对空间任意几何域，采用非均匀化有理 B 样条建模时，首先需要观察几何域各个空间方向的特征，如图 3-1(a)所示，这类桥型结构是空间三维，需要采用三维 NURBS 样条来建模，三个参数化方向如下，对应箭头指向区域，其中第一个参数化方向是圆形，此时最低也要选择二阶 NURBS 基函数来构造，因为一阶只能表示直线段。其次根据观察后的几何信息，并明确每个方向的关键点，如顶点、圆弧中心点等，以此这些点可以作为基本控制顶点，故而应选择合适的控制顶点。对于图 3-1 所示结构，其参数化方向上选择二阶 NURBS 基函数，即 $p=2$，对应节点矢量为 $\boldsymbol{\Xi}=\{0,0,0,0.0833,\cdots,0.9167,1,1,1\}$，控制顶点个数为 15 个；在第二、三个参数化方向上选择一阶 NURBS 基函数，即 $p=1$，此时对应的节点向量

一致 $H=Z=\{0,0,0.25,0.5,0.75,1,1,1\}$，在这两个参数化方向上控制顶点个数均为 5 个，具体如图 3-1 所示，整个实体几何对应的 NURBS 方程如下：

$$S(\xi,\eta,\zeta)=\sum_{i=1}^{n}\sum_{j=1}^{m}\sum_{k=1}^{l}R_{i,j,k}^{p,q,r}(\xi,\eta,\zeta)P_{i,j,k} \tag{3-1}$$

其中，ξ,η,ζ 代表三个参数化方向，$P_{i,j,k}\in\mathbb{R}^3$ 为控制点。节点向量将参数空间中的几何分割成了一系列节点距，节点距也称之为单元。为了与有限单元方法中的“单元”概念区分开来，将节点距称作“等几何单元”，具体如图 3-1(c)所示。

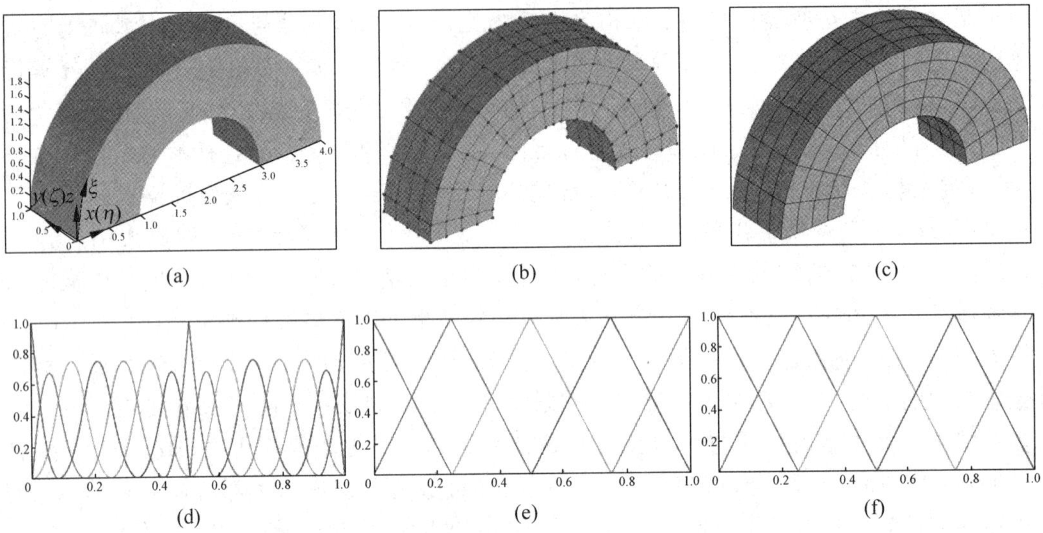

图 3-1　基于 NURBS 的桥型结构示意图

(a) 结构设计域；(b) 几何模型(CAD)；(c) 数值分析模型(CAE)；(d) 参数方向 ξ 的 NURBS 基函数；(e) 参数方向 η 的 NURBS 基函数；(f) 参数方向 ζ 的 NURBS 基函数

3.3 密度分布函数

在基于单元密度建立的拓扑优化方法中，核心思路在于将初始连续的结构拓扑优化设计问题转化成一系列有限单元密度分布问题。在使用密度作为结构拓扑表征的参数时，需要满足两个合理的物理属性：①非负性；②有界性，取值范围需在(0,1)内。在后续构造密度场时也需要满足这两个属性。

3.3.1 离散控制点密度

如图 3-1(b)所示，每个点代表控制顶点，其影响着结构几何形状。如果在后续优化中以控制点的坐标或者权重作为变量，只会修改结构几何的形状，而非拓扑，因为其本质上并没有删除控制点。在本方法的建立中，是要能清晰表征结构拓扑的更新与演化，因此我们在控制点上引入一个“伪密度”参数 $\rho_{i,j,k}$，当参数值等于 1 时，代表此控制点参与描述结构拓扑，反之则无材料。此时在三维空间几何域，NURBS 几何参数化中控制顶点上存在多个参数，包含坐标位置、权重与后引入的伪密度参数，

$$P_{i,j,k}:\{x,y,z,\omega,\rho\} \tag{3-2}$$

其中前 4 个参数是用于构造空间几何设计域，第 5 个参数则用于表述在该设计域中当前点是否存在材料。

3.3.2　平滑离散控制点密度

在以往工作中，直接引入控制点密度作为设计变量更新求解，但优化后的结构拓扑常存在多个问题，如灰度点云、孤岛特征、锯齿等，这主要原因在于直接使用控制点密度作为设计变量。在控制点密度作为设计变量前，为确保其后续密度分布函数具有足够的光滑性和连续性，可通过提高顶点密度的光滑性来确保最终得到的密度分布函数具有足够的光滑度。核心思想是将当前控制顶点密度的局部支撑区域内所有顶点密度的加权平均值作为每个顶点密度值，具体如图 3-2(a)圆形部分所示。密度分布函数的表达式如下：

$$\tilde{\rho}_{i,j,k}=\sum_{i=1}^{N}\sum_{j=1}^{M}\sum_{k=1}^{L}\psi(\rho_{i,j,k})\rho_{i,j,k} \tag{3-3}$$

式中，$\tilde{\rho}$ 表示平滑后的控制点密度，其中 N，M，L 分别表示在圆形区域内三个参数化方向上控制顶点的个数，ρ 是初始定义的控制点密度，其初始值取值遵循上述两个准则，即非负性和有界性。ψ 表示 Shepard 函数在控制点(i,j,k)处的函数值，具体求解公式如下：

$$\psi(\rho_{i,j,k})=\frac{w(\rho_{i,j,k})}{\sum_{\hat{i}=1}^{N}\sum_{\hat{j}=1}^{M}\sum_{\hat{k}=1}^{L}w(\rho_{\hat{i},\hat{j},\hat{k}})} \tag{3-4}$$

其中，$w(\rho_{i,j,k})$表示在控制点(i,j,k)处密度的权重函数，权重函数可以通过许多函数来构造，如三次样条函数、四次样条函数和径向基函数等。由于四阶连续的紧支撑径向基函数具有良好的紧支撑特性、高阶连续性和非负等特性，因此在这里用于构造该权重函数，形式如下：

$$w(r)=(1-r)^6+(35r^2+18r+3) \tag{3-5}$$

其中，

$$r=d/d_m \tag{3-6}$$

其中，d 表示局部支撑域中当前顶点密度和其他顶点密度之间的欧式距离。d_m 表示局部支撑域的半径。可以看出通过 Shepard 函数光滑后的点密度可以保证材料密度的物理意义，即满足非负性和有界性。

3.3.3　基于 NURBS 基函数构造 DDF

获得平滑后的控制点密度，基于 NURBS 建模机理，可直接构造面向整个空间几何域的密度场分布，具体如下：

$$x(\xi,\eta,\zeta)=\sum_{i=1}^{N}\sum_{j=1}^{M}\sum_{k=1}^{L}R_{i,j,k}^{p,q,r}(\xi,\eta,\zeta)\tilde{\rho}(\rho_{i,j,k}) \tag{3-7}$$

式中，x 表示密度分布函数，从式(3-7)可以看出，其和原 NURBS 构造公式(3-1)形式一致，但存在本质上差别。在原公式中，对应的为控制点物理坐标，以控制点的几何信息定义整个空间设计域；在当前公式中，对应的为控制点的密度，用于表征材料是否存在，即用于判定在设计域中任一点是否存在材料。如图 3-2 所示，给出的是一个二维四分之一圆环图，其对应的密度分布函数，当在第三维度绘制密度时，其密度分布函数可以看成一个比现有二维结构高一维的函数，用于描述结构域内是否存在材料。同时，前文提到的 NURBS 基函数的四种性质确保了密度分布函数的两个特性，即非负性和有界性。因此式(3-7)中的密度分布函数同样具有严谨的物理意义。需要说明的是，NURBS 基函数并不具有插值特性，但对构造的密度分布函数无影响。原因在于，控制顶点不一定在结构设计域中。控制顶点密度只作为系数用来与 NURBS 基函数结合，以构造密度分布函数，这也是与之前通过拉格朗日多项式构造密度分布函数最大的不同之处。同时 NURBS 基函数可以消除拉格朗日多项式中的振荡问题，这也确保了密度分布函数具有光滑性和连续性。上述工作是基于 NURBS 基函数来构造材料的密度分布函数，通过改进后的构造方法得到密度分布函数，其光滑性和连续性得到了显著提升。

在以往工作中，直接采用控制点云描述结构拓扑，造成各类数值问题。在本方法中构造了高阶连续且光滑的密度分布函数，用于描述材料是否存在，但如果直接用对应的密度值，也无法获得清晰结构边界。同时，密度分布函数在图 3-2 所示中比二维结构高一维，用于表征材料分布，这与水平集函数中的隐式边界描述机制非常类似。因此，针对密度分布函数，引入水平集隐式边界描述机制。当密度分布函数大于某一值时代表实体，当小于某一值时代表孔洞，具体边界表征公式如下：

$$x_{\text{top}}=\begin{cases}x>x_{\text{ISO}}, & \text{实体}\\ x<x_{\text{ISO}}, & \text{孔洞}\\ x=x_{\text{ISO}}, & \text{边界}\end{cases}\tag{3-8}$$

式中，x_{ISO} 为等值线值，一般取中间值 0.5。此时即可获得清晰的结构边界和几何特征，这主要源于增强密度分布函数的构造，深度考虑了光滑性和连续性。但需要指出的是，这类获得结构几何的方式，是一种人为假定 0.5 密度值为边界从而获取实体与孔洞的分布，并非真实几何特征。在整个优化中，是以控制点上离散密度为设计变量，推动密度分布函数的变化而变化，并非如水平集方法中通过追踪零水平集边界演化来推动结构拓扑的变化。

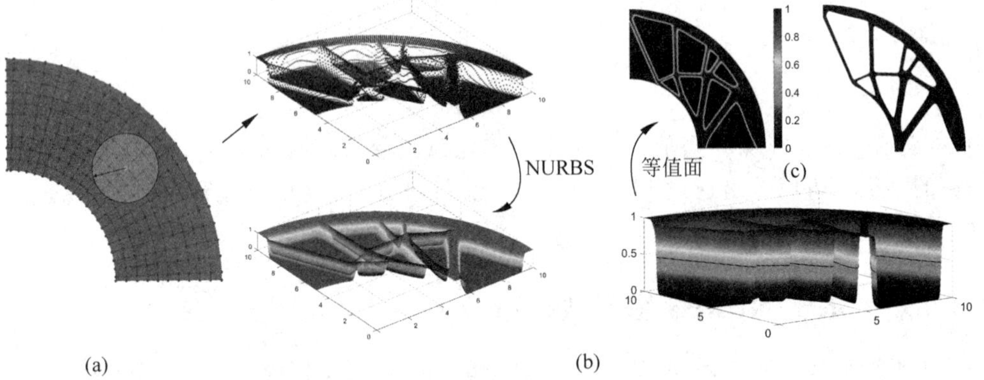

图 3-2　密度分布函数构造机理图

(a)离散控制点密度；(b) 密度分布函数；(c) 优化后结构拓扑

3.4　等几何分析

在本章节中，为数值计算简便又不失一般性，考虑线弹性优化设计问题。给定一个设计域 Ω，包含边界 Γ，即 $f_i:\Omega\rightarrow\mathbb{R}$，满足 $g_i:\Gamma_{D_i}\rightarrow\mathbb{R}$ 和 $h_i:\Gamma_{N_i}\rightarrow\mathbb{R}$，寻找 $u_i:\overline{\Omega}\rightarrow\mathbb{R}$ 满足如

何强形式边界值问题：

$$\begin{cases}\sigma_{ij,j}+f_i=0, & \text{在 } \Omega \text{ 中}\\ u_i=g_i, & \text{在 } \Gamma_{D_i} \text{ 上}\\ \sigma_{ij}n_j=h_i, & \text{在 } \Gamma_{N_i} \text{ 上}\end{cases} \tag{3-9}$$

式中，σ 表示应力，f_i 是体积力，g_i 是在 Dirichlet 边界上施加的边界位移约束，h_i 表示在 Neumann 边界上施加的边界牵引力。n_j 是设计域单位外法线向量。定义试验解空间 $\mathrm{S}=\{\boldsymbol{u}\mid u_i\in \mathrm{S}_i\}$ 和权重空间 $\mathrm{V}=\{\boldsymbol{w}\mid w_i\in \mathrm{V}_i\}$，其中每一个试验解均满足 Dirichlet 条件，并且在 Dirichlet 条件上的权重值等于 0。此时上述边界值强形式公式可转换为如下弱形式：

$$\int_\omega \boldsymbol{\varepsilon}(\boldsymbol{w})^{\mathrm{T}}\boldsymbol{D}\boldsymbol{\varepsilon}(\boldsymbol{u})\mathrm{d}\omega=\int_\omega \boldsymbol{f}\boldsymbol{w}\mathrm{d}\omega+\int_{\gamma_n}\boldsymbol{h}\boldsymbol{w}\mathrm{d}\gamma_n \tag{3-10}$$

其中 $\boldsymbol{f}=\{f_i\}$，$\boldsymbol{g}=\{g_i\}$，$\boldsymbol{h}=\{h_i\}$。$\boldsymbol{\varepsilon}$ 表示应变矩阵，$\boldsymbol{D}$ 表示弹性张量矩阵。在 Galerkin 的方法中，空间 S 和 V 可由 NURBS 基函数来构造，定义为 S^h，V^h，包含了 NURBS 基函数的所有线性组合。则上述弱形式可转化为如下形式：

$$\int_\omega \boldsymbol{\varepsilon}(\boldsymbol{w}^h)^{\mathrm{T}}\boldsymbol{D}\boldsymbol{\varepsilon}(\boldsymbol{v}^h)\mathrm{d}\omega=\int_\omega \boldsymbol{w}^h\boldsymbol{f}\mathrm{d}\omega+\int_{\gamma_n}\boldsymbol{w}^h\boldsymbol{h}\mathrm{d}\gamma_n-\int_\omega \boldsymbol{\varepsilon}(\boldsymbol{w}^h)^{\mathrm{T}}\boldsymbol{D}\boldsymbol{\varepsilon}(\boldsymbol{g}^h)\mathrm{d}\omega \tag{3-11}$$

定义集合 A 和 B，前者包含所有的 NURBS 基函数，后者是前者的子集，表示在 Dirichlet 边界处基函数值等于 0，即 $B\subset A$。定义试验解 $\boldsymbol{u}^h\in\boldsymbol{S}^h$ 和 $\boldsymbol{w}^h\in\boldsymbol{V}^h$ 可以表述为关于 NURBS 基函数与控制顶点处变量的线性组合，具体如下：

$$\begin{cases}\boldsymbol{u}^h=\sum\limits_{j\in A\backslash B}R_j g_j+\sum\limits_{i\in B}R_i d_i\\ \boldsymbol{w}^h=\sum\limits_{j\in A\backslash B}R_j c_j\end{cases} \tag{3-12}$$

式中，c 是任意值以确保 $\boldsymbol{w}^h\in\boldsymbol{V}^h$。将式(3-12)代入式(3-11)，则上述公式可转化为如下形式：

$$\left(\int_\omega \boldsymbol{\varepsilon}(R_i)^{\mathrm{T}}\boldsymbol{D}\,\boldsymbol{\varepsilon}(R_j)\mathrm{d}\omega\right)\boldsymbol{d}_i=\int_\omega R_j\boldsymbol{f}\mathrm{d}\omega+\int_{\gamma_n}R_j\boldsymbol{h}\mathrm{d}\gamma_n-\int_\omega \boldsymbol{\varepsilon}(R_j)^{\mathrm{T}}\boldsymbol{D}\boldsymbol{\varepsilon}(\boldsymbol{g}^h)\mathrm{d}\omega \tag{3-13}$$

定义：

$$\begin{cases}K_{ij}=\int_\omega \boldsymbol{\varepsilon}(R_i)^{\mathrm{T}}\boldsymbol{D}\,\boldsymbol{\varepsilon}(R_j)\mathrm{d}\omega\\ F_j=\int_\omega R_j\boldsymbol{f}\mathrm{d}\omega+\int_{\gamma_n}R_j\boldsymbol{h}\mathrm{d}\gamma_n-\int_\omega \boldsymbol{\varepsilon}(R_j)^{\mathrm{T}}\boldsymbol{D}\,\boldsymbol{\varepsilon}(\boldsymbol{g}^h)\mathrm{d}\omega\end{cases} \tag{3-14}$$

则式(3-13)可简化为如下形式：

$$\boldsymbol{K}\boldsymbol{d}=\boldsymbol{F} \tag{3-15}$$

其中，

$$\boldsymbol{K}=[K_{ij}];\quad \boldsymbol{d}=\{d_i\};\quad \boldsymbol{F}=\{F_j\} \tag{3-16}$$

式中 $\boldsymbol{K}$、$\boldsymbol{F}$ 分别为结构设计域中的全局刚度矩阵、位移向量。在伽辽金等几何拓扑优化公式中，系统刚度矩阵和载荷向量分别通过局部刚度矩阵和载荷向量组装得到。设计域被离散为一系列的等几何单元。对等几何单元刚度矩阵的求解是通过高斯积分实现。在物理空间中，等几何单元刚度矩阵和力向量通过下式求得：

$$\begin{cases} \boldsymbol{K}_e = \int_{\omega_e} \boldsymbol{B}^{\mathrm{T}} \boldsymbol{D} \boldsymbol{B} \mathrm{d}\omega_e \\ \boldsymbol{F}_e = \int_{\omega_e} R \boldsymbol{f} \mathrm{d}\omega_e + \int_{\gamma_n^e} R \boldsymbol{h} \mathrm{d}\gamma_n^e - \boldsymbol{K}_e \boldsymbol{g}_e \end{cases} \tag{3-17}$$

其中，ω_e 表示等几何单元的物理空间，如图 3-3 所示，γ_n^e 是等几何单元的 Neumann 边界条件，$\boldsymbol{g}_e$ 是 Dirichlet 边界条件。$\boldsymbol{B}$ 表示通过对 NURBS 基函数求偏导得到的应变-位移矩阵。在图 3-3 所示中，$\boldsymbol{X}: \hat{\omega}_e \to \omega_e$ 表示从参数空间到物理空间的映射，$\boldsymbol{Y}: \tilde{\omega}_e \to \hat{\omega}_e$ 定义了从母单元空间映射到参数空间单元的映射，其中包含了两个映射的逆矩阵。单元刚度矩阵具体形式如下：

$$\boldsymbol{K}_e = \int_{\tilde{\omega}_e} \boldsymbol{B}^{\mathrm{T}} \boldsymbol{D} \boldsymbol{B} \mid \boldsymbol{J}_1 \mid \mid \boldsymbol{J}_2 \mid \mathrm{d}\tilde{\omega}_e \tag{3-18}$$

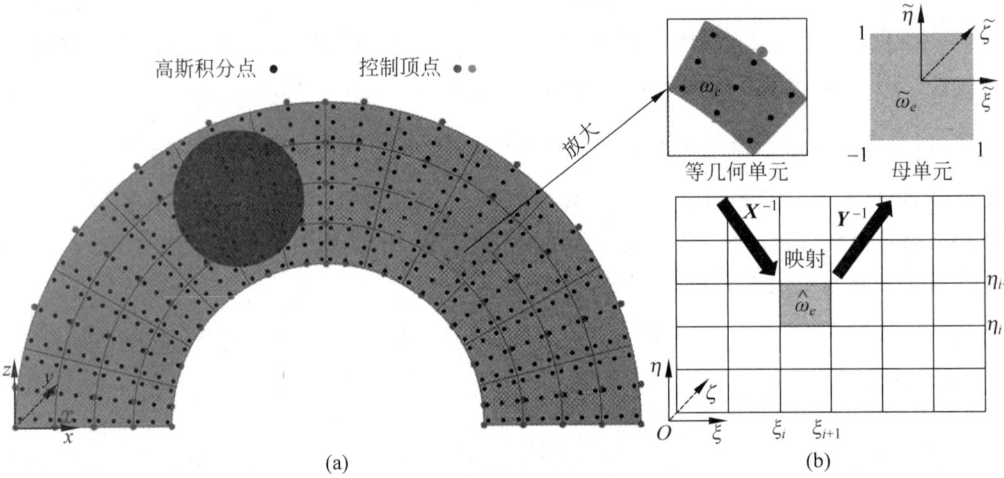

图 3-3　三维桥型结构等几何示例图

(a) 几何模型的横截面(物理空间)；(b) 参数化空间

式中，$\boldsymbol{J}_1$ 和 $\boldsymbol{J}_2$ 分别表示两个映射的雅可比矩阵。如图 3-3 所示，所有高斯积分点都在等几何网格中，并用黑色的点将 3×3 的高斯积分点表示在了每一个等几何单元中。单元刚度矩阵的数值计算公式如下：

$$\boldsymbol{K}_e = \sum_{i=1}^{3} \sum_{j=1}^{3} \sum_{k=1}^{3} \{ \boldsymbol{B}^{\mathrm{T}} \boldsymbol{D} \boldsymbol{B} \mid \boldsymbol{J}_1(\xi_i, \eta_j, \zeta_k) \mid \mid \boldsymbol{J}_2(\xi_i, \eta_j, \zeta_k) \mid w_i w_j w_k \} \tag{3-19}$$

式中，w_i, w_j, w_k 表示对应的积分权重值。在材料描述模型中，假设各向同性材料的弹性属性是带有惩罚指数的材料密度的幂函数。因此等几何单元刚度矩阵可以表示为高斯积分点处的材料密度函数，而不是单元密度常数，具体形式如下所示：

$$\boldsymbol{K}_e = \sum_{i=1}^{3} \sum_{j=1}^{3} \sum_{k=1}^{3} \{ \boldsymbol{B}^{\mathrm{T}} (x(\xi_i, \eta_j, \zeta_k))^{\gamma} \boldsymbol{D}_0 \boldsymbol{B} \mid \boldsymbol{J}_1 \mid \mid \boldsymbol{J}_2 \mid w_i w_j w_k \} \tag{3-20}$$

式中 $x(\xi_i, \eta_j, \zeta_k)$ 是在高斯积分点 (ξ_i, η_j, ζ_k) 的密度值，γ 为惩罚参数，$\boldsymbol{D}_0$ 表示实体单元密度的弹性张量矩阵。

3.5　拓扑优化模型

本章节仍以结构刚度最大化为优化目标，探讨等几何拓扑优化方法在结构柔顺性问题设计上的有效性。在该方法中，我们使用了密度分布函数表征结构拓扑的更新与演化，本身还是在迭代控制点的离散密度，因此设计变量为控制点密度值。数值求解采用相同的 NURBS 基函数构造数值响应空间，用于计算结构域内的位移场、应变场等未知信息。基于等几何拓扑优化方法，在给定材料用量约束下，优化结构刚度，具体模型如下：

$$\begin{cases}\text{Find: } \rho_{i,j,k}\,(i=1,2,\cdots,N;\ j=1,2,\cdots,M;\ k=1,2,\cdots,L)\\ \text{Min: } J(\boldsymbol{u},\boldsymbol{x})=\dfrac{1}{2}\displaystyle\int_{\omega}\boldsymbol{\varepsilon}(\boldsymbol{u})^{\mathrm{T}}\boldsymbol{D}(\boldsymbol{x}(\xi,\eta,\zeta))\,\boldsymbol{\varepsilon}(\boldsymbol{u})\,\mathrm{d}\omega\\ \text{s. t.: }\begin{cases}a(\boldsymbol{u},\delta\boldsymbol{u})=l(\delta\boldsymbol{u}),\ \boldsymbol{u}\,|_{\Gamma_D}=\boldsymbol{g},\ \forall\,\delta\boldsymbol{u}\in H^1(\omega)\\ G(\boldsymbol{x})=\dfrac{1}{|\,\omega\,|}\displaystyle\int_{\omega}\boldsymbol{x}(\xi,\eta,\zeta)\,v_0\,\mathrm{d}\omega-V_{\max}0\\ 0<\rho_{\min}\leqslant\rho_{i,j,k}\leqslant 1\end{cases}\end{cases}\tag{3-21}$$

其中，$\rho_{i,j,k}$ 是控制顶点处初始定义的点密度值，J 为目标函数，表示结构的平均柔度。G 表示体积约束，其中 v_0 是实体单元体积分数，$V_{\max}$ 是材料用量最大体积分数。$\boldsymbol{u}$ 表示结构设计域 ω 内的位移场，$\boldsymbol{g}$ 是在 Dirichlet 边界 Γ_D 上的规定的位移向量。$\delta\boldsymbol{u}$ 是在可允许的动力学位移空间 $H^1(\omega)$ 中的虚位移场。a 是双线性能量函数，l 是负载线性函数，具体形式如下：

$$\begin{cases}a(\boldsymbol{u},\delta\boldsymbol{u})=\displaystyle\int_{\omega}\boldsymbol{\varepsilon}(\boldsymbol{u})^{\mathrm{T}}\boldsymbol{D}(\boldsymbol{x}(\xi,\eta,\zeta))\,\boldsymbol{\varepsilon}(\delta\boldsymbol{u})\,\mathrm{d}\omega\\ l(\delta\boldsymbol{u})=\displaystyle\int_{\omega}\boldsymbol{f}\,\delta\boldsymbol{u}\,\mathrm{d}\omega+\int_{\gamma_n}\boldsymbol{h}\,\delta\boldsymbol{u}\,\mathrm{d}\gamma_n\end{cases}\tag{3-22}$$

其中，$\boldsymbol{f}$ 是体积力，$\boldsymbol{h}$ 是在 Neumann 边界 γ_n 上的边界引力。

3.6　灵敏度分析

拓扑优化模型一般采用基于梯度的数学优化算法求解，需要求解目标函数与约束函数关于设计变量的灵敏度。在式(3-21)定义的优化模型中，结构目标函数为结构柔顺度，因此需要推导结构柔顺度关于设计变量的灵敏度，首先需要推导关于密度分布函数的一阶导数，具体形式如下：

$$\frac{\partial J}{\partial x}=\int_{\omega}\boldsymbol{\varepsilon}(\dot{\boldsymbol{u}})^{\mathrm{T}}\boldsymbol{D}(x(\xi,\eta,\zeta))\,\boldsymbol{\varepsilon}(\boldsymbol{u})\,\mathrm{d}\omega+\frac{1}{2}\int_{\omega}\boldsymbol{\varepsilon}(\boldsymbol{u})^{\mathrm{T}}\frac{\partial\boldsymbol{D}(x)}{\partial x}\boldsymbol{\varepsilon}(\boldsymbol{u})\,\mathrm{d}\omega\tag{3-23}$$

式中 $\dot{\boldsymbol{u}}$ 是位移场关于密度分布函数的导数，对线弹性平衡方程两边同时对密度分布函数求导，可得

$$\begin{cases}\dfrac{\partial a}{\partial x}=\displaystyle\int_{\omega}\boldsymbol{\varepsilon}(\dot{\boldsymbol{u}})^{\mathrm{T}}\boldsymbol{D}\,\boldsymbol{\varepsilon}(\delta\boldsymbol{u})\,\mathrm{d}\omega+\int_{\omega}\boldsymbol{\varepsilon}(\boldsymbol{u})^{\mathrm{T}}\boldsymbol{D}\,\boldsymbol{\varepsilon}(\delta\dot{\boldsymbol{u}})\,\mathrm{d}\omega+\int_{\omega}\boldsymbol{\varepsilon}(\boldsymbol{u})^{\mathrm{T}}\frac{\partial\boldsymbol{D}}{\partial x}\boldsymbol{\varepsilon}(\delta\boldsymbol{u})\,\mathrm{d}\omega\\ \dfrac{\partial l}{\partial x}=\displaystyle\int_{\omega}\boldsymbol{f}\,\delta\dot{\boldsymbol{u}}\,\mathrm{d}\omega+\int_{\gamma_n}\boldsymbol{h}\,\delta\dot{\boldsymbol{u}}\,\mathrm{d}\gamma_n\end{cases}\tag{3-24}$$

式中，$\delta\dot{\boldsymbol{u}}$ 是虚位移场关于密度分布函数的导数，由于 $\delta\dot{\boldsymbol{u}}\in H^1(\omega)$，可以得到对应的平衡方程形式，具体如下：

$$\int_{\omega}\boldsymbol{\varepsilon}(\boldsymbol{u})^{\mathrm{T}}\boldsymbol{D}(x)\boldsymbol{\varepsilon}(\delta\dot{\boldsymbol{u}})\mathrm{d}\omega=\int_{\omega}f\dot{\boldsymbol{u}}\mathrm{d}\omega+\int_{\gamma_n}\boldsymbol{h}\dot{\boldsymbol{u}}\mathrm{d}\gamma_n \tag{3-25}$$

将式(3-25)代入式(3-24)，在消除所有包含 $\delta\dot{\boldsymbol{u}}$ 的项，简化后的公式形式如下：

$$\int_{\omega}\boldsymbol{\varepsilon}(\dot{\boldsymbol{u}})^{\mathrm{T}}\boldsymbol{D}(x)\boldsymbol{\varepsilon}(\delta\boldsymbol{u})\mathrm{d}\omega=-\int_{\omega}\boldsymbol{\varepsilon}(\boldsymbol{u})^{\mathrm{T}}\frac{\partial\boldsymbol{D}(x)}{\partial x}\boldsymbol{\varepsilon}(\delta\boldsymbol{u})\mathrm{d}\omega \tag{3-26}$$

根据以往工作可知，结构静柔度问题是一类自伴随优化问题，因此上述公式可展开为如下形式：

$$\int_{\omega}\boldsymbol{\varepsilon}(\dot{\boldsymbol{u}})^{\mathrm{T}}\boldsymbol{D}(x)\boldsymbol{\varepsilon}(\boldsymbol{u})\mathrm{d}\omega=-\int_{\omega}\boldsymbol{\varepsilon}(\boldsymbol{u})^{\mathrm{T}}\frac{\partial\boldsymbol{D}(x)}{\partial x}\boldsymbol{\varepsilon}(\boldsymbol{u})\mathrm{d}\omega \tag{3-27}$$

将式(3-27)代入式(3-23)，可得目标函数关于密度分布函数的一阶导数，具体形式如下：

$$\frac{\partial J}{\partial x}=-\frac{1}{2}\int_{\omega}\boldsymbol{\varepsilon}(\boldsymbol{u})^{\mathrm{T}}\frac{\partial\boldsymbol{D}(x)}{\partial x}\boldsymbol{\varepsilon}(\boldsymbol{u})\mathrm{d}\omega \tag{3-28}$$

从式(3-28)中可以看出，目标函数的一阶微分最终形式取决于对应的弹性张量对密度分布函数的一阶微分。根据上述密度分布函数的构造，其材料的弹性张量是密度分布函数的指数函数，可通过微分直接求解对应的密度分布函数对目标函数的导数，可以表示为

$$\frac{\partial J}{\partial x}=-\frac{1}{2}\int_{\omega}\boldsymbol{\varepsilon}(\boldsymbol{u})^{\mathrm{T}}\gamma x^{\gamma-1}\boldsymbol{D}_0\boldsymbol{\varepsilon}(\boldsymbol{u})\mathrm{d}\omega \tag{3-29}$$

同理，体积约束关于密度分布函数的一阶导数形式可表达为

$$\frac{\partial G}{\partial x}=\frac{1}{|\omega|}\int_{\omega}\upsilon_0\mathrm{d}\omega \tag{3-30}$$

根据密度分布函数的构造机理可知，其是由光滑后的点密度和 NURBS 基函数构造，光滑后的点密度是基于 Shepard 函数构造的。因此密度分布函数关于光滑后的控制顶点密度一阶导数形式如下：

$$\frac{\partial x(\xi,\eta,\zeta)}{\partial\tilde{\rho}(\rho_{i,j,k})}=R_{i,j,k}^{p,q,r}(\xi,\eta,\zeta) \tag{3-31}$$

式中，$R_{i,j,k}^{p,q,r}(\xi,\eta,\zeta)$是在计算点$(\xi,\eta,\zeta)$处的 NURBS 基函数。根据式(3-3)可得光滑后控制顶点密度关于初始控制顶点密度的一阶导数，具体形式可推导如下：

$$\frac{\partial\tilde{\rho}(\rho_{i,j,k})}{\partial\rho_{i,j,k}}=\psi(\rho_{i,j,k}) \tag{3-32}$$

式中，$\psi(\rho_{i,j,k})$为 Shepard 函数在当前控制顶点(i,j,k)处的取值。需要注意的是，前面所说的计算点(ξ,η,ζ)与控制顶点(i,j,k)是不同的。控制顶点只是作为密度分布函数的控制系数，可能不在设计域中，而计算点是在设计域中的。在以上公式中，计算点即为高斯积分点。因此，目标函数和约束函数关于设计变量点密度的一阶导数是通过链式法则推导而来，最终的一阶导数形式如下：

$$\begin{cases}\dfrac{\partial J}{\partial\rho_{i,j,k}}=-\dfrac{1}{2}\displaystyle\int_{\omega}\boldsymbol{\varepsilon}(\boldsymbol{u})^{\mathrm{T}}\gamma x(\xi,\eta,\zeta)^{\gamma-1}R_{i,j,k}^{p,q,r}\psi(\rho_{i,j,k})\boldsymbol{D}_0\boldsymbol{\varepsilon}(\boldsymbol{u})\mathrm{d}\omega\\[2ex]\dfrac{\partial G}{\partial\rho_{i,j,k}}=\dfrac{1}{|\omega|}\displaystyle\int R_{i,j,k}^{p,q,r}(\xi,\eta,\zeta)\psi(\rho_{i,j,k})\upsilon_0\mathrm{d}\omega\end{cases} \tag{3-33}$$

从式(3-33)可以看出，目标函数关于设计变量的一阶微分为负，这主要是由于 NURBS 基函数和 Shepard 函数的非负性共同决定的，同时也说明了结构柔顺性问题是凸问题，可以找寻可行解。并且从式(3-33)可以看出，上述公式计算中 Shepard 函数和 NURBS 基函数分别只与空间几何信息有关，即受控制顶点空间坐标和高斯积分点影响，在优化前可以提前被存储，有助于提高数值优化效率并节省时间成本。

同时本方向也采用最优准则法求解，因其通常用于求解设计变量较多、约束条件较少的优化问题。在本章节中，采用最优准则法求解上述拓扑优化设计模型。下面给出的是一种有效的启发式更新算法，其详细的公式推导可参考文献：

$$\rho_{i,j,k}^{(\kappa+1)}=\begin{cases}\max\{(\rho_{i,j,k}^{(\kappa)}-m),\rho_{\min}\},若(\Pi_{i,j,k}^{(\kappa)})^{\zeta}\rho_{i,j,k}^{(\kappa)}<\max\{(\rho_{i,j,k}^{(\kappa)}-m),\rho_{\min}\}\\(\Pi_{i,j,k}^{(\kappa)})^{\zeta}\rho_{i,j,k}^{(\kappa)},若\begin{cases}\max\{(\rho_{i,j,k}^{(\kappa)}-m),\rho_{\min}\}<(\Pi_{i,j,k}^{(\kappa)})^{\zeta}\rho_{i,j,k}^{(\kappa)}\\<\min\{(\rho_{i,j,k}^{\kappa}+m),\rho_{\max}\}\end{cases}\\\min\{(\rho_{i,j,k}^{(\kappa)}+m),\rho_{\max}\},若\min\{(\rho_{i,j,k}^{(\kappa)}+m),\rho_{\max}\}<(\Pi_{i,j,k}^{(\kappa)})^{\zeta}\rho_{i,j,k}^{(\kappa)}\end{cases}\tag{3-34}$$

式中 m，ζ 表示移动步长和阻尼系数，$\Pi_{i,j,k}^{(\kappa)}$ 是设计变量 $\rho_{i,j,k}^{(\kappa)}$ 在 κ 步的更新因子，具体计算形式如下：

$$\Pi_{i,j,k}^{(\kappa)}=-\frac{\partial J}{\partial\rho_{i,j,k}}/\max\left(\mu,\Lambda^{(\kappa)}\frac{\partial G}{\partial\rho_{i,j,k}}\right)\tag{3-35}$$

其中 μ 为极小值，以避免分母为 0，即数值奇异性，$\Lambda^{(\kappa)}$ 表示在第 κ 步迭代的拉格朗日乘子，一般采用二分法求解。

最后关于等几何拓扑优化基本实施流程图如图 3-4 所示，其中粗线框表示与以往基于有限单元法的拓扑优化不同之处，主要在几何模型构造、结构拓扑描述、IGA 数值分析与求解等方面。

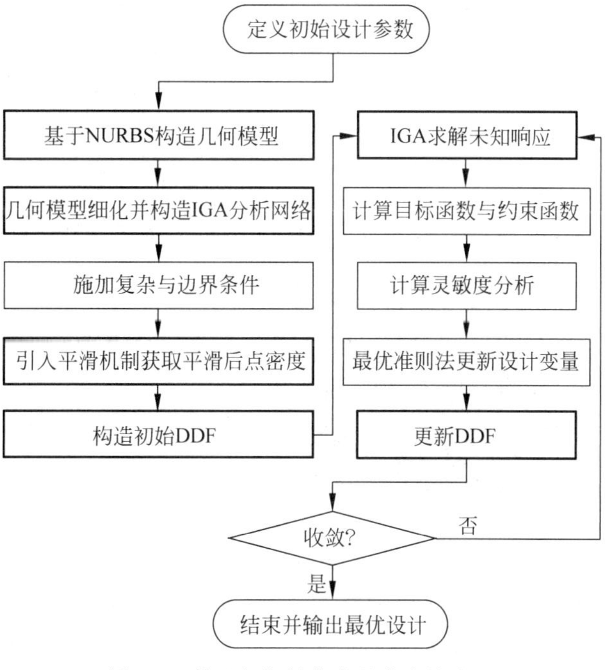

图 3-4　等几何拓扑优化基本实施流程

3.7 案例讨论

本节主要讨论大量二维与三维案例，用于说明等几何拓扑优化方法的有效性和高效性。首先，围绕经典的悬臂梁做深入探讨，说明在优化中构造 DDF 的优越性；其次，针对四分之一的圆环做深入研究，相比于以往经典悬臂梁，圆环具有曲面设计域，更能适合等几何分析的使用，同时探究高阶等几何单元在优化中的深度影响；最后，讨论等几何拓扑优化方法在三维设计域上的有效性。在所有的案例中，实体材料的杨氏模量均定义为 1，泊松比定义为 0.3。所有施加案例的负载定义为 1。在每一个等几何单元中选择 3×3(二维)和 3×3×3(三维)个高斯积分点。同时，需要指出本方法并没有采用任何过滤机制。惩罚参数定义为 0。优化终止条件定义为：前后两次迭代中，所有控制点密度前后差分的平方和小于 1%，或者达到最大迭代步数 150 步，即可终止。

3.7.1 悬臂梁

如图 3-5 所示，给出了悬臂梁的负载、边界条件及其几何信息，具体尺寸 $L=10$，$H=5$。悬臂梁对应的 NURBS 曲面如图 3-5(b)所示，包含了所有的离散控制顶点；图 3-5(c)给出了对应的等几何分析网格，以及每个等几何单元所包含的高斯积分点的个数。其对应的 NURBS 几何参数信息：

等几何单元个数为 100×50；节点向量$\boldsymbol{\Xi}=\{0,0,0,0,0.01,\cdots,0.99,1,1,1,1\}$，$\boldsymbol{H}=\{0,0,0,0,0.02,\cdots,0.98,1,1,1,1\}$；控制点总的个数：$n=103$ 个，$m=53$ 个，基函数阶数 $p=3$，$q=3$。

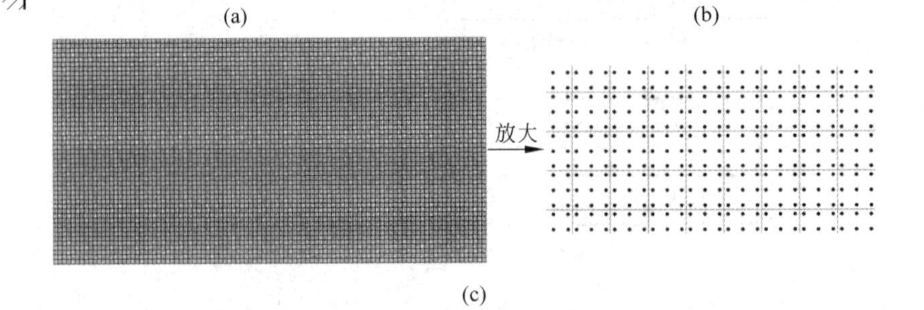

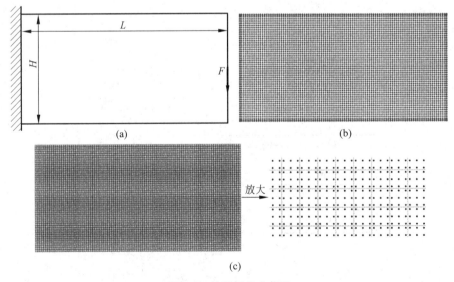

图 3-5 悬臂梁基本信息

(a) 悬臂梁；(b) NURBS 曲面与控制点；(c) 等几何分析网格与其高斯积分点

如图 3-6 所示，给出了悬臂梁初始设计，包含初始的控制点密度、高斯积分点密度和密度分布函数,可以看出初始点密度的值均为 1。该优化体积约束中最大体积分数设定为 30%。从图 3-6(b)、(c)中可以看出,高斯积分点密度和密度分布函数非常类似。事实上,从数学的观点上来看,高斯积分点密度是密度分布函数的离散形式。优化后的结果如图 3-7 所示,主要包含优化后的控制点密度、高斯积分点密度分布和对应的密度分布函数。可以清晰地看出,优化后的密度分布函数光滑且连续,非常有助于后续结构拓扑的呈现。这主要源于 Shepard 函数和 NURBS 基函数,前者可以保证控制点密度的整体平滑性,而后者可以确保密度分布函数的高阶连续性,这主要依赖于 NURBS 基函数的阶数。

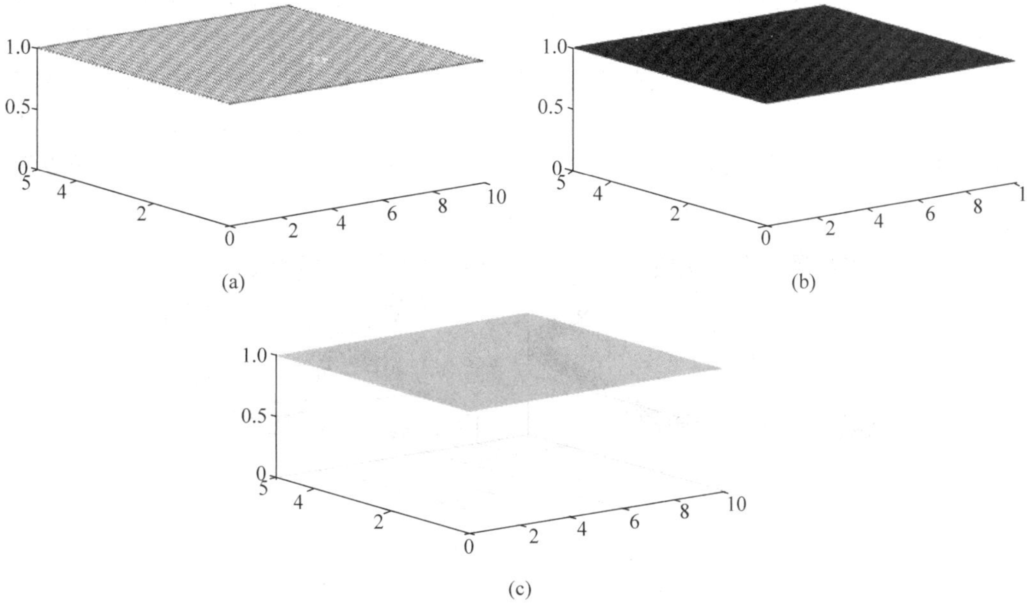

图 3-6　悬臂梁初始设计

(a) 控制点密度;(b) 高斯积分点密度;(c) 密度分布函数

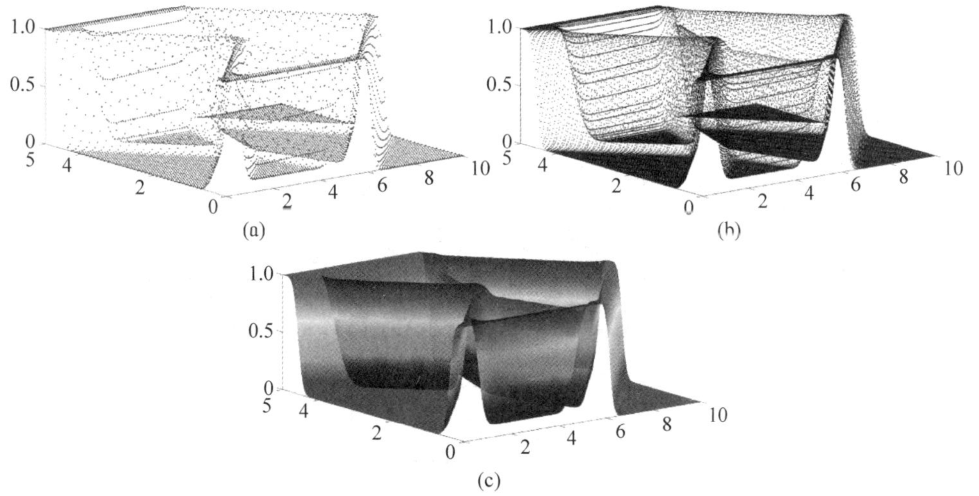

图 3-7　悬臂梁优化设计结果

(a) 控制点密度;(b) 高斯积分点密度;(c) 密度分布函数

根据式(3-8)，定义其等值线为 0.5，此时可以获得对应的高斯积分点密度大于 0.5 的分布，以及优化后的结构拓扑，具体结果如图 3-8 所示。然而需要明确指出的是，等值线值 0.5 是一个启发式值，0.5 的取值主要源于图 3-7(c)中密度分布函数的值大部分分布在 0 或 1 附近，因此取值 0 和 1 之间的中间值作为等值线，并不存在严格的理论支撑。通过计算截取后的体积分数为 30.25%，近乎等于 30%，一定程度上也可以说明 0.5 选择的有效性。并且需要明确的指出，此方法是借鉴水平集函数中的隐式描述，实现用 0.5 密度等值线描述结构拓扑边界，大于 0.5 的代表实体，小于 0.5 的代表孔洞。但是优化时并非追踪 0.5 的密度等值线，而是通过改变控制点密度进而推动和演化结构拓扑的变化。如图 3-8(b)给出的悬臂梁结构拓扑，可以清晰地看出该优化后的拓扑构型与以往基于变密度法的悬臂梁设计非常相似，但优化后的结构拓扑边界光滑且几何特征清晰，并没有以往工作中边界锯齿、灰度单元等数值问题，非常适合后续的制造加工。同时图 3-9 给出了目标函数与约束函数的迭代曲线，并且给出了部分中间迭代中的结构拓扑，可以清晰地看出，目标函数与约束函数迭代稳定，可以在短时间内收敛，找寻设计解。

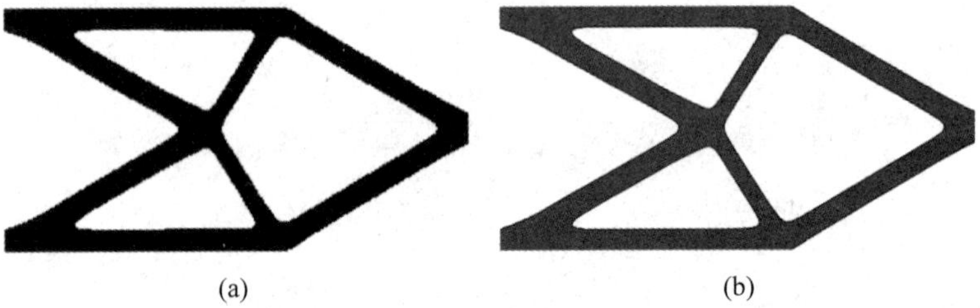

图 3-8 悬臂梁优化有结构高斯积分点密度大于 0.5 分布及其对应的结构拓扑

(a) 高斯积分点密度>0.5；(b) 悬臂梁优化后的拓扑

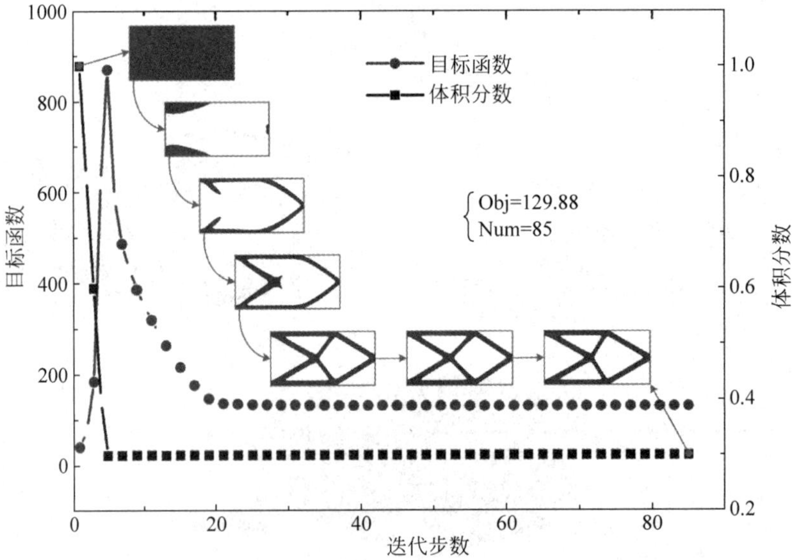

图 3-9 收敛曲线

1. 网格依赖性讨论

本节深入讨论等几何分析网格数目对结构优化的影响，分 3 个案例分别进行仔细讨论，具体参数设置如下：

案例 1：等几何单元个数 80×40，体积分数最大值 30%

$\boldsymbol{\Xi}=\{0,0,0,0,0.0125,\cdots,0.9875,1,1,1,1\}$，　$\boldsymbol{H}=\{0,0,0,0,0.0250,\cdots,0.9750,1,1,1,1\}$

案例 2：等几何单元个数 120×60，体积分数最大值 30%

$\boldsymbol{\Xi}=\{0,0,0,0,0.0083,\cdots,0.9917,1,1,1,1\}$，　$\boldsymbol{H}=\{0,0,0,0,0.0167,\cdots,0.9833,1,1,1,1\}$

案例 3：等几何单元个数 140×70，体积分数最大值 30%

$\boldsymbol{\Xi}=\{0,0,0,0,0.0071,\cdots,0.9929,1,1,1,1\}$，　$\boldsymbol{H}=\{0,0,0,0,0.0143,\cdots,0.9857,1,1,1,1\}$

初始设计与图 3-6 初始控制点密度值保持一致，均为 1。如图 3-10 所示，给出了 3 个案例对应的优化拓扑结果，主要包含高斯积分点密度的分布、大约 0.5 的高斯积分点密度二维分布、密度分布函数、二维结构拓扑。3 种案例对应的数值结果如表 3-1 所示，主要包含目标函数、迭代步数与体积分数。上述案例拓扑结果与上一章节中对应的悬臂梁优化设计结构非常类似，且优化后的密度分布函数也具有光滑性和连续性，其对应的拓扑几何边界光滑连续，几何特征清晰明确。并且通过 3 个案例的拓扑结果与数值结果，可以说明当前等几何拓扑优化方法在差别不大的网格数目下，可以有效避免网格依赖性问题。这主要的原因在于采用 NURBS 构造密度场，其 NURBS 基函数本身具有局部支撑性，如美国大学钱小平教授讨论了基于 B 样条构造密度场空间具有与密度过滤一样的效果。并且最后的体积分数值均接近于 30%，并且当网格数目越大，对应的迭代步数更大且数值精度更高。

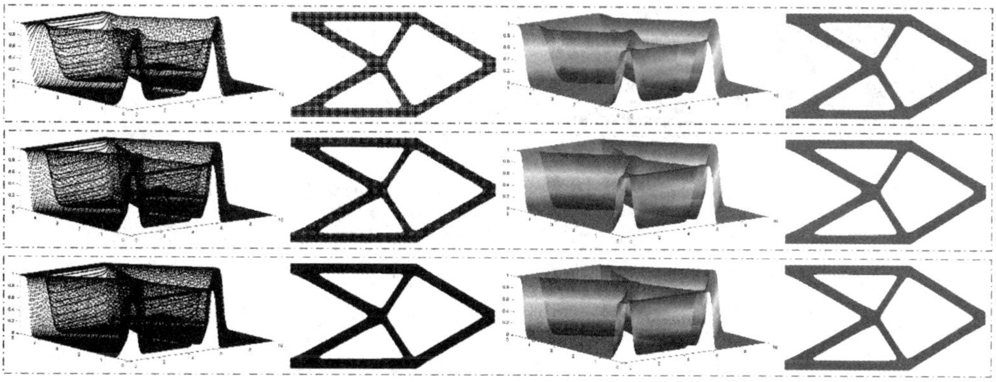

图 3-10　3 个案例对应的优化拓扑结果

表 3-1　3 个案例数值结果

案例 1			案例 2			案例 3		
Obj	Num	Vol	Obj	Num	Vol	Obj	Num	Vol
144.33	67	30.56%	122.08	86	30.16%	117.01	101	30.07%

2. Shepard 函数存在的必要性讨论

本节主要集中讨论 Shepard 函数存在的必要性，即当密度分布函数构造时不使用 Shepard 函数来平滑初始的控制点密度。本节中设定了 2 个案例，案例 1 中 NURBS 基函数阶数为 1，案例 2 中 NURBS 基函数阶数为 3。其他的设计参数与 3.7.1 节中案例 1 保持一致。初始设计也设定为图 3-6 所示。

案例 1 和案例 2 的优化结果如表 3-2 所示，主要包含优化后的密度分布函数 DDF、对应的悬臂梁结构拓扑、目标函数、迭代步数与对应的体积分数。相比于上述案例讨论，可以清晰地发现，案例 1 中优化后的结构拓扑存在明显的锯齿状或者波浪状特征，且也有孤岛或者分层式的几何特征。在案例 2 中，我们提升了 NURBS 基函数的阶数，可以发现结构拓扑中的孤岛和分层式结构几何特征完全清楚，这主要源于 NURBS 基函数阶数增加，对应的局部支撑域变大，此时具备过滤机制特征，效果与密度过滤类似，因此可以消除类似的数值问题。但是优化后的结果拓扑仍具有锯齿状或者波浪状特征。这说明在当前等几何拓扑优化方法构造中，仅有 NURBS 过滤不足以获得边界光滑且几何清晰的结构拓扑。

表 3-2　2 个案例优化结果

案例 1				
密度分布函数	结构拓扑	目标	迭代步数	体积分数
	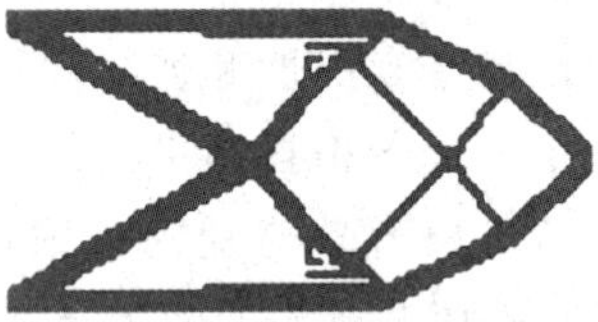	111.86	None	30.88%
案例 2				
密度分布函数	结构拓扑	目标	迭代步数	体积分数
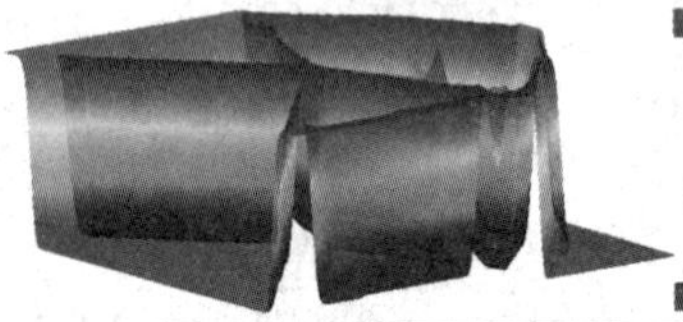	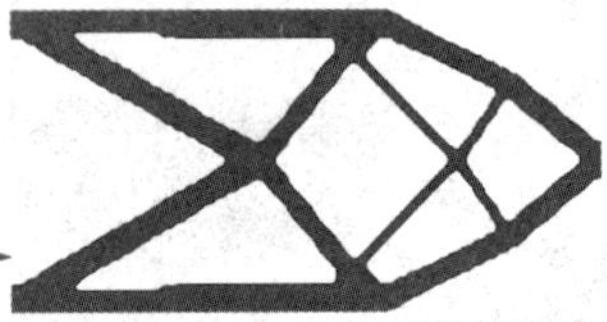	119.45	None	30.49%

为了更加清晰地观察结构拓扑的迭代变化、Shepard 函数的影响机制，如图 3-11 所示，我们给出了两个案例中间拓扑迭代过程。在迭代拓扑中，我们可以发现，在案例 1 的优化中，孤岛类、分层类结构拓扑几何特征非常容易出现，如 20 步；在案例 2 中的优化，20 步中出现了孤岛类几何特征，但后续在优化中这类数值问题被消除掉，这可以清晰地说明 NURBS 过滤的有效性。但是优化后的结果拓扑边界仍是锯齿状、波浪状，非常不利于后续的加工制造，因此可以有效说明采用 Shepard 函数建立平滑机制对等几何拓扑优化的必要性。

3. 初始设计影响性讨论

在本节中，主要目的在于讨论初始设计对结构优化的影响程度。如图 3-12 所示，定义了 3 种不同的初始设计，其中初始设计 1 和设计 2 中控制点密度均具有相同的值，在初始设计 3 中初始控制点密度中间有部分密度值等于 0，其余均等于 1。其他的设计参数均与本节中第 1 个案例保持一致，其对应的体积分数设置的最大值均为 30%。

优化后的拓扑结果如图 3-13 所示，包含优化后的高斯积分点密度分布、密度分布函数 DDF 和结构拓扑。优化后的数值结果如表 3-3 所示。从拓扑结果和数值结果可以看出，前两个案例中优化设计解基本无任何差别，构型基本一致且数值结果也非常接近。然而案例 3 中，拓扑构型与前两个设计案例差别较大，且迭代步数也较长一些。这主要源于在基于密度材料分布描述的拓扑优化方法中，其本质上是优化一系列密度参数，通过这些密度参数来

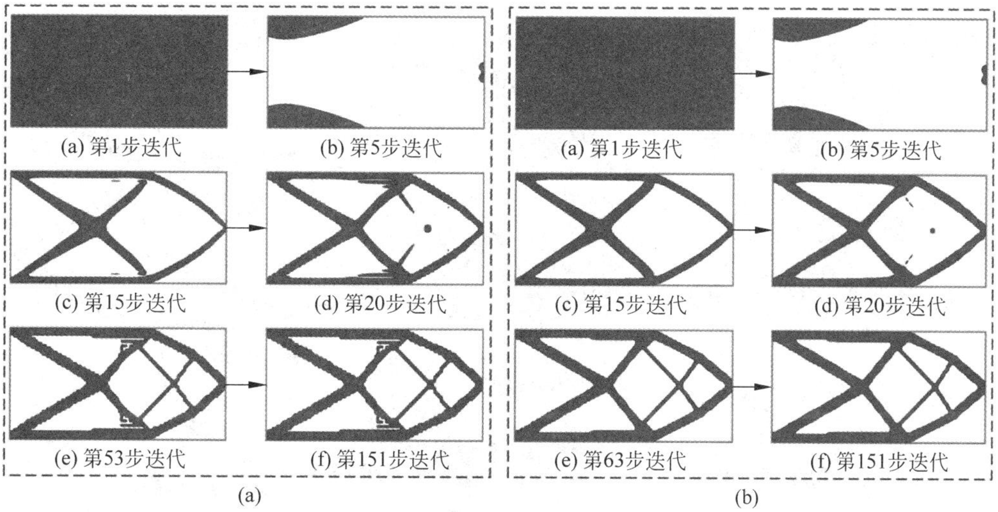

图 3-11　结构拓扑迭代

(a) 案例 1；(b) 案例 2

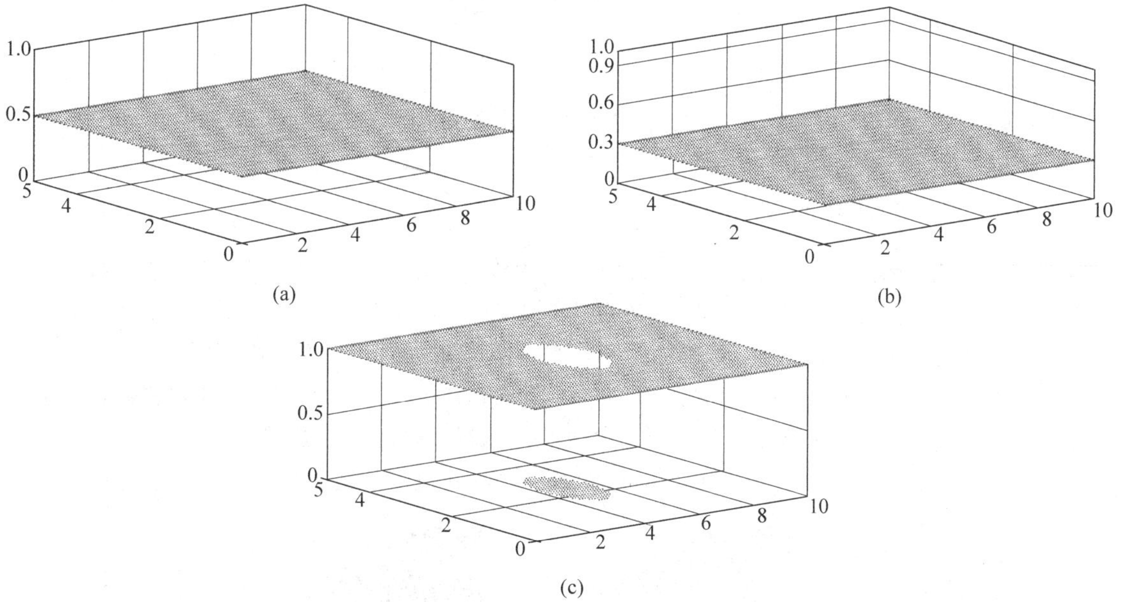

图 3-12　3 类初始设计中控制点密度分布

(a) 初始设计 1；(b) 初始设计 2；(c) 初始设计 3

迭代拓扑更新。以往工作对应的是单元密度，与本工作更贴切的应该是点密度，但本工作采用增强后的密度分布函数用于表示结构拓扑。此时对于优化算法而言，在所有结构几何信息均未知的前提下，初始的设计变量最好保持一致，才能确保每一个控制点密度具有相同的变化可能性，才更有可能确保优化找寻更优解。因此初始设计一般要设置为每一个点密度值相等，才能更有利于基于密度分布材料描述模型的拓扑优化方法找寻可行设计解。

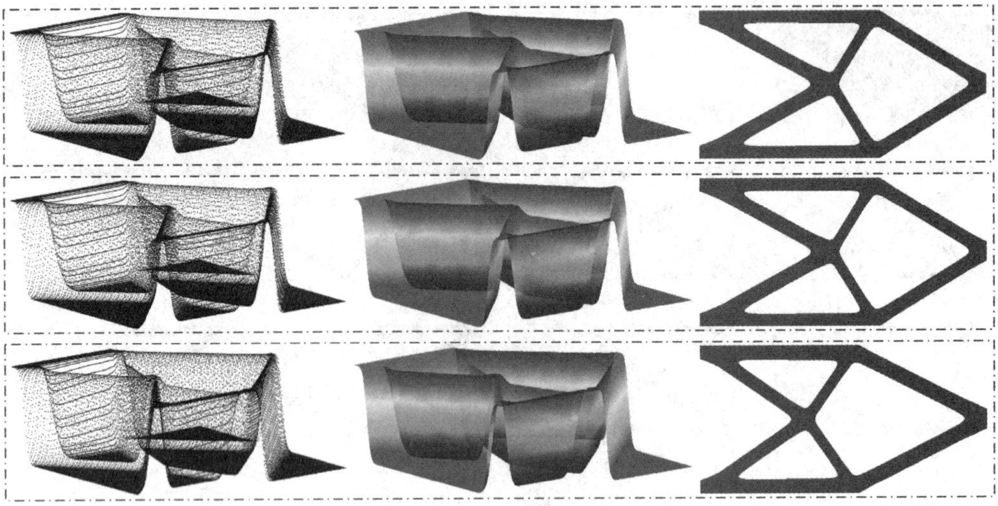

图 3-13　3 类案例优化拓扑结果

表 3-3　3 类案例优化数值结果

案例 1			案例 2			案例 3		
Obj	Num	Vol	Obj	Num	Vol	Obj	Num	Vol
130.15	72	30.12%	130.08	71	30.12%	131.32	82	30.54%

3.7.2　四分之一圆环

如图 3-14 所示，给出了四分之一圆环的初始设计域、负载、边界条件、对应的 NURBS 几何面，以及对应的等几何分析曲面网格和高斯积分点。从图 3-14(a)和(b)，可以看出 NURBS 几何和 IGA 分析网格与初始的四分之一圆原几何可以保持一致；而不是类似于传统有限单元法 FEM 中必须通过多边形网格不断细化来逼近原结构几何，可以有效说明基于 IGA 实现结构几何建模和数值分析的有效性。同时结构的尺寸 R 和 r 分别定义为 10 和 5。给定的初始设计如图 3-15 所示。对应的 NURBS 几何信息定义如下：

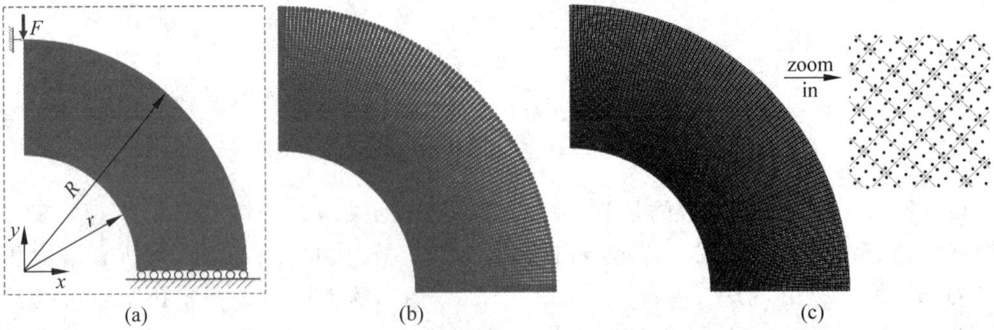

图 3-14　四分之一圆环：等几何单元个数 100×50，$p=3$，$q=3$；$\Xi=\{0,0,0,0,0.01,\cdots,0.99,1,1,1,1\}$

(a) 四分之一圆环；(b) NURBS 面；(c) IGA 网格与其高斯积分点

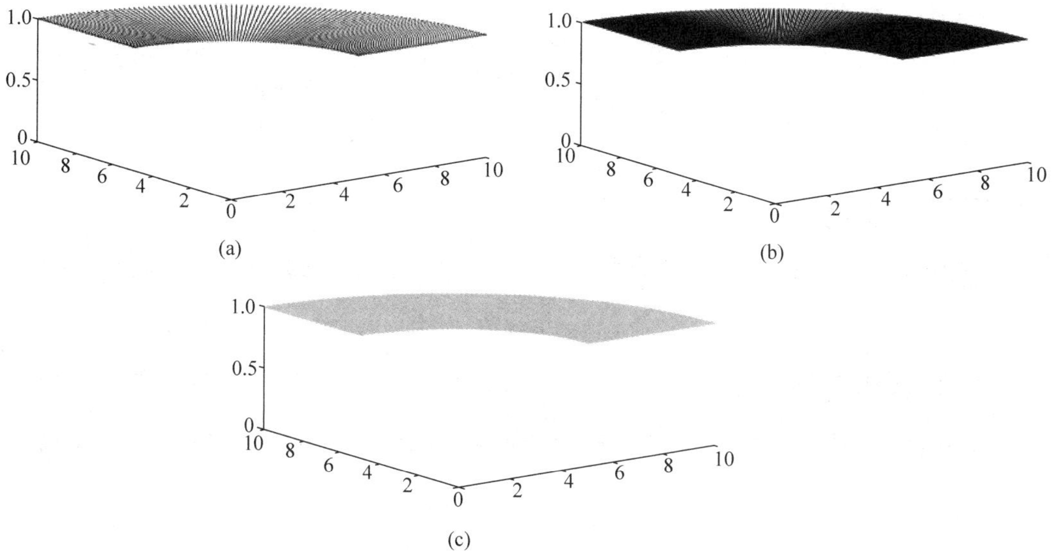

图 3-15　初始设计

(a) 控制点密度；(b) 高斯积分点密度；(c) 密度分布函数

图 3-16 给出了四分之一圆环优化后的结果，主要包含高斯积分点密度、大于 0.5 的高斯积分点密度分布、密度分布函数及其对应的结构拓扑。与前述案例讨论非常类似，首先密度分布函数具有充分的光滑性和连续性，主要源于初始定义的 Shepard 函数的光滑机制可以有效提升控制点密度的光滑性。同时优化后的结构拓扑边界光滑且材料边界孔洞特征清晰，均可以有效说明当前等几何拓扑优化方法在解决刚度最大化问题上的有效性和高效性，并且也可以说明基于密度分布函数来表征结构拓扑变化的必要性。

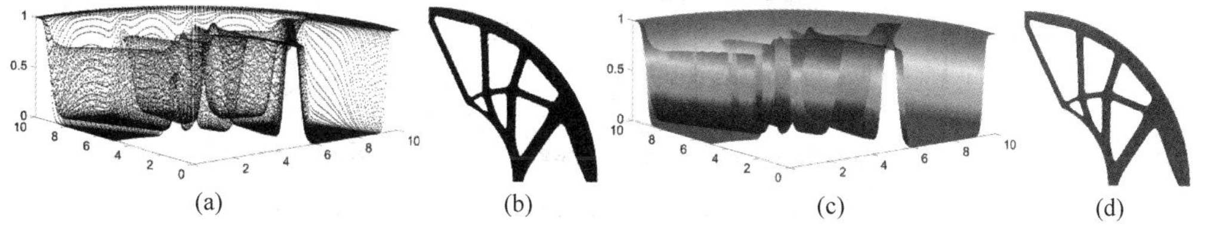

图 3-16　优化设计拓扑结果

(a) 高斯积分点密度；(b) 二维 view；(c) 密度分布函数 DDF；(d) 结构拓扑

同时，图 3-17 给出了在整个优化中密度分布函数的迭代图，图 3-18 给出了目标函数、约束函数及其部分中间拓扑的迭代图。通过迭代曲面可以有效说明当前结构拓扑优化迭代的稳定性和高效性。整个迭代曲线均非常平稳，在初时，由于体积分数不满足约束，在减少材料的同时，会引起整个结构拓扑发生较大的改变，但是当体积分数满足约束值时，结构拓扑的变化非常稳定，其对应的目标函数和体积约束也走向平稳。最后优化的结构拓扑对应的体积分数为 40.41%，与初始定义的最大值基本接近，也可以一定程度上说明利用等值线 0.5 代表拓扑边界的合理性。

在本案例中，目的在于深度讨论 NURBS 基函数阶数对结构拓扑优化稳定性的影响。主要分为 3 个案例，其对应的 NURBS 信息如下：

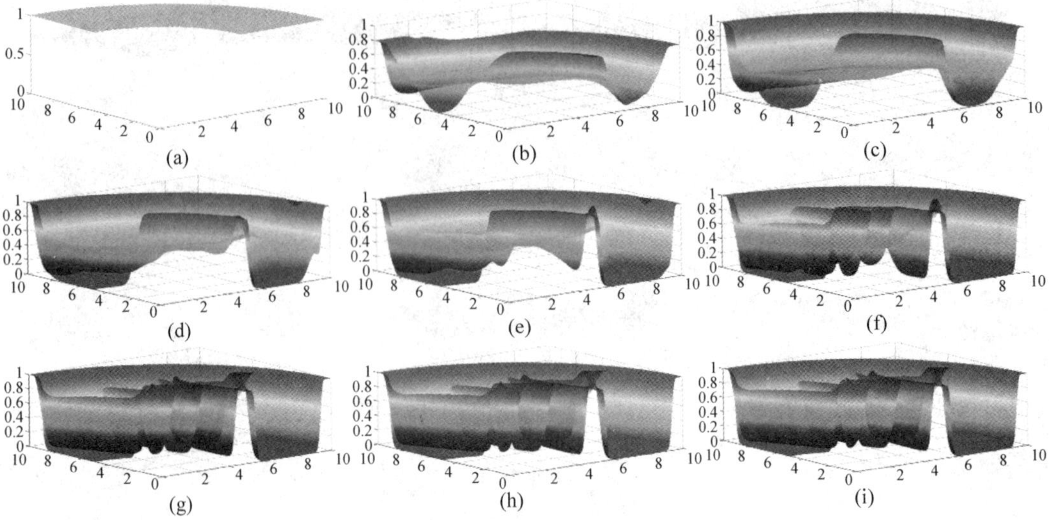

图 3-17　密度分布函数迭代图

(a) 迭代第 1 步；(b) 迭代第 5 步；(c) 迭代第 7 步；(d) 迭代第 10 步；(e) 迭代第 13 步；(f) 迭代第 21 步；(g) 迭代第 55 步；(h) 迭代第 74 步；(i) 迭代第 97 步

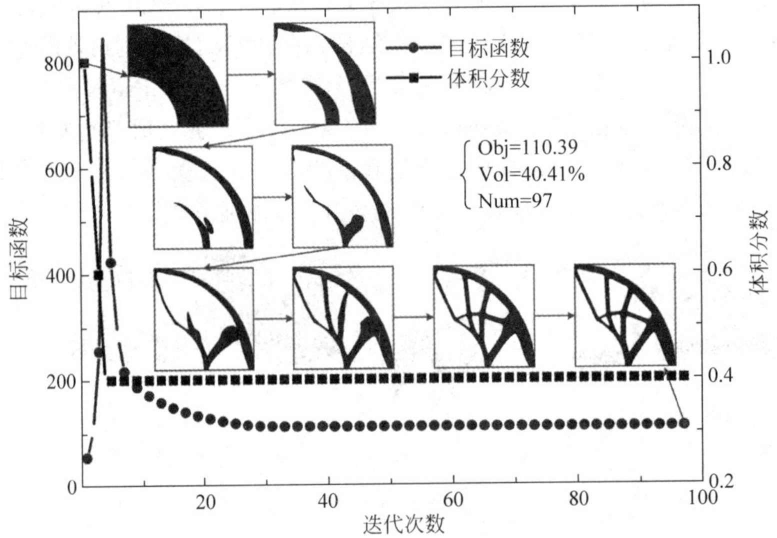

图 3-18　收敛曲线

案例 1：$\boldsymbol{\Xi}=\{0,0,0,0.01,\cdots,0.99,1,1\}$，$\boldsymbol{H}=\{0,0,0,0.02,\cdots,0.98,1,1\}$

案例 2：$\boldsymbol{\Xi}=\{0,0,0,0,0.01,\cdots,0.99,1,1,1\}$，$\boldsymbol{H}=\{0,0,0,0,0.02,\cdots,0.98,1,1,1\}$

案例 3：$\boldsymbol{\Xi}=\{0,0,0,0,0,0,0.01,\cdots,0.99,1,1,1,1,1\}$，$\boldsymbol{H}=\{0,0,0,0,0,0,0.02,\cdots,0.98,1,1,1,1,1\}$

3 个案例分别对应的阶数为 2,3 和 4。3 个案例中最大体积分数值定义为 40%，初始的密度值均定义为 1。

如图 3-19 所示，给出了 3 种案例优化设计拓扑结果，主要包含三维高斯积分点分布、大约0.5高斯积分点二维分布、密度分布函数及其对应的结构拓扑。3个案例的目标函数及其约束函数值如表3-4所示，主要包含优化后的结构目标函数值、体积分数以及最大迭代步数。可以清晰地看出，3个案例优化后的拓扑结果基本一致，从拓扑构型上来看几乎毫无差别，可以从效果上说明NURBS基函数阶数对拓扑优化结果的影响基本无大差别，均可以保证优化后的拓扑构型符合预期结构拓扑。通过对比其优化后的数值结果，我们可以看出，随着NURBS基函数的阶数越高，对应的目标函数值也越高，这说明对应的结构柔顺度越高，即说明对应的结构刚度越软，性能越差。这主要是源于高阶单元的刚性因为约束条件过多，导致其刚度性能相对来说较差。同时，其优化的迭代步数随着基函数阶数提高，步数也越来越小，说明迭代越来越稳定，这主要源于基函数阶数越高对应的数值精度越高，越能更快地收敛。

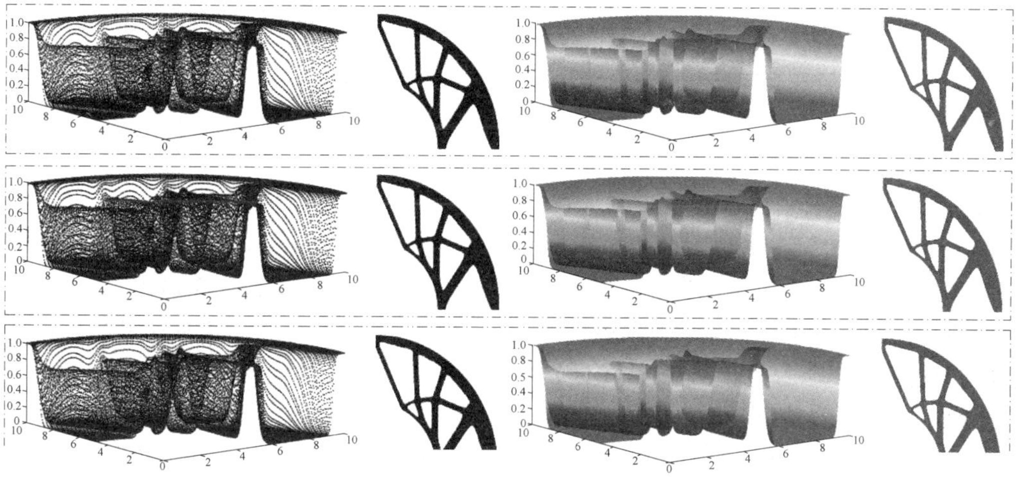

图3-19 3种案例优化设计拓扑结果

表3-4 3种案例优化设计数值结果

案例1			案例2			案例3		
Obj	Num	Vol	Obj	Num	Vol	Obj	Num	Vol
108.23	112	40.47%	110.39	97	40.41%	114.07	72	40.12%

3.7.3 L形梁

在本案例中，主要讨论L形梁结构。针对L形梁采用NURBS进行构造几何模型的时候，需要定义两个参数化方向，与欧拉空间中的X和Y坐标不同，其中参数化空间起始点定义在力施加的点，即F点，其中沿L拐角处的方向为第一个参数化方向，与L拐角垂直的深度方向为第二个参数化方向。本算例所优化的为L形梁结构，材料的最大体积分数定义为30%。在L形梁结构等几何分析中，等几何单元有100×50个，两个参数方向上的节点向量分别表示为

$$\boldsymbol{\Xi}=\{0,0,0,0,0.01,\cdots,0.99,1,1,1,1\},\quad \boldsymbol{H}=\{0,0,0,0,0.02,\cdots,0.98,1,1,1,1\}$$

NURBS基函数在两个参数化方向上的阶数为3，控制顶点的个数为103×53。其对应的设计域如图3-20所示。其中L和H均为10，l和h均为5。

针对L形梁结构，首先给出了L形梁结构对应的密度分布函数图，如图3-21所示。通过仔细观察可知，与上述案例讨论结果非常类似，密度分布函数光滑且连续，这主要源于光滑机制的构建，可以有效确保初始控制点的平滑性，并且密度分布函数的值主要分布于0和1附近。

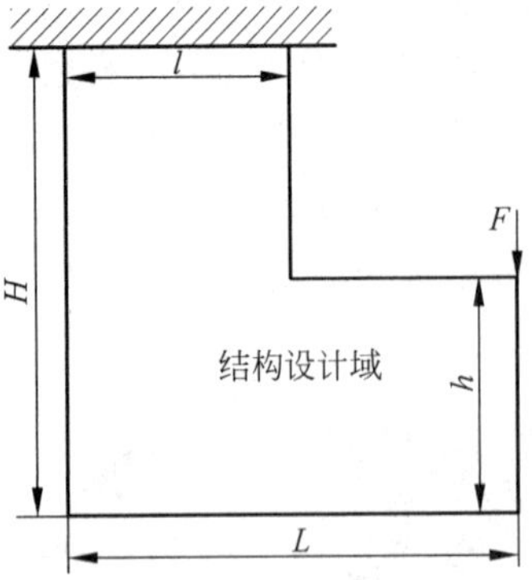

图3-20 L形梁设计域

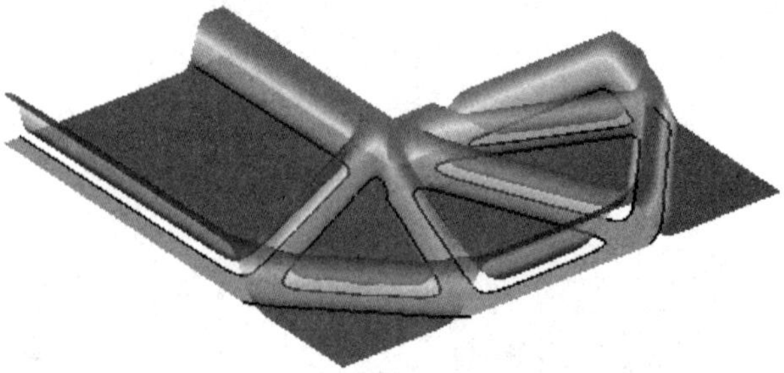

图3-21 最优结构密度分布函数

如图3-22所示，给出了L形梁结构最优拓扑，同时也给出了优化后高斯积分点密度大于0.5的点分布图。可以清晰地看出，优化后的L形梁结构拓扑边界光滑且几何特征清晰。同时，优化迭代中拓扑优化变化过程如图3-23所示，可见结构特征在前30步左右基本确定，在后面的过程中结构细节仅有轻微的调整，直到最终迭代完成。在优化过程中拓扑结构始终具有光滑清晰的边界，而且迭代过程中的结构具有较好的稳定性。并且，通过图3-23的迭代曲线，可以清楚地看到目标函数和体积分数的变化过程，体积分数在第5步后就已经达到目标值，目标函数在20步左右收敛，之后的20步左右主要进行结构的微调，从开始优化到最终的结果只需44步迭代即可完成，可以充分说明该方法的高效性及有效性。最终得到的拓扑结构的体积分数为30%。因此可以确定所运用的启发式准则用于定义密度分布函数所对应的结构拓扑是合理的。

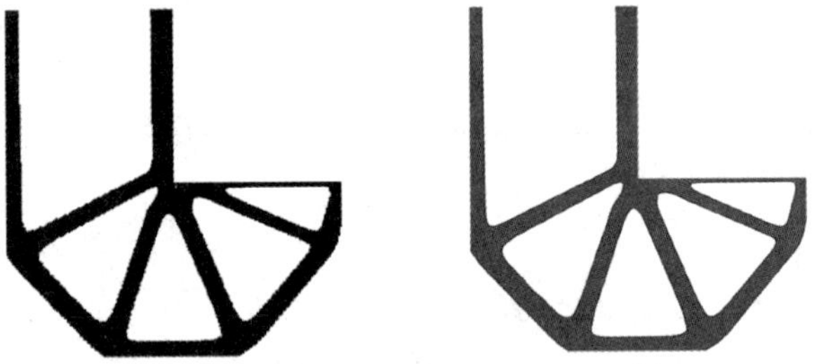

(a) (b)

图3-22 最优结构拓扑

(a) 高斯积分点对应的密度；(b) 拓扑结构

3.7.4 三维 Michell 结构

上述案例主要讨论了二维结构设计，在本案例中，首先针对经典的三维Michell结构开展等几何拓扑优化设计研究。其对应的结构设计域、NURBS几何模型以及对应的等几何

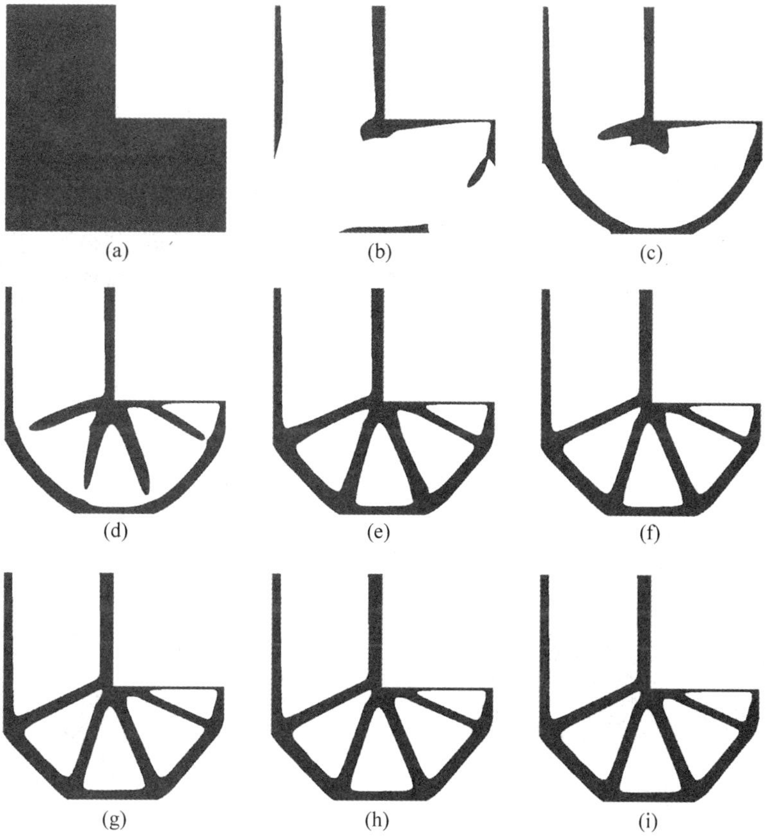

图 3-23 拓扑结构迭代收敛过程

(a) 第 1 步；(b) 第 7 步；(c) 第 10 步；(d) 第 13 步；(e) 第 18 步；(f) 第 25 步；(g) 第 31 步；(h) 第 39 步；(i) 第 44 步

分析网格如图 3-24 所示。这是细致化后的 NURBS 几何模型和等几何分析网格，可通过 NURBS 几何细化实施，其初始的结构 NURBS 几何模型和对应的控制点信息附在附录 I 中。在图 3-24 中细化后的 NURBS 几何信息主要包含，等几何单元个数 $30\times20\times20$，控制顶点的个数 $32\times32\times22$，3 个方向上的 NURBS 基函数阶数次数均为 3，对应的节点向量如下：

$$\boldsymbol{\Xi}=\{0,0,0,0.0333,\cdots,0.9667,1,1,1\},\quad \boldsymbol{H}=\{0,0,0,0.0333,\cdots,0.9667,1,1,1\}$$

$$\boldsymbol{Z}=\{0,0,0,0.05,\cdots,0.95,1,1,1\}$$

在本案例中，材料的体积约束中最大体积分数值为 15%。针对 Michell 结构优化后的设计结果，主要包含高斯积分点密度、结构拓扑、目标函数值以及对应的迭代步数，均如表 3-5 所示。同时为了更加清晰地说明优化后结构拓扑的几何特征信息，其结构拓扑的横截面示意图也列举在表 3-5 中。因为三维结构本身拓扑是在整个空间中，其对应的密度分布函数是四维的，在现有三维空间中无法展示其具体几何信息，因此本文忽略了展示四维密度分布函数。与二维类似，在三维结构设计中，其等值线密度值仍选择 0.5，作为结构拓扑的边界。目标函数与约束函数在整个优化中迭代曲线如图 3-25 所示，同时也展示了目标函数在连续两次迭代前后的差值，可以有效说明当前迭代曲线变化的稳定性，在图 3-26 中也展示了优化过程中结构拓扑及其对应高斯积分点密度的中间迭代过程，可以清晰地看出整个迭代过程中拓扑变化的稳定性。

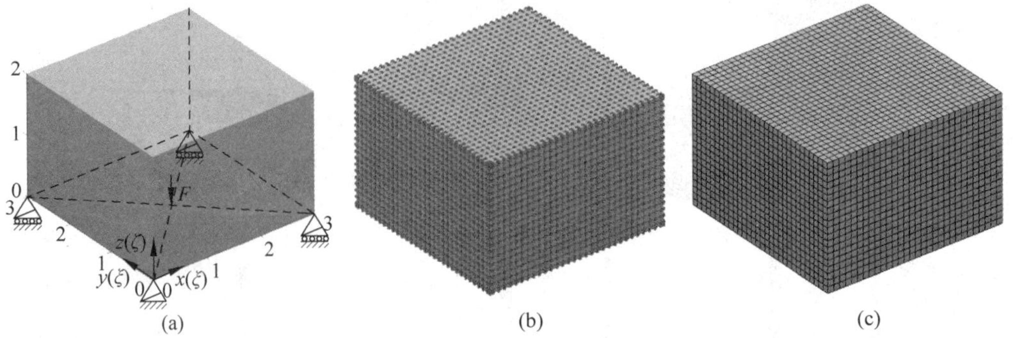

图 3-24 三维桁架结构

(a) 结构设计域；(b) NURBS 几何模型；(c) 等几何分析网格

表 3-5 三维 Michell 结构优化设计解

高斯积分点密度		结构拓扑	
		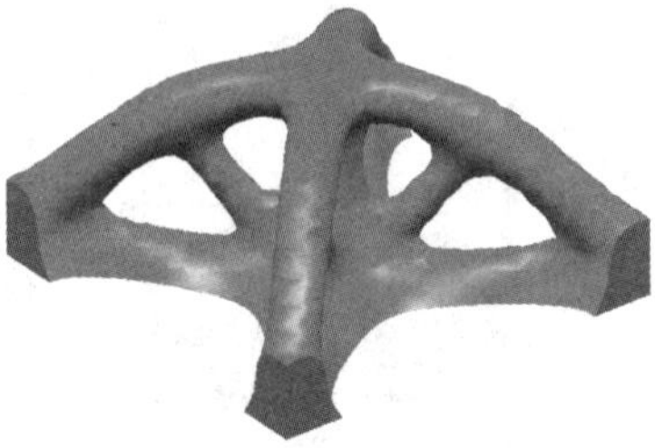	
		Obj	Num
横截面	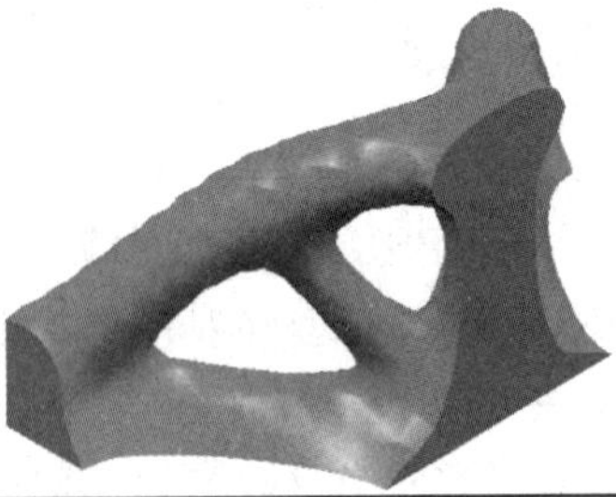	95.59	34

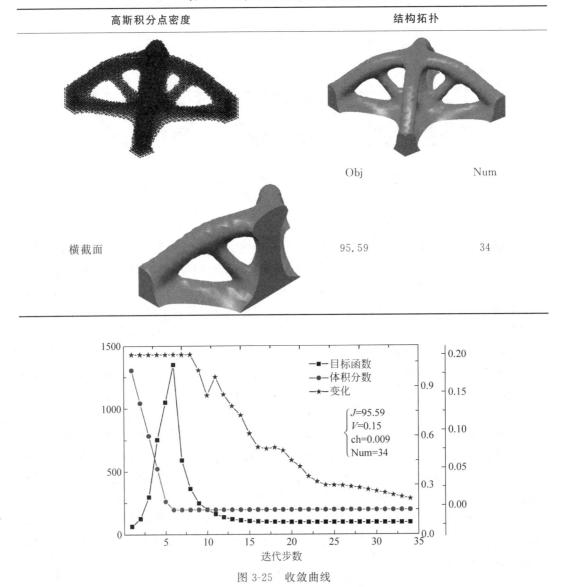

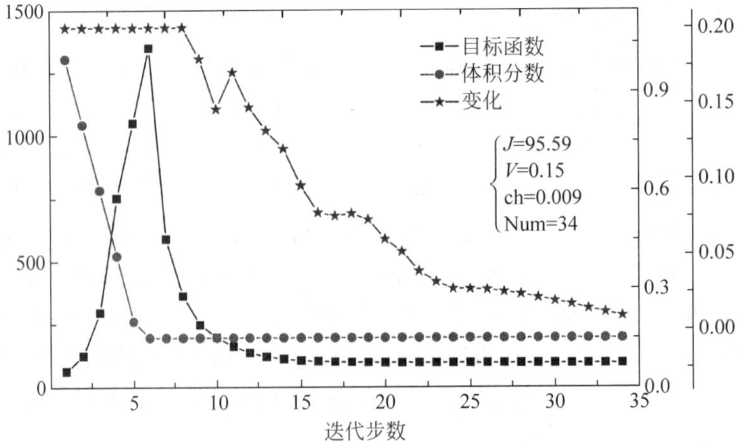

图 3-25 收敛曲线

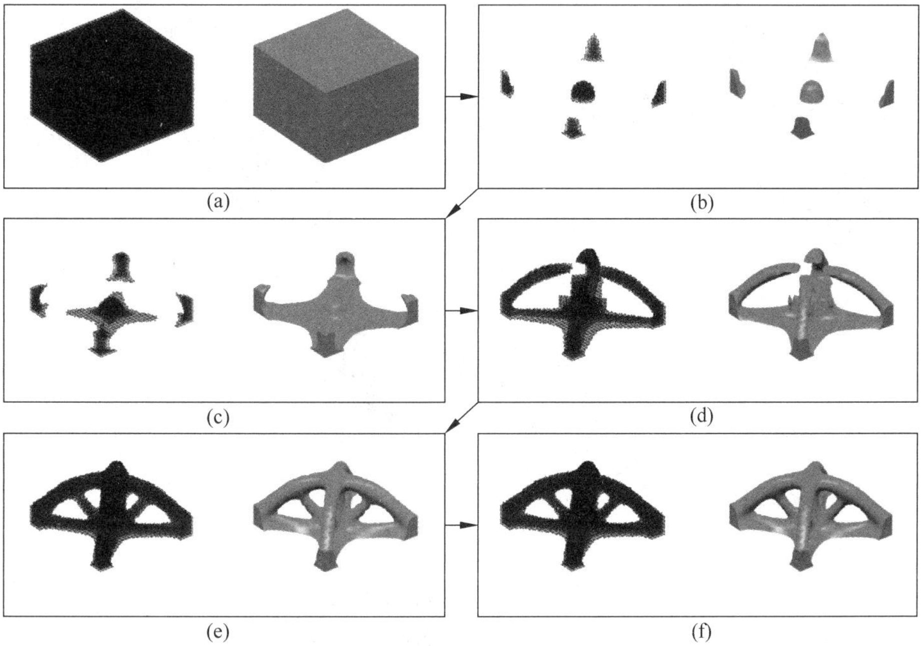

图 3-26 结构拓扑和高斯积分点密度迭代图

(a) 第 1 步；(b) 第 6 步；(c) 第 9 步；(d) 第 12 步；(e) 第 25 步；(f) 第 34 步

3.7.5 三维类桥梁结构

为了验证等几何拓扑优化方法的通用性，本节针对三维类桥梁结构开展设计。首先，三维类桥梁结构的初始设计域、NURBS 几何模型以及对应的等几何分析网格如图 3-27 所示。与上述案例不同的是，在本案例中，其结构设计空间在某一个参数化方向上的几何特征为曲线，因此需要更高阶 NURBS 基函数才能表征。首先，其初始的 NURBS 几何模型及其对应的控制点坐标信息附在附录Ⅱ中。其次，通过采用 NURBS 几何 k 型细化，来获取更为精细的 NURBS 几何模型及其对应的 IGA 分析网格，其对应的 NURBS 几何信息包含：NURBS 3 个参数化方向的阶数为 3，2 和 2，等几何单元的个数为 $64\times14\times14$，设计变量的个数为 $69\times16\times16$，材料用量最大值定义为 20%，对应的节点向量：

$$\boldsymbol{\Xi}=\{0,0,0,0,0.0156,\cdots,0.4844,0.5,0.5,0.5,0.5156,\cdots,0.9844,1,1,1,1\}$$

$$\boldsymbol{H}=\{0,0,0,0.0714,\cdots,0.9286,1,1,1\},\quad \boldsymbol{Z}=\{0,0,0,0.0714,\cdots,0.9286,1,1,1\}$$

优化后的三维类桥梁结构设计解，主要包含优化后的高斯积分点密度、结构拓扑以及对应的横截面示意图，均如表 3-6 所示，其优化后的目标函数、迭代步数也如表 3-6 所示。其优化仅需要 55 步即可收敛，可以说明当前三维类桥梁结构设计过程的稳定性和有效性。通过观察，可以发现目前优化后的结构拓扑边界光滑、几何特征清晰，可以清晰地说明优化后结构内拓扑材料的分布。图 3-28 也给出了在迭代过程中结构拓扑变化的中间图，通过仔细观察，可以发现在力施加的位置处，逐渐形成了杆件结构，以支撑力的传递，可以更有

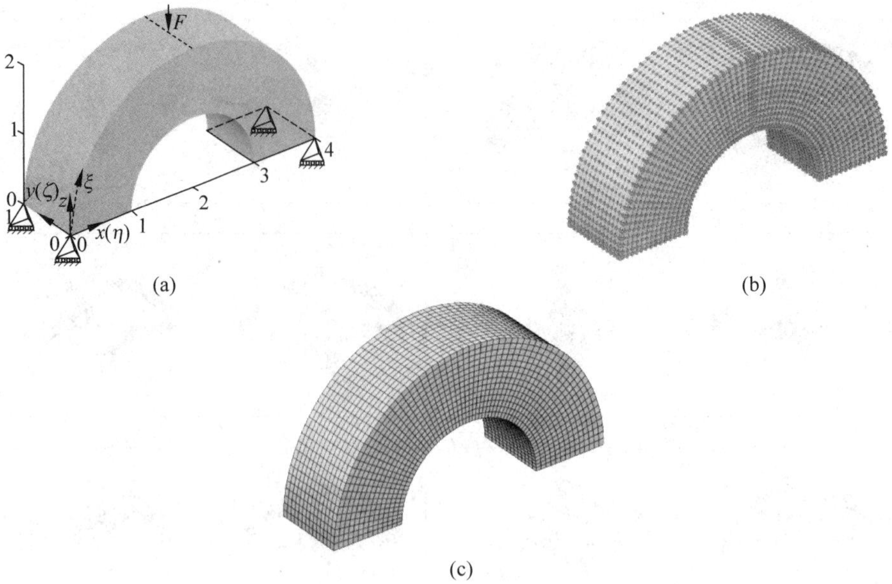

图 3-27　三维类桥梁结构

（a）结构设计域；（b）NURBS 几何模型；（c）IGA 分析网格

效地实现结构刚度性能的提升，以确保在相同的材料用量下，刚度最大化。目标函数与约束的迭代收敛图，以及对应的目标函数变化迭代图均如图 3-29 所示，可以清晰地说明当前迭代优化的稳定性。因此，等几何拓扑优化在曲面结构上也展示出了其优越的特性和收敛性。

表 3-6　三维类桥梁结构设计解

高斯积分点密度		结构拓扑	
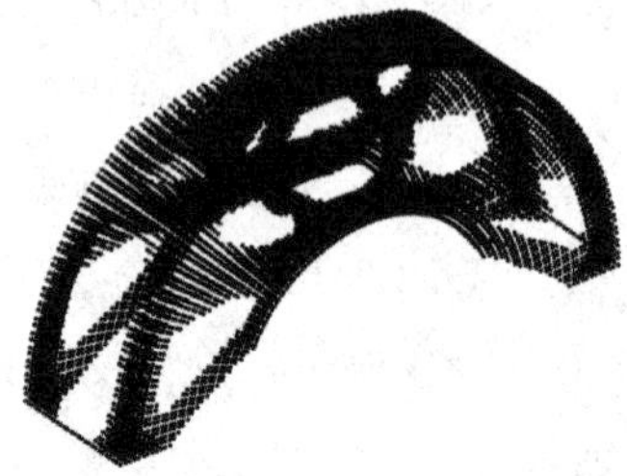			
		Obj	Num
横截面		335.63	55

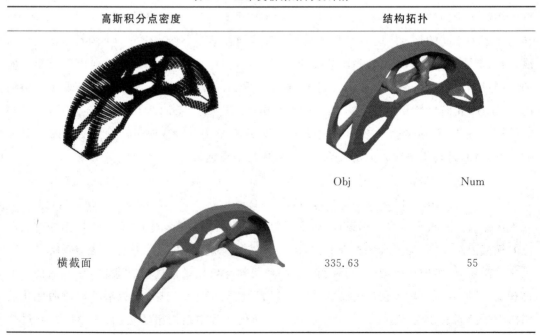

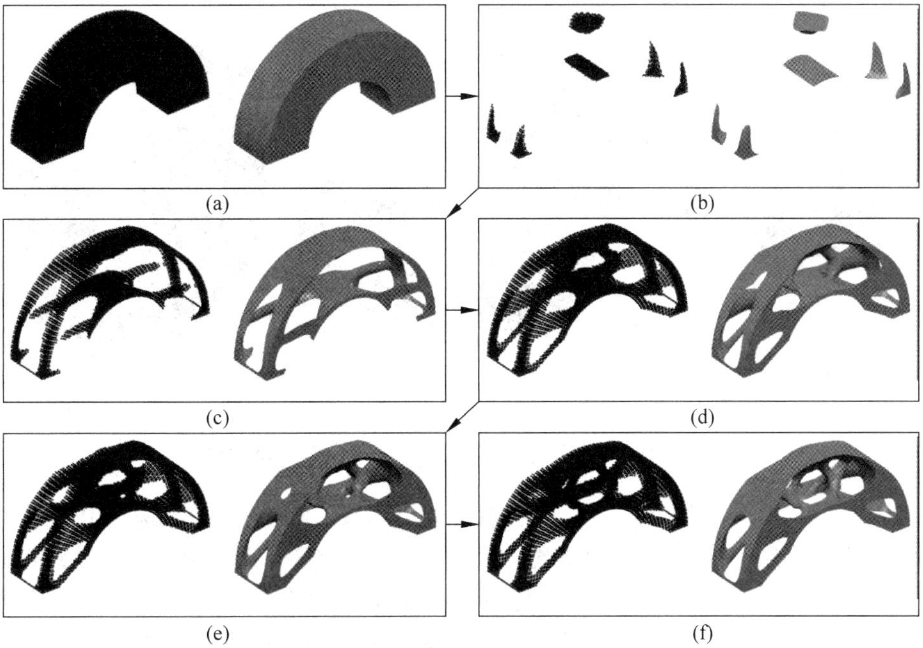

图 3-28　结构拓扑与高斯积分点分布迭代图

(a) 第 1 步；(b) 第 6 步；(c) 第 12 步；(d) 第 19 步；(e) 第 27 步；(f) 第 55 步

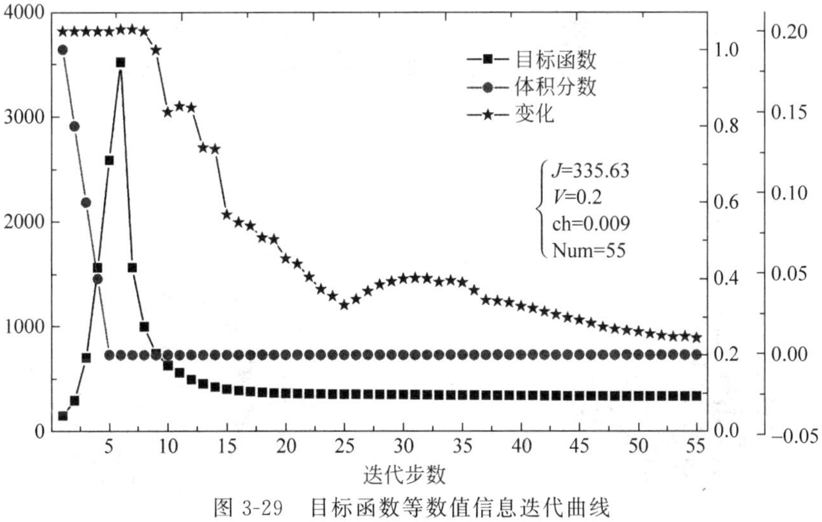

图 3-29　目标函数等数值信息迭代曲线

3.7.6　三维管道结构

为了讨论本章建立的等几何拓扑优化方法的通用性，选择一个三维圆管案例作为讨论对象，设计域为图 3-30 所示，在顶端面上保持固定，在圆管右侧面顶点上施加力，圆管的半径为 5，整体长度为 10。在等几何分析中，将设计域划分为 40×10×40 个等几何单元网格，其中定义了 3 个参数化方向，第 1 个参数化方向为 L 形拐角方向，第 2 个参数化方向为圆弧线方向，第 3 个参数化方向为圆环半径方向，NURBS 基函数的阶数为 3，3 和 2，目标体积分数设置为 30%。

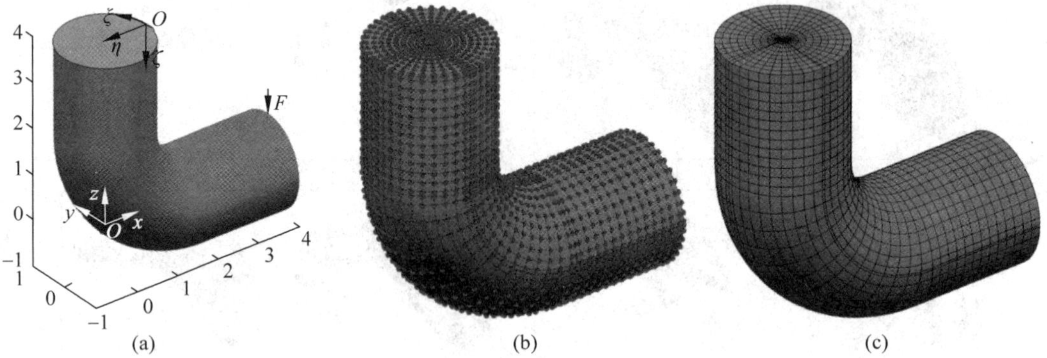

图 3-30　三维管道结构

(a) 结构设计域；(b) NURBS 几何模型；(c) IGA 分析网格

针对三维案例，无法绘制出对应的密度分布函数图，因为三维案例对应的是四维的函数，在现有软件平台中，无法清晰地描述。为了便于表示结果，直接给出最优的结构拓扑图和对应高斯积分点的密度分布图。优化后的结构拓扑如表 3-7 所示。图 3-31 是该结构在优化过程中 6 步的拓扑结构和高斯积分点密度优化过程示意图，从图中不难看出最终的拓扑结构具有光滑的结构边界。通过该方法，对三维结构进行优化后，所得到的拓扑结构同样也具有清晰的结构边界，迭代收敛也可以快速达到目标体积分数，从图 3-32 所示的优化迭代曲线看出，目标函数约在 13 步收敛，在 25 步时优化结束，体积分数也在第 5 步就达到了目标体积分数。因此可知该方法对于三维结构的优化也同样具有有效性和高效性的特点。

表 3-7　三维管道结构设计解

高斯积分点密度		结构拓扑	
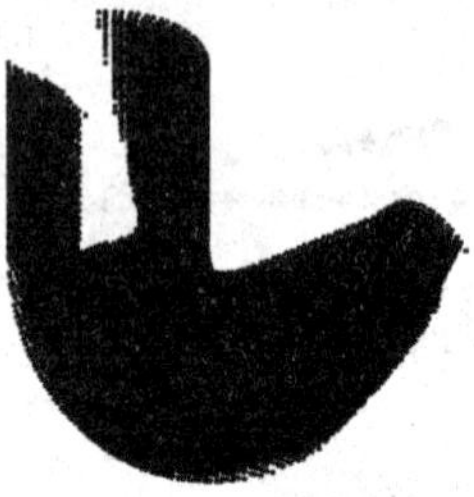		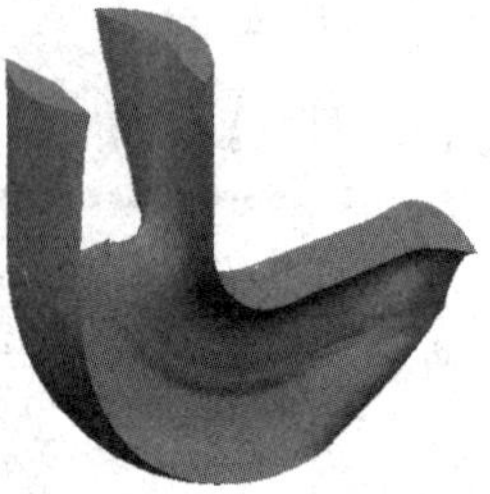	
		Obj	*Num*
横截面		1400.52	25

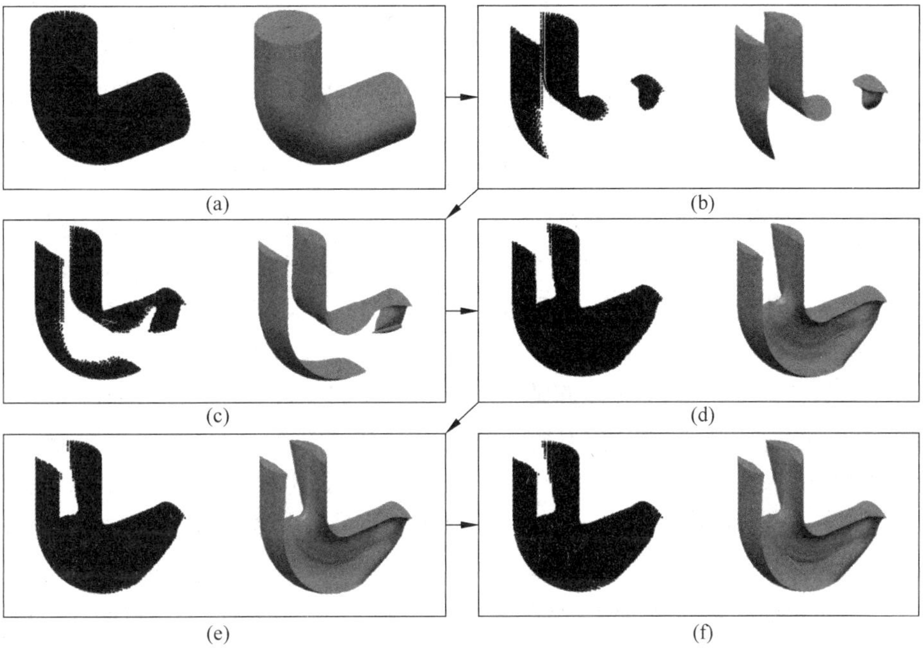

图 3-31　高斯积分点分布与结构拓扑迭代图

(a) 第 1 步；(b) 第 4 步；(c) 第 5 步；(d) 第 9 步；(e) 第 15 步；(f) 第 25 步

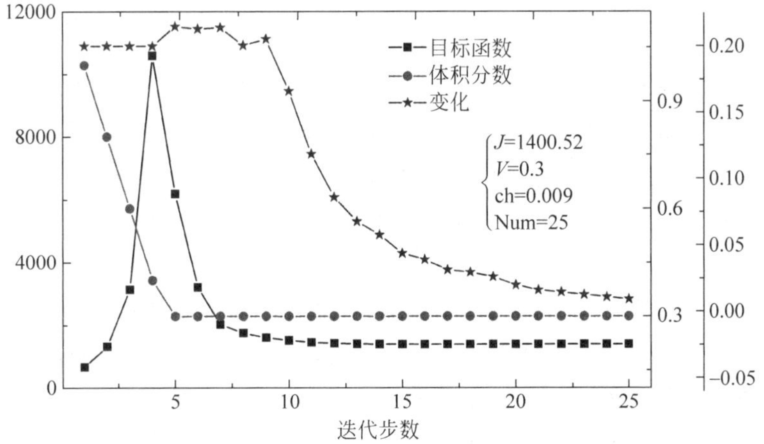

图 3-32　目标函数与约束函数迭代曲线

3.8　本章小结

在本章节中主要介绍了一种基于密度建立的等几何拓扑优化方法，与原基于密度的拓扑优化方法不同，本方法并没有局限于采用有限单元表征结构拓扑，而是在控制顶点上引入离散点密度，基于 NURBS 的几何建模机理，构造面向整个设计域的连续密度分布场；并且在分布场的构造中，深度引入 Shepard 函数，建立密度平滑机制，从而确保密度分布函数的连续性与高阶光滑性；再引入密度等值线表征结构边界，采用隐式水平集函数表征材料与孔洞分布机理，以实现结构域内的孔洞与实体清晰表征；后基于相同的 NURBS 基函数建立等几何分析数值响应分析空间，以实现结构内位移场、应变场的求解；进而形成采用统一的 NURBS 基函数构造的等几何拓扑优化方法，实现初始结构设计域的 NURBS 特征建模、结构拓扑的材料分布表征与基于 NURBS 的等几何分析数值求解，从而可有效确保结构拓扑优化过程中几何表征精度、数值求解精度、收敛和迭代稳定等多方面优异特征，以消除原基于有限单元法的拓扑优化各类数值问题。通过大量二维和三维案例的讨论，可以有效说明当前等几何拓扑优化方法提出的有效性、高效性、必要性和优越性。

然而，本方法仍有一定的缺陷，主要体现在如下几个方面：①优化后结构拓扑是基于密度分布函数的等值线结合隐式描述模型建立，这是一种启发式近似等效策略，虽然数值结果逼近，但实际上仍存在误差，并不对等真正的优化结构拓扑，即密度分布函数；②结构拓扑边界无法用显式的 NURBS 表述，因此无法显示几何特征信息，也无法直接导入现有的 CAD 内核软件中，需要通过一定的后处理手段获取几何信息，尚不能真正实现 CAD 几何建模、结构拓扑表征、CAE 数值分析与拓扑几何信息输出的真正统一，也是本方法后续亟待解决的关键科学问题；③等几何分析的基本原理和数值实施相对于有限单元法而言，还过于复杂，并且在几何特征简单的结构上数值实施不具有一定的简便性，导致后续的工程化还存在较大困难。

习题

3.1 阐述在拓扑优化中，引入等几何分析代替有限单元法的必要性。

3.2 简要阐述等几何拓扑优化方法建立与实施过程，并附上流程图，同时说明其与已有有限单元法建立的变密度拓扑优化方法的差异性。

3.3 简要推导等几何分析中刚度矩阵的求解、组装，并仔细说明等几何分析形函数路线。

3.4 简要绘制出基于不同阶数的桥梁结构示意图(几何模型和分析模型)。

3.5 详细阐述等几何拓扑优化方法中的平滑机制与变密度法中的过滤机制的差异性。

3.6 详细阐述等几何拓扑优化方法中的过滤机制是如何实施的？

3.7 思考如何实现基于水平集法的等几何拓扑优化方法框架的建立。

3.8 探讨不同基函数阶数对结构拓扑优化设计结果的影响。

3.9 详细阐述等几何拓扑优化方法的优缺点。

附录

附录Ⅰ 三维 Michell 结构

图 3-33 给出的是三维 Michell 结构的几何模型，包含了初始对应的控制点位置。表 3-8 给出了初始几何模型中控制点的坐标及其权重。

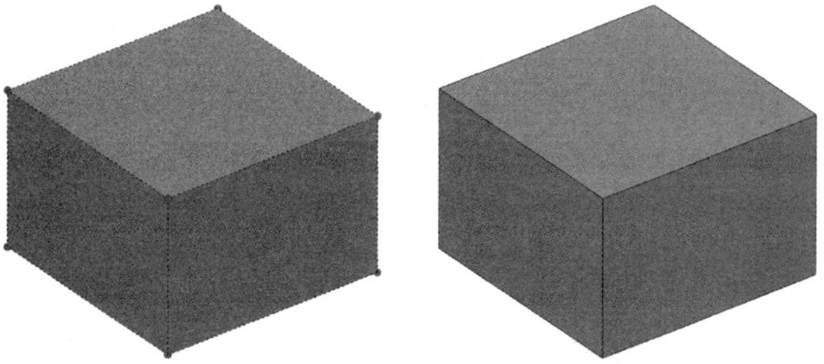

图 3-33　三维 Michell 结构

表 3-8　三维 Michell 结构初始控制顶点

j	k	$\boldsymbol{P}_{1,j,k}$	$\boldsymbol{P}_{2,j,k}$	$w_{1,j,k}$	$w_{2,j,k}$
1	1	(0,0,0)	(3,0,0)	1	1
2	1	(0,3,0)	(3,3,0)	1	1
1	2	(0,0,2)	(3,0,2)	1	1
2	2	(0,3,2)	(3,3,2)	1	1

附录Ⅱ　三维类桥梁结构

图 3-34 给出的是三维类桥梁结构的几何模型，包含了初始对应的控制点位置。表 3-9 给出了初始几何模型中控制点的坐标及其权重。

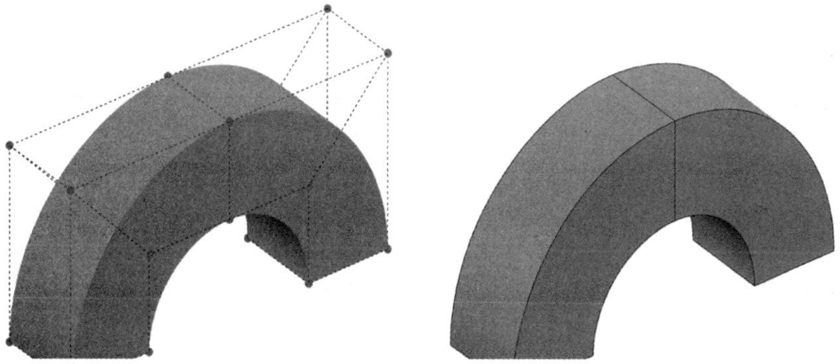

图 3-34　三维类桥梁结构

表 3-9　三维类桥梁初始控制顶点

i	j	$\boldsymbol{P}_{i,j,1}$	$\boldsymbol{P}_{i,j,2}$	$w_{i,j,1}$	$w_{i,j,2}$
1	1	(0,0,0)	(0,1,0)	1	1
2	1	$(0,0,\sqrt{2})$	$(0,1/\sqrt{2},\sqrt{2})$	$1/\sqrt{2}$	$1/\sqrt{2}$
3	1	(2,0,2)	(2,1,2)	1	1
4	1	$(2\sqrt{2},0,\sqrt{2})$	$(2\sqrt{2},1/\sqrt{2},\sqrt{2})$	$1/\sqrt{2}$	$1/\sqrt{2}$
5	1	(4,0,0)	(4,1,0)	1	1
1	2	(1,0,0)	(1,1,0)	1	1
2	2	$(1/\sqrt{2},0,1/\sqrt{2})$	$(1/\sqrt{2},1/\sqrt{2},1/\sqrt{2})$	$1/\sqrt{2}$	$1/\sqrt{2}$

续表

i	j	$P_{i,j,1}$	$P_{i,j,2}$	$w_{i,j,1}$	$w_{i,j,2}$
3	2	(2,0,1)	(2,1,1)	1	1
4	2	$(3/\sqrt{2},0,1/\sqrt{2})$	$(3/\sqrt{2},1/\sqrt{2},1/\sqrt{2})$	$1/\sqrt{2}$	$1/\sqrt{2}$
5	2	(3,0,0)	(3,1,0)	1	1

附录Ⅲ　三维管道结构

图 3-35 给出的是三维管道结构的几何模型，包含了初始对应的控制点位置。表 3-10 给出了初始几何模型中控制点的坐标及其权重。

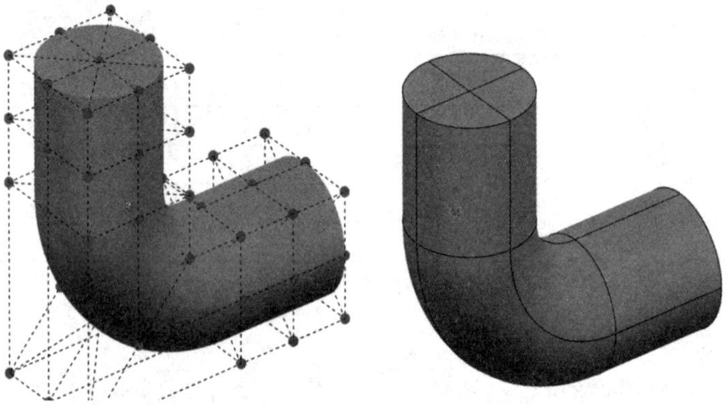

图 3-35　三维管道结构

表 3-10　三维管道结构初始控制顶点

i	k	$P_{i,1,k}$	$P_{i,2,k}$	$w_{i,1,k}$	$w_{i,2,k}$
1	1	(1,0,4)	(0,0,4)	1	1
2	1	$(1/\sqrt{2},1/\sqrt{2},2\sqrt{2})$	$(0,0,2\sqrt{2})$	$1/\sqrt{2}$	$1/\sqrt{2}$
3	1	(0,1,4)	(0,0,4)	1	1
4	1	$(-1/\sqrt{2},1/\sqrt{2},2\sqrt{2})$	$(0,0,2\sqrt{2})$	$1/\sqrt{2}$	$1/\sqrt{2}$
5	1	(−1,0,4)	(0,0,4)	1	1
6	1	$(-1/\sqrt{2},-1/\sqrt{2},2\sqrt{2})$	$(0,0,2\sqrt{2})$	$1/\sqrt{2}$	$1/\sqrt{2}$
7	1	(0,−1,4)	(0,0,4)	1	1
8	1	$(1/\sqrt{2},-1/\sqrt{2},2\sqrt{2})$	$(0,0,2\sqrt{2})$	$1/\sqrt{2}$	$1/\sqrt{2}$
9	1	(1,0,4)	(0,0,4)	1	1
1	2	(1,0,3)	(0,0,3)	1	1
2	2	$(1/\sqrt{2},1/\sqrt{2},3/\sqrt{2})$	$(0,0,3/\sqrt{2})$		$1/\sqrt{2}$
3	2	(0,1,3)	(0,0,3)	1	1
4	2	$(-1/\sqrt{2},1/\sqrt{2},3/\sqrt{2})$	$(0,0,3/\sqrt{2})$	$1/\sqrt{2}$	$1/\sqrt{2}$
5	2	(−1,0,3)	(0,0,3)	1	1
6	2	$(-1/\sqrt{2},-1/\sqrt{2},3/\sqrt{2})1/\sqrt{2}$	$(0,0,3/\sqrt{2})$	$1/\sqrt{2}$	$1/\sqrt{2}$
7	2	(0,−1,3)	(0,0,3)	1	1
8	2	$(1/\sqrt{2},-1/\sqrt{2},3/\sqrt{2})$	$(0,0,3/\sqrt{2})$	$1/\sqrt{2}$	$1/\sqrt{2}$
9	2	(1,0,3)	(0,0,3)	1	1
1	3	(1,0,2)	(0,0,2)	1	1

续表

i	k	$\boldsymbol{P}_{i,1,k}$	$\boldsymbol{P}_{i,2,k}$	$w_{i,1,k}$	$w_{i,2,k}$
2	3	$(1/\sqrt{2},1/\sqrt{2},\sqrt{2})$	$(0,0,\sqrt{2})$	$1/\sqrt{2}$	$1/\sqrt{2}$
3	3	$(0,1,2)$	$(0,0,2)$	1	1
4	3	$(-1/\sqrt{2},1/\sqrt{2},\sqrt{2})$	$(0,0,\sqrt{2})$	$1/\sqrt{2}$	$1/\sqrt{2}$
5	3	$(-1,0,2)$	$(0,0,2)$	1	1
6	3	$(-1/\sqrt{2},-1/\sqrt{2},\sqrt{2})$	$(0,0,\sqrt{2})$	$1/\sqrt{2}$	$1/\sqrt{2}$
7	3	$(0,-1,2)$	$(0,0,2)$	1	1
8	3	$(1/\sqrt{2},-1/\sqrt{2},\sqrt{2})$	$(0,0,\sqrt{2})$	$1/\sqrt{2}$	$1/\sqrt{2}$
9	3	$(1,0,2)$	$(0,0,2)$	1	1
1	4	$(1/\sqrt{2},0,1/\sqrt{2})$	$(0,0,0)$	$1/\sqrt{2}$	$1/\sqrt{2}$
2	4	$(1/2,1/2,1/2)$	$(0,0,0)$	$1/2$	$1/2$
3	4	$(0,1/\sqrt{2},0)$	$(0,0,0)$	$1/\sqrt{2}$	$1/\sqrt{2}$
4	4	$(-1/2,1/2,-1/2)$	$(0,0,0)$	$1/2$	$1/2$
5	4	$(-1/\sqrt{2},0,-1/\sqrt{2})$	$(0,0,0)$	$1/\sqrt{2}$	$1/\sqrt{2}$
6	4	$(-1/2,-1/2,-1/2)$	$(0,0,0)$	$1/2$	$1/2$
7	4	$(0,-1/\sqrt{2},0)$	$(0,0,0)$	$1/\sqrt{2}$	$1/\sqrt{2}$
8	4	$(1/2,-1/2,1/2)$	$(0,0,0)$	$1/2$	$1/2$
9	4	$(1/\sqrt{2},0,1/\sqrt{2})$	$(0,0,0)$	$1/\sqrt{2}$	$1/\sqrt{2}$
1	5	$(2,0,1)$	$(2,0,0)$	1	1
2	5	$(\sqrt{2},1/\sqrt{2},1/\sqrt{2})$	$(\sqrt{2},0,0)$	$1/\sqrt{2}$	$1/\sqrt{2}$
3	5	$(2,1,0)$	$(2,0,0)$	1	1
4	5	$(\sqrt{2},1/\sqrt{2},-1/\sqrt{2})$	$(\sqrt{2},0,0)$	$1/\sqrt{2}$	$1/\sqrt{2}$
5	5	$(2,0,-1)$	$(2,0,0)$	1	1
6	5	$(\sqrt{2},-1/\sqrt{2},-1/\sqrt{2})$	$(\sqrt{2},0,0)$	$1/\sqrt{2}$	$1/\sqrt{2}$
7	5	$(2,-1,0)$	$(2,0,0)$	1	1
8	5	$(\sqrt{2},-1/\sqrt{2},1/\sqrt{2})$	$(\sqrt{2},0,0)$	$1/\sqrt{2}$	$1/\sqrt{2}$
9	5	$(2,0,1)$	$(2,0,0)$	1	1
1	6	$(3,0,1)$	$(3,0,0)$	1	1
2	6	$(3/\sqrt{2},1/\sqrt{2},1/\sqrt{2})$	$(3/\sqrt{2},0,0)$	$1/\sqrt{2}$	$1/\sqrt{2}$
3	6	$(3,1,0)$	$(3,0,0)$	1	1
4	6	$(3/\sqrt{2},1/\sqrt{2},-1/\sqrt{2})$	$(3/\sqrt{2},0,0)$	$1/\sqrt{2}$	$1/\sqrt{2}$
5	6	$(3,0,-1)$	$(3,0,0)$	1	1
6	6	$(3/\sqrt{2},-1/\sqrt{2},-1/\sqrt{2})$	$(3/\sqrt{2},0,0)$	$1/\sqrt{2}$	$1/\sqrt{2}$
7	6	$(3,-1,0)$	$(3,0,0)$	1	1
8	6	$(3/\sqrt{2},-1/\sqrt{2},1/\sqrt{2})$	$(3/\sqrt{2},0,0)$	$1/\sqrt{2}$	$1/\sqrt{2}$
9	6	$(3,0,1)$	$(3,0,0)$	1	1
1	7	$(4,0,1)$	$(4,0,0)$	1	1
2	7	$(2\sqrt{2},1/\sqrt{2},1/\sqrt{2})$	$(2\sqrt{2},0,0)$	$1/\sqrt{2}$	$1/\sqrt{2}$
3	7	$(4,1,0)$	$(4,0,0)$	1	1
4	7	$(2\sqrt{2},1/\sqrt{2},-1/\sqrt{2})$	$(2\sqrt{2},0,0)$	$1/\sqrt{2}$	$1/\sqrt{2}$
5	7	$(4,0,-1)$	$(4,0,0)$	1	1
6	7	$(2\sqrt{2},-1/\sqrt{2},-1/\sqrt{2})$	$(2\sqrt{2},0,0)$	$1/\sqrt{2}$	$1/\sqrt{2}$
7	7	$(4,-1,0)$	$(4,0,0)$	1	1

续表

i	k	$\boldsymbol{P}_{i,1,k}$	$\boldsymbol{P}_{i,2,k}$	$w_{i,1,k}$	$w_{i,2,k}$
8	7	$(2\sqrt{2},-1/\sqrt{2},1/\sqrt{2})$	$(2\sqrt{2},0,0)$	$1/\sqrt{2}$	$1/\sqrt{2}$
9	7	(4,0,1)	(4,0,0)	1	1

参考文献

[1] HUGHES T J R, COTTRELL J A A, BAZILEVS Y. Isogeometric analysis: CAD, finite elements, NURBS, exact geometry and mesh refinement[J]. Computer Methods in Applied Mechanics and Engineering, 2005, 194(39-41): 4135-4195.

[2] KUMAR A V, PARTHASARATHY A. Topology optimization using B-spline finite elements[J]. Structural and Multidisciplinary Optimization, Springer, 2011, 44(4): 471-481.

[3] HASSANI B, KHANZADI M, TAVAKKOLI S M. An isogeometrical approach to structural topology optimization by optimality criteria[J]. Structural and Multidisciplinary Optimization, 2012, 45(2): 223-233.

[4] QIAN X. Topology optimization in B-spline space[J]. Computer Methods in Applied Mechanics and Engineering, 2013, 265: 15-35.

[5] GAO J, GAO L, LUO Z, et al. Isogeometric topology optimization for continuum structures using density distribution function[J]. International Journal for Numerical Methods in Engineering, 2019, 119(10): 991-1017.

[6] XIE X, WANG S, WANG Y, et al. Truncated hierarchical B-spline-based topology optimization[J]. Structural and Multidisciplinary Optimization, Springer, 2020, 62(1): 83-105.

[7] ZHUANG C, XIONG Z, DING H. Bézier extraction based isogeometric topology optimization with a locally-adaptive smoothed density model[J]. Journal of Computational Physics, Elsevier Inc., 2022, 467: 111469.

[8] WANG Y, XIAO M, XIA Z, et al. From computer-aided design (CAD) toward human-aided design (HAD): an isogeometric topology optimization approach[J]. Engineering, Elsevier, 2023, 22: 94-105.

[9] WANG Y, BENSON D J. Isogeometric analysis for parameterized LSM-based structural topology optimization[J]. Computational Mechanics, 2016, 57(1): 19-35.

[10] WANG Y, BENSON D J. Geometrically constrained isogeometric parameterized level-set based topology optimization via trimmed elements[J]. Frontiers of Mechanical Engineering, Higher Education Press, 2016, 11(4): 328-343.

[11] GHASEMI H, PARK H S, RABCZUK T. A level-set based IGA formulation for topology optimization of flexoelectric materials[J]. Computer Methods in Applied Mechanics and Engineering, North-Holland, 2017, 313: 239-258.

[12] GAO J, XIAO M, ZHOU M, et al. Isogeometric topology and shape optimization for composite structures using level-sets and adaptive Gauss quadrature[J]. Composite Structures, 2022, 285: 115263.

[13] ZHOU M, XIAO M, ZHANG Y, et al. Marching cubes-based isogeometric topology optimization method with parametric level set[J]. Applied Mathematical Modelling, Elsevier Inc., 2022, 107: 275-295.

[14] JAHANGIRY H A, TAVAKKOLI S M. An isogeometrical approach to structural level set topology optimization[J]. Computer Methods in Applied Mechanics and Engineering, North-Holland, 2017, 319: 240-257.

[15] NISHI S, YAMADA T, IZUI K, et al. Isogeometric topology optimization of anisotropic metamaterials for controlling high-frequency electromagnetic wave[J]. International Journal for Numerical Methods in Engineering, John Wiley & Sons, Ltd, 2020, 121(6): 1218-1247.

[16] SEO Y-D, KIM H-J, YOUN S-K. Isogeometric topology optimization using trimmed spline surfaces [J]. Computer Methods in Applied Mechanics and Engineering, 2010, 199(49-52): 3270-3296.

[17] KANG P, YOUN S-K. Isogeometric topology optimization of shell structures using trimmed NURBS surfaces[J]. Finite Elements in Analysis and Design, Elsevier, 2016, 120: 18-40.

[18] HOU W, GAI Y, ZHU X, et al. Explicit isogeometric topology optimization using moving morphable components[J]. Computer Methods in Applied Mechanics and Engineering, 2017, 326: 694-712.

[19] XIE X, WANG S, XU M, et al. A new isogeometric topology optimization using moving morphable components based on R-functions and collocation schemes [J]. Computer Methods in Applied Mechanics and Engineering, 2018, 339: 61-90.

[20] ZHANG W, LI D, KANG P, et al. Explicit topology optimization using IGA-based moving morphable void (MMV) approach [J]. Computer Methods in Applied Mechanics and Engineering, 2020, 360: 112685.

[21] GAO J, XIAO M, ZHANG Y, et al. A comprehensive review of isogeometric topology optimization: methods, applications and prospects [J]. Chinese Journal of Mechanical Engineering, Springer Singapore, 2020, 33(1): 87.

[22] GAO J, XIAO M, LIANG G. Isogeometric topology optimization: Methods, applications and implementations[M]. Singapore: Springer Nature, 2022.

第4章 基于多片NURBS的等几何拓扑优化方法

4.1 简要概述

在第 3 章中，围绕以密度为核心建立的等几何拓扑优化方法，针对其有效性与高效性做了重要讨论。目前基于等几何分析建立的拓扑优化设计方法已经逐渐引起越来越多的研究人员关注。发展至今，从早期的方法有效性与高效性的讨论与研究，到现在开始逐渐讨论等几何拓扑优化方法在各类问题上的关键应用以及深入分析等几何分析引入拓扑优化中的必要性。如在超构材料设计方面，华中科技大学高亮教授围绕点阵多孔超构材料[1]、拉胀多孔超构材料[2]、拉胀多孔复合超构材料[3]均做了深入讨论，深入剖析与明确了等几何分析可大幅提高数值精度和拓扑优化迭代稳定性，如仅需要较少的有限单元网格也可以寻找到三维拉胀多孔结构[2]。为了进一步节省计算时间成本，欧洲科学院院士 Timon[4] 在等几何拓扑优化三维拉胀超材料微观结构设计中，引入模型缩减技术，进一步提高优化迭代效率，有助于快速寻找三维负泊松比拓扑新构型。Nishi 等基于水平集方法与等几何分析建立等几何拓扑优化设计框架，围绕各向异性超材料以控制高频电磁散射波[5]。另外，拓扑优化目前在工程结构中应用越来越广泛，其卓越的设计能力快速得到了广大工程人员的认可。然而现有等几何拓扑优化方法大多基于非均匀化有理 B 样条(NURBS)建立，导致其在实际复杂工程结构上的应用存在较大局限性。这主要源于 NURBS 一般常用于建立较为简单的结构设计域，尤其是在研究阶段，大多是处理简单的矩形域或者立方体域。从 NURBS 几何建模的角度来说，一般适用于单片 NURBS 结构几何建模的空间设计域。事实上，实际工程结构几何非常复杂，此时单片 NURBS 在结构几何模型的建立上丧失了其原有的有效性。因此多位研究学者开始引入多片 NURBS 结构几何模型建立技术，并将多片 NURBS 引入等几何分析实现结构数值分析。

然而将多片 NURBS 引入等几何分析，针对复杂结构域建立分析模型时，也会存在各类数值难题，如如何针对边界非耦合区域建立一致化分析模型。针对等几何分析中的多片耦合问题，目前主要存在三种处理方法，分别为惩罚法、拉格朗日乘子法和 Nitsche 法。首先针对惩罚法，由于实现简单，且不引入额外方程保证系统矩阵带宽不变，惩罚法在实际工程应用中非常受欢迎。在惩罚法中，数值精度往往取决于惩罚系数的取值。值得注意的是，惩罚系数一般和网格分辨率相关且非常敏感，如果取值不当会迅速引起系统矩阵的病态。因此，在通常情况下，惩罚系数需要设置为一个常数，这意味着惩罚法将会产生一定的误差[6]。目前已经有研究指出使用高阶惩罚公式可以有效降低惩罚法所产生的误差[7]。

其次，在拉格朗日乘子法中，需要添加一个额外的场来保证耦合边界上的位移场满足给定的约束条件。在力学问题中，这个额外场一般被解释为边界上施加的牵引力，而牵引力是系统方程的解。因此，拉格朗日乘子法也可以看成是一种完全的数值化方法，它并不寻求改变变分公式的形式。值得注意的是，由于该方法具有鞍点特性，其计算精度很大程度上依赖于选择的拉格朗日乘子空间，并且需要满足 Ladyženskaja-Babuška-Brezzi 条件才能保证数值分析解的稳定性和唯一性。Brivadis 等[8]研究了不同拉格朗日乘子空间对等几何分析数值求解精度的影响。Dornisch 等[9]认为该方法是弱代替法的基础，并将其用于求解等几何分析中多个 NURBS 面片的耦合问题。随后他们利用双重基函数和近似双重基函数，极大地降低了该方法的计算成本[10]。薛冰寒等[11]提出了基于拉格朗日法的比例边界等几何分析方法，实现了针对不匹配网格的分析。Chasapi 等[12]提出了一种基于拉格朗日乘子法的等几何分析方法，其中复杂结构几何模型采用边界表示法描述。此外，Simo 等[13]提出了一种增广拉格朗日方法用于处理接触问题。该方法实际上是一种拉格朗日法与惩罚法的混合方法。与惩罚法相比，这种方法具有较高的计算精度，但很遗憾它依然具有鞍点特性。De Lorenzis 等[14]在等几何分析的框架下使用增广拉格朗日法实现了对大变形下三维接触问题的分析。Yan 等[15]使用基于增广拉格朗日法的多片等几何分析研究了考虑空化效应的流体动力润滑问题。

Nitsche 法[16]是由德国人 Von J. Nitsche 于 1971 年提出的一种以弱形式施加狄利克雷边界条件于边值问题的方法，同时引入了额外的类惩罚项以保持双线性形式的强制性。Bazilevs 等[17]受此思想启发，在等几何分析的框架下将狄利克雷边界条件弱施加在对流-扩散方程和不可压缩 Navier-Stokes 方程上以求解流体力学问题，并将其与强施加结果做了对比。最终结果表明，弱施加形式能极大提高求解精度。Embar 等[18]采用 Nitsche 法在基于样条基函数的有限元法中弱施加狄利克雷边界条件，并通过求解局部特征值问题来计算在 Nitsche 型弱形式中产生的稳定参数。Nguyen 等[19]将 Nitsche 法应用于等几何分析中，并讨论了在不匹配网格下的多片耦合问题。Gu 等[20]提出了一种基于 Nitsche 法的自适应多片等几何分析方法，该方法采用局部细化的 B 样条实现网格的局部细分。Du 等[21]使用基于 Nitsche 法的等几何分析解决了超弹性问题。Elfverson 等[22]为基于裁剪单元的等几何分析提出了一种稳健的 Nitsche 法，并添加基于单元的最小二乘项以避免产生数值振荡现象。Hu 等[23]使用基于 Nitsche 法的等几何分析研究了大变形下的薄壳结构问题。胡清元等[24]使用基于 Nitsche 法的等几何分析，开展了二维接触问题的研究，并通过拟牛顿求解法克服了因接触面变化产生的迭代发散。最近，Noël 等[25]提出了一种基于 Nitsche 法的扩展等几何分析方法，并将其用于处理热传递和弹性多相材料问题，其中采用一种新式的以面为导向的稳定方法来减轻数值振荡。

综上所述，面向多片等几何分析的数值求解方法有了较多的发展，尤其是 Nitsche 法，且在各类数值问题上呈现了较好的有效性，如板壳结构、流体、接触、局部特征值等。然而发展至今，围绕复杂结构域的设计问题，建立多片等几何拓扑优化方法发展还较少，近期仅有华中科技大学高亮教授在多片等几何拓扑优化方法开展了一定的工作[26]，其是在基于第 3

章中建立的单相等几何拓扑优化方法的基础上做了一定的扩展，但仅围绕 NURBS 多片网格之间一致的情况做了一定的讨论，针对复杂问题仍未开展研究。

4.2 基于 Nitsche 方法的多片等几何分析

4.2.1 控制方程

在等几何分析中，设计域 Ω 可通过两个 NURBS 面片构成。由于两面片之间存在公共边界 Γ_*，因此需使用 Nitsche 法对这两个面片进行耦合。本章将涉及静柔度和动柔度两类问题。如图 4-1 所示，定义了一个具有结构边界 $\Omega \subset \mathbb{R}^{d_s}$ 的计算域 $\Gamma \equiv \partial\Omega$。为了简单而不损失一般性，假设只有一个内部边界表示为 Γ_*，将整个计算域划分为两个不重叠的域 Ω_m ($m=1,2$)，使得 $\Omega=\Omega_1 \cup \Omega_2$。在使用多个 NURBS 片的 CAD 模型中，每个 NURBS 片代表一个域。

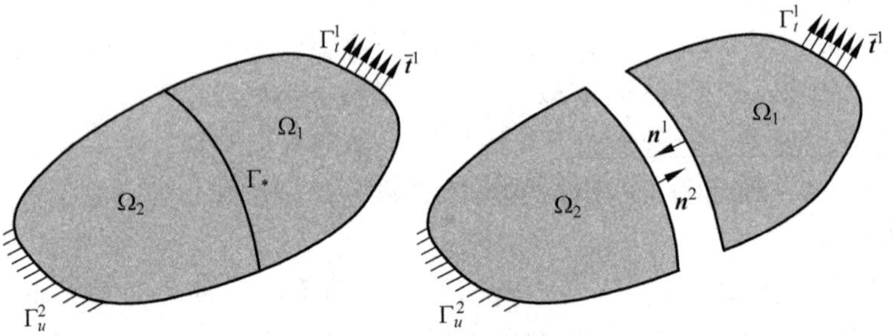

图 4-1 具有内部接触面的结构域

结构边界 Γ 包括两部分，即域上的 Dirichlet 边界和 Neumann 边界，分别用 Γ_u^m 和 Γ_t^m 表示。在初始未知位移场下，计算域线性弹静力问题的控制方程为

$$
\begin{cases}
-\nabla \boldsymbol{\sigma}^m = \boldsymbol{b}^m & \text{在 } \Omega_m \text{ 上} \\
\boldsymbol{u}^m = \bar{\boldsymbol{u}}^m & \text{在 } \Gamma_u^m \text{ 上} \\
\boldsymbol{\sigma}^m \cdot \boldsymbol{n}^m = \bar{\boldsymbol{t}}^m & \text{在 } \Gamma_t^m \text{ 上} \\
\boldsymbol{u}^1 = \boldsymbol{u}^2 & \text{在 } \Gamma_* \text{ 上} \\
\boldsymbol{\sigma}^1 \cdot \boldsymbol{n}^1 = -\boldsymbol{\sigma}^2 \cdot \boldsymbol{n}^2 & \text{在 } \Gamma_* \text{ 上}
\end{cases}
\tag{4-1}
$$

式中，$\boldsymbol{\sigma}^m$ 为 Ω_m 域中的应力场。后两个方程描述了位移和牵引力在边界 Γ_* 处的连续性，其中相应的位移和牵引力可分别用 $\bar{\boldsymbol{u}}^m$ 和 $\bar{\boldsymbol{t}}^m$ 表示。到 Ω_1 和 Ω_2 的外向单位法线分别用 $\boldsymbol{n}^1$ 和 $\boldsymbol{n}^2$ 表示。考虑小应变假设，无穷小应变张量为$\boldsymbol{\varepsilon}^m=0.5(\nabla \boldsymbol{u}^m+\nabla^{\mathrm{T}} \boldsymbol{u}^m)$，本构方程可表示为

$$
\sigma_{ij}^m = C_{ijkl}^m \varepsilon_{kl}^m, \quad (m=1,2) \tag{4-2}
$$

其中，本构张量分别被称为 C_{ijkl}^1 和 C_{ijkl}^2。对于各向同性线弹性材料，本构张量可表示为

$$
C_{ijkl}^m = \lambda^m \delta_{ij}\delta_{kl} + \mu^m(\delta_{ik}\delta_{jl}+\delta_{il}\delta_{jk}) \tag{4-3}
$$

其中，λ^m 和 μ^m 是 Lame 常数，δ_{ij} 是 Kronecker 函数。

4.2.2 弱形式

解空间 U^m 和权空间 V^m 可定义为

$$\begin{cases} U^m = \{\boldsymbol{u}^m(\boldsymbol{x}) \mid \boldsymbol{u}^m(\boldsymbol{x}) \in H^1(\Omega_m), \quad \boldsymbol{u}^m = \bar{\boldsymbol{u}}^m \text{ 在 } \Gamma_u^m \text{ 上}\} \\ V^m = \{\boldsymbol{w}^m(\boldsymbol{x}) \mid \boldsymbol{w}^m(\boldsymbol{x}) \in H^1(\Omega_m), \quad \boldsymbol{w}^m = \boldsymbol{0} \text{ 在 } \Gamma_u^m \text{ 上}\} \end{cases} \tag{4-4}$$

矩阵形式的控制方程的变分形式可以表示为，求 $\boldsymbol{u}^m \in U^m$，使得对于所有 $\boldsymbol{w}^m \in V^m$：

$$a(\boldsymbol{w},\boldsymbol{u}) = L(\boldsymbol{w}) \tag{4-5}$$

其中，

$$a(\boldsymbol{w},\boldsymbol{u}) = \begin{Bmatrix} \sum_{m=1}^{2}\int_{\Omega_m} \varepsilon(\boldsymbol{w}^m) : \boldsymbol{\sigma}^m \mathrm{d}\Omega - \int_{\Gamma_*} ([\![\boldsymbol{w}]\!] \otimes \boldsymbol{n}^1) : \{\boldsymbol{\sigma}\}\mathrm{d}\Gamma \\ -\int_{\Gamma_*} ([\![\boldsymbol{u}]\!] \otimes \boldsymbol{n}^1) : \{\boldsymbol{\sigma}(\boldsymbol{w})\}\mathrm{d}\Gamma + \int_{\Gamma_*} \alpha[\![\boldsymbol{w}]\!] \cdot [\![\boldsymbol{u}]\!]\mathrm{d}\Gamma \end{Bmatrix} \tag{4-6}$$

$$L(\boldsymbol{w}) = \sum_{m=1}^{2}\int_{\Omega_m} \boldsymbol{w}^m \cdot \boldsymbol{b}^m \mathrm{d}\Omega + \sum_{m=1}^{2}\int_{\Gamma_t^m} \boldsymbol{w}^m \cdot \bar{\boldsymbol{t}}^m \mathrm{d}\Gamma \tag{4-7}$$

在上述方程中，在接触面 Γ_* 上的跳转和平均算子 $[\![\cdot]\!]$ 和 $\{\cdot\}$ 可定义为

$$[\![\boldsymbol{u}]\!] = \boldsymbol{u}^1 - \boldsymbol{u}^2, \quad \{\boldsymbol{\sigma}\} = \frac{1}{2}(\boldsymbol{\sigma}^1 + \boldsymbol{\sigma}^2) \tag{4-8}$$

值得注意的是，相应区域应力场的平均算子可写为

$$\{\boldsymbol{\sigma}\} = \gamma\boldsymbol{\sigma}^1 + (1-\gamma)\boldsymbol{\sigma}^2 \tag{4-9}$$

其中，平均参数 γ 满足 $0 \leqslant \gamma \leqslant 1$，平均参数 γ 通常定义为 0.5。方程(4-6)和方程(4-7)可以用矩阵形式重写如下：求 $\boldsymbol{u}^m \in U^m$，使得对于所有 $\boldsymbol{w}^m \in V^m$：

$$a(\boldsymbol{w},\boldsymbol{u}) = \begin{Bmatrix} \sum_{m=1}^{2}\int_{\Omega_m} (\varepsilon(\boldsymbol{w}^m))^{\mathrm{T}} \boldsymbol{\sigma}^m \mathrm{d}\Omega - \int_{\Gamma_*} [\![\boldsymbol{w}]\!]^{\mathrm{T}} \boldsymbol{n}\{\boldsymbol{\sigma}\}\mathrm{d}\Gamma \\ -\int_{\Gamma_*} \{\boldsymbol{\sigma}(\boldsymbol{w})\}^{\mathrm{T}} \boldsymbol{n}^{\mathrm{T}} [\![\boldsymbol{u}]\!]\mathrm{d}\Gamma + \int_{\Gamma_*} \alpha[\![\boldsymbol{w}]\!]^{\mathrm{T}} [\![\boldsymbol{u}]\!]\mathrm{d}\Gamma \end{Bmatrix} \tag{4-10}$$

$$L(\boldsymbol{w}) = \sum_{m=1}^{2}\int_{\Omega_m} (\boldsymbol{w}^m)^{\mathrm{T}} \boldsymbol{b}^m \mathrm{d}\Omega + \sum_{m=1}^{2}\int_{\Gamma_t^m} (\boldsymbol{w}^m)^{\mathrm{T}} \bar{\boldsymbol{t}}^m \mathrm{d}\Gamma \tag{4-11}$$

式中，$\boldsymbol{n}$ 为矩阵，表示为

$$\boldsymbol{n} = \begin{bmatrix} n_x & 0 & n_y \\ 0 & n_y & n_x \end{bmatrix} \tag{4-12}$$

4.2.3 离散方程

令 U_k^h 和 W_k^h 为离散解空间和离散权空间，则在等几何分析的框架下，离散位移场 $u_k^h \in U_k^h$ 及离散权函数 $w_k^h \in W_k^h$ 可表示为

$$u_k^h(\boldsymbol{x}) = \sum_{i=1}^{n} R_i(\xi) u_i, \quad w_k^h(\boldsymbol{x}) = \sum_{i=1}^{n} R_i(\xi) w_i \tag{4-13}$$

在静柔度问题中，速度 $\dot{\boldsymbol{u}}_k$ 与加速度 $\ddot{\boldsymbol{u}}_k$ 的取值为 0，可得到离散方程的矩阵形式：

$$\begin{bmatrix} \boldsymbol{K}_{1,e}^{b}+\boldsymbol{K}_{1,e}^{n}+\boldsymbol{K}_{1,e}^{s} & \boldsymbol{K}_{e}^{c} \\ (\boldsymbol{K}_{e}^{c})^{\mathrm{T}} & \boldsymbol{K}_{2,e}^{b}+\boldsymbol{K}_{2,e}^{n}+\boldsymbol{K}_{2,e}^{s} \end{bmatrix} \begin{bmatrix} \boldsymbol{u}_{1,e} \\ \boldsymbol{u}_{2,e} \end{bmatrix} = \begin{bmatrix} \boldsymbol{f}_{1,e} \\ \boldsymbol{f}_{2,e} \end{bmatrix} \tag{4-14}$$

其中，下标 e 表示单元的编号。$\boldsymbol{f}_{k,e}$ 表示作用于子域 Ω_k 的外力。$\boldsymbol{K}_{k,e}^{b}$ 表示第 e 个单元刚度矩阵，其表达式为

$$\begin{aligned} \boldsymbol{K}_{k,e}^{b} &= \int_{\Omega_{k,e}} (\boldsymbol{B}_{k,e})^{\mathrm{T}} \boldsymbol{D}_{k,e} \boldsymbol{B}_{k,e} \mathrm{d}\Omega_{k,e} \\ &= \int_{\hat{\Omega}_{k,e}} (\boldsymbol{B}_{k,e})^{\mathrm{T}} \boldsymbol{D}_{k,e} \boldsymbol{B}_{k,e} \mid \boldsymbol{J}_1 \mid \mathrm{d}\hat{\Omega}_{k,e} = \int_{\tilde{\Omega}_{k,e}} (\boldsymbol{B}_{k,e})^{\mathrm{T}} \boldsymbol{D}_{k,e} \boldsymbol{B}_{k,e} \mid \boldsymbol{J}_1 \mid \mid \boldsymbol{J}_2 \mid \mathrm{d}\tilde{\Omega}_{k,e} \end{aligned} \tag{4-15}$$

在上式中，$|\boldsymbol{J}_1|$ 和 $|\boldsymbol{J}_2|$ 分别表示几何映射 G：$\Omega_{k,e} \to \hat{\Omega}_{k,e}$ 和仿射映射 A：$\hat{\Omega}_{k,e} \to \tilde{\Omega}_{k,e}$ 的雅可比矩阵。在等几何分析中，物理空间内的任意点可通过上述两个映射经参数空间投影到积分域内。此外，$\boldsymbol{D}_{k,e}$ 为第 k 个面片中第 e 个单元的弹性张量。值得注意的是，$\boldsymbol{B}_{k,e}$ 为单元应变-位移矩阵，其表达式可写为

$$\boldsymbol{B}_{k,e} = \begin{bmatrix} (R_{i,x}^{p,q})_k & 0 & \cdots & (R_{i+(p+1)(q+1)-1,x}^{p,q})_k & 0 \\ 0 & (R_{i,y}^{p,q})_k & \cdots & 0 & (R_{i+(p+1)(q+1)-1,y}^{p,q})_k \\ (R_{i,y}^{p,q})_k & (R_{i,x}^{p,q})_k & \cdots & (R_{i+(p+1)(q+1)-1,y}^{p,q})_k & (R_{i+(p+1)(q+1)-1,x}^{p,q})_k \end{bmatrix} \tag{4-16}$$

式中 $\boldsymbol{K}_{k,e}^{n}$ 为 Nitsche 单元贡献矩阵，它可表示为

$$\boldsymbol{K}_{k,e}^{n} = \gamma_{k,e} \int_{\Gamma_e^*} (\boldsymbol{R}_{k,e})^{\mathrm{T}} \boldsymbol{n} \boldsymbol{D}_{k,e} \boldsymbol{B}_{k,e} \mathrm{d}\Gamma_e^* + \gamma_{k,e} \int_{\Gamma_e^*} (\boldsymbol{B}_{k,e})^{\mathrm{T}} \boldsymbol{n}^{\mathrm{T}} (\boldsymbol{D}_{k,e})^{\mathrm{T}} \boldsymbol{R}_{k,e} \mathrm{d}\Gamma_e^* \tag{4-17}$$

其中，$\boldsymbol{R}_{k,e}$ 为单元形函数矩阵：

$$\boldsymbol{R}_{k,e} = \begin{bmatrix} (R_i^{p,q})_k & 0 & \cdots & (R_{i+(p+1)(q+1)-1}^{p,q})_k & 0 \\ 0 & (R_i^{p,q})_k & \cdots & 0 & (R_{i+(p+1)(q+1)-1}^{p,q})_k \end{bmatrix} \tag{4-18}$$

$\boldsymbol{K}_{k,e}^{s}$ 为单元稳定矩阵，其表达式可写为

$$\boldsymbol{K}_{k,e}^{s} = \alpha_e \int_{\Gamma_e^*} (\boldsymbol{R}_{k,e})^{\mathrm{T}} \boldsymbol{R}_{k,e} \mathrm{d}\Gamma_e^* \tag{4-19}$$

$\boldsymbol{K}_e^c$ 为单元耦合矩阵，其表达式可写为

$$\begin{aligned} \boldsymbol{K}_e^c = {} & \gamma_{1,e} \int_{\Gamma_e^*} (\boldsymbol{R}_{2,e})^{\mathrm{T}} \boldsymbol{n} \boldsymbol{D}_{1,e} \boldsymbol{B}_{1,e} \mathrm{d}\Gamma_e^* - \\ & \gamma_{2,e} \int_{\Gamma_e^*} (\boldsymbol{R}_{1,e})^{\mathrm{T}} \boldsymbol{n} \boldsymbol{D}_{2,e} \boldsymbol{B}_{2,e} \mathrm{d}\Gamma_e^* - \alpha_e \int_{\Gamma_e^*} (\boldsymbol{R}_{2,e})^{\mathrm{T}} \boldsymbol{R}_{1,e} \mathrm{d}\Gamma_e^* \end{aligned} \tag{4-20}$$

在动柔度问题中，需考虑速度 $\dot{\boldsymbol{u}}_k$ 与加速度 $\ddot{\boldsymbol{u}}_k$ 的影响，其对应的离散方程的矩阵形式可写为

$$\begin{gathered} \begin{bmatrix} \boldsymbol{M}_{1,e} & \boldsymbol{0} \\ \boldsymbol{0} & \boldsymbol{M}_{2,e} \end{bmatrix} \begin{bmatrix} \ddot{\boldsymbol{u}}_{1,e} \\ \ddot{\boldsymbol{u}}_{2,e} \end{bmatrix} + \begin{bmatrix} \boldsymbol{C}_{1,e} & \boldsymbol{0} \\ \boldsymbol{0} & \boldsymbol{C}_{2,e} \end{bmatrix} \begin{bmatrix} \dot{\boldsymbol{u}}_{1,e} \\ \dot{\boldsymbol{u}}_{2,e} \end{bmatrix} + \\ \begin{bmatrix} \boldsymbol{K}_{1,e}^{b}+\boldsymbol{K}_{1,e}^{n}+\boldsymbol{K}_{1,e}^{s} & \boldsymbol{K}_{e}^{c} \\ (\boldsymbol{K}_{e}^{c})^{\mathrm{T}} & \boldsymbol{K}_{2,e}^{b}+\boldsymbol{K}_{2,e}^{n}+\boldsymbol{K}_{2,e}^{s} \end{bmatrix} \begin{bmatrix} \boldsymbol{u}_{1,e} \\ \boldsymbol{u}_{2,e} \end{bmatrix} = \begin{bmatrix} \boldsymbol{f}_{1,e} \\ \boldsymbol{f}_{2,e} \end{bmatrix} \end{gathered} \tag{4-21}$$

其中，质量矩阵 $\boldsymbol{M}_{k,e}$ 可写为

$$\boldsymbol{M}_{k,e}=\int_{\Omega_k}\rho_{k,e}(\boldsymbol{R}_{k,e})^{\mathrm{T}}\boldsymbol{R}_{k,e}\mathrm{d}\Omega_k \tag{4-22}$$

其中，$\boldsymbol{C}_{k,e}$ 为阻尼矩阵，该矩阵为 $\boldsymbol{M}_{k,e}$ 质量矩阵与刚度矩阵 $\boldsymbol{K}_{k,e}$ 之间的关系如下：

$$\boldsymbol{C}_{k,e}=\alpha_r\boldsymbol{M}_{k,e}+\beta_r\boldsymbol{K}_{k,e} \tag{4-23}$$

其中，α_r 和 β_r 为瑞利阻尼系数。

值得注意的是，在面对不匹配面片时，可使用牛顿-拉夫逊算法寻找公共边界的高斯积分点。如图4-2所示，假设存在两个相邻的不匹配NURBS面片，其公共边界为 $\widetilde{\Gamma}^*$。取公共边界 $\widetilde{\Gamma}^*$ 上的高斯积分点并通过牛顿-拉夫逊算法分别寻找其在NURBS面片边界 Γ_1^* 与 Γ_2^* 上的投影，该投影点即为耦合所需的积分点。此外，牛顿-拉夫逊算法的稳定性受初始值影响较大。当选取不恰当的初始值时，该算法可能失效，从而导致求解失败。因此，在执行牛顿-拉夫逊算法前，引入细分策略可有效提升该算法的鲁棒性。

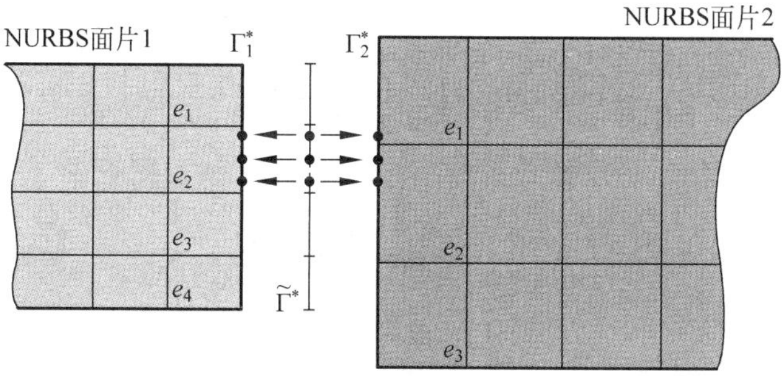

图4-2 不匹配面片积分原理

4.2.4 稳定系数推导

在上节中，稳定系数 α 的取值与网格尺寸相关，且该值具有下界 $\alpha_{\min}$。只有当 $\alpha\geqslant\alpha_{\min}^2$ 时，才可以保证弱形式的强制性。为了确定下界 $\alpha_{\min}$，需要进行强制性分析，其具体过程如下：

令 $\|u_k^h\|_{\Omega_k}$ 为子域的能量范数，$\|u_k^h\|_{\Gamma^*}$ 为公共边界 Γ^* 的 L_2 范数，则能量离散形式可写为

$$\begin{aligned}a(u_k^h,u_k^h)&=\|u_k^h\|_{\Omega_k}+\alpha\|[[u_k^h]]\|_{\Gamma^*}-2\int_{\Gamma^*}[[u_k^h]]\langle\boldsymbol{\sigma}(u_k^h)\rangle\boldsymbol{n}^2\mathrm{d}\Gamma^*\\&\geqslant\|u_k^h\|_{\Omega_k}+\alpha\|[[u_k^h]]\|_{\Gamma^*}-2\|[[u_k^h]]\|_{\Gamma^*}\|\langle\boldsymbol{\sigma}(u_k^h)\rangle\boldsymbol{n}^2\|_{\Gamma^*}\\&\geqslant(\|u_k^h\|_{\Omega_k}-\alpha_{\min}\|[[u_k^h]]\|_{\Gamma^*})^2+(\alpha-\alpha_{\min}^2)\|[[u_k^h]]\|_{\Gamma^*}\end{aligned} \tag{4-24}$$

在式(4-24)中，第一个不等式为柯西-许瓦茨不等式，而第二个不等式为广义逆估值。为了保证下界 $\alpha_{\min}$ 存在，需要满足如下不等式：

$$\|\langle\boldsymbol{\sigma}(u_k^h)\rangle\boldsymbol{n}^2\|_{\Gamma^*}\leqslant\alpha_{\min}\|u_k^h\|_{\Omega_k} \tag{4-25}$$

此外，通过网格尺寸，可得出子域 Ω_k 的能量范数为

$$\|u_k^h\|_{\Omega_k}=\sum_k\mathrm{meas}(\Omega_k)\boldsymbol{\sigma}(u_k^h) \tag{4-26}$$

其中，$\mathrm{meas}(\Omega_k)$表示子域 Ω_k 的面积或体积。公共边界 Γ^* 的平均通量为

$$\| \langle \boldsymbol{\sigma}(u_k^h) \rangle \boldsymbol{n}^2 \|_{\Gamma^*} = \mathrm{meas}(\Gamma^*)(\gamma_1 \boldsymbol{\sigma}(u_1^h)\boldsymbol{n}^2 + \gamma_2 \boldsymbol{\sigma}(u_2^h)\boldsymbol{n}^2)^2 \tag{4-27}$$

其中，$\mathrm{meas}(\Gamma^*)$表示公共边界 Γ^* 的长度。考虑杨氏不等式，则上式可变为

$$\| \langle \boldsymbol{\sigma}(u_k^h) \rangle \boldsymbol{n}^2 \|_{\Gamma^*} \leqslant \mathrm{meas}(\Gamma^*)\left((\gamma_1 \mid \boldsymbol{\sigma}(u_1^h) \mid)^2(1+\delta) + (\gamma_2 \mid \boldsymbol{\sigma}(u_2^h) \mid)^2\left(1+\frac{1}{\delta}\right)\right) \tag{4-28}$$

其中，δ 为任意非零正数。若令 $\delta = \dfrac{\mathrm{meas}(\Omega_1)\mathbb{C}_2(\gamma_2)^2}{\mathrm{meas}(\Omega_2)\mathbb{C}_1(\gamma_1)^2}$，则上式可改写为

$$\| \langle \boldsymbol{\sigma}(u_k^h) \rangle \boldsymbol{n}^2 \|_{\Gamma^*} \leqslant \mathrm{meas}(\Gamma^*) \sum_k \mathrm{meas}(\Omega_k) \boldsymbol{\sigma}(u_k^h) \times \left(\frac{\mathbb{C}_2(\gamma_2)^2}{\mathrm{meas}(\Omega_2)} + \frac{\mathbb{C}_1(\gamma_1)^2}{\mathrm{meas}(\Omega_1)}\right) \tag{4-29}$$

可知，当且仅当下式成立时

$$\alpha_{\min} \geqslant \mathrm{meas}(\Gamma^*)\left(\frac{\mathbb{C}_2(\gamma_2)^2}{\mathrm{meas}(\Omega_2)} + \frac{\mathbb{C}_1(\gamma_1)^2}{\mathrm{meas}(\Omega_1)}\right) \tag{4-30}$$

才可确保弱形式的强制性。由于权重系数 γ_1 与 γ_2 之和为 1，则可令

$$\gamma_1 = \frac{\mathrm{meas}(\Omega_1)/\mathbb{C}_1}{\mathrm{meas}(\Omega_1)/\mathbb{C}_1 + \mathrm{meas}(\Omega_2)/\mathbb{C}_2} \tag{4-31}$$

$$\gamma_2 = \frac{\mathrm{meas}(\Omega_2)/\mathbb{C}_2}{\mathrm{meas}(\Omega_1)/\mathbb{C}_1 + \mathrm{meas}(\Omega_2)/\mathbb{C}_2} \tag{4-32}$$

则稳定系数下界 $\alpha_{\min}$ 可化简为

$$\alpha_{\min} \geqslant \frac{\mathrm{meas}(\Gamma^*)}{\mathrm{meas}(\Omega_1)/\mathbb{C}_1 + \mathrm{meas}(\Omega_2)/\mathbb{C}_2} \tag{4-33}$$

由上式可知，满足条件的最小稳定系数 α 可写为

$$\alpha = \alpha_{\min} = \frac{\mathrm{meas}(\Gamma^*)}{\mathrm{meas}(\Omega_1)/\mathbb{C}_1 + \mathrm{meas}(\Omega_2)/\mathbb{C}_2} \tag{4-34}$$

4.3 多片 NURBS 结构拓扑描述模型

在拓扑优化中，建立拓扑描述模型来表示结构拓扑是一个关键环节。在基于密度的拓扑优化方法中，在有限元上定义的密度不仅可以用于计算有限元分析中的结构未知位移场，而且可以表示设计域中的材料分布。

第 3 章中通过构造了一个连续光滑的密度分布函数(DDF)来描述结构拓扑。然而本节工作旨在优化多片 NURBS 建模中结构几何中的拓扑结构，并考虑非一致性网格。由于多片几何模型的特殊性，与单片的拓扑描述相比，结构拓扑的多片表示具有更高的复杂性。首先，构建各子域的密度分布函数，基于 Shepard 函数建立局部平滑机制，提升结构边界光滑性。其次，通过解耦拓扑描述和有限元分析的离散网格双分辨率方案解决非一致性网格所带来的分析与优化问题。最后，通过局部平滑机制，组合各子域的密度分布函数来表示整个设计域中的结构拓扑。

4.3.1 局部密度分布函数

首先针对每一个片中又划分的子域构造局部密度分布函数，每一个局部密度分布函数构造过程与第3章中的构造方式一致，主要包含如下几个步骤：

步骤1：定义控制点上的设计变量，即从0到1的控制设计变量，记为 $\phi_{i,j}\in[0,1]$；

步骤2：开发平滑机制，提高控制设计变量的整体平滑度，公式如下：

$$\widetilde{\phi}_{i,j}=\sum_{i=1}^{n}\sum_{j=1}^{m}\psi(\phi_{i,j})\phi_{i,j}=\sum_{i=1}^{n}\sum_{j=1}^{m}\left\{\varphi(\phi_{i,j})\Big/\sum_{\hat{i}=1}^{n}\sum_{\hat{j}=1}^{m}\varphi(\phi_{\hat{i},\hat{j}})\right\}\phi_{i,j} \tag{4-35}$$

其中，ψ 表示由 C^4 紧支持径向基函数 φ 定义的 Shepard 函数。$\widetilde{\phi}_{i,j}$ 表示控制点 (i,j) 处的光滑控制设计变量。

步骤3：利用 NURBS 基函数和光滑控制设计变量构建 DDF，数学表达式为

$$\Phi(\xi,\eta)=\sum_{i=1}^{n}\sum_{j=1}^{m}R_{i,j}^{p,q}(\xi,\eta)\widetilde{\phi}_{i,j} \tag{4-36}$$

其中，Φ 为密度分布函数，也对应于域的 NURBS 密度响应面。

步骤4：使用 DDF 的等值线定义结构拓扑，即

$$\Phi^{\text{top}}=\begin{cases}\Phi(\xi,\eta)>\Phi_{\text{iso}} & \text{实(灰)处}\\ \Phi(\xi,\eta)=\Phi_{\text{iso}} & \text{边界}\\ \Phi(\xi,\eta)<\Phi_{\text{iso}} & \text{空(白)处}\end{cases} \tag{4-37}$$

其中 Φ_{iso} 为 DDF 等值线值，Φ^{top} 为结构拓扑。可以看到，通过 DDF 的等等值线表示结构拓扑继承了经典水平集方法中的浸入边界表示模型，其中高于 Φ_{iso} 的 DDF 表示结构拓扑中的实体，低于 Φ_{iso} 的 DDF 用于描述优化内的空隙。Φ_{iso} 的值一般等于 0.5。在水平集方法中，结构边界逐步演化触发结构拓扑的变化，而 DDF 则随着控制设计变量的演化而优化。DDF 基于 NURBS 基函数和 Shepard 函数的固有性质，可以有效地保证密度变量表示结构拓扑的物理意义，即[0,1]中的非负性和严格结界。

4.3.2 结构拓扑描述与数值分析双分辨率网格离散

非一致性网格是多片 IGA 中的一种常见设置，它可以为数值分析提供多种好处，例如对具有复杂几何形状的结构进行有效和可接受的数值分析。然而，多片 IGA 中的非一致性网格同时对有限元分析和优化提出了更多的挑战。为了证明这些问题，本小节考虑了一种网格不一致的悬臂梁优化设计，如图 4-3 所示。在这种情况下，优化设计中的材料不能完全连接以承受载荷，其关键原因是在 DDF 的迭代过程中，相邻片的控制设计变量数量不同。准确地说，右片中的控制设计变量数量少于左片，因此右片中的 DDF 是用较少的信息构造的。相邻片中控制设计变量数量的不匹配严重破坏了用于表示结构拓扑的 DDF 的完整性，从而在多子域之间的接口处产生了一些皱褶边界或破坏边界的不良结构特征。

本小节提出了一种离散网格的双分辨率方案来解决上述设计问题。在早期的工作中，通常采用双/多分辨率方案来降低计算成本并获得高分辨率设计，其中构建不同级别的离散化网格来解耦有限元分析，拓扑描述和位移场，需要一种投影方案来连接不同的网格以传递几何信息和优化信息。如图 4-4 所示，分别定义了两个不同数量的离散化网格。在图 4-4(a)

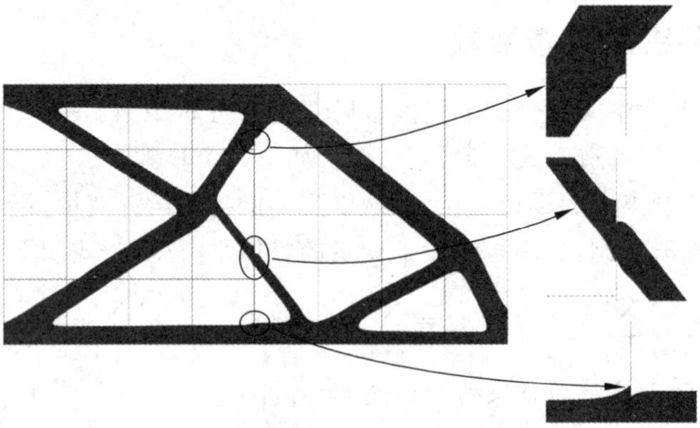

图 4-3　非一致网格下悬臂梁优化设计问题

中首先定义具有结向量 $\boldsymbol{\Xi}^c$ 和 $\boldsymbol{H}^c$ 的粗网格进行数值分析，求解未知结构响应。采用 k 型细化得到结点向量 $\boldsymbol{\Xi}^f$ 和 $\boldsymbol{H}^f$ 的精细网格，如图 4-4(b)所示。采用相应的控制设计变量 ϕ^f 和向量 $\boldsymbol{\Xi}^f$ 和 $\boldsymbol{H}^f$，利用方程(4-36)构建 DDF，通过方程(4-37)描述结构拓扑，DDF 如图 4-4(c)所示。利用 DDF 计算高斯正交点的密度值，为后续灵敏度分析和优化做准备。在目前的离散网格双分辨率方案中，包含了几个重要特征，即：

(1) 粗网格中的控制密度 ϕ^c 作为优化中的设计变量推进结构拓扑，而密网格中的控制密度 ϕ^f 仅用于构造结构拓扑的 DDF。

(2) 将构造好的 DDF 反馈给下层进行粗网格处理，求得相关高斯正交点处的密度值，用于后期数值分析。

(3) 基于 NURBS 的 IGA 模型在粗网格中计算未知结构响应，采用细网格来构建全局 DDF。拓扑描述与有限元分析的解耦，自然消除了相邻片控制点不匹配的关键问题，有效保证了相邻片 DDF 构建中控制点密度的一致性。

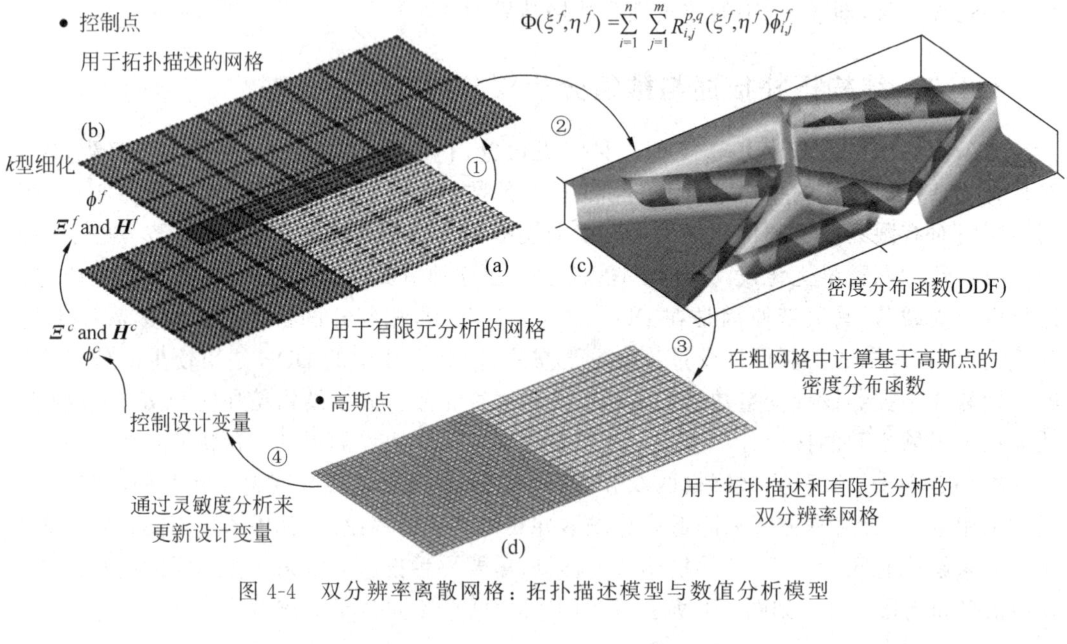

图 4-4　双分辨率离散网格：拓扑描述模型与数值分析模型

(4) 虽然采用粗结向量和密结向量建立了两个不同的离散化网格，但在整个域内，它们共享一个相同的 NURBS 密度响应面。不需要开发额外的投影函数来连接不同的网格。

4.3.3　多子域分布密度分布函数

如图 4-5 所示，给出了一个经典的多片 NURBS 悬臂梁设计，在优化过程中使用两个 NURBS 片对整体设计域进行建模。分别沿两个参数方向将悬臂梁的每个片划分为两个子域。带控制点的悬臂梁的 IGA 网格如图 4-5 所示，其中假定非一致性网格将悬臂梁的结构几何离散化。在多片 NURBS 悬臂梁的拓扑表示中，定义了一系列 DDF 来表示结构拓扑，其中每个 DDF 用于表示相应子域中的材料分布，可以表示为 $\Phi_{n_p}^{ij}$ ($n_p=1,2,\cdots,N_p$；$i=1,2,\cdots,N_\xi$；$j=1,2,\cdots,N_\eta$)。N_p 为结构几何中 NURBS 模型中的片数，N_ξ 为对应 NURBS 片在第一个参数方向上的子域数量，N_η 为第二个参数方向上的子域数量。结构几何的 DDF 和结构拓扑的整体表示可以分别表示为

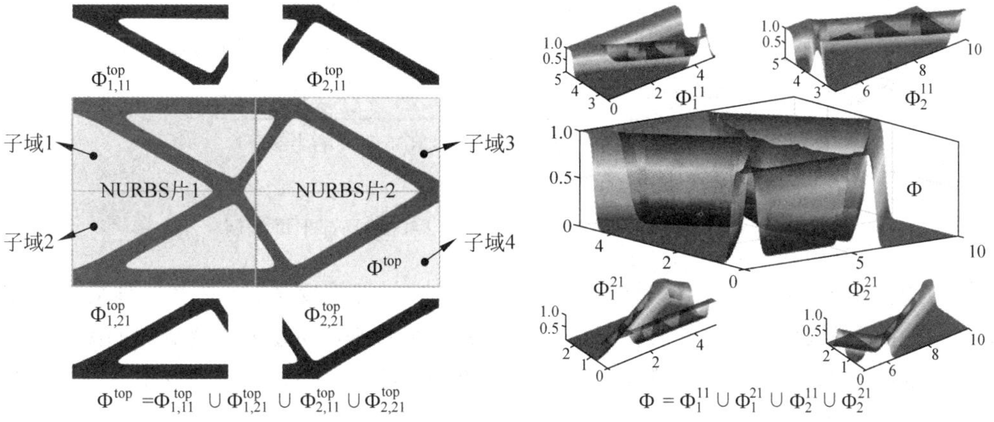

图 4-5　多子域密度分布函数

$$\Phi=\bigcup_{n_p=1}^{N_p}\bigcup_{i=1}^{N_\xi}\bigcup_{j=1}^{N_\eta}\Phi_{n_p}^{ij},\quad \Phi^{top}=\bigcup_{n_p=1}^{N_p}\bigcup_{i=1}^{N_\xi}\bigcup_{j=1}^{N_\eta}\Phi_{n_p,ij}^{top}\tag{4-38}$$

如图 4-6 所示，将整个设计域划分为两个片，每个片又划分为两个子域。在上述多片拓扑描述模型中，需要四个 DDF 来表示设计域中的整个结构拓扑。根据 DDF 的整个构造过程，每个 DDF 都是通过 NURBS 逼近机制和平滑机制来构建的。然而，对于所有片中的所有子域，四个 DDF 都是独立定义的，而在优化过程中，所有 DDF 都是同时计算和迭代的。同时，需要注意的是，每个 DDF 构建中的平滑机制只在对应的子域中有效，不能超出其影响区域，具体如图 4-6(a)所示。可以很容易地发现，平滑机构在每个控制设计变量处的影响区域在接近相邻子域内的接口时变小。影响区域不能超过相邻子域内的接口。特别是位于结构界面处的控制设计变量的影响区域只有圆的一半，而另一半则被切割。因此，各子域 DDF 的局部定义引入了每个 DDF 中平滑机制的影响范围不能超过相邻子域之间的接口。但是，在后一种优化中，需要将所有的 DDF 组合在一起考虑，并描述结构拓扑。在优化过程

中，必须考虑相邻子域的相互作用，特别是控制点位于设计域灰色区域的设计变量，如图 4-6(b)所示。

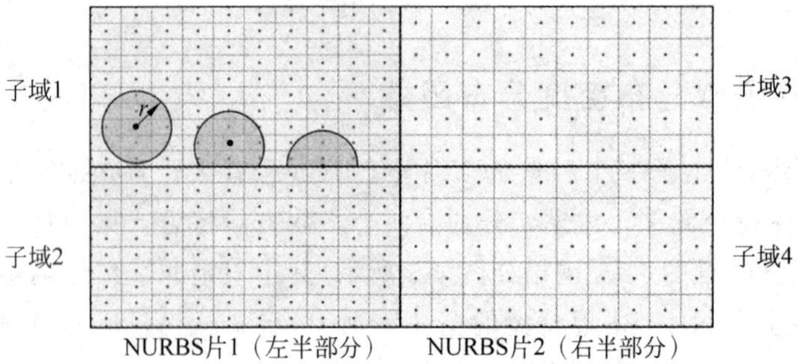

(a)

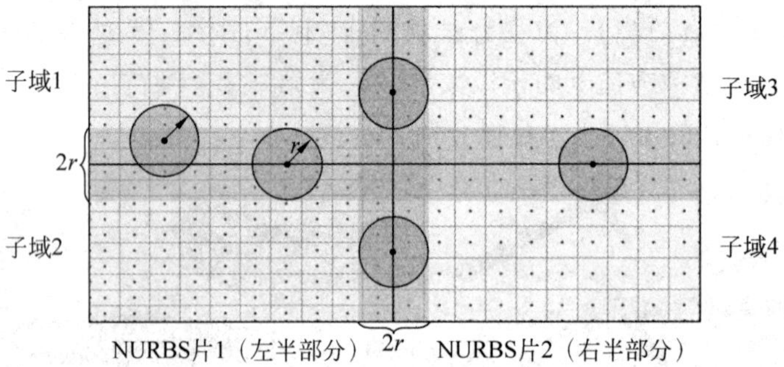

(b)

图 4-6　非一致网格中相邻多片衔接区域局部平滑机制

在多片拓扑描述模型中，针对位于灰色区域的控制设计变量，建立了一种局部平滑机制，以提高相邻子域之间接口处所有 DDF 的平滑度。局部平滑机制的主要机理如图 4-6(b)所示。在局部平滑机构中，填充控制设计变量原有的切削影响区域，在结构域中保持所有控制设计变量的完整影响区域，其对应的数学方程可表示为

$$\widetilde{\phi}_{n_e} = \sum_{n_e=1}^{N_e} \psi(\phi_{n_e})\phi_{n_e}, \quad (n_e = 1,2,\cdots,N_e;\ \phi_{n_e}\ 在\ S_{lo}\ 内) \tag{4-39}$$

式中，S_{lo} 为控制设计变量 ϕ_{n_e} 位于设计域灰色区域的圆形影响区域。N_e 是与平滑机制相关的控制设计变量的数量。$\widetilde{\phi}_{n_e}$ 为光滑处理后的控制设计变量。

4.3.4　单元与全局刚度矩阵计算

在 Galerkin IGA 公式中，全局刚度矩阵可以由所有局部单元刚度矩阵的装配来计算。在求解未知结构位移场的 IGA 中，将整个设计域离散为一系列 IGA 单元，整体刚度矩阵的计算可表示为

$$\boldsymbol{K}^b = \sum_{m=1}^{2} \sum_{n_{el}}^{N_{el}} \int_{\widetilde{\Omega}_m^{n_{el}}} (\boldsymbol{B}_{n_{el}}^m)^{\mathrm{T}} (\Phi(\xi,\eta))^{p_e} \boldsymbol{C}_0^m \boldsymbol{B}_{n_{el}}^m \, |\boldsymbol{J}_1|\,|\boldsymbol{J}_2| \, \mathrm{d}\widetilde{\Omega}_m^{n_{el}} \tag{4-40}$$

式中，$\widetilde{\Omega}_m^{n_{el}}$ 表示所有 IGA 元素数值积分的双单元父空间。$\boldsymbol{J}_1$ 和 $\boldsymbol{J}_2$ 分别是这两个映射 $\boldsymbol{X}$ 和

$\boldsymbol{Y}$ 的雅可比矩阵。在数值计算中，考虑等参数公式，其中需要两个映射。映射 $\boldsymbol{Y}: \hat{\Omega}_e \rightarrow \Omega_e$ 是参数空间到物理空间的定义，如图 4-7 所示，映射 $\boldsymbol{X}: \hat{\Omega}_e \rightarrow \Omega_e$ 是双单元父空间到参数空间的映射。方程(4-40)中的数值积分应该首先拉回参数空间，然后拉回双单元父空间，这将涉及这两个映射的逆映射。在式(4-40)中，p_e 是与 DDF 在高斯正交点处的密度值相关的惩罚参数，这就建立了 DDF 所代表的材料分布与有限元分析中未知结构响应场之间的关系。在基于密度的拓扑优化方法中，该参数一般等于 3。$\boldsymbol{C}_0^m$ 为相关 NURBS 片中基材的本构弹性张量矩阵。$\boldsymbol{K}^n$ 的对应矩阵可由以下公式计算：

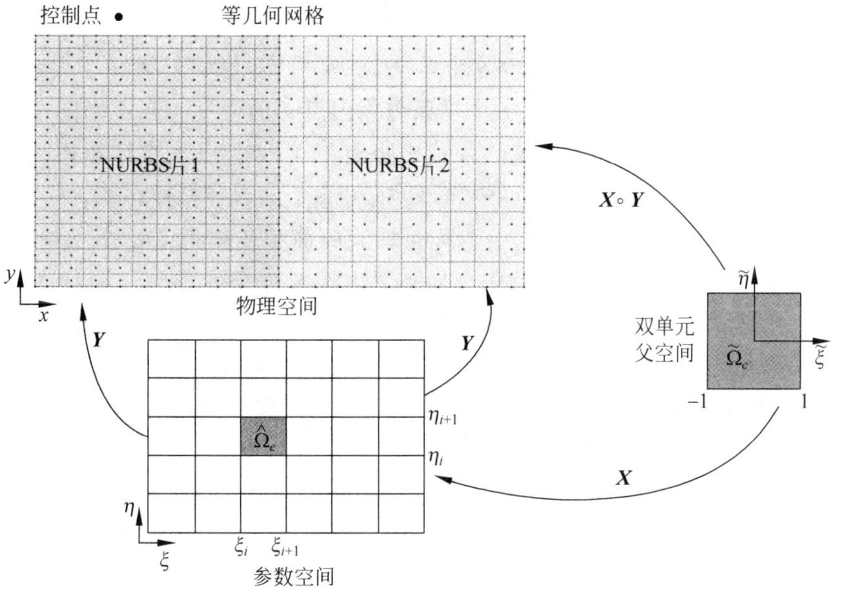

图 4-7　多片等几何分析双映射

$$\boldsymbol{K}^n = \begin{bmatrix} -\gamma\int_{\Gamma_*} (\boldsymbol{R}^1)^{\mathrm{T}} \boldsymbol{n}(\Phi)^{p_e} \boldsymbol{C}_0^1 \boldsymbol{B}^1 \mathrm{d}\Gamma & -(1-\gamma)\int_{\Gamma_*} (\boldsymbol{R}^1)^{\mathrm{T}} \boldsymbol{n}(\Phi)^{p_e} \boldsymbol{C}_0^2 \boldsymbol{B}^2 \mathrm{d}\Gamma \\ \gamma\int_{\Gamma_*} (\boldsymbol{R}^2)^{\mathrm{T}} \boldsymbol{n}(\Phi)^{p_e} \boldsymbol{C}_0^1 \boldsymbol{B}^1 \mathrm{d}\Gamma & (1-\gamma)\int_{\Gamma_*} (\boldsymbol{R}^2)^{\mathrm{T}} \boldsymbol{n}(\Phi)^{p_e} \boldsymbol{C}_0^2 \boldsymbol{B}^2 \mathrm{d}\Gamma \end{bmatrix} \tag{4-41}$$

对于矩阵 $\boldsymbol{K}^n$ 和 $\boldsymbol{K}^s$，在计算界面积分时应考虑 IGA 边界元，其积分的一般形式为

$$\int_{\Gamma_*} f(\boldsymbol{R}^1, \boldsymbol{R}^2)\mathrm{d}\Gamma - \bigcup_{e=1}^{N_{be}} \int_{\Gamma^e} f(\boldsymbol{R}^1, \boldsymbol{R}^2)\mathrm{d}\Gamma = \sum_{i=1}^{N_{gp}} f(\boldsymbol{R}^1(\xi_i^1), \boldsymbol{R}^2(\eta_i^2)) w_i \tag{4-42}$$

式中，N_{be} 为结构耦合界面处 IGA 元素个数，N_{gp} 为数值积分中高斯正交点个数，w_i 为相应权值。

4.4　拓扑优化设计模型

在多个 NURBS 面片构成的设计域内，基于多片耦合的静柔度或动柔度等几何拓扑优化的数学模型可表示为

$$\begin{cases} \text{求} & \rho_{k,e}(\boldsymbol{x})(k=1,2,\cdots,n_k,e=1,2,\cdots,n_{k,e}) \\ \min & J(\rho_{k,e})=\boldsymbol{F}^{\mathrm{T}}\boldsymbol{U} \\ \text{subject to} & G(\rho_{k,e})=\dfrac{\sum\limits_{k}^{n_k}\sum\limits_{e}^{n_{k,e}}\rho_{k,e}(\boldsymbol{x})V_{k,e}}{\sum\limits_{k}^{n_k}\sum\limits_{e}^{n_{k,e}}V_{k,e}}-V^{\max}\leqslant 0, \\ & 0\leqslant\rho_{k,e}(\boldsymbol{x})\leqslant 1 \\ \text{governed by} & \boldsymbol{K}(\boldsymbol{D}_{k,e})\boldsymbol{U}=\boldsymbol{F}(\text{静力学}) \\ & \boldsymbol{M}\ddot{\boldsymbol{u}}+\boldsymbol{C}\dot{\boldsymbol{u}}+\boldsymbol{K}(\boldsymbol{D}_{k,e})\boldsymbol{u}=\boldsymbol{F}(t)(\text{动力学}) \end{cases} \tag{4-43}$$

其中，$\rho_{k,e}(\boldsymbol{x})$表示第 k 个面片中的第 e 个样条单元内点 $\boldsymbol{x}$ 的密度。在不影响读者理解的前提下，为了使表达式更加简洁，在后续的公式中将省略 $\boldsymbol{x}$。n_k 表示设计域内 NURBS 面片的总数。$n_{k,e}$ 表示第 k 个面片中样条单元的总数。$J(\rho_{k,e})$表示目标函数。$G(\rho_{k,e})$表示约束函数。$V^{\max}$ 为结构体积上限，而 $V_{k,e}$ 为样条单元的面积或体积。此外，上述优化问题始终遵循基于 Nitsche 法的平衡方程，其中全局刚度矩阵 $\boldsymbol{K}$ 是单元弹性张量 $\boldsymbol{D}_{k,e}$ 的函数。矩阵 $\boldsymbol{M}$、$\boldsymbol{C}$ 和 $\boldsymbol{F}$ 分别为全局质量矩阵，全局阻尼矩阵和全局外力矢量。$\boldsymbol{F}(t)$表示随时间 t 变化的全局外力矢量。值得注意的是，在基于密度的拓扑优化问题中，单元弹性张量 $\boldsymbol{D}_{k,e}$ 为密度 $\rho_{k,e}$ 的函数，其表达式随材料插值函数 $\mathrm{I}_{k,e}$ 的变化而变化，目前比较常见的有 SIMP 材料插值函数。因此，单元弹性张量 $\boldsymbol{D}_{k,e}$ 可表示为

$$\boldsymbol{D}_{k,e}=(\rho_{k,e})^{\beta}\boldsymbol{D}^{0} \tag{4-44}$$

其中，$\boldsymbol{D}^0$ 为单位弹性张量，ρ 和 β 为惩罚系数且需满足不等式 $\rho>0$ 与 $\beta>1$。

4.5 灵敏度分析

在拓扑优化中，灵敏度是设计变量对目标函数影响程度的直接体现，是驱动优化算法朝着更优的设计方向进行搜索的重要指标。本节将分别对静柔度和动柔度拓扑优化问题进行灵敏度推导。

4.5.1 静柔度问题

一般而言，灵敏度为目标函数对设计变量的一阶导数，故依据链式法则，式(4-43)中目标函数的灵敏度可表示为

$$\frac{\mathrm{d}J(\rho_{k,e})}{\mathrm{d}\rho_{k,e}}=\frac{\mathrm{d}J(\rho_{k,e})}{\mathrm{dI}_{k,e}}\frac{\mathrm{dI}_{k,e}}{\mathrm{d}\rho_{k,e}} \tag{4-45}$$

值得注意的是，等式(4-45)右边第一项为目标函数 $J(\rho_{k,e})$对材料插值函数 $\mathrm{I}_{k,e}$ 的一阶导数，其表达式可写为

$$\frac{\mathrm{d}J(\rho_{k,e})}{\mathrm{dI}_{k,e}}=-(\boldsymbol{u}_{k,e})^{\mathrm{T}}\boldsymbol{K}_{k,e}^{0}\boldsymbol{u}_{k,e} \tag{4-46}$$

其中，$\boldsymbol{K}_{k,e}^0$ 为单位单元刚度矩阵。由于相邻面片之间存在耦合项，故单元刚度矩阵需要依

据单元所在位置分别计算。单元稳定矩阵 $\boldsymbol{K}_{k,e}^{s}$ 不包含弹性张量矩阵 $\boldsymbol{D}_{k,e}$，而单元耦合矩阵 $\boldsymbol{K}_{e}^{c}$ 并不作用于单元刚度矩阵 $\boldsymbol{K}_{k,e}^{b}$，故这两项在灵敏度推导中均可消去。令 S_c 为公共边界 Γ^* 上单元编号的集合，单位单元刚度矩阵 $\boldsymbol{K}_{k,e}^{0}$ 可写为

$$\boldsymbol{K}_{k,e}^{0}=\begin{cases}\int_{\Omega_{k,e}}\boldsymbol{B}_{k,e}\boldsymbol{D}^{0}\boldsymbol{B}_{k,e}\mathrm{d}\omega_{k,e} & ,e\notin S_c\\ \int_{\Omega_{k,e}}\boldsymbol{B}_{k,e}\boldsymbol{D}^{0}\boldsymbol{B}_{k,e}\mathrm{d}\omega_{k,e}-\gamma_{k,e}\int_{\Gamma_e^*}(\boldsymbol{R}_{k,e})^{\mathrm{T}}\boldsymbol{D}^{0}\boldsymbol{n}\boldsymbol{B}_{k,e}\mathrm{d}\gamma_e^* & \\ -\gamma_{k,e}\int_{\Gamma_e^*}(\boldsymbol{B}_{k,e})^{\mathrm{T}}\boldsymbol{n}\boldsymbol{D}^{0}\boldsymbol{R}_{k,e}\mathrm{d}\gamma_e^* & ,e\in S_c\end{cases}\tag{4-47}$$

式(4-47)右边第二项为材料插值函数 $\mathrm{I}_{k,e}$ 对密度 $\rho_{k,e}$ 的一阶偏导。正如前文所述，在基于密度法的拓扑优化中，存在不同形式的材料插值函数，因此 $\partial\mathrm{I}_{k,e}/\partial\rho_{k,e}$ 需根据实际情况求解。本文使用的是经典的SIMP材料插值函数，可知，材料插值函数对密度的一阶导数可写为

$$\frac{\partial\mathrm{I}_{k,e}}{\partial\rho_{k,e}}=\beta(\rho_{k,e})^{\beta-1}E_0\tag{4-48}$$

约束函数 $G(\rho_{k,e})$ 的灵敏度可写为

$$\frac{\mathrm{d}G(\rho_{k,e})}{\mathrm{d}\rho_{k,e}}=1\tag{4-49}$$

为了避免出现奇异和棋盘格现象，在实际优化过程中需要使用过滤器将原始密度 $\rho_{k,e}$ 转换成 $\bar{\rho}_{k,e}$。因此，依据链式法则，经密度过滤后的灵敏度可写为

$$\frac{\partial\phi}{\partial\bar{\rho}_{k,e}}=\frac{\partial\phi}{\partial\rho_{k,e}}\frac{\partial\rho_{k,e}}{\partial\bar{\rho}_{k,e}}=\sum_{e\in S_r}\frac{W_{ie}}{\sum\limits_{e\in S_r}W_{ie}}\frac{\partial\phi}{\partial\rho_{k,e}}\tag{4-50}$$

其中，S_r 为单元编号集合且该集合内元素到第 i 个单元中心的距离 $\mathrm{dist}(i,e)$ 皆小于过滤半径 R_f。W_{ie} 为权重系数，其表达式为 $W_{ie}=\max(0,R_f-\mathrm{dist}(i,e))$。此外，在式(4-50)中 ϕ 指代目标函数 $J(\rho_{k,e})$ 或者约束函数 $G(\rho_{k,e})$。

4.5.2 动柔度问题

在动柔度问题中，目标函数 $J(\rho_{k,e})$ 在时域T的灵敏度可表示为

$$\frac{\mathrm{d}J(\rho_{k,e})}{\mathrm{d}\rho_{k,e}}=\frac{\partial J(\rho_{k,e})}{\partial\mathrm{I}_{k,e}}\frac{\partial\mathrm{I}_{k,e}}{\partial\rho_{k,e}}+\sum_{i=0}^{n_t}\frac{\partial J(\rho_{k,e})}{\partial\boldsymbol{u}_{k,e}^{i}}\frac{\partial\boldsymbol{u}_{k,e}^{i}}{\partial\rho_{k,e}}\tag{4-51}$$

其中，n_t 表示时间步长。为避免求解一阶偏导数 $\partial\boldsymbol{u}_{k,e}^{i}/\partial\rho_{k,e}$ 的值，本节将使用基于HHT-α 的伴随法计算灵敏度。值得注意的是，HHT-α 法是处理动柔度问题的常用方法，它通过参数 α_d 来描述阻尼矩阵、刚度矩阵和外力矢量在时域T上的迟滞关系。多个NURBS面片下的单元弹性动柔度平衡方程可改写为

$$\begin{aligned}&\boldsymbol{M}_{k,e}\ddot{\boldsymbol{u}}_{k,e}^{i}+(1-\alpha_d)\boldsymbol{C}_{k,e}\dot{\boldsymbol{u}}_{k,e}^{i}+\alpha_d\boldsymbol{C}_{k,e}\dot{\boldsymbol{u}}_{k,e}^{i}+(1-\alpha_d)\boldsymbol{K}_{k,e}\boldsymbol{u}_{k,e}^{i}+\alpha_d\boldsymbol{K}_{k,e}\boldsymbol{u}_{k,e}^{i}\\&=(1-\alpha_d)\boldsymbol{F}_{k,e}^{i}+\alpha_d\boldsymbol{F}_{k,e}^{i}\end{aligned}\tag{4-52}$$

其中，上标 i 表示时间节距。位移 $\boldsymbol{u}_{k,e}^{i}$，速度 $\dot{\boldsymbol{u}}_{k,e}^{i}$ 和加速度 $\ddot{\boldsymbol{u}}_{k,e}^{i}$ 的微分关系可写为

$$\begin{cases}\boldsymbol{u}_{k,e}^{i}=\boldsymbol{u}_{k,e}^{i-1}+\Delta t\dot{\boldsymbol{u}}_{k,e}^{i-1}+\Delta t^2\left[\left(\frac{1}{2}-\beta_d\right)\ddot{\boldsymbol{u}}_{k,e}^{i-1}+\beta_d\ddot{\boldsymbol{u}}_{k,e}^{i}\right]\\ \dot{\boldsymbol{u}}_{k,e}^{i}=\dot{\boldsymbol{u}}_{k,e}^{i-1}+\Delta t[(1-\gamma_d)\ddot{\boldsymbol{u}}_{k,e}^{i-1}+\gamma_d\ddot{\boldsymbol{u}}_{k,e}^{i}]\end{cases}\tag{4-53}$$

为了保证 HHT-α 法至少具有二阶精度和无附加条件的稳定性，参数 α_d，β_d 和 γ_d 需满足以下条件：

$$0 \leqslant \alpha_d \leqslant \frac{1}{3}, \quad \beta_d = (1+\alpha_d)^2/4, \quad \gamma_d = (1+2\alpha_d)/2 \tag{4-54}$$

值得注意的是，当 α 取值为 0 时，HHT-α 法与 Newmark-β 法等价，可得

$$\boldsymbol{P}_{k,e}^{i} = \boldsymbol{L}_1 \ddot{\boldsymbol{u}}_{k,e}^{i} + \boldsymbol{L}_0 \ddot{\boldsymbol{u}}_{k,e}^{i-1} + \boldsymbol{G}_0 \dot{\boldsymbol{u}}_{k,e}^{i-1} + \boldsymbol{K}\boldsymbol{u}_{k,e}^{i-1} - (1-\alpha_d)\boldsymbol{F}_{k,e}^{i} - \alpha_d \boldsymbol{F}_{k,e}^{i-1} = \boldsymbol{0} \tag{4-55}$$

其中，$\boldsymbol{P}_{k,e}^{i}$ 表示残差，而矩阵 $\boldsymbol{L}_1$，$\boldsymbol{L}_0$ 和 $\boldsymbol{G}_0$ 可分别写为

$$\boldsymbol{L}_1 = \boldsymbol{M}_{k,e} + (1-\alpha_d)\gamma_d \Delta t \boldsymbol{C}_{k,e} + (1-\alpha_d)\beta_d \Delta t^2 \boldsymbol{K}_{k,e} \tag{4-56}$$

$$\boldsymbol{G}_0 = \boldsymbol{C}_{k,e} + (1-\alpha_d)\Delta t \boldsymbol{K}_{k,e} \tag{4-57}$$

$$\boldsymbol{L}_0 = (1-\alpha_d)(1-\gamma_d)\Delta t \boldsymbol{C}_{k,e} + (1-\alpha_d)\left(\frac{1}{2} - \beta_d\right)\Delta t^2 \boldsymbol{K}_{k,e} \tag{4-58}$$

根据上式，可求解时间节距 $i=1,2,\cdots,n_t$ 时的加速度 $\ddot{\boldsymbol{u}}_{k,e}^{i}$，可得到在时间步长 i 时的位移 $\boldsymbol{u}_{k,e}^{i}$ 与速度 $\dot{\boldsymbol{u}}_{k,e}^{i}$。而当时间节距 $i=0$ 时，残差 $\boldsymbol{P}_{k,e}^{0}$ 可写为

$$\boldsymbol{P}_{k,e}^{0} = \boldsymbol{M}_{k,e}\ddot{\boldsymbol{u}}_{k,e}^{0} + \boldsymbol{C}_{k,e}\dot{\boldsymbol{u}}_{k,e}^{0} + \boldsymbol{K}_{k,e}\boldsymbol{u}_{k,e}^{0} - \boldsymbol{F}_{k,e}^{0} = \boldsymbol{0} \tag{4-59}$$

此时，加速度 $\ddot{\boldsymbol{u}}_{k,e}^{0}$ 可以通过初始位移 $\boldsymbol{u}_{k,e}^{0}$、初始速度 $\dot{\boldsymbol{u}}_{k,e}^{0}$ 求出。残差形式为

$$\boldsymbol{O}_{k,e}^{i} = -\dot{\boldsymbol{u}}_{k,e}^{i} + \dot{\boldsymbol{u}}_{k,e}^{i-1} + \Delta t\left[(1-\gamma_d)\ddot{\boldsymbol{u}}_{k,e}^{i-1} + \gamma_d \ddot{\boldsymbol{u}}_{k,e}^{i}\right] = \boldsymbol{0} \tag{4-60}$$

随后，引入伴随变量 $\boldsymbol{P}_i$，$\boldsymbol{Q}_i$ 和 $\boldsymbol{O}_i$，则目标函数灵敏度的伴随形式为

$$\begin{aligned}
\frac{\mathrm{d}J}{\mathrm{d}\rho_{k,e}} = {} & \frac{\partial J}{\partial \mathrm{I}_{k,e}} \frac{\partial \mathrm{I}_{k,e}}{\partial \rho_{k,e}} + \sum_{i=0}^{n_t} \frac{\partial J}{\partial \boldsymbol{u}_{k,e}^{i}} \frac{\partial \boldsymbol{u}_{k,e}^{i}}{\partial \rho_{k,e}} + \\
& \sum_{i=0}^{n_t} \boldsymbol{P}_i^{\mathrm{T}} \left[\frac{\partial \boldsymbol{P}_{k,e}^{i}}{\partial \rho_{k,e}} + \sum_{l=0}^{n_t}\left(\frac{\partial \boldsymbol{P}_{k,e}^{i}}{\partial \boldsymbol{u}_{k,e}^{l}} \frac{\partial \boldsymbol{u}_{k,e}^{l}}{\partial \rho_{k,e}} + \frac{\partial \boldsymbol{P}_{k,e}^{i}}{\partial \dot{\boldsymbol{u}}_{k,e}^{l}} \frac{\partial \dot{\boldsymbol{u}}_{k,e}^{l}}{\partial \rho_{k,e}} + \frac{\partial \boldsymbol{P}_{k,e}^{i}}{\partial \ddot{\boldsymbol{u}}_{k,e}^{l}} \frac{\partial \ddot{\boldsymbol{u}}_{k,e}^{l}}{\partial \rho_{k,e}}\right)\right] + \\
& \sum_{i=1}^{n_t} \boldsymbol{Q}_i^{\mathrm{T}} \left[\sum_{k=1}^{n_k} \frac{\partial \boldsymbol{Q}_{k,e}^{i}}{\partial \rho_{k,e}} + \sum_{l=0}^{n_t}\left(\frac{\partial \boldsymbol{Q}_{k,e}^{i}}{\partial \boldsymbol{u}_{k,e}^{l}} \frac{\partial \boldsymbol{u}_{k,e}^{l}}{\partial \rho_{k,e}} + \frac{\partial \boldsymbol{Q}_{k,e}^{i}}{\partial \dot{\boldsymbol{u}}_{k,e}^{l}} \frac{\partial \dot{\boldsymbol{u}}_{k,e}^{l}}{\partial \rho_{k,e}} + \frac{\partial \boldsymbol{Q}_{k,e}^{i}}{\partial \ddot{\boldsymbol{u}}_{k,e}^{l}} \frac{\partial \ddot{\boldsymbol{u}}_{k,e}^{l}}{\partial \rho_{k,e}}\right)\right] + \\
& \sum_{i=1}^{n_t} \boldsymbol{O}_i^{\mathrm{T}} \left[\sum_{k=1}^{n_k} \frac{\partial \boldsymbol{O}_{k,e}^{i}}{\partial \rho_{k,e}} + \sum_{l=0}^{n_t}\left(\frac{\partial \boldsymbol{O}_{k,e}^{i}}{\partial \boldsymbol{u}_{k,e}^{l}} \frac{\partial \boldsymbol{u}_{k,e}^{l}}{\partial \rho_{k,e}} + \frac{\partial \boldsymbol{O}_{k,e}^{i}}{\partial \dot{\boldsymbol{u}}_{k,e}^{l}} \frac{\partial \dot{\boldsymbol{u}}_{k,e}^{l}}{\partial \rho_{k,e}} + \frac{\partial \boldsymbol{O}_{k,e}^{i}}{\partial \ddot{\boldsymbol{u}}_{k,e}^{l}} \frac{\partial \ddot{\boldsymbol{u}}_{k,e}^{l}}{\partial \rho_{k,e}}\right)\right]
\end{aligned} \tag{4-61}$$

观察残差公式，可知，$\boldsymbol{Q}_{k,e}^{i}$ 和 $\boldsymbol{O}_{k,e}^{i}$ 与设计变量 $\rho_{k,e}$ 无关，则有 $\partial \boldsymbol{Q}_{k,e}^{i}/\partial \rho_{k,e} = \boldsymbol{0}$ 和 $\partial \boldsymbol{O}_{k,e}^{i}/\partial \rho_{k,e} = \boldsymbol{0}$。此外，初始位移 $\boldsymbol{u}_{k,e}^{0}$ 与初始速度 $\dot{\boldsymbol{u}}_{k,e}^{0}$ 为人为设定的边界条件且独立于设计变量 $\rho_{k,e}$，故有 $\partial \boldsymbol{u}_{k,e}^{0}/\partial \rho_{k,e} = \boldsymbol{0}$ 和 $\partial \dot{\boldsymbol{u}}_{k,e}^{0}/\partial \rho_{k,e} = \boldsymbol{0}$。式(4-61)可化简为

$$\begin{aligned}
\frac{\mathrm{d}J}{\mathrm{d}\rho_{k,e}} = {} & \frac{\partial J}{\partial \mathrm{I}_{k,e}} \frac{\partial \mathrm{I}_{k,e}}{\partial \rho_{k,e}} + \sum_{i=0}^{n_t} \boldsymbol{P}_i^{\mathrm{T}} \frac{\partial \boldsymbol{P}_{k,e}^{i}}{\partial \rho_{k,e}} + \\
& \left(\boldsymbol{P}_0^{\mathrm{T}} \frac{\partial \boldsymbol{P}_{k,e}^{0}}{\partial \ddot{\boldsymbol{u}}_{k,e}^{0}} + \boldsymbol{P}_1^{\mathrm{T}} \frac{\partial \boldsymbol{P}_{k,e}^{1}}{\partial \ddot{\boldsymbol{u}}_{k,e}^{0}} + \boldsymbol{Q}_1^{\mathrm{T}} \frac{\partial \boldsymbol{Q}_{k,e}^{1}}{\partial \ddot{\boldsymbol{u}}_{k,e}^{0}} + \boldsymbol{O}_1^{\mathrm{T}} \frac{\partial \boldsymbol{O}_{k,e}^{1}}{\partial \ddot{\boldsymbol{u}}_{k,e}^{0}}\right) \frac{\partial \ddot{\boldsymbol{u}}_{k,e}^{0}}{\partial \rho_{k,e}} + \\
& \sum_{i=1}^{n_t}\sum_{l=1}^{n_t}\left(\boldsymbol{P}_l^{\mathrm{T}} \frac{\partial \boldsymbol{P}_{k,e}^{l}}{\partial \boldsymbol{u}_{k,e}^{i}} + \boldsymbol{Q}_l^{\mathrm{T}} \frac{\partial \boldsymbol{Q}_{k,e}^{l}}{\partial \boldsymbol{u}_{k,e}^{i}} + \boldsymbol{O}_l^{\mathrm{T}} \frac{\partial \boldsymbol{O}_{k,e}^{l}}{\partial \boldsymbol{u}_{k,e}^{i}} + \frac{\partial J}{\partial \boldsymbol{u}_{k,e}^{i}}\right) \frac{\partial \boldsymbol{u}_{k,e}^{i}}{\partial \rho_{k,e}} + \\
& \sum_{i=1}^{n_t}\sum_{l=1}^{n_t}\left(\boldsymbol{P}_l^{\mathrm{T}} \frac{\partial \boldsymbol{P}_{k,e}^{l}}{\partial \dot{\boldsymbol{u}}_{k,e}^{i}} + \boldsymbol{Q}_l^{\mathrm{T}} \frac{\partial \boldsymbol{Q}_{k,e}^{l}}{\partial \dot{\boldsymbol{u}}_{k,e}^{i}} + \boldsymbol{O}_l^{\mathrm{T}} \frac{\partial \boldsymbol{O}_{k,e}^{l}}{\partial \dot{\boldsymbol{u}}_{k,e}^{i}}\right) \frac{\partial \dot{\boldsymbol{u}}_{k,e}^{i}}{\partial \rho_{k,e}} +
\end{aligned}$$

$$\sum_{i=1}^{n_t}\sum_{l=1}^{n_t}\left(\boldsymbol{P}_l^{\mathrm{T}}\frac{\partial \boldsymbol{P}_{k,e}^{l}}{\partial \ddot{\boldsymbol{u}}_{k,e}^{i}}+\boldsymbol{Q}_l^{\mathrm{T}}\frac{\partial \boldsymbol{Q}_{k,e}^{l}}{\partial \ddot{\boldsymbol{u}}_{k,e}^{i}}+\boldsymbol{O}_l^{\mathrm{T}}\frac{\partial \boldsymbol{O}_{k,e}^{l}}{\partial \ddot{\boldsymbol{u}}_{k,e}^{i}}\right)\frac{\partial \ddot{\boldsymbol{u}}_{k,e}^{i}}{\partial \rho_{k,e}} \tag{4-62}$$

上式可分解为，目标函数 $J(\rho_{k,e})$ 在时域 T 上的灵敏度：

$$\frac{\mathrm{d}J}{\mathrm{d}\rho_{k,e}}=\underbrace{\frac{\partial J}{\partial \mathrm{I}_{k,e}}\frac{\partial \mathrm{I}_{k,e}}{\partial \rho_{k,e}}}_{\text{第一部分}}+\underbrace{\sum_{i=0}^{n_t}\boldsymbol{P}_i^{\mathrm{T}}\frac{\partial \boldsymbol{P}_{k,e}^{i}}{\partial \rho_{k,e}}}_{\text{第二部分}} \tag{4-63}$$

及所对应的伴随问题，即当时间节距 $i=0$ 时，

$$\boldsymbol{P}_0^{\mathrm{T}}\frac{\partial \boldsymbol{P}_{k,e}^{0}}{\partial \ddot{\boldsymbol{u}}_{k,e}^{0}}+\boldsymbol{P}_1^{\mathrm{T}}\frac{\partial \boldsymbol{P}_{k,e}^{1}}{\partial \ddot{\boldsymbol{u}}_{k,e}^{0}}+\boldsymbol{Q}_1^{\mathrm{T}}\frac{\partial \boldsymbol{Q}_{k,e}^{1}}{\partial \ddot{\boldsymbol{u}}_{k,e}^{0}}+\boldsymbol{O}_1^{\mathrm{T}}\frac{\partial \boldsymbol{O}_{k,e}^{1}}{\partial \ddot{\boldsymbol{u}}_{k,e}^{0}}=\boldsymbol{0} \tag{4-64}$$

当时间节距 $i=1,\cdots,n_t$ 时，

$$\sum_{l=1}^{n_t}\left(\boldsymbol{P}_l^{\mathrm{T}}\frac{\partial \boldsymbol{P}_{k,e}^{l}}{\partial \boldsymbol{u}_{k,e}^{i}}+\boldsymbol{Q}_l^{\mathrm{T}}\frac{\partial \boldsymbol{Q}_{k,e}^{l}}{\partial \boldsymbol{u}_{k,e}^{i}}+\boldsymbol{O}_l^{\mathrm{T}}\frac{\partial \boldsymbol{O}_{k,e}^{l}}{\partial \boldsymbol{u}_{k,e}^{i}}+\frac{\partial J}{\partial \boldsymbol{u}_{k,e}^{i}}\right)=\boldsymbol{0} \tag{4-65}$$

$$\sum_{l=1}^{n_t}\left(\boldsymbol{P}_l^{\mathrm{T}}\frac{\partial \boldsymbol{P}_{k,e}^{l}}{\partial \dot{\boldsymbol{u}}_{k,e}^{i}}+\boldsymbol{Q}_l^{\mathrm{T}}\frac{\partial \boldsymbol{Q}_{k,e}^{l}}{\partial \dot{\boldsymbol{u}}_{k,e}^{i}}+\boldsymbol{O}_l^{\mathrm{T}}\frac{\partial \boldsymbol{O}_{k,e}^{l}}{\partial \dot{\boldsymbol{u}}_{k,e}^{i}}\right)=\boldsymbol{0} \tag{4-66}$$

$$\sum_{l=1}^{n_t}\left(\boldsymbol{P}_l^{\mathrm{T}}\frac{\partial \boldsymbol{P}_{k,e}^{l}}{\partial \ddot{\boldsymbol{u}}_{k,e}^{l}}+\boldsymbol{Q}_l^{\mathrm{T}}\frac{\partial \boldsymbol{Q}_{k,e}^{l}}{\partial \ddot{\boldsymbol{u}}_{k,e}^{l}}+\boldsymbol{O}_l^{\mathrm{T}}\frac{\partial \boldsymbol{O}_{k,e}^{l}}{\partial \dot{\boldsymbol{u}}_{k,e}^{l}}\right)=\boldsymbol{0} \tag{4-67}$$

观察上式可知，等号右侧第一部分为链式法则，其形式与静柔度的灵敏度一致。在第二部分中，伴随变量 $\boldsymbol{P}_i$ 则需通过伴随问题求解。因此，可将残差公式带入上述伴随问题中，并令初始位移 $\boldsymbol{u}_{k,e}^{0}$ 与初始速度 $\dot{\boldsymbol{u}}_{k,e}^{0}$ 为 0，可得

当时间节距 $i=0$ 时，

$$\boldsymbol{P}_0=(\boldsymbol{M}_{k,e}^{0})^{-1}\left[\boldsymbol{L}_0\boldsymbol{P}_1-\left(\frac{1}{2}-\beta_d\right)\Delta t^2\boldsymbol{Q}_1-(1-\gamma_d)\Delta t\boldsymbol{O}_1\right] \tag{4-68}$$

$$\boldsymbol{P}_i=\boldsymbol{L}_0^{-1}\left\{\boldsymbol{L}_1\boldsymbol{P}_{i-1}+\Delta t^2\left[\beta_d\boldsymbol{Q}_{i-1}+\left(\frac{1}{2}-\beta_d\right)\boldsymbol{Q}_i\right]+\Delta t\left[\gamma_d\boldsymbol{O}_{i-1}+(1-\gamma_d)\boldsymbol{O}_i\right]\right\} \tag{4-69}$$

当时间节距 $i=2,\cdots,n_t-1$ 时，

其中，$\boldsymbol{Q}_{i-1}=\dfrac{\partial J}{\partial \boldsymbol{u}_{k,e}^{i-1}}+\boldsymbol{K}_{k,e}\boldsymbol{P}_i+\boldsymbol{Q}_i$，$\boldsymbol{O}_{i-1}=\boldsymbol{G}_0\boldsymbol{P}_i+\Delta t\boldsymbol{Q}_i+\boldsymbol{O}_i$。当时间节距 $i=n_t$ 时，

$$\boldsymbol{P}_{n_t}=\boldsymbol{L}_1^{-1}(-\beta_d\Delta t^2\boldsymbol{Q}_{n_t}-\gamma_d\Delta t\boldsymbol{O}_{n_t}) \tag{4-70}$$

其中，$\boldsymbol{Q}_{n_t}=\partial J/\partial \boldsymbol{u}_{k,e}^{n_t}$，$\boldsymbol{O}_{n_t}=\boldsymbol{0}$。此外一阶偏导数 $\partial \boldsymbol{P}_{k,e}^{i}/\partial \rho_{k,e}$ 可根据链式法得

$$\frac{\partial \boldsymbol{P}_{k,e}^{i}}{\partial \rho_{k,e}}=\frac{\partial \boldsymbol{P}_{k,e}^{i}}{\partial \mathrm{I}_{k,e}}\frac{\partial \mathrm{I}_{k,e}}{\partial \rho_{k,e}} \tag{4-71}$$

其中，一阶偏导数 $\partial \boldsymbol{P}_{k,e}^{i}/\partial \mathrm{I}_{k,e}$ 可得出，当时间节距 $i=0$ 时，

$$\frac{\partial \boldsymbol{P}_{k,e}^{i}}{\partial \mathrm{I}_{k,e}}=\boldsymbol{K}_{k,e}^{0}(\boldsymbol{u}_0+\beta_r\dot{\boldsymbol{u}}_0) \tag{4-72}$$

当 $i=1,2,\cdots,n_t$ 时，

$$\frac{\partial \boldsymbol{P}_{k,e}^{i}}{\partial \mathrm{I}_{k,e}}=\boldsymbol{K}_{k,e}^{0}[(1-\alpha)(\boldsymbol{u}_i+\beta_r\dot{\boldsymbol{u}}_i)+\alpha(\boldsymbol{u}_{i-1}+\beta_r\dot{\boldsymbol{u}}_{i-1})] \tag{4-73}$$

最后，约束函数 $G(\rho_{k,e})$ 的灵敏度与静柔度问题保持一致。

4.6 数值实施

本章提出的多片等几何拓扑优化方法（MP-ITO）的优化流程图如图 4-8 所示，主要包含以下关键部分：①优化准备：主要涉及多片 NURBS 模型的构建、控制设计变量的定义、各子域 DDF 的构建和初始化，并在施加载荷和边界条件的情况下构建多片 IGA 公式；②优化所有 DDF 和结构拓扑：将所有 DDF 组合在一起，实现对整个 DDF 材料分布的表示；③灵敏度分析计算：计算目标函数和约束函数对控制设计变量的一阶导数；④利用 OC 方法求解设计问题并迭代控制设计变量，进而更新各子域 DDF 和整体结构拓扑；⑤输出结构的所有 DDF 和最终结构拓扑。

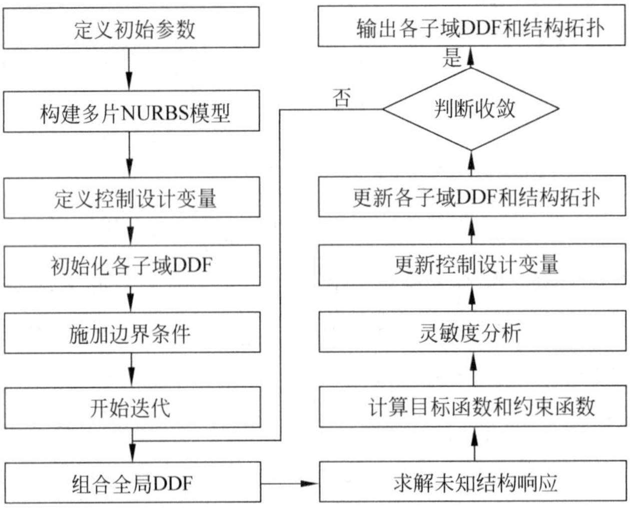

图 4-8　多片等几何拓扑优化数值实施流程

4.7 数值案例

在本节中，将通过几个数值实例来证明所提出的 MP-ITO 方法在具有一致性和非一致性网格的实体结构设计优化上的有效性。首先，研究了所提出的 MP-ITO 方法的局部平滑机制的有效性和离散网格双分辨率方案的必要性；然后，本节还进一步验证了 MP-ITO 方法在复杂结构上的有效性。在所有数值算例中，实体材料的杨氏模量定义为 1，泊松比设为 0.3。施加的点载荷大小定义为 1，除非另有说明，否则在所有数值算例中，NURBS $\frac{\partial \boldsymbol{P}^{i}_{k,e}}{\partial \mathrm{I}_{k,e}} = \boldsymbol{K}^{0}_{k,e}(\boldsymbol{u}_0+\beta_r\dot{\boldsymbol{u}}_0)$基函数在两个参数方向上的阶数均设为 2。每个二维 IGA 单元选择 3×3 高斯正交点。惩罚参数 p_e 值等于 3。最终收敛条件定义为：相邻两个迭代步骤中控制设计变量差的 L_∞ 范数达到 1%或者达到最大 200 个迭代步数，迭代终止。本节将通过一些静柔度和动柔度数值算例对上述拓扑优化方法的有效性进行讨论与验证，并在配置有 CPU Intel(R) Core(TM) i7-9700K(3.60GHz)、32GB RAM 和软件环境 MATLAB 2020b 的台式计算机上运行。

4.7.1 双分辨率离散网格的有效性

本小节的主要目的是验证多片拓扑描述模型的有效性。为此，重点讨论了局部平滑机制和双分辨率离散化方案的必要性和有效性。如图 4-9 所示，右下点受力的悬臂梁由两个结构尺度定义，即 L 和 H。L 和 H 的结构尺寸分别定义为 10 和 5。

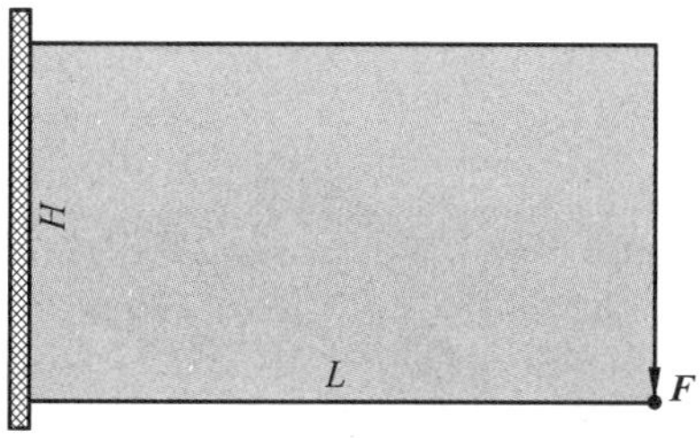

图 4-9　悬臂梁

为了展示多片拓扑描述模型的有效性，对于如图 4-10 所示的悬臂梁，定义了 3 种不同的离散网格，如图 4-10 所示。图 4-10(a)中定义了 400 IGA 单元×200 IGA 单元的 IGA 一致网格，图 4-10(b)中定义了 200 IGA 单元×200 IGA 单元和 200 IGA 单元×100 IGA 单元的非一致性网格，图 4-10(c)中定义了 200 IGA 单元×200 IGA 单元和 200 IGA 单元×50 IGA 单元的非一致性网格。首先，为了证明局部平滑机制在多片拓扑描述模型中的有效性，采用提出的多片等几何拓扑优化方法对悬臂梁进行了优化，并对两种情况进行了讨论。在情形 1 和情形 2 中，采用图 4-10(a)中的一致性网格对悬臂梁进行离散化。这两种情况主要考虑的是双片 NURBS 模型，其中片 1 对应于悬臂梁的左侧部分，另一个片模型对应于右侧部分。多片拓扑描述模型不包含局部平滑机制，情形 2 考虑局部平滑机制。在局部平滑机制中，控制设计变量的局部支持区域包含 3 个相邻的设计变量。在这两种情况下，最大材料消耗比设定为 30%。

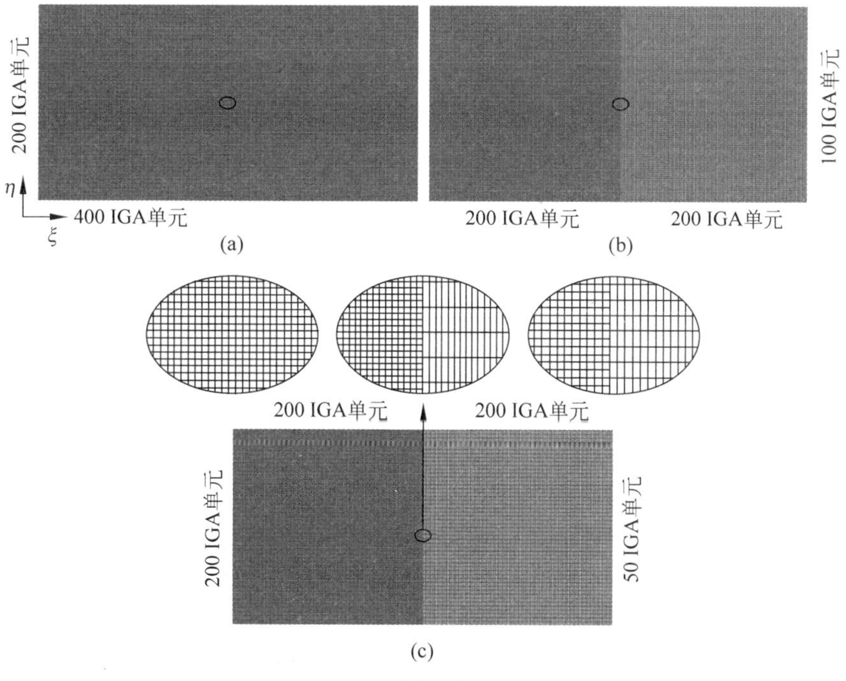

图 4-10　不同网格划分方案

(a) 400 IGA 单元×200 IGA 单元；(b) 200 IGA 单元×200 IGA 单元和 200 IGA 单元×100 IGA 单元；(c) 200 IGA 单元×200 IGA 单元和 200 IGA 单元×50 IGA 单元

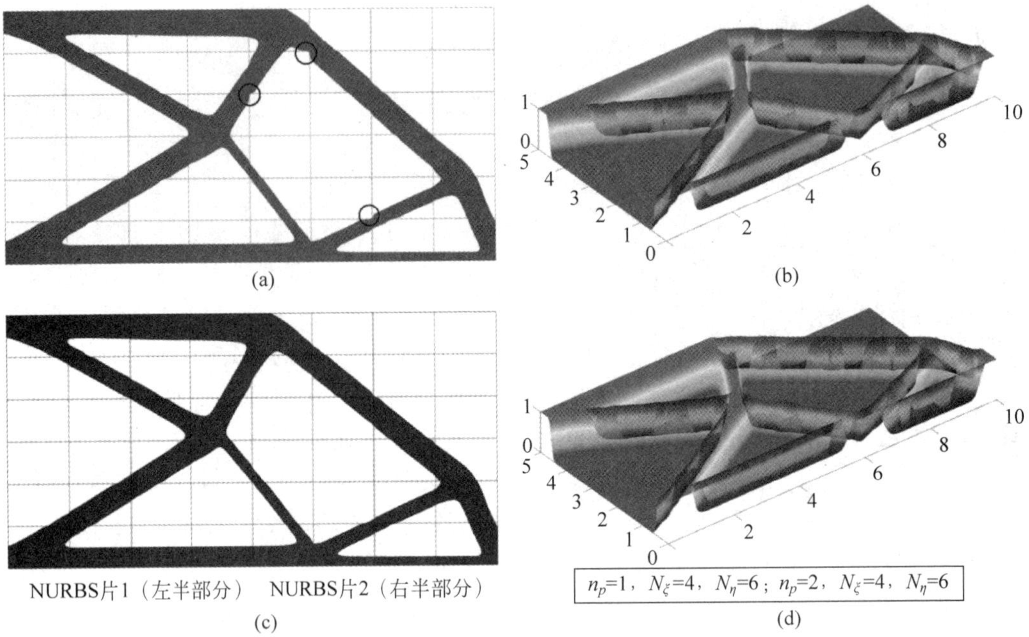

图 4-11 一致性网格下悬臂梁的优化设计

(a) 不考虑局部平滑机构的优化拓扑；(b) DDF；(c) 具有局部平滑机制的优化拓扑；(d) DDF

图 4-11 列出了两种情况下悬臂梁的优化设计结果，包括优化后的结构拓扑和相应的 DDF。从图 4-11(a)中可以看出，优化后的拓扑结构在相邻子域的结构界面上有很大的变化，如 3 个黑色圆圈所描绘的漏洞。优化后的拓扑如图 4-11(c)所示，可以消除漏洞，结构边界光滑连续。在上述案例中，情形 1 不考虑局部光滑机制，情形 2 使用局部光滑机制来平滑相邻子域中接触面处的结构边界。虽然在案例 1 的有限元分析中考虑了一致性网格，但优化后的拓扑结构仍然产生了一些关键的漏洞特征。因此，局部平滑机制在提高结构边界的平滑性和连续性方面具有有效性，在多片拓扑描述模型中应予以考虑。

在上面的讨论中，采用了一个一致性网格来离散悬臂梁。为了进一步证明局部平滑机制的有效性，本小节还考虑了非一致性网格，计算了 4 种数值情形，其中情形 1 至情形 3 考虑图 4-10(b)中的非一致性网格，情形 4 采用图 4-10(c)。在所有情形下，均使用了双片 NURBS 模型。在情形 1 中，不使用局部平滑机制和离散网格双分辨率方案。情形 2 采用局部平滑机制，不考虑离散网格双分辨率方案。在情形 3 和情形 4 中，均考虑了局部平滑机制和离散网格双分辨率方案。图 4-12(a)～(d)给出了 4 种情况下的优化设计，其中也提供了局部放大的结构特征。不难发现，在图 4-12(a)所示的优化拓扑中，产生了几个可怕的结构特征，即加载-传输路径上的结构边界起皱或断裂。这些奇异的结构特征产生的主要原因有两个方面：①相邻 NURBS 片中网格不一致导致控制设计变量的差异，使得相邻 NURBS 片中 DDF 的构建是基于不同数量的控制设计变量。当控制设计变量数量的差异随着相邻片中不一致网格的设置而增大时，优化过程中极易出现漏洞和破坏边界等可怕的结构特征，严重损害了 MP-ITO 方法的有效性。②每个 DDF 中定义的平滑机制只能作用于对应的子域，不能超过相邻子域的结构边界，具体如图 4-6 所示。由于 DDF 的构造只针对子域进行定义，因此 DDF 中平滑机制的影响区域被结构边界切割。

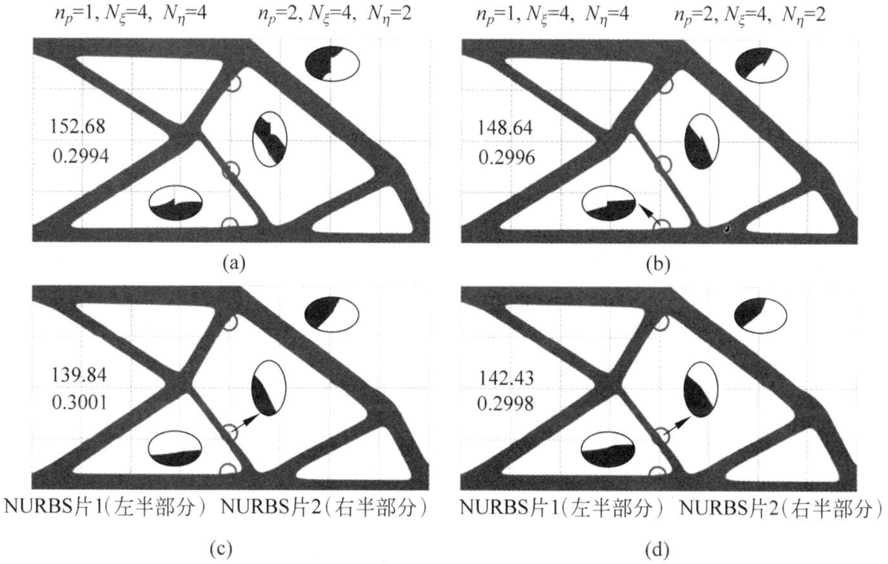

图 4-12　采用 MP-ITO 方法对悬臂梁进行优化设计，优化的相关设置

(a) 不考虑局部光滑机制和双分辨方案的非一致性网格；(b) 具有局部平滑机制但未采用双分辨方案的非一致性网格；(c) 采用局部平滑机制和双分辨方案的非一致性网格；(d) 采用局部平滑机制和双分辨方案的非一致性网格

在情形 2 中，优化时只考虑了局部平滑机制，图 4-12(b)显示优化后的结构在相邻子域的界面处仍然存在轻微起皱的边界，即使局部平滑机制可以有效地解决相邻子域的切割问题。其关键原因是采用非一致性网格对设计域进行离散化时，相邻片中的 DDF 具有不同数量的控制设计变量，导致相邻子域的边界处结构边界无法合理连接。因此，在整个设计领域中考虑非一致性网格对优化提出了更大的挑战。仅考虑局部平滑机制不足以使 MP-ITO 方法获得合适的结构拓扑。在情形 3 中，采用离散网格的双分辨率方案进行优化，通过不同的离散网格将拓扑描述和数值分析解耦。可以很容易地看到，结构边界可以与多个子域内界面处的光滑连续特征自然连接，优化后的拓扑如图 4-12(c)所示，这可以证明 MP-ITO 方法中非一致性网格双分辨率方案的有效性和不可或缺性。情形 4 扩展了相邻片的网格差异，在两个片中分别使用(200×200)个和(200×50)个 IGA 单元。从图 4-12(d)的结果可以很容易地发现，优化后的边界仍然可以自然连接，相邻子域没有皱褶和断裂的特征。因此，可以得出以下结论：①局部平滑机制可以有效地解决控制设计变量在界面处影响子域被切割的关键问题，而如果采用非一致性网格对设计域进行离散化，仍然会产生不连通的边界；②将拓扑描述与有限元分析解耦的离散化网格双分辨率方案具有较强的消除相邻子域结构边界起皱或断裂的能力，能够消除优化拓扑中结构边界与非一致性网格的关键连接问题；③在多片拓扑描述模型中，应同时考虑局部平滑机制和双分辨率方案，在解决不同问题时发挥各自的有效性。

4.7.2　经典算例对比

本节将通过等几何拓扑优化中的三个经典算例，即 L 形梁，悬臂梁和四分之一曲杆，验证基于多片耦合的静柔度等几何拓扑优化方法的有效性。图 4-13(a)为一个长 $L=$

100mm，高 $H=100$mm 的 L 形设计域，该设计域由两个匹配的 NURBS 面片构成。NURBS 面片 1 的上端为固定约束，而 NURBS 面片 2 的右上角则被施加一个垂直向下的集中载荷，其大小为 $F=10$N。图 4-13(b)为两个不匹配 NURBS 面片构成的长 $L=160$mm，高 $H=80$mm 的悬臂梁设计域，其左端为固定约束，集中载荷 $F=10$N 被施加在右端中点处。而图 4-13(c)则为三个不匹配 NURBS 面片构成的四分之一曲杆设计域，其中外径为 $R=60$mm，内径为 $r=20$mm。在该设计域中，NURBS 面片 3 的下端为固定约束，而集中载荷 $F=10$N 被施加在 NURBS 面片 2 的左上端，且该点的 y 方向位移被设为 0。值得注意的是，为了保证计算的精度，优化时网格分辨率为图 4-13 中网格分辨率的 10 倍。此外，本算例中各个 NURBS 面片的控制点个数，样条单元个数及曲面次数可参见表 4-1。最后，假定材料的体积约束为 0.3，单元的初始密度为 0.5，密度过滤半径 R_f 为 2.0。

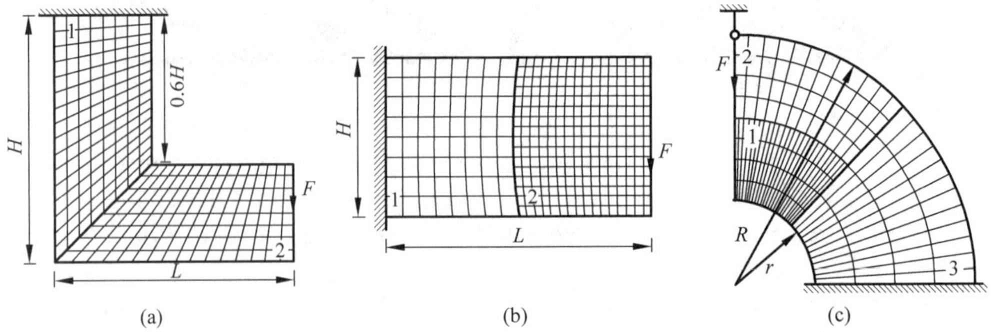

图 4-13　经典算例设计域

(a) 两个匹配 NURBS 面片构成的 L 形设计域；(b) 两个不匹配 NURBS 面片构成的悬臂梁设计域；(c) 三个不匹配 NURBS 面片构成的四分之一曲杆设计域

表 4-1　三种经典算例的 NURBS 片面数据

算例 2.1：L 形梁				
	面片编号	控制点	样条单元	曲线次数
情况 1	1	322×82	320×80	$p=q=2$
情况 2	1	162×82	160×80	$p=q=2$
	2	162×82	160×80	$p=q=2$
算例 2.2：悬臂梁				
情况 1	1	322×162	320×160	$p=q=2$
情况 2	1	82×82	80×80	$p=q=2$
	2	162×162	160×160	$p=q=2$
算例 2.3：四分之一曲杆				
情况 1	1	242×82	240×80	$p=q=2$
情况 2	1	242×42	240×40	$p=q=2$
	2	122×42	120×40	$p=q=2$
	3	122×42	120×40	$p=q=2$

上述三个经典算例在单片与多片情况下的优化结果如图 4-14 所示。从优化后的拓扑构型来看，三个算例在两种情况下的优化结果几乎没有区别。从迭代曲线来看，由于惩罚系数动态变化机制的存在，两种情况下结构的柔度值在惩罚系数增加时，均会存在明显波动。

值得注意的是，当惩罚系数达到最大值时，柔度值的波动均会趋于平缓，且两种情况的柔度值差异均在 0.5%以内（参见图 4-14（c），（e）和（i））。此外，由于 L 形梁采用两个匹配的 NURBS 面片构造，所以其迭代曲线与单片的情况相差无几。但采用不匹配 NURBS 面片构建的悬臂梁及四分之一曲杆相比于单片情况则需要更多的迭代次数才可以达到收敛条件。造成这一现象的主要原因是，不匹配面片的网格划分相互独立，样条单元的划分不再均匀。但需要指出的是，由于面片之间相互独立，因此可以轻易地实现局部细分，这将有助于提升优化算法的效率。

4.7.3　复杂结构优化设计

在当前小节中，将通过两个复杂案例证明所提出的等几何拓扑优化方法对于由多个片建模的复杂结构的有效性。考虑图 4-15 所示的两个复杂设计域。其中图 4-15（a）为带孔圆环结构，其中包含两个代表性尺度 R 和 r。同时，图 4-15（b）给出了一个只能通过多个片建模的设计域，其中在悬臂梁中插入两个方孔，另外两个结构参数为 l 和 d。图 4-16 显示了两个复杂设计域中用于数值分析的相关离散网格，其中带孔圆环由 8 个片建模，带孔悬臂梁包含 16 个片。对于圆环，相应的结构尺寸 R 和 r 分别设为 10 和 3。带孔悬臂梁中相应的结构尺寸 L 和 H 分别为 10 和 5，l 和 d 均等于 5/3。两个设计域的材料消耗比分别设置为 35%和 30%。在局部平滑机制中，每个控制设计变量的影响区域还包含 3 个相邻的控制设计变量，并考虑了离散网格的双分辨率方案。两个设计域的每个片中子域的相关设置也如图 4-16 所示。

带孔圆环和带两个方孔悬臂梁的优化拓扑如图 4-17 所示。从优化结果中可以看出，本章提出的 MP-ITO 方法是有效的，主要包括：①为了保证相邻子域内结构边界的自然连续性和更好的平滑性，具有局部平滑机制的多片拓扑描述模型和离散网格双分辨率方案在 MP-ITO 方法中不可缺少；②MP-ITO 方法在由多个 NURBS 片建模的复杂结构设计中表现出卓越的有效性；③MP-ITO 方法可以弥补 ITO 方法在复杂结构域上有效性的不足。

4.7.4　受半正弦载荷作用的悬臂梁

本算例将对动柔度拓扑优化问题进行验证。图 4-18（a）为两个不匹配的 NURBS 面片构成的矩形设计域，该设计域的长度为 $L=160\text{mm}$，高度为 $H=80\text{mm}$。随后，将该设计域左侧边界设置为固定约束，并在右侧边界中点施加大小随时间变化的半正弦集中载荷 $F(t)=20\sin(2\pi\omega_t T)$，其中 ω_t 为角速度，而 T 则为正弦函数半个周期所消耗的时间（参见图 4-18（b））。此外，本算例中各 NURBS 面片的控制点个数，样条单元个数及曲面次数可参见表 4-2。为了研究该载荷在不同半周期 T 下，对优化结果所造成的影响，本算例将分别以最小柔度及最小应变能为目标函数，讨论半周期 T 为 1s、0.1s 和 0.01s 的情况。最后，材料的体积约束设置为 0.3，单元的初始密度设为 0.5，密度过滤半径 R_f 设为 2.6。

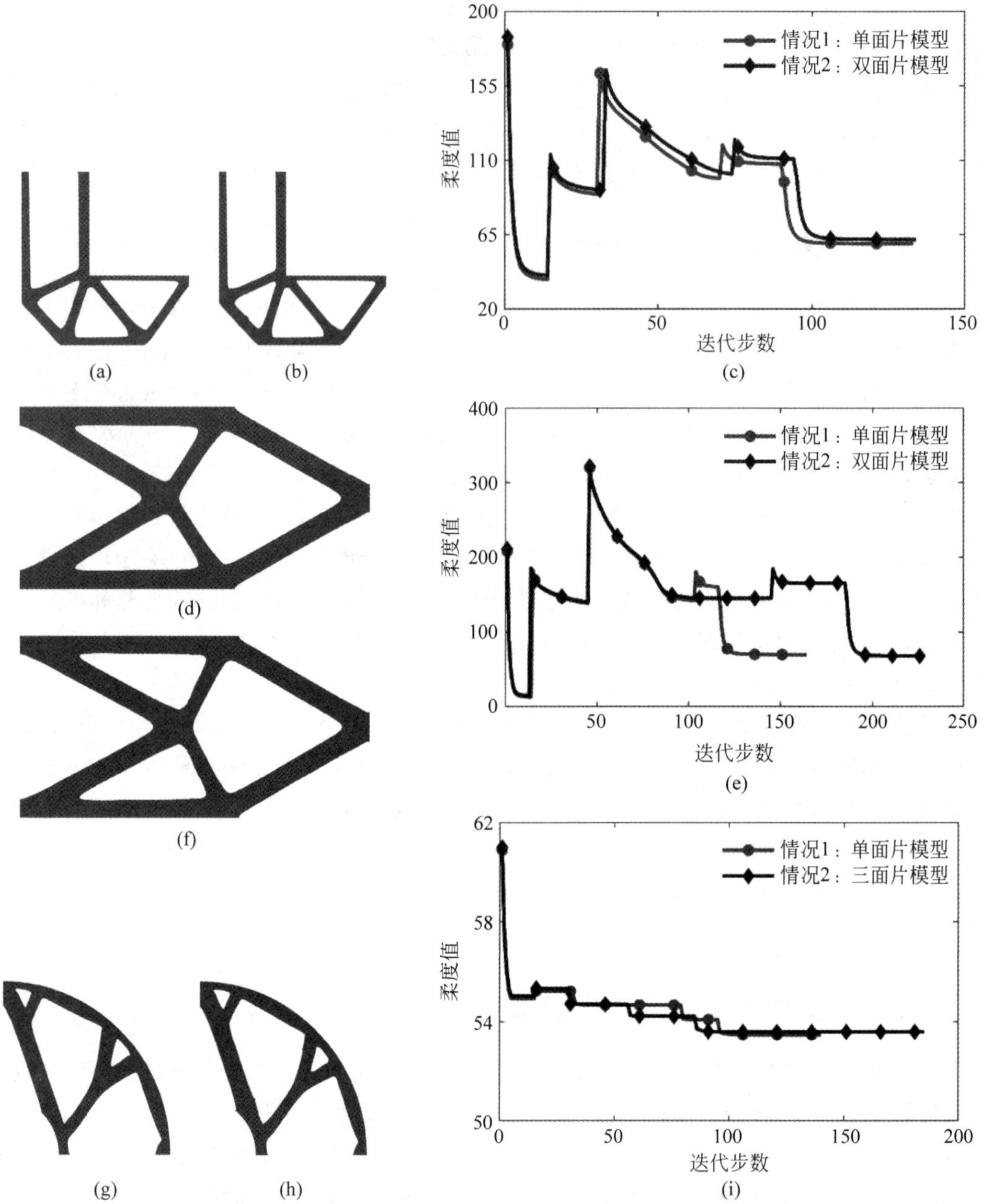

图 4-14　三个经典算例多片优化结果与单片优化结果对比

(a) L 形梁单片优化结果 $J=60.126$；(b) L 形梁多片优化结果 $J=61.531$；(c) 迭代曲线：L 形梁；(d) 悬臂梁单片优化结果 $J=68.286$；(e) 迭代曲线：悬臂梁；(f) 悬臂梁多片优化结果 $J=67.937$；(g) 1/4 曲杆单片优化结果 $J=53.376$；(h) 1/4 曲杆多片优化结果 $J=53.588$；(i) 迭代曲线：1/4 曲杆

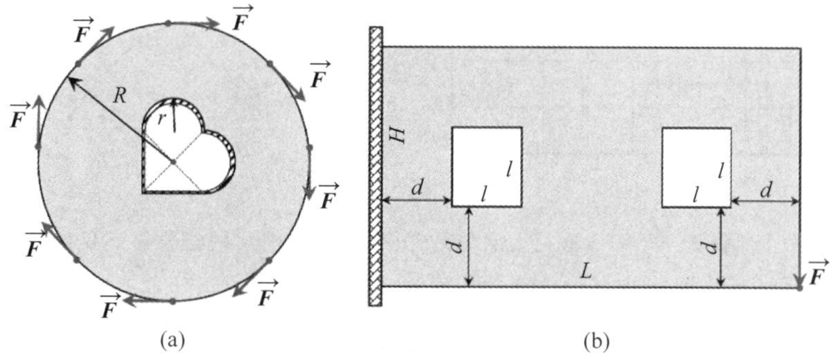

图 4-15　两个结构设计域

(a) 带孔圆环；(b) 有两个方孔的悬臂梁

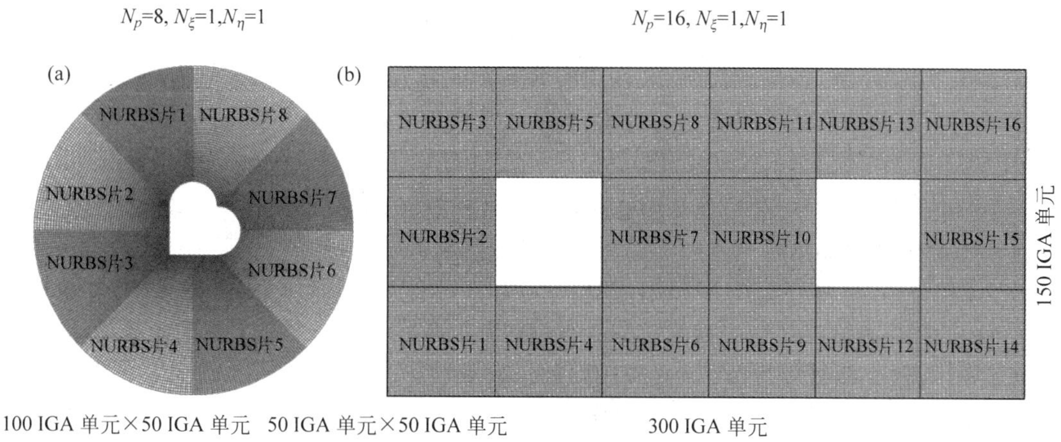

图 4-16　两个设计域的离散化网格

(a) 带孔圆环；(b) 带有两个方孔的悬臂梁

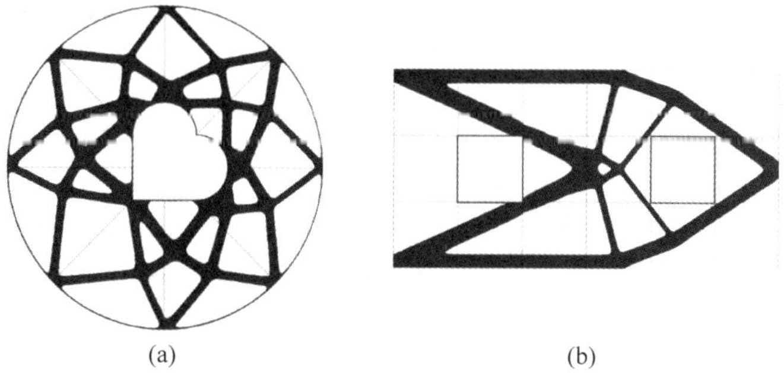

图 4-17　两个设计域的优化拓扑结构

(a) 带孔圆环；(b) 带有两个方孔的悬臂梁

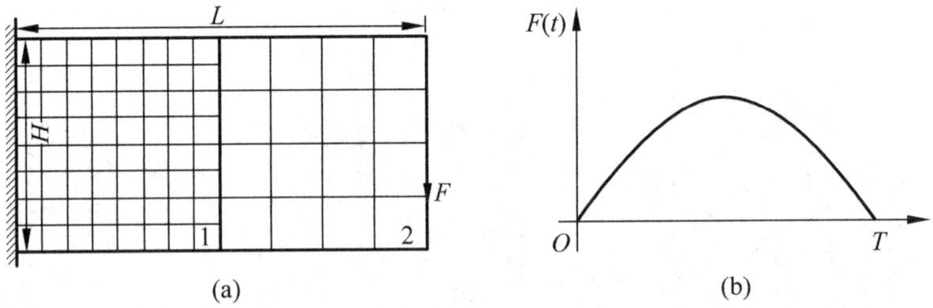

(a) (b)

图 4-18 (a) 两个不匹配 NURBS 面片构成的悬臂梁设计域(图中网格分辨率仅用作展示，计算时网格分辨率将提高 10 倍)；(b) 作用载荷

表 4-2 悬臂梁结构的 NURBS 片面数据

算例 2.5：悬臂梁结构			
面片编号	控制点	样条单元	曲线次数
1	82×82	80×80	$p=q=2$
2	42×42	40×40	$p=q=2$

如图 4-19(a)～(d)所示，为 3 种作用周期下悬臂梁的最小柔度优化结果及其对应的迭代曲线。通过对优化结果的观察与对比可知，在情况 1 中，集中载荷的作用周期 T 为 1s(参见图 4-19(a))，其优化结果的柔度值为 53.651。随后，把集中载荷的作用周期 T 降低为 0.1s(参见图 4-19(b))。与情况 1 的优化结果相比，其柔度值的差距不大，但在此情况下，有更多的材料分布于靠近作用力的一端。造成这一现象的原因是，集中载荷的快速变化产生了更大的惯性力。为了抵消该惯性力的影响，需要在集中载荷附近(设计域右端)分布更多的材料。因此，在情况 2 中表现为右端支撑结构更加粗壮。为了进一步验证此现象，集中载荷的作用周期 T 将继续降低至 0.01s(情况 3：参见图 4-19(c))。此时，大量材料都分布于靠近作用力的一端(设计域右端)，而固定约束端(设计域左端)则通过两根平行杆件结构来保证优化结果的连接性。最终，情况 3 的优化结果呈现出 U 形结构，其柔度值为 23.357。

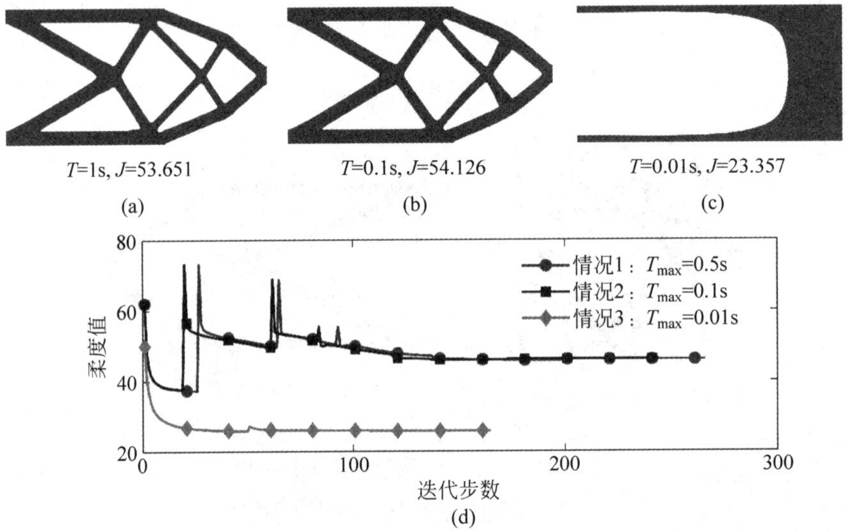

图 4-19 最小柔度优化结果

(a) $T=1$s；(b) $T=0.1$s；(c) $T=0.01$s；(d) 目标函数为柔度时的迭代曲线

4.7.5 受移动载荷作用的桥梁结构

本算例将模拟汽车在桥梁上的运动，对桥梁结构进行动柔度拓扑优化。图4-20(a)为一个长度$L=160\text{m}$，高度$H=80\text{m}$，半径$R=60\text{m}$的桥梁结构。在桥面上有一辆质量为$m_t=5000\text{kg}$的卡车以每秒20m的速度匀速向前行驶。图4-20(b)展示了构成该设计域的4个NURBS面片。在本算例中，各NURBS面片的控制点个数，样条单元个数及曲面次数可参见表4-3。值得注意的是，NURBS面片2和面片3将采用更高的网格分辨率，这样可以给桥面分配更多的网格以提高计算的精度。此外，在该设计域的左右两端施加固定约束，并将材料的体积约束设为0.3，单元的初始密度设为0.5，密度过滤半径R_f设为3.0。

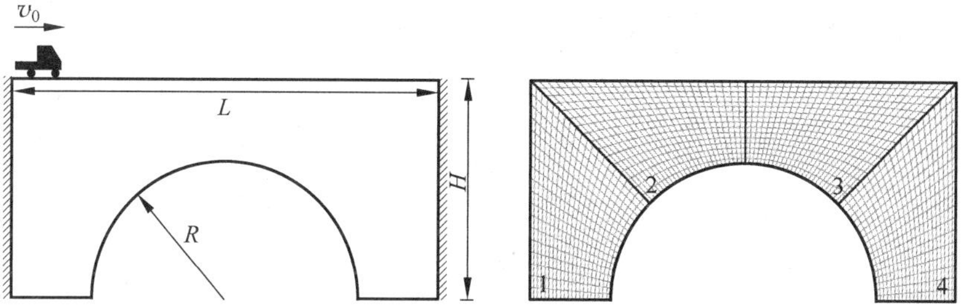

(a) (b)

图4-20 桥梁结构

(a) 设计域；(b) NURBS面片及网格划分(图中网格分辨率仅用作展示，计算时网格分辨率将提高10倍)

表4-3 桥梁结构的NURBS面片数据

算例2.6：桥梁结构			
面片编号	控制点	样条单元	曲线次数
1、4	182×162	180×160	$p=q=2$
2、3	272×212	270×210	$p=q=2$

图4-21(a)～(f)展示了桥梁结构在移动载荷作用下的演化过程及优化结果。从图中的结果可知，当迭代至200步左右时，优化已基本完成，剩余30多步主要进行结构微调，当迭代237步时满足收敛条件收敛，且其柔度值为183.651。由图4-21(g)可知，随着惩罚系数的逐步增加，桥梁结构在每一阶段初期柔度值会出现较为明显的变化，但随着迭代次数的不断增加，柔度值逐渐趋于平稳，并没有出现明显数值振荡现象，且优化过程中结构始终满足体积约束条件。通过上述数值算例表明本章所述方法能有效地解决动柔度拓扑优化问题。

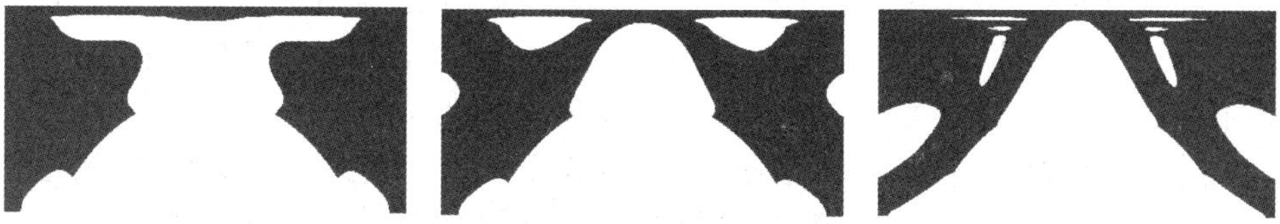

(a) (b) (c)

图4-21 桥梁结构在移动载荷下的演化过程及其迭代曲线

(a) 第1步；(b) 第50步；(c) 第100步；(d) 第150步；(e) 第200步；(f) 优化结果；(g) 迭代曲线：桥梁结构

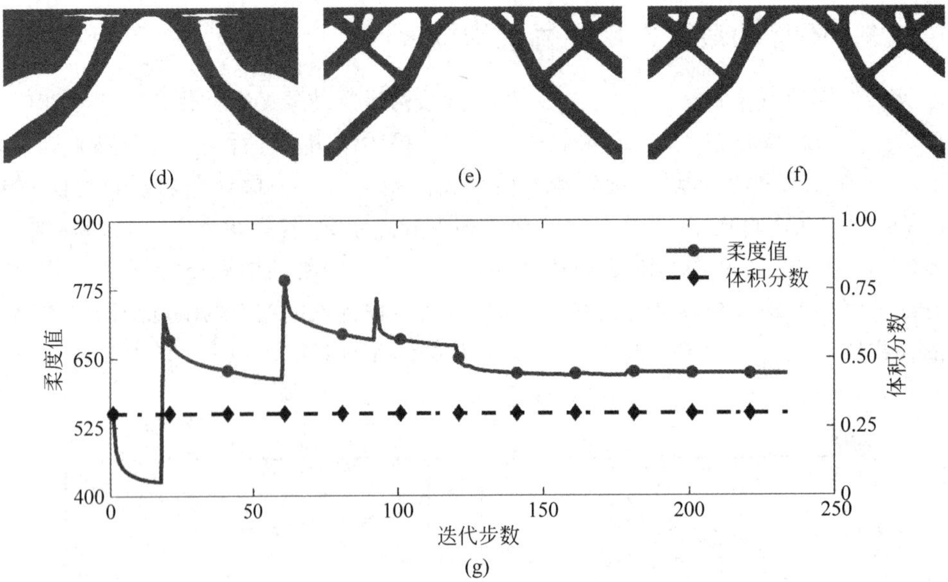

图 4-21 （续）

4.8 本章小结

本章在第 3 章单相材料的等几何拓扑优化方法的基础上，通过针对工程中实际复杂结构域，引入多片 NURBS 结构几何建模，采用 Nitsche 的数值方法实现多片等几何分析技术，构造多片局部子域密度分布函数，针对结构拓扑描述与数值分析模型划分双分辨率网格，最终形成多片等几何拓扑优化方法，具体针对经典结构和复杂结构均做了重要讨论，可以验证当前方法的有效性。总结来看目前多片等几何拓扑优化方法主要有以下几个特点：①创新性地引入了子域密度分布函数，构造了多片局部子域组合密度分布函数，针对衔接处区域边界建立局部光滑机制，以及在每一个子域密度分布函数中，建立局部平滑机制，再结合高阶 NURBS 基函数，可以有效确保全局结构拓扑描述模型的平滑性和光滑性，以更好地呈现结构拓扑几何特征；②创新性地引入了双分辨率解耦网格，可以有效解除以往结构拓扑描述网格与数值分析网格的耦合性，减轻其耦合特征对结构拓扑优化的影响，增强多片等几何拓扑优化方法在数值结构优化中的有效性，进而找寻更为合理的设计解；③围绕复杂实际结构，创新性地提出多片等几何拓扑优化方法，有效处理复杂结构域的几何建模、数值分析与拓扑优化问题，为现代复杂工程实际结构设计问题提供强有力的工具。然而，当前方法仍然具有一定的缺陷与不足：①多片 Nitsche 的数值方法运用于等几何分析中，实现多片结构数值分析，理论推导较为复杂、数值实施具有一定的困难性，并且对数值参数的依赖性也较大，不太迎合现代工程产品结构的快速设计需求；②目前多片等几何拓扑优化方法的通用性还有待考究，在本章节中主要针对静力学、动力学问题做了探讨，其中动力学的数值灵敏度分析推导极其复杂，不仅增强了后续多物理场问题的扩展性讨论的挑战，而且也为后续数值实施带来了更多的困难。因此总体上来说，当前多片等几何拓扑优化方法对于复杂实际结构设计问题仍有待于进一步改进，以增强其工程适用性。

习题

4.1 详细阐述多片等几何分析的必要性，并通过图片绘制以说明其基本思想。

4.2 简要阐述多片等几何分析的发展概况和未来趋势。

4.3 简要阐述多片等几何分析数值实施路线，并绘制其流程图，简要说明其与单片等几何分析的差异性。

4.4 详细阐述双分辨率离散网格在多片等几何拓扑优化方法的必要性。

4.5 详细说明等几何分析中双分辨率网格划分的优越性。

4.6 简要推导动柔度灵敏度分析流程，并详细说明其与静柔度的区别与关联所在。

4.7 简要说明多片等几何拓扑优化方法与单片等几何拓扑优化方法的关联性和差异性，并附上流程图对比说明。

4.8 简要说明多片等几何拓扑优化的优缺点，详细列举。

4.9 详细阐述本文多片等几何拓扑优化方法在实际工程应用时，可能存在的问题。

参考文献

[1] XU J, GAO L, XIAO M, et al. Isogeometric topology optimization for rational design of ultra-lightweight architected materials[J]. International Journal of Mechanical Sciences, Elsevier, 2020, 166: 105103.

[2] GAO J, XUE H, GAO L, et al. Topology optimization for auxetic metamaterials based on isogeometric analysis[J]. Computer Methods in Applied Mechanics and Engineering, 2019, 352: 211-236.

[3] GAO J, WANG L, XIAO M, et al. An isogeometric approach to topological optimization design of auxetic composites with tri-material micro-architectures[J]. Composite Structures, Elsevier Ltd, 2021, 271: 114163.

[4] NGUYEN C, ZHUANG X, CHAMOIN L, et al. Three-dimensional topology optimization of auxetic metamaterial using isogeometric analysis and model order reduction[J]. Computer Methods in Applied Mechanics and Engineering, 2020, 371: 113306.

[5] NISHI S, YAMADA T, IZUI K, et al. Isogeometric topology optimization of anisotropic metamaterials for controlling high-frequency electromagnetic wave[J]. International Journal for Numerical Methods in Engineering, John Wiley & Sons, Ltd, 2020, 121(6): 1218-1247.

[6] HORGER T, REALI A, WOHLMUTH B, et al. A hybrid isogeometric approach on multi-patches with applications to Kirchhoff plates and eigenvalue problems[J]. 2017.

[7] HERREMA A, JOHNSON E, PROSERPIO D, et al. Penalty coupling of non-matching isogeometric Kirchhoff-Love shell patches with application to composite wind turbine blades[J]. Computer Methods in Applied Mechanics and Engineering, 2019, 346: 810-840.

[8] BRIVADIS E, BUFFA A, WOHLMUTH B, et al. Isogeometric mortar methods [J]. Computer Methods in Applied Mechanics and Engineering, 2015, 284: 292-319.

[9] DORNISCH W, VITUCCI G, KLINKEL S. The weak substitution method-an application of the mortar method for patch coupling in NURBS-based isogeometric analysis[J]. International Journal for Numerical Methods in Engineering, John Wiley & Sons, Ltd, 2015, 103(3): 205-234.

[10] DORNISCH W, STÖCKLER J, MÜLLER R. Dual and approximate dual basis functions for B-

splines and NURBS-Comparison and application for an efficient coupling of patches with the isogeometric mortar method[J]. Computer Methods in Applied Mechanics and Engineering, 2017, 316: 449-496.

[11] 薛冰寒，林皋，胡志强. 基于非重叠 Mortar 方法的比例边界等几何分析[J]. 计算力学学报，2017，34(4)：6.

[12] CHASAPI M, DORNISCH W, KLINKEL S. Patch coupling in isogeometric analysis of solids in boundary representation using a mortar approach[J]. International Journal for Numerical Methods in Engineering, 2020(4160-4183).

[13] SIMO J C, WRIGGERS P, TAYLOR R L. A perturbed Lagrangian formulation for the finite element solution of contact problems[J]. Computer Methods in Applied Mechanics and Engineering, 1985, 50(2): 163-180.

[14] DE LORENZIS L, WRIGGERS P, ZAVARISE G. A mortar formulation for 3D large deformation contact using NURBS-based isogeometric analysis and the augmented Lagrangian method[J]. Computational Mechanics, 2012, 49(1): 1-20.

[15] TONG Y, MÜLLER M, OSTERMEYERZ G-P. A mortar-based cavitation formulation using NURBS-based isogeometric analysis[J]. Computer Methods in Applied Mechanics and Engineering, 2022, 398: 115263.

[16] NITSCHE J. Über ein Variationsprinzip zur Lösung von Dirichlet-Problemen bei Verwendung von Teilräumen, die keinen Randbedingungen unterworfen sind. Abhandlungen aus dem mathematischen Seminar der Universität Hamburg[C]. Springer, 1971, 36(1): 9-15.

[17] BAZILEVS Y, HUGHES T J R. Weak imposition of Dirichlet boundary conditions in fluid mechanics [J]. Computers & Fluids, 2007, 36(1): 12-26.

[18] EMBAR A, DOLBOW J, HARARI I. Imposing Dirichlet boundary conditions with Nitsche's method and spline-based finite elements[J]. International Journal for Numerical Methods in Engineering, John Wiley & Sons, Ltd, 2010, 83(7): 877-898.

[19] NGUYEN V P, KERFRIDEN P, BRINO M, et al. Nitsche's method for two and three dimensional NURBS patch coupling[J]. Computational Mechanics, 2014, 53(6): 1163-1182.

[20] GU J, YU T, VAN LICH L, et al. Adaptive multi-patch isogeometric analysis based on locally refined B-splines[J]. Computer Methods in Applied Mechanics and Engineering, North-Holland, 2018, 339: 704-738.

[21] DU X, ZHAO G, WANG W, et al. Nitsche's method for non-conforming multipatch coupling in hyperelastic isogeometric analysis[J]. Computational Mechanics, Springer Berlin Heidelberg, 2020, 65(3): 687-710.

[22] ELFVERSON D, LARSON M G, LARSSON K. A new least squares stabilized Nitsche method for cut isogeometric analysis[J]. Computer Methods in Applied Mechanics and Engineering, 2019, 349: 1-16.

[23] HU Q, BAROLI D, RAO S. Isogeometric analysis of multi-patch solid-shells in large deformation [J]. Acta Mechanica Sinica, 2021, 37(5): 844-860.

[24] 胡清元，沈莞蔷，蒋芳芳. 基于 Nitsche 方法与拟牛顿求解的二维接触问题等几何分析[J]. 计算力学学报，2021，38(5)：619-624.

[25] NOËL L, SCHMIDT M, DOBLE K, et al. XIGA: An eXtended IsoGeometric analysis approach for multi-material problems[J]. Computational Mechanics, 2022, 70(6): 1281-1308.

[26] GAO J, GAO L, LUO Z, et al. Isogeometric topology optimization for continuum structures using density distribution function[J]. International Journal for Numerical Methods in Engineering, 2019, 119(10): 991-1017.

第5章

基于等几何拓扑优化的拉胀超材料设计

5.1 简要概述

拉胀超材料是一类具有负泊松比属性的人工结构材料，具有与一般正泊松比材料不同的变形属性特征，又称为负泊松比超材料、负泊松比多孔结构。众所周知，泊松比反映材料的变形特征，其一般定义为：当施加单轴向应力后，横向应变与纵向应变的比值取负号。在自然界大部分材料中，泊松比一般为正值，取值大小一般在 0.25～0.33，正泊松比变形如图 5-1 所示。在 1987 年，Lakes 教授报道称在泡沫结构中发现了负泊松比单胞构型，其具有与正泊松比具有反直觉的膨胀行为，如图 5-1 所示。对于正泊松比而言，当结构受拉伸时，在另一方向结构出现反向收缩的变形；然而对于负泊松比单胞，当在横向承受拉伸力，在另一个方向结构也出现膨胀变形。目前，这类负泊松比属性在工程中具有广泛的应用，如运动装备、防弹衣、防撞结构等。

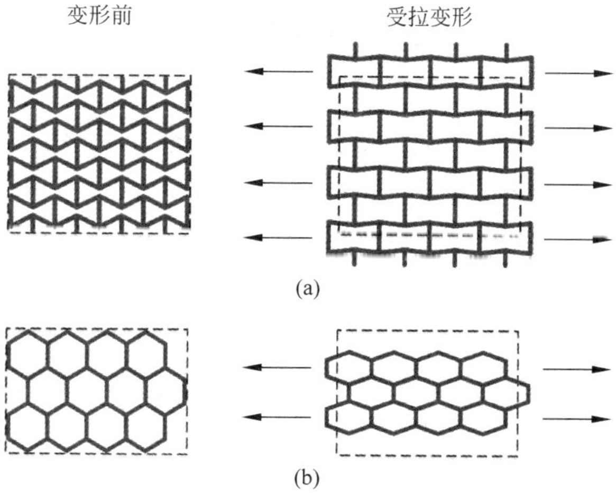

图 5-1　泊松比变形特征

(a) 负泊松比属性；(b) 正泊松比属性

在早期，多位学者根据发现的负泊松比单胞构型，通过人为感知、大脑思考和经验引导，设计了一系列具有负泊松比的单胞构型，并开始着重深入探究负泊松比构型各类优异特性在工程中的应用。这类设计范式更多地依赖于人，并且是一种正向的设计理念，先有单胞构型，再来评估对应的属性，判断是否具有负泊松比属性，进而反复迭代。在 1994 年，由 Sigmund[1] 首次提出逆向设计理念，其本质在于首先定义一个负泊松比目标值，然后采用拓扑优化去推动单胞内结构拓扑的演化与更新，基于均匀化理论评估单胞构型的泊松比，引入优化算法求解模型，反复迭代，直至寻找到满足负泊松比目标值的拓扑构型。本工作建立了一种以负泊松比目标为导向的微观结构演化设计模型，相比于正向式设计理念而言，具有更完备的数学与力学理论依据，也更能找到更具有负泊松比单胞的拓扑构型。后续，Sigmund[2] 又探究了三维负泊松比单胞构型的设计，二维和三维构型分别如图 5-2(a)和(b)所示。由此，打开了负泊松比单胞构型拓扑优化设计，该类逆向设计理念也在拓扑优化领域得到了深入的研究和广泛的探讨，多位研究学者基于不同类的拓扑优化方法，采用各类数值均匀化方法，建立众多负泊松比材料微观结构拓扑优化设计模型，寻找了大量的负泊松比拓扑构型，部分二维和三维拓扑构型案例如图 5-2 所示。

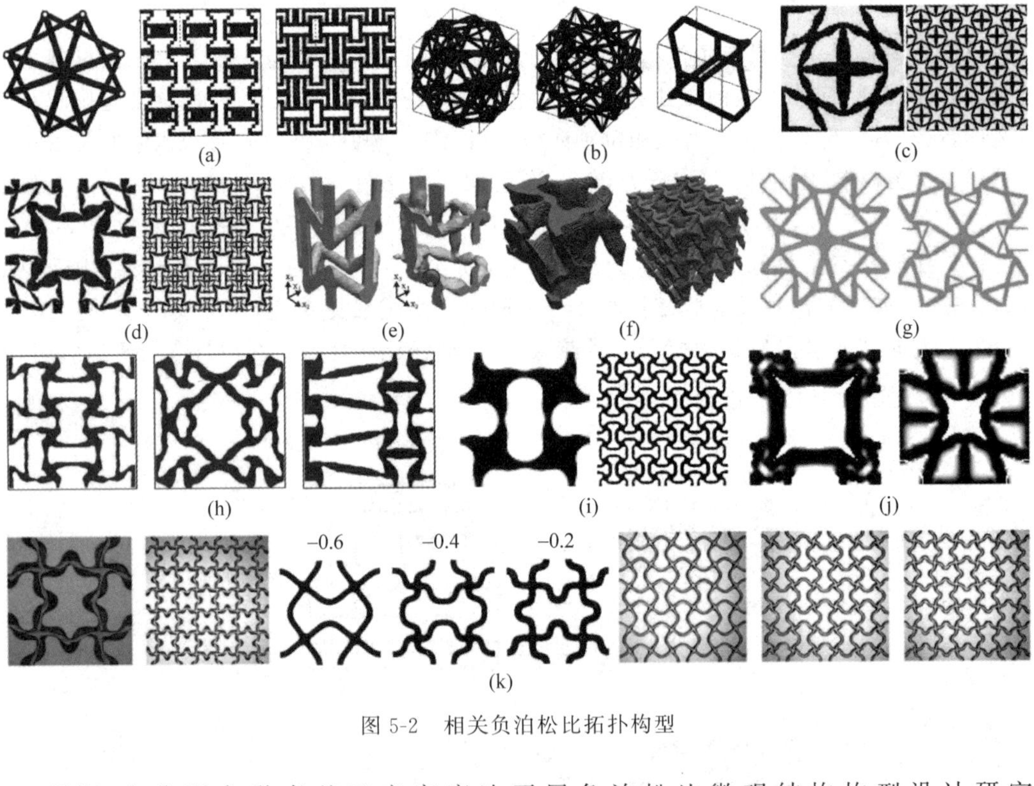

图 5-2 相关负泊松比拓扑构型

早期，多位研究学者基于变密度法开展负泊松比微观结构构型设计研究。Schwerdtfeger 等[3] 采用三维变密度法和数值均匀化算法实现三维材料微观结构设计，具体案例如图 5-2(e)所示。后续，Andreassen 等[4] 也考虑了弹性微观结构的制造特征，并采用增材制造技术实现了三维微观结构的制造并测量了相关属性，如图 5-2(f)所示。然而在上述工作中，针对三维微观结构设计问题，为了获取可行设计解，划分了大量的网格单元，在优化模型中设计变量的个数也大幅增加，为负泊松比设计优化带来了严重的挑战。为解决这类问题，多位研究学者开始围绕负泊松比微观结构展开细致化讨论，主要围绕以下几个方面：

(1) 从微观结构的拓扑构型出发，大量研究学者提出因为各向同性的负泊松比微观结构均具有对称性，即使不是各向同性的微观结构，在某个方向上也有可能具备对称性。因此部分研究学者开始在原有微观结构单胞设计域中仅考虑部分区域，通过减少设计区域，减少有限单元的个数，以及设计变量的个数，可以大幅减少优化计算成本。如丹麦科技大学Wang[5]基于变密度法，通过仅优化1/8、1/16等区域，来获取具有负泊松比特征的三维微观结构，后续又采用形状优化，来获取具有一系列不同负泊松比值的微观结构，具体结果如图5-3(a)所示。大连理工大学亢战教授与王毅强[6]教授通过采用参数化水平集方法，仅优化单胞结构的1/4、1/8等区域，然后通过一系列对称手段，可获取对应的负泊松比构型，结果如图5-2(h)所示；后期王毅强教授又围绕三维负泊松比结构做了深入探讨[7]，在该工作中，其同时采用了变密度法和水平集方法，其中首先用变密度法优化初始具有负泊松比特性的微观结构，然后基于水平集方法优化负泊松比微观结构的边界，同时采用增材制造技术实现拓扑构型的制造、测试与分析，较好地反映了设计结果的可信性，结果如图5-4(d)所示。华中科技大学李好教授[8]基于彩色参数化水平集，通过对称性仅考虑部分区域的设计，实现了多相负泊松比微观结构的设计，具体结果如图5-5(j)所示。

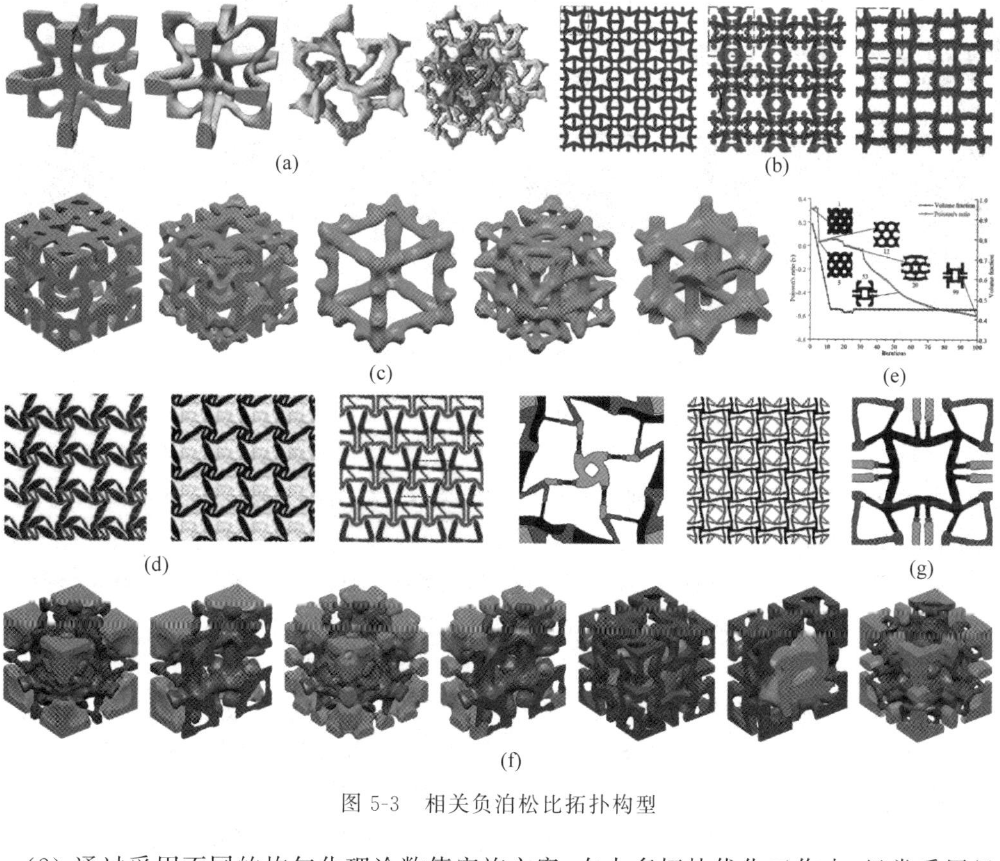

图5-3　相关负泊松比拓扑构型

(2) 通过采用不同的均匀化理论数值实施方案，在大多拓扑优化工作中，经常采用经典的数值均匀化实施方法[9]，用于评估微观结构单胞负泊松比，在数值均匀化实施方法中，考虑了微观结构中每一个有限单元与节点的信息，需要耗费较多的计算时间来评估单胞属性。

为减少计算量，部分研究学者开始提出能量均匀化数值实施方法，通过施加不同的周期性边界条件，建立对应的平衡方程，可以减少系统平衡方程中需要考虑的单元与节点的数目，如Xia[10]和Michel[11]。后期为便于理解与应用能量均匀化数值实施流程，由华中科技大学高亮教授[12]、夏凉教授[13]针对二维和三维能量均匀化数值实施流程做了细致性的讨论，并给出了详细的MATLAB程序实施。后期多位研究学者将能量均匀化实施方法和各类拓扑优化方法相结合，实现负泊松比材料微观结构设计，如Da[14]。有必要指出，虽然能量均匀化实施方法相对于数值均匀化方法可以减少计算时间，但减少的并不多，从有限单元和节点考虑的数量来说，仅减少了部分表面的单元，所以时间成本计算量的减少并不是很明显，如Gao[15]给出了具体的时间对比说明。

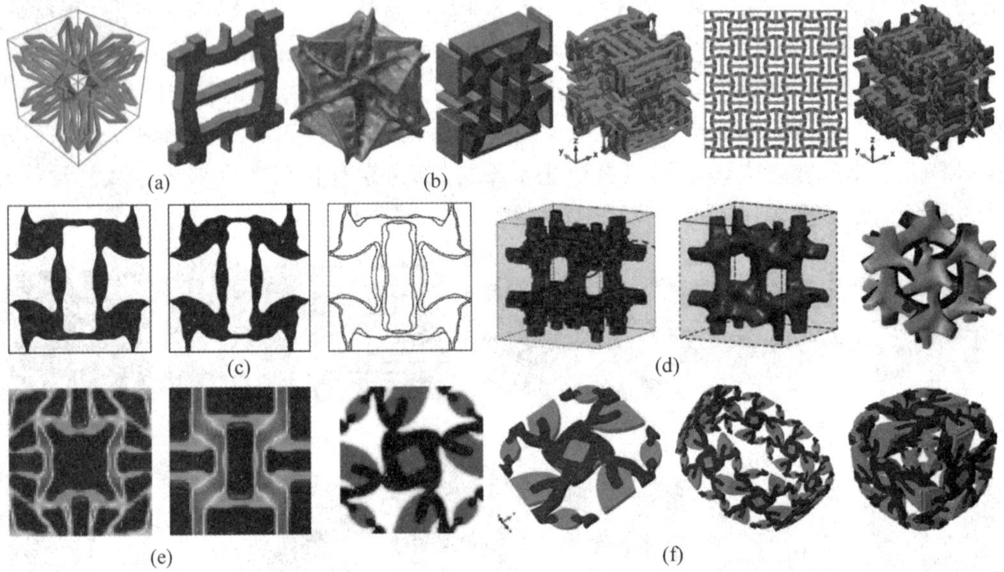

图 5-4　相关负泊松比拓扑构型

(3) 第三类方式也是从有限单元分析的角度出发，主要是源于有限单元法的本质缺陷导致，因为在有限单元法中，其本质上割裂了CAD几何模型与CAE分析模型，正如第2章和第3章中所讨论的，其CAD几何模型构造时和CAE分析数值响应空间构造时，并没有采用统一的基函数，使得在有限单元分析时数值精度不高，而对拓扑优化的有效性产生了一定的影响。事实上，这个影响程度在二维负泊松比微观结构设计中难以体现，基本上差别不大，但对三维问题造成的影响很重；其次受限于计算机的时间和内存成本、MATLAB的内存成本等，目前普通计算机MATLAB很难计算10万级以上有限单元网格，此时对于三维负泊松比材料微观结构设计精度将产生重要影响。尤其是基于变密度法的设计结果会产生大量灰度单元，难以判定是否为有效的设计。因此在等几何分析提出后，华中科技大学高亮教授和高杰副教授[16]建立等几何拓扑优化设计框架，并用于三维拉胀超材料微观结构设计，仅在8000左右个等几何单元，即可获得一系列负泊松比三维创新拓扑构型，并实现增材制造原型制造，相关单相和多相单胞设计案例结果如图5-3(c)、(f)所示。部分研究学者也采用无网格数值计算方法和参数化水平集实现二维负泊松比微观结构设计[17]。

近些年随着深度学习的发展，部分学者开始研究深度学习拓扑优化基本设计方法，并且

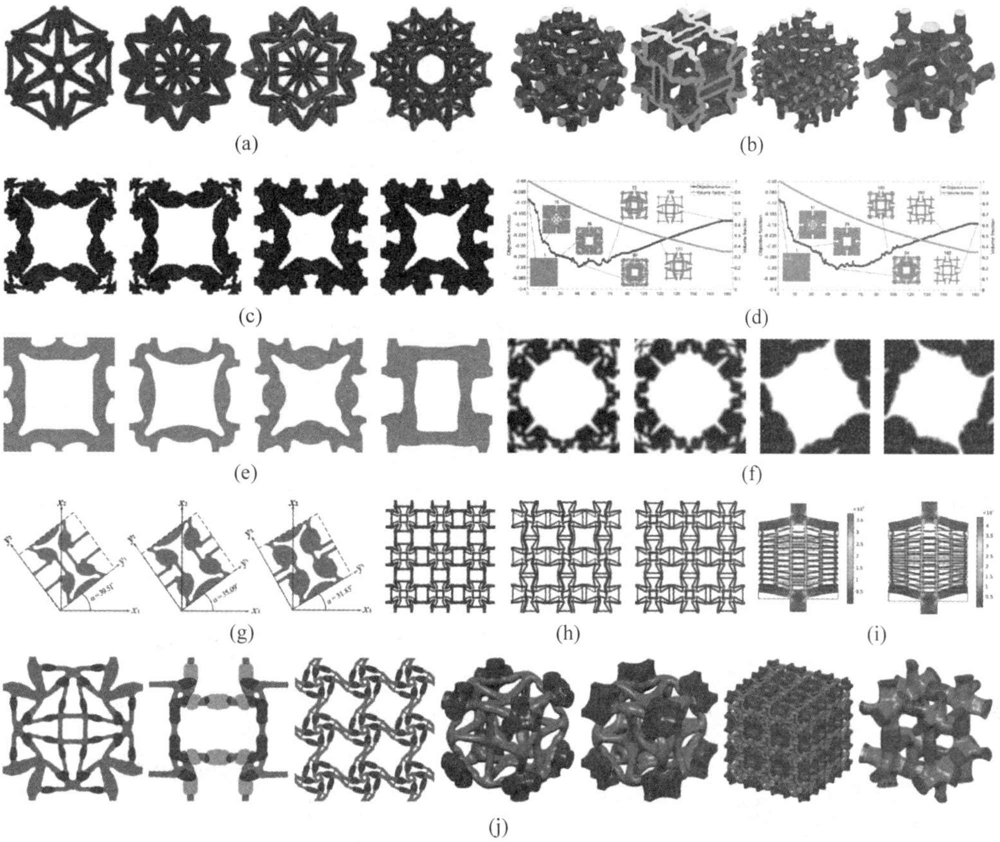

图 5-5　相关负泊松比拓扑构型

用于负泊松比超材料设计中，美国西北大学 Wei Chen 教授[18]针对此做了系统的阐述与说明，感兴趣的读者可关注。发展至今，基于拓扑优化建立负泊松比材料微观结构逆向设计体系，已经得到了大量的关注与讨论，具体阐述可关注相关综述[19]，在拉胀超材料方面，主要可以分为四大类：①围绕逆向设计模型去开展工作，如采用不同的拓扑优化方法，主要包含变密度法、水平集法、渐进结构优化法、几何特征驱动法，等等；②主要围绕负泊松比的拓扑构型和变形机理去探讨，如二维和三维构型、各向同性和各向异性、手性和凹凸型，等等；③主要围绕各类设计目标，虽然负泊松比构型具有多方面的优异特性，但是其具有一定的缺陷，如刚度承载性较差。如华中科技大学李好教授[20]围绕此问题，针对负泊松比设计了一系列功能梯度结构，以提升整体结构承载性；之后又围绕负泊松比微观结构应力、不确定性等均做了详细的讨论，部分案例结果如图 5-4(c)所示。④主要围绕微观结构设计的计算成本开展了大量的研究，具体也是从分析有限单元的个数、数值精度和微观结构对称性角度分别出发，具体工作将详细介绍。

5.2　基本思想

超材料，俗称超构材料，也称多孔材料，本质上是一种微尺度下的结构，故而也称结构材料，如图 5-6 所示。拉胀超材料微观结构拓扑优化设计体系具体思想如图 5-6 所示。在该设计体系中，主要包含两大块：一是均匀化理论，二是拓扑优化。前者主要是用于评估材料微观结构宏观等效属性，以求解微观结构单胞对应的负泊松比值；后者则主要是用于更新和迭代微观结构拓扑的变化，通过建立合理的优化目标函数，推导准确的数值灵敏度，引入合理的数值求解算法，以追踪结构拓扑的演化，直至寻找到具有负泊松比的拓扑构型。均匀化理论和拓扑优化两者息息相关，前者为拓扑优化提供优化目标函数评估值，即求解负泊松比，后者基于求解的负泊松比值来推动拓扑迭代更新和演化。事实上不仅仅在负泊松比材料微观结构设计，对于整个超材料微观结构设计领域，如机械超材料、热学超材料、电磁超材料等均是这类设计思想，主要核心在于建立以性能为导向的超材料逆向式设计范式，以性能驱动结构拓扑的变化，寻找到可满足性能设计需求的拓扑单胞构型。在本章中，将以第 3 章建立的等几何拓扑优化方法为基础，采用能量均匀化数值实施方法评估材料微观结构宏观等效属性，计算负泊松比值，来构造整个拉胀超材料微观结构优化设计模型。在模型中，需要考虑如何建立等几何框架下能量均匀化数值实施方法，以及如何有效融合能量均匀化和等几何拓扑优化，形成以负泊松比为目标性能导向，材料用量为约束，提炼合理且适宜的优化目标函数以驱动设计模型寻找到合理的设计负泊松比拓扑构型。

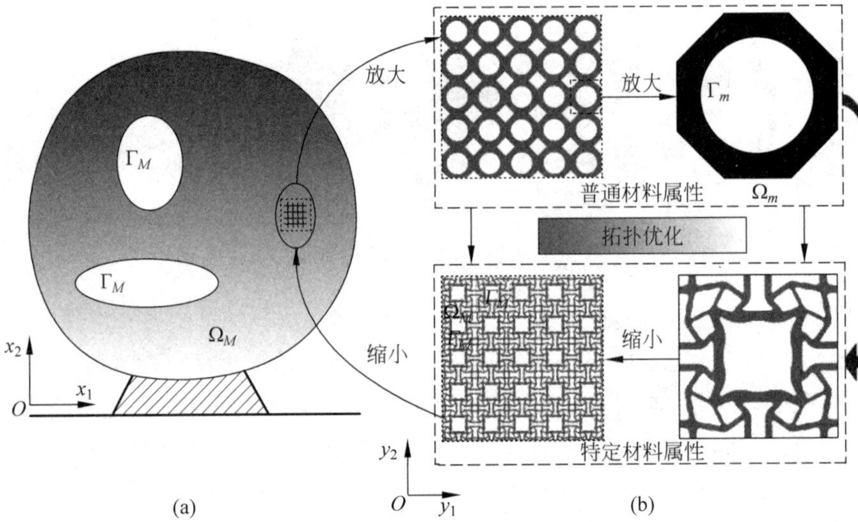

图 5-6 负泊松比材料微观结构拓扑优化设计思想

(a) 宏观材料；(b) 材料微观结构

5.3 能量均匀化

5.3.1 基本理论

均匀化理论是通过材料微观结构的信息预测材料宏观等效属性，其需要满足两个基本条件：①材料微观结构的尺寸需要远远小于宏观尺寸；②材料微观结构需要周期性重复排列形成宏观材料。如图 5-7 所示，宏观材料表示在全局坐标系 x 内，由一系列微观结构(局部坐标系 y 内)周期性重复排列组合而成。

在线弹性变形内，材料的弹性属性 $E^{\varepsilon}(\boldsymbol{x})$在全局坐标系 x 内是一个关于局部坐标系 y

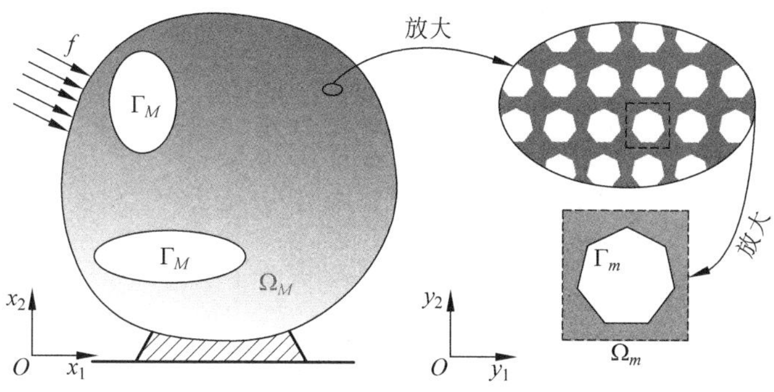

图 5-7　二维宏观结构与微观结构

（a）宏观材料；（b）微观结构

的周期性函数，其中参数 ε 是微观结构尺寸与宏观材料尺寸的比值，远远小于 1。在这种情况下，宏观结构内的位移场可由渐近线展开理论得到，即

$$\boldsymbol{u}^{\varepsilon}(\boldsymbol{x})=u_0(\boldsymbol{x},\boldsymbol{y})+\boldsymbol{\varepsilon}u_1(\boldsymbol{x},\boldsymbol{y})+\boldsymbol{\varepsilon}^2u_2(\boldsymbol{x},\boldsymbol{y})+\cdots \tag{5-1}$$

在不考虑发散效应条件下，仅有关于参数 ε 的一阶变分项被考虑，此时材料的弹性刚度矩阵 $\boldsymbol{E}^{\mathrm{H}}$ 可具体表示为

$$\boldsymbol{E}_{ijkl}^{\mathrm{H}}=\frac{1}{|\Omega_m|}\int_{\Omega_m}\boldsymbol{E}_{pqrs}(\varepsilon_{pq}^{0(ij)}-\varepsilon_{pq}^{(ij)})(\varepsilon_{rs}^{0(kl)}-\varepsilon_{rs}^{(kl)})\mathrm{d}\Omega_m \tag{5-2}$$

其中，$|\Omega_m|$ 表示微观结构的面积（二维）或者体积（三维）。$i,j,k,l=1,2,\cdots,d$ 表示索引向量值。$\varepsilon_{pq}^{0(ij)}$ 表示初始独立的单元测试应变，在二维中有三个独立的向量，在三维中有六个独立的向量。$\varepsilon_{pq}^{(ij)}$ 表示未知的应变场，是由初始独立的测试应变场施加后，在微观结构内产生的。可基于线弹性平衡方程求解，如下：

$$\int_{\Omega_m}\boldsymbol{E}_{ijpq}\varepsilon_{pq}^{(kl)}\frac{\partial v_i}{\partial y_j}\mathrm{d}\Omega_m=\int_{\Omega_m}\boldsymbol{E}_{ijpq}\varepsilon_{pq}^{0(kl)}\frac{\partial v_i}{\partial y_j}\mathrm{d}\Omega_m,\quad \forall v_i\in H_{per}(\Omega_m,\mathbb{R}^d) \tag{5-3}$$

其中，v_i 是虚拟位移场，属于可允许位移空间 $H_{per}(\Omega_m,\mathbb{R}^d)$。在有限单元分析数值计算中，微观结构被离散化成 N_e 个有限单元，则均匀化弹性张量矩阵可表述为所有有限单元的总和形式来进行求解，具体如下：

$$\boldsymbol{E}_{ijkl}^{H}=\frac{1}{|\Omega_m|}\sum_{e=1}^{N_e}(\boldsymbol{u}_e^{0(ij)}-\boldsymbol{u}_e^{(ij)})^{\mathrm{T}}\boldsymbol{k}_e(\boldsymbol{u}_e^{0(kl)}-\boldsymbol{u}_e^{(kl)}) \tag{5-4}$$

在能量均匀化中，初始单元测试应变是直接施加在微观结构的边界上，在微观结构内的感知应变场则对应式(5-4)中的叠加应变场，可采用符号 $\varepsilon_{pq}^{Id(ij)}$ 表示。因此式(5-4)基于单元的交互性能量，可转化成另一新的形式：

$$\boldsymbol{E}_{ijkl}^{H}=\frac{1}{|\Omega_m|}\sum_{e=1}^{N_e}Q_{ijkl}^{e}=\frac{1}{|\Omega_m|}\sum_{e=1}^{N_e}(\boldsymbol{u}_e^{Id(ij)})^{\mathrm{T}}\boldsymbol{k}_e\boldsymbol{u}_e^{Id(kl)} \tag{5-5}$$

其中，$\boldsymbol{u}_e^{Id}$ 表示单元内的感知位移场，$\boldsymbol{Q}_{ijkl}^{e}$ 表示单元交互性能量。因此材料的有效弹性属性表述为有限单元的交互性能量总和，弹性张量矩阵具体形式如下：

$$\left\{\begin{aligned}&\boldsymbol{E}^{H}=\begin{bmatrix}E_{1111}^{H} & E_{1122}^{H} & E_{1112}^{H}\\ E_{2211}^{H} & E_{2222}^{H} & E_{2212}^{H}\\ E_{1211}^{H} & E_{1222}^{H} & E_{1212}^{H}\end{bmatrix}_{2\mathrm{D}}\\ &\boldsymbol{E}^{H}=\begin{bmatrix}E_{1111}^{H} & E_{1122}^{H} & E_{1133}^{H} & E_{1112}^{H} & E_{1123}^{H} & E_{1131}^{H}\\ E_{2211}^{H} & E_{2222}^{H} & E_{2233}^{H} & E_{2212}^{H} & E_{2223}^{H} & E_{2231}^{H}\\ E_{3311}^{H} & E_{3322}^{H} & E_{3333}^{H} & E_{3312}^{H} & E_{3323}^{H} & E_{3331}^{H}\\ E_{1211}^{H} & E_{1222}^{H} & E_{1233}^{H} & E_{1212}^{H} & E_{1223}^{H} & E_{1231}^{H}\\ E_{2311}^{H} & E_{2322}^{H} & E_{2333}^{H} & E_{2312}^{H} & E_{2323}^{H} & E_{2331}^{H}\\ E_{3111}^{H} & E_{3122}^{H} & E_{3133}^{H} & E_{3112}^{H} & E_{3123}^{H} & E_{3131}^{H}\end{bmatrix}_{3\mathrm{D}}\end{aligned}\right. \tag{5-6}$$

因此，在能量均匀化方法中，以平均应力应变准则定义有限单元交互性能量。在能量均匀化方法的构建中，核心在于如何构建合理的周期性边界模型，主要包含三个关键部分：①微观结构周期性边界条件；②微观结构边界约束方程；③降尺度微观结构弹性平衡方程。在文献[1]中，针对二维微观结构已经合理的构建周期性边界条件。本文将以三维微观结构为讨论对象，具体讨论在三维微观结构内，如何搭建三维周期性边界模型，实现材料宏观等效属性的有效预测与评估。

5.3.2 方法实施

1. 微观结构周期性边界条件

如上述均匀化定义可知，在均匀化理论的运用中，必须满足两个基本条件：周期性与连续性。在给定的初始单元测试应变条件下 $\varepsilon_{pq}^{0(ij)}$，微观结构内的位移场可表述为宏观位移场与周期性波动位移场之和，具体如下：

$$\boldsymbol{u}=\boldsymbol{\varepsilon}^{0}\boldsymbol{y}+\boldsymbol{u}^{per} \tag{5-7}$$

其中，$\boldsymbol{u}^{per}$ 为宏观材料内的周期性波动位移场，未知并难以求解。因此，式(5-7)不能施加在微观结构内实现满足均匀化理论的两个基本条件。非常有必要将基于式(5-7)给出的隐式边界条件转化为显式的边界条件。基于式(5-7)，可求解微观结构所有法线方向上边界的位移场，如下：

$$\left\{\begin{aligned}&\boldsymbol{u}^{k+}=\boldsymbol{\varepsilon}^{0}\boldsymbol{y}^{k+}+\boldsymbol{u}^{per}\\ &\boldsymbol{u}^{k-}=\boldsymbol{\varepsilon}^{0}\boldsymbol{y}^{k-}+\boldsymbol{u}^{per}\end{aligned}\right. \tag{5-8}$$

其中，$k+$ 与 $k-$ 表示结构内一对相反的两个边界的法线方向，+号表示与坐标轴方向相同，−号表示与坐标轴方向相反。基于式(5-8)中的两个方程，通过相减即可消除微观结构内未知的周期性波动位移场，即可得

$$\boldsymbol{u}^{k+}-\boldsymbol{u}^{k-}=\boldsymbol{\varepsilon}^{0}(\boldsymbol{y}^{k+}-\boldsymbol{y}^{k-})=\boldsymbol{\varepsilon}^{0}\boldsymbol{w} \tag{5-9}$$

其中，$\boldsymbol{\varepsilon}^{0}\boldsymbol{w}$ 可对应微观结构内的周期性边界条件，$\boldsymbol{w}$ 表示微观结构法线方向上的尺度值。可以看出式(5-9)中显式的周期性边界条件可以直接施加在材料微观结构的边界面、边界线以及顶点上。

2. 微观结构边界约束方程

如图 5-8 所示，针对三维微观结构的顶点、边界线、边界点进行几何编号。其中，微观结

构顶点的编号是从 A 到 H，其中顶点 A 作为其余顶点的基准，即微观结构的原点；微观结构的边界线编号从Ⅰ～Ⅻ；微观结构的边界面编号从 1 至 6。

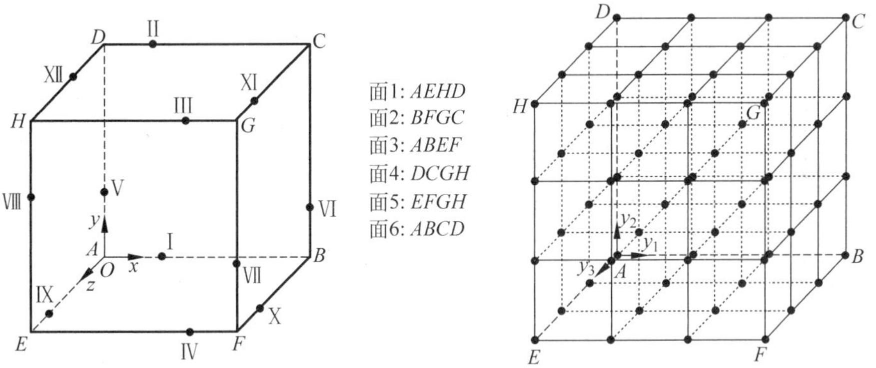

图 5-8　三维材料微观结构

在对微观结构进行有限单元分析时，需要对微观结构进行网格离散化，如图 5-8 中右图所示。基于微观结构的顶点、边界线、边界面，针对三维微观结构内的节点进行合理分类，如图 5-9 所示。如图 5-8 中右图以及表 5-1 所示，类 1 包含微观结构内所有顶点上的节点；类 2 包含所有边界线上的节点；类 3 包含所有边界面上的节点；类 4 包含所有边界面上的节点。基于式(5-9)可知，微观结构内的周期性边界条件的显式方程是基于施加在微观结构边界的初始测试应变和微观结构的尺寸建立的。针对三维微观结构内施加的初始测试应变$\boldsymbol{\varepsilon}^0$ 应包含 6 个独立的向量，分别如下 $\varepsilon^{0(xx)}$，$\varepsilon^{0(yy)}$，$\varepsilon^{0(zz)}$，$\gamma^{0(xy)}$，$\gamma^{0(yz)}$，$\gamma^{0(zx)}$；法线方向上的尺寸均表示为 l_x，l_y 与 l_z。

表 5-1　微观结构内所有节点分类

类 1	微观结构顶点节点
类 2	微观结构边界线节点
类 3	微观结构边界面节点
类 4	微观结构内部节点

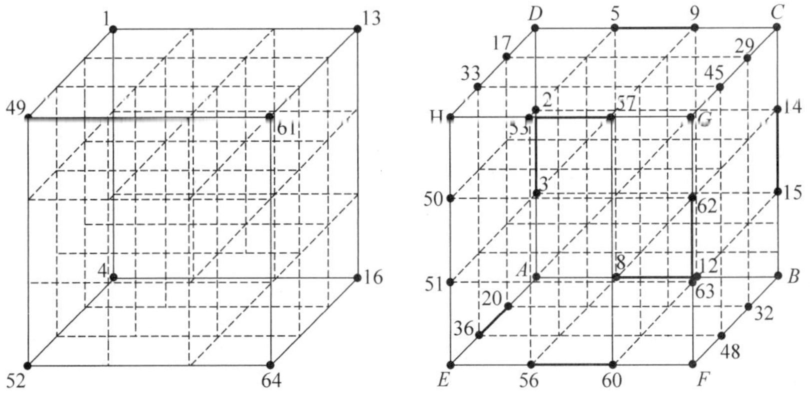

(a)　　(b)

图 5-9　微观结构内节点分类

(a) 微观结构顶点；(b) 微观结构边界线节点；(c) 微观结构边界面节点；(d) 微观结构内部节点

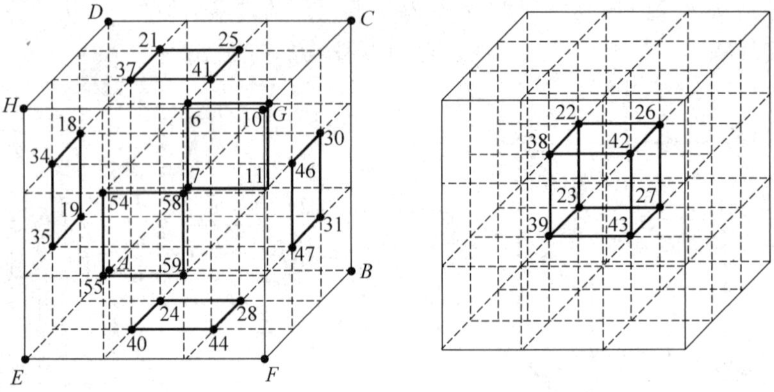

(c) (d)

图 5-9 （续）

基于图 5-8 中右图以及表 5-1 中微观结构内节点的分类，微观结构内的周期性边界约束方程可主要分为三类。第一类针对微观结构内顶点的节点边界约束方程，由符号 w_0 表示，具体形式如下：

$$
\begin{cases}
\begin{cases} u^{\mathrm{B}}-u^{\mathrm{A}}=l_x\varepsilon^{0(xx)} \\ v^{\mathrm{B}}-v^{\mathrm{A}}=0 \\ w^{\mathrm{B}}-w^{\mathrm{A}}=0 \end{cases}
\begin{cases} u^{\mathrm{C}}-u^{\mathrm{A}}=l_x\varepsilon^{0(xx)}+l_y\gamma^{0(xy)} \\ v^{\mathrm{C}}-v^{\mathrm{A}}=l_y\varepsilon^{0(yy)} \\ w^{\mathrm{C}}-w^{\mathrm{A}}=0 \end{cases}
\begin{cases} u^{\mathrm{D}}-u^{\mathrm{A}}=l_y\gamma^{0(xy)} \\ v^{\mathrm{D}}-v^{\mathrm{A}}=l_y\varepsilon^{0(yy)} \\ w^{\mathrm{D}}-w^{\mathrm{A}}=0 \end{cases} \\
\begin{cases} u^{\mathrm{E}}-u^{\mathrm{A}}=l_z\gamma^{0(zx)} \\ v^{\mathrm{E}}-v^{\mathrm{A}}=l_z\gamma^{0(yz)} \\ w^{\mathrm{E}}-w^{\mathrm{A}}=l_z\varepsilon^{0(zz)} \end{cases}
\begin{cases} u^{\mathrm{F}}-u^{\mathrm{A}}=l_x\varepsilon^{0(xx)}+l_z\gamma^{0(zx)} \\ v^{\mathrm{F}}-v^{\mathrm{A}}=l_z\gamma^{0(yz)} \\ w^{\mathrm{F}}-w^{\mathrm{A}}=l_z\varepsilon^{0(zz)} \end{cases} \\
\begin{cases} u^{\mathrm{G}}-u^{\mathrm{A}}=l_x\varepsilon^{0(xx)}+l_y\gamma^{0(xy)}+l_z\gamma^{0(zx)} \\ v^{\mathrm{G}}-v^{\mathrm{A}}=l_y\varepsilon^{0(yy)}+l_z\gamma^{0(yz)} \\ w^{\mathrm{G}}-w^{\mathrm{A}}=l_z\varepsilon^{0(zz)} \end{cases}
\begin{cases} u^{\mathrm{H}}-u^{\mathrm{A}}=l_y\gamma^{0(xy)}+l_z\gamma^{0(xz)} \\ v^{\mathrm{H}}-v^{\mathrm{A}}=l_y\varepsilon^{0(yy)}+l_z\gamma^{0(yz)} \\ w^{\mathrm{H}}-w^{\mathrm{A}}=l_z\varepsilon^{0(zz)} \end{cases}
\end{cases}
\tag{5-10}
$$

第二类针对微观结构内边界线的节点边界约束方程，由符号 w_1, w_2, w_3 表示，具体形式如下：

$$
\begin{cases}
\begin{cases} u^{\mathrm{II}}-u^{\mathrm{I}}=l_y\gamma^{0(xy)} \\ v^{\mathrm{II}}-v^{\mathrm{I}}=l_y\varepsilon^{0(yy)} \\ w^{\mathrm{II}}-w^{\mathrm{I}}=0 \end{cases}
\begin{cases} u^{\mathrm{III}}-u^{\mathrm{I}}=l_y\gamma^{0(xy)}+l_z\gamma^{0(xz)} \\ v^{\mathrm{III}}-v^{\mathrm{I}}=l_y\varepsilon^{0(yy)}+l_z\gamma^{0(yz)} \\ w^{\mathrm{III}}-w^{\mathrm{I}}=l_z\varepsilon^{0(zz)} \end{cases}
\begin{cases} u^{\mathrm{IV}}-u^{\mathrm{I}}=l_z\gamma^{0(zx)} \\ v^{\mathrm{IV}}-v^{\mathrm{I}}=l_y\varepsilon^{0(yz)} \\ w^{\mathrm{IV}}-w^{\mathrm{I}}=l_z\varepsilon^{0(zz)} \end{cases} \\
\begin{cases} u^{\mathrm{VI}}-u^{\mathrm{V}}=l_x\varepsilon^{0(xx)} \\ v^{\mathrm{VI}}-v^{\mathrm{V}}=0 \\ w^{\mathrm{VI}}-w^{\mathrm{V}}=0 \end{cases}
\begin{cases} u^{\mathrm{VII}}-u^{\mathrm{V}}=l_x\varepsilon^{0(xx)}+l_z\gamma^{0(xz)} \\ v^{\mathrm{VII}}-v^{\mathrm{V}}=l_z\gamma^{0(yz)} \\ w^{\mathrm{VII}}-w^{\mathrm{V}}=l_z\varepsilon^{0(zz)} \end{cases}
\begin{cases} u^{\mathrm{VIII}}-u^{\mathrm{V}}=l_z\gamma^{0(xz)} \\ v^{\mathrm{VIII}}-v^{\mathrm{V}}=l_z\gamma^{0(yz)} \\ w^{\mathrm{VIII}}-w^{\mathrm{V}}=l_z\varepsilon^{0(zz)} \end{cases} \\
\begin{cases} u^{\mathrm{X}}-u^{\mathrm{IX}}=l_x\varepsilon^{0(xx)} \\ v^{\mathrm{X}}-v^{\mathrm{IX}}=0 \\ w^{\mathrm{X}}-w^{\mathrm{IX}}=0 \end{cases}
\begin{cases} u^{\mathrm{X}}-u^{\mathrm{IX}}=l_x\varepsilon^{0(xx)} \\ v^{\mathrm{X}}-v^{\mathrm{IX}}=0 \\ w^{\mathrm{X}}-w^{\mathrm{IX}}=0 \end{cases}
\begin{cases} u^{\mathrm{XII}}-u^{\mathrm{IX}}=l_y\gamma^{0(xy)} \\ v^{\mathrm{XII}}-v^{\mathrm{IX}}=l_y\varepsilon^{0(yy)} \\ w^{\mathrm{XII}}-w^{\mathrm{IX}}=0 \end{cases}
\end{cases}
\tag{5-11}
$$

其中，每一行对应一个符号，w_1 表示第一行，w_2 表示第二行，w_2 表示第三行。第三类针对微观结构内边界面的节点构建相应的结构边界约束方程，由符号 w_4 表示，具体形式如下：

$$\begin{cases} u^2 - u^1 = l_x \varepsilon^{0(xx)} \\ v^2 - v^1 = 0 \\ w^2 - w^1 = 0 \end{cases} \begin{cases} u^4 - u^3 = l_y \gamma^{0(xy)} \\ v^4 - v^3 = l_y \varepsilon^{0(yy)} \\ w^4 - w^3 = 0 \end{cases} \begin{cases} u^6 - u^5 = l_z \gamma^{0(xz)} \\ v^6 - v^5 = l_z \gamma^{0(yz)} \\ w^6 - w^5 = l_z \varepsilon^{0(zz)} \end{cases} \tag{5-12}$$

3. 降尺度微观结构弹性平衡方程

在微观结构内有限单元分析求解线弹性平衡方程时，需要考虑上述三类周期性边界约束方程，可以消除一些未知的位移场。首先基于上述微观结构内的节点四个分类，可针对微观结构内的全局位移场 $\boldsymbol{U}$ 分为八小类，如下：

(1) U_1：位于微观结构顶点上节点的位移，对应于第一类节点，由施加的初始单元测试应变场来定义；

(2) U_2：位于微观结构内部节点的位移，对应于第四类节点；

(3) U_3：位于微观结构边界线Ⅰ、Ⅴ、Ⅸ上节点的位移，对应部分第二类节点；

(4) U_4：位于微观结构边界线Ⅱ、Ⅵ、Ⅹ上节点的位移，对应部分第二类节点；

(5) U_5：位于微观结构边界线Ⅲ、Ⅶ、Ⅺ上节点的位移，对应部分第二类节点；

(6) U_6：位于微观结构边界线Ⅳ、Ⅷ、Ⅻ上节点的位移，对应部分第二类节点；

(7) U_7：位于微观结构边界面 1、3、5 内节点的位移，对应部分第三类节点；

(8) U_8：位于微观结构边界面 2、4、6 内节点的位移，对应部分第三类节点。

针对微观结构的有限单元平衡方程，基于全局位移场分为八小类扩展形式如下：

$$\begin{bmatrix} K_{11} & K_{12} & K_{13} & K_{14} & K_{15} & K_{16} & K_{17} & K_{18} \\ K_{21} & K_{22} & K_{23} & K_{24} & K_{25} & K_{26} & K_{27} & K_{28} \\ K_{31} & K_{32} & K_{33} & K_{34} & K_{35} & K_{36} & K_{37} & K_{38} \\ K_{41} & K_{42} & K_{43} & K_{44} & K_{45} & K_{46} & K_{47} & K_{48} \\ K_{51} & K_{52} & K_{53} & K_{54} & K_{55} & K_{56} & K_{57} & K_{58} \\ K_{61} & K_{62} & K_{63} & K_{64} & K_{65} & K_{66} & K_{67} & K_{68} \\ K_{71} & K_{72} & K_{73} & K_{74} & K_{75} & K_{76} & K_{77} & K_{78} \\ K_{81} & K_{82} & K_{83} & K_{84} & K_{85} & K_{86} & K_{87} & K_{88} \end{bmatrix} \cdot \begin{bmatrix} U_1 \\ U_2 \\ U_3 \\ U_4 \\ U_5 \\ U_6 \\ U_7 \\ U_8 \end{bmatrix} = \begin{bmatrix} F_1 \\ F_2 \\ F_3 \\ F_4 \\ F_5 \\ F_6 \\ F_7 \\ F_8 \end{bmatrix} \tag{5-13}$$

根据上述定义可知，定义在微观结构顶点上的节点位移场 U_1 是基于施加的独立测试应变场来定义，是已知的。上述线弹性平衡方程可转化为如下形式：

$$\begin{bmatrix} K_{21} & K_{22} & K_{23} & K_{24} & K_{25} & K_{26} & K_{27} & K_{28} \\ K_{31} & K_{32} & K_{33} & K_{34} & K_{35} & K_{36} & K_{37} & K_{38} \\ K_{41} & K_{42} & K_{43} & K_{44} & K_{45} & K_{46} & K_{47} & K_{48} \\ K_{51} & K_{52} & K_{53} & K_{54} & K_{55} & K_{56} & K_{57} & K_{58} \\ K_{61} & K_{62} & K_{63} & K_{64} & K_{65} & K_{66} & K_{67} & K_{68} \\ K_{71} & K_{72} & K_{73} & K_{74} & K_{75} & K_{76} & K_{77} & K_{78} \\ K_{81} & K_{82} & K_{83} & K_{84} & K_{85} & K_{86} & K_{87} & K_{88} \end{bmatrix} \cdot \begin{bmatrix} U_1 \\ U_2 \\ U_3 \\ U_4 \\ U_5 \\ U_6 \\ U_7 \\ U_8 \end{bmatrix} = \begin{bmatrix} F_2 \\ F_3 \\ F_4 \\ F_5 \\ F_6 \\ F_7 \\ F_8 \end{bmatrix} \tag{5-14}$$

同时微观结构需要满足周期性与连续性，即 $F_2=0$，$F_3+F_4+F_5+F_6=0$ 和 $F_7+F_8=0$。同时位移向量 U_3 关于 U_4，U_5 和 U_6 三个位移向量，必须满足对应的微观结构周期性边界约束方程 w_1，w_2，w_3。同理，U_7 与 U_8 之间须满足边界约束方程 w_4，可得

$$\begin{cases} F_2=0 \quad F_7+F_8=0 \\ F_3+F_4+F_5+F_6=0 \\ U_4=U_3+w_1 \quad U_5=U_3+w_2 \\ U_6=U_3+w_3 \quad U_8=U_7+w_4 \end{cases} \tag{5-15}$$

将式(5-15)代入到式(5-14)中，则微观结构内线弹性平衡方程可缩减为

$$\boldsymbol{K}_r\boldsymbol{U}_r=\boldsymbol{F}_r \tag{5-16}$$

其中，

$$\begin{cases} \boldsymbol{F}_r=-\begin{bmatrix} K_{21} \\ \sum\limits_{i=3}^{6}K_{i1} \\ \sum\limits_{i=7}^{8}K_{i1} \end{bmatrix}U_1-\begin{bmatrix} K_{24} \\ \sum\limits_{i=3}^{6}K_{i4} \\ \sum\limits_{i=7}^{8}K_{i4} \end{bmatrix}w_1-\begin{bmatrix} K_{25} \\ \sum\limits_{i=3}^{6}K_{i5} \\ \sum\limits_{i=7}^{8}K_{i5} \end{bmatrix}w_2-\begin{bmatrix} K_{26} \\ \sum\limits_{i=3}^{6}K_{i6} \\ \sum\limits_{i=7}^{8}K_{i6} \end{bmatrix}w_3-\begin{bmatrix} K_{28} \\ \sum\limits_{i=3}^{6}K_{i8} \\ \sum\limits_{i=7}^{8}K_{i8} \end{bmatrix}w_4 \\ \boldsymbol{K}_r=\begin{bmatrix} K_{22} & \sum\limits_{j=3}^{6}K_{2j} & \sum\limits_{j=7}^{8}K_{2j} \\ \sum\limits_{i=3}^{6}K_{i2} & \sum\limits_{i=3}^{6}\sum\limits_{j=3}^{6}K_{ij} & \sum\limits_{i=3}^{6}\sum\limits_{j=7}^{8}K_{ij} \\ \sum\limits_{i=7}^{8}K_{i2} & \sum\limits_{i=7}^{8}\sum\limits_{j=3}^{6}K_{ij} & \sum\limits_{i=7}^{8}\sum\limits_{j=7}^{8}K_{ij} \end{bmatrix} \quad \boldsymbol{U}_r=\begin{bmatrix} U_2 \\ U_3 \\ U_7 \end{bmatrix} \end{cases} \tag{5-17}$$

通过对比式(5-17)和式(5-13)，可以看出在考虑周期性边界约束方程时，微观结构的线弹性平衡方程在一定程度上的缩减，即原有的全局刚度矩阵 $\boldsymbol{K}$ 缩减至 $\boldsymbol{K}_r$，全局位移向量 $\boldsymbol{U}$ 缩减至 $\boldsymbol{U}_r$，全局负载向量 $\boldsymbol{F}$ 缩减至 $\boldsymbol{F}_r$。因此在后续的有限单元分析中，本文构建的三维能量均匀化方法可以一定程度上提升计算效率，有利于微观结构的响应分析。

5.3.3 基本 MATLAB 程序

根据 5.3.2 节推导的具体有限元离散方程形式，基于 MATLAB 编写对应的程序，如表 5-2 所示。

表 5-2 能量均匀化基本 MATLAB 程序

```
ufixed = zeros(24,6); % ufixed:角节点的位移量定义;
U = zeros(3 * (nelz + 1) * (nely + 1) * (nelx + 1),6);
```

续表

```
% % 单元结构内节点的分类
% n1:结构设计域的角节点(1 2 3 4 5 6 7 8)
nodenrs = reshape(1:(1 + nely) * (1 + nelx) * (1 + nelz),1 + nely,1 + nelx,1 + nelz); % 代表从 0
- z,每个 x - y 面内节点的编号;
n1_1 = nodenrs( 1 , [ 1 , nelx + 1], 1 );          % n1_1:结构设计域角节点 1 2
n1_2 = nodenrs(nely + 1, [nelx + 1, 1 ], 1 );      % n1_2:结构设计域角节点 3 4
n1_3 = nodenrs( 1 , [ 1 , nelx + 1], nelz + 1);    % n1_3:结构设计域角节点 5 6
n1_4 = nodenrs(nely + 1, [nelx + 1, 1 ], nelz + 1);% n1_4:结构设计域角节点 7 8
n1 = [n1_1(:); n1_2(:); n1_3(:); n1_4(:)];         % n1:对应的角节点,排序应为 1 2 3 4 5 6 7 8
% n3:结构设计域边界线(01 05 09)上的节点(去除结构设计域角节点)
n3_1 = nodenrs( 1 , [2:nelx] , 1 );                % n3_1:边界线 01
n3_2 = nodenrs([2:nely], 1 , 1 );                  % n3_2:边界线 05
n3_3 = nodenrs( 1 , 1 , [2:nelz]);                 % n3_3:边界线 09
n3 = [n3_1(:); n3_2(:); n3_3(:)];
% n4:结构设计域边界线(02 06 10)上的节点(去除结构设计域角节点)
n4_1 = nodenrs( nely + 1 , [2:nelx] , 1 );         % n4_1:边界线 02
n4_2 = nodenrs([2:nely], nelx + 1 , 1 );           % n4_2:边界线 06
n4_3 = nodenrs( 1 , nelx + 1 , [2:nelz]);          % n4_3:边界线 10
n4 = [n4_1(:); n4_2(:); n4_3(:)];
% n5:结构设计域边界线(03 07 11)上的节点(去除结构设计域角节点)
n5_1 = nodenrs( nely + 1 , [2:nelx] , nelz + 1 );  % n5_1:边界线 03
n5_2 = nodenrs([2:nely], nelx + 1 , nelz + 1 );    % n5_2:边界线 07
n5_3 = nodenrs( nely + 1 , nelx + 1 , [2:nelz]);   % n5_3:边界线 11
n5 = [n5_1(:); n5_2(:); n5_3(:)];
% n6:结构设计域边界线(04 08 12)上的节点(去除结构设计域角节点)
n6_1 = nodenrs( 1 , [2:nelx] , nelz + 1 );         % n6_1:边界线 04
n6_2 = nodenrs([2:nely], 1 , nelz + 1 );           % n6_2:边界线 08
n6_3 = nodenrs( nely + 1 , 1 , [2:nelz]);          % n6_3:边界线 12
n6 = [n6_1(:); n6_2(:); n6_3(:)];
% n7:结构设计域面内节点(I II III)
n7_1 = nodenrs([2:nely], 1 , [2:nelz]);            % n7_1:结构设计域边界面 I
n7_2 = nodenrs( 1 , [2:nelx] , [2:nelz]);          % n7_2:结构设计域边界面 III
n7_3 = nodenrs([2:nely], [2:nelx] , 1 );           % n7_3:结构设计域边界面 V
n7 = [n7_1(:); n7_2(:); n7_3(:)];
% n8:与 n7 对应的结构设计域边界面内节点(IV V VI)
n8_1 = nodenrs([2:nely], nelx + 1 , [2:nelz]);     % n8_1:结构设计域边界面 II
n8_2 = nodenrs( nely + 1 , [2:nelx] , [2:nelz]);   % n8_2:结构设计域边界面 IV
n8_3 = nodenrs([2:nely], [2:nelx] , nelz + 1 );    % n8_3:结构设计域边界面 VI
n8 = [n8_1(:); n8_2(:); n8_3(:)];
% n2:结构设计域内的节点(结构设计域边界面包含的节点)
n2 = setdiff(nodenrs(:),[n1;n3;n4;n5;n6;n7;n8]);
% % d:设计域节点对应的自由度
d1 = reshape([3 * n1 - 2 3 * n1 - 1 3 * n1]',1,3 * numel(n1)); % d1:n1 节点对应的自由度;
d2 = reshape([3 * n2 - 2 3 * n2 - 1 3 * n2]',1,3 * numel(n2)); % d2:n2 节点对应的自由度;
d3 = reshape([3 * n3 - 2 3 * n3 - 1 3 * n3]',1,3 * numel(n3)); % d3:n3 节点对应的自由度;
d4 = reshape([3 * n4 - 2 3 * n4 - 1 3 * n4]',1,3 * numel(n4)); % d4:n4 节点对应的自由度;
d5 = reshape([3 * n5 - 2 3 * n5 - 1 3 * n5]',1,3 * numel(n5)); % d5:n5 节点对应的自由度;
d6 = reshape([3 * n6 - 2 3 * n6 - 1 3 * n6]',1,3 * numel(n6)); % d6:n6 节点对应的自由度;
d7 = reshape([3 * n7 - 2 3 * n7 - 1 3 * n7]',1,3 * numel(n7)); % d7:n7 节点对应的自由度;
d8 = reshape([3 * n8 - 2 3 * n8 - 1 3 * n8]',1,3 * numel(n8)); % d8:n8 节点对应的自由度;
% % ufixed:设计域角节点的测试位移量;
```

续表

```
ufixed(1:3,:) = [ 0    0    0    0    0    0 ;
    0    0    0    0    0    0 ;
    0    0    0    0    0    0 ];
ufixed(4:6,:) = [nelx 0    0    0    0    0
    0    0    0    0    0    0
    0    0    0    0    0    0 ];
ufixed(7:9,:) = [nelx 0    0 nely 0    0
    0 - nely 0    0    0    0
    0    0    0    0    0    0 ];
ufixed(10:12,:) = [ 0    0    0 nely 0    0
    0 - nely 0    0    0    0
    0    0    0    0    0    0 ];
ufixed(13:15,:) = [ 0    0    0    0    0 nelz
    0    0    0    0 nelz 0
    0    0 nelz 0    0    0 ];
ufixed(16:18,:) = [nelx 0    0    0    0 nelz
    0    0    0    0 nelz 0
    0    0 nelz 0    0    0 ];
ufixed(19:21,:) = [nelx 0    0 nely 0 nelz
    0 - nely 0    0 nelz 0
    0    0 nelz 0    0    0 ];
ufixed(22:24,:) = [ 0    0    0 nely 0 nelz
    0 - nely 0    0 nelz 0
    0    0 nelz 0    0    0 ];
%% 周期性条件的建立
% wfixed0:结构设计域边界线 U4 相对于 U3 上节点的周期性条件:
wfixed0 = [repmat(ufixed(10:12,:),numel(n3_1),1); % 边界线 02 相对于边界线 01 的周期性边界条件,对应节点 2
    repmat(ufixed( 4: 6,:),numel(n3_2),1); % 边界线 06 相对于边界线 05 的周期性边界条件,对应节点 3
    repmat(ufixed( 4: 6,:),numel(n3_3),1)]; % 边界线 10 相对于边界线 09 的周期性边界条件,对应节点 3
% wfixed1:结构设计域边界线 U5 相对于 U3 上节点的周期性条件:
wfixed1 = [repmat(ufixed(22:24,:),numel(n3_1),1); % 边界线 03 相对于边界线 01 的周期性边界条件,对应节点 5
    repmat(ufixed(16:18,:),numel(n3_2),1); % 边界线 07 相对于边界线 05 的周期性边界条件,对应节点 5
    repmat(ufixed( 7: 9,:),numel(n3_3),1)]; % 边界线 11 相对于边界线 09 的周期性边界条件,对应节点 2
% wfixed2:结构设计域边界线 U6 相对于 U3 上节点的周期性条件:
wfixed2 = [repmat(ufixed(13:15,:),numel(n3_1),1); % 边界线 04 相对于边界线 01 的周期性边界条件,对应节点 6
    repmat(ufixed(13:15,:),numel(n3_2),1); % 边界线 08 相对于边界线 05 的周期性边界条件,对应节点 7
    repmat(ufixed(10:12,:),numel(n3_3),1)]; % 边界线 12 相对于边界线 09 的周期性边界条件,对应节点 4
% wfixed3:结构设计域边界面 U8 相对于 U7 上节点的周期性条件:
wfixed3 = [repmat(ufixed( 4: 6,:),numel(n7_1),1); % 边界面 IV 相对于边界面 I 的周期性边界条件,对应节点 5
    repmat(ufixed(10:12,:),numel(n7_2),1); % 边界面 V 相对于边界面 II 的周期性边界条件,对应节点 3
```

续表

```
    repmat(ufixed(13:15,:),numel(n7_3),1)]; % 边界面VI相对于边界面III的周期性边界条件,
对应节点2
%% 有限单元分析,求微观结构的属性
sK = reshape(KE(:) * den(:)',24 * 24 * nelx * nely * nelz,1);
K = sparse(iK,jK,sK); K = (K + K')/2;
Kr = [ K(d2,d2) , K(d2,d3) + K(d2,d4) + K(d2,d5) + K(d2,d6) , K(d2,d7) + K(d2,d8);
    K(d3,d2) + K(d4,d2) + K(d5,d2) + K(d6,d2), K(d3,d3) + K(d4,d3) + K(d5,d3) + K(d6,d3) + K
(d3,d4) + K(d4,d4) + K(d5,d4) + K(d6,d4) + K(d3,d5) + K(d4,d5) + K(d5,d5) + K(d6,d5) + K(d3,d6)
+ K(d4,d6) + K(d5,d6) + K(d6,d6), K(d3,d7) + K(d4,d7) + K(d5,d7) + K(d6,d7) + K(d3,d8) + K(d4,
d8) + K(d5,d8) + K(d6,d8);
    K(d7,d2) + K(d8,d2) , K(d7,d3) + K(d8,d3) + K(d7,d4) + K(d8,d4) + K(d7,d5) + K(d8,d5) + K
(d7,d6) + K(d8,d6) , K(d7,d7) + K(d8,d7) + K(d7,d8) + K(d8,d8)];
U(d1,:) = ufixed;
U([d2,d3,d7],:) = Kr\( - [K(d2,d1);K(d3,d1) + K(d4,d1) + K(d5,d1) + K(d6,d1);K(d7,d1) + K(d8,
d1)] * ufixed...
     - [K(d2,d4);K(d3,d4) + K(d4,d4) + K(d5,d4) + K(d6,d4);K(d7,d4) + K(d8,d4)] * wfixed0...
     - [K(d2,d5);K(d3,d5) + K(d4,d5) + K(d5,d5) + K(d6,d5);K(d7,d5) + K(d8,d5)] * wfixed1...
     - [K(d2,d6);K(d3,d6) + K(d4,d6) + K(d5,d6) + K(d6,d6);K(d7,d6) + K(d8,d6)] * wfixed2...
     - [K(d2,d8);K(d3,d8) + K(d4,d8) + K(d5,d8) + K(d6,d8);K(d7,d8) + K(d8,d8)] * wfixed3);
U(d4,:) = U(d3,:) + wfixed0;
U(d5,:) = U(d3,:) + wfixed1;
U(d6,:) = U(d3,:) + wfixed2;
U(d8,:) = U(d7,:) + wfixed3;
qe = cell(6,6);
CH = zeros(6,6);
dCH = cell(6,6);
cellVolume = DomainSize(1) * DomainSize(2) * DomainSize(3);
for i = 1:6
for j = 1:6
        U1 = U(:,i); U2 = U(:,j);
        qe{i,j} = reshape(sum((U1(edofMat_F) * KE). * U2(edofMat_F),2),nely,nelx,nelz)/
cellVolume;
        CH(i,j) = sum(sum(sum(den. * qe{i,j})));
        dCH{i,j} = den. * qe{i,j};
        dCH{i,j} = E2N(nelx, nely, nelz, dCH{i,j}, edofMat_N); % 针对ij负载下的单元节点的
灵敏度,维度为:(nelx + 1) * (nely + 1) * (nelz + 1) - by - 1;
end
end
disp('--- Homogenized elasticity tensor --- '); disp(CH)
```

5.4 基于NURBS的多相材料插值模型

在本章节中,不仅讨论单相拉胀超材料微观结构优化设计问题,同时会深入研究多相拉胀超材料微观结构优化设计问题。相比于单相材料设计问题,多相材料拓扑优化问题是围绕一个设计域内,探究两种及两种以上材料的分布优化设计,更具有挑战性和难度。此时,仅基于第3章构造的密度分布函数,不足以表征两种及两种以上的材料分布,因此如何构造多相材料分布表征模型以及对应的材料属性插值模型是亟待解决的关键问题。在多相材料分布设计中,针对材料分布优化问题,需要考虑多种条件:①一个设计点要么有材料要么无

材料；②一个设计点有且只能分布一种材料。

在某个设计域 Ω 中，假设分布 Θ 种材料，因此需要引入 Θ 种拓扑变量场用于分别表征每一种材料的分布，定义为 $\phi^{\vartheta}(\vartheta=1,2,\cdots,\Theta)$。为确保每一个拓扑变量场均满足上述两个条件，即唯一性和有无性，在该设计域 Ω 中再引入 Θ 种设计变量场，且每一种拓扑变量场均由 Θ 种设计变量场组合来表示，在所有设计变量场进行组合构造每一种拓扑变量场时，需确保拓扑变量场满足上述两个特性（有无性和唯一性），设计变量场符号定义为 $\chi^{\vartheta}(\vartheta=1,2,\cdots,\Theta)$。

设计变量场用于构造拓扑变量场，为了保证其合理性，需要满足两个基本的条件：①非负性；②有界性。对于构造设计变量场，与构造 NURBS 基函数的方法相似：NURBS 基函数与控制顶点设计变量线性相关，且每一个控制顶点都对应了一个节点设计变量。图 5-10 中点代表控制顶点，图 5-10(b)中与控制顶点对应的点设计变量取值范围在[0,1]上变化，图 5-10(c)所示为相应的设计域内的设计变量场。

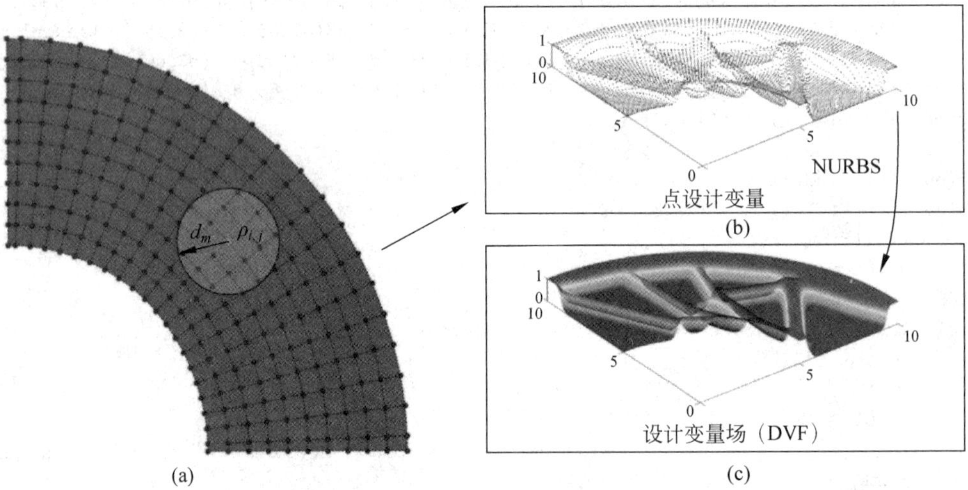

图 5-10　设计变量场构造

对设计变量的光滑处理能够保证设计变量场的光滑度。其对应第 3 章中的平滑机制，采用每一个节点设计变量等于当前设计变量的局部支撑域内所有设计变量的平均值，如图 5-10(a)圆圈部分所示，可以表达为

$$\tilde{\rho}(\rho_{i,j})=\sum_{i=1}^{N_c}\sum_{j=1}^{M_c}\psi(\rho_{i,j})\rho_{i,j} \tag{5-18}$$

其中，$\tilde{\rho}$ 为平滑后的控制点设计变量，$\rho_{i,j}$ 为初始控制点设计变量，N_c，M_c 代表圆圈部分在两个参数化方向上控制点的个数。$\psi(\rho_{i,j})$为 Shepard 函数，其对应的函数与第 3 章保持一致，由此可知，在式(5-18)中可以有效地确保平滑后控制点密度也具有有界性和非负性。基于平滑后的控制点密度和 NURBS 基函数构造整个设计域的设计变量场，即

$$\chi(\xi,\eta)=\sum_{i=1}^{n}\sum_{j=1}^{m}R_{i,j}^{p,q}(\xi,\eta)\tilde{\rho}(\rho_{i,j}) \tag{5-19}$$

在上述已给出设计域中引入 Θ 种设计变量场，即 $\chi^{\theta}(\theta=1,2,\cdots,\Theta)$。则每一个拓扑变量场由所有的设计变量场构造，其对应的构造公式如下：

$$\phi^{\vartheta}=\prod_{\theta=1}^{\vartheta}\chi^{\theta}\prod_{\lambda=\vartheta+1}^{\Theta}(1-\chi^{\theta})(\vartheta=1,2,\cdots,\Theta;\ \theta=1,2,\cdots,\Theta) \tag{5-20}$$

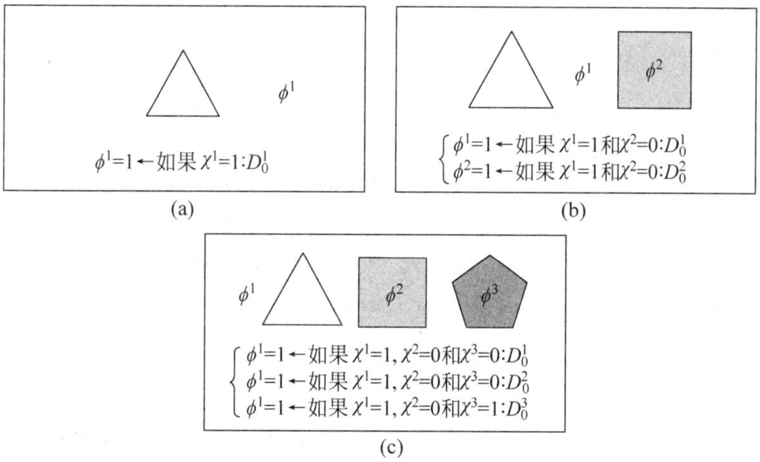

图 5-11 多材料分布表征模型机理图

(a) 一种材料(两相材料);(b) 两种材料(三相材料);(c) 三种材料(四相材料)

当 $\Theta=1,2,3$,其拓扑变量场可分别表示为如下形式:

$$\begin{cases}\Theta=1:\ \phi^{1}=\chi^{1}\\ \Theta=2:\ \phi^{1}=\chi^{1}(1-\chi^{2});\ \phi^{2}=\chi^{1}\chi^{2}\\ \Theta=3:\ \phi^{1}=\chi^{1}(1-\chi^{2})(1-\chi^{3});\ \phi^{2}=\chi^{1}\chi^{2}(1-\chi^{3});\ \phi^{3}=\chi^{1}\chi^{2}\chi^{3}\end{cases} \tag{5-21}$$

相关表示如图 5-11 所示,Θ 类拓扑设计变量用于描述 Θ 种不同材料在设计域中的分布(即 $\Theta+1$ 相材料,包含了无材料),不同的颜色表示不同的材料的拓扑变量场,因此,每次只需要改变设计变量场的取值就可以表示出不同相材料的变化。

如前文所述,带有惩罚系数的高斯积分点处的密度所构造的幂函数,通过插值对应材料的弹性张量,求解相应点的材料属性值,后用于计算等几何分析单元的刚度矩阵。对于当前所构造的所有材料的拓扑变量场,对应在设计域内任意点上的密度都在整个优化过程中参与迭代。因此,多材料插值模型表述为所有拓扑变量场分别与其对应材料物理属性的插值函数之和,会涉及所有的设计变量场,因此,具体形式如下:

$$D=\sum_{\vartheta=1}^{\Theta}(\phi^{\vartheta})^{p}D_{0}^{\vartheta}=\sum_{\vartheta=1}^{\Theta}\Big(\prod_{\theta=1}^{\vartheta}(\chi^{\theta})^{p}\prod_{\theta=\vartheta+1}^{\Theta}(1-\chi^{\theta})^{p}\Big)D_{0}^{\vartheta} \tag{5-22}$$

其中,D_{0}^{ϑ} 是第 ϑ 种材料的本构弹性属性,p 是惩罚系数。可以发现这种改进的基于 NURBS 的多材料插值模型与以往多材料插值模型相比形式比较类似,但是在对变量的惩罚方式上有显著的差异,如式(5-22)所示。在当前多相材料插值模型中,设计变量和拓扑变量以一种解耦且并行的方式,使得材料属性和相应的拓扑变量得以独立表达。因此,本章所提出的基于 NURBS 的多项材料插值模型有几点优势:①用具有光滑和连续性的拓扑变量场表示所有材料的分布,取代了用空间中离散的单元密度的表达方式;②每一个拓扑变量场都能够精确地描述材料的分布;③基于所有密度分布场求和得到的拓扑变量场的表达式,可以确保多种材料在设计域内没有重叠,没有多余材料相;④该精练的表达式为后续的灵敏度分析提供了便利。

5.5 优化模型

根据简要概括中可知，材料的泊松比是由当施加单轴向应力后，横向应变与纵向应变的比值取负号，对于二维一般定义为 $\nu_{12}=D_{1122}/D_{1111}$ 和 $\nu_{21}=D_{1122}/D_{2222}$。为了在拓扑优化迭代中能够产生负泊松比构型，需要从其基本定义出发，最好可以直接优化目标。但事实并非如此，因为在负泊松比定义中，我们可以清晰地看出，其分子分母都与弹性张量有关，这意味着上下分母中均包含设计变量，这说明泊松比的定义与设计变量成非线性关系，在后续求导及其对应的数值敏度推导时将会比较复杂，不太利于优化求解算法寻找到较好的可行设计解。因此，直接采用负泊松比定义并不是一个较好的选择。另一方面，我们都知道负泊松比构型与材料微观结构中旋转几何特征非常相关[1]。而旋转几何特征的形成与均匀化弹性张量矩阵中某些项非常相关，如对角项不利于旋转机构类几何特征形成，而其他项却有利于旋转机构类几何特征的生成。因此，发展至今，负泊松比微观结构优化目标函数的定义有多种，如最小化当前弹性张量与期望值平方差之和或者最小化所有弹性张量之和。通过观察，整个优化中为了实现负泊松比结构的生成，优化求解器更趋向于减小对角项以生成负值，且同时增大其他项目。因此，本章节中的优化目标将同时考虑两者对构型的共同影响，以能够更好地优化出具有负泊松比几何特征的微观结构拓扑构型。

针对单相负泊松比微观结构优化，其对应的优化模型如下：

$$\begin{cases}\text{求：}\rho\{[\rho_{i,j}]_{2D}\quad[\rho_{i,j,k}]_{3D}\}\\ \text{Min: } J(\boldsymbol{u},\phi)=\sum\limits_{\hat{i},\hat{j}=1,\hat{i}\neq\hat{j}}^{d}D_{\hat{i}\hat{i}\hat{j}\hat{j}}^{H}(\boldsymbol{u},\phi)-\beta\left\{\sum\limits_{\hat{i},\hat{j}=1,\hat{i}=\hat{j}}^{d}D_{\hat{i}\hat{i}\hat{j}\hat{j}}^{H}(\boldsymbol{u},\phi)\right\}\\ \text{s. t. : }\begin{cases}a(\boldsymbol{u},\delta\boldsymbol{u})=L(\delta\boldsymbol{u}),\quad\forall\,\delta\boldsymbol{u}\in H_{\text{per}}(\Omega,\mathbb{R}^{d})\\ G(\phi)=\dfrac{1}{|\Omega|}\displaystyle\int_{\Omega}\phi(\rho)v_{0}\,\mathrm{d}\Omega-V_{\max}\leqslant 0\\ 0<\rho_{\min}\leqslant\rho\leqslant 1,(i=1,2,\cdots,n;\ j=1,2,\cdots,m;\ k=1,2,\cdots,l)\end{cases}\end{cases}\tag{5-23}$$

其中，ρ 表示控制点密度，ϕ 此时表示密度分布函数，因为针对单相材料微观结构优化设计时，仅需要一个密度分布函数即可，整个构造过程与第 3 章保持一致。J 为优化目标函数，取决于弹性张量矩阵中对角项和其他项，其中 β 为权重值。因此本优化模型不仅仅是针对各向同性微观结构，也针对其他微观结构，整个优化目标定义可以更加有助于在各个方向上生成具有负泊松比的几何特征。d 为空间维度，G 表示材料体积约束，其中 $V_{\max}$ 表示最大体积分数，v_0 表示实体单元的体积分数。$\boldsymbol{u}$ 表示结构内位移场，需要满足均匀化方法中的周期性边界条件；$\delta\boldsymbol{u}$ 表示结构内虚位移场，属于具有 y 周期性的可允许位移空间 H_{per}。a 表示能量双线性形式，L 表示负载单线性形式，具体方程如下：

$$\begin{cases}a(\boldsymbol{u},\delta\boldsymbol{u})=\displaystyle\int_{\Omega}(\phi(\boldsymbol{\rho}))^{p}\boldsymbol{D}_{0}\varepsilon(\boldsymbol{u})\varepsilon(\delta\boldsymbol{u})\,\mathrm{d}\Omega\\ l(\delta\boldsymbol{u})=\displaystyle\int_{\Omega}(\phi(\boldsymbol{\rho}))^{p}\boldsymbol{D}_{0}\,\boldsymbol{\varepsilon}^{0}\varepsilon(\delta\boldsymbol{u})\,\mathrm{d}\Omega\end{cases}\tag{5-24}$$

其中，p 表示惩罚参数，$\boldsymbol{D}_0$ 表示实体单元材料本构弹性张量。针对多相负泊松比微观结构优化，其对应的优化模型如下：

$$
\begin{cases}
\text{求：} \boldsymbol{\rho}^{\vartheta}\{[\rho_{i,j}^{\vartheta}]_{2D} \quad [\rho_{i,j,k}^{\vartheta}]_{3D}\} \\
\text{Min：} J(\boldsymbol{u},\phi) = \sum\limits_{\hat{i},\hat{j}=1,\hat{i}\neq\hat{j}}^{d} D_{\hat{i}\hat{i}\hat{j}\hat{j}}^{H}(\boldsymbol{u},\phi(\boldsymbol{\rho}^{\vartheta})) - \beta\left\{\sum\limits_{\hat{i},\hat{j}=1,\hat{i}=\hat{j}}^{d} D_{\hat{i}\hat{i}\hat{j}\hat{j}}^{H}(\boldsymbol{u},\phi(\boldsymbol{\rho}^{\vartheta}))\right\} \\
\text{s. t. :} \begin{cases}
a(\boldsymbol{u},\delta\boldsymbol{u}) = L(\delta\boldsymbol{u}), \forall\, \delta\boldsymbol{u} \in H_{\text{per}}(\Omega,\mathbb{R}^{d}) \\
G^{\tilde{\vartheta}} = \dfrac{1}{|\Omega|}\int_{\Omega}\phi^{\tilde{\vartheta}} v_0 \,\mathrm{d}\Omega - V_{\max}^{\tilde{\vartheta}} \leqslant 0, (\tilde{\vartheta} = 1,2,\cdots,\Theta) \\
0 < \rho_{\min} \leqslant \boldsymbol{\rho}^{\vartheta} \leqslant 1, (\vartheta = 1,2,\cdots,\Theta;\ i = 1,2,\cdots,n;\ j = 1,2,\cdots,m;\ k = 1,2,\cdots,l)
\end{cases}
\end{cases}
\tag{5-25}
$$

其中，$\boldsymbol{\rho}^{\vartheta}$ 表示控制点设计变量，其中 $\rho_{i,j}^{\vartheta}$ 表示 2D，$\rho_{i,j,k}^{\vartheta}$ 表示 3D。J 表示多相材料微观结构优化目标函数，$G^{\tilde{\vartheta}}$ 表示第 $\tilde{\vartheta}$ 种材料体积约束，其中 $V_{\max}^{\tilde{\vartheta}}$ 表示其材料用量最大约束值。其对应的结构弹性平衡方程如下：

$$
\begin{cases}
a(\boldsymbol{u},\delta\boldsymbol{u}) = \int_{\Omega} \boldsymbol{D}(\phi(\boldsymbol{\rho}^{\vartheta}))\varepsilon(\boldsymbol{u})\varepsilon(\delta\boldsymbol{u})\,\mathrm{d}\Omega \\
l(\delta\boldsymbol{u}) = \int_{\Omega} \boldsymbol{D}(\phi(\boldsymbol{\rho}^{\vartheta}))\,\boldsymbol{\varepsilon}^{0}\varepsilon(\delta\boldsymbol{u})\,\mathrm{d}\Omega
\end{cases}
\tag{5-26}
$$

其中，$\boldsymbol{D}$ 表示多相材料微观结构弹性张量矩阵。

5.6 灵敏度分析

5.6.1 单相材料

在式(5-23)中定义的单相材料微观结构拓扑优化设计模型中，我们可以看出优化目标取决于弹性张量矩阵，因此，我们只需要求解弹性张量矩阵中的项对设计变量的灵敏度，即可求解出目标函数的灵敏度。类似于第 3 章，首先推导优化目标函数对密度分布函数的一阶微分，具体形式如下：

$$
\frac{\partial J}{\partial \phi} = \sum_{\hat{i},\hat{j}=1,\hat{i}\neq\hat{j}}^{d} \frac{\partial D_{\hat{i}\hat{i}\hat{j}\hat{j}}^{H}}{\partial \phi} - \beta\left\{\sum_{\hat{i},\hat{j}=1,\hat{i}=\hat{j}}^{d} \frac{\partial D_{\hat{i}\hat{i}\hat{j}\hat{j}}^{H}}{\partial \phi}\right\}
\tag{5-27}
$$

在式(5-27)中，目标函数的微分求解取决于弹性张量矩阵的一阶微分，其核心在于求解弹性张量矩阵关于密度分布函数的一阶微分，具体形式如下：

$$
\frac{\partial D_{\hat{i}\hat{i}\hat{j}\hat{j}}^{H}}{\partial \phi} = \frac{1}{|\Omega|}\int_{\Omega} (\varepsilon_{pq}^{0(\hat{i}\hat{i})} - \varepsilon_{pq}(u^{\hat{i}\hat{i}}))\, p(\phi)^{p-1} D_{pqrs}^{0} (\varepsilon_{rs}^{0(\hat{j}\hat{j})} - \varepsilon_{rs}(u^{\hat{j}\hat{j}}))\,\mathrm{d}\Omega
\tag{5-28}
$$

在第 3 章中已经给出密度分布函数是基于 NURBS 基函数和平滑后控制点密度构造而成，平滑的控制点密度是基于 Shepard 函数构造，根据对应的构造函数采用链式法则，则可以推导出密度分布函数关于初始控制点密度的一阶微分具体形式，如下所示：

$$
\frac{\partial \phi(\xi,\eta)}{\partial \rho_{i,j}} = \frac{\partial \phi(\xi,\eta)}{\partial \tilde{\rho}(\rho_{i,j})} \frac{\partial \tilde{\rho}(\rho_{i,j})}{\partial \rho_{i,j}} = R_{i,j}^{p,q}(\xi,\eta)\psi(\rho_{i,j})
\tag{5-29}
$$

其中，$R_{i,j}^{p,q}(\xi,\eta)$表示在计算点(ξ,η)的基函数值，$\psi(\rho_{i,j})$表示 Shepard 函数在控制顶点(i,j)的值。在上述公式中计算点与控制顶点不同，其中计算点对应高斯积分点。综上，根据链式法则，结合式(5-28)～式(5-29)，可得弹性张量矩阵关于初始控制点密度的一阶微分，具体如下：

$$\frac{\partial D^{H}_{\hat{i}\hat{i}\hat{j}\hat{j}}}{\partial \phi}=\frac{1}{|\Omega|}\int_{\Omega}(\varepsilon^{0(\hat{i}\hat{i})}_{pq}-\varepsilon_{pq}(u^{\hat{i}\hat{i}}))p(\phi)^{p-1}D^{0}_{pqrs}(\varepsilon^{0(\hat{j}\hat{j})}_{rs}-\varepsilon_{rs}(u^{\hat{j}\hat{j}}))R^{p,q}_{i,j}\psi\mathrm{d}\Omega \tag{5-30}$$

基于式(5-30)，可求得目标函数关于设计变量的一阶微分。同样地，对于体积约束，其对应的灵敏度分析计算公式如下：

$$\frac{\partial G}{\partial \rho_{i,j}}=\frac{1}{|\Omega|}\int_{\Omega}R^{p,q}_{i,j}(\xi,\eta)\psi(\rho_{i,j})v_0\mathrm{d}\Omega \tag{5-31}$$

在针对单相材料微观结构拓扑优化设计中，仍采用 OC 方法求解对应的优化模型，主要因为该优化模型也仅仅有一个体积约束，OC 方法非常适用于设计变量多但约束少的求解，尤其是适用于凸类问题的求解。然而，对于负泊松比材料微观结构优化设计问题，其目标函数灵敏度的符号在优化中会发生变化，这意味着该类优化问题并非单调的。在以往工作中，常常把 OC 中的阻尼系数消除，以确保不出现复数；但也造成了优化模型中的体积分数并不能满足设定的约束值。在本书中，采用一种放松的 OC 求解算法[21]，以更新设计变量推动拓扑更新。

首先，针对式(5-23)中单相拉胀超材料微观结构拓扑优化设计模型，构造拉格朗日函数 L，通过引入拉格朗日乘子 Λ 和调整参数 μ，具体如下：

$$L(\boldsymbol{u},\phi)=J(\boldsymbol{u},\phi)-\mu G(\phi)+(\Lambda+\mu)G(\phi) \tag{5-32}$$

则对应的最优准则条件有如下形式：

$$\frac{\partial L}{\partial \rho_{i,j}}=\left(\frac{\partial J}{\partial \rho_{i,j}}-\mu\frac{\partial G}{\partial \rho_{i,j}}\right)+(\Lambda+\mu)\frac{\partial G}{\partial \rho_{i,j}}=0,\quad \rho_{\min}\leqslant\rho_{i,j}\leqslant 1 \tag{5-33}$$

基于式(5-33)，可定义最优准则形式如下：

$$\Pi_{i,j}=\frac{1}{\Lambda+\mu}\left(\mu-\frac{\partial J}{\partial \rho_{i,j}}\Big/\frac{\partial G}{\partial \rho_{i,j}}\right) \tag{5-34}$$

其在第 κ 步设计变量的更新因子可定义为如下格式：

$$\Pi^{(\kappa)}_{i,j}=\frac{1}{\Lambda^{(\kappa)}+\mu^{(\kappa)}}\left(\mu^{(\kappa)}-\frac{\partial J}{\partial \rho^{(\kappa)}_{i,j}}\Big/\max\left(\Delta,\frac{\partial G}{\partial \rho^{(\kappa)}_{i,j}}\right)\right) \tag{5-35}$$

其中，Δ 为极小值以避免分布为 0。通过观察可知，我们可以选择合适的调整参数，以确保式(5-35)始终为正，即

$$\mu^{(\kappa)}>\max\left\{\frac{\partial J}{\partial \rho^{(\kappa)}_{i,j}}\Big/\max\left(\Delta,\frac{\partial G}{\partial \rho^{(\kappa)}_{i,j}}\right)\right\},(i=1,2,\cdots,n;\ j=1,2,\cdots,m) \tag{5-36}$$

即可得，最后设计变量的更新迭代公式具体如下：

$$\rho^{(\kappa+1)}_{i,j}=\left\{\begin{array}{ll}\max\{(\rho^{(\kappa)}_{i,j}-m),\rho_{\min}\}, & \text{若}(\Pi^{(\kappa)}_{i,j})^{\zeta}\rho^{(\kappa)}_{i,j}\leqslant\max\{(\rho^{(\kappa)}_{i,j}-m),\rho_{\min}\}\\ (\Pi^{(\kappa)}_{i,j})^{\zeta}\rho^{(\kappa)}_{i,j}, & \text{若}\left\{\begin{array}{l}\max\{(\rho^{(\kappa)}_{i,j}-m),\rho_{\min}\}<(\Pi^{(\kappa)}_{i,j})^{\zeta}\rho^{(\kappa)}_{i,j,k}\\ <\min\{(\rho^{(\kappa)}_{i,j}+m),1\}\end{array}\right\}\\ \min\{(\rho^{(\kappa)}_{i,j}+m),1\}, & \text{若}\min\{(\rho^{(\kappa)}_{i,j}+m),1\}\leqslant(\Pi^{(\kappa)}_{i,j})^{\zeta}\rho^{(\kappa)}_{i,j}\end{array}\right\} \tag{5-37}$$

5.6.2 多相材料

同理，对于多相拉胀超材料微观结构拓扑优化设计，根据式(5-25)可知，对应的目标函数与拓扑分布函数的一阶微分形式如下：

$$\frac{\partial J}{\partial \phi^{\hat{\vartheta}}} = -\beta\left\{\sum_{\hat{i},\hat{j}=1,\hat{i}=\hat{j}}^{d} \frac{\partial D^{H}_{\hat{i}\hat{i}\hat{j}\hat{j}}(\phi(\boldsymbol{\rho}^{\vartheta}))}{\partial \phi^{\hat{\vartheta}}}\right\} + \left\{\sum_{\hat{i},\hat{j}=1,\hat{i}\neq\hat{j}}^{d} \frac{\partial D^{H}_{\hat{i}\hat{i}\hat{j}\hat{j}}(\phi(\boldsymbol{\rho}^{\vartheta}))}{\partial \phi^{\hat{\vartheta}}}\right\}, \quad \hat{\vartheta}=1,2,\cdots,\Theta \tag{5-38}$$

从式(5-38)中可以看出，目标函数对拓扑变量场的微分主要依赖于弹性张量矩阵对拓扑变量场的一阶微分，其对应的一阶微分形式如下：

$$\frac{\partial D^{H}_{\hat{i}\hat{i}\hat{j}\hat{j}}}{\partial \phi^{\hat{\vartheta}}} = \frac{1}{|\Omega|}\int_{\Omega} p(\phi^{\hat{\vartheta}})^{p-1} D^{\hat{\vartheta}}_{0,pqrs}(\varepsilon^{0(\hat{i}\hat{i})}_{pq} - \varepsilon_{pq}(u^{\hat{i}\hat{i}}))(\varepsilon^{0(\hat{j}\hat{j})}_{rs} - \varepsilon_{rs}(u^{\hat{j}\hat{j}}))\mathrm{d}\Omega \tag{5-39}$$

从式(5-39)可知，每一个拓扑变量场是由所有的设计变量场组合而成，则根据式(5-20)可知两者之间的具体函数关系。因此基于该公式，我们可以推导每一类拓扑变量场与设计变量之间的微分关系，具体如下：

$$\frac{\partial \phi^{\hat{\vartheta}}}{\partial \chi^{\vartheta}} = \begin{cases} \prod\limits_{\lambda=1,\lambda\neq\vartheta}^{\hat{\vartheta}} \chi^{\lambda} \prod\limits_{\lambda=\hat{\vartheta}+1}^{\Theta}(1-\chi^{\lambda}) & 若\ \vartheta \leqslant \hat{\vartheta} \\ -\prod\limits_{\lambda=1}^{\hat{\vartheta}} \chi^{\lambda} \prod\limits_{\lambda=\hat{\vartheta}+1,\lambda\neq\vartheta}^{\Theta}(1-\chi^{\lambda}) & 若\ \vartheta > \hat{\vartheta} \end{cases}, \quad (\vartheta=1,2,\cdots,\Theta) \tag{5-40}$$

在设计变量场中，每一类设计变量场均由对应的 NURBS 基函数与控制点设计变量构造而成，因此，通过连续微分公式(5-19)和式(5-18)，可求得设计变量场关于初始控制点密度的一阶微分，即

$$\frac{\partial \chi^{\vartheta}}{\partial \rho^{\vartheta}_{i,j,k}} = \frac{\partial \chi^{\vartheta}}{\partial \tilde{\rho}^{\vartheta}} \frac{\partial \tilde{\rho}^{\vartheta}}{\partial \rho^{\vartheta}_{i,j,k}} = R^{p,q,r}_{i,j,k}(\xi,\eta,\zeta)\psi(\rho^{\vartheta}_{i,j,k}) \tag{5-41}$$

在求解式(5-41)中，$R^{p,q,r}_{i,j,k}(\xi,\eta,\zeta)$为 NURBS 基函数在计算点$(\xi,\eta,\zeta)$的值，其中$\psi(\rho^{\vartheta}_{i,j,k})$表示 Shepard 函数在控制顶点$(i,j,k)$处的值。前者计算点对应高斯积分点，后者则对应控制点，两者并不一致。最后基于上述推导，可求出弹性张量矩阵关于控制点设计变量的一阶微分，其显示函数如下：

$$\frac{\partial D^{H}_{\hat{i}\hat{i}\hat{j}\hat{j}}}{\partial \rho^{\vartheta}_{i,j,k}} = \frac{\partial D^{H}_{\hat{i}\hat{i}\hat{j}\hat{j}}}{\partial \phi} \frac{\partial \phi}{\partial \chi^{\vartheta}} \frac{\partial \chi^{\vartheta}}{\partial \rho^{\vartheta}_{i,j,k}} = \sum_{\hat{\vartheta}=1}^{\Theta} \frac{\partial D^{H}_{\hat{i}\hat{i}\hat{j}\hat{j}}}{\partial \phi^{\hat{\vartheta}}} \frac{\partial \phi^{\hat{\vartheta}}}{\partial \chi^{\vartheta}} \frac{\partial \chi^{\vartheta}}{\partial \rho^{\vartheta}_{i,j,k}}$$

$$= \sum_{\hat{\vartheta}=1}^{\Theta}\begin{cases} \left\{\begin{aligned} &\frac{1}{|\Omega|}\int_{\Omega}(\gamma(\chi^{\vartheta})^{\gamma-1}\prod_{\lambda=1,\lambda\neq\vartheta}^{\hat{\vartheta}}(\chi^{\lambda})^{\gamma}\prod_{\lambda=\hat{\vartheta}+1}^{\Theta}(1-\chi^{\lambda})^{\gamma})D^{\hat{\vartheta}}_{0,pqrs}\cdots \\ &R^{p,q,r}_{i,j,k}(\xi,\eta,\zeta)\psi(\rho^{\vartheta}_{i,j,k})(\varepsilon^{0(\hat{i}\hat{i})}_{pq} - \varepsilon_{pq}(u^{\hat{i}\hat{i}}))(\varepsilon^{0(\hat{j}\hat{j})}_{rs} - \varepsilon_{rs}(u^{\hat{j}\hat{j}}))\mathrm{d}\Omega \end{aligned}\right\} & 若\ \vartheta \leqslant \hat{\vartheta} \\ \left\{\begin{aligned} &\frac{1}{|\Omega|}\int_{\Omega}(-\gamma(1-\chi^{\vartheta})^{\gamma-1}\prod_{\lambda=1}^{\hat{\vartheta}}(\chi^{\lambda})^{\gamma}\prod_{\lambda=\hat{\vartheta}+1,\lambda\neq\vartheta}^{\Theta}(1-\chi^{\lambda})^{\gamma})D^{\hat{\vartheta}}_{0,pqrs}\cdots \\ &R^{p,q,r}_{i,j,k}(\xi,\eta,\zeta)\psi(\rho^{\vartheta}_{i,j,k})(\varepsilon^{0(\hat{i}\hat{i})}_{pq} - \varepsilon_{pq}(u^{\hat{i}\hat{i}}))(\varepsilon^{0(\hat{j}\hat{j})}_{rs} - \varepsilon_{rs}(u^{\hat{j}\hat{j}}))\mathrm{d}\Omega \end{aligned}\right\} & 若\ \vartheta > \hat{\vartheta} \end{cases} \tag{5-42}$$

同理，可求得体积约束关于控制点离散变量的一阶微分，具体形式如下：

$$\frac{\partial G^{\hat{\vartheta}}}{\partial \rho_{i,j,k}^{\vartheta}}=\frac{\partial G_{v}^{\hat{\vartheta}}}{\partial \varphi^{\hat{\vartheta}}}\frac{\partial \varphi^{\hat{\vartheta}}}{\partial \chi^{\vartheta}}\frac{\partial \chi^{\vartheta}}{\partial \rho_{i,j,k}^{\vartheta}}$$

$$=\begin{cases}\dfrac{1}{|\Omega|}\displaystyle\int_{\Omega}\Big(\prod_{\lambda=1,\lambda\neq\vartheta}^{\hat{\vartheta}}\chi^{\lambda}\prod_{\lambda=\hat{\vartheta}+1}^{\Theta}(1-\chi^{\lambda})R_{i,j,k}^{p,q,r}(\xi,\eta,\zeta)\psi(\rho_{i,j,k}^{\vartheta})\Big)\nu_{0}\mathrm{d}\Omega & 若\ \vartheta\leqslant\hat{\vartheta}\\ -\dfrac{1}{|\Omega|}\displaystyle\int_{\Omega}\Big(\prod_{\lambda=1}^{\hat{\vartheta}}\chi^{\lambda}\prod_{\lambda=\hat{\vartheta}+1,\lambda\neq\vartheta}^{\Theta}(1-\chi^{\lambda})R_{i,j,k}^{p,q,r}(\xi,\eta,\zeta)\psi(\rho_{i,j,k}^{\vartheta})\Big)\nu_{0}\mathrm{d}\Omega & 若\ \vartheta>\hat{\vartheta}\end{cases}$$

(5-43)

从上述计算公式中可以看出，目标函数与约束函数对设计变量的灵敏度高度依赖于NURBS基函数在高斯积分点的值和Shepard函数在控制顶点的计算值，这两者实际求解时都与时间无关，因此可以提前求解，并有利于多相材料微观结构拓扑优化设计的迭代过程。同时，针对多相材料微观结构拓扑优化设计问题，相比于单相材料，其存在两个约束，此时OC方法会失去一定的有效性，在本工作中将采用移动渐近线法(MMA)用于更新设计变量。

针对多相材料拓扑优化问题，在本章节中，是通过构造多类拓扑变量场，每一类拓扑变量场描述一种材料的分布。在上述多材料插值模型中，我们可以看出实际中，拓扑变量场的值始终在0～1范围内，此时对于拓扑变量场中的边界等值线取值需要谨慎。这主要源于针对多类拓扑变量场的分布不仅仅需要满足体积约束，同时还需要确保每个点只能有一种材料或者无材料，具体如图5-12所示(其中拓扑变量场1描述M1实体材料拓扑分布，拓扑变量场2描述M2实体材料拓扑分布)。在材料界限交界A点，只有在等值线均等于0.5时，才能有效避免同一个点处不会存在两种材料，即确保每一个点材料存在与否的唯一性。

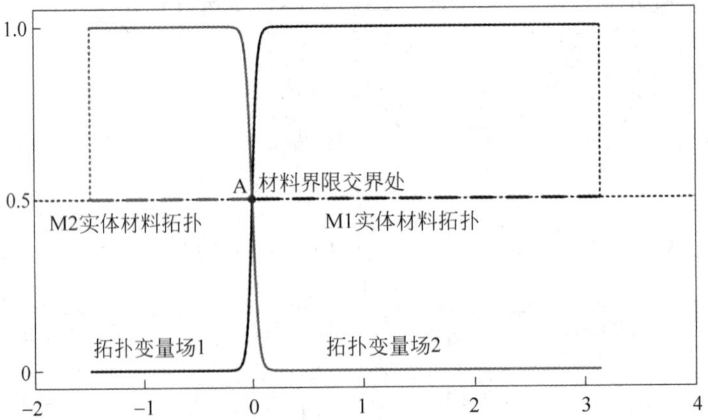

图5-12　材料界限图像表征

5.7　数值案例：单相拉胀超材料

在本章节中，首先针对仅包含单种材料的负泊松比微观结构设计开展讨论，以说明当前方法的有效性和高效性。在案例中，首先针对二维案例做了深入讨论以说明当前方法的基本特征和在负泊松比结构设计上的有效性；其次深入探讨优化目标函数对负泊松比构型设计的影响。最后针对三维微观结构优化设计展开研究并说明等几何拓扑优化方法在三维材料微观结构设计上的有效性。值得指出的是，在5.3节介绍的能量均匀化方法实施程序是基于有限单元法编写的，在本节中仍需要以等几何分析重构能量均匀化程序，将原有周期性边界条件施加在有限单元边界节点上，转化至控制顶点上，再以等几何单元构造对应的实施程序。在本节后续案例中，所有材料的样式模量定义为1，材料的泊松比定义为0.3。在数值分析中，(3×3)个和(3×3×3)个高斯积分点个数分别在二维和三维等几何单元中考虑用于计算单元刚度矩阵。其次，所有材料微观结构的尺寸是无量纲的，在所有的方向上对应的值定义为1，惩罚参数定义为3。目标函数中权重参数为0.03，除非作特殊说明。收敛条件定义为：连续迭代相近两步中控制点设计变量的差值平方和小于0.01，或者最大迭代步数100步即终止。

5.7.1　二维微观结构单胞设计

在二维微观结构设计中，其设计域为1×1正方形。采用二次NURBS基函数构造正方形几何，对应的节点向量$\boldsymbol{\Xi}=\boldsymbol{H}=\{0,0,0,0.01,\cdots,0.99,1,1,1\}$，对应的等几何单元个数为100×100，其中控制顶点的个数为101×101，也为设计变量的个数，体积约束中材料最大量值定义为30%。在等几何拓扑优化中，针对单相材料微观结构设计，只需要定义一个密度分布函数即可，因此如第3章所述，分别引入控制点离散密度、高斯积分点密度和密度分布函数。针对当前二维微观结构，其初始设计如图5-13所示，主要包含离散控制点密度、高斯积分点密度和密度分布函数。与第3章不同的是，在当前拉胀超材料微观结构设计中，其初始设计中的密度值并不是相等的，这主要源于微观结构拓扑优化设计的特殊性。因为在能量均匀化方法中评估微观结构等效属性时，需要施加周期性边界条件，如果初始的控制点密度均值相等时，此时对应的每个控制设计变量灵敏度也都是相等的，那么就无法推动拓扑的改变。因此这也侧面说明了，对于微观结构拓扑优化设计问题，其本质上求解的一定是一个局部最优解。

如图5-14所示，给出了负泊松比微观结构的最优设计，主要包含了高斯积分点密度和密度分布函数。通过仔细观察密度分布函数空间三维分布，我们可以发现如下两个特点：①密度分布函数光滑且连续；②密度分布函数的值主要分布在0和1附近。与第3章中等几何拓扑优化方法应用于经典案例中的讨论基本特征一致。图5-15也给出了优化中部分迭代步骤中的密度分布函数，可以清晰地看出密度分布函数在优化中变化稳定，一定程度上可以说明数值迭代稳定，呈现出当前等几何拓扑优化方法的稳定性。同时对应的目标函数与约束函数迭代曲线也给出了，具体如图5-16所示。从图中可以看出，基于等几何拓扑优化方法的拉胀超材料微观结构设计，仅需要迭代38步即可达到收敛终止条件，可以清晰地

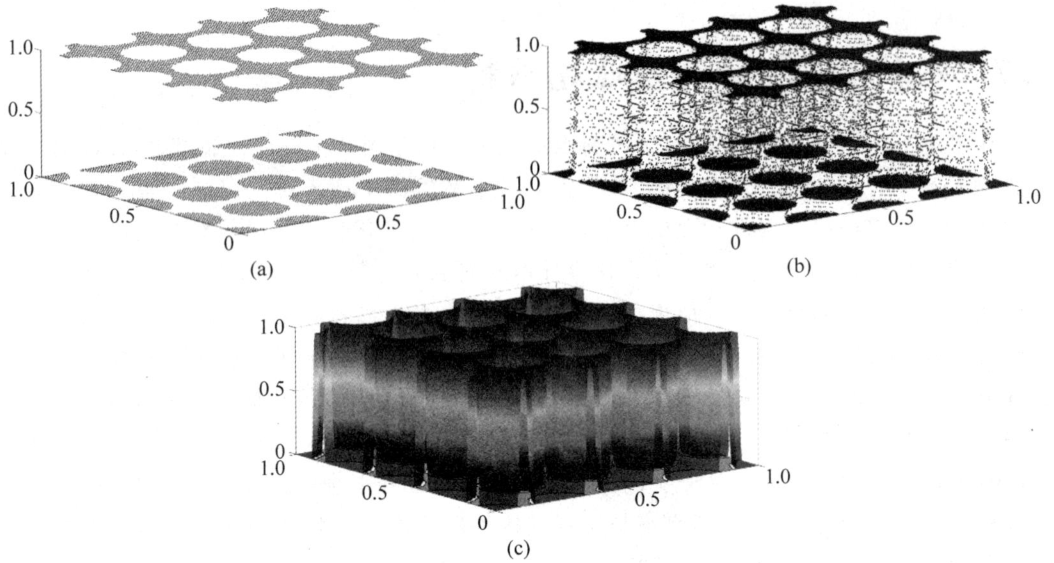

图 5-13　微观结构初始设计

(a) 控制点密度；(b) 高斯积分点密度；(c) 密度分布函数

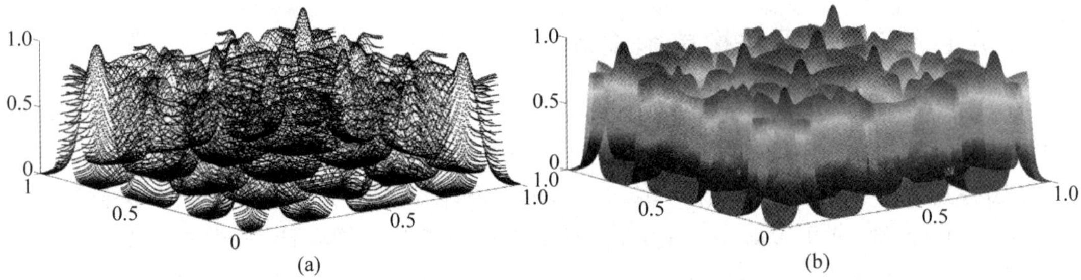

图 5-14　微观结构优化设计解

(a) 高斯积分点密度；(b) 密度分布函数

说明当前方法的高效性。另外，整个迭代曲线变化非常稳定、数值变化并不大。

根据图 5-15 中优化所得的密度分布函数，结合微观结构拓扑定义的机制，采用 0.5 密度等值线代表结构拓扑的边界，当大于 0.5 的时候表示结构实体，反之为孔洞，此时对应的微观结构拓扑如表 5-3 所示，同时也给出了二维视角下密度大约 0.5 的高斯积分点密度分布图，可以清晰地看出两者几乎相同。此时微观结构拓扑对应的弹性张量矩阵如表 5-3 所示，根据泊松比的定义，可计算对应的值为−0.61，很明显可以看出此微观结构拓扑构型具有与正常多孔结构变化相反的机制特征，即当在横向给出拉伸的力时，在纵向也呈现扩张的趋势。优化后的结构拓扑体积分数为 29.88%，也是几乎逼近于初始定义的最大约束值。在图 5-16 中，也给出了迭代中间过程中的负泊松比微观结构拓扑图，也可以清晰地看出优化中拓扑迭代变化的稳定性和高效性。另一方面我们也给出了能够实现该微观结构拓扑具有拉胀变形特征的关键几何，如图 5-17 所示，即两种刚好对称的旋转机构，在对应的微观结构拓扑中不同区域具有这两类旋转机构，在受力状态下，刚好可以使整个结构拓扑具有负泊松比变形特征。

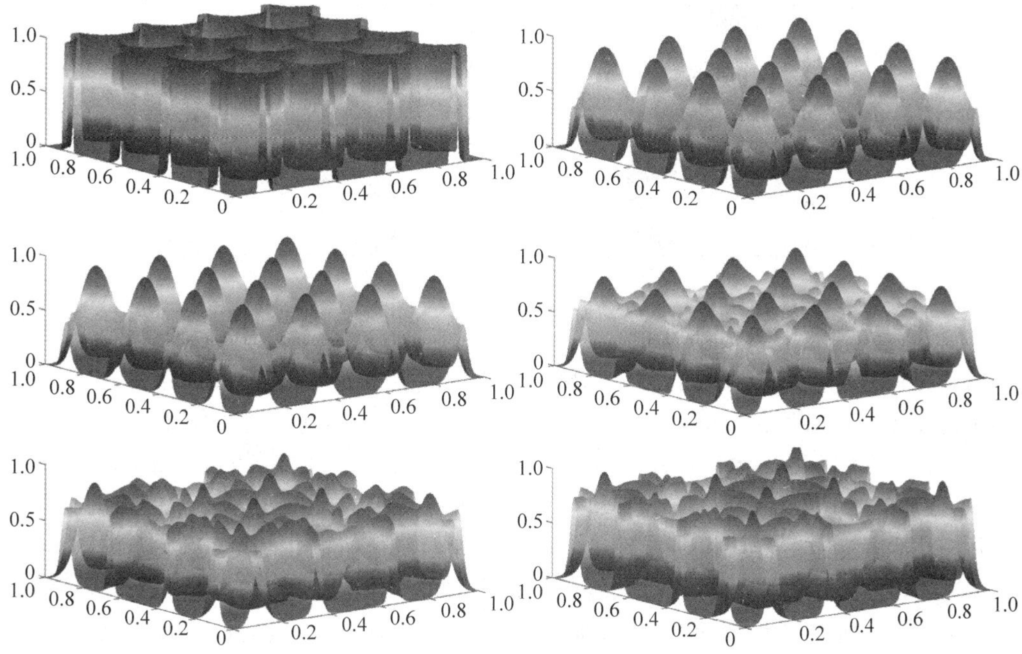

图 5-15　密度分布函数迭代图

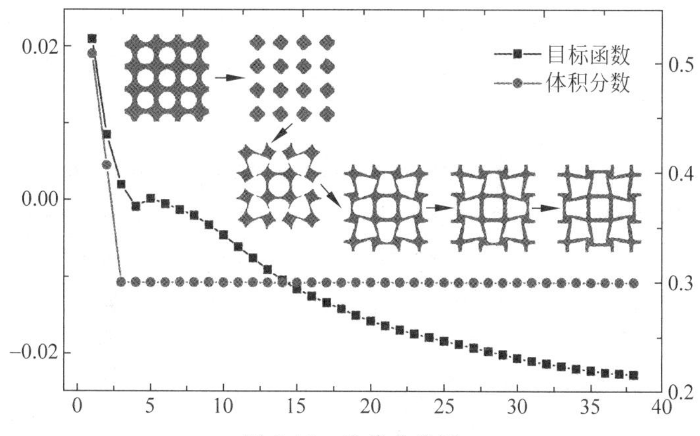

图 5-16　迭代曲线图

表 5-3　二维拉胀超材料微观结构

高斯积分点密度大于 0.5	结构拓扑	$\boldsymbol{D}^{\mathrm{H}}$	v	V_f
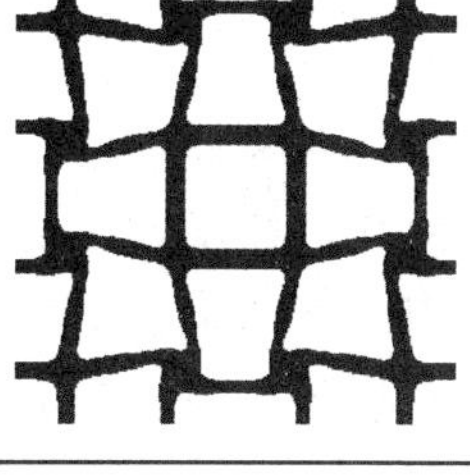		$\begin{bmatrix} 0.088 & -0.054 & 0 \\ -0.054 & 0.088 & 0 \\ 0 & 0 & 0.0027 \end{bmatrix}$	−0.61	29.88%

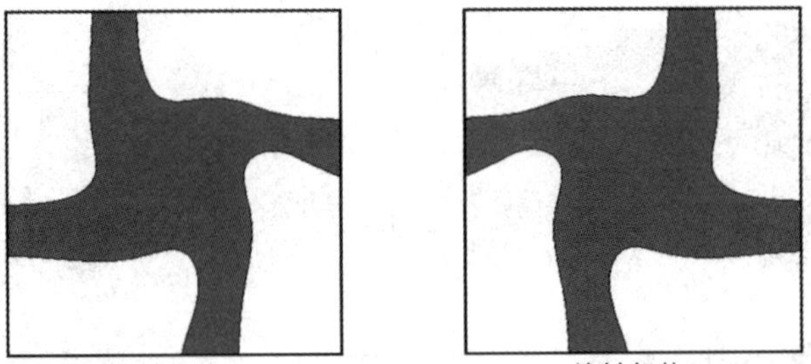

图 5-17　负泊松比构型形成单元：旋转机构

为了探讨优化目标函数的定义对负泊松比拓扑构型生成的影响，我们深入讨论了优化目标中的权重参数对优化的影响。分别定义了 15 种不同的案例，对应的目标权重参数分别为 0.03(上一个案例)，0.04，0.05，0.06，0.07，0.08，0.09，0.10，0.15，0.20，0.25，0.30，0.0001，0.0005，0.02。其余的设计参数与上述案例保持一致，主要包含 NURBS 几何信息、材料体积用量约束和初始设计。如图 5-18 所示，我们给出了后 12 种案例的微观结构拓扑构型，第 1 种是上一个案例，首先可以发现微观结构拓扑边界光滑且几何特征清晰，可以清晰地说明密度分布函数构造的有效性；同时从案例 1 到案例 12，其对应的微观结构拓扑构型中旋转机构特征越来越不明显，尤其是案例 12，形成了多个正方体。从直观感觉上来看，其负泊松比绝对值也越来越小。通过计算 13 种案例的负泊松比并绘制出与权重参数之间的关系，如图 5-19 所示，可以看出，从具体数值上直接反映出，当权重参数越大，负泊松比的绝对值越小，直至最后没有负泊松比特征。这主要源于权重参数施加项主要是可以抑制旋转结构的形成，因此后续拉张变形特征也越来越弱。

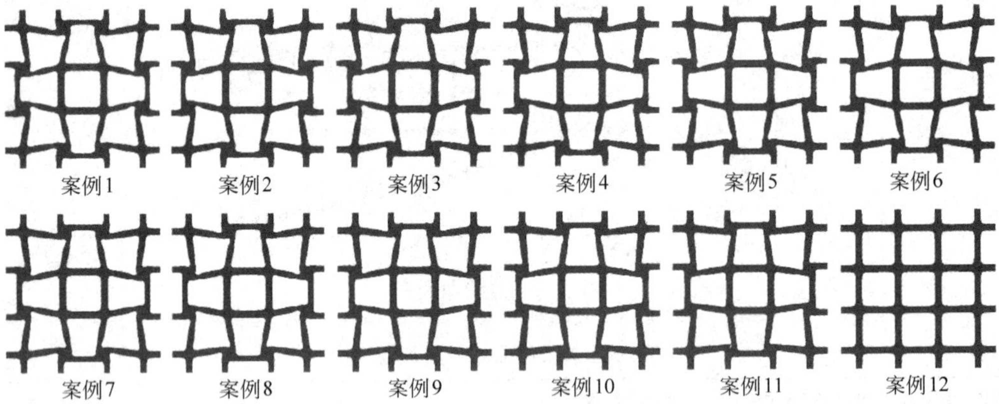

图 5-18　对应的拓扑结构图

同时，我们也给出了反向变化的权重参数，即 0.02，0.005 和 0.0001。分别分 3 个案例进行讨论，其对应的设计结果如表 5-4 所示，主要包含对应的微观结构拓扑、弹性张量矩阵值、负泊松比值和迭代的步数。我们可以发现，当权重参数逐渐变小时，其目标函数中的另一项影响将起到主导作用，此时对应的泊松比绝对值逐渐变大，尤其是某一个方向上的负泊松比值；当足够小时，开始形成手性特征变形机制的负泊松比微观结构，但是其收敛步数也是远远超过 100 步。这说明在优化目标中，无权重参数项可以有助于负泊松比几何特征的

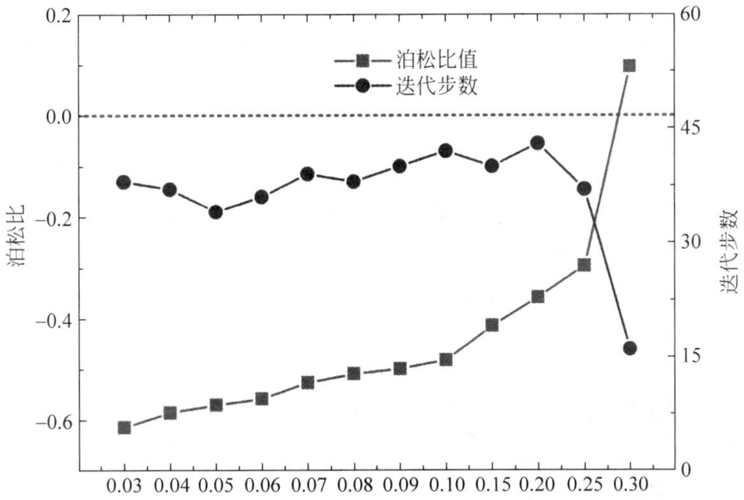

图 5-19　负泊松比值与权重参数关系

生成，但不利于数值稳定；而另外一项则刚好起到反向作用，以平衡设计稳定性。因此，这可以说明当前优化目标定义的合理性。

表 5-4　3 种案例的设计结果

$\boldsymbol{\beta}$	微观结构拓扑	$\boldsymbol{D}^{\mathrm{H}}$	v	步数
0.02	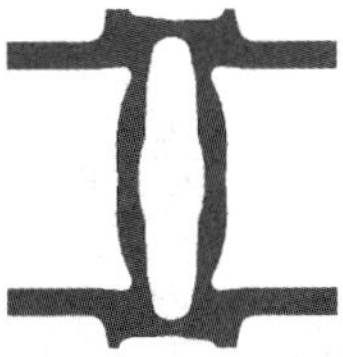	$\begin{bmatrix} 0.0762 & -0.038 & 0 \\ -0.038 & 0.0702 & 0 \\ 0 & 0 & 0.0008 \end{bmatrix}$	$\begin{cases} v_{12}=-0.498 \\ v_{21}=-0.541 \end{cases}$	117
0.0005	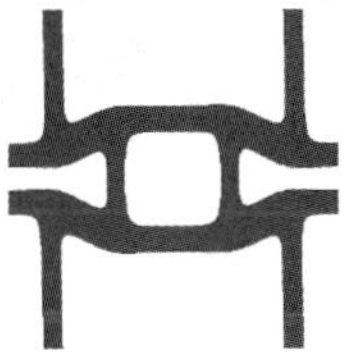	$\begin{bmatrix} 0.1204 & -0.053 & 0 \\ -0.053 & 0.0392 & 0 \\ 0 & 0 & 0.0011 \end{bmatrix}$	$\begin{cases} v_{12}=-0.442 \\ v_{21}=-1.352 \end{cases}$	101
0.0001		$\begin{bmatrix} 0.084 & -0.057 & 0.013 \\ -0.057 & 0.085 & -0.013 \\ 0.013 & -0.013 & 0.0028 \end{bmatrix}$	$\begin{cases} v_{12}=-0.678 \\ v_{21}=-0.671 \end{cases}$	157

5.7.2　三维微观结构单胞设计

在本章节中，主要讨论等几何拓扑优化方法在三维拉胀超材料微观结构设计中的有效性。对于三维拉胀微观结构设计，其设计域是一个立方体，采用 NURBS 几何建模，对应的几何设计域、几何模型与等几何分析网格均如图 5-20 所示，对应的 NURBS 三个方向节点为$\boldsymbol{\Xi}=\boldsymbol{H}=\boldsymbol{Z}=\{0,0,0,0.417,\cdots,0.9583,1,1,1\}$，等几何单元的个数为 24×24×24，共有

26×26×26 个控制顶点，也为设计变量的总个数，高斯积分点的总个数为 72×72×72。同时为了找寻更多的负泊松比微观结构拓扑构型，如图 5-21 所示，定义了始终不同的初始设计，在每个初始设计中均包含了均匀分布且大量的孔洞，但是孔洞分布的位置及其大小不一致。在二维中我们可以发现，初始均匀分布的孔洞有利于优化模型更易于找到具有负泊松比构型，这主要源于，微观结构设计域内的控制点灵敏度信息变化极其不均匀，可以更有效地促进结构拓扑的变化，以形成具有负泊松比的拓扑构型。并且在第 3 章中，已经给出明确说明，对于三维结构拓扑优化，密度分布函数为四维，此时无法有效呈现四维的密度分布图，因此仅呈现对应的结构拓扑，其中密度等值线选择 0.5，对应结构拓扑边界。

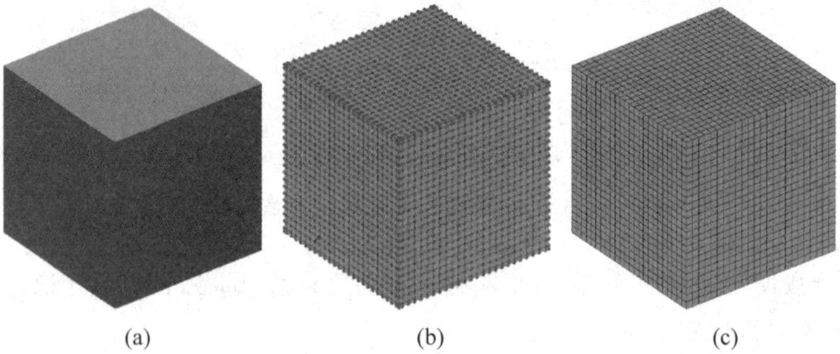

图 5-20 几何设计域

(a) 立方体；(b) NURBS 几何模型；(c) 等几何分析网格

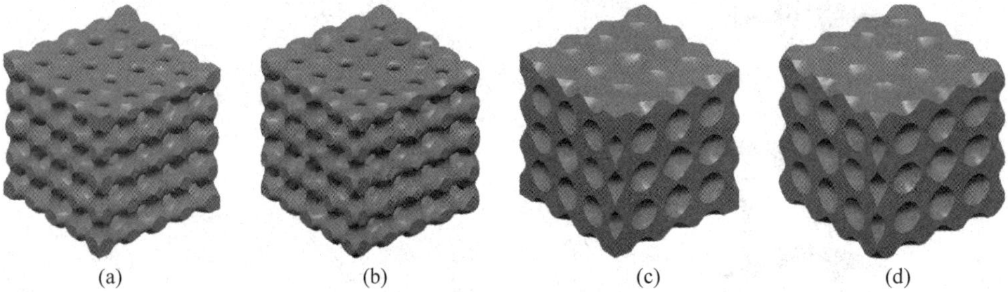

图 5-21 四类初始设计

(a) 初始设计 1；(b) 初始设计 2；(c) 初始设计 3；(d) 初始设计 4

针对上述 4 个案例，其材料体积分数中最大用量定义为 30%。4 个案例的最优拓扑设计结果分别如图 5-22～图 5-25 所示，其中图 5-22 给出了初始设计 1 优化后的拓扑构型，图 5-23 给出了初始设计 2 优化后的拓扑构型，图 5-24 给出了初始设计 3 优化后的拓扑构型，以及图 5-25 给出了初始设计 4 优化后的拓扑构型。每个图中均包含了优化后的微观结构拓扑构型、横截面示意图以及 3×3×3 微观结构分布示意图。首先，可以很清晰地看出 4 种微观结构拓扑构型均具有平滑的结构边界与清晰的材料几何特征，即明确的材料与孔洞界面，这主要源于密度分布函数构造时，引入了 NURBS 基函数的高阶连续性和 Shepard 函数的充分光滑性，进而保证优化后的结构拓扑具有如上特征。如表 5-5 所示，分别给出了 4 个微观结构拓扑构型对应的弹性张量矩阵。

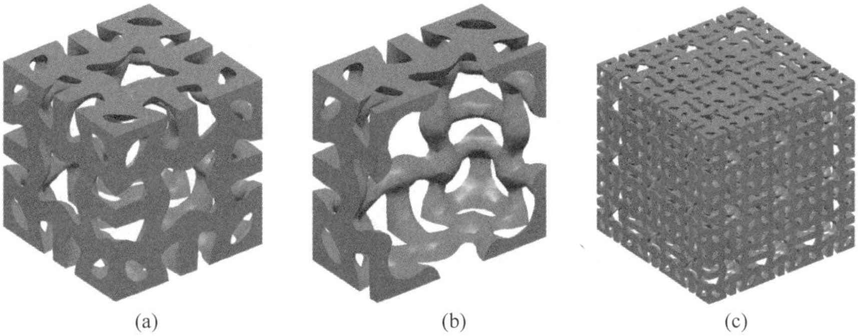

图 5-22　优化结构拓扑 1

(a) 结构拓扑；(b) 横截面示意图；(c) 3×3×3 拓扑

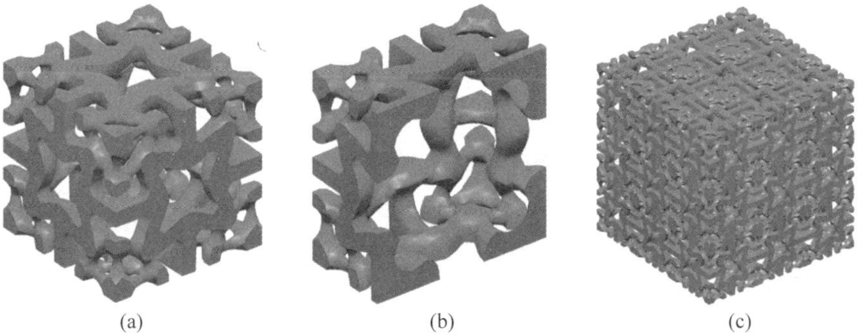

图 5-23　优化结构拓扑 2

(a) 结构拓扑；(b) 横截面示意图；(c) 3×3×3 拓扑

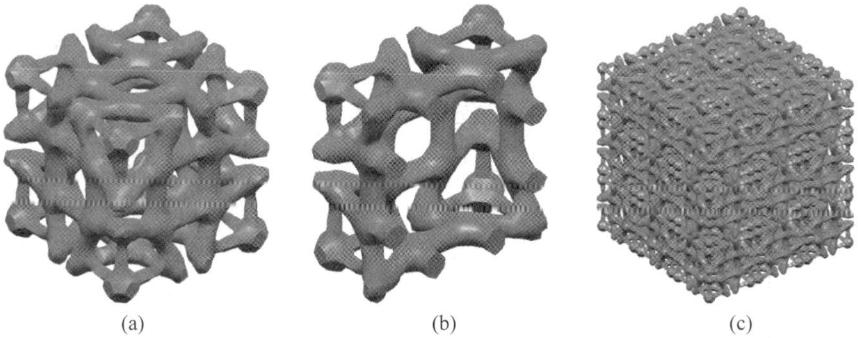

图 5-24　优化结构拓扑 3

(a) 结构拓扑；(b) 横截面示意图；(c) 3×3×3 拓扑

表 5-5　四类微结构拓扑构型弹性张量矩阵

三维拉胀微结构 1	三维拉胀微结构 2
$\begin{bmatrix} 0.045 & -0.0021 & -0.0021 & 0 & 0 & 0 \\ -0.0021 & 0.045 & -0.0122 & 0 & 0 & 0 \\ -0.0021 & -0.0021 & 0.045 & 0 & 0 & 0 \\ 0 & 0 & 0 & 0.0031 & 0 & 0 \\ 0 & 0 & 0 & 0 & 0.0031 & 0 \\ 0 & 0 & 0 & 0 & 0 & 0.0031 \end{bmatrix}$ $v=-0.047$	$\begin{bmatrix} 0.0788 & -0.0065 & -0.0065 & 0 & 0 & 0 \\ -0.0065 & 0.0788 & -0.0065 & 0 & 0 & 0 \\ -0.0065 & -0.0065 & 0.0788 & 0 & 0 & 0 \\ 0 & 0 & 0 & 0.0052 & 0 & 0 \\ 0 & 0 & 0 & 0 & 0.0052 & 0 \\ 0 & 0 & 0 & 0 & 0 & 0.0052 \end{bmatrix}$ $v=-0.082$
三维拉胀微结构 3	**三维拉胀微结构 4**
$\begin{bmatrix} 0.0789 & -0.0094 & -0.0094 & 0 & 0 & 0 \\ -0.0094 & 0.0789 & -0.0094 & 0 & 0 & 0 \\ -0.0094 & -0.0094 & 0.0789 & 0 & 0 & 0 \\ 0 & 0 & 0 & 0.006 & 0 & 0 \\ 0 & 0 & 0 & 0 & 0.006 & 0 \\ 0 & 0 & 0 & 0 & 0 & 0.006 \end{bmatrix}$ $v=-0.12$	$\begin{bmatrix} 0.0331 & -0.0038 & -0.0038 & 0 & 0 & 0 \\ -0.0038 & 0.0331 & -0.0038 & 0 & 0 & 0 \\ -0.0038 & -0.0038 & 0.0331 & 0 & 0 & 0 \\ 0 & 0 & 0 & 0.0024 & 0 & 0 \\ 0 & 0 & 0 & 0 & 0.0024 & 0 \\ 0 & 0 & 0 & 0 & 0 & 0.0024 \end{bmatrix}$ $v=-0.11$

图 5-25　优化结构拓扑 4

(a) 结构拓扑；(b) 横截面示意图；(c) 3×3×3 拓扑

通过计算可知，四个微观结构对应的泊松比值分别为－0.047，－0.082，－0.12 和－0.11。从直观上来看四个微观结构拓扑构型，三个方向视角均具有一致的拓扑构型。即如果呈现其俯视图来看，对应的二维拓扑构型也具有负泊松比特征，因此每个微观结构拓扑构型在三个方向是均具有负泊松比特征。从数值上来看，其泊松比值均为负的，因此从直观上和数值上都能说明当前等几何拓扑优化方法在寻找三维负泊松比微观结构的正确性和有效性，验证了基于等几何拓扑优化和能量均匀化可以有效挖掘具有负泊松比特征的三维拓扑微观结构。并且可以看出，在当前案例中均包含 24×24×24 个等几何单元，即 13824 个单元，相比于以往工作需要几十万个或者上百万个有限单元才能找寻合理的设计解，当前三维拉胀超材料微观结构设计框架的高效性进一步阐述了等几何分析引入拓扑优化，提高数值精度以增强优化设计框架的有效性，提升寻找负泊松比微观结构的可行性，具有重要意义。另一方面，如图 5-26 所示，给出了初始设计 1 中对应案例的优化目标函数、约束函数与变化值的迭代曲线，从迭代曲线中，可以清晰地看出当前等几何拓扑优化方法在寻找三维拉胀超材料微观结构设计上的有效性，其迭代曲线变化稳定、数值变化不大，且迭代曲线平滑。其总共迭代步数 35 步，可以说明仅用几十步就可寻找到较好的三维负泊松比微观结构设计解，清晰地展示出当前等几何拓扑优化与能量均匀化方法相结合建立的负泊松比微观结构设计框架，具有高度有效性和高效性，为三维负泊松比微观结构设计提供强有力的工具。

同时图 5-27 也给出了初始设计 1 对应的优化结构拓扑变化中间拓扑构型图，可以清晰地看出，初始分布均匀的孔洞非常有助于拓扑在初始时大量地变化，迅速地组合，以寻找出具有负泊松比的拓扑构型。并且整个变化过程非常迅速、稳定，再次反映本设计方法的有效性和高效性。另一方面，我们也发现虽然该设计方法可以找寻到具有负泊松比的拓扑构型，但是相对来说，其泊松比的绝对值相对来说较小。这说明了对于三维负泊松比微观结构优化问题，难以找寻到负泊松比绝对值较大的微观结构。如图 5-28 所示，也给出了另外两个案例的设计结果，其中两个案例中的权重参数分别定义为 0.02 和 0.0001，其对应的负泊松比值分别为－0.257 和－0.188。尤其是第二个案例中，即使此时生成了具有手性特征变化机制的负泊松比微观结构拓扑构型，但是其负泊松比的绝对值相对来说还是较小。这主要源于，在当前建立的微观结构优化设计模型中并没有定义一个期望的弹性张量矩阵，来构造插值平方和作为优化目标。该优化目标是以弹性张量矩阵中某些项的组合，来引导优化中拓扑构型的变化，使其在优化中能够出现负泊松比拓扑构型即可，而并非需要达到一个期望

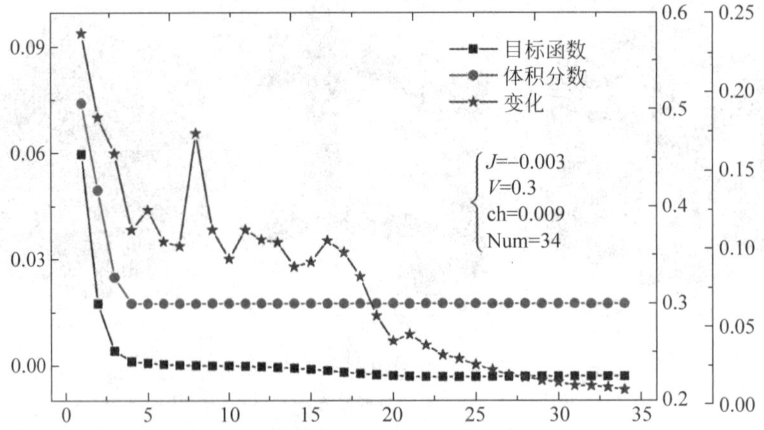

图 5-26　迭代曲线

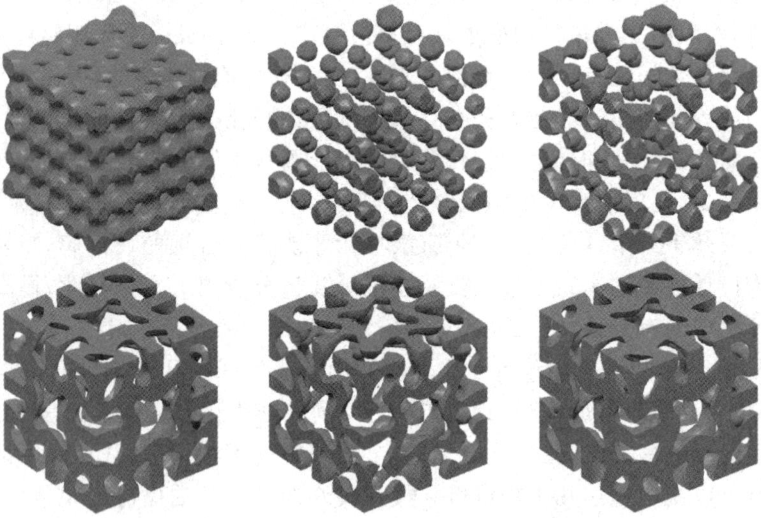

图 5-27　优化结构拓扑 1 的中间迭代图

值。所以在三维微观结构拓扑优化设计中，可以找寻具有负泊松比微观结构拓扑构型，但并不能找寻到具有某个值的构型。当然，该特性并不会影响当前微观结构优化设计的有效性，因为最核心难点则在于如何找寻到具有负泊松比特征的拓扑构型，至于负泊松比值多少下的构型，我们可以基于形状优化或者尺寸优化，根据现有具有负泊松比构型的拓扑，再深度优化，即可找寻具有一系列负泊松比的拓扑构型。

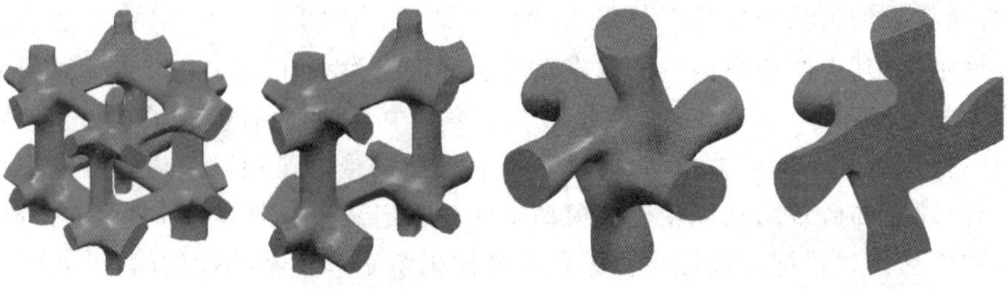

图 5-28　优化结构拓扑 5 和拓扑 6

5.8 数值案例：拉胀复合超材料

在上面章节中，我们讨论了单相拉胀超材料微观结构拓扑优化设计，阐明了本章建立的微观结构拓扑优化设计框架的有效性和高效性。在本节中，主要用于讨论多相拉胀复合超材料微观结构拓扑优化设计。首先针对二维拉胀复合超材料微观结构设计问题，讨论其有效性；其次针对三维拉胀超材料微观结构设计，开展深入讨论，说明其设计方法的有效性。与上述案例设置类似，每个等几何单元中包含 3×3（二维）或 3×3×3（三维）高斯积分点；且在后续案例设计中最多考虑两类材料在微观结构设计中的分布问题，具体材料属性定义如表 5-6 所示。

表 5-6　两类材料属性

i	材料	杨氏模量 E_0^i	泊松比 ν
1	M1	10	0.3
2	M2	5	0.3

5.8.1 二维微观结构单胞设计

首先针对二维微观结构开展讨论。其设计域为 1×1 的正方形，其本身并不存在量纲，即无量纲几何特征。同时采用 NURBS 构造结构几何模型，采用二次 NURBS 基函数建立对应的几何模型，节点向量为 $\boldsymbol{\Xi}=\boldsymbol{H}=\{0,0,0,0.01,\cdots,0.99,1,1,1\}$。对应的等几何单元刚度矩阵个数为 100×100，且共有 102×102 个控制顶点。本节中后续微观结构拓扑优化设计将考虑上述表 5-6 中两类材料，其 M1 和 M2 两类材料的体积分数最大使用量均定义为 20%。正如多材料插值模型中定义，每一种材料是由一类拓扑变量场来表示，每一类拓扑变量场是由所有的设计变量场来组合表示。因为本优化设计中有两种材料，故而需要两类设计变量场来定义，如图 5-29 所示，给出了初始定义的控制点设计变量、两类设计变量场和两类拓扑变量场。在图 5-29 所示中，其高度方向代表密度值。

为了获得凹凸性三维负泊松比微观结构，优化目标函数中的权重参数值定义为 0.03。优化后的设计拓扑变量场如图 5-30 所示，其中分别描述了 M1 材料和 M2 材料的分布。首先可以清晰地看出拓扑变量场的定义其实与密度分布函数含义相对等，都是用于表征材料的分布，其均具有连续性和光滑性，主要源于初始设计变量场中引入了 NURBS 基函数和 Shepard 函数，可以有效确保上述两个特性。并且优化后拓扑变量场的密度值主要分布于 0 和 1 附近，这些优异的特性非常有助于后续微观结构拓扑的定义。

根据多材料插补插值模型中材料界限边界的定义，即如图 5-12 所示，此时等值线密度必须定义为 0.5。根据这个定义，可以分别画出对应的 M1 材料分布拓扑图和 M2 材料分布拓扑图，组合成对应的拉胀复合超材料微观结构，及其对应的拉胀复合超材料分布，具体如图 5-31 所示。其对应的弹性张量矩阵和负泊松比值如表 5-7 所示。首先从结构拓扑上来看，两个材料分布形成一个整体微观结构拓扑，材料间衔接紧密，其对应的结构拓扑边界如

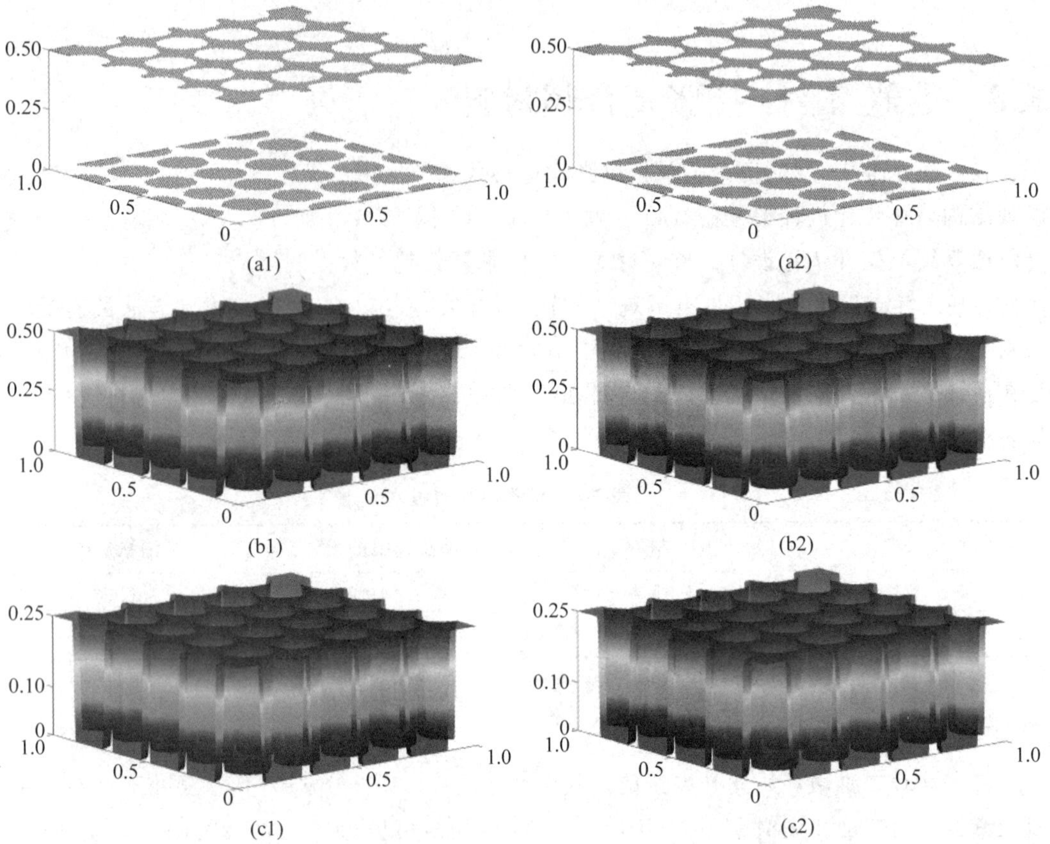

图 5-29　初始设计变量场与拓扑变量场

(a1) 控制点设计变量 ρ^1；(b1) 设计变量场 χ^1；(c1) 拓扑变量场 ϕ^1

(a2) 控制点设计变量 ρ^2；(b2) 设计变量场 χ^2；(c2) 拓扑变量场 ϕ^2

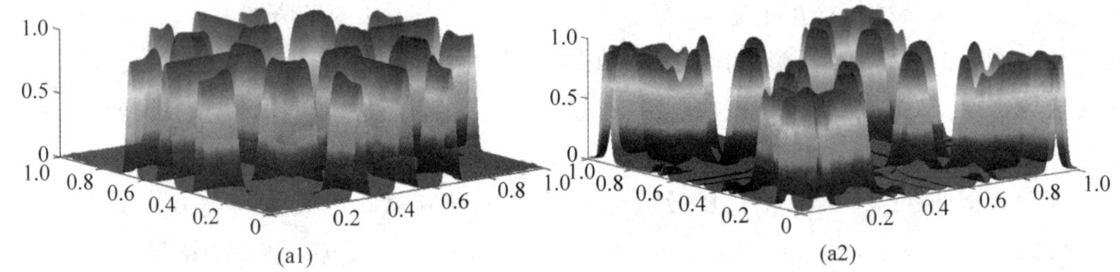

图 5-30　优化后拓扑变量场分布

(a1) 拓扑变量场 1：M1 材料分布；(a2) 拓扑变量场 2：M2 材料分布

图 5-32 所示，可以清晰地说明 0.5 的合理性，因为如果边界值定为 0.4，则会存在大量重叠，且在一个点上的密度值超过 1，反之则小于 1，分布才合理，只有等于 0.5 时，才能够精确地反映拓扑变量场之间的相互对等性和合理性。其次通过拓扑构型可以看出，当其结构设计域内承受横向拉伸负载时，其纵向会发生扩张，典型的凹凸性负泊松比拓扑微观结构构型。从弹性张量计算的泊松比值上来看，也具有负泊松比。因此该两相拉胀超材料微观结构的设计可以有效说明当前等几何拓扑优化方法的有效性。图 5-33 给出了目标函数与约束函数的迭代曲线，可以清晰地看出拓扑优化迭代的稳定性和高效性。

表 5-7　二维凹凸型拉胀复合超材料微观结构

M1 材料	M2 材料	结构拓扑	D^H
	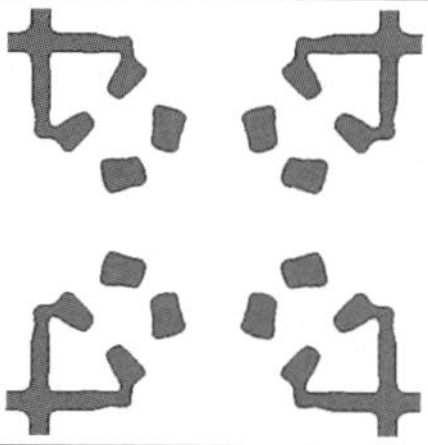	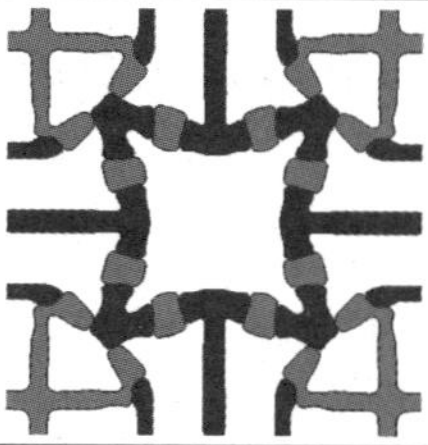	$\begin{bmatrix} 0.66 & -0.40 & 0 \\ -0.40 & 0.66 & 0 \\ 0 & 0 & 0.0202 \end{bmatrix}$ ν -0.606

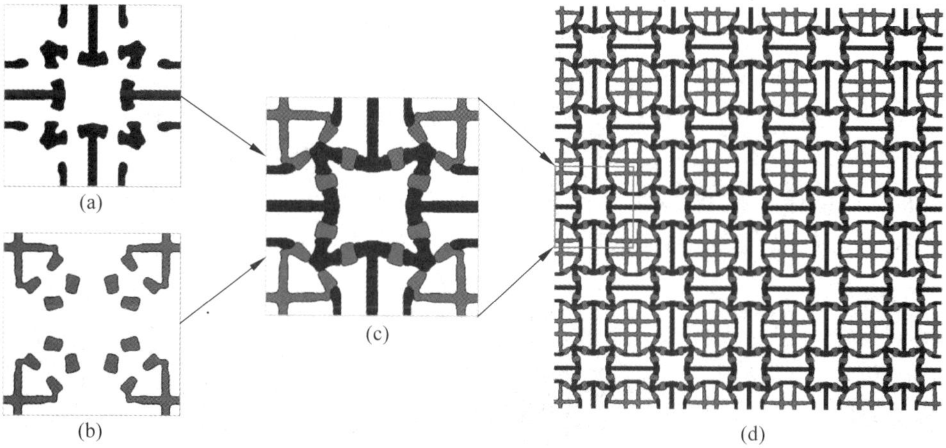

图 5-31　二维拉胀复合超材料

(a) M1 材料；(b) M2 材料；(c) 拉胀微观结构；(d) 拉胀复合材料

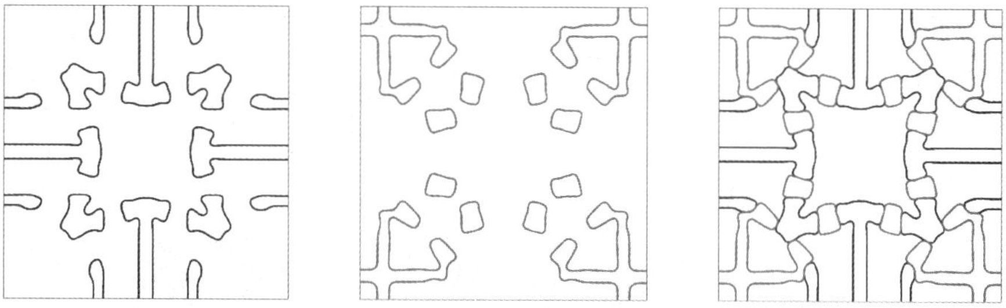

图 5-32　拉胀微观结构材料边界

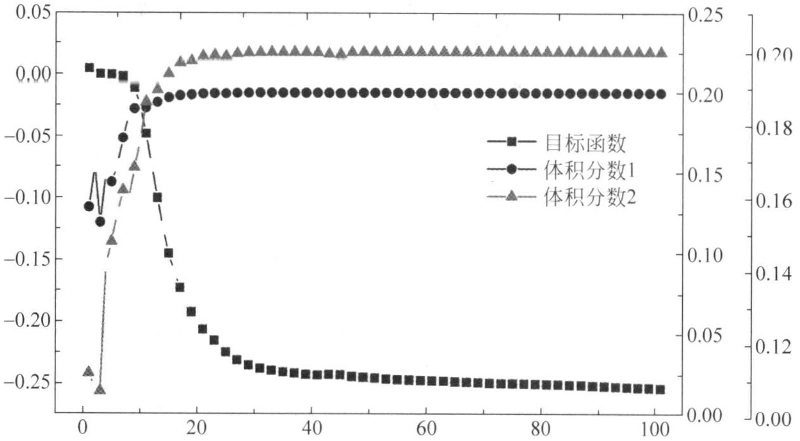

图 5-33　迭代曲线

5.8.2 三维微观结构单胞设计

在本节中，针对三维拉胀复合超材料开展微观结构拓扑优化设计。在材料方面与二维保持一致，仍考虑两类材料，即 M1 材料和 M2 材料，其对应的体积约束中最大材料用量分别为 25%和 20%。为了能够更清晰地展示三维微观结构拓扑的分布，采用红色和绿色分别表示 M1 材料和 M2 材料。对于三维微观结构设计，其设计域与单相材料微观结构优化时保持一致，采用二次 NURBS 基函数针对三维立方体建模，对应的节点向量为$\boldsymbol{\Xi}=\boldsymbol{H}=\boldsymbol{Z}=\{0,0,0,0.0417,\cdots,0.9583,1,1,1\}$。在立方体设计域中包含 24×24×24 个等几何单元、26×26×26 个控制顶点，也是设计变量的个数。并且每个等几何单元中也包含 3×3×3 个高斯积分点，此时共有 72×72×72 个高斯积分点。同时定义了 3 种不同的初始设计，且每一种初始设计均包含设计变量场、拓扑变量场，分别如图 5-34 所示。在构造对应的设计变量场，需要初始化定义控制点密度，分别如图 5-34 所示。基于所定义的设计变量场，其对应的拓扑变量场可以直接组合定义。从图 5-34 中可以看出，每一个初始设计拓扑变量场均包含均匀分布的孔洞，以有助于对应的负泊松比拓扑构型生成。

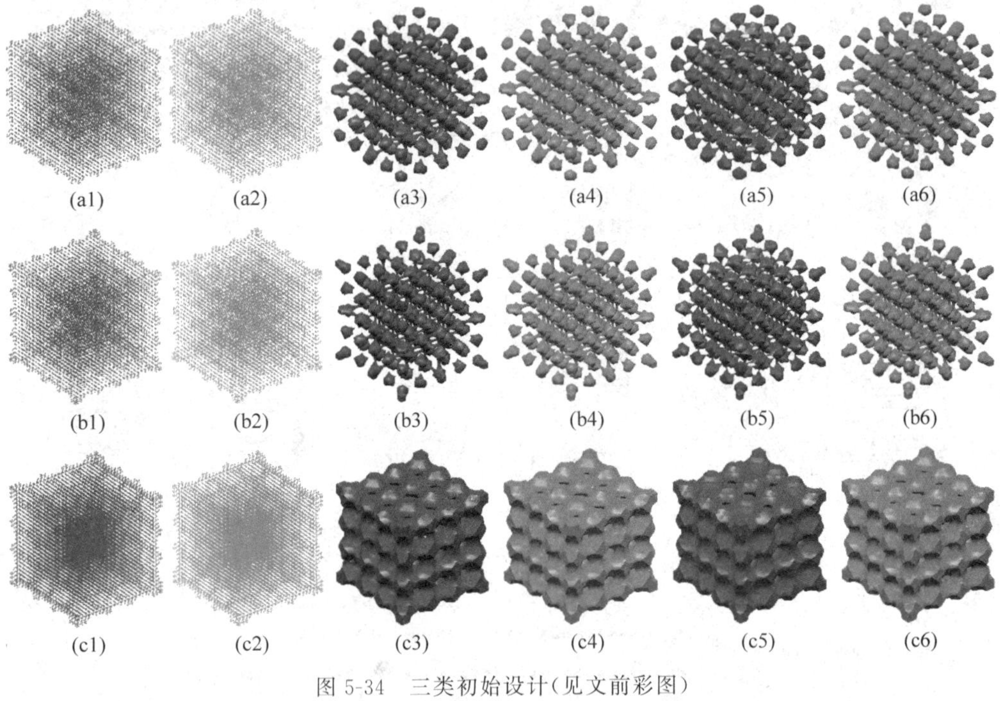

图 5-34 三类初始设计（见文前彩图）

(a1) $\rho^1=0.5$；(a2) $\rho^2=0.5$；(a3) $\chi^1=0.5$；(a4) $\chi^2=0.5$；(a5) $\phi^1=0.25$；(a6) $\phi^2=0.25$

(b1) $\rho^1=0.5$；(b2) $\rho^2=0.5$；(b3) $\chi^1=0.5$；(b4) $\chi^2=0.5$；(b5) $\phi^1=0.25$；(b6) $\phi^2=0.25$

(c1) $\rho^1=0.5$；(c2) $\rho^2=0.5$；(c3) $\chi^1=0.5$；(c4) $\chi^2=0.5$；(c5) $\phi^1=0.25$；(c6) $\phi^2=0.25$

对于三个初始设计，分别进行讨论，即在每个案例中优化目标函数中权重定义为 0.03。在案例一中使用初始设计一，其对应优化后的负泊松比三维微观结构拓扑如图 5-35 所示，主要包含 M1 和 M2 两个材料的分布和微观结构拓扑；并且为了清晰地展示微观结构几何信息，其对应的横截面示意图也如图 5-35 所示。可以清晰地看出优化后的微观结构拓扑几

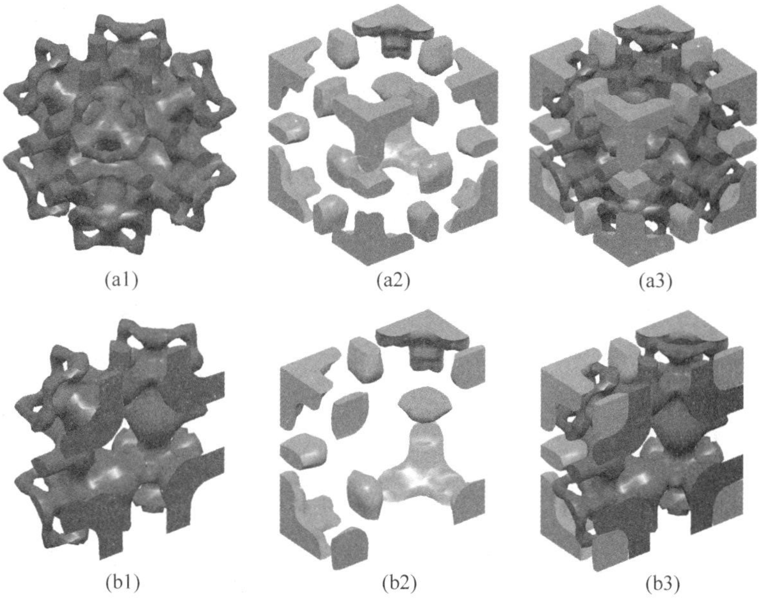

图 5-35　三维拉胀复合超材料微观结构 1

(a1,a2 和 a3) M1 和 M2 材料分布、微观结构拓扑；(b1,b2 和 b3) 对应的横截面示意图

何边界光滑且材料几何特征清晰,实体与孔洞之间界限清晰,可以有效说明多相材料微观结构拓扑优化的有效性,也展示等几何拓扑优化方法在微观结构设计上的有效性；并且对应的周期性分布拉胀复合超材料及其对应的横截面示意图如图 5-36 所示。通过观察微观结构拓扑,可以感知到气内部含有可形成负泊松比特征的结构几何,当在某一个方向上施加横向拉伸力时,在另外方向上将会出现扩展的趋势。另一方面,计算了该微观结构的弹性张量矩阵,如表 5-8 所示,并可得对应的泊松比值为−0.0852,即负泊松比。

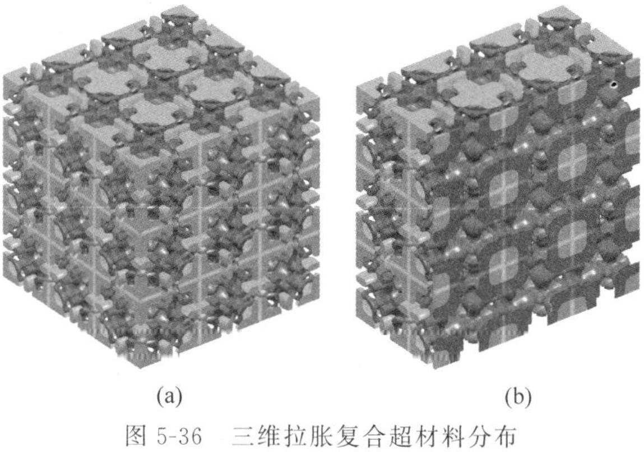

图 5-36　三维拉胀复合超材料分布

(a) 三维拉胀复合超材料；(b) 横截面示意图

如图 5-37 所示,给出了该类负泊松比微观结构的优化迭代曲线,其中包含了目标函数、两个约束函数。首先,可以发现当体积约束达到约束值后,目标函数的更新迭代非常稳定且快速收敛；其次,在 40 步附近时,目标函数出现了剧烈变化,这主要是源于拓扑构型在此时内部出现了负泊松比特征,使得目标函数出现了负数,发生了变号,形成了具有负泊松比几何特征。因此对于三维微观结构拓扑优化,为了形成负泊松比几何特征,拓扑优化设计方法的有

表 5-8　三类拉胀超材料微结构的弹性张量

三维拉胀微结构 1	三维拉胀微结构 2
$\begin{bmatrix} 0.3192 & -0.0272 & -0.0272 & 0 & 0 & 0 \\ -0.0272 & 0.3192 & -0.0272 & 0 & 0 & 0 \\ -0.0272 & -0.0272 & 0.3192 & 0 & 0 & 0 \\ 0 & 0 & 0 & 0.024 & 0 & 0 \\ 0 & 0 & 0 & 0 & 0.024 & 0 \\ 0 & 0 & 0 & 0 & 0 & 0.024 \end{bmatrix}$	$\begin{bmatrix} 0.422 & -0.033 & -0.033 & 0 & 0 & 0 \\ -0.033 & 0.422 & -0.033 & 0 & 0 & 0 \\ -0.033 & -0.033 & 0.422 & 0 & 0 & 0 \\ 0 & 0 & 0 & 0.034 & 0 & 0 \\ 0 & 0 & 0 & 0 & 0.034 & 0 \\ 0 & 0 & 0 & 0 & 0 & 0.034 \end{bmatrix}$
三维拉胀微结构 3	
$\begin{bmatrix} 0.496 & -0.038 & -0.038 & 0 & 0 & 0 \\ -0.038 & 0.496 & -0.038 & 0 & 0 & 0 \\ -0.038 & -0.038 & 0.496 & 0 & 0 & 0 \\ 0 & 0 & 0 & 0.0318 & 0 & 0 \\ 0 & 0 & 0 & 0 & 0.0318 & 0 \\ 0 & 0 & 0 & 0 & 0 & 0.0318 \end{bmatrix}$	

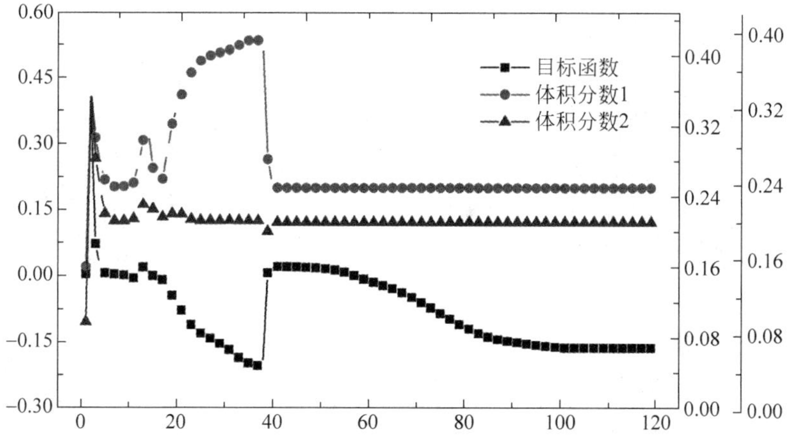

图 5-37　目标函数与约束函数迭代曲线

效性非常重要，尤其是当拓扑迭代发生剧烈振荡，是否能够快速回归收敛，找寻合理的最优解，是评判一个优化方法有效性的重要标准。在本设计中，在优化初始时，我们并没有严格约束体积分数，让其拓扑发生自由变化，当寻找到具有负泊松比几何特征的时候，开始引入约束，将寻找到具有负泊松比特征的微观结构拓扑材料约束至对应的体积分数。

另一方面，围绕初始设计2和设计3，我们也采用了该优化模型，对对应微观结构开展负泊松比设计。相比于第一个案例，仅改变初始设计，其余参数保持不变，优化后的负泊松比微观结构如图5-38和图5-40所示。其中图5-38给出了案例二的微观结构设计，主要包含了M1和M2两类材料分布与对应微观结构拓扑；案例三的M1和M2两类材料分布与对应微观结构拓扑如图5-40所示。可以清晰地看出优化后的微观结构拓扑具有光滑的几何边界和清晰的材料界限特征。同时图5-39给出了案例二的拉胀复合超材料周期性分布与其横截面示意图；案例三的拉胀复合超材料周期性分布及其横截面示意图如图5-41所示。在表5-8也给出了这两个微观结构拓扑的弹性张量值，其对应的泊松比值分别为−0.0782和−0.0766。因此，两个微观结构拓扑均具有负泊松比几何特征，进一步验证了当前等几何拓扑优化方法在三维负泊松比微观结构设计上的有效性。

通过观察，可以发现三类微观结构拓扑对应的泊松比值非常小，如−0.0782，−0.0766，事实上还未到−0.1。相比于二维微观结构而言，可得到的三维微观结构负泊松比绝对值较小。这与单相三维微观结构负泊松比微观结构优化结果非常类似，这主要源于优化模型中目标函数的定义，是以能够寻找到具有负泊松比特征为核心的微观结构，通过合理的调控弹性张量矩阵中的某些项，不仅要稳定结构拓扑优化的迭代，同时也要能够搜寻到具有负泊松比的微观结构几何特征；而通过权重参数的定义可以良好地调控双方对优化的影响，直至找到具有负泊松比值的三维微观结构拓扑构型。

同时为了获取具有手性变形特征的三维多相负泊松比微观结构，将优化目标中的权重参数定义为0.001，并采用初始设计1，其他的设计参数均保持不变。对应的优化设计结果如图5-42所示，主要包含M1、M2两类材料的分布以及对应的微观结构拓扑，同时也给出了对应的横截面示意图。图5-43给出了三维拉胀复合超材料周期性分布图，以及包含对应的横截面示意图。如对应的结果所示，优化后的结构拓扑几何边界光滑、材料界限特征清

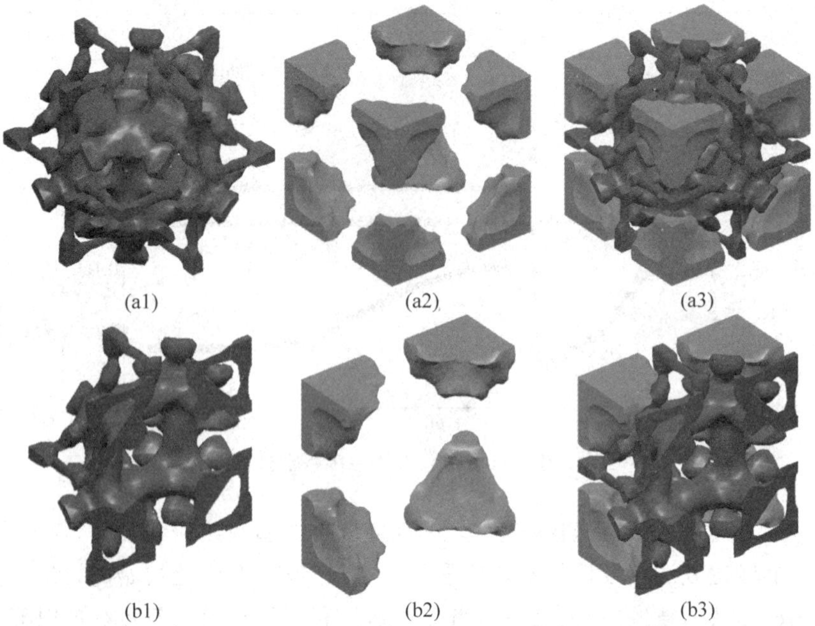

图 5-38　三维拉胀复合超材料微观结构 2

(a1,a2 和 a3) M1 和 M2 材料分布、微观结构拓扑；(b1,b2 和 b3) 对应的横截图示意图

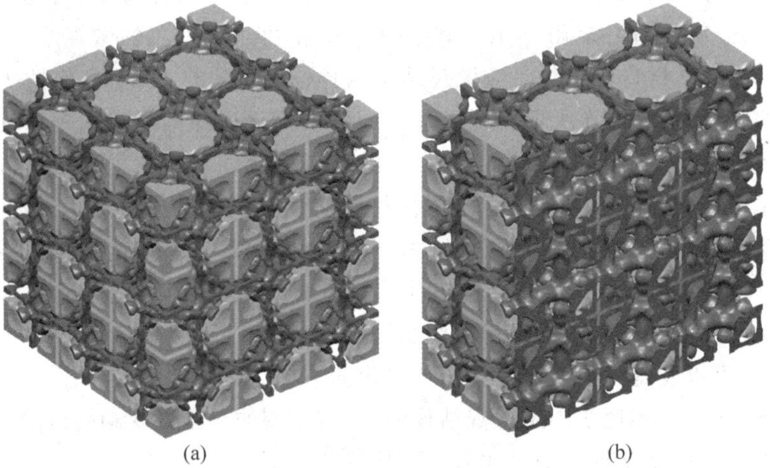

图 5-39　三维拉胀复合超材料分布

(a) 三维拉胀复合超材料；(b) 横截面示意图

晰，可以再次清晰地说明当前密度分布函数与多材料插值模型构造的合理性和有效性。另一方面，其对应的弹性张量矩阵如表 5-9 所示，可以看出在本优化中，为了获取具有手性特征的微观结构负泊松比几何特征，优化模型集中优化第一个方向来尽量减小泊松比的值，直至该方向能够形成具有手性变形特征的几何，最终导致该三维微观结构是各向异性的，在各个方向上的泊松比值均为负值，且不一样。

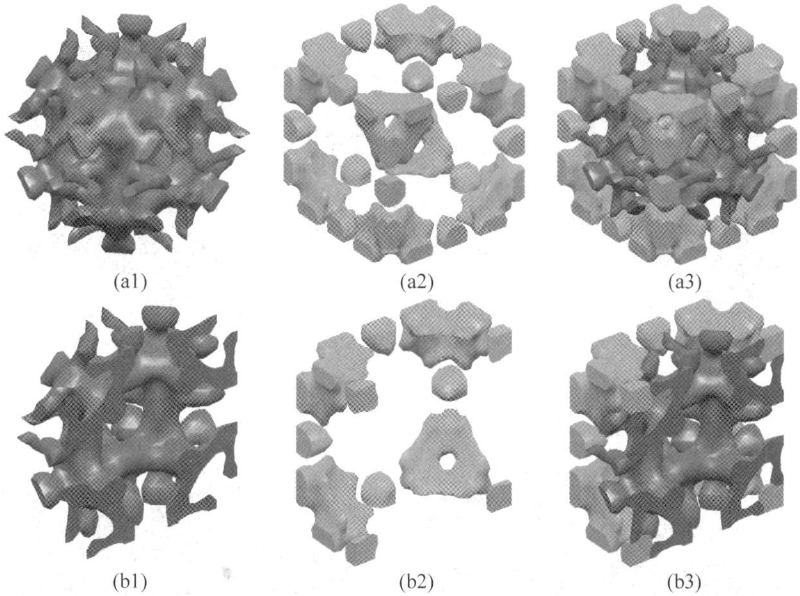

图 5-40　三维拉胀复合超材料微观结构 3

(a1、a2 和 a3) M1 和 M2 材料分布、微观结构拓扑；(b1、b2 和 b3) 对应的横截面示意图

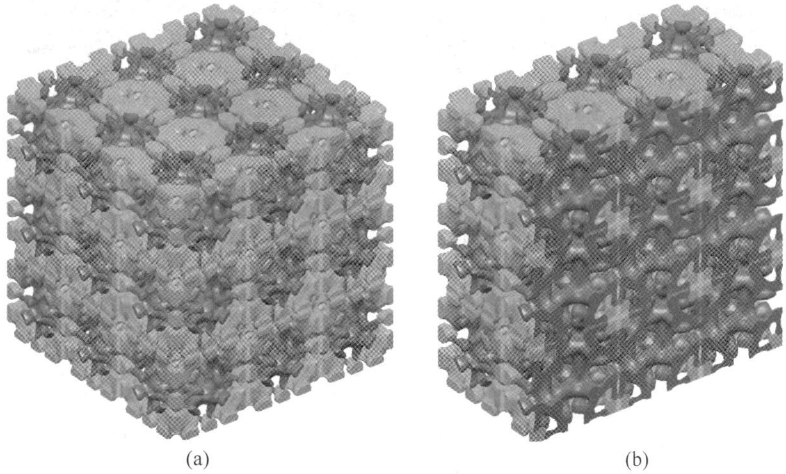

图 5-41　三维拉胀复合超材料分布

(a) 三维拉胀复合超材料；(b) 横截面示意图

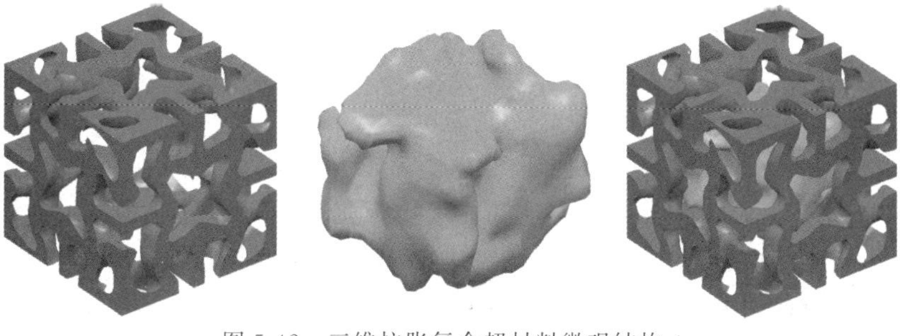

图 5-42　三维拉胀复合超材料微观结构 4

(a1、a2 和 a3) M1 和 M2 材料分布、微观结构拓扑；(b1、b2 和 b3) 对应的横截面示意图

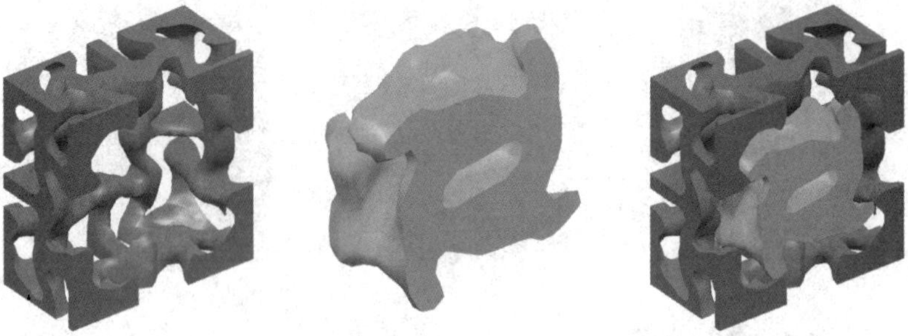

图 5-42 （续）

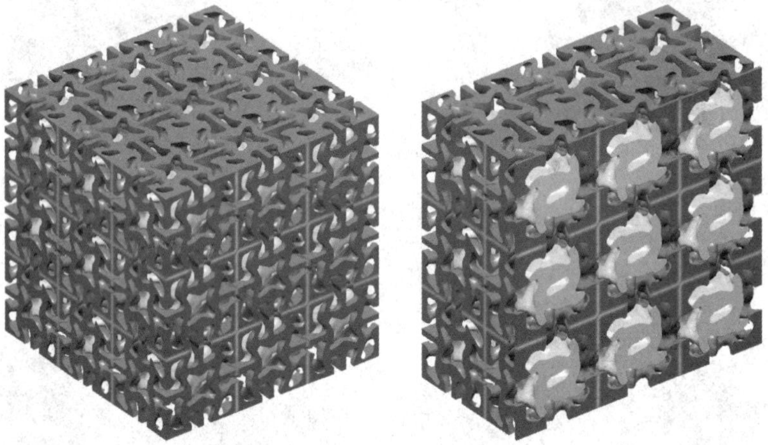

(a) (b)

图 5-43 三维拉胀复合超材料分布

(a) 三维拉胀复合超材料；(b) 横截面示意图

表 5-9 三维拉胀复合超材料微观结构 4 对应的弹性张量矩阵

三维拉胀复合超材料微生物 4					
0.3953	−0.112	−0.575	−0.0138	−0.0007	−0.0028
−0.1112	0.382	−0.0481	0.0215	0.0019	−0.0031
−0.0575	−0.048	0.4360	−0.005	0.003	0.0124
−0.0138	0.0215	−0.005	0.0752	0.0018	−0.0026
−0.0007	0.002	0.0003	0.0018	0.0728	0.001
−0.0028	−0.003	0.0124	−0.0026	0.001	0.0757

5.9 本章小结

在本章中，基于等几何拓扑优化方法和能量均匀化数值实施方法构造了拉胀超材料微观结构拓扑优化设计模型，分别围绕二维、三维单相材料微观结构和多相材料微观结构开展了深入的讨论。通过相关案例展示，可以清晰有效地说明当前微观结构拓扑优化设计模型的有效性和高效性，主要体现在以下几个方面：①能量均匀化数值实施方法，可以一定程度上减轻数值分析中需要求解弹性平衡方程的尺度，减少计算量，增强优化设计方法的高效性；②基于 NURBS 的多相材料插补模型，可以确保多材料微观结构拓扑中多类材料之间衔接的精确性、几何拓扑边界的光滑性和材料特征界限的明确性；③优化目标定义的合理性，通过权重参数的调控，可以调整不同项对优化迭代的影响，如对角项更有助于优化的稳定但抑制负泊松比特征的生成，而其他项具有相反的效果；④对于多相拉胀超材料微观结构，可以有效调控不同材料的属性值，让更软的材料形成具有负泊松比几何特征，确保达到设计需求，而更硬的材料主要以辅助承载为主。当前设计模型仍存在一定的缺陷与不足：①优化目标的定义仅以能找到具有负泊松比的微观结构为目标，并没有深度考虑如何获取更大的泊松比微观结构，如二维微观结构到－1，三维微观结构到－0.5；②三维拉胀超材料微观结构设计不具备可制造性，尤其是内部生成了大量的空腔，无法成形的微观结构就是失败的设计，因此面向可成形设计的三维负泊松比微观结构也是亟待解决的关键问题。

习题

5.1　拉胀超材料是什么？与普通材料的区别是什么？

5.2　简要阐述拉胀超材料在工程中的应用前景。

5.3　拉胀超材料与多孔结构有什么关联和区别？

5.4　详细阐述基于拓扑优化实现拉胀超材料设计的核心思想。

5.5　简要阐述拉胀超材料拓扑优化的发展概况和未来发展趋势。

5.6　详细阐述拉胀超材料拓扑优化时，造成优化不稳定的因素有哪些？

5.7　如何解决三维拉胀超材料拓扑优化设计时的高成本问题，请详细阐述不同解决方法的优缺点。

5.8　简要对比能量均匀化与数值均匀化。

5.9　基于表 5-2 程序，自定义不同类型的三维微观结构，并求解对应的弹性张量矩阵。

5.10　详细阐述基于 NURBS 构造的多材料插值模型的必要性和优缺点。

5.11　简要推导多材料等几何拓扑优化灵敏度分析。

5.12　简要阐述拉胀超材料拓扑优化中目标函数与后续设计结果之间的关联性。

5.13　详细阐述拉胀超材料拓扑优化中目标函数的定义，详细对比不同方式对优化的影响，简要阐述其优缺点。

5.14　针对三维拉胀超材料拓扑优化设计，如何获取具有负泊松比绝对值更大的拉胀超材料构型，请详细阐述设计方案。

5.15　简要阐述拉胀复合超材料的应用前景，并详细讨论该如何应用。

参考文献

[1]　SIGMUND O. Materials with prescribed constitutive parameters：An inverse homogenization problem [J]. International Journal of Solids and Structures，1994，31(17)：2313-2329.

[2]　SIGMUND O. Tailoring materials with prescribed elastic properties[J]. Mechanics of Materials，1995，20(4)：351-368.

[3] SCHWERDTFEGER J,WEIN F,LEUGERING G,et al. Design of auxetic structures via mathematical optimization[J]. Advanced Materials,2011,23(22-23): 2650-2654.

[4] ANDREASSEN E,LAZAROV B S,SIGMUND O. Design of manufacturable 3D extremal elastic microstructure[J]. Mechanics of Materials,2014,69(1): 1-10.

[5] WANG F. Systematic design of 3D auxetic lattice materials with programmable Poisson's ratio for finite strains[J]. Journal of the Mechanics and Physics of Solids,Elsevier Ltd,2018,114: 303-318.

[6] WANG Y,LUO Z,ZHANG N,et al. Topological shape optimization of microstructural metamaterials using a level set method[J]. Computational Materials Science,Elsevier B. V.,2014,87: 178-186.

[7] ZONG H,ZHANG H,WANG Y,et al. On two-step design of microstructure with desired Poisson's ratio for AM[J]. Materials & Design,Elsevier Ltd,2018,159: 90-102.

[8] ZHOU Y,LI H,LI X,et al. Design of multiphase auxetic metamaterials by a parametric color level set method[J]. Composite Structures,Elsevier Ltd,2022,287: 115385.

[9] ANDREASSEN E,ANDREASEN C S. How to determine composite material properties using numerical homogenization[J]. Computational Materials Science,Elsevier,2014,83(3): 488-495.

[10] XIA Z,ZHOU C,YONG Q,et al. On selection of repeated unit cell model and application of unified periodic boundary conditions in micro-mechanical analysis of composites[J]. International Journal of Solids and Structures,2006,43(2): 266-278.

[11] MICHEL J C,MOULINEC H,SUQUET P. Effective properties of composite materials with periodic microstructure: a computational approach[J]. Computer Methods in Applied Mechanics and Engineering,1999,172(1): 109-143.

[12] GAO J,LUO Z,XIA L,et al. Concurrent topology optimization of multiscale composite structures in Matlab[J]. Structural and Multidisciplinary Optimization,2019,60(6): 2621-2651.

[13] XIA L,BREITKOPF P. Design of materials using topology optimization and energy-based homogenization approach in Matlab[J]. Structural and Multidisciplinary Optimization,Structural and Multidisciplinary Optimization,2015,52(6): 1229-1241.

[14] DA D C,CHEN J H,CUI X Y,et al. Design of materials using hybrid cellular automata[J]. Structural and Multidisciplinary Optimization,2017,56(1): 131-137.

[15] GAO J,LI H,GAO L,et al. Topological shape optimization of 3D micro-structured materials using energy-based homogenization method[J]. Advances in Engineering Software,2018,116: 89-102.

[16] GAO J,XUE H,GAO L,et al. Topology optimization for auxetic metamaterials based on isogeometric analysis[J]. Computer Methods in Applied Mechanics and Engineering,2019,352: 211-236.

[17] AI L,GAO X L. Topology optimization of 2D mechanical metamaterials using a parametric level set method combined with a meshfree algorithm[J]. Composite Structures,2019,229: 111318.

[18] LEE D,CHEN W,WANG L,et al. Data - Driven Design for Metamaterials and Multiscale Systems: A Review[J]. Advanced Materials,Wiley Online Library,2024,36(8): 2305254.

[19] GAO J,CAO X,XIAO M,et al. Rational designs of Mechanical Metamaterials: Formulations,Architectures,Tessellations and Prospects[J]. Materials Science and Engineering R: Reports,Elsevier B. V.,2023,156(May): 100755.

[20] LI H,LUO Z,GAO L,et al. Topology optimization for functionally graded cellular composites with metamaterials by level sets[J]. Computer Methods in Applied Mechanics and Engineering,Elsevier B. V.,2018,328: 340-364.

[21] MA Z-D,KIKUCHI N,Hagiwara I. Structural topology and shape optimization for a frequency response problem[J]. Computational Mechanics,1993,13(3): 157-174.

[22] SVANBERG K. The method of moving asymptotes-a new method for structural optimization[J]. International Journal for Numerical Methods in Engineering,1987,24(2): 359-373.

第6章

基于多片等几何拓扑优化的多孔结构全尺度设计

6.1 简要概述

随着新一代装备的跨越式发展，兼具承载与功能特性的多功能结构显得越来越重要。这类结构呈现出鲜明的多尺度、多目标、多物理场等特点，促使其构型设计的创新度和复杂度迅速提升。多孔结构(cellular structures)是其中的典型代表，作为一种新型的结构设计形式，除轻量化特点外，多孔结构[1]同时还具有优良的比刚度/强度、阻尼减震、缓冲吸能、吸声降噪、隔热隔磁以及生物兼容性等功能性特点，在工程中得到了广泛的应用[2]，如图 6-1 所示。多孔结构可以分为两大类：一类是以构型无序为典型特征的泡沫材料/结构，根据它们的结构间隙还可细分为开孔泡沫和闭孔泡沫两种，开孔泡沫材料/结构的空隙相互连通，闭孔泡沫材料/结构的空隙则互不连通；另一类是呈周期性排布的多孔结构，有时也被称为有序型多孔结构，可以通过改变多孔结构的拓扑构型实现其功能特性的调控。多孔结构的性能依赖于周期性细/微观结构的拓扑构型，无需改变结构的化学组分即可实现结构特定的功能设计。其中有序型多孔结构在实际工程中得到了广泛的应用，如航天飞行器的主承力结构采用多孔结构有效减轻结构重量，而每一克重量的减轻对航天器都具有重要意义，因为这意味着所需发射燃料的减少和有效载荷的提高；汽车控制臂采用多孔结构填充，有效提高了结构稳定性，同时减轻了车身重量；生物医疗领域采用的多孔结构植入物刚度和孔隙率与天然骨骼类似，保证整个多孔结构植入物能有效承受负载，同时多孔表面能有效刺激细胞生长，促进骨骼与植入物的更快融合[3]。

发展至今，以多孔结构为对象，主要可分为四类设计方式：①仿生式设计：经过大自然千万年的演化，自然界中存在着众多超轻质、高强韧的多孔结构，如人体腿骨、犀鸟的喙和翼骨、竹子等。自然界中的这些多孔结构不仅外部轮廓具有特定的宏观布局形式，而且其内部组织亦呈现致密、非均匀的多孔材料布局，这正显示了环境约束下材料与结构的最优匹配，从而满足不同的力学或生物学需求。受自然界这类“最优”多孔结构的启发[4]，多位研究人员开展仿生式设计，依赖于各类仿生组织，发展各类多样的工程结构，以满足现代工程结构的高性能设计需求，如 Zhang 等[5]基于仿生分形多级结构开展防撞设计，呈现的分形且多级薄壁结构更具有吸能特性。Hu 等[6]基于蜂窝复合结构和墨鱼组织结构开展工程结构设

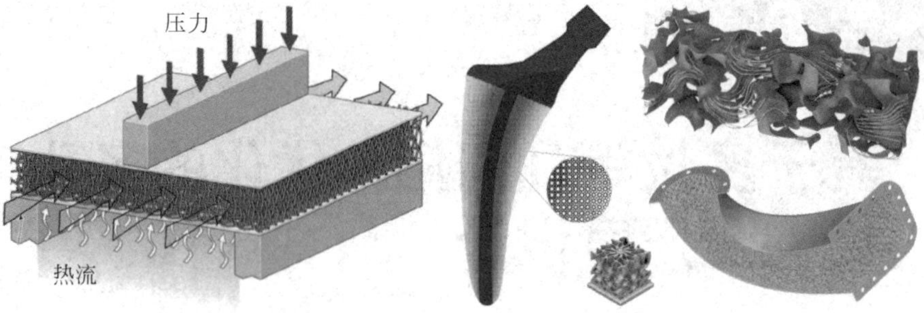

图 6-1　多孔结构在实际中的应用

计，并进行仿真分析与试验测试，以展示仿生结构设计性能的优异性。王国彪等[7]开展仿生机器人设计，并针对研究现状与发展趋势给出了系统性的总结和预测。相关仿生结构如图 6-2 所示。②参数式设计，这类结构主要是围绕工程常见的多孔点阵结构[8]展示，其首选围绕该类多孔点阵结构实现几何参数化，并针对具体结构几何参数，引入各类设计准则，挖掘具有不同类型的多孔点阵结构。如 Luigi 等[9]通过在立方体杆件布局中，找寻具有负泊松比接近于－1 的负泊松比点阵构型。Douglas 等[10]探究了各类多孔金属晶格点阵结构，分析其在多孔夹层中的性能。多孔点阵结构具备轻量化、高比强度与比刚度，其轻质高效的结构形式及规律分布的内部空间，再加上点阵结构强可设计性，使其成为功构一体化的优良载体，多用于空天装备领域，如翼面、舱面、舱盖、地板、发动机护罩、尾喷管、消音板、隔热板、刚性太阳电池翼等关键零部件[11]。

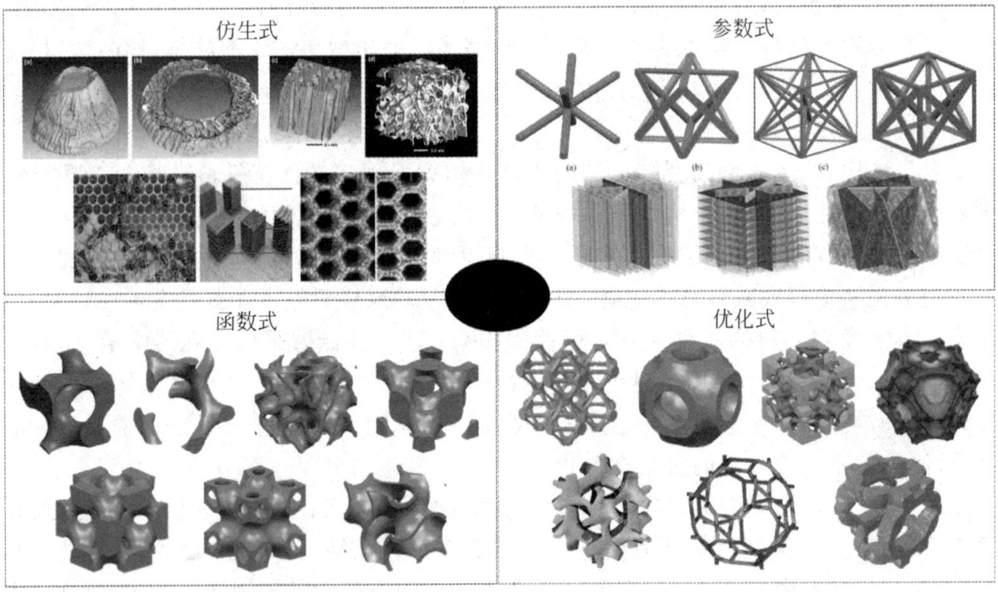

图 6-2　多孔结构设计方式

在上述多孔点阵结构构型中，常常以直杆构件为基本单元，不断组合，其可形成的构型库总是有限，多位学者探究采用板类结构，构造多孔板单元，围绕板的尺寸、形状与分布开展一定的设计，寻找较好的设计单元[12]。由此，多位研究学者提出曲面类多孔结构，即引入一种三周期极小曲面微观结构，即可通过数学方程直接生成，在曲面上满足一定的数学约束特性，形成曲面微观结构，即函数式设计方式。③函数式设计，近些年多位研究学者基于各类数学函数直接生成各类极小曲面，并通过三维打印制造各类TPMS构型，尝试将其应用于各类实际工程结构中[13]，部分构型如图6-2所示。通过分析仿生式设计、参数式设计和函数式设计，我们可以发现，这三类设计方式均是基于已经存在的构型，通过仿真分析、数值实验来不断总结归纳较好的多孔构型，是基于现今已经存在的信息再去找到满足性能需求的构型。可以发现，其设计方式过于依赖于人类感知、经验以及所获取的信息。因此，整体设计方式过于繁琐、耗时，且相对来说比较难以发掘较好的新颖的多孔拓扑构型。

自均匀化理论[14]提出，以“复合材料微观结构来预测材料宏观等效属性”逐渐引发研究人员思考如何“以逆向思维来构造具有特定属性的复合材料宏观等效属性来寻找对应的微观结构”，即材料逆向设计，基本思想如图6-3所示。因此，以拓扑优化框架为基本工具，均匀化理论预测材料属性，面向材料构造“逆向均匀化设计模型”，实现对具有特定属性的复合材料微观结构拓扑优化设计，建立多孔结构优化式设计方法，逐渐引发多位研究学者的关注。其本质上在于，首先研究人员需要明确自己所需要的多孔结构的性能或者功能，然后建立以性能为导向的优化模型，通过先进的优化理论、数值方法，使用计算机编程寻找到对应的拓扑构型。相比于前三类设计方式，其是以逆向思维为核心发展起来的设计方法，具有较大的挑战性。近些年，这类设计方式得到了广泛的关注，以多孔结构的各类宏观性能为目标，发展了多类微观结构设计框架，寻找到各类各样的多孔微观结构拓扑构型，在力学属性方面，主要包含具有“特定弹性属性的材料微观结构”，分为最大体积模量与最大剪切模量，具有负泊松比材料属性的微观结构，可统称为“机械超材料”，部分构型如图6-2所示。事实上，不仅在宏观力学等效属性，在多物理场领域，相关研究学者也做了对应报道，如Sigmund[15]设计了具有极端热膨胀系数，即热膨胀系数为0的三相材料微观结构。Challis等[16]针对三维各向同性微观结构，以刚度与热传导性为目标，实现最大化设计。Guest等[17]实现了具有最大可渗透性的周期性流体微观结构拓扑优化设计。从总体来看，主要围绕机械超材料、热学超材料、电磁超材料、声学超材料以及各类多物理场耦合下的超材料，开展了一系列设计，并在工程上得到了一定的应用。

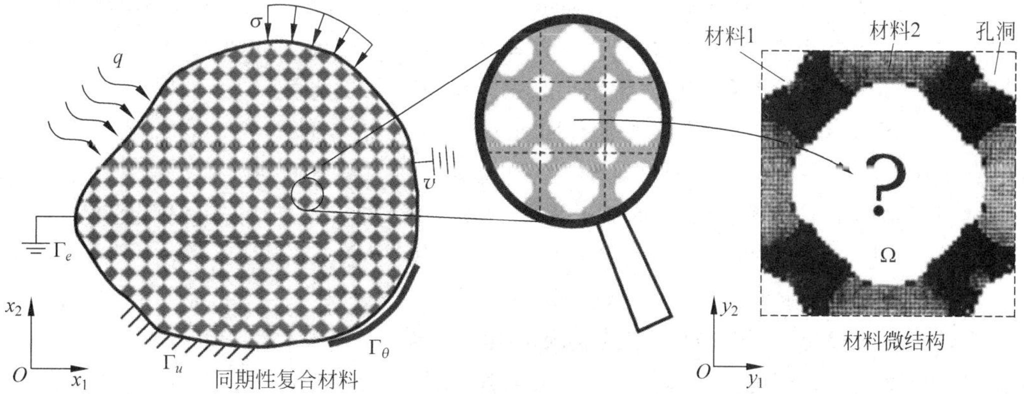

图6-3　材料微观结构逆向设计思想

因材料逆向式设计可以实现以微观结构拓扑来优化宏观材料属性后，研究学者开始考虑在材料设计中，如何考虑宏观边界条件对材料本身的影响，建立考虑宏观负载边界条件下的材料微观结构拓扑优化设计模型[18]，使得材料设计更符合工程实际应用。基于此类思想，Rodrigues[19]率先构造了同时考虑“结构”和“材料”两种元素，作为优化设计对象，来提升结构的性能；该工作首先采用变密度法实现宏观结构拓扑优化，然后以每个有限单元的密度作为多孔微观结构的体积分数，再对每个有限单元内实现材料微观结构拓扑优化设计，进而实现微观多孔结构与宏观拓扑的协同串行优化。发展至今，多位研究学者开始探究围绕多孔结构在产品实体结构中的设计问题，逐步形成了考虑“多孔微观结构拓扑、多孔微观结构分布、宏观结构拓扑”等各类优化对象的跨尺度设计，实现了宏微观结构一体化设计框架，以确保多孔结构在实际工程中的高效应用。从宏观结构与多孔结构尺度是否相关的角度，目前宏微观跨尺度设计，主要可分为两类：尺度相关与尺度无关。在尺度相关下，是指宏观拓扑结构与微观结构之间采用统一的有限元数值分析模型，通过施加额外约束同时驱动宏观结构和其微观结构拓扑构型的迭代。由于使用了相同的有限元分析模型，可避免尺度分离与不明确性引发的微观结构连接性以及后期难制造等问题。尺度分离的宏微观跨尺度设计主要是指宏观拓扑结构与微观结构之间采用均匀化方法建立联系，即以均匀化方法评估微观结构的等效属性并用于宏观拓扑结构优化，同时以宏观结构性能驱动微观结构拓扑构型的迭代。因此，该算法消除了宏微观结构之间的尺寸关联，从而可以实现两者的分离式拓扑优化设计，具有较高的计算效率。

针对尺度相关下的多孔结构宏微观跨尺度设计，依据所采用的拓扑优化方法不同，尺度相关的多孔结构拓扑优化设计大致可分为以下两类。第一类主要是基于变密度法开展的多孔结构全尺度拓扑优化设计，其主要核心在于在优化中通过控制网格的大小和施加全局体积约束，并且对结构施加最大特征尺寸约束，设计具有类似于微观多孔微观结构细节特征。因此，该优化设计也可以称为最大特征尺寸控制的尺度相关多孔结构全尺度拓扑优化设计。事实上，当结构网格非常致密时，优化结构几何细节与宏观尺寸差距较大时，本身已经可以视为微观尺度下多孔结构。在早期的结构全尺度拓扑优化中，假设宏观结构是由一种微观结构周期性重复排列而成。Zhang 等[20]初始仅考虑一种微观结构拓扑与宏观结构拓扑，实现结构性能优化设计；在优化过程中，该工作将设计域划分为有限个子设计域，并对每个子设计域施加周期性条件，可以实现结构周期性设计。虽然仅考虑单类微观结构的材料/结构全尺度优化设计模型简单、优化效率快、不存在微观结构之间连接性问题，但是单类微观结构限制了对目标性能的提升。相比于单类微观结构的多尺度设计，功能梯度微观结构一体化可提高目标性能，同时采用全尺度有限元可巧妙避免不同微观结构的连接性问题。Alexandersen 等[21]首次指出，如果对设计施加最大结构尺度约束，则可以获得空间上到处变化的微观结构细节。基于该思想，Wu 等[22]提出了局部体积约束的多尺度结构最大尺度约束方式，并建立了全尺度功能梯度多尺度优化设计模型(图 6-4)。

这种设计理念被广泛用于外壳-填充结构设计，如 Qiu 等[23]、Chen 等[24]。另外，华中科技大学高亮教授等[25]将这种局部约束的思想拓展到了复合结构，实现了梯度多相多孔填充结构全尺度设计和纤维增强结构设计。其所建立的纤维增强结构优化模型不仅能在保证纤维连续性的基础上提升设计自由度，还避免了传统各向异性材料结构设计中复杂的角度优化过程。综上所述，基于密度法的全尺度材料/结构拓扑优化设计有着易于实施、拓展性强的特点。然而，由于全尺度有限元模型的使用，其优化成本急剧增加。

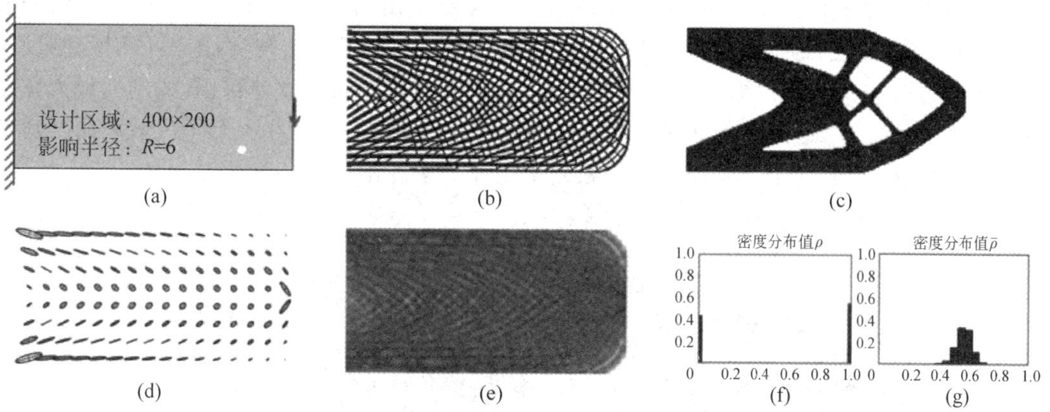

图 6-4　局部体积约束及多孔结构全尺度设计

6.2　设计思路

在本章节中，主要核心思路是基于等几何拓扑优化方法实现多孔结构全尺度设计，针对复杂结构域，特引入多片等几何拓扑优化方法，建立多孔结构全尺度灵活性设计框架。在设计框架中，主要包含以下几个关键部分：

（1）多片复杂结构设计域区域化灵活性建模：这部分主要是为了在设计域中建立多块子区域，为后续施加周期性约束条件，确保多孔结构的生成提供了必要支撑。同时，为了解决复杂结构域，引入多片 NURBS 建模。

（2）多片局部子区域结构拓扑描述模型建立：为清晰地描述结构拓扑高效灵活性变化，需围绕复杂结构域建立拓扑描述模型，以表征结构拓扑在优化迭代中清晰表征，为后续数值优化求解奠定重要基础。

（3）多片等几何分析高精高效数值模型建立。

（4）多功能多区域结构优化设计需求。

（5）多孔结构灵活性设计优化模型建立。

（6）多孔结构多功能设计优化模型建立。

6.3　多功能多区域设计

多孔结构具有超轻量化、高刚度和高强度等特点，已成为各工程领域广泛讨论的对象，如何通过拓扑优化有效设计多孔结构也越来越受到人们的关注。由本书前述章节可以看出，目前多孔结构设计的一个关键问题是在整个设计领域中只关注了单一结构的单一性能，在实际应用中，为了满足各种工程挑战，对机械性能的设计要求越来越复杂。在复杂结构中，利用拓扑优化同时考虑多孔结构设计和经典实体设计已逐渐得到讨论，其中实体-多孔填充设计不仅在设计空间上而且在性能要求上都能提供巨大的潜力，并能提高各种工程应用的性能，如图 6-5 所示。

本节的工作重点是如何在不同子区域中实现多孔结构设计、实体-多孔结构组合设计，并且引入多目标设计需求。如图 6-5 所示，在第 4 章提出的读片等几何拓扑优化方法的基础上，即在图 6-5 右图所示的多区域结构基础上，进行实体-多孔结构设计，然后引入刚度+应力的多目标设计。可以看出，子区域 1 和子区域 2 具有不同的设计目标，如刚度最大化或应力最小化。此外，这两个子区域还可以考虑不同的设计方式，即在一个子区域采用经典的实体拓扑优化，在另一个子区域采用一系列微单元的多孔结构拓扑优化。

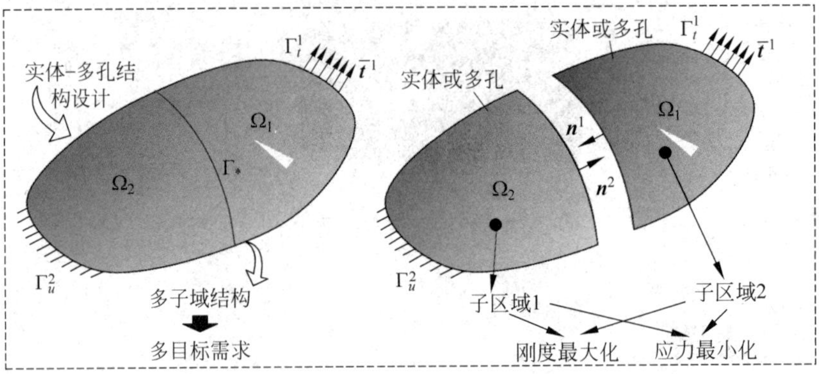

图 6-5　多孔实体结构设计需求

6.3.1　多目标设计需求

在拓扑优化中，结构柔度最小化通常被认为是在材料用量一定的前提下尽可能地提升结构刚度。目前的工作主要集中在如何提高相应子区域的独特结构性能需求，由于不同的子区域在实际工程中会有不同的设计要求，进而满足复杂的实际应用。在不丧失一般性的情况下，在本节设计优化中考虑了不同子区域的结构柔度和应力的最小化两类设计需求。结构柔度是反映结构承载能力的重要指标，其数学表达式一般为

$$J_1 = f_c(\boldsymbol{u}) = \int_\Omega \varepsilon(\boldsymbol{u})^{\mathrm{T}} \boldsymbol{C}(\boldsymbol{\chi})(\boldsymbol{u})\mathrm{d}\Omega \tag{6-1}$$

式中，$\boldsymbol{u}$ 为结构位移场，ε 为应变向量，$\boldsymbol{\chi}$ 表示材料变量的指示向量，确定了材料在相应位置的存在，$\boldsymbol{C}$ 表示材料弹性本构张量。

其次，在工程应用中，应力集中是一个必须解决的关键设计问题。在优化过程中，一般将应力最小化作为控制应力水平的目标，这样可以有效避免优化过程中应力集中的发生。近年来，结构的应力相关拓扑优化问题也得到了讨论，并发展了几种稳定有效地求解相关数值问题的数值方案，如 p-norm 公式、KS 聚合数学模型等。对于平面应力设计问题，应力计算公式为

$$\boldsymbol{\sigma}_e = \boldsymbol{\chi}\boldsymbol{C}\boldsymbol{B}_e\boldsymbol{u}_e \tag{6-2}$$

式中，$\boldsymbol{B}_e$ 为有限元应变-位移矩阵。von Mises 应力可以表示为

$$\boldsymbol{\sigma}_e^{vm} = [(\boldsymbol{\sigma}_e)^{\mathrm{T}}\boldsymbol{V}\boldsymbol{\sigma}_e]^{1/2} \tag{6-3}$$

式中，$\boldsymbol{V}$ 为平面应力状态的常数矩阵，详细形式为

$$\boldsymbol{V} = \begin{bmatrix} 1 & -0.5 & 0 \\ -0.5 & 1 & 0 \\ 0 & 0 & 3 \end{bmatrix} \tag{6-4}$$

在式(6-2)和式(6-3)中，可以求解有限元中每个高斯正交点的 von Mises 应力，而整个

设计域具有大量的高斯正交点，这给考虑大量约束的拓扑优化避免应力集中带来了很大的困难。因此，应该采用一个公式来聚合这些应力值，以产生一个可以合理地评估设计域中的应力水平的单一值。目前采用诱导 p-norm 聚合函数[26]，其方程为

$$J_2=f_s(\sigma^{vm})=\sigma_{I_{pn}}=\frac{\int_{\Omega}(\sigma^{vm})^{p_\sigma+1}\mathrm{d}\Omega}{\int_{\Omega}(\sigma^{vm})^{p_\sigma}\mathrm{d}\Omega}=\frac{\sum_{e=1}^{Nel}\sum_{l=1}^{3}\sum_{k=1}^{3}(\sigma_{e_{lk}}^{vm})^{p_\sigma+1}}{\sum_{e=1}^{Nel}\sum_{l=1}^{3}\sum_{k=1}^{3}(\sigma_{e_{lk}}^{vm})^{p_\sigma}} \tag{6-5}$$

式中，$\sigma_{I_{pn}}$ 为设计域中的诱导应力评估值，p_σ 为诱导 p-norm 聚合函数的应力范数参数。可以很容易地发现，应力范数参数的值为 1，这意味着该值等于各点应力的平均值，如果该值不断增加 $p_\sigma\rightarrow\infty$，$\sigma_{I_{pn}}$ 将接近于 $\sigma_{\max}^{vm}$，随着该值的增大，可能会导致优化过程中的数值不稳定，一般设置为 6 以保持数值精度与优化稳定性之间的平衡。

6.3.2 设计方式简述

如图 6-6 所示，给出了四类多功能多区域设计要求。通过考虑两个关键设计元素，其中一个是优化设计目标性能，另一个是结构拓扑分布模式。前者侧重于在整个设计域中考虑不同的设计目标需求。如图 6-6(a)所示，左侧子区域对所施加的荷载和边界条件提供最大的承载能力，而右侧子区域主要侧重于避免局部区域即三角形区域的应力集中。因此，将通过拓扑优化在正确的子区域考虑应力最小化，这主要是由于整个区域的三角形几何形状。同时考虑结构刚度和应力，可以为实际应用提供更好的性能需求。

如何在经典的实体结构拓扑优化中充分考虑多孔结构设计的优越特性也是本小节的重点。众所周知，多孔结构设计具有低密度、高比强度、高刚度比的特点，但在相同材料消耗的情况下，多孔结构的整体承载性能也有所降低。此外，即使以应力最小化为优化目标，在优化过程中也不能有效避免整个设计域内应力集中的发生，如图 6-6(c)所示。如果右子区域采用应力最小化的实体拓扑优化，那左子区域采用多孔结构拓扑设计。实体-多孔结构的设计可以充分考虑实体拓扑结构和多孔结构各自的独特优势，从而更好地适应工程应用。即，本小节详细展示了如何在分区域结构中设计实体-多孔结构，并同时考虑柔度最小化和应力最小化。

6.3.3 多功能多区域拓扑描述模型

在对结构进行优化时，需要建立拓扑描述模型，以便后期对设计域内的材料分布进行表征。在这里仍然采用密度分布函数(DDF)表示域中的结构拓扑，具体参考第 3 章，但细节又有所不同。在原多片等几何拓扑优化方法中，针对一个 NURBS 片构造一个密度分布函数；但在多孔结构中，每个 NURBS 片又具体划分了多个子区域，为精确描述不同区域之间的拓扑表征，需要针对每个子区域构造一个密度分布函数，以表述子区域的拓扑变化，也代表每个微观结构拓扑。此外，对于多孔结构设计，每个 NURBS 片将被划分为一系列子区域，如图 6-7 所示，多孔结构设计与实体拓扑设计之间存在直接联系。可以很容易地发现设计中存在两个关键问题。一是在两个子区域的界面处拓扑结构不连续，二是连续拓扑结构不光滑，在界面处存在交错变化。第一个问题的主要原因是，图 6-7(b)的两部分是人为直接连接的，优化没

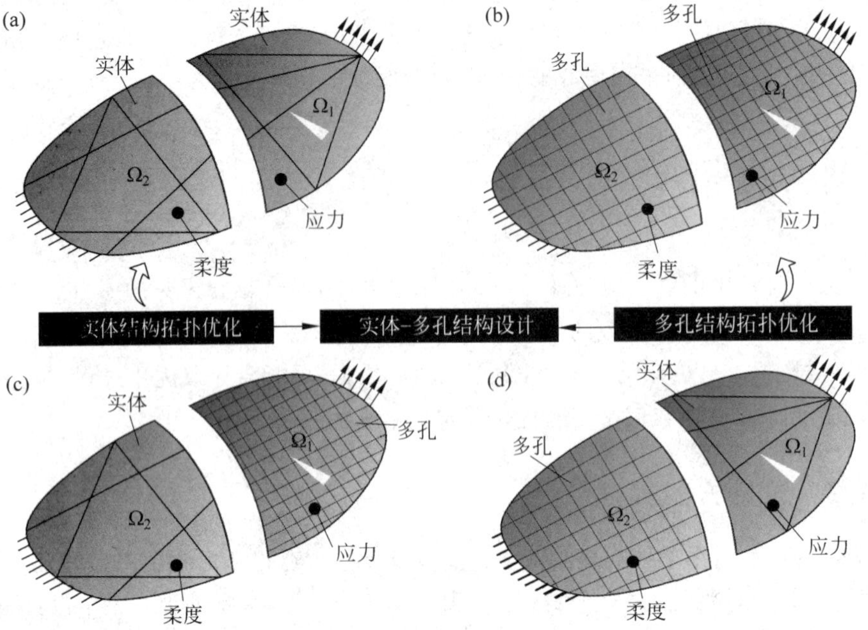

图 6-6　多功能多区域设计种类

有得到统一的优化公式来考虑它们。对于第二个问题，这主要是由于两个子区域控制点的数量不相等，特别是在边界上。因此，应保持一致，以消除优化后的拓扑在接口处的交错变化。

在实体拓扑优化设计的情况下，结构设计域划分为 N_s 个片，每个独立的 NURBS 片构造一个 DDF，整体全局的 DDF 定义为

$$\phi=\bigcup_{i=1}^{N_s}\phi^i(\Omega=\Omega_1\cup\Omega_2\cup\cdots\cup\Omega_{N_s})\tag{6-6}$$

对于多孔结构设计，首先将整个设计域划分为 N_s 个片，然后将每个片在两个参数化方向上具体再划分，两个参数化方向上分别有 N_ξ 和 N_η 个子区域。整个设计领域有

$$\Omega=\bigcup_{i=1}^{N_s}\bigcup_{j=1}^{N_\xi}\bigcup_{k=1}^{N_\eta}\Omega_{jk}^i,\quad \phi=\bigcup_{i=1}^{N_s}\bigcup_{j=1}^{N_\xi}\bigcup_{k=1}^{N_\eta}\phi_{jk}^i\tag{6-7}$$

对于实体-多孔结构设计，首先将整个设计域划分为 N_s 个片，然后将需要实现多孔结构填充的对应片具体划分为一系列多孔结构，且两个参数化方向上分别有 N_ξ 和 N_η 个子区域。整个设计领域有

$$\Omega=\left(\bigcup_{i=1}^{N_{s1}}\bigcup_{j=1}^{N_\xi}\bigcup_{k=1}^{N_\eta}\Omega_{jk}^i\right)\cup\left(\bigcup_{l=1}^{N_{s2}}\Omega^l\right),\quad \phi=\left(\bigcup_{i=1}^{N_{s1}}\bigcup_{j=1}^{N_\xi}\bigcup_{k=1}^{N_\eta}\phi_{jk}^i\right)\cup\left(\bigcup_{l=1}^{N_{s2}}\phi^l\right)\tag{6-8}$$

式中，N_{s1} 为需要划分多孔结构的 NURBS 片数个数，N_{s2} 为实体拓扑设计需要划分的 NURBS 片数，在上述拓扑描述模型的开发中，N_s 等于 N_{s1} 与 N_{s2} 的和。

为消除结构界面处出现的数值问题，应制定两种数值稳定方案。第一种方案是在界面处对控制设计变量构建局部平滑机制，第二种方案是开发用于拓扑描述模型和优化中的数值分析的双分辨率离散网格。在数值分析中，为了节省成本而建立非一致性网格，而构造一致性网格则是为了表示结构拓扑。为了在不同网格内传递几何信息和优化信息，需要制定

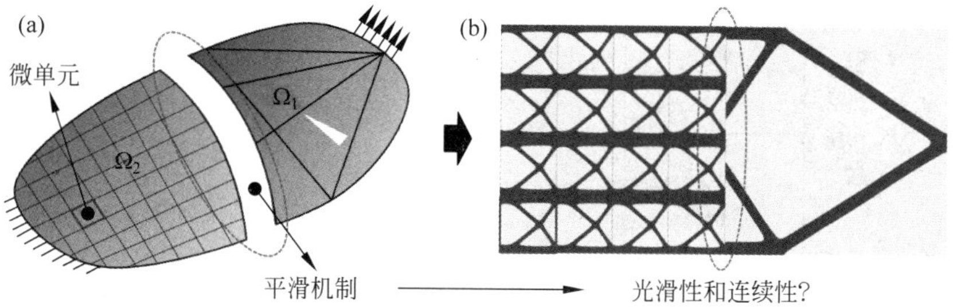

图 6-7　多区域实体-多孔结构优化设计示意图

一种投影方案，即离散网格双分辨率划分方案。在第 4 章中详细介绍了局部平滑机制和离散网格双分辨率方案，细节见 4.3 节。

6.4　周期性约束机制

从直观角度来看，多孔结构可以用宏观结构中的微单元结构来表征。本章将提出的多片等几何拓扑优化方法应用于多孔结构设计，相比于经典的实体结构优化设计，需要额外考虑如何划分子域并建立相应子域的几个周期约束。在本节中，主要目的是实现多孔结构的优化设计，并在后期优化中考虑多种周期性或梯度分布。多孔结构设计主要是对单个片或所有片的周期性和梯度分布进行不同的考虑或组合。多孔微观结构单元最终表现布局主要有以下几种模式：①在所有片中周期性地分布一个相同的微单元，即设计域被一种微观结构均匀周期性填充，如图 6-8(a)所示；②每个片周期性填充相同的微单元，但不同的片具有不同的微单元结构，图 6-8(b)为代表性案例；③考虑微观结构在一个或所有片中的梯度分布，图 6-8(c)给出了设计的四种不同情况。通过设置不同的梯度方向和在整个设计域内构建多个片的分割方案可以使微单元的分布模式更加丰富，进而得到更加灵活的多孔结构设计。

在周期性分布的情况下，设计域将被相同的微单元填充，其周期约束的一般形式可以表示为

$$\Phi_1^{11}=\Phi_2^{11}=\cdots=\Phi_{n_p}^{ij}=\cdots=\Phi_{N_p}^{N_\xi N_\eta} \tag{6-9}$$

其中，

$$i-1,2,\cdots,N_\xi;\quad j=1,2,\cdots,N_\eta;\quad n_p=1,2,\cdots,N_p$$

对于图 6-8(b)所示的分布模式，每个片由同一微单元周期性分布，不同的片由不同的微单元填充。数学公式可表示为

$$\Phi_{n_p}^{11}=\Phi_{n_p}^{12}=\cdots=\Phi_{n_p}^{ij}\cdots=\Phi_{n_p}^{N_\xi N_\eta} \tag{6-10}$$

在梯度分布的情况下，由于梯度方向的灵活设置和多个片的定义，最终设计出几种不同的组合模型。实际上，任何片中梯度分布的基本机制是通过对片的一个参数方向上的所有密度分布函数施加具有相同微单元的周期约束，而在周期约束中不考虑另一个参数方向，以确保渐变图案的产生。图 6-8(c)给出了几个简单的设计案例，相应的数学公式可表示为

$$\Phi_{n_p}^{i1}=\Phi_{n_p}^{i2}=\cdots=\Phi_{n_p}^{ij}=\cdots=\Phi_{n_p}^{iN_\eta},\quad \Phi_{n_p}^{1j}=\Phi_{n_p}^{2j}=\cdots=\Phi_{n_p}^{ij}=\cdots=\Phi_{n_p}^{N_\xi j} \tag{6-11}$$

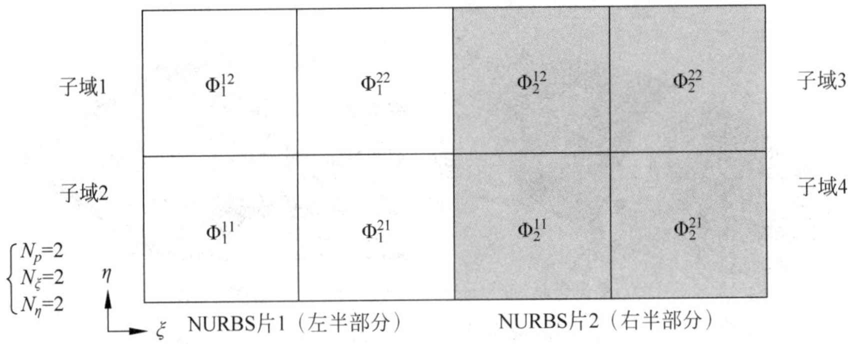

$$\Phi_1^{11}=\Phi_1^{12}=\Phi_1^{21}=\Phi_1^{22}=\Phi_2^{11}=\Phi_2^{12}=\Phi_2^{22}=\Phi_2^{21}$$

(a)

$$\begin{cases}\Phi_1^{11}=\Phi_1^{12}=\Phi_1^{21}=\Phi_1^{22}\\ \Phi_2^{11}=\Phi_2^{12}=\Phi_2^{22}=\Phi_2^{21}\end{cases}$$

(b)

$$\begin{cases}\Phi_1^{11}=\Phi_1^{12}\\ \Phi_2^{21}=\Phi_1^{22}\\ \Phi_2^{11}=\Phi_2^{12}\\ \Phi_2^{22}=\Phi_2^{21}\end{cases} \text{或} \begin{cases}\Phi_1^{11}=\Phi_1^{12}\\ \Phi_1^{21}=\Phi_1^{22}\\ \Phi_2^{11}=\Phi_2^{21}\\ \Phi_2^{22}=\Phi_2^{12}\end{cases} \text{或} \begin{cases}\Phi_1^{11}=\Phi_1^{21}\\ \Phi_1^{12}=\Phi_1^{22}\\ \Phi_2^{11}=\Phi_2^{21}\\ \Phi_2^{12}=\Phi_2^{22}\end{cases} \text{或} \begin{cases}\Phi_1^{11}=\Phi_1^{21}\\ \Phi_1^{12}=\Phi_1^{22}\\ \Phi_2^{11}=\Phi_2^{22}\\ \Phi_2^{12}=\Phi_2^{21}\end{cases}$$

(c)

图 6-8 多孔微观结构单元在多片中不同的周期性模式

在上述周期约束中，每个片的一个参数方向内的每个子区域具有相同的微观结构单元，而微观结构单元则随另一个参数方向而变化。由上述不同周期和梯度分布组合可以看出，微观结构单元在周期性和梯度分布中的布局模式也可以同时考虑，这取决于具体的设置方式。

6.5 拓扑优化模型

6.5.1 多孔结构灵活性设计

多孔结构灵活性设计目的在于：在设计域中，基于多片 NURBS 建模的灵活性，实现结构设计域空间的灵活性划分，获取多片多个子区域，在不同片内施加不同类的周期性约束，实现不同子区域的结构拓扑表征，以获取不同类的周期性多孔结构设计，如单/多片周期性均匀分布多孔结构、单片梯度、单片均匀、多片梯度等。基于多片等几何拓扑优化方法，在材料用量最大体积约束下，引入不同类周期性约束，其对应的数学优化模型如下：

$$\begin{cases}\phi_{n_p,ij}^{\hat{i}\hat{j}}\,(n_p=1,2,\cdots,N_p;\ i=1,2,\cdots,N_\xi;\ j=1,2,\cdots,N_\eta)\\ \text{Min: } J(\boldsymbol{u},\Phi)=\sum_{n_p=1}^{N_p}\sum_{i=1}^{N_\xi}\sum_{j=1}^{N_\eta}\left(\frac{1}{2}\int_{\Omega_{n_p}^{ij}}\varepsilon(\boldsymbol{u})^{\mathrm{T}}\boldsymbol{C}(\Phi_{n_p}^{ij})\varepsilon(\boldsymbol{u})\mathrm{d}\Omega_{n_p}^{ij}\right)\\ \text{s. t.: }\begin{cases}a(\boldsymbol{u},\delta\boldsymbol{u})=L(\delta\boldsymbol{u}),\quad \forall\,\delta\boldsymbol{u}\in H^1(\Omega)\\ G(\Phi)=\sum_{n_p=1}^{N_p}\sum_{i=1}^{N_\xi}\sum_{j=1}^{N_\eta}\left(\int_{\Omega_{n_p}^{ij}}\Phi_{n_p}^{ij}(\xi,\eta)v_0\,\mathrm{d}\Omega_{n_p}^{ij}\right)-V_{\max}\leqslant 0\\ G_p\\ 0<\phi_{\min}\leqslant\phi_{n_p,ij}^{\hat{i}\hat{j}}\leqslant 1,\quad(\hat{i}=1,2,\cdots,n;\ \hat{j}=1,2,\cdots,m)\end{cases}\end{cases}\tag{6-12}$$

式中，N_p 表示 NURBS 片的个数，N_ξ 和 N_η 分别表示两个参数化方向上子区域的个数，也代表多孔微观结构的个数。$\phi_{n_p,ij}^{\hat{i}\hat{j}}$ 表示多孔微观结构密度分布函数。$J(\boldsymbol{u},\phi)$ 表示优化目标函数，即结构柔顺度。G 表示最大体积约束，其中 v_0 为实体单元对应的体积分数，$V_{\max}$ 为最大材料用量。G_p 表示多孔微观结构预加的周期性约束，在 6.4 节中给出了明确性定义。$\phi_{\min}$ 表示密度分布函数最小值，一般取值 1×10^{-6}，用于避免优化中出现数值奇异性。$\boldsymbol{u}$ 表示结构内未知位移场，$\delta\boldsymbol{u}$ 表示结构内虚拟位移场，属于位移响应空间 $H^1(\Omega)$。a 和 L 分别表示能量双线性形式和复杂单线性形式。在上述模型中，通过选择不同的周期性约束条件 G_p，可以实现多孔结构内不同多孔微观结构分布性周期性设计，通过多样化定义和选择，可以有效地实现多孔结构灵活性设计，以满足实际工程结构中多样化设计需求。通过与多片等几何拓扑优化对比可以看出，该优化模型是在原模型的基础上，引入了多孔微观结构的周期性设计约束。

6.5.2　多孔结构多功能设计

相比于多孔结构灵活性设计，多孔结构功能性设计是在灵活性设计的基础上再引入多目标设计需求和实体/结构灵活性填充设计。多目标设计需求并非针对全局结构设计，而是针对不同的 NURBS 片而言，因为在实际工程结构中可能一部分结构需要应力集中，而另一部分是不需要的，但可能需要承载性更好，因此为了更好地满足于实际工程结构设计需求，首先需要划分对应的结构 NURBS 片，在不同片中引入不同的设计目标需求。其次，因为实体结构和多孔结构的不同特性，多孔结构更偏重于轻量化，但实体结构更侧重于实际承载，在实际工程结构中充分考虑两类结构特性，也可以满足多样化设计需求。在本章节中分别考虑三类不同的设计方式。第一类是为了实现多区域实体结构多功能设计，在该类设计中，仅考虑多目标设计需求，不引入多孔结构设计。以材料用量最大化为约束条件，建立对应的优化模型如下：

$$\begin{cases}\phi^{n_s}\ (n_s=1,2,\cdots,N_s)\\ \text{Min}:\ J(\boldsymbol{u},\phi)=\omega_1\ln f_c(\boldsymbol{u})+\omega_2\ln f_s(\sigma^{vm})\\ \text{s. t.}:\begin{cases}a(\boldsymbol{u},\delta\boldsymbol{u})=L(\delta\boldsymbol{u}),\quad\forall\,\delta\boldsymbol{u}\in H^1(\Omega)\\ G(\phi)=\displaystyle\sum_{n_s=1}^{N_s}\left(\int_{\Omega^{n_s}}\phi^{n_s}v_0\,\mathrm{d}\Omega^{n_s}\right)-V_{\max}\leqslant 0\\ 0<\phi_{\min}\leqslant\phi_{ij}^{n_s}\leqslant 1,(i=1,2,\cdots,n;\ j=1,2,\cdots,m)\end{cases}\end{cases}\tag{6-13}$$

式中，J 为优化目标函数，可以看出分别考虑了结构承载性设计需求和结构应力最小化设计需求，通过分别引入 ω_1 和 ω_2 两个权重参数定义，参数一般均取值为 1。事实上取值对优化影响并不大，主要源于不同区域去考虑，而非全局区域内一起考虑。同时引入对数参数，来确保结构承载性和应力设计需求的无量纲化，以增强设计的稳定性。其中线弹性平衡方程对应如下：

$$\begin{cases}a(\boldsymbol{u},\delta\boldsymbol{u})=\displaystyle\sum_{m=1}^{N_s}\int_{\Omega_m}(\boldsymbol{\sigma}(\delta\boldsymbol{u}^m))^{\mathrm{T}}\boldsymbol{\sigma}^m\,\mathrm{d}\Omega-\int_{\Gamma_*}[\![\delta\boldsymbol{u}]\!]^{\mathrm{T}}\boldsymbol{n}\{\boldsymbol{\sigma}\}\,\mathrm{d}\Gamma-\\ \qquad\displaystyle\int_{\Gamma_*}\{\boldsymbol{\sigma}(\delta\boldsymbol{u})\}^{\mathrm{T}}\boldsymbol{n}^{\mathrm{T}}[\![\delta\boldsymbol{u}]\!]\,\mathrm{d}\Gamma+\int_{\Gamma_*}\alpha[\![\delta\boldsymbol{u}]\!]^{\mathrm{T}}[\![\delta\boldsymbol{u}]\!]\,\mathrm{d}\Gamma\\ L(\delta\boldsymbol{u})=\displaystyle\sum_{m=1}^{N_s}\int_{\Omega_m}(\delta\boldsymbol{u}^m)^{\mathrm{T}}\boldsymbol{b}^m\,\mathrm{d}\Omega+\sum_{m=1}^{N_s}\int_{\Gamma_t^m}(\delta\boldsymbol{u}^m)^{\mathrm{T}}\bar{\boldsymbol{t}}^m\,\mathrm{d}\Gamma\end{cases}\tag{6-14}$$

第二类设计是为了实现多区域多孔结构多功能设计，在该类设计中，是仅考虑在多孔结构设计中，如何引入多目标设计需求，不引入实体结构，以材料用量最大化为约束条件，对应的优化目标如下：

$$
\begin{cases}
\phi_{ij}^{n_s}(n_s=1,2,\cdots,N_s;\ i=1,2,\cdots,N_\xi;\ j=1,2,\cdots,N_\eta) \\
\text{Min: } J(\boldsymbol{u},\Phi)=\omega_1 \ln f_c(\boldsymbol{u})+\omega_2 \ln f_s(\sigma^{vm}) \\
\text{s. t.: } \begin{cases}
a(\boldsymbol{u},\delta\boldsymbol{u})=L(\delta\boldsymbol{u}), \quad \forall\, \delta\boldsymbol{u}\in H^1(\Omega) \\
G(\phi)=\sum_{n_s=1}^{N_s}\sum_{i=1}^{N_\xi}\sum_{j=1}^{N_\eta}\left(\int_{\Omega_{ij}^{n_s}}\phi_{ij}^{n_s} v_0 \,\mathrm{d}\Omega_{ij}^{n_s}\right)-V_{\max}\leqslant 0 \\
G_p \\
0<\phi_{\min}\leqslant \phi_{ij,\hat{i}\hat{j}}^{n_s}\leqslant 1,(\hat{i}=1,2,\cdots,n;\ \hat{j}=1,2,\cdots,m)
\end{cases}
\end{cases}
\tag{6-15}
$$

相比于式(6-13)，其引入了 G_p 多孔周期性约束，在结构区域划分中，也更为复杂，首先需要将宏观结构划分为一系列个多片 NURBS 结构几何建模，然后在每一个 NURBS 片中，再具体细致划分多个微观结构。而周期性约束施加在每一个片中的多孔微观结构中。周期性约束条件总结如下：

$$
\begin{cases}
\phi_{11}^{1}=\phi_{11}^{2}=\cdots=\phi_{ij}^{n_s}=\cdots=\phi_{N_\xi N_\eta}^{N_s} \\
\phi_{11}^{n_s}=\phi_{12}^{n_s}=\cdots=\phi_{ij}^{n_s}=\cdots=\phi_{N_\xi N_\eta}^{n_s} \\
\phi_{i1}^{n_s}=\phi_{i2}^{n_s}=\cdots=\phi_{ij}^{n_s}=\cdots=\phi_{iN_\eta}^{n_s} \\
\phi_{1j}^{n_s}=\phi_{2j}^{n_s}=\cdots=\phi_{ij}^{n_s}=\cdots=\phi_{N_\xi j}^{n_s}
\end{cases}
\tag{6-16}
$$

第三类设计，是为了实现多区域实体-多孔结构多功能设计，相比于前两类设计，该类设计是既考虑实体结构优化设计和多孔结构优化设计，又充分引入多目标设计需求，以充分满足实际工程结构的多样化多性能多目标设计需求。在材料用量最大化约束条件下，其对应的优化模型如下：

$$
\begin{cases}
\{\phi_{ij}^{n_{s1}},\phi^{n_{s2}}\}(n_{s1}=1,2,\cdots,N_{s1};\ n_{s2}=1,2,\cdots,N_{s2};\ i=1,2,\cdots,N_\xi;\ j=1,2,\cdots,N_\eta) \\
\text{Min: } J(\boldsymbol{u},\Phi)=\omega_1 \ln f_c(\boldsymbol{u})+\omega_2 \ln f_s(\sigma^{vm}) \\
\text{s. t.: } \begin{cases}
a(\boldsymbol{u},\delta\boldsymbol{u})=L(\delta\boldsymbol{u}), \quad \forall\, \delta\boldsymbol{u}\in H^1(\Omega) \\
G(\phi)=\left\{\sum_{n_s=1}^{N_{s1}}\sum_{i=1}^{N_\xi}\sum_{j=1}^{N_\eta}\left(\int_{\Omega_{ij}^{n_s}}\phi_{ij}^{n_s} v_0 \,\mathrm{d}\Omega_{ij}^{n_s}\right)+\sum_{n_s=1}^{N_{s2}}\left(\int_{\Omega^{n_s}}\phi^{n_s} v_0 \,\mathrm{d}\Omega^{n_s}\right)\right\}-V_{\max}\leqslant 0 \\
G_p \\
0<\phi_{\min}\leqslant \phi_{ij,\hat{i}\hat{j}}^{n_s}\leqslant 1,(\hat{i}=1,2,\cdots,n;\ \hat{j}=1,2,\cdots,m)
\end{cases}
\end{cases}
\tag{6-17}
$$

6.6 灵敏度分析

在多孔结构灵活性设计中，其仅以结构刚度为优化目标，提高结构承载性能以确保最大支撑外界施加的力。相比第 3 章和第 4 章，其优化目标区别不大，对应的设计变量也为控制点密度，因此这里不再具体详述。首先针对结构刚度，关于密度分布函数的灵敏度分析如下：

$$\frac{\partial J_1}{\partial \phi_{ij}^{n_s}} = -\frac{1}{2}\int_{\Omega_{ij}^{n_s}} \varepsilon(\boldsymbol{u})^{\mathrm{T}} \frac{\partial \boldsymbol{C}(\phi_{ij}^{n_s})}{\partial \phi_{ij}^{n_s}}(\boldsymbol{u})\,\mathrm{d}\Omega_{ij}^{n_s} \tag{6-18}$$

根据材料本构弹性张量与密度分布函数的关系，以及对应的密度分布函数构造原理，其关于设计变量控制点密度的一阶导数如下：

$$\frac{\partial J_1}{\partial \phi_{ij,\hat{i}\hat{j}}^{n_s}} = -\frac{1}{2}\int_{\Omega_{ij}^{n_s}} \varepsilon(\boldsymbol{u})^{\mathrm{T}} p_e (\phi_{ij,\hat{i}\hat{j}}^{n_s})^{p_e-1} R_{\hat{i},\hat{j}}^{p,q}(\xi,\eta)\psi(\phi_{ij,\hat{i}\hat{j}}^{n_s})\boldsymbol{C}_0^m \varepsilon(\boldsymbol{u})\,\mathrm{d}\Omega_{ij}^{n_s} \tag{6-19}$$

关于体积分数对设计变量控制顶点的灵敏度分析，在这里不做赘述，与第 3 章和第 4 章保持一致。其次针对结构应力最小化，关于设计变量控制顶点的一阶导数，可采用链式法则求导，对应的函数关系如下：

$$\frac{\partial J_2}{\partial \phi_{ij,\hat{i}\hat{j}}^{n_s}} = \frac{\partial f(\sigma^{vm})}{\partial \boldsymbol{\sigma}_e^{vm}} \frac{\partial \boldsymbol{\sigma}_e^{vm}}{\partial \boldsymbol{\sigma}_e} \frac{\partial \boldsymbol{\sigma}_e}{\partial \phi_{ij}^{n_s}} \frac{\partial \phi_{ij}^{n_s}}{\partial \phi_{ij,\hat{i}\hat{j}}^{n_s}} \tag{6-20}$$

在使用诱导 p-norm 聚合公式的情况下，相关的应力对设计变量的一阶导数可以表示为

$$\frac{\partial \sigma_{I_{pn}}}{\partial \phi_{ij,\hat{i}\hat{j}}^{n_s}} = \left(\frac{\partial \sigma_{I_{pn}}}{\partial \phi_{ij,\hat{i}\hat{j}}^{n_s}}\right)_1 + \left(\frac{\partial \sigma_{I_{pn}}}{\partial \phi_{ij,\hat{i}\hat{j}}^{n_s}}\right)_2 + \left(\frac{\partial \sigma_{I_{pn}}}{\partial \phi_{ij,\hat{i}\hat{j}}^{n_s}}\right)_3 + \left(\frac{\partial \sigma_{I_{pn}}}{\partial \phi_{ij,\hat{i}\hat{j}}^{n_s}}\right)_4 \tag{6-21}$$

其中，

$$\begin{cases}
\left(\dfrac{\partial \sigma_{I_{pn}}}{\partial \phi_{ij,\hat{i}\hat{j}}^{n_s}}\right)_1 = (\mathrm{A}_2)^{-1}(p_{I_{pn}}+1)(\sigma_e^{vm})^{p_{I_{pn}}-1} p_\sigma (\phi_{ij,e}^{n_s})^{p_\sigma-1} \boldsymbol{\sigma}_e^{\mathrm{T}}\boldsymbol{V}\boldsymbol{D}_0\boldsymbol{B}_e\boldsymbol{u}_e R_{\hat{i},\hat{j}}^{p,q}(\xi,\eta) \dfrac{\partial \hat{\phi}_{ij,\hat{i}\hat{j}}^{n_s}}{\partial \tilde{\phi}_{ij,\hat{i}\hat{j}}^{n_s}} \psi(\phi_{ij,\hat{i}\hat{j}}^{n_s}) \\
\left(\dfrac{\partial \sigma_{I_{pn}}}{\partial \phi_{ij,\hat{i}\hat{j}}^{n_s}}\right)_2 = \lambda_3^{\mathrm{T}}\boldsymbol{K}^{-1} \dfrac{\partial \boldsymbol{K}}{\partial \phi_{ij,e}^{n_s}} \boldsymbol{u} R_{\hat{i},\hat{j}}^{p,q}(\xi,\eta) \dfrac{\partial \hat{\phi}_{ij,\hat{i}\hat{j}}^{n_s}}{\partial \tilde{\phi}_{ij,\hat{i}\hat{j}}^{n_s}} \psi(\phi_{ij,\hat{i}\hat{j}}^{n_s}) \\
\left(\dfrac{\partial \sigma_{I_{pn}}}{\partial \phi_{ij,\hat{i}\hat{j}}^{n_s}}\right)_3 = -\mathrm{A}_1(\mathrm{A}_2)^{-2} p_{I_{pn}} (\sigma_e^{vm})^{p_{I_{pn}}-2} p_\sigma (\phi_{ij,e}^{n_s})^{p_\sigma-1} \boldsymbol{\sigma}_e^{\mathrm{T}}\boldsymbol{V}\boldsymbol{D}_0\boldsymbol{B}_e\boldsymbol{u}_e R_{\hat{i},\hat{j}}^{p,q}(\xi,\eta) \dfrac{\partial \hat{\phi}_{ij,\hat{i}\hat{j}}^{n_s}}{\partial \tilde{\phi}_{ij,\hat{i}\hat{j}}^{n_s}} \psi(\phi_{ij,\hat{i}\hat{j}}^{n_s}) \\
\left(\dfrac{\partial \sigma_{I_{pn}}}{\partial \phi_{ij,\hat{i}\hat{j}}^{n_s}}\right)_4 = \lambda_4^{\mathrm{T}}\boldsymbol{K}^{-1} \dfrac{\partial \boldsymbol{K}}{\partial \phi_{ij,e}^{n_s}} \boldsymbol{u} R_{\hat{i},\hat{j}}^{p,q}(\xi,\eta) \dfrac{\partial \hat{\phi}_{ij,\hat{i}\hat{j}}^{n_s}}{\partial \tilde{\phi}_{ij,\hat{i}\hat{j}}^{n_s}} \psi(\phi_{ij,\hat{i}\hat{j}}^{n_s})
\end{cases} \tag{6-22}$$

其中，伴随问题的两个值 λ_3 和 λ_4

$$\begin{cases}
\boldsymbol{K}\lambda_3 = -(\mathrm{A}_2)^{-1}(p_{I_{pn}}+1)(\sigma_e^{vm})^{p_{I_{pn}}-1}(\phi_{ij,e}^{n_s})^{p_\sigma}(\boldsymbol{D}_0\boldsymbol{B}_e\boldsymbol{L}_e)^{\mathrm{T}}\boldsymbol{V}\boldsymbol{\sigma}_e \\
\boldsymbol{K}\lambda_4 = \mathrm{A}_1(\mathrm{A}_2)^{-2} p_{I_{pn}}(\sigma_e^{vm})^{p_{I_{pn}}-2}(\phi_{ij,e}^{n_s})^{p_\sigma}(\boldsymbol{D}_0\boldsymbol{B}_e\boldsymbol{L}_e)^{\mathrm{T}}\boldsymbol{V}\boldsymbol{\sigma}_e
\end{cases} \tag{6-23}$$

其中

$$\mathrm{A}_1 = \int_\Omega (\sigma^{vm})^{p_{I_{pn}}+1}\mathrm{d}\Omega;\quad \mathrm{A}_2 = \int_\Omega (\sigma^{vm})^{p_{I_{pn}}}\mathrm{d}\Omega \tag{6-24}$$

式中，$p_{I_{pn}}$ 为诱导 p-norm 聚合函数的应力范数参数，一般设为 6；p_σ 为应力惩罚参数，为

避免优化过程中的数值奇异性，一般设置为 0.5。上述灵敏度分析是针对多孔结构优化而导出的，它们具有与实体拓扑设计相似的方程。

6.7 案例讨论

在本章节中，主要讨论上述多孔结构灵活性设计模型和功能性设计模型的有效性，以验证上述模型建立的合理性和必要性。具体主要分为两大块：①具体讨论如何实现多孔结构灵活性设计，再从一致性网格和非一致性网格两个角度去阐述当前多孔结构灵活性设计的通用性；②具体讨论多孔结构功能性设计，主要围绕实体结构、多孔结构、实体-多孔结构分别展开叙述。在所有的案例中，材料杨氏模量定义为 1，泊松比为 0.3，所有施加负载的值均为 1。在结构几何模型建立中，均采用二次 NURBS 基函数，在每一个等几何单元中选择 3×3 个高斯积分点。材料属性惩罚参数值定义为 3。迭代收敛条件定义为：当连续两次迭代步中控制点设计变量差值绝对值小于 1%或者达到最大收敛步骤 200 步。

6.7.1 多孔结构灵活性设计

如图 6-9 所示，给出了悬臂梁和圆环两种案例，将用于后续多孔结构灵活性设计。针对圆环案例，在外界边界上施加均匀的周期性负载，每一个负载力的大小均为 1；在圆环中划分 400×200 个 IGA 单元网格。

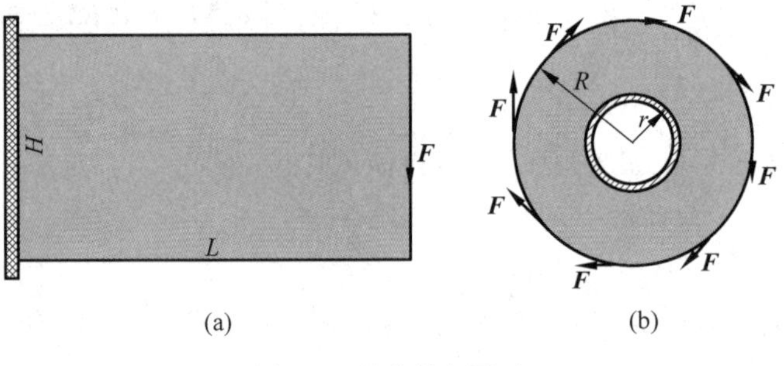

图 6-9 悬臂梁与圆环

1. 周期性分布设计

本小节中，将基于多孔结构灵活性设计模型来讨论微单元周期性分布的多孔结构优化问题。在所有的数值例子中，假设一个相同的微单元将周期性地分布在每个片上，而不是整体设计域。但是如果设计域由一个片建模，则意味着设计域由一个相同的微单元均匀分布。

正如在 4.2 节中已经讨论的那样，设计域可以由多个 NURBS 片建模，每个片将再继续被划分为一系列子域。在多孔结构设计中，每个子域在优化过程中被假设为一个微单元。在本节中，首先对图 6-9(a)所示的悬臂梁进行研究。为了讨论周期性多孔结构设计的灵活性，图 6-10 给出了悬臂梁的五种不同的 NURBS 模型，需要指出的是，每一个 NURBS 模型中对应的不同片采用不同的颜色来表示。在图 6-10(a)中，设计域由单个 NURBS 片建模，然后再划分为 32 个子域。图 6-10(b)给出了由两个 NURBS 片建立的悬臂梁模型，每个 NURBS 片被划分为 16 个子域。在图 6-10(c)中，仍然考虑了两个 NURBS 片用于建模悬臂

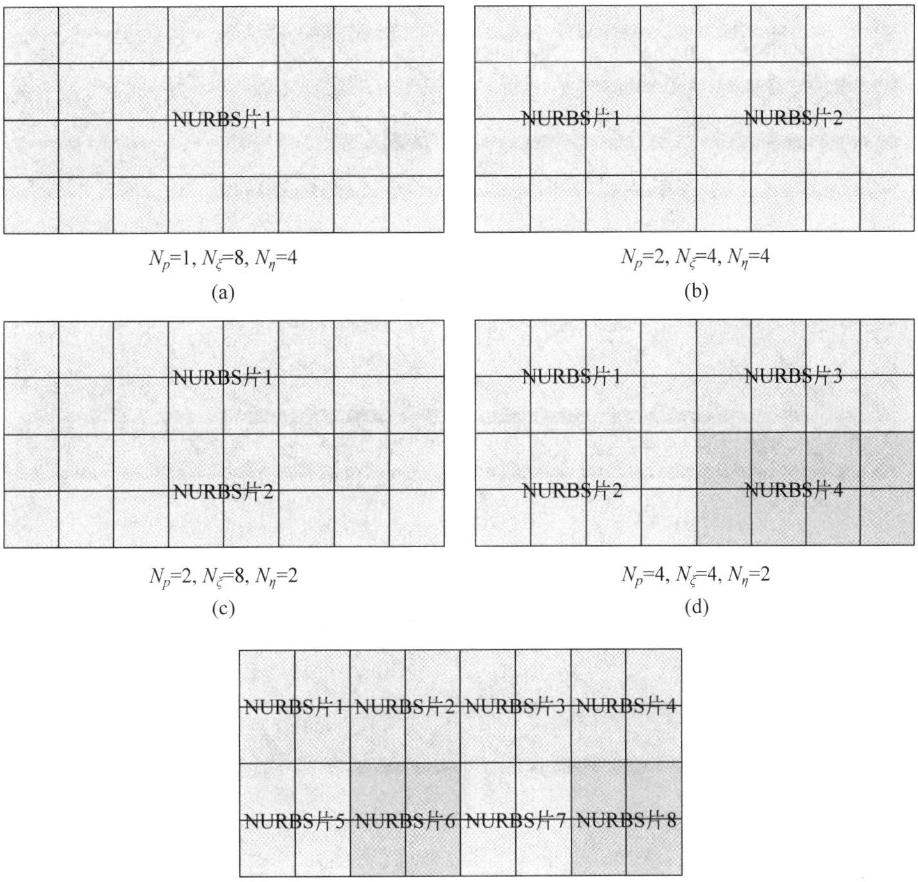

N_p=1, N_ξ=8, N_η=4
(a)

N_p=2, N_ξ=4, N_η=4
(b)

N_p=2, N_ξ=8, N_η=2
(c)

N_p=4, N_ξ=4, N_η=2
(d)

N_p=8, N_ξ=2, N_η=2
(e)

图 6-10　悬臂梁的 5 种不同 *NURBS* 模型

(a) 1 个 NURBS 片；(b) 2 个 NURBS 片；(c) 2 个 NURBS 片；(d) 4 个 NURBS 片；(e) 8 个 NURBS 片

梁，而与图 6-10(b)相比，相应的划分区域不同。图 6-10(d)显示了由四个 NURBS 片建模的悬臂梁，每个片被划分为 8 个子域。在图 6-10(e)中，使用 8 个 NURBS 片对悬臂梁进行建模，每个片被划分为 4 个子域。在上述 5 种 NURBS 模型中，在五种情况下所有子域的个数都等于 32。对于该模型，相应的材料体积分数均设置为 40%。

如图 6-11 所示，展示了悬臂梁的 5 种不同的周期性微单元多孔结构优化设计，其中具有一种独特微单元的悬臂梁多孔结构设计如图 6-11(a)所示，具有两种独特微单元的悬臂梁多孔结构设计如图 6-11(b)和(c)所示，图 6-11(d)显示了包含 4 种不同微单元的悬臂梁多孔结构设计，图 6-11(e)显示了具有 8 种不同微单元的悬臂梁多孔结构设计。可以看到，在使用多孔结构设计模型对悬臂梁进行多孔结构设计时，对每个 NURBS 片中的所有子域施加周期性约束可以为实现多孔结构设计提供卓越的优势。通过多个 NURBS 片对设计域进行灵活建模，然后对子域的微观结构拓扑进行周期性控制，从而实现设计域多孔结构的优化设计。如图 6-11 所示，假设每个 NURBS 片均匀填充一个相同的微单元，几何模型中考虑多个 NURBS 片可以丰富微单元的多样性，有利于提高结构刚度。此外可以很容易地观察到，随着区域内不同微单元数量的增加，多孔设计可以具有更好的结构性能。设计域内不同微

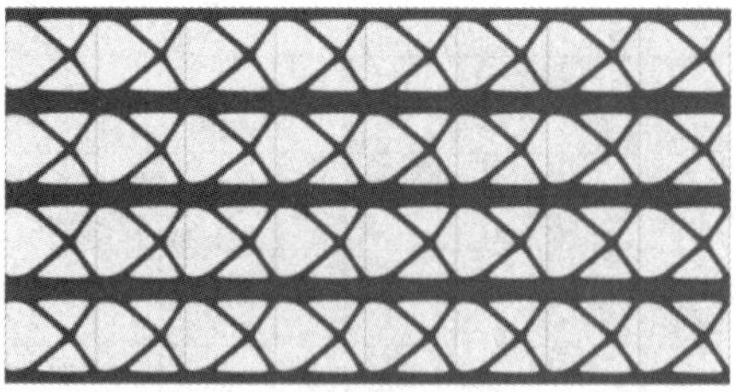

J_1=185.8

(a)

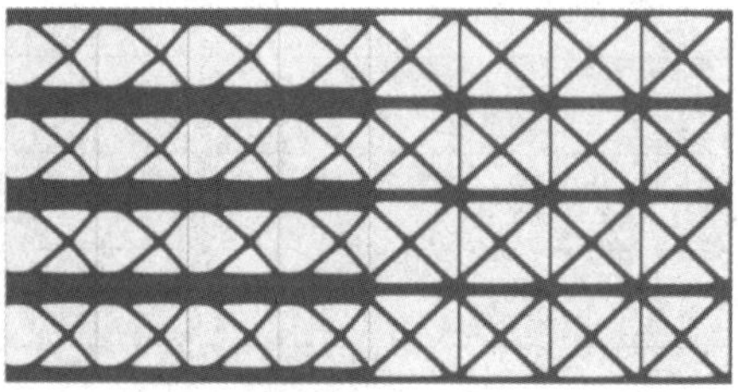

J_2=169.3

(b)

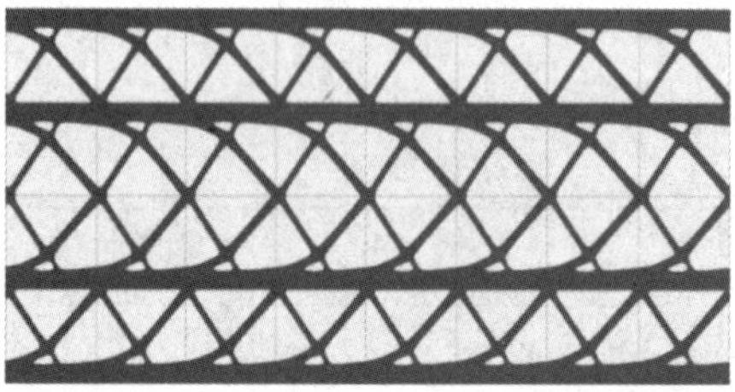

J_3=135.8

(c)

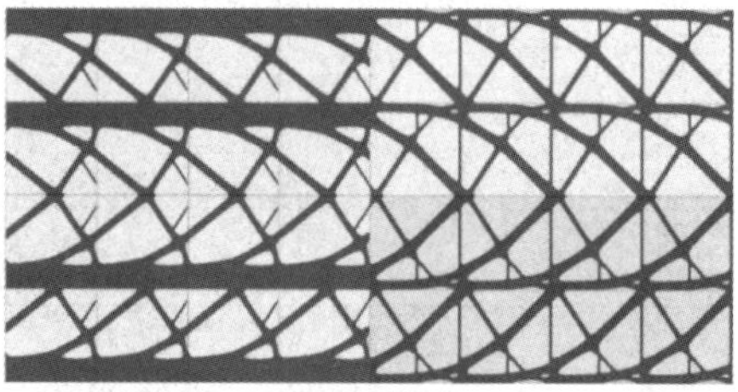

J_4=124.7

(d)

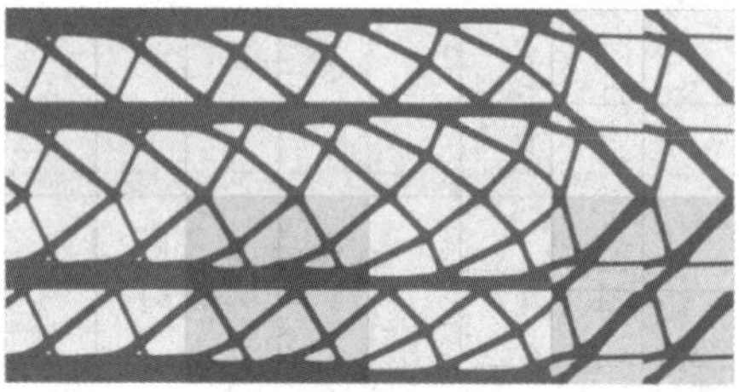

J_5=121.75

(e)

图 6-11 悬臂梁微单元周期分布的五种多孔结构优化设计

(a) 1 个 NURBS 片；(b) 2 个 NURBS 片；(c) 2 个布局不同的 NURBS 片；(d) 4 个 NURBS 片；(e) 8 个 NURBS 片

单元的多样性可以更好地适应载荷条件和获得优越的结构性能。由该案例可以看出，本章提出的多孔结构设计模型具有以下优点：①由多个 NURBS 片建模的几何结构可以有效地随机将区域划分为若干子部分，并且可以灵活地控制多个 NURBS 片的总体分布来生成多孔设计；②优化过程中，不同的 NURBS 片之间不存在相互作用，并且 NURBS 片中的微单元可以单独和同时进行优化以提高性能。

针对图 6-9(b)中的圆环结构，相应的材料体积分数设为 44%。如图 6-12 所示，为圆环定义了两种不同的 NURBS 模型。在第一个模型中，使用一个包含 32 个子域的 NURBS 片对圆环的整个设计域进行建模，如图 6-12(a)所示。第二种模型利用具有 32 个子域的两个 NURBS 片来对圆环建模，如图 6-12(b)所示。两种不同 NURBS 模型情况下圆环的多孔结构优化设计如图 6-13 所示。可以很容易地发现，对于具有弯曲设计域的圆环，单个微单元的优化设计与悬臂梁的优化设计不同。对圆环而言，相应的子域沿径向方向不同，但具有相似的几何形状。在优化中，同一片中的每个子域具有相同的密度分布函数，并且具有相同的控制设计变量。然而，在径向方向上对应的子域面积变得更大，而几何形状是一致的。因此，最终优化的微单元具有相同的控制设计变量，而相应的拓扑结构则以模式重复的方式逐渐变化。结果表明，所提出的多孔结构设计模型能够有效地实现具有周期分布的环形空间以模式重复的方式进行多孔结构设计，优化后的微单元周期性地分布在圆环相应的片上。还可以发现，NURBS 片的增加可以提高微单元的多样性，有利于提高相关性能，即图 6-13(b)

中多孔结构设计的目标函数低于图 6-13(a)。

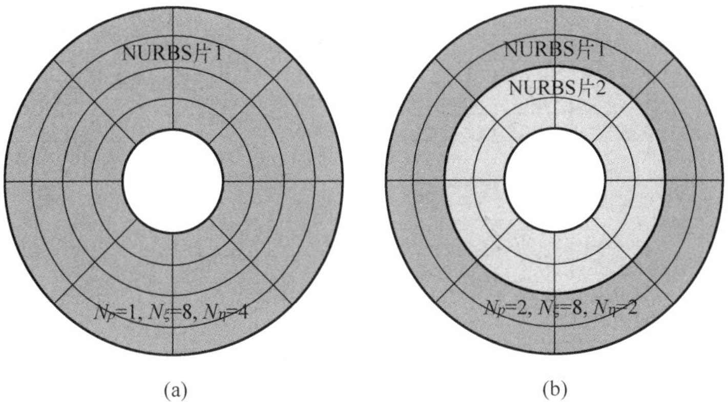

图 6-12　圆环的两种不同的 NURBS 模型

(a) 1 个 NURBS 片；(b) 2 个 NURBS 片

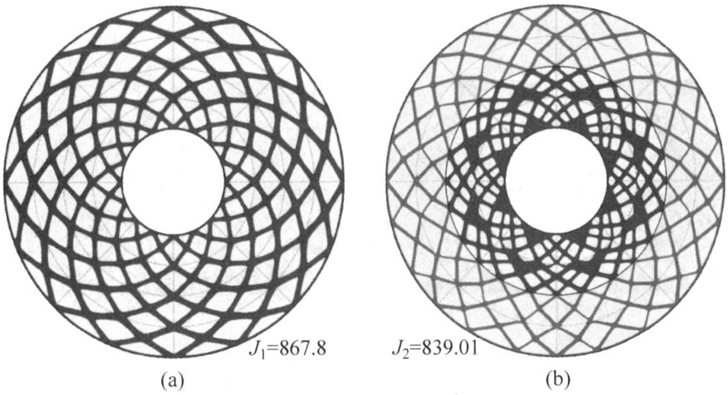

图 6-13　圆环周期微单元的两种多孔结构优化设计

(a) 1 个 NURBS 片；(b) 2 个 NURBS 片

2. 梯度性分布设计

在上小节中，可以很容易地观察到，不同微单元的增加可以有效地提高结构性能。相比于周期性微单元结构，梯度微单元结构具有更优越的结构性能，其主要原因是微单元的多样性可以提供更好的承受载荷的效益。因此，本小节主要目的是讨论所提出的多孔结构设计模型在微单元梯度分布的多孔结构设计问题。在梯度多孔结构优化设计中，多片的定义比周期性微单元多孔设计更为复杂。如图 6-14 所示，对悬臂梁定义了 3 种不同的多片 NURBS 模型。在图 6-14(a)中假设悬臂梁沿垂直方向具有微单元的梯度分布，水平方向的微单元具有相同的拓扑结构。在图 6-14(b)中，将悬臂梁划分为两个主要部分，并在这两个主要部分中预先定义了相同的梯度分布方向。在图 6-14(c)中右侧区域与图 6-14(b)相比具有不同的微单元梯度方向。

如图 6-15 所示，展示了对悬臂梁进行三种不同梯度微单元分布的优化设计结果。可以看到，基于所提出的多片等几何拓扑优化方法，通过改变 NURBS 模型中多个片的设置，可以实现悬臂梁的梯度多孔结构设计。同时，基于提出的方法，可以灵活地控制微单元在设计

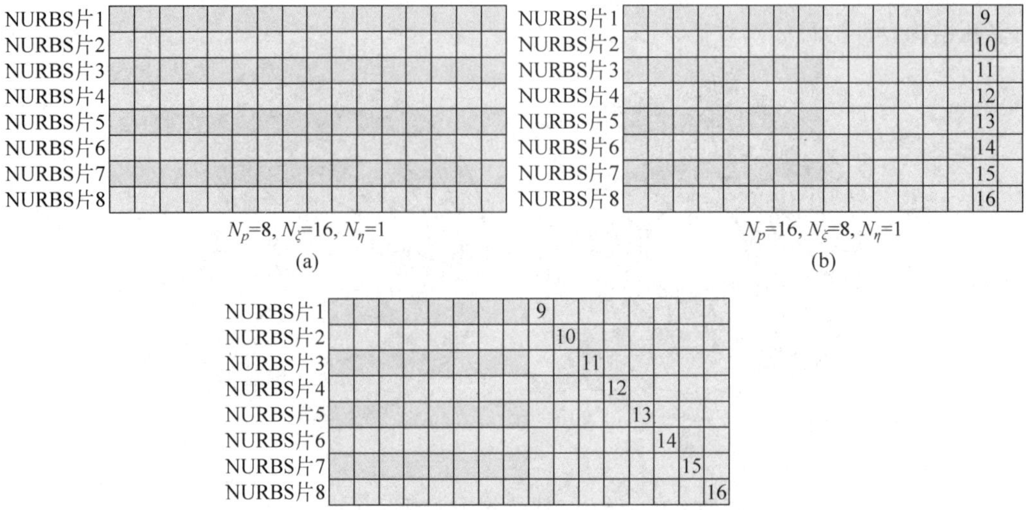

N_p=8, N_ξ=16, N_η=1
(a)

N_p=16, N_ξ=8, N_η=1
(b)

N_p=1–8, N_ξ=8, N_η=1, N_p=9–16, N_ξ=1, N_η=8
(c)

图 6-14　悬臂梁的 3 种不同 NURBS 模型
(a) 8 个 NURBS 片；(b) 16 个 NURBS 片；(c) 16 个 NURBS 片

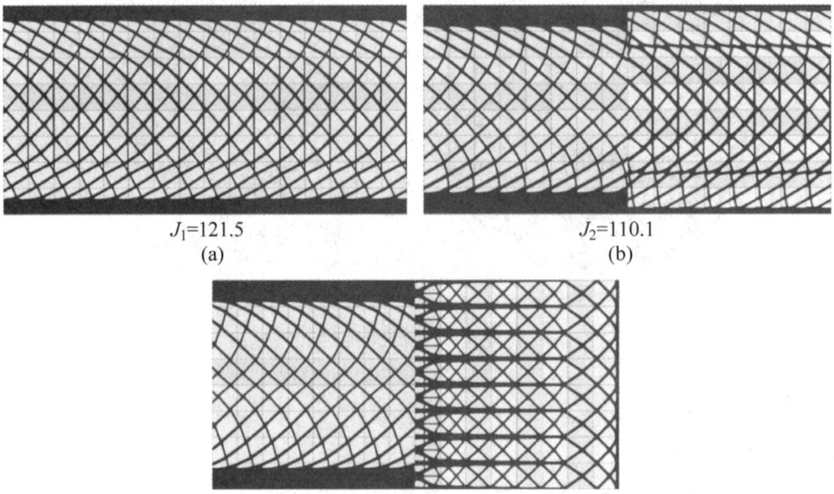

J_1=121.5
(a)

J_2=110.1
(b)

J_3=115.8
(c)

图 6-15　悬臂梁梯度微单元分布的 3 种多孔结构优化设计
(a) 8 个 NURBS 片；(b) 16 个 NURBS 片；(c) 16 个 NURBS 片

域内的梯度分布。如图 6-15(c)所示可以在设计域中定义两种不同的微单元梯度分布方向，以比图 6-15(a)更低的目标函数提高结构性能。图 6-15(b)和(c)所示的梯度多孔结构设计可以有效地证明所提出的多孔结构设计模型在梯度多孔结构设计方面的优越能力。同时，图 6-15 所示的梯度多孔结构相对于图 6-11 所示的周期性多孔结构具有更好的结构承载性能，也反映了在实际中采用梯度性分布更有利于承载。

对于圆环案例，也可以用多孔结构设计模型对其进行梯度多孔结构设计。如图 6-16 所示，提供了两种不同的 NURBS 模型，具有不同的多片 NURBS 建模设置。在图 6-16(a)中，圆环模型定义了 8 个 NURBS 片，其中沿径向只定义了一个微单元梯度分布方向，圆周方向的片在相应的子域中具有相同的微单元。在图 6-16(b)中,定义了两个微单元梯度分布方向,其中一个梯度分布方向对应于圆周方向,这意味着在径向上的片在相应的子域中也具有相同的微单元。

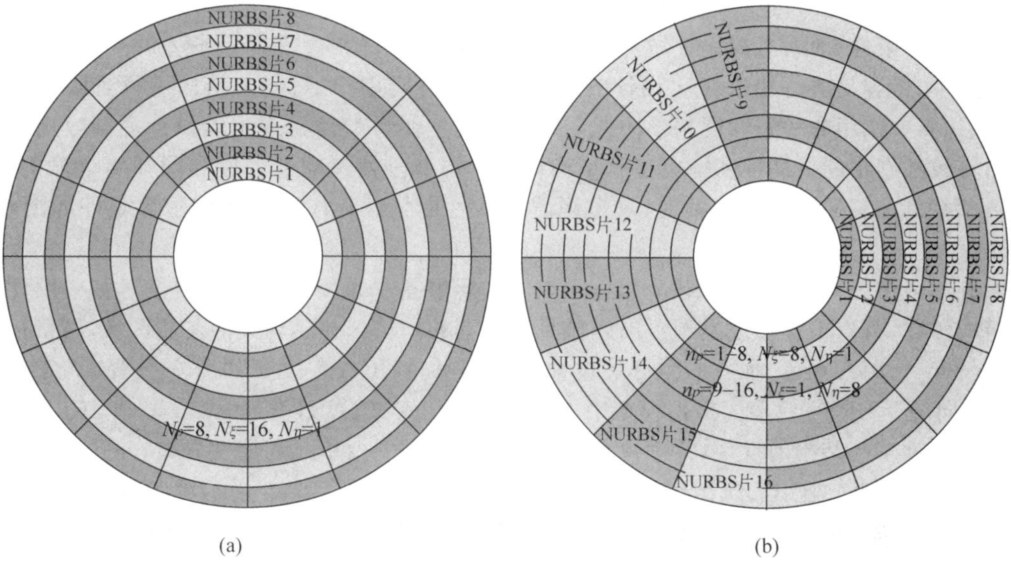

图 6-16　两种不同的圆环 NURBS 模型

(a) 8 个 NURBS 片;(b) 16 个 NURBS 片

图 6-17 给出了圆环梯度多孔结构的两种优化设计。可以很容易地发现,在第一种情况下,每个 NURBS 片都有相同的微单元,而微单元沿着圆环的径向以梯度变化的形式在设计域中分布。在第二种情况下,优化中预先定义了两个梯度微单元分布方向。可以很容易看到,圆环右侧区域的拓扑结构与图 6-17(a)中优化后的拓扑结构相同。然而,圆环的左侧区域有一个关键的不同的微单元多孔分布。在圆周方向上,微单元呈梯度分布,在径向上,微单元在同一片上呈重复模式逐渐变化。同时,还可以发现,情形 2 比情形 1 的梯度多孔设计具有更高的柔顺性。主要原因是径向梯度分布能更好地适应荷载和边界条件。以上案例验

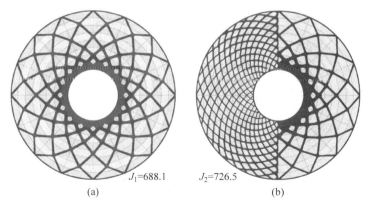

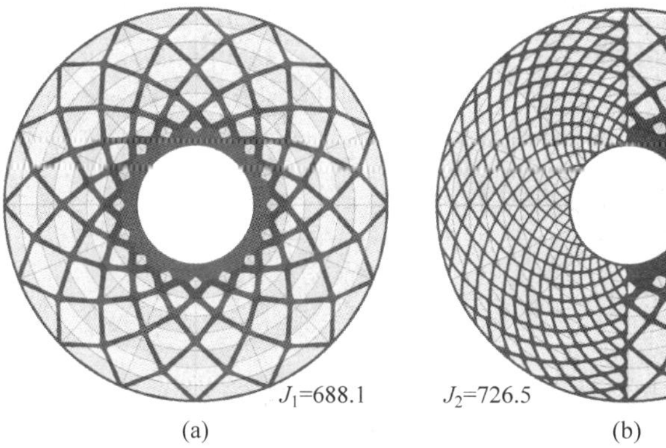

图 6-17　圆环的两种梯度多孔结构优化设计

(a) 8 个 NURBS 片;(b) 16 个 NURBS 片

证了多孔结构设计模型在曲线设计域的有效性和灵活性。

3. 非一致网格悬臂梁多孔结构设计

在上述案例讨论中，可以有效说明所提出的设计模型在周期性和梯度多孔结构设计上的有效性，其中主要讨论了矩形和曲线设计域两个基准案例。然而，对数值问题情况的讨论有重要的局限性，即所有的设计域都是由一致性网格离散化的。在设计模型中，一致性网格是最简单、最容易进行相关优化设计的。在设计模型应用中，对复杂结构进行有限元分析时，往往需要采用非一致性网格。因此，在本节中，主要目的是将提出的设计模型应用于具有非一致性网格的周期性和梯度多孔结构设计。本节仍然考虑悬臂梁和圆环两个算例，每个数值案例中相关参数保持不变，只考虑非一致性网格。相应的载荷和边界条件如图 6-9 所示。

在本节中，考虑具有相应载荷和边界条件的悬臂梁。采用非一致性网格对整个设计域进行离散化，可以很容易地发现不同区域具有不同的网格。在悬臂梁的左侧区域，网格包含 200×200 个 IGA 单元，而在右侧区域包含 200×100 个 IGA 单元。如图 6-18 所示，考虑了 3 种不同的 NURBS 模型。根据模型中 NURBS 片的定义，可以发现，第一个 NURBS 模型用于周期性多孔结构的设计，其中每个片将由一个不同的微单元周期性分布，并且在两个片的 NURBS 模型中包含 24 个子域。在图 6-18(b)和(c)中，具有 96 个子域的微单元梯度分布将在后面的讨论中考虑，其中在图 6-18(c)中定义了两个不同的梯度分布方向。3 种数值情况下的最大材料消耗均定义为 40%。

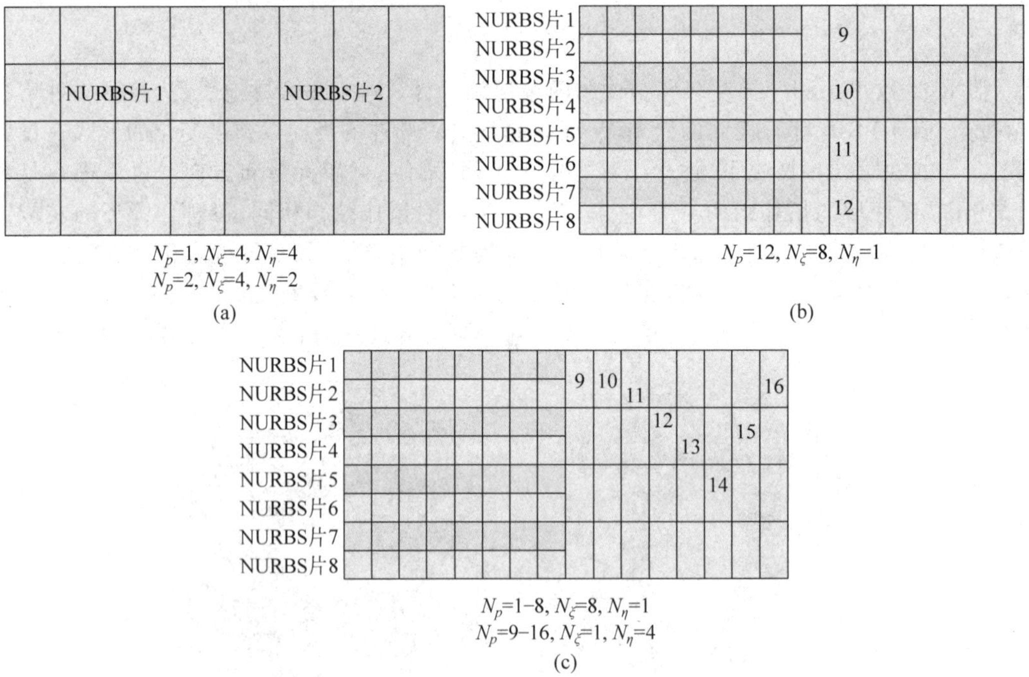

图 6-18 悬臂梁的 3 种不同 NURBS 模型

(a) 2 个 NURBS 片；(b) 12 个 NURBS 片；(c) 16 个 NURBS 片

图 6-19 给出了悬臂梁的 3 种优化多孔结构设计，其中图 6-19(a)为两个 NURBS 片的悬臂梁周期性多孔结构设计，图 6-19(b)为带有 12 个 NURBS 片的悬臂梁梯度多孔结构，

图 6-19(c)为带有 16 个 NURBS 片的悬臂梁梯度多孔结构。通过图 6-19 所示的周期和梯度多孔结构设计,可以证明所提出的多孔结构设计模型对于非一致性网格下多孔结构优化的有效性和灵活性。在周期多孔结构优化中,左右两个 NURBS 片的子域具有不同的面积,优化后的微单元在最终设计中仍然可以自然连接以承受载荷。这主要是由于用于多孔结构设计的 MP-ITO 方法开发了全尺度设计公式,在一个数值分析模型中同时考虑了相应子域的所有微单元,并将所有微单元的优化拓扑自然连接,以确保生成完整的加载-传输路径。在另外两个设计实例中也可以发现类似的自然连接特性。同时,可以很容易地发现,与图 6-19(a)中的周期性多孔结构相比,梯度多孔结构具有更优越的结构性能,即结构柔度更低。在图 6-19(c)优化后的多孔结构中,很容易观察到两种不同的梯度分布方向。因此,可以得出结论,即使在设计域的离散化中考虑了非一致性网格,所提出的多孔结构设计模型也具有实现周期性和梯度多孔结构设计的强大能力。

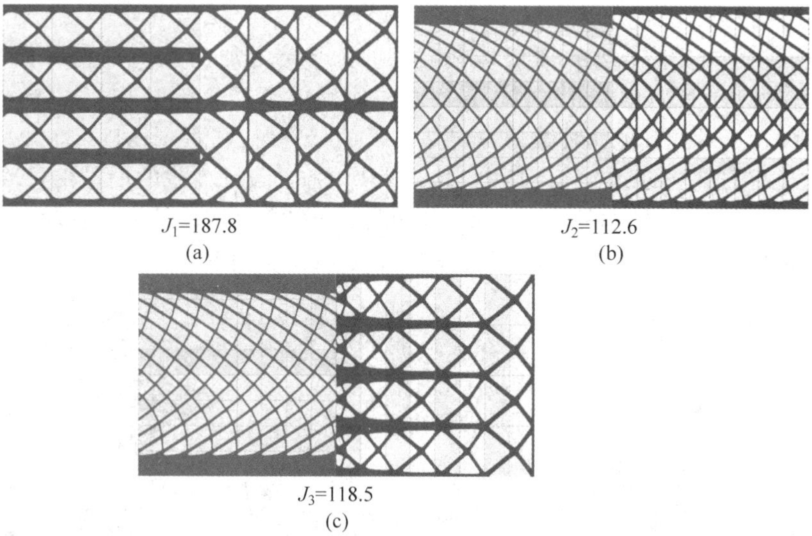

图 6-19　悬臂梁周期微单元或梯度微单元的 3 种多孔结构优化设计

(a) 两个片的周期多孔结构；(b) 12 个片的梯度多孔结构；(c) 16 个片的梯度多孔结构

4. 非一致网格圆环多孔结构设计

在本节中,考虑具有非一致性网格的圆环的周期或梯度多孔结构设计,目的是进一步证明提出的多孔结构设计模型在曲线设计域的有效性和灵活性。体积分数均设置为 40%。如图 6-20 所示,考虑三种不同的非一致性网格。在图 6-20(a)中,定义了 200×100 个 IGA 单元的上半部分和 200×200 个 IGA 单元的下半部分。在图 6-20(b)中,圆环的右上方区域,即四分之一圆环的网格为 150×200 个 IGA 单元,而圆环网格为 300×100 个 IGA 单元。在图 6-20(c)中,圆环的右上和左下区域均用 200×200 个 IGA 单元,圆环的右下和左上区域用 200×100 个 IGA 单元离散。

如图 6-21 所示,为了优化圆环的周期性多孔结构,定义了 3 个不同的多片 NURBS 模型,其中在圆环区域定义了两个不同子域布局的片。相关优化结果如图 6-22 所示,实现了 3 种不同的圆环周期性多孔结构优化设计。可以看到,虽然在优化中考虑了非一致性网格,但所提出的多孔结构设计模型对于具有周期分布的圆环多孔结构的优化也是有效的。此外,尽管不同 NURBS 片的子域具有不同的区域,但优化后的微单元仍然可以保持良好的连接,

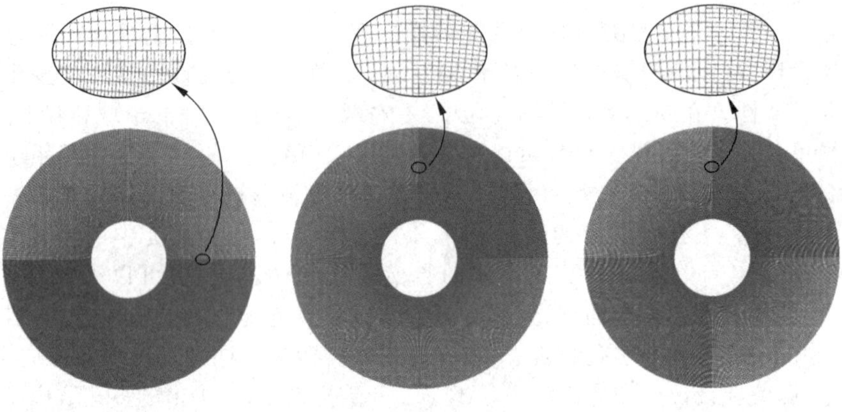

(a) (b) (c)

图 6-20 圆环的 3 种不一致网格

以确保在设计域中产生连续的加载传输路径，以承受施加的载荷。相对而言，第一个NURBS 模型中两个片的分布更有利于提高结构刚度以承受载荷，其相关目标函数相对于图 6-22(b)和(c)所示的其他两种数值情况是最低的。同时，在每个 NURBS 片中可以很容易地找到优化后的重复的微单元。其中，由于优化中控制设计变量的设置相同，结构几何形状相同，导致相应的拓扑结构相似。因此，本章提出的多孔结构设计模型在设计曲线设计域的周期多孔结构方面的有效性和灵活性可以在上述数值实例中得到证明。

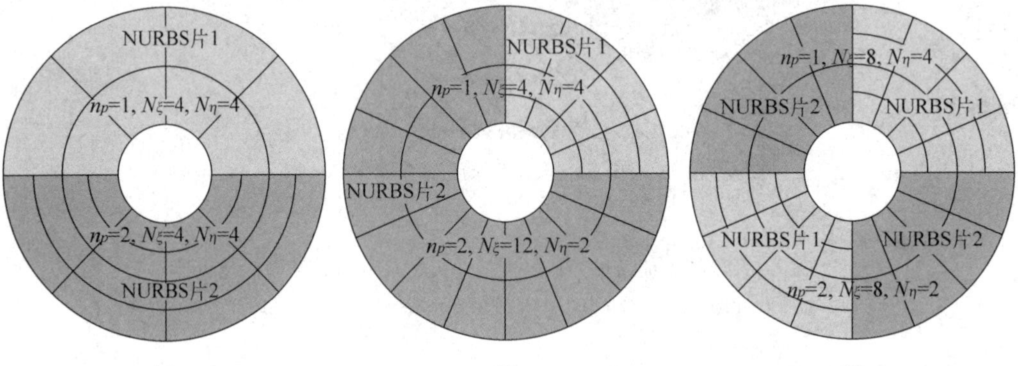

(a) (b) (c)

图 6-21 包含两个片的圆环的三种不同的子域分布

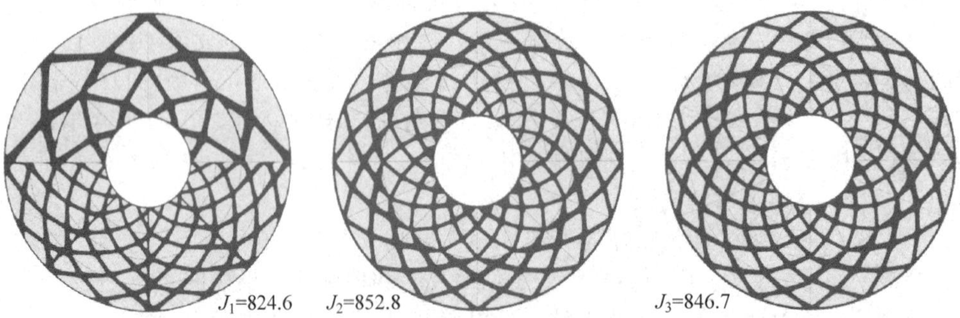

(a) (b) (c)

图 6-22 在两个片上具有不同周期性微单元分布的圆环结构的三种优化设计

提出的多孔结构设计模型还可以应用于圆环梯度多孔结构的优化研究。如图6-23所示，预先定义了三种不同的圆环NURBS模型，它们具有相同数量的结构NURBS片，但在圆环中的分布不同。在第一个NURBS模型中使用图6-20(b)中的非一致性网格对圆环进行离散化。第二种和第三种NURBS模型采用图6-20(c)中定义的非一致网格。同时，第三种NURBS模型设置了两个不同于第二种NURBS模型的梯度分布方向，具体如图6-23所示。如图6-24所示，给出了圆环梯度多孔结构的三种优化设计。可以很容易地看到，优化后的梯度多孔结构随着NURBS片布局而变化，优化后的微单元的分布也不同。

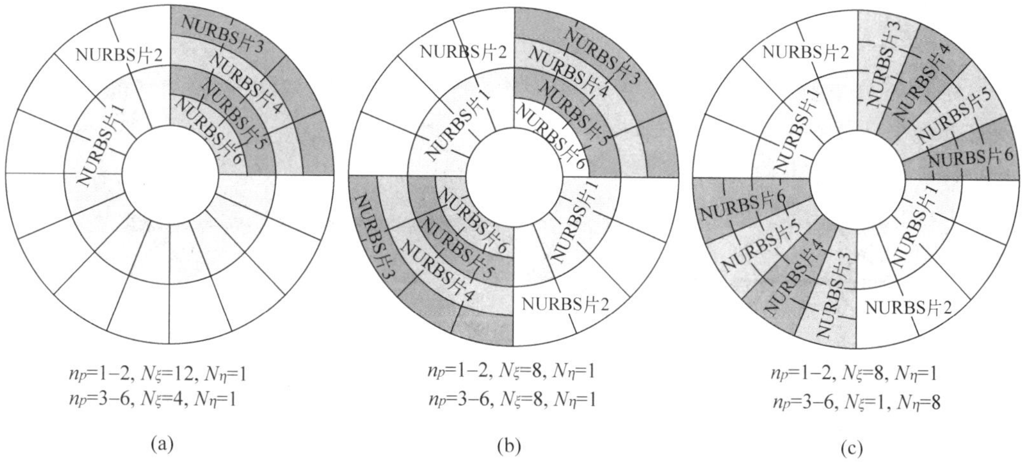

图6-23 包含六个片的圆环的三种不同的子域分布

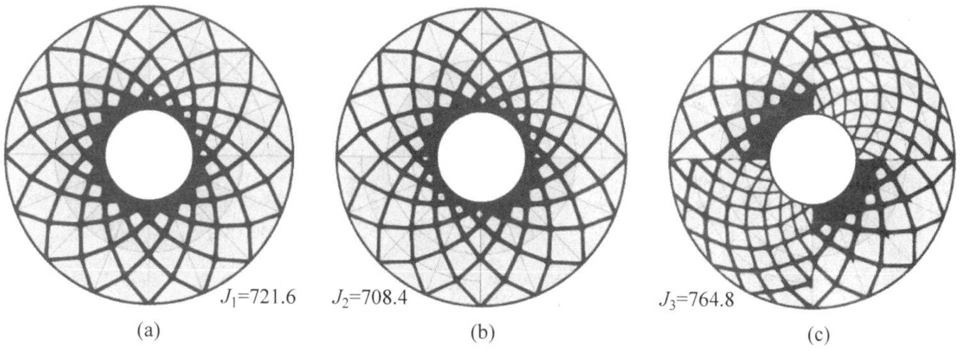

图6-24 在六个片上具有不同梯度微单元分布的圆环结构的三种优化设计

与图6-22所示的周期性多孔结构设计相比，优化后的结构性能可以随着梯度多孔结构中微单元多样性的增加而提高。在图6-24(a)中，可以很容易地发现，优化后的微单元可以在不同片之间的结构界面上自然连接。此外，随着渐变层数的增加，在相应的片中可以获得更多的微单元，并且用于微单元分布的渐变层的致密程度会影响优化结构的性能，即第二种情况的刚度优于第一种情况给出的多孔结构设计。NURBS模型中多个片的灵活布局，可以有效地促进梯度多孔结构设计，为多孔结构设计提供较高的灵活性，并且提高结构性能，也能更好地满足工程要求。因此，可以得出结论，所提出的多孔结构设计模型在曲线设计域的梯度多孔结构设计中是有效的。此外，还证明了多孔结构设计模型在周期性或梯度多孔结构中具有良好的灵活性。

5. 复杂结构多孔结构周期性设计

本小节的重点是介绍多孔结构设计模型对复杂结构的多孔设计上的有效性，这些结构只能通过多个 NURBS 片有效地建模。这里考虑第 4 章给出的带有两个方孔的悬臂梁，并采用对应的等几何分析网格。由于结构设计域的几何特征复杂，单个 NURBS 片无法对结构设计域进行建模。结构尺寸与之前案例设计中保持一致。材料消耗比定义为 40%。相对应的优化结果如图 6-25 所示，其中带孔悬臂梁的周期多孔设计和梯度多孔设计均具有相应的目标函数。首先，可以很容易地发现，梯度多孔设计在整个设计域中具有光滑连续的材料分布连接，以承受施加的载荷，可以有效地说明多片等几何拓扑优化方法中结构拓扑描述模型的正确性。其次，目标函数较低的梯度多孔设计比悬臂梁的周期多孔设计具有更好的结构性能，证明了多孔结构设计模型在多孔设计中的合理性。最后，带孔悬臂梁的优化结果也可以显示多孔结构设计模型在需要多个 NURBS 片建模的复杂结构中进行多孔结构设计的卓越能力。

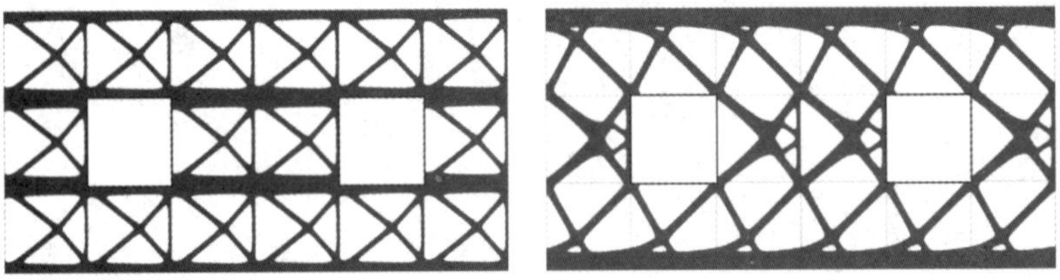

J_1=212.78 J_2=155.69

(a) (b)

图 6-25 带孔悬臂梁的多孔设计

(a) 周期多孔设计；(c) 梯度多孔设计

6.7.2 结构功能性设计

在本节中，将通过几个数值例子来证明所提出的多功能多区域设计模型的有效性和正确性。首先，通过几组案例对比验证了基于多功能多区域模型的实体拓扑优化设计的有效性和对复杂模型进行多目标优化的必要性。然后，通过一组案例展示了基于多功能多区域模型的多孔结构拓扑优化设计，通过对周期型、梯度型多孔结构的研究，揭示了多功能多区域模型中多孔结构多目标求解的优越性和必要性。最后，通过一个案例研究了基于多功能多区域模型的实体-多孔结构设计，展示多功能多区域模型在工程应用中的前景。与上述案例相同，本节中所有数值示例，材料实体的杨氏模量设为 1，泊松比定义为 0.3。将所有结构中施加的点荷载大小定义为 1，NURBS 基函数的阶数为 2，可以对当前工作中常见形状的任意结构进行建模。在每个 IGA 单元中使用带有数字 3×3 的高斯正交规则来计算刚度矩阵。相关参数 p_e、p_σ 和 $p_{I_{pn}}$ 分别定义为 3、0.5 和 6。在与应力有关的设计问题中，为避免施加荷载位置出现应力集中，分布力的施加一般由 5 个 IGA 单元组成，分布力之和为 1；相应的狄利克雷边界条件在程序中也应通过边界积分施加，而不是一系列的单点。优化终止条件为在最大 300 步内，连续两步内目标值相对差的范数 L_∞ 小于 1%。

1. 实体结构多功能性设计

本小节主要研究基于多功能多区域模型的实体拓扑优化设计。如图 6-26 所示，提供了三个设计域，这些设计域都被划分为两个子区域，并由两个 NURBS 片进行建模。相应的荷载和边界条件如图 6-26 所示。

第一个算例为图 6-26(a)的带有 L 形角的四分之一环，优化时将最大材料消耗设置为 30%，不同区域 IGA 单元的详细数量如图 6-27(a)所示。本算例研究了三种不同的设计。第一种情况的目标是在整个结构域中获得提高结构刚度的承载能力的最大值，即柔度最小化，以及相应的最终拓扑结构，二维和三维应力分布如图 6-28 所示。在第二种情况下，主要目的是避免在整个结构域中出现应力集中，并在优化过程中实现应力最小化。图 6-29 所示设计为优化后的最终拓扑结构，以及相应的二维和三维应力分布。第三种情况主要讨论了整个结构域的多目标设计要求，其中子区域 1 考虑应力最小化以消除 L 型角的应力集中，子区域 2 考虑柔度最小化以提高结构刚度，优化后的拓扑结构、二维和三维应力分布如图 6-30 所示。

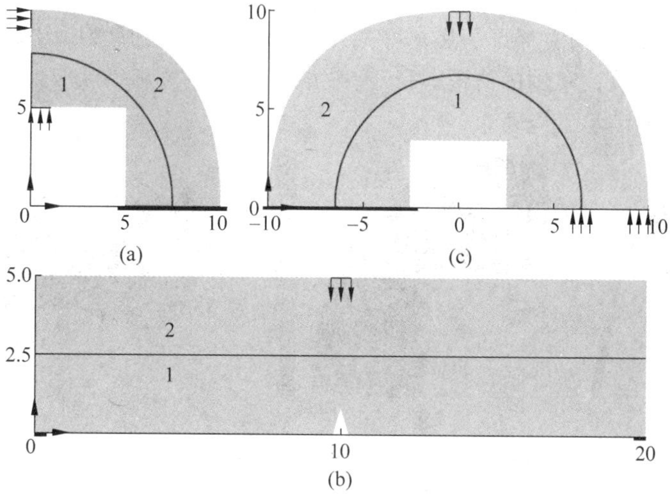

图 6-26 带有两个 NURBS 片的三个设计域

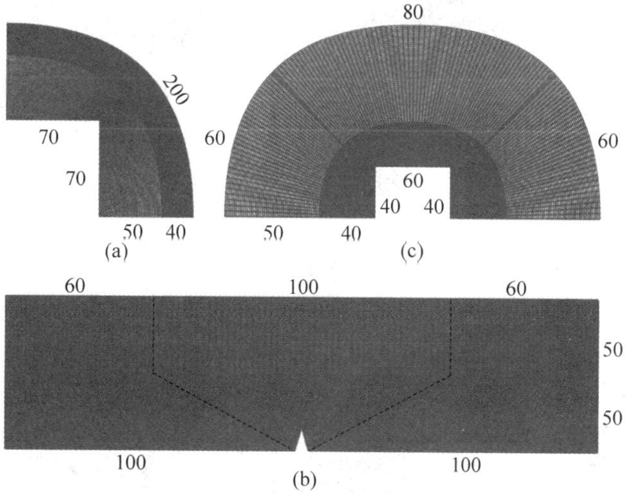

图 6-27 三个设计域的离散网格

最终优化设计的数值结果如表 6-1 所示，包括两个子区域和整个结构域的结构柔度和优化应力目标值，还展示了整个设计域的 Von Mises 应力最大值。不难看出，第一种情况在优化过程中结构柔度值最小，但在设计域中应力最大。情形 2 可以实现设计域最小应力值，有效消除了情形 1 中 L 形角处的应力集中，但在一定程度上破坏了结构刚度性能。为了尽可能降低结构应力，在 L 形角区域产生椭圆形几何形状，牺牲了整体结构刚度，形成了图 6-29 所示的新结构。在图 6-30 中，子区域 1 的应力最小化设计和子区域 2 的柔度最小化设计相结合，即多目标设计可以考虑两个不同子区域的相互作用。情形 1 中子区域 2 的柔度为 10.7，而情形 3 中子区域 2 的柔度为 11.8。情形 2 中子区域 1 的应力目标值为 5.78，而情形 3 中子区域 1 的应力目标值为 5.96。因此，可以很容易地得出，情形 3 中的优化结构不是情形 1 中的子区域 2 和情形 2 中的子区域 1 的直接组合。子区域 1 的应力最小化优化影响子区域 2 的柔度最小化优化，使得情形 3 的子区域 1 的结构柔度值高于情形 1，但低于情形 2。总体而言，情形 3 中的结构更符合实际应用，主要原因是子区域 1 可以在很大程度上降低应力值(4.4)，同时保证子区域 2 的承载能力，即柔度值(11.8)低于情形 2(12.9)。因此，通过以上三种设计案例的讨论，可以有效地体现出多功能多区域模型对多目标设计的必要性，可以很好地满足工程要求。

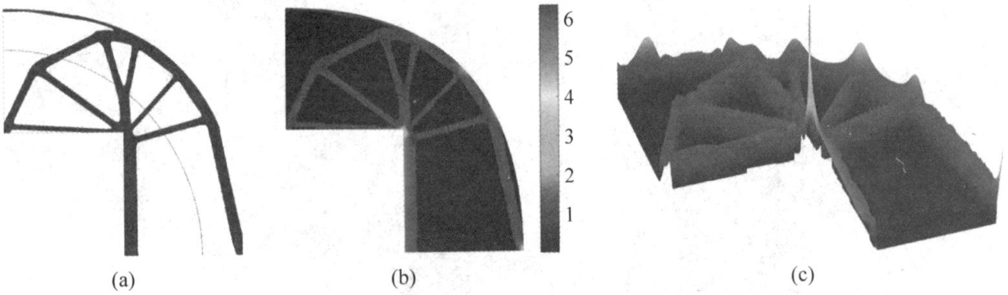

图 6-28　两个子区域柔度最小化的实体优化设计

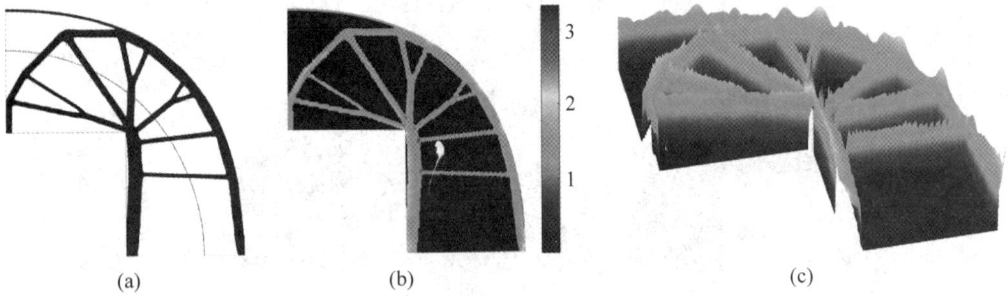

图 6-29　两个子区域应力最小化的实体优化设计

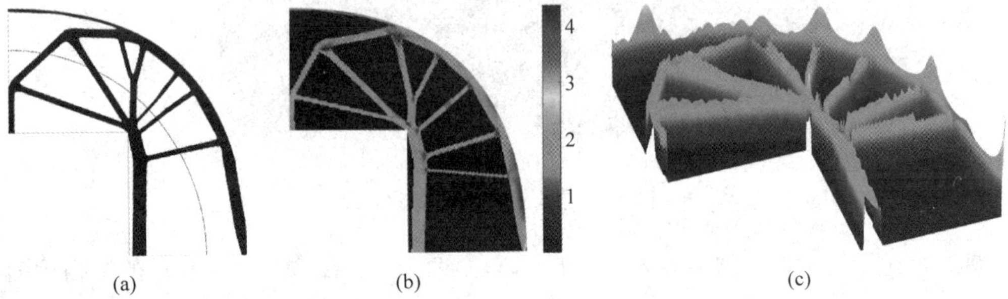

图 6-30　子区域 1 应力最小，子区域 2 柔度最小的实体优化设计

表 6-1 三种不同设计的数值结果

	第一种情形		第二种情形		第三种情形	
目标函数	柔度	应力	柔度	应力	柔度	应力
子区域 1	11.1	7.15	13.89	5.78	12.9	**5.96**
子区域 2	10.7	6.09	12.9	5.8	**11.8**	6.04
整体设计域	**21.8**	7.66	26.8	**6.18**	24.7	6.43
	$\sigma_{max}=6.36$		$\sigma_{max}=3.2$		$\sigma_{max}=4.4$	

第二个案例讨论了存在缺口的 MBB 梁，也有三种不同的设计情况，相应的边界条件和详细尺寸如图 6-26(b)所示。可以看到，存在缺口的 MBB 梁很容易导致结构出现应力集中。同样将相关材料体积分数定义为 30%，不同区域的 IGA 单元设置如图 6-27(b)所示。三种不同设计情况的设置与第一个案例保持一致，其中情形 1 只考虑两个子区域的柔度最小化，情形 2 只考虑应力最小化。在情形 3 中，子区域 1 考虑应力最小化，子区域 2 考虑刚度最大化。图 6-31～图 6-33 给出了优化后的拓扑结构以及相应的二维和三维应力分布。

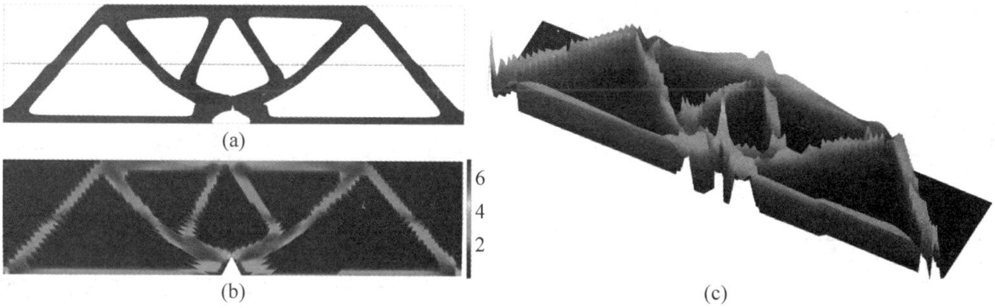

图 6-31 两个子区域柔度最小化的实体优化设计

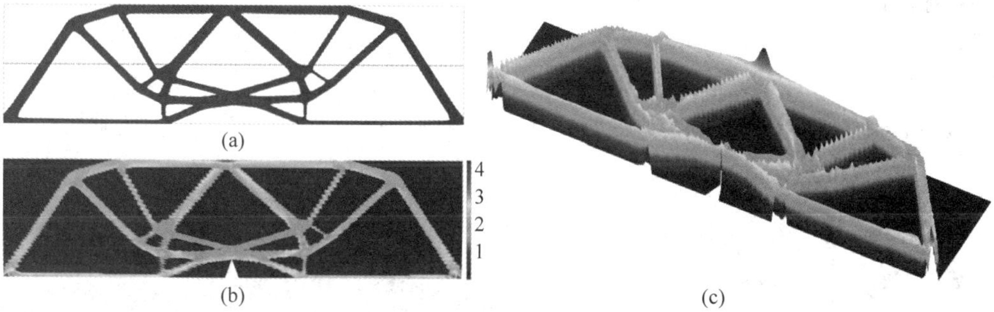

图 6-32 两个子区域应力最小化的实体优化设计

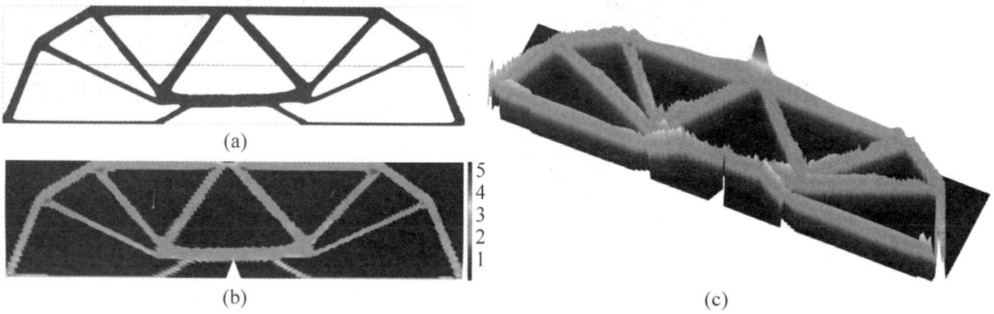

图 6-33 子区域 1 应力最小、子区域 2 柔度最小的实体优化设计

如图 6-31(b)和(c)所示，由二维和三维应力分布图可以看出，情况 1 具有最大的结构刚度承载能力，而应力集中出现在裂纹缺口区域，其应力值最高。情形 2 考虑应力最小化，如图 6-32 所示，其中完全消除了裂缝缺口处应力集中的问题，应力最大值存在于 MBB 梁的受力区域上边界处，可以有效避免裂缝缺口处出现结构裂缝的关键问题。在情形 3 中，虽然只考虑了子区域 1 的应力最小化，但最大应力值也出现在 MBB 梁的上边界。如图 6-33(b)和(c)所示，裂纹缺口处的应力显著减小，从而消除了应力集中。此外，还可以看出，情形 3 的优化设计结构并不是情形 1 中的子区域 2 与情形 2 中的子区域 1 的直接组合。上述三种设计的相关数值结果如表 6-2 所示，可以发现，情形 1 的结构柔度值最小(80.3)，可以为实际应用提供最佳的承载能力；情形 2 的结构应力最小，可以避免整个设计域的应力集中，其值为 4.25。在情况 3 中考虑多目标设计，既避免了子区域 1 应力集中的发生，又提高了子区域 2 的承载能力。相对而言，同时考虑结构刚度和应力的情形 3 可以更好地应用于工程应用，验证了当前使用多功能多区域模型研究多目标设计工作的优越性和不可缺少性。

表 6-2　三种不同设计的数值结果

	第一种情形		第二种情形		第三种情形	
目标函数	柔度	应力	柔度	应力	柔度	应力
子区域 1	41.1	10.2	47.5	8.32	42.6	**8.46**
子区域 2	39.2	8.36	46.7	8.21	**43.6**	8.26
整体设计域	**80.3**	10.6	94.3	**9.28**	87.2	9.39
	$\sigma_{max}=7.26$		$\sigma_{max}=4.25$		$\sigma_{max}=5.36$	

最后，还讨论了图 6-26(c)所示的带方孔的半圆环结构的多目标设计，相应的网格细节如图 6-27(c)所示。最大体积分数设置为 35%。本小节依然采用多功能多区域设计模型进行多目标设计，其中在子区域 1 中研究应力最小化，在子区域 2 中讨论柔度最小化。如图 6-34 所示，给出了优化后的拓扑结构、二维和三维应力分布。可以很容易地观察到，该方法可以有效地消除子区域 1 中方形角的应力集中问题，并且最大应力位于整个区域的边界条件施加区域，这可以进一步说明所提出的多功能多区域设计模型在多目标设计上的有效性。

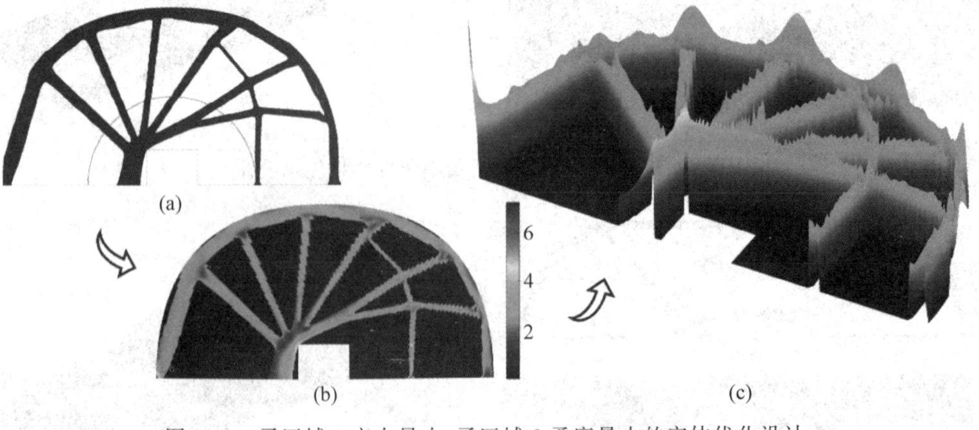

图 6-34　子区域 1 应力最小、子区域 2 柔度最小的实体优化设计

2. 多孔结构多功能性设计

本小节主要研究基于多功能多区域模型的多目标多孔结构设计。以经典悬臂梁为研究对象，其边界及荷载条件如图6-35所示，悬臂梁被划分为两个NURBS片。应该注意的是，载荷是在一个非常小的区域内施加的，该区域沿参数方向包含五个IGA单元。优化的最大材料体积分数设置为40%。为了研究连续性和光滑性的有效性，对悬臂梁中的非一致性网格进行了讨论，具体情况如图6-36所示。同时，本小节还讨论了具有特定设置的三种不同的设计情形，其中情形1旨在通过一系列周期微单元讨论整个设计域的柔度最小化设计。情形2研究了整个设计域的应力最小化多孔结构设计，情形3基于多功能多区域模型研究悬臂梁的多目标多孔结构设计问题，其中NURBS片1考虑了应力最小化，NURBS片2讨论了结构刚度最大化。

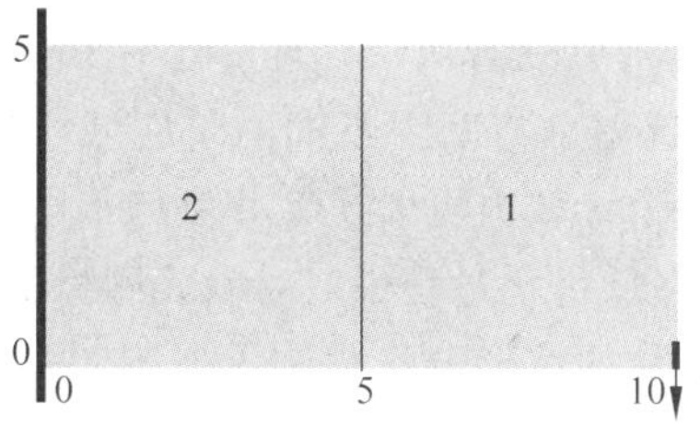

图6-35 带有两个子区域的悬臂梁

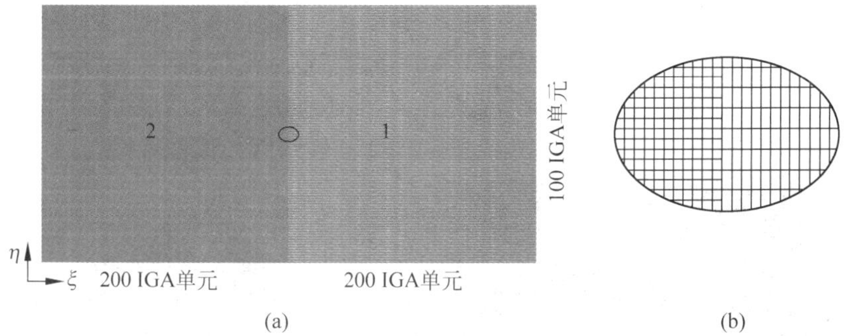

图6-36 子区域1为200×100个IGA单元，子区域2为200×200个IGA单元的悬臂梁非一致性网格

如图6-37所示，给出了情形1优化后的拓扑结构及相应的二维和三维应力分布。将整个设计域沿垂直方向按梯度分布划分为32个微单元，并给出了32个微单元的优化拓扑。

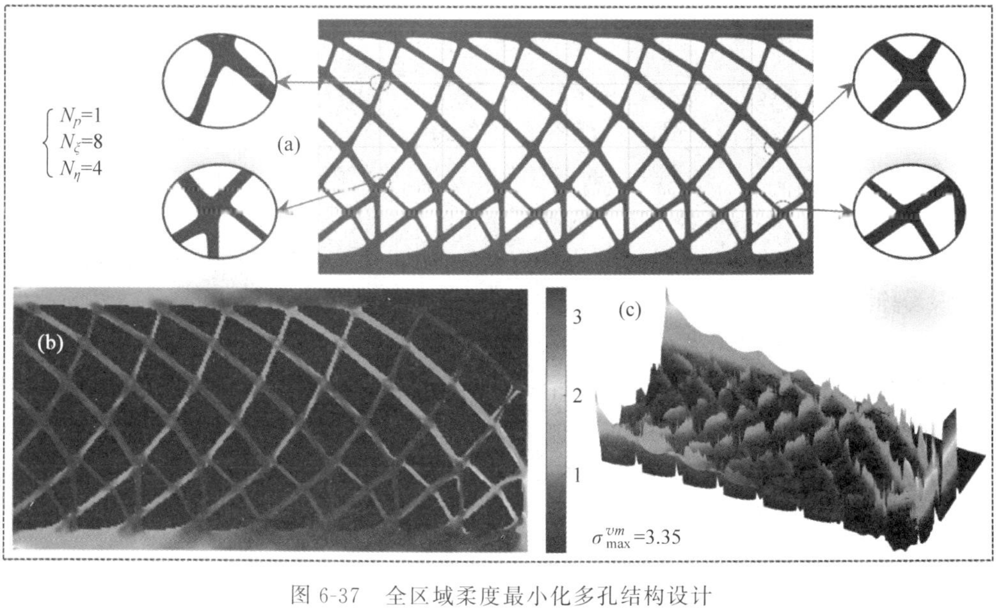

图6-37 全区域柔度最小化多孔结构设计

如图 6-37(a)所示，结合局部放大图，可以很容易地观察到，位于界面处的相应微单元的结构特征可以自然地与光滑的边界相连接，这可以证明所提出的多功能多区域模型在非一致性网格上的有效性。情形 2 的应力最小化设计优化结果如图 6-38 所示，优化后的应力相关设计拓扑在两个子区域的界面处也具有光滑连续的结构边界，可以看出多功能多区域模型对具有应力相关问题的多孔结构设计的有效性。即使将区域划分为两个不同的子区域，然后将每个子区域分割成一系列微单元，结构边界也可以在整个区域内自然连接并保持平滑，即结构拓扑描述模型和数值分析的双分辨率网格可以有效降低优化过程中对有限元网格的依赖。此外，考虑子区域 1 应力最小化和子区域 2 柔度最小化的情形 3 优化结果如图 6-38 所示。图 6-38(a)所示的局部放大图可以显示出各微单元之间自然流畅的连接，表明双分辨率方案在基于多功能多区域模型的多孔结构设计中的不可或缺性。

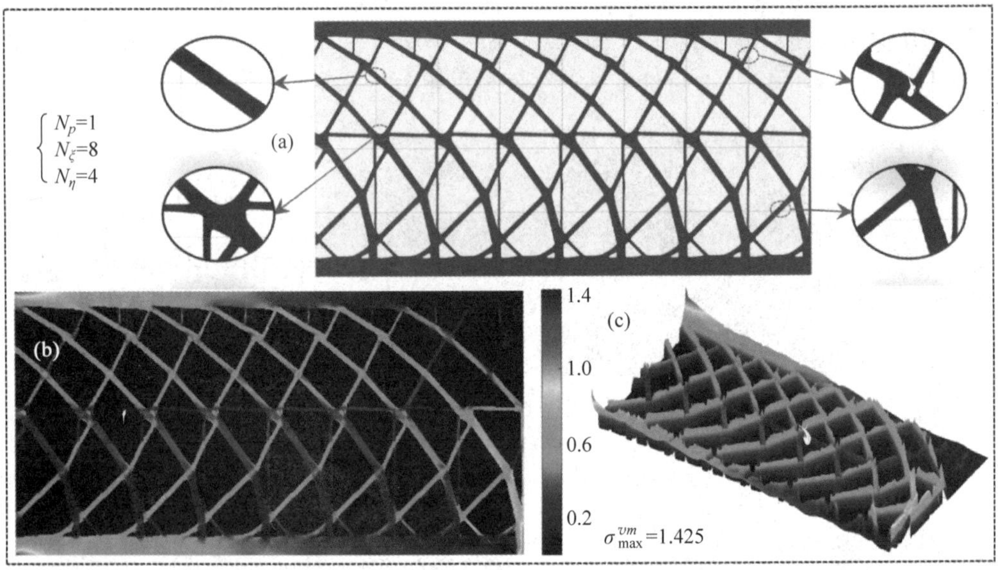

图 6-38　全区域应力最小化多孔结构设计

可以看到，一方面，情形 3 的优化拓扑结构也不是情形 1 中的子区域 2 和情形 2 中的子区域 1 的直接组合。情形 3 考虑分区域 1 的应力最小化设计，通过合理分配材料，可以有效降低应力值(1.90)，该值低于情形 1，但高于情形 2。主要原因是情形 2 讨论了整个设计域的应力最小化，能够充分考虑设计域的材料布局，尽可能的降低应力。虽然情形 3 中子区域 1 的应力值高于情形 2，但情形 1 中子区域 1 在柔度最小化条件下出现应力集中的问题仍然可以消除。最大应力值存在于悬臂梁的左边界处，如图 6-38(b)和(c)和图 6-39(b)和(c)所示。另一方面，情形 3 的子区域 2 的柔度也低于情形 2，但高于情形 1 的子区域 2。三种设计的相关数值结果列于表 6-3。不难发现，多孔结构多目标设计在优化过程中可以有效地平衡子区域 1 的应力最小化和子区域 2 的柔度最小化。优化模型充分考虑了两个子区域之间的相互作用。显然，与情形 2 相比，情形 3 的子区域 1 具有不同的微单元拓扑结构，而子区域 2 的微单元拓扑结构也与情形 1 不同。由三种情形对应的优化结构可以看出，多孔结构多目标设计不是两类多孔结构单目标设计的简单组合，其在工程应用中具有独特的设计要求。

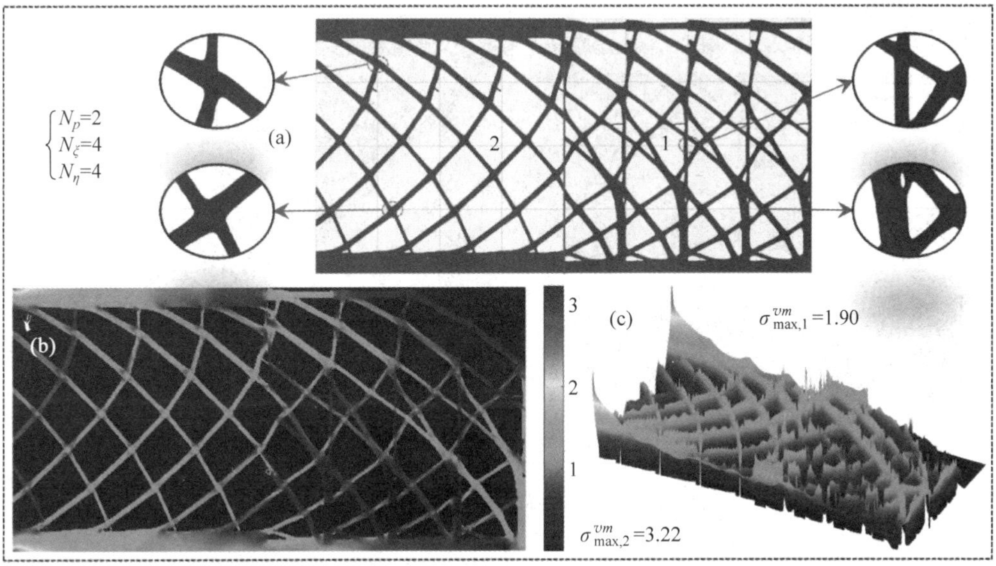

图 6-39　子区域 1 柔度最小，子区域 2 应力柔度最小的多孔结构设计

表 6-3　三种不同设计的数值结果

	第一种情形		第二种情形		第三种情形	
目标函数	柔度	应力	柔度	应力	柔度	应力
子区域 1	6.59	5.82	7.94	3.08	6.96	**4.86**
子区域 2	5.92	5.52	7.32	3.26	**6.19**	5.16
整体设计域	**12.51**	6.37	15.26	**4.26**	13.15	5.98
	σ_{max}=3.35		σ_{max}=1.425		σ_{max}=3.22	

3. 实体-多孔结构多功能性设计

本小节将基于多功能多区域模型实现实体-多孔结构多目标设计，主要目的是解决如何在整个设计域内同时考虑实体拓扑优化设计和多孔结构设计，从而在相应领域内合理运用多孔结构和实体拓扑设计的特定优势。如图 6-26(b)所示将讨论存在裂纹缺口的 MBB 梁。可以观察到，在上边界施加荷载时，裂纹缺口容易导致局部区域出现应力集中。因此，子区域 1 仍然考虑应力最小化。同时，为了提高区域内结构的承载能力，在子区域 2 进行了柔度最小化研究。整个材料消耗的最大值设为 40%。

优化结果如图 6-40 所示，其中优化后的拓扑结构如图 6-40(a)所示，优化后的周期微单元拓扑结构如图 6-40(a1～a3)所示，对应的具有光滑性和连续性的局部区域如图 6-40(a4-a6)所示，优化拓扑的二维应力分布如图 6-40(b)所示，相应的三维应力分布如图 6-40(c)所示。对于整个设计域，将其划分为两个子区域，然后将每个子区域分割为 36 个微单元。子区域 1 考虑基于应力最小化实现实体拓扑优化，而子区域 2 考虑基于柔度最小化实现多孔结构设计，以尽可能提高结构刚度。子区域 1 对应的应力最大值为 1.8721，最大值出现在固定边界条件所施加的局部区域，大面积降低了局部裂缝缺口处的应力水平，完全消除了该区域应力集中的发生，保证了整个区域的工程安全。采用柔度最小化的多孔结构设计方式，在子区域 2 的周期微单元沿竖向梯度分布，可大大提高其承载能力。因此，实体-多孔结构设计

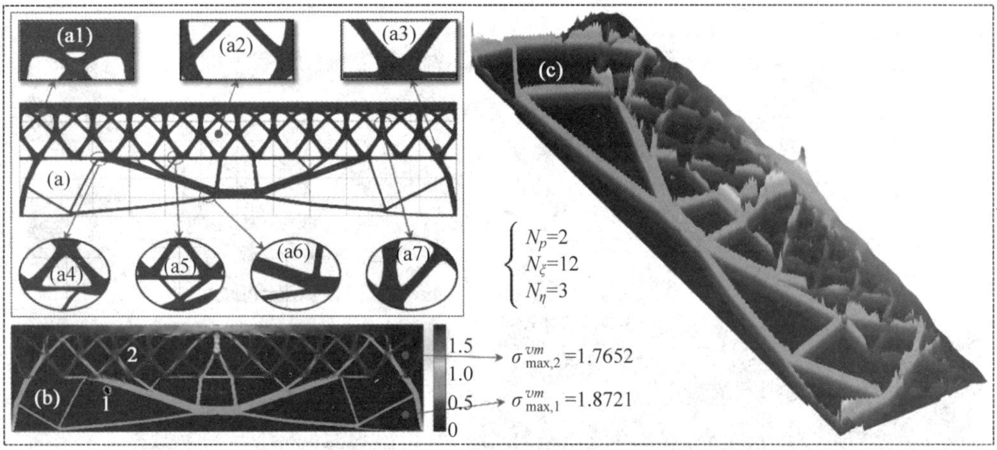

图 6-40　子区域 1 应力最小，子区域 2 柔度最小的实体-多孔结构设计

可以采用不同的设计方式，有效地考虑不同子区域的两种设计要求，在整体优化中充分发挥其强大优势，证明了多功能多区域设计模型在整个设计域的有效性和必要性。

6.8　本章小结

在本章中，主要以多片等几何拓扑优化方法为基础，展开对多孔结构灵活性设计和多孔结构功能性设计研究，探究多片等几何拓扑优化方法在实际工程结构中的应用潜力。多孔结构设计优化模型中的建立主要包含：①引入结构多片 NURBS 几何建模，实现复杂结构设计域的灵活性与区域性建模，可以为后续周期性约束设置提供基础支撑；②构造多片局部子区域拓扑描述模型，在每一个子区域中定义一个密度分布函数，用于描述微观结构拓扑，以及表征拓扑迭代与更新；③构建多片结构拓扑描述与数值分析双级离散解耦网格，减轻结构拓扑优化对网格的过度依赖，并且为局部光滑机制的施加提供了必要条件，有效地确保了优化后结构拓扑几何边界的光滑性与材料界限特征的清晰；④构造面向多片结构边界局部区域的光滑机制，可有效确保不同 NURBS 片边界处之间不同类微观结构间的良好衔接性；⑤多孔结构区域化灵活性设计与功能性设计优化模型的搭建，创新性提出面向多类设计需求的实体-多孔结构设计构型，可充分考虑实体结构与多孔结构各类特征的独特优异性，并满足现代工程结构实际的复杂性设计需求。然而，当前多孔结构设计仍存在一定的缺陷与不足，主要有以下几个方面：①计算耗时、优化成本高，全尺度设计涉及多类多孔微观结构，每个微观结构又划分较为致密的网格，将大大提升优化所需要的计算成本；②距离真正实际复杂工程结构多区域多功能设计仍有一段距离，主要源于多片等几何分析的数值精度、多片 NURBS 结构几何建模等。

习题

6.1　详细阐述多孔结构拓扑优化设计的发展概况，并用图片展示其发展流程。

6.2　详细阐述仿生式、参数式、函数式和优化式四种设计方法的不同，并简要说明其优缺点。

6.3　详细阐述全尺度设计和跨尺度设计的差异性。

6.4　详细说明周期性约束机制如何实施，并如何对应多孔结构？

6.5　详细阐述梯度方向在多孔结构设计中的影响，并分析对目标性能的影响。

6.6　简要阐述如何划分梯度，能够更有效地提升结构目标性能。

6.7　详细阐述多孔结构等几何拓扑优化设计中，是如何确保其不同片之间的拓扑连续性。

6.8　详细阐述多片等几何拓扑优化在多目标设计中的优越性。

6.9　详细阐述多片等几何拓扑优化在多孔结构设计中的优越性，并具体说明其在未来工程应用的前景。

6.10　详细探讨如何解决多片等几何拓扑优化方法的缺点。

参考文献

[1] GIBSON L J. Cellular solids[J]. Mrs Bulletin, Cambridge university press, 2003, 28(4): 270-274.

[2] CHEN X, ZHAO Y, HUO S, et al. 多尺度结构拓扑优化设计方法综述[J]. Acta Aeronautica et Astronautica Sinica, 2023, 42(X): 1-30.

[3] ZHU J, ZHANG W, XIA L. Topology optimization in aircraft and aerospace structures design[J]. Archives of Computational Methods in Engineering, Springer Netherlands, 2016, 23(4): 595-622.

[4] BANDYOPADHYAY A, TRAXEL K D, BOSE S. Nature-inspired materials and structures using 3D Printing[J]. Materials Science and Engineering R: Reports, Elsevier B. V., 2021, 145 (March): 100609.

[5] ZHANG Y, WANG J, WANG C, et al. Crashworthiness of bionic fractal hierarchical structures[J]. Materials & Design, 2018, 158: 147-159.

[6] HU Z, THIYAGARAJAN K, BHUSAL A, et al. Design of ultra-lightweight and high-strength cellular structural composites inspired by biomimetics[J]. Composites Part B: Engineering, 2017, 121: 108-121.

[7] 王国彪，陈殿生，陈科位，等. 仿生机器人研究现状与发展趋势[J]. 机械工程学报，中国机械工程学会，2015，51(13)：27-44.

[8] 范华林，杨卫. 轻质高强点阵材料及其力学性能研究进展[J]. 力学进展，2007，37(1)：99-112.

[9] CABRAS L, BRUN M. A class of auxetic three-dimensional lattices[J]. Journal of the Mechanics and Physics of Solids, Elsevier, 2016, 91: 56-72.

[10] QUEHEILLALT D T, WADLEY H N G. Cellular metal lattices with hollow trusses[J]. Acta Materialia, 2005, 53(2): 303-313.

[11] 熊健，杜昀桐，杨雯，等. 轻质复合材料夹芯结构设计及力学性能最新进展[J]. 宇航学报，2020，41(6)：749-760.

[12] WANG Y, GROEN J P, SIGMUND O. Plate microstructures with extreme stiffness for arbitrary multi-loadings[J]. Computer Methods in Applied Mechanics and Engineering, Elsevier B. V., 2021, 381: 113778.

[13] FENG J, FU J, YAO X, et al. Triply periodic minimal surface (TPMS) porous structures: from multi-scale design, precise additive manufacturing to multidisciplinary applications[J]. International Journal of Extreme Manufacturing, IOP Publishing, 2022, 4(2): 22001.

[14] GUEDES J M J, KIKUCHI N. Preprocessing and postprocessing for materials based on the

homogenization method with adaptive finite element methods[J]. Computer Methods in Applied Mechanics and Engineering, 1990, 83(2): 143-198.

[15] SIGMUND O. Tailoring materials with prescribed elastic properties[J]. Mechanics of Materials, 1995, 20(4): 351-368.

[16] CHALLIS V J, ROBERTS A P, Wilkins A H. Design of three dimensional isotropic microstructures for maximized stiffness and conductivity[J]. International Journal of Solids and Structures, 2008, 45(14): 4130-4146.

[17] GUEST J K, PRÉVOST J H. Design of maximum permeability material structures[J]. Computer Methods in Applied Mechanics and Engineering, 2007, 196(4): 1006-1017.

[18] FUJII D, CHEN B C, KIKUCHI N. Composite material design of two-dimensional structures using the homogenization design method[J]. International Journal for Numerical Methods in Engineering, Wiley Online Library, 2001, 50(9): 2031-2051.

[19] RODRIGUES H, GUEDES J M, BENDSOE M P. Hierarchical optimization of material and structure [J]. Structural and Multidisciplinary Optimization, 2002, 24(1): 1-10.

[20] ZHANG W, SUN S. Scale-related topology optimization of cellular materials and structures[J]. International Journal for Numerical Methods in Engineering, 2006, 68(9): 993-1011.

[21] ALEXANDERSEN J, LAZAROV B S. Topology optimisation of manufacturable microstructural details without length scale separation using a spectral coarse basis preconditioner[J]. Computer Methods in Applied Mechanics and Engineering, North-Holland, 2015, 290: 156-182.

[22] WU J, CLAUSEN A, SIGMUND O. Minimum compliance topology optimization of shell-infill composites for additive manufacturing [J]. Computer Methods in Applied Mechanics and Engineering, Elsevier B. V., 2017, 326: 358-375.

[23] QIU W, JIN P, JIN S, et al. An evolutionary design approach to shell-infill structures[J]. Additive Manufacturing, Elsevier, 2020, 34: 101382.

[24] CHEN X, LI C, BAI Y. Topology optimization of sandwich structures with solid-porous hybrid infill under geometric constraints[J]. Computer Methods in Applied Mechanics and Engineering, Elsevier B. V., 2021, 382: 113856.

[25] LI H, GAO L, LI H, et al. Spatial-varying multi-phase infill design using density-based topology optimization[J]. Computer Methods in Applied Mechanics and Engineering, Elsevier B. V., 2020, 372: 113354.

[26] KENNEDY G J, HICKEN J E. Improved constraint-aggregation methods[J]. Computer Methods in Applied Mechanics and Engineering, Elsevier B. V., 2015, 289: 332-354.

第7章

基于多片等几何拓扑优化的结构跨尺度设计

7.1 简要概述

在第 6 章中，主要围绕多孔结构全尺度设计，针对灵活性设计与功能性设计展开了讨论。一方面，通过相关数值案例有效地说明了多片等几何拓扑优化方法在多孔结构全尺度设计上的有效性和优越性，充分地说明了多片 NURBS 几何建模与多孔结构区域性划分灵活性设计的巧妙融合性，更能够体现多片等几何分析与拓扑优化深度结合建立多孔结构全尺度设计的必要性。

另一方面，以“尺度分离”为基本理念建立起来的多孔结构跨尺度设计近些年也得到了广泛的关注。其基本思想在于通过均匀化理论评估微观结构宏观等效属性，然后用于宏观结构刚度矩阵计算，实现宏观结构拓扑与微观结构拓扑之间的衔接，进而实现采用同一个优化目标函数，实现宏观结构拓扑与微观结构拓扑之间的协同优化。发展至今，微观结构在宏观结构的整体分布方式主要可分为四大类：周期性均匀分布、梯度性渐进分布、区域性分块分布与逐点式变化分布。首先，周期性均匀分布根本特征在于假设整个宏观结构内仅分布一类微观结构单元，将该类微观结构周期性均匀分布在结构内，此时微观结构与宏观结构两者之间并不存在特定尺寸。早期，大连理工大学程耿东院士等[1]通过采用拓扑优化，同时优化结构宏观结构拓扑与微观结构拓扑，以提升结构性能，如图 7-1(a)给出了一悬臂梁结构设计。后续有多位研究人员简化了该类设计模型，通过仅改变微观结构拓扑，即微观结构拓扑优化，并不优化宏观结构，但是整个微观结构优化却服从于宏观结构负载及其边界条件对拓扑的影响[2]。澳大利亚 Mike Xie 等[3]也基于渐进结构优化方法开展宏观结构与微观结构拓扑并行优化设计。后续水平集方法也被用于实现多孔结构跨尺度设计，其中宏观结构与微观结构通过两个不同的水平集函数描述结构拓扑的变化，以驱动结构性能的提升，如图 7-1(d)所示，可以说明水平集方法也在跨尺度设计具有适用性。在工程适用性方面，Jia 等[4]开展了宏微观跨尺度设计，以提升周期性分布结构的防撞吸能特性和结构的安全适用性，如图 7-1(e)所示。在微观结构周期性分布性宏微观跨尺度设计中，其优化模型相对来说较为简单，数值实施不复杂，且计算成本相对较低，能从根本上反映宏微观结构协同优化设计的核心。重要体现在微观结构拓扑优化时考虑了宏观结构边界条件的影响，宏观结构拓扑的更新融合了微观结构拓扑设计要素，两者相辅相成。但因仅有一类微观结构，其可提升目标性能的潜力较低，工程适用性相对来说较弱。

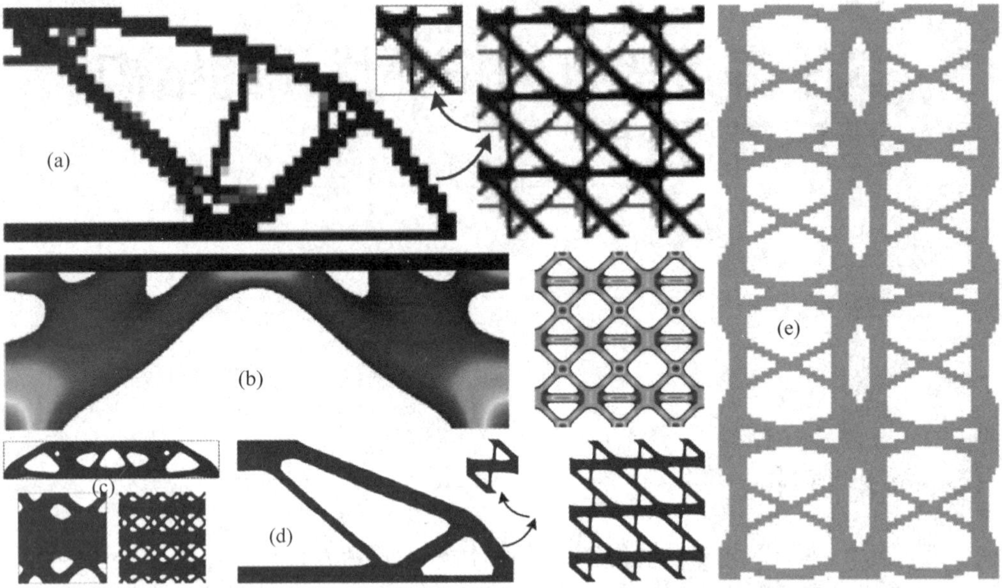

图 7-1 周期性分布

为了提升优化结构的工程适用性，增强结构性能，开始有学者提出增加微观结构的种类。为了考虑结构的可制造性，初步采用沿着宏观结构的某个坐标方向上具有梯度性变化的多类微观结构，从拓扑优化的角度来说，事实上这种微观结构的变化并未引起微观结构拓扑的变化，只是通过形状或者尺寸优化，实现微观结构在宏观结构某个方向上的渐变。如西北工业大学张卫红院士等[5]在宏微观两个尺度上分别采用 SIMP 和 RAMP 两种材料属性插值模型：首先优化出宏观结构的密度分布，并在每一层通过采用平均化机制，获取对应的密度值，实现在宏观结构层面上密度梯度分布；其次以该密度作为微观结构拓扑优化的体积约束，采用 RAMP 优化每一层微观结构拓扑，在优化时，所有层微观结构并行优化，并服从宏观结构复杂边界条件，图 7-2(a)给出了悬臂梁微观结构梯度性分布设计。从设计的结果来看，中间层面对应的微观结构拓扑是一致的，只是部分杆件的尺寸厚度发生了变化。后期，华中科技大学李好教授等[6]采用 SIMP 法和水平集法复现了该类设计思想，在微观结构拓扑优化中，采用参数化水平集方法，以提升梯度性结构的可制造性，悬臂梁案例设计如图 7-2(e)所示。为了再次提升结构性能，部分学者开始提出，以某一种微观结构为拓扑原型，通过引入各类插值技术，实现在整个宏观结构域内的微观结构梯度性分布，如华中科技大学高亮教授[7]采用 Kringing 模型实现类似微观结构拓扑的属性评估，可以快速实现单类点阵结构在宏观结构拓扑内的快速填充。

虽然梯度性分布下的多孔结构宏微观跨尺度设计，相比于周期性微观结构分布可以提升结构目标性能，但从微观结构分布中，我们可以发现，其梯度性分布的微观结构，其实大多微观结构拓扑是一致的，从本质上来说仅仅是增加了材料用量以提升结构性能，事实上并未引起拓扑的改变。有学者提出，可以先初步在宏观结构内划分一些区域，在每一个区域中填充不同类的微观结构，在优化中可以同时优化不同区域内的所有微观结构，如 Sivapuram

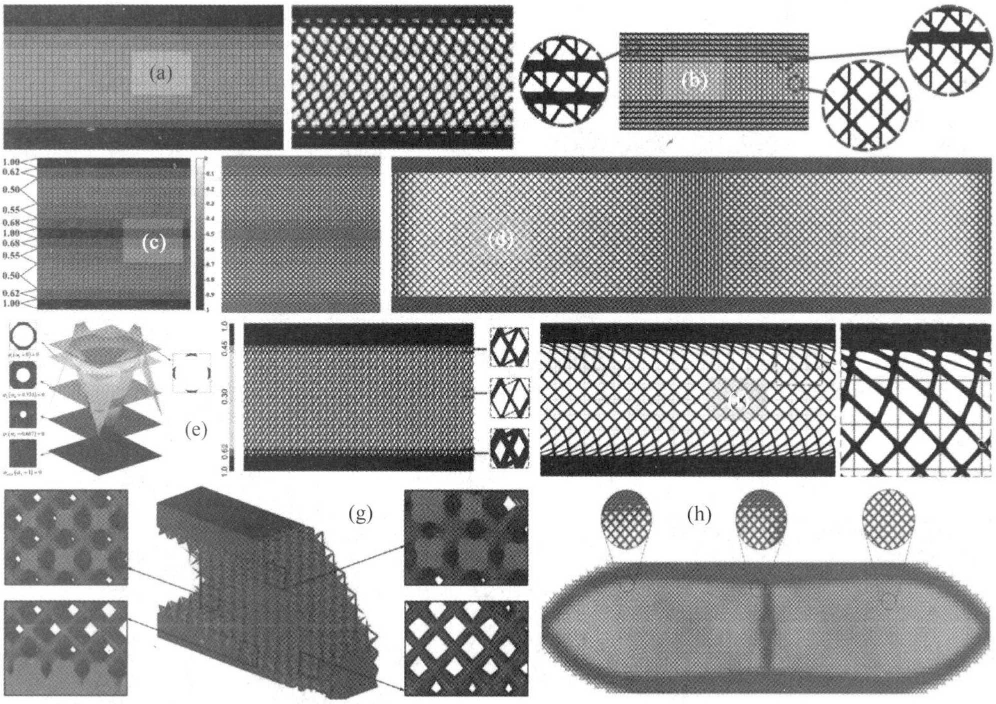

图 7-2　梯度性分布

等[8]通过预定义几个不同的分类区域，采用水平集方法实现宏观结构拓扑和十多类微观结构拓扑的并行优化，可以大幅地提升结构目标性能，如图 7-3(a)所示给出了 L 形梁设计。华中科技大学高亮教授等[9]引入参数化水平集方法，实现多类微观结构的并行优化。相比上个工作，其界定了微观结构与宏观结构拓扑的具体尺寸，宏观结构内每个有限单元对应一个微观结构，通过微观结构的整体分布来代表宏观结构拓扑，悬臂梁案例设计如图 7-3(f)所示。后期，高亮教授等[10]从宏观结构拓扑、微观结构拓扑与各类微观结构在宏观结构内的分布出发，总结了三类不同设计元素，再基于参数化水平集方法构建跨尺度设计模型，实现多孔结构设计，二维和三维案例如图 7-3(d)所示。相比于 Li 等[9]，当前工作并没有明确微观结构具体尺寸，使得微观结构与宏观结构并没有具体界限，而无法直接从拓扑上直接关联两者，从而使得多类微观结构在宏观结构内分布与宏观结构的拓扑两者并不等价。相比于 Du 等工作[11]，采用任意区域设计划分，优化模型相对来说更具备合理性。并且相对于梯度性分布，其微观结构种类较多，且拓扑并不类似，可进一步提升结构性能；然而其对结构的可制造性也提出了重大挑战。

事实上，最为早期的宏微观结构跨尺度设计工作为了进一步提升目标结构性能，假定了在宏观结构内每一点对应的微观结构都不一样，此时在建立的优化设计模型中，需要同时考虑多类微观结构与宏观结构拓扑的并行优化，因为微观结构种类繁多，使得优化模型也更为复杂，计算成本高。如早期 Rodrigues[12]通过采用 SIMP 法实现宏微观结构分层式设计，在宏观结构中通过 SIMP 法获得每个有限单元的体积分数，后用于每一个微观结构的体积约束，实现上千类微观结构的并行优化。后期，在三维案例中也做了讨论，但因为计算成本的原因，需要采用并行计算[13]实现宏微观三维结构的协同并行优化，以提升结构性能。有研

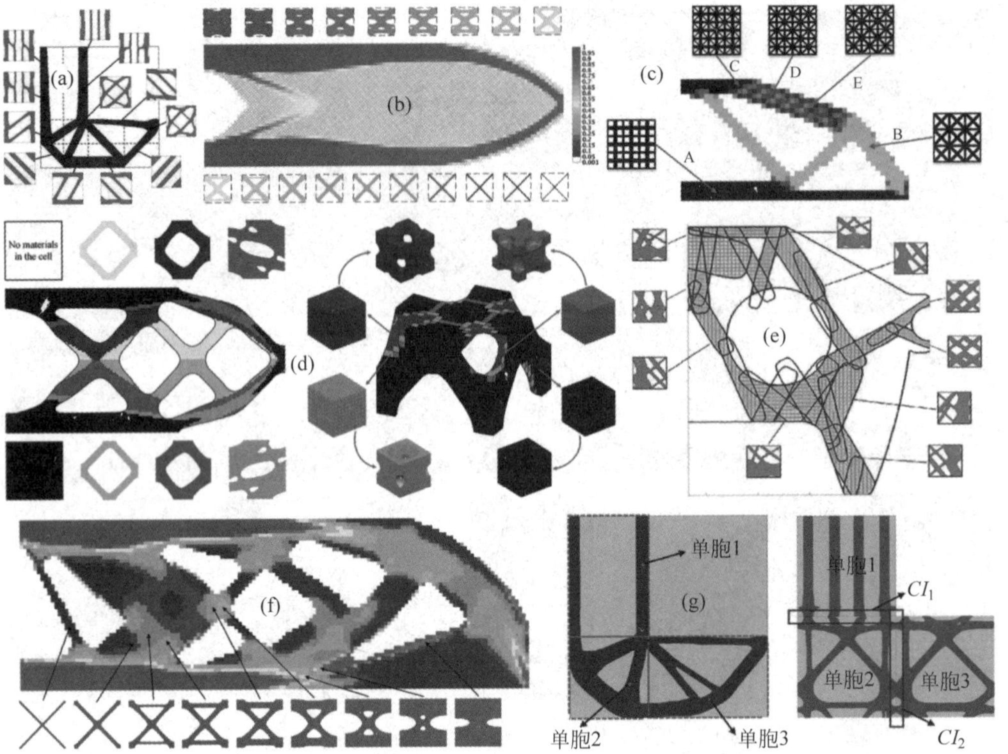

图 7-3　区域式分布

究学者引入非线性多尺度计算分析模型，建立宏微观结构跨尺度拓扑优化设计模型，实现宏观结构拓扑与多类微观结构拓扑的并行优化[14]，针对悬臂梁案例设计案例，如图 7-4 所示，相较于前三者分布而言，这类逐点式分布宏微观跨尺度设计模型复杂、计算成本高。尤其是当宏观结构内每一点或者每一个有限单元均对应一个微观结构时，此时整个优化成本急剧上升，虽然可提升结构性能，但现代普通计算机均难以承受相关计算。并且，结构可成形也是一个很大的问题，因为每一个微观结构拓扑均不相同，对成形技术也提出了更大的挑战。

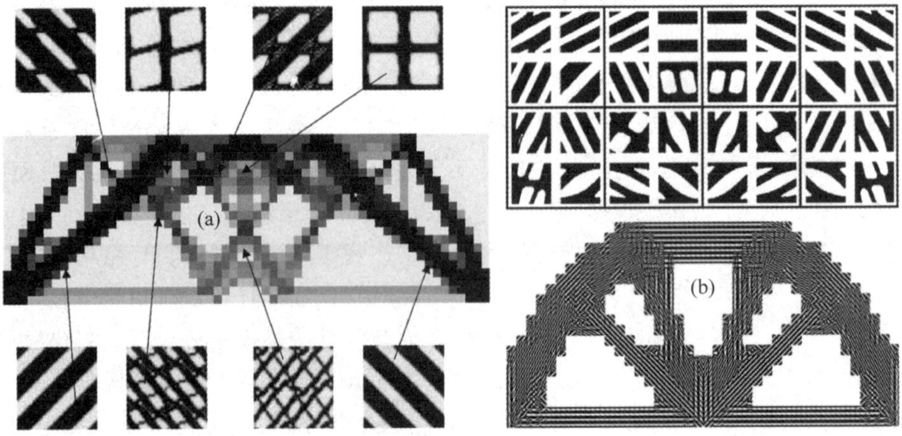

图 7-4　逐点式分布

最后，随着多孔结构宏微观跨尺度设计模型的广泛研究，近些年有一系列相关文章发表，感兴趣的读者可关注最新综述[15]，其以微观结构为探讨点，做了细致的阐述和介绍。在应用方面，学者针对多孔结构宏微观跨尺度设计也展开了较多的研究讨论。在早期，针对动力学基频跨尺度设计，大连理工大学牛斌教授等[16]、澳大利亚 Mike Xie 院士等[17]均开展了相关工作，做了深入性研究。在结构动力学响应方向，西北工业大学徐斌教授等[18]、澳大利亚 Mike Xie 院士等[19]也开展了一系列的工作，阐明了动力学宏微观跨尺度设计的必要性。为增加微观结构多样性对动力学性能设计的影响，华中科技大学高亮教授等[20]针对动力学全局频率响应，围绕多类微观结构拓扑、多类微观结构分布与宏观结构拓扑开展多孔结构宏微观跨尺度设计，有效提升结构动力学性能。Nakshatrala 等学者[21]针对非线性结构一致性分析，构造相应的多尺度结构/材料拓扑优化设计研究。同时，部分工作实现了在结构/材料多尺度拓扑优化设计中引入不确定性因素，如湖南大学姜潮教授[22]、大连理工大学郭旭院士[23]，在结构/材料多尺度拓扑优化设计中，以宏观结构的热力学性能为目标函数，构造优化设计模型[24]。并且多个研究学者以可制造性工艺为约束，研究多尺度结构/材料多尺度优化设计可制造问题[25]。同时澳大利亚黄晓东教授等[26]以黏弹性材料为对象，日本 Yachi 等[27]围绕超弹性材料，大连理工大学程耿东院士等[28]针对动力学屈曲，日本 Kato 教授等[29]针对非线性问题，华中科技大学李好教授等[30]针对功能梯度拉胀超材料，均实现多尺度结构/材料拓扑优化设计研究，充分发挥多孔结构的优异特性。

7.2　周期性分布式多孔结构跨尺度设计

7.2.1　问题描述

本章节将以较为简便的多尺度设计模型来简要地阐述其基本思想。如图 7-5 所示，在初始时承受载荷和边界条件下的结构，实际上是包含两个设计尺度，宏观结构和微观结构。宏观结构拓扑决定了是否有材料，微观结构决定了材料的宏观等效属性，两者对宏观结构性能的影响均具有重要影响。因此需要以宏观结构和微观结构两个设计元素来建立对应的优化设计模型。在跨尺度设计优化模型中，两者同时进行迭代优化，来实现结构性能提升。在基本思想中有三个基本特性：

（1）宏观结构是由单类微观结构在空间内均匀周期性排列组合而成；

（2）宏观结构拓扑与微观结构拓扑同时优化，两个基本优化元素可实现交互性影响；

（3）宏观尺度优化决定了微观结构在宏观结构内的存在性，微观尺度优化决定了微观结构的宏观等效属性。

在建立宏微观结构跨尺度优化设计模型时，需要考虑的关键问题为：

（1）如何建立衔接桥梁，将宏观结构与微观结构建立联系？

（2）如何建立统一优化目标函数，受到两个尺度的影响？

（3）在微观结构中，如何考虑宏观负载及其边界条件的影响？

（4）在宏观结构中，如何引入微观结构拓扑宏观等效属性？

（5）如何实现并行求解，同时更新宏微观结构拓扑？

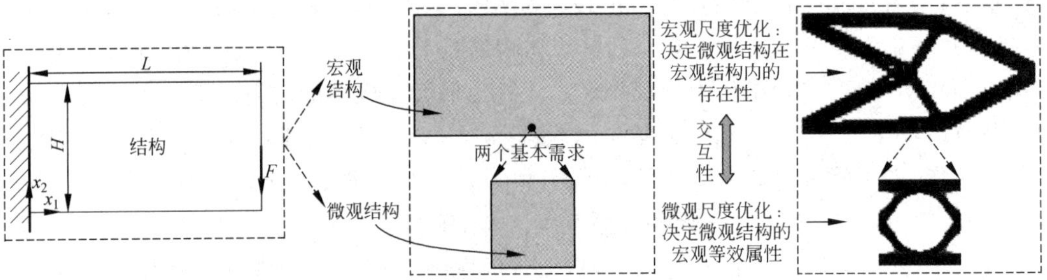

图 7-5　跨尺度设计思路

7.2.2　设计原理

为解决上述宏微观结构跨尺度设计，首先，针对宏观结构拓扑和微观结构拓扑需要构造两个拓扑描述模型，引入两类设计变量，即 $\boldsymbol{\rho}^M$ 和 $\boldsymbol{\rho}^m$，其中前者代表宏观结构拓扑，后者代表微观结构拓扑。其次，针对两个尺度上的优化，需要分别建立对应的体积约束；接着，构造统一的优化目标函数，以结构柔顺度为优化目标提升全局承载性能；对应的宏微观结构跨尺度优化基本数学模型如下：

$$
\begin{cases}
\text{求：} \boldsymbol{\rho}^M, \boldsymbol{\rho}^m \\
\text{Min: } J(\boldsymbol{\rho}^M, \boldsymbol{\rho}^m) = \dfrac{1}{2}\displaystyle\int_{\Omega_M} \boldsymbol{C}_M(\boldsymbol{\rho}^M, \boldsymbol{\rho}^m)\varepsilon(\boldsymbol{u}_M)\varepsilon(\boldsymbol{u}_M)\mathrm{d}\Omega_M \\
\text{s. t.: }
\begin{cases}
a(\boldsymbol{u}_M, \boldsymbol{v}_M, \boldsymbol{C}_M) = L(\boldsymbol{v}_M), \ \forall\ \boldsymbol{v}_M \in H_{per}^M(\Omega_M, \mathrm{R}^d) \\
a(\boldsymbol{u}_m, \boldsymbol{v}_m, \boldsymbol{C}_m) = L(\boldsymbol{v}_m), \ \forall\ \boldsymbol{v}_m \in H_{per}^m(\Omega_m, \mathrm{R}^d) \\
G_M(\boldsymbol{\rho}^M) = \displaystyle\int_{\Omega_M} \boldsymbol{\rho}^M \boldsymbol{v}_0 \mathrm{d}\Omega_M - V_M \leqslant 0 \\
G_m(\boldsymbol{\rho}^m) = \displaystyle\int_{\Omega_m} \boldsymbol{\rho}^m \boldsymbol{v}_0 \mathrm{d}\Omega_m - V_m \leqslant 0 \\
0 < \rho_{\min}^M \leqslant \rho_i^M \leqslant 1, (i = 1, 2, \cdots, N_M) \\
0 < \rho_{\min}^m \leqslant \rho_j^m \leqslant 1, (j = 1, 2, \cdots, N_m)
\end{cases}
\end{cases}
\tag{7-1}
$$

式中，$\boldsymbol{\rho}^M$ 和 $\boldsymbol{\rho}^m$ 分别表示宏观结构拓扑密度分布向量和微观结构拓扑密度分布向量，其最小值分别为 $\rho_{\min}^M$ 和 $\rho_{\min}^m$，其中 N_M 代表宏观结构设计域 Ω_M 内密度变量的个数，N_m 表示微观结构设计域 Ω_m 内密度变量的个数。J 表示平均结构柔顺度值，为优化目标函数。G_M 表示宏观结构拓扑的体积约束，取决于宏观密度分布向量 $\boldsymbol{\rho}^M$，其中 V_M 为最大体积约束值。G_m 表示微观结构拓扑的体积约束，取决于微观密度分布向量 $\boldsymbol{\rho}^m$，其中 V_m 为最大体积约束值。$\boldsymbol{v}_0$ 表示实体单元对应的体积分数值，一般均为 1。$\boldsymbol{u}_M$ 表示宏观结构域内未知位移场，$\boldsymbol{v}_M$ 表示宏观结构域内未知位移场，属于对应的可允许位移空间 H_{per}^M；$\boldsymbol{u}_m$ 表示宏观结构域内未知位移场，$\boldsymbol{v}_m$ 表示宏观结构域内未知位移场，属于对应的可允许位移空间 H_{per}^m；可通过其对应的线弹性平衡方程求解，具体形式如下：

$$\begin{cases}\begin{cases}a(\boldsymbol{u}_M,\boldsymbol{v}_M,\boldsymbol{C}_M)=\int_{\Omega_M}\boldsymbol{C}_M(\boldsymbol{\rho}^M,\boldsymbol{\rho}^m)\varepsilon(\boldsymbol{u}_M)\varepsilon(\boldsymbol{v}_M)\mathrm{d}\Omega_M\\ L(\boldsymbol{v}_M)=\int_{\Omega_M}\boldsymbol{f}\,\boldsymbol{v}_M\mathrm{d}\Omega_M+\int_{\Gamma_M}\boldsymbol{h}\,\boldsymbol{v}_M\mathrm{d}\Gamma_M\end{cases}\\ \begin{cases}a(\boldsymbol{u}_m,\boldsymbol{v}_m,\boldsymbol{C}_m)=\int_{\Omega_m}\boldsymbol{C}_m(\boldsymbol{\rho}^m)\varepsilon(\boldsymbol{u}_m)\varepsilon(\boldsymbol{v}_m)\mathrm{d}\Omega_m\\ L(\boldsymbol{v}_m)=\int_{\Omega_m}\boldsymbol{C}_m(\boldsymbol{\rho}^m)\varepsilon(\boldsymbol{u}_m^0)\varepsilon(\boldsymbol{v}_m)\mathrm{d}\Omega_m\end{cases}\end{cases}\tag{7-2}$$

式中，$\boldsymbol{f}$ 表示宏观结构内的体积力，$\boldsymbol{h}$ 表示施加在宏观结构 Neumann 边界上的牵引力。$\boldsymbol{C}_M$ 和 $\boldsymbol{C}_m$ 分别表示宏观尺度和微观尺度下对应的弹性张量矩阵，可分别由对应的材料属性插值模型求解，具体如下：

$$\begin{cases}\boldsymbol{C}_M=[c+(\boldsymbol{\rho}^M)^p(1-c)]\boldsymbol{C}^H\\ \boldsymbol{C}_m=[c+(\boldsymbol{\rho}^m)^p(1-c)]\boldsymbol{C}_0\end{cases}\tag{7-3}$$

式中，$\boldsymbol{C}_0$ 为材料本构弹性张量矩阵，c 为极小值以避免数值实施出现奇异性，p 为材料惩罚参数。$\boldsymbol{C}^H$ 表示微观结构等效的宏观弹性张量矩阵，可采用能量均匀化方法求解，详细见 5.3 节，具体形式如下：

$$\boldsymbol{C}^H=\frac{1}{|\Omega_m|}\int_{\Omega_m}\boldsymbol{C}_m(\boldsymbol{\rho}^m)(\varepsilon(\boldsymbol{u}_m^0)-\varepsilon(\boldsymbol{u}_m))(\varepsilon(\boldsymbol{u}_m^0)-\varepsilon(\boldsymbol{u}_m))\mathrm{d}\Omega_m\tag{7-4}$$

式(7-1)中定义的跨尺度优化设计模型，可采用经典的 OC 法求解，需要求目标函数对两类设计变量的一阶微分，即灵敏度。首先，对于宏观设计变量，其目标函数与约束函数对宏观设计变量的灵敏度具体形式如下：

$$\begin{cases}\dfrac{\partial J}{\partial\boldsymbol{\rho}^M}=-\dfrac{1}{2}\int_{\Omega_M}p(\boldsymbol{\rho}^M)^{p-1}(1-c)\boldsymbol{C}^H(\boldsymbol{\rho}^m)\varepsilon(\boldsymbol{u}_M)\varepsilon(\boldsymbol{u}_M)\mathrm{d}\Omega_M\\ \dfrac{\partial G_M}{\partial\boldsymbol{\rho}^M}=\int_{\Omega_M}\boldsymbol{v}_0\mathrm{d}\Omega_M\end{cases}\tag{7-5}$$

对于微观设计变量，其目标函数与约束函数的灵敏度具体形式如下：

$$\begin{cases}\dfrac{\partial J}{\partial\boldsymbol{\rho}^m}=-\dfrac{1}{2}\int_{\Omega_M}[c+(\boldsymbol{\rho}^M)^p(1-c)]\dfrac{\partial\boldsymbol{C}^H(\boldsymbol{\rho}^m)}{\partial\boldsymbol{\rho}^m}\varepsilon(\boldsymbol{u}_M)\varepsilon(\boldsymbol{u}_M)\mathrm{d}\Omega_M\\ \dfrac{\partial G_M}{\partial\boldsymbol{\rho}^m}=\int_{\Omega_m}\boldsymbol{v}_0\mathrm{d}\Omega_m\end{cases}\tag{7-6}$$

从式(7-5)可以看出，目标函数对宏观设计变量的灵敏度中包含了微观设计变量和对应的宏观等效弹性属性，在推导宏观结构拓扑更新的过程中将会受到微观尺度的影响。从式(7-6)可以看出，目标函数对微观设计变量的灵敏度包含了宏观设计变量，以及宏观结构域内的位移场等信息，因此在微观结构拓扑更新时，将受到宏观尺度的影响，包含了宏观结构拓扑与宏观负载及其边界条件对微观尺度的影响。综上可得，上述优化模型通过构造统一的优化目标函数，同时考虑宏微观双尺度下设计变量对目标的影响，可以从两个设计要素中优化结构性能，提高设计目标需求。其中，宏观等效弹性张量矩阵对微观设计变量的灵敏度具体如下：

$$\frac{\partial \boldsymbol{C}^{H}(\boldsymbol{\rho}^{m})}{\partial \boldsymbol{\rho}^{m}}=\frac{1}{|\Omega_{m}|}\int_{\Omega_{m}} p(\boldsymbol{\rho}^{m})^{p-1}(1-c)\boldsymbol{C}_{0}(\varepsilon(\boldsymbol{u}_{m}^{0})-\varepsilon(\boldsymbol{u}_{m}))(\varepsilon(\boldsymbol{u}_{m}^{0})-\varepsilon(\boldsymbol{u}_{m}))\mathrm{d}\Omega_{m} \tag{7-7}$$

根据 OC 法，关于两类设计变量中的更新准则，其对应的更新公式具体如下：

$$\begin{cases} \rho_i^{M(K+1)}=(\Pi_i^{M(K+1)})\rho_i^{M(K)}=\left(-\dfrac{\partial J}{\partial \boldsymbol{\rho}^{M}}\Big/\max\left(\mu,\Lambda_M^{(K)}\dfrac{\partial G_M}{\partial \boldsymbol{\rho}^{M}}\right)\right)\rho_i^{M(K)} \\ \rho_i^{m(K+1)}=(\Pi_i^{m(K+1)})\rho_i^{m(K)}=\left(-\dfrac{\partial J}{\partial \boldsymbol{\rho}^{m}}\Big/\max\left(\mu,\Lambda_m^{(K)}\dfrac{\partial G_m}{\partial \boldsymbol{\rho}^{m}}\right)\right)\rho_i^{m(K)} \end{cases} \tag{7-8}$$

式中，K 为当前迭代步数。$\Pi_i^{M(K+1)}$ 和 $\Pi_i^{m(K+1)}$ 分别表示针对宏微观设计变量 $\boldsymbol{\rho}^{M}$ 和 $\boldsymbol{\rho}^{m}$ 在第 K 迭代步的更新因子。μ 为极小值，用于避免优化迭代时数值奇异。$\Lambda_M^{(K)}$ 和 $\Lambda_m^{(K)}$ 分别表示宏微观双尺度设计变量在第 K 迭代步对应的拉格朗日乘子，一般采用二分法求解。

7.2.3 基本 MATLAB 程序

本章节给出了针对二维多孔结构的跨尺度设计 MATLAB 程序，具体如下表 7-1 所示。关于三维多孔结构的跨尺度设计 MATLAB 程序，具体细节可参考 Gao 等的研究[31]。

表 7-1 二维多孔结构跨尺度设计程序

```
function ConTop2D(Macro_struct, Micro_struct, penal, rmin)
% % USER - DEFINED LOOP PARAMETERS
maxloop = 200; E0 = 1; Emin = 1e-9; nu = 0.3;
Macro.length = Macro_struct(1); Macro.width = Macro_struct(2);
Micro.length = Micro_struct(1); Micro.width = Micro_struct(2);
Macro.nelx = Macro_struct(3); Macro.nely = Macro_struct(4);
Micro.nelx = Micro_struct(3); Micro.nely = Micro_struct(4);
Macro.Vol = Macro_struct(5); Micro.Vol = Micro_struct(5);
Macro.Elex = Macro.length/Macro.nelx; Macro.Eley = Macro.width/Macro.nely;
Macro.nele = Macro.nelx * Macro.nely; Micro.nele = Micro.nelx * Micro.nely;
Macro.ndof = 2 * (Macro.nelx + 1) * (Macro.nely + 1);
% PREPARE FINITE ELEMENT ANALYSIS
[load_x, load_y] = meshgrid(Macro.nelx, Macro.nely/2);
loadnid = load_x * (Macro.nely + 1) + (Macro.nely + 1 - load_y);
F = sparse(2 * loadnid(:), 1, -1, 2 * (Macro.nelx + 1) * (Macro.nely + 1),1);
U = zeros(Macro.ndof,1);
[fixed_x, fixed_y] = meshgrid(0, 0:Macro.nely);
fixednid = fixed_x * (Macro.nely + 1) + (Macro.nely + 1 - fixed_y);
fixeddofs = [2 * fixednid(:); 2 * fixednid(:) - 1];
freedofs = setdiff(1:Macro.ndof,fixeddofs);
nodenrs = reshape(1:(Macro.nely + 1) * (Macro.nelx + 1),1 + Macro.nely,1 + Macro.nelx);
edofVec = reshape(2 * nodenrs(1:end - 1,1:end - 1) + 1,Macro.nele,1);
edofMat = repmat(edofVec,1,8) + repmat([0 1 2 * Macro.nely + [2 3 0 1] -2 -1],Macro.nele,1);
```

续表

```
iK = reshape(kron(edofMat,ones(8,1))',64 * Macro.nele,1);
jK = reshape(kron(edofMat,ones(1,8))',64 * Macro.nele,1);
% PREPARE FILTER
[Macro.H,Macro.Hs] = filtering2d(Macro.nelx, Macro.nely, Macro.nele, rmin);
[Micro.H,Micro.Hs] = filtering2d(Micro.nelx, Micro.nely, Micro.nele, rmin);
% INITIALIZE ITERATION
Macro.x = repmat(Macro.Vol,Macro.nely,Macro.nelx);
Micro.x = ones(Micro.nely,Micro.nelx);
for i = 1:Micro.nelx
for j = 1:Micro.nely
if sqrt((i - Micro.nelx/2 - 0.5)^2 + (j - Micro.nely/2 - 0.5)^2) < min(Micro.nelx,Micro.nely)/3
            Micro.x(j,i) = 0;
end
end
end
beta = 1;
Macro.xTilde = Macro.x; Micro.xTilde = Micro.x;
Macro.xPhys = 1 - exp( - beta * Macro.xTilde) + Macro.xTilde * exp( - beta);
Micro.xPhys = 1 - exp( - beta * Micro.xTilde) + Micro.xTilde * exp( - beta);
loopbeta = 0; loop = 0; Macro.change = 1; Micro.change = 1;
while loop < maxloop || Macro.change > 0.01 || Micro.change > 0.01
  loop = loop + 1; loopbeta = loopbeta + 1;
% FE - ANALYSIS AT TWO SCALES
  [DH, dDH] = EBHM2D(Micro.xPhys, Micro.length, Micro.width, E0, Emin, nu, penal);
  Ke = elementMatVec2D(Macro.Elex, Macro.Eley, DH);
  sK = reshape(Ke(:) * (Emin + Macro.xPhys(:)'.^penal * (1 - Emin)),64 * Macro.nele,1);
  K = sparse(iK,jK,sK); K = (K + K')/2;
  U(freedofs,:) = K(freedofs,freedofs)\F(freedofs,:);
% OBJECTIVE FUNCTION AND SENSITIVITY ANALYSIS
  ce = reshape(sum((U(edofMat) * Ke). * U(edofMat),2),Macro.nely,Macro.nelx);
  c = sum(sum((Emin + Macro.xPhys.^penal * (1 - Emin)). * ce));
  Macro.dc = - penal * (1 - Emin) * Macro.xPhys.^(penal - 1). * ce;
  Macro.dv = ones(Macro.nely, Macro.nelx);
  Micro.dc = zeros(Micro.nely, Micro.nelx);
for i = 1:Micro.nele
    dDHe = [dDH{1,1}(i) dDH{1,2}(i) dDH{1,3}(i);
            dDH{2,1}(i) dDH{2,2}(i) dDH{2,3}(i);
            dDH{3,1}(i) dDH{3,2}(i) dDH{3,3}(i)];
    [dKE] = elementMatVec2D(Macro.Elex, Macro.Eley, dDHe);
    dce = reshape(sum((U(edofMat) * dKE). * U(edofMat),2),Macro.nely,Macro.nelx);
    Micro.dc(i) = - sum(sum((Emin + Macro.xPhys.^penal * (1 - Emin)). * dce));
end
  Micro.dv = ones(Micro.nely, Micro.nelx);
% FILTERING AND MODIFICATION OF SENSITIVITIES
  Macro.dx = beta * exp( - beta * Macro.xTilde) + exp( - beta); Micro.dx = beta * exp( - beta
* Micro.xTilde) + exp( - beta);
  Macro.dc(:) = Macro.H * (Macro.dc(:). * Macro.dx(:)./Macro.Hs); Macro.dv(:) = Macro.H *
(Macro.dv(:). * Macro.dx(:)./Macro.Hs);
  Micro.dc(:) = Micro.H * (Micro.dc(:). * Micro.dx(:)./Micro.Hs); Micro.dv(:) = Micro.H *
(Micro.dv(:). * Micro.dx(:)./Micro.Hs);
% OPTIMALITY CRITERIA UPDATE MACRO AND MICRO ELELMENT DENSITIES
```

续表

```
    [Macro.x, Macro.xPhys, Macro.change] = OC(Macro.x, Macro.dc, Macro.dv, Macro.H, Macro.Hs, Macro.Vol, Macro.nele, 0.2, beta);
    [Micro.x, Micro.xPhys, Micro.change] = OC(Micro.x, Micro.dc, Micro.dv, Micro.H, Micro.Hs, Micro.Vol, Micro.nele, 0.2, beta);
    Macro.xPhys = reshape(Macro.xPhys, Macro.nely, Macro.nelx); Micro.xPhys = reshape(Micro.xPhys, Micro.nely, Micro.nelx);
% PRINT RESULTS
    fprintf(' It.:%5i Obj.:%11.4f Macro_Vol.:%7.3f Micro_Vol.:%7.3f Macro_ch.:%7.3f Micro_ch.:%7.3f\n',...
        loop,c,mean(Macro.xPhys(:)),mean(Micro.xPhys(:)), Macro.change, Micro.change);
    colormap(gray); imagesc(1 - Macro.xPhys); caxis([0 1]); axis equal; axis off; drawnow;
    colormap(gray); imagesc(1 - Micro.xPhys); caxis([0 1]); axis equal; axis off; drawnow;
    %% UPDATE HEAVISIDE REGULARIZATION PARAMETER
if beta < 512 && (loopbeta >= 50 || Macro.change <= 0.01 || Micro.change <= 0.01)
        beta = 2 * beta; loopbeta = 0; Macro.change = 1; Micro.change = 1;
        fprintf('Parameter beta increased to %g.\n',beta);
end
end
end
%% SUB FUNCTION:filtering2D
function [H,Hs] = filtering2d(nelx, nely, nele, rmin)
iH = ones(nele * (2 * (ceil(rmin) - 1) + 1)^2,1);
jH = ones(size(iH));
sH = zeros(size(iH));
k = 0;
for i1 = 1:nelx
for j1 = 1:nely
        e1 = (i1 - 1) * nely + j1;
for i2 = max(i1 - (ceil(rmin) - 1),1):min(i1 + (ceil(rmin) - 1),nelx)
for j2 = max(j1 - (ceil(rmin) - 1),1):min(j1 + (ceil(rmin) - 1),nely)
                e2 = (i2 - 1) * nely + j2;
                k = k + 1;
                iH(k) = e1;
                jH(k) = e2;
                sH(k) = max(0,rmin - sqrt((i1 - i2)^2 + (j1 - j2)^2));
end
end
end
end
H = sparse(iH,jH,sH); Hs = sum(H,2);
end
%% SUB FUNCTION: EBHM2D
function [DH, dDH] = EBHM2D(den, lx, ly, E0, Emin, nu, penal)
% the initial definitions of the PUC
D0 = E0/(1 - nu^2) * [1 nu 0; nu 1 0; 0 0 (1 - nu)/2]; % the elastic tensor
[nely, nelx] = size(den);
nele = nelx * nely;
dx = lx/nelx; dy = ly/nely;
Ke = elementMatVec2D(dx/2, dy/2, D0);
Num_node = (1 + nely) * (1 + nelx);
nodenrs = reshape(1:Num_node,1 + nely,1 + nelx);
```

续表

```
edofVec = reshape(2 * nodenrs(1:end - 1,1:end - 1) + 1,nele,1);
edofMat = repmat(edofVec,1,8) + repmat([0 1 2 * nely + [2 3 0 1] - 2 - 1],nele,1);
% 3D periodic boundary formulation
alldofs = (1:2 * (nely + 1) * (nelx + 1));
n1 = [nodenrs(end,[1,end]),nodenrs(1,[end,1])];
d1 = reshape([(2 * n1 - 1);2 * n1],1,8);
n3 = [nodenrs(2:end - 1,1)',nodenrs(end,2:end - 1)];
d3 = reshape([(2 * n3 - 1);2 * n3],1,2 * (nelx + nely - 2));
n4 = [nodenrs(2:end - 1,end)',nodenrs(1,2:end - 1)];
d4 = reshape([(2 * n4 - 1);2 * n4],1,2 * (nelx + nely - 2));
d2 = setdiff(alldofs,[d1,d3,d4]);
e0 = eye(3);
ufixed = zeros(8,3);
for j = 1:3
    ufixed(3:4,j) = [e0(1,j),e0(3,j)/2;e0(3,j)/2,e0(2,j)] * [lx;0];
    ufixed(7:8,j) = [e0(1,j),e0(3,j)/2;e0(3,j)/2,e0(2,j)] * [0;ly];
    ufixed(5:6,j) = ufixed(3:4,j) + ufixed(7:8,j);
end
wfixed = [repmat(ufixed(3:4,:),nely - 1,1);repmat(ufixed(7:8,:),nelx - 1,1)];
% the reduced elastic equilibrium equation to compute the induced displacement field
iK = reshape(kron(edofMat,ones(8,1))',64 * nelx * nely,1);
jK = reshape(kron(edofMat,ones(1,8))',64 * nelx * nely,1);
sK = reshape(Ke(:) * (Emin + den(:)'.^penal * (1 - Emin)),64 * nelx * nely,1);
K = sparse(iK,jK,sK); K = (K + K')/2;
Kr = [K(d2,d2),K(d2,d3) + K(d2,d4);K(d3,d2) + K(d4,d2),K(d3,d3) + K(d4,d3) + K(d3,d4) + K(d4,
d4)];
U(d1,:) = ufixed;
U([d2,d3],:) = Kr\( - [K(d2,d1);K(d3,d1) + K(d4,d1)] * ufixed - [K(d2,d4);K(d3,d4) + K(d4,
d4)] * wfixed);
U(d4,:) = U(d3,:) + wfixed;
% homogenization to evaluate macroscopic effective properties
DH = zeros(3); qe = cell(3,3); dDH = cell(3,3);
cellVolume = lx * ly;
for i = 1:3
for j = 1:3
        U1 = U(:,i); U2 = U(:,j);
        qe{i,j} = reshape(sum((U1(edofMat) * Ke). * U2(edofMat),2),nely,nelx)/cellVolume;
        DH(i,j) = sum(sum((Emin + den.^penal * (1 - Emin)). * qe{i,j}));
        dDH{i,j} = penal * (1 - Emin) * den.^(penal - 1). * qe{i,j};
end
end
disp('--- Homogenized elasticity tensor ---'); disp(DH)
end
% % SUB FUNCTION: elementMatVec2D
function Ke = elementMatVec2D(a, b, DH)
GaussNodes = [ - 1/sqrt(3); 1/sqrt(3)]; GaussWeigh = [1 1];
L = [1 0 0 0; 0 0 0 1; 0 1 1 0];
Ke = zeros(8,8);
for i = 1:2
for j = 1:2
        GN_x = GaussNodes(i); GN_y = GaussNodes(j);
```

续表

```
            dN_x = 1/4 * [ - (1 - GN_x) (1 - GN_x) (1 + GN_x) - (1 + GN_x)];
            dN_y = 1/4 * [ - (1 - GN_y) - (1 + GN_y) (1 + GN_y) (1 - GN_y)];
            J = [dN_x; dN_y] * [ - a a a - a; - b - b b b]';
            G = [inv(J) zeros(size(J)); zeros(size(J)) inv(J)];
            dN(1,1:2:8) = dN_x; dN(2,1:2:8) = dN_y;
            dN(3,2:2:8) = dN_x; dN(4,2:2:8) = dN_y;
            Be = L * G * dN;
            Ke = Ke + GaussWeigh(i) * GaussWeigh(j) * det(J) * Be' * DH * Be;
end
end
end
% % SUB FUNCTION: OC
function [x, xPhys, change] = OC(x, dc, dv, H, Hs, volfrac, nele, move, beta)
l1 = 0; l2 = 1e9;
while (l2 - l1)/(l1 + l2) > 1e - 4
    lmid = 0.5 * (l2 + l1);
    xnew = max(0,max(x - move,min(1,min(x + move,x. * sqrt( - dc. /dv/lmid)))));
    xTilde(:) = (H * xnew(:))./Hs; xPhys = 1 - exp( - beta * xTilde) + xTilde * exp( - beta);
if sum(xPhys(:)) > volfrac * nele, l1 = lmid; else, l2 = lmid; end
end
change = max(abs(xnew(:) - x(:))); x = xnew;
end
```

7.2.4 基本案例呈现

如图 7-6 所示，针对 MBB 梁，基于上述 MATLAB 程序进行了基本讨论。针对 MBB 梁结构，其具体设计参数定义如下：

```
Macro_struct = [15, 3, 150, 30, 0.4];
Micro_struct = [0.1, 0.1, 50, 50, 0.5];
penal = 3; rmin = 2;
ConTop2D(Macro_struct, Micro_struct, penal, rmin)
```

此时要注意，上述程序中对应的边界条件是悬臂梁的，还需要做对应的调整，具体调整程序如下：

```
[load_x, load_y] = meshgrid(Macro.nelx/2, Macro.nely);
[fixed_x, fixed_y] = meshgrid([0 Macro.nelx], 0);
fixeddofs = [2 * fixednid(:); 2 * fixednid(1) - 1];
```

优化后的结构如图 7-6 所示，左侧对应 MBB 梁结构设计，右侧对应微观结构拓扑。其含义在于，宏观结构拓扑内每一点实体材料均由右侧的多孔微观结构周期性分布，整体宏观结构拓扑则对应一系列周期性微观结构填充。优化过程中的迭代曲线如图 7-7 所示，主要包含目标函数、约束函数以及中间迭代步中的宏微观结构拓扑，其可以有效说明当前迭代的有效性和稳定性。

图 7-6　MBB 梁多孔结构跨尺度设计结果

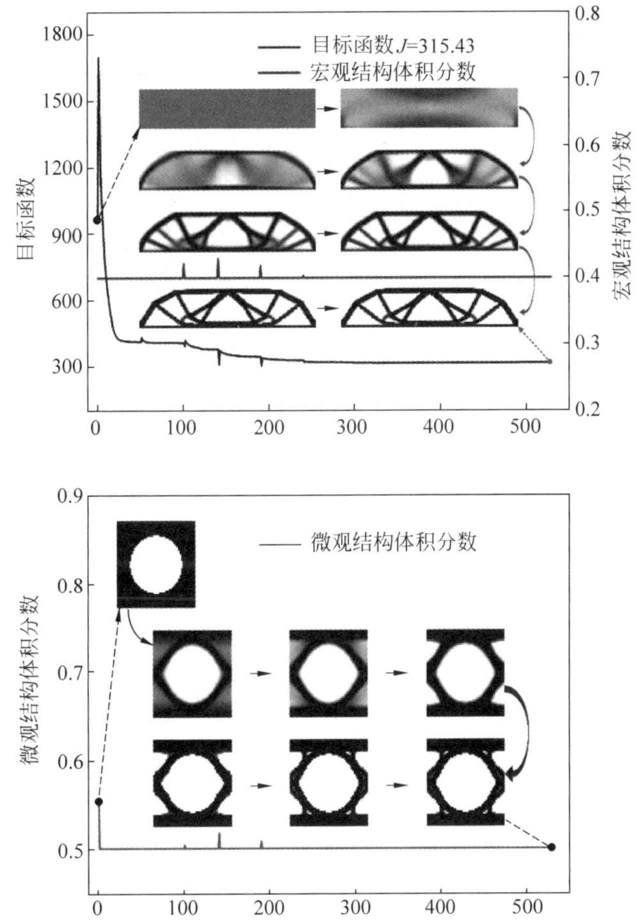

图 7-7　宏微观结构拓扑迭代曲线

7.3　微观结构单胞的几何描述

7.3.1　桁架点阵结构

在水平集理论中，结构边界往往由零水平集函数$\boldsymbol{\Phi}(\boldsymbol{x})=0$隐式描述，且边界沿着其法线方向演化。如图 7-8 所示，点阵单胞的几何构型可以通过指定不同的水平集函数值来确定。依据这一事实，可使用一种基于水平集隐式描述的高效形状插值技术，即通过指定水平集函数的不同水平集值来生成一系列可连接的梯度点阵单胞结构。因此，在点阵单胞的设计域 Ω 中，水平集函数$\boldsymbol{\Phi}_p(\boldsymbol{x})$的一般形式可表示为

$$\begin{cases} \boldsymbol{\Phi}_p(\boldsymbol{x})<0 & \forall \boldsymbol{x} \in \Omega_v \quad (\text{孔洞}) \\ \boldsymbol{\Phi}_p(\boldsymbol{x})=0 & \forall \boldsymbol{x} \in \Gamma \quad (\text{边界}) \\ \boldsymbol{\Phi}_p(\boldsymbol{x})>0 & \forall \boldsymbol{x} \in \Omega_s \quad (\text{实体}) \end{cases} \tag{7-9}$$

点阵单胞在水平集函数$\boldsymbol{\Phi}_p(\boldsymbol{x})=0$时为边界。依据式(7-9)，梯度点阵单胞的水平集函数$\boldsymbol{\Phi}_g(\boldsymbol{x})$可写为

$$\boldsymbol{\Phi}_g(\boldsymbol{x})=\boldsymbol{\Phi}_p(\boldsymbol{x})-\varphi_c \tag{7-10}$$

其中，φ_c 为形状插值系数，并可通过二分法计算。需要指出的是，为了提升求解效率，该系数的值通常被限制在区间$(\min(\boldsymbol{\Phi}_p(\boldsymbol{x})),\max(\boldsymbol{\Phi}_p(\boldsymbol{x})))$内。依据水平集函数$\boldsymbol{\Phi}_g(\boldsymbol{x})$点阵单胞的密度可写为

$$\rho=\frac{1}{|\Omega|}\int_\Omega \mathrm{H}(\boldsymbol{\Phi}_g(\boldsymbol{x}))\mathrm{d}\Omega \tag{7-11}$$

其中，$|\Omega|$表示设计域 Ω 的面积或体积。此外，$\mathrm{H}(\cdot)$表示 Heaviside 函数，一般用来区分设计域内的实体与孔洞。如果将式(7-10)代入式(7-11)中，即可得到原型点阵单胞几何构型$\boldsymbol{\Phi}_p(\boldsymbol{x})$与其密度 ρ 的映射关系：

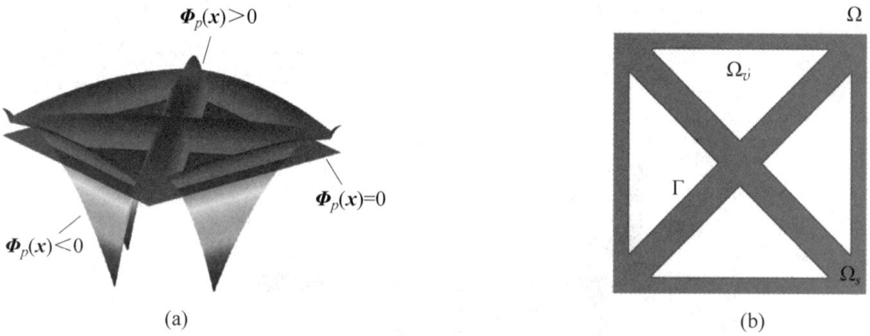

图 7-8　通过水平集函数生成点阵单胞

(a) 描述点阵单胞的三维水平集函数；(b) 在零水平集处生成点阵单胞的几何构型

$$\rho=\frac{1}{|\Omega|}\int_\Omega \mathrm{H}(\boldsymbol{\Phi}_p(\boldsymbol{x})-\varphi_c)\mathrm{d}\Omega \tag{7-12}$$

值得注意的是，由式(7-12)可知，即使密度 ρ 趋近于零，结构依然存在，但在实际生产中，考虑到点阵单胞的连接性及可制造性，应将密度 ρ 限制在区间$(\rho_{\min},1)$中。在本章中，最小密度 $\rho_{\min}$ 的取值为 0.1。

7.3.2　曲面点阵：TPMS

在微分几何学中，如果存在一个曲面，其在任意点的平均曲率为零，则可被称为极小曲面。若曲面在三维空间中周期性排布，则可构成三周期极小曲面。值得注意的是，在现存的几种描述三周期极小曲面的数学方法中，通常采用水平集函数简单直接地计算最小曲面的坐标。

创建一个 TPMS 点阵单胞需要构建一组包含三角函数的水平集函数，并将该方程与标准值 s 相关联，即$\boldsymbol{\Phi}_{\mathrm{TPMS}}(x,y,z)=s$。依据等值面$\boldsymbol{\Phi}_{\mathrm{TPMS}}$ 与标准值 s 的数值关系，可将 TPMS 点阵单胞分为片网格(sheet-networks)与体网格(solid-networks)两种表达形式。在片网格点阵单胞中，等值面$\boldsymbol{\Phi}_{\mathrm{TPMS}}$ 将沿其法线方向及其反方向各偏移一小段距离以创建两个曲面。随后，使用系式$-s\leqslant\boldsymbol{\Phi}_{\mathrm{TPMS}}\leqslant s$ 确定偏移的距离，并将该区域包围起来。而在体网格点阵单胞中，将首先使用等值面$\boldsymbol{\Phi}_{\mathrm{TPMS}}$ 把单胞分成实体部分与孔隙部分。然后通过关系式$\boldsymbol{\Phi}_{\mathrm{TPMS}}>s$ 或$\boldsymbol{\Phi}_{\mathrm{TPMS}}<s$ 确定需要包围的实体部分。由于在相同的密度下，TPMS 点阵单胞具有更优秀的性能，因此本章将使用片网格描述 TPMS 点阵单胞。表 7-2 列举了几种在

文献中常被提及的水平集函数及其对应的 TPMS 点阵单胞。

表 7-2　常见的三周期极小曲面

SG 单胞(Shoen gyroid,SG) $\boldsymbol{\Phi}_{SG}(\boldsymbol{x})=(\sin X\cos Y+\sin Y\cos Z+\sin Z\cos X)^2-s^2$	
SD 单胞(Schwarz Diamond,SD) $\boldsymbol{\Phi}_{SD}(\boldsymbol{x})=(\cos X\cos Y\cos Z-\sin X\sin Y\sin Z)^2-s^2$	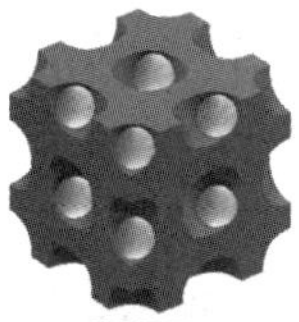
SP 单胞(Schwarz Primitive,SP) $\boldsymbol{\Phi}_{SP}(\boldsymbol{x})=(\cos X+\cos Y+\cos Z)^2-s^2$	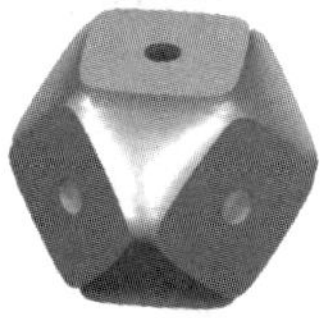
S-IWP 单胞(Schoen-IWP,S-IWP) $\boldsymbol{\Phi}_{S\text{-}IWP}(\boldsymbol{x})=[2(\cos X\cos Y+\cos Y\cos Z+\cos Z\cos X)-(\cos 2X+\cos 2Y+\cos 2Z)]^2-s^2$	
FKS 单胞(Fischer Koch S,FKS) $\boldsymbol{\Phi}_{FKS}(\boldsymbol{x})=(\cos 2X\sin Y\cos Z+\cos X\cos 2Y\sin Z+\sin X\cos Y\cos 2Z)^2-s^2$	
S-FRD 单胞(Schoen FRD,S-FRD) $\boldsymbol{\Phi}_{S\text{-}FRD}(\boldsymbol{x})=4(\cos X\cos Y\cos Z)-(\cos 2X\cos 2Y+\cos 2Y\cos 2Z+\cos 2Z\cos 2X)^2-s^2$	

7.4　基于 Kriging 模型的微观结构等效属性评估

7.4.1　弹性张量矩阵

由于 Kriging 元模型在本章所述方法中扮演重要角色,故本节将对该模型的基础理论进行简要介绍。假设密度 ρ 为输入变量,则通过 Kriging 元模型预测的弹性张量 $\boldsymbol{D}^{KM}$ 可写为一个全局模型与一个局部偏差的组合:

$$\boldsymbol{D}^{KM}(\rho)=\boldsymbol{f}(\rho)^{\mathrm{T}}\zeta+Z(\rho) \tag{7-13}$$

其中,$\boldsymbol{f}(\rho)^{\mathrm{T}}\zeta$ 为全局响应。$\boldsymbol{f}(\rho)$为回归函数,ζ 为回归参数。$Z(\rho)$是均值为零的随机过程函数,其非零协方差可写为

$$\mathrm{Cov}[Z(\rho^{(i)}),Z(\rho^{(j)})]=\sigma_z^2 R(\rho^{(i)},\rho^{(j)};\boldsymbol{\theta}) \tag{7-14}$$

其中,$\rho^{(i)}$ 和 $\rho^{(j)}$ 为两个样本密度。$R(\rho^{(i)},\rho^{(j)};\boldsymbol{\theta})$表示未知相关参数向量$\boldsymbol{\theta}$ 的随机相关过程函数。值得注意的是,$R(\rho^{(i)},\rho^{(j)};\boldsymbol{\theta})$可用高斯相关函数表示,其表达式可写为

$$R(\rho^{(i)},\rho^{(j)};\boldsymbol{\theta})=\exp[-\theta(\rho^{(i)}-\rho^{(j)})^2] \tag{7-15}$$

至此，Kriging 元模型对某一个未试验点 ρ 的无偏差预测可表示为

$$\hat{\boldsymbol{D}}^{KM}(\rho)=\boldsymbol{f}(\rho)^{\mathrm{T}}\hat{\zeta}+r(\rho)^{\mathrm{T}}\boldsymbol{R}^{-1}(\boldsymbol{D}^{KM}-\boldsymbol{F}\hat{\boldsymbol{\zeta}}) \tag{7-16}$$

它的平均二次误差 $\hat{\sigma}^2_{\hat{Q}}(\boldsymbol{x})$ 可表示为

$$\hat{\sigma}^2_{\hat{\boldsymbol{D}}^{KM}}(\rho)=\sigma^2_z[1+\boldsymbol{u}^{\mathrm{T}}(\boldsymbol{F}^{\mathrm{T}}\boldsymbol{R}^{-1}\boldsymbol{F})^{-1}\boldsymbol{u}-\boldsymbol{r}(\rho)^{\mathrm{T}}\boldsymbol{R}^{-1}\boldsymbol{r}(\rho)] \tag{7-17}$$

其中，$\boldsymbol{F}$ 为 $n\times n$ 的矩阵。$\boldsymbol{r}(\rho)$ 为未试验密度 ρ 与每一个样本点 $\rho^{(i)}$ 的相关向量，具体可写为

$$\boldsymbol{r}(\rho)=[R(\rho,\rho^{(1)};\boldsymbol{\theta}),R(\rho,\rho^{(2)};\boldsymbol{\theta}),\cdots,R(\rho,\rho^{(n)};\boldsymbol{\theta})]^{\mathrm{T}} \tag{7-18}$$

此外，ζ 的最小二乘误差 $\hat{\zeta}$ 可写为

$$\hat{\zeta}=(\boldsymbol{F}^{\mathrm{T}}\boldsymbol{R}^{-1}\boldsymbol{F})^{-1}\boldsymbol{F}^{\mathrm{T}}\boldsymbol{R}^{-1}\boldsymbol{D}^{KM} \tag{7-19}$$

需要强调的是，式(7-15)～式(7-19)的左端都是向量$\boldsymbol{\theta}$ 的相关参数函数。而向量$\boldsymbol{\theta}$ 则需要通过求解下列极大值问题获得

$$\max L(\boldsymbol{\theta})=-(n\ln(\hat{\sigma}^2_z)+\ln(|\boldsymbol{R}|)) \tag{7-20}$$

其中，$\hat{\sigma}^2_z$ 可表示为

$$\hat{\sigma}^2_z=\frac{1}{n}(\boldsymbol{D}^{KM}-\boldsymbol{F}\hat{\zeta})^{\mathrm{T}}\boldsymbol{R}(\boldsymbol{D}^{KM}-\boldsymbol{F}\hat{\zeta}) \tag{7-21}$$

根据上述介绍可知，构建 Kriging 元模型相当于求解一个无约束的 n 维优化问题。基于高斯过程的回归理论，未测试密度 ρ 的响应符合正态分布：

$$\hat{\boldsymbol{D}}^{KM}(\rho)\sim N(\hat{\boldsymbol{D}}^{KM}(\rho),\hat{\sigma}^2_{\hat{\boldsymbol{D}}^{KM}}(\rho)) \tag{7-22}$$

故此，通过均匀化方法计算的弹性张量可通过预测值获得

$$\boldsymbol{D}^{HM}=\hat{\boldsymbol{D}}^{KM}(\rho) \tag{7-23}$$

7.4.2 热传导张量矩阵

TPMS 点阵单胞的属性可通过均匀化法计算。由于本章主要讨论多孔结构的散热性能，因此，热传导张量 κ^H_{ij} 的计算公式可写为

$$\kappa^H_{ij}=\frac{1}{|\Omega|}\int_\Omega \kappa^m_{pq}(\boldsymbol{g}^{0(i)}_p-\boldsymbol{g}^{(i)}_p)(\boldsymbol{g}^{0(j)}_q-\boldsymbol{g}^{(j)}_q)\mathrm{d}\Omega \tag{7-24}$$

其中，Ω 为设计域的面积或体积，而$|\Omega|$则表示 TPMS 点阵单胞在设计域内所占据的体积。κ^m_{pq} 表示所选材料的热传导张量。下标 i,j,p,q 表示分量索引。此外，向量 $\boldsymbol{g}^{0(i)}_p$ 和 $\boldsymbol{g}^{(i)}_p$ 分别表示微观结构的初始测试热流和未知热流。令 δt^i 为虚温度场并属于 $\overline{T}(\Omega)$，则上述周期性边界条件问题可转化为

$$\int_\Omega \kappa^m_{pq}\boldsymbol{g}^{(i)}_p\boldsymbol{g}_q(\delta\boldsymbol{t}^i)\mathrm{d}\Omega=\int_\Omega \kappa^m_{pq}\boldsymbol{g}^{0(i)}_p\boldsymbol{g}_q(\delta\boldsymbol{t}^i)\mathrm{d}\Omega,\quad \forall\,\delta\boldsymbol{t}\in\overline{T}(\Omega) \tag{7-25}$$

其中，$\overline{T}(\Omega)$为需用温度场。通过引入 Kriging 元模型成功地减少了跨尺度优化中因均匀化法迭代计算产生的昂贵的计算负担。为高效地求解跨尺度散热问题，本章也将使用 Kriging 元模型，用于预测 TPMS 点阵单胞的等效热学属性。关于 Kriging 元模型构建的详细描述

如上小节所述，本章仅给出预测模型，其推导过程将不再赘述。Kriging 预测模型可写为

$$\begin{cases}\hat{\kappa}^{KM} \sim N(\hat{\kappa}^{KM}(\rho), \hat{\sigma}^2_{\hat{\kappa}^{KM}}(\rho)) \\ \kappa^{KM} = \hat{\kappa}^{KM}(\rho)\end{cases} \tag{7-26}$$

其中，Kriging 预测的等效热传导张量 $\hat{\kappa}^{KM}(\rho)$满足正态分布 $N(\hat{\kappa}^{KM}(\rho), \hat{\sigma}^2_{\hat{\kappa}^{KM}}(\rho))$。随后，以导热系数为 120W/(m・K)的铝合金材料为例，使用 Kriging 元模型对上文提及的 6 种 TPMS 点阵单胞的热学属性进行预测。需要指出的是，本文中的所有 TPMS 点阵单胞均为各向同性，且其等效热传导张量仅包含等效热传导系数这一个独立变量。6 种 TPMS 点阵单胞的等效密度与等效热传导系数之间的关系如图 7-9 所示。通过观察此图可知，上述几种点阵单胞的热传导系数略有差异，总体热传导效果差别不大。

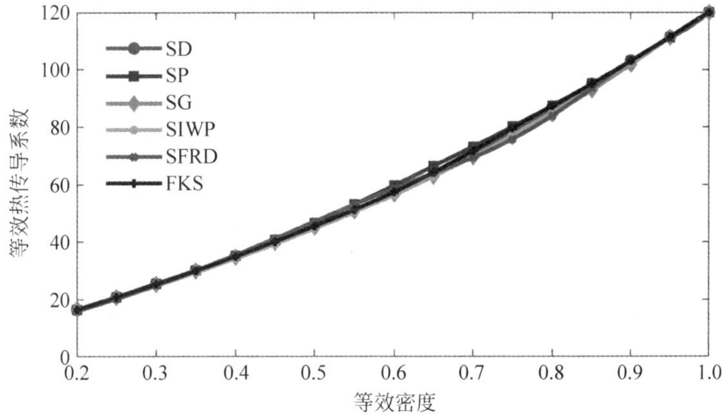

图 7-9　TPMS 点阵单胞的等效密度与等效热传导系数变化曲线

7.5　跨尺度优化模型

7.5.1　结构承载性能最大化

若假定点阵单胞的密度 $\rho_{k,e}$ 为设计变量，则在多个不重叠的 NURBS 面片构成的设计域内，最小柔度拓扑优化问题可表示为

$$\begin{cases}\text{求：} & \rho_{k,e}(\boldsymbol{x})(k=1,2,\cdots,n_k;\ e=1,2,\cdots,n_e) \\ \min & J(\rho_{k,e}) = \boldsymbol{F}^{\mathrm{T}}\boldsymbol{U} \\ \text{假定} & G(\rho_{k,e}) = \dfrac{\sum\limits_{k}^{n_k}\sum\limits_{e}^{n_e}\rho_{k,e}(\boldsymbol{x})V_{k,e}}{\sum\limits_{k}^{n_k}\sum\limits_{e}^{n_e}V_{k,e}} - V_{\max} \leqslant 0, \\ & 0 < \rho_{\min} \leqslant \rho_{k,e}(\boldsymbol{x}) \leqslant 1 \\ \text{控制条件} & \boldsymbol{F} = \boldsymbol{K}(\boldsymbol{D}_{k,e}(\rho_{k,e}))\boldsymbol{U}\end{cases} \tag{7-27}$$

其中，n_k 表示 NURBS 面片个数。n_e 为第 k 个面片的样条单元个数。上式中 $J(\rho_{k,e})$为目标函数，而不等式 $G(\rho_{k,e})$表示体积约束函数。$V_{k,e}$ 表示第 k 个面片中第 e 个样条单元的

面积或体积，$V_{\max}$ 表示指定的结构最大面积或体积。为保证点阵单胞内的结构完整，需要为设计变量 $\rho_{k,e}$ 设定一个密度下限 $\rho_{\min}$。此外，上述优化问题需始终满足基于 Nitsche 法的平衡方程。在该方程中，全局刚度矩阵 $\boldsymbol{K}$ 可表示为弹性张量 $\boldsymbol{D}_{k,e}(\rho_{k,e})$ 的函数，而弹性张量 $\boldsymbol{D}_{k,e}(\rho_{k,e})$ 可通过如下插值函数表示为

$$\boldsymbol{D}_{k,e}(\rho_{k,e}) = \rho_{k,e}\boldsymbol{D}_{k,e}^{0} \tag{7-28}$$

其中，$\boldsymbol{D}_{k,e}^{0}$ 为一个变量用于确定等效弹性张量。为了使用 Kriging 元模型预测点阵单胞在任意密度 $\rho_{k,e}$ 下的弹性张量 $\boldsymbol{D}_{k,e}(\rho_{k,e})$，需假定等式(7-29)成立，即

$$\boldsymbol{D}_{k,e}(\rho_{k,e}) = \boldsymbol{D}^{HM}(\rho_{k,e}) \tag{7-29}$$

随后，依据式(7-23)、式(7-28)和式(7-29)可知：

$$\boldsymbol{D}_{k,e}^{0} = \hat{\boldsymbol{D}}^{KM}(\rho_{k,e})/\rho_{k,e} \tag{7-30}$$

其中，$\boldsymbol{D}_{k,e}^{0}$ 作为一个在优化迭代过程中不断变化的临时变量，用以促进多孔结构设计的数值实现。

7.5.2 结构散热性能最大化

与第 4 章不同，本章将讨论面向散热的跨尺度多片等几何拓扑优化方法。若令设计变量 $\rho_{k,e}$ 为第 k 个 NURBS 面片中第 e 个单元中点阵单胞的密度，则在由多个不重叠的 NURBS 面片所组成的设计域内，其面向散热的结构跨尺度拓扑优化模型可表示为

$$\begin{cases} \text{求} & \rho_{k,e}(\boldsymbol{x})(k=1,2,\cdots,n_k;\ e=1,2,\cdots,n_e) \\ \min & J(\rho_{k,e}) = \sum\limits_{k}^{n_k}\sum\limits_{e}^{n_e}(\boldsymbol{T}_{k,e})^{\mathrm{T}}\boldsymbol{K}_{k,e}(\rho_{k,e})\boldsymbol{T}_{k,e} \\ \text{假定} & G(\rho_{k,e}) = \dfrac{\sum\limits_{k}^{n_k}\sum\limits_{e}^{n_e}\rho_{k,e}(\boldsymbol{x})V_{k,e}}{\sum\limits_{k}^{n_k}\sum\limits_{e}^{n_e}V_{k,e}} - V_{\max} \leqslant 0, \\ & 0 < \rho_{\min} \leqslant \rho_{k,e}(\boldsymbol{x}) \leqslant 1 \\ \text{控制条件} & \boldsymbol{P} = \boldsymbol{K}(\boldsymbol{\kappa}_{k,e}(\rho_{k,e}))\boldsymbol{T} \end{cases} \tag{7-31}$$

其中，下标 k 和 e 分别表示设计域内 NURBS 面片的编号及该面片内的单元编号，而 n_k 和 n_e 分别表示设计域内 NURBS 面片的总数及该面片的单元总数。$J(\rho_{k,e})$ 为目标函数，在本章中被定义为散热柔度，$\boldsymbol{K}_{k,e}$ 表示单元热传导矩阵，$\boldsymbol{T}_{k,e}$ 表示单元局部温度场。$G(\rho_{k,e})$ 为体积约束函数，$V_{k,e}$ 表示单元的面积或体积，$V_{\max}$ 为指定的结构所允许达到的最大面积或体积。值得注意的是，为了避免点阵结构中出现断裂现象，需要为其设定一个密度下限 $\rho_{\min}$，优化时设计变量 $\rho_{k,e}$ 不可低于该值。$\boldsymbol{P}$ 表示全局热载荷。此外，上述问题需始终满足基于 Nitsche 法的平衡方程。在该方程中，全局刚度矩阵 $\boldsymbol{K}$ 可表示为单元热传导张量 $\boldsymbol{\kappa}_{k,e}(\rho_{k,e})$ 的函数，而基于密度法的单元热传导张量 $\boldsymbol{\kappa}_{k,e}(\rho_{k,e})$ 可通过如下插值函数表示为

$$\boldsymbol{\kappa}_{k,e}(\rho_{k,e}) = \rho_{k,e}\boldsymbol{\kappa}_{k,e}^{0} \tag{7-32}$$

其中，$\boldsymbol{\kappa}_{k,e}^{0}$ 为一个变量，用于确定等效热传导张量。当利用 Kriging 元模型预测点阵单胞在任意密度下的热传导张量时，需假定下面等式(7-33)成立，即

$$\boldsymbol{\kappa}_{k,e}(\rho_{k,e})=\boldsymbol{\kappa}^{HM}(\rho_{k,e}) \tag{7-33}$$

根据式(7-24)、式(7-32)和式(7-33)可知：

$$\boldsymbol{\kappa}_{k,e}^{0}=\frac{\hat{\boldsymbol{\kappa}}^{KM}(\rho_{k,e})}{\rho_{k,e}} \tag{7-34}$$

$\boldsymbol{\kappa}_{k,e}^{0}$ 的物理解释并不对应于具有等效密度的单元的自然属性。相反，它作为一个在优化迭代过程中变化的时间变量，促进了多孔结构设计的数值实现。

7.6 灵敏度分析

7.6.1 优化模型一灵敏度分析

一般而言，求解优化问题需要用到基于梯度的算法，如优化准则法、移动渐进线法等。本章将用优化准则法进行设计变量的更新：

$$\rho_{k,e}^{\text{new}}=\begin{cases}\max(\rho_{\min},\rho_{k,e}-\bar{\omega}) & \text{如果 } \rho_{k,e}\vartheta_{k,e}^{\mu}\leqslant\max(\rho_{\min},\rho_{k,e}-\bar{\omega})\\ \min(1,\rho_{k,e}+\bar{\omega}) & \text{如果 } \rho_{k,e}\vartheta_{k,e}^{\mu}\geqslant\min(1,\rho_{k,e}+\bar{\omega})\\ \rho_{k,e}\vartheta_{k,e}^{\mu} & \text{其他}\end{cases} \tag{7-35}$$

其中，$\bar{\omega}$ 和 μ 分别表示移动步长和数值阻尼系数。最优条件 $\vartheta_{k,e}$ 可写为

$$\vartheta_{k,e}=-\frac{\partial J/\partial\rho_{k,e}}{\lambda(\partial G/\partial\rho_{k,e})} \tag{7-36}$$

其分子为目标函数 $J(\rho_{k,e})$ 对密度 $\rho_{k,e}$ 的一阶偏导，该偏导的矩阵形式可写为

$$\frac{\partial J(\rho_{k,e})}{\partial\rho_{k,e}}=-\boldsymbol{U}_e^{\mathrm{T}}\frac{\partial\boldsymbol{K}_{k,e}(\rho_{k,e})}{\partial\rho_{k,e}}\boldsymbol{U}_e \tag{7-37}$$

其中，$\boldsymbol{K}_{k,e}$ 表示第 k 个 NURBS 面片上第 e 个单元的刚度矩阵。$\partial\boldsymbol{K}_{k,e}(\rho_{k,e})/\partial\rho_{k,e}$ 的计算公式需根据单元 e 的位置决定。令 S_c 为设计域内所有需要耦合的单元的集合，若单元 e 不属于 S_c，则有：

$$\begin{aligned}\frac{\partial\boldsymbol{K}_{k,e}^{b}}{\partial\rho_{k,e}}&=\frac{\partial\int_{\Omega_{k,e}}\boldsymbol{B}_{k,e}\boldsymbol{D}_{k,e}^{HM}(\rho_{k,e})\boldsymbol{B}_{k,e}\mathrm{d}\Omega_{k,e}}{\partial\rho_{k,e}}\\&=\int_{\Omega_{k,e}}\boldsymbol{B}_{k,e}\boldsymbol{D}_{k,e}^{0}\boldsymbol{B}_{k,e}\mathrm{d}\Omega_{k,e}=\int_{\Omega_{k,e}}\boldsymbol{B}_{k,e}\left(\frac{\partial\hat{\boldsymbol{D}}_{k,e}^{KM}(\rho_{k,e})}{\partial\rho_{h,e}}\right)\boldsymbol{B}_{k,e}\mathrm{d}\Omega_{k,e}\end{aligned} \tag{7-38}$$

若单元 e 属于集合 S_c，则需考虑耦合项对灵敏度的影响。如前文所述，稳定矩阵 $\boldsymbol{K}_{k,e}^{s}$ 和耦合矩阵 $\boldsymbol{K}_e^{c}$ 对单元刚度矩阵 $\boldsymbol{K}_{k,e}^{b}$ 没有作用，故在灵敏度分析中，只需考虑 Nitsche 矩阵 $\boldsymbol{K}_{k,e}^{n}$。因此，单元 e 的灵敏度可表示为

$$\frac{\partial J(\rho_{k,e})}{\partial\rho_{k,e}}=-\boldsymbol{U}_e^{\mathrm{T}}\left(\frac{\partial\boldsymbol{K}_{k,e}^{b}(\rho_{k,e})}{\partial\rho_{k,e}}+\frac{\partial\boldsymbol{K}_{k,e}^{n}(\rho_{k,e})}{\partial\rho_{k,e}}\right)\boldsymbol{U}_e \tag{7-39}$$

其中，Nitsche 矩阵 $\boldsymbol{K}_{k,e}^{n}$ 对密度 $\rho_{k,e}$ 的一阶偏导数为

$$\frac{\partial\boldsymbol{K}_{k,e}^{n}}{\partial\rho_{k,e}}=-\frac{\partial\left(\gamma_{k,e}\int_{\Gamma_e^*}(\boldsymbol{R}_{k,e})^{\mathrm{T}}\boldsymbol{n}\boldsymbol{D}_{k,e}^{HM}\boldsymbol{B}_{k,e}\mathrm{d}\Gamma_e^*+\gamma_{k,e}\int_{\Gamma_e^*}(\boldsymbol{B}_{k,e})^{\mathrm{T}}(\boldsymbol{D}_{k,e}^{HM})^{\mathrm{T}}\boldsymbol{n}^{\mathrm{T}}\boldsymbol{R}_{k,e}\mathrm{d}\Gamma_e^*\right)}{\partial\rho_{k,e}}$$

$$=\gamma_{k,e}\int_{\Gamma_e^*}(\boldsymbol{R}_{k,e})^{\mathrm{T}}\boldsymbol{n}\left(\frac{\partial\hat{\boldsymbol{D}}_{k,e}^{KM}}{\partial\rho_{k,e}}\right)\boldsymbol{B}_{k,e}\mathrm{d}\Gamma_e^*+\gamma_{k,e}\int_{\Gamma_e^*}(\boldsymbol{B}_{k,e})^{\mathrm{T}}\left(\frac{\partial\hat{\boldsymbol{D}}_{k,e}^{KM}}{\partial\rho_{k,e}}\right)^{\mathrm{T}}\boldsymbol{n}^{\mathrm{T}}\boldsymbol{R}_{k,e}\mathrm{d}\Gamma_e^* \tag{7-40}$$

此外，体积约束 $G(\rho_{k,e})$ 对密度 $\rho_{k,e}$ 的一阶偏导数为

$$\frac{\partial G(\rho_{k,e})}{\partial\rho_{k,e}}=1 \tag{7-41}$$

最后，式(7-36)中的拉格朗日乘子 λ 可通过二分法计算。值得注意的是，在跨尺度拓扑优化中密度 $\rho_{k,e}$ 同样需要通过密度过滤转化为 $\bar{\rho}_{k,e}$。

7.6.2 优化模型二灵敏度分析

为方便实现，本章将采用常见的优化准则法对跨尺度拓扑优化模型进行求解，其设计变量将依据下式进行更新迭代：

$$\rho_{k,e}^{\mathrm{new}}=\begin{cases}\max(\rho_{\min},\rho_{k,e}-\bar{\omega}) & \text{如果 } \rho_{k,e}\vartheta_{k,e}^{\mu}\leqslant\max(\rho_{\min},\rho_{k,e}-\bar{\omega})\\ \min(1,\rho_{k,e}+\bar{\omega}) & \text{如果 } \rho_{k,e}\vartheta_{k,e}^{\mu}\geqslant\min(1,\rho_{k,e}+\bar{\omega})\\ \rho_{k,e}\vartheta_{k,e}^{\mu} & \text{其他}\end{cases} \tag{7-42}$$

其中，$\bar{\omega}$ 和 μ 分别表示移动步长和数值阻尼系数。最优条件 $\vartheta_{k,e}$ 可写为

$$\vartheta_{k,e}=-\left(\frac{\partial J}{\partial\rho_{k,e}}\right)\Big/\left(\lambda\left(\frac{\partial G}{\partial\rho_{k,e}}\right)\right) \tag{7-43}$$

在式(7-43)中，$\partial J/\partial\rho_{k,e}$ 为目标函数 J 对设计变量 $\rho_{k,e}$ 的一阶偏导。依据式(7-31)，目标函数 J 的灵敏度可写为

$$\frac{\partial J}{\partial\rho_{k,e}}=(\boldsymbol{T}_{k,e})^{\mathrm{T}}\frac{\partial\boldsymbol{K}_{k,e}(\rho_{k,e})}{\partial\rho_{k,e}}\boldsymbol{T}_{k,e} \tag{7-44}$$

与单个 NURBS 面片的情况不同，$\partial\boldsymbol{K}_{k,e}(\rho_{k,e})/\partial\rho_{k,e}$ 的计算公式需根据单元 e 的位置而确定。令 S_c 为设计域内所有需要耦合的单元的集合，若单元 e 不属于 S_c，则依据 2.2.3 节中的公式，$\partial\boldsymbol{K}_{k,e}(\rho_{k,e})/\partial\rho_{k,e}$ 可写为

$$\begin{aligned}\frac{\partial\boldsymbol{K}_{k,e}^{b}}{\partial\rho_{k,e}}&=\frac{\partial\int_{\Omega_{k,e}}\boldsymbol{B}_{k,e}\boldsymbol{\kappa}_{k,e}^{HM}(\rho_{k,e})\boldsymbol{B}_{k,e}\mathrm{d}\Omega_{k,e}}{\partial\rho_{k,e}}\\&=\int_{\Omega_{k,e}}\boldsymbol{B}_{k,e}\boldsymbol{\kappa}_{k,e}^{0}\boldsymbol{B}_{k,e}\mathrm{d}\Omega_{k,e}=\int_{\Omega_{k,e}}\boldsymbol{B}_{k,e}\left(\frac{\partial\hat{\boldsymbol{\kappa}}_{k,e}^{KM}(\rho_{k,e})}{\partial\rho_{k,e}}\right)\boldsymbol{B}_{k,e}\mathrm{d}\Omega_{k,e}\end{aligned} \tag{7-45}$$

由于本章主要考虑散热问题，因此在式(7-45)中，矩阵 $\boldsymbol{B}_{k,e}$ 为温度梯度-温度矩阵。若单元 e 属于集合 S_c，则需考虑耦合项对灵敏度的影响。如前文所述，单元稳定矩阵 $\boldsymbol{K}_{k,e}^{s}$ 和单元耦合矩阵 $\boldsymbol{K}_{e}^{c}$ 对单元热传导矩阵 $\boldsymbol{K}_{k,e}^{b}$ 没有作用，故在灵敏度分析中，只需考虑 Nitsche 矩阵 $\boldsymbol{K}_{k,e}^{n}$。因此，单元 e 的灵敏度可表示为

$$\frac{\partial G(\rho_{k,e})}{\partial\rho_{k,e}}=1\quad\frac{\partial J(\rho_{k,e})}{\partial\rho_{k,e}}=-(\boldsymbol{T}_{k,e})^{\mathrm{T}}\left(\frac{\partial\boldsymbol{K}_{k,e}^{b}(\rho_{k,e})}{\partial\rho_{k,e}}+\frac{\partial\boldsymbol{K}_{k,e}^{n}(\rho_{k,e})}{\partial\rho_{k,e}}\right)\boldsymbol{T}_{k,e} \tag{7-46}$$

其中，矩阵 $\boldsymbol{K}_{k,e}^{n}$ 对密度 $\rho_{k,e}$ 的一阶偏导数为

$$\frac{\partial\boldsymbol{K}_{k,e}^{n}}{\partial\rho_{k,e}}=-\frac{\partial\left(\gamma_{k,e}\int_{\Gamma_e^*}(\boldsymbol{R}_{k,e})^{\mathrm{T}}\boldsymbol{n}\,\hat{\boldsymbol{\kappa}}_{k,e}^{HM}\boldsymbol{B}_{k,e}\mathrm{d}\Gamma_e^*+\gamma_{k,e}\int_{\Gamma_e^*}(\boldsymbol{B}_{k,e})^{\mathrm{T}}(\hat{\boldsymbol{\kappa}}_{k,e}^{HM})^{\mathrm{T}}\boldsymbol{n}^{\mathrm{T}}\boldsymbol{R}_{k,e}\mathrm{d}\Gamma_e^*\right)}{\partial\rho_{k,e}}$$

$$=\gamma_{k,e}\int_{\Gamma_e^*}(\boldsymbol{R}_{k,e})^{\mathrm{T}}\boldsymbol{n}\left(\frac{\partial\,\hat{\boldsymbol{\kappa}}_{k,e}^{KM}}{\partial\rho_{k,e}}\right)\boldsymbol{B}_{k,e}\,\mathrm{d}\Gamma_e^*+\gamma_{k,e}\int_{\Gamma_e^*}(\boldsymbol{B}_{k,e})^{\mathrm{T}}\left(\frac{\partial\,\hat{\boldsymbol{\kappa}}_{k,e}^{KM}}{\partial\rho_{k,e}}\right)^{\mathrm{T}}\boldsymbol{n}^{\mathrm{T}}\boldsymbol{R}_{k,e}\,\mathrm{d}\Gamma_e^* \tag{7-47}$$

7.7　案例讨论

7.7.1　结构承载性能

为了验证本章所述方法的有效性，本节将给出四个面向力学性能的数值算例。为了便于实现，假定在所有二维数值算例中，树脂材料的杨氏模量为 $E=2750\mathrm{MPa}$，泊松比为 $\nu=0.38$。此外，移动步长 $\bar{\omega}$ 和数值阻尼系数 ϑ 分别设为 0.2 和 0.5。除非另有说明，在二维数值算例中，点阵单胞的设计域将使用 50×50 的四节点正方形样条单元进行离散，而在三维数值算例中，点阵单胞的设计域将使用 40×40×40 的八节点六面体样条单元进行离散。考虑多孔结构的可制造性，点阵单胞的有效密度将被限制在密度区间(0.1,1)内。为了获得梯度变化的密度场，本节将不对设计变量进行惩罚，即 $\beta=1$。最后，一旦相邻两次迭代中的设计变量之差的最大值小于 0.1%，或达到最大的 200 次迭代步数，则认为该优化收敛，并终止优化程序。

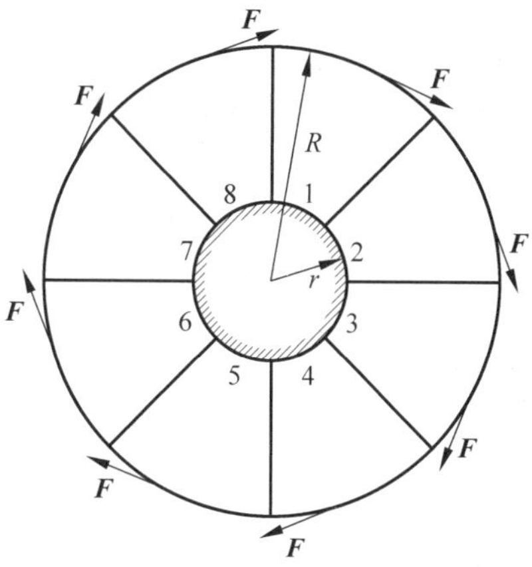

图 7-10　八个 NURBS 面片构成的圆环设计域

1. 二维案例

本节旨在讨论不同点阵结构对优化结果的影响。如图 7-10 所示，假定一个内径 $r=20\mathrm{mm}$，外径 $R=60\mathrm{mm}$ 的圆环设计域。该设计域由八个匹配的 NURBS 面片构成，且圆环内侧为固定约束，并沿切线方向对每个面片施加一个大小为 $\boldsymbol{F}=10\mathrm{N}$ 的集中载荷。需要指出的是，本例中的每个 NURBS 面片将被 120×40 个二次样条单元离散，其具体信息可参考表 7-3。此外，材料的体积约束为 0.5，密度过滤半径 R_f 为 3.0。

表 7-3　圆环算例的 NURBS 面片数据

算例 4.1：圆环结构			
面片编号	控制点	样条单元	曲线次数
1～8	122×42	120×40	$p=q=2$

为了验证该方法对不同种类的点阵单胞的兼容性，本例将选择三种较为泛用的点阵单胞，即 X 型单胞(点阵单胞 1)，X 型方框单胞(点阵单胞 2)和菱形方框单胞(点阵单胞 3)。为了获得点阵单胞在任意密度下的力学性能。可在[0.1,1]的密度区间内任意选取 200 个样本单胞，并使用均匀化方法计算样本单胞对应的等效弹性张量，并利用这些计算值来构建每种点阵单胞的 Kriging 元模型。图 7-11(a)、(c)和(e)为使用 Kriging 元模型预测的三种点阵单胞的等效弹性张量。为了验证上述模型的准确性，需要将预测值与计算值进行对比

并计算其相对误差。如图 7-11(b)、(d)和(f)所示，该模型对三种点阵单胞的弹性张量的预测误差均在 1%以下。故使用该模型预测点阵单胞的弹性张量是可靠的。

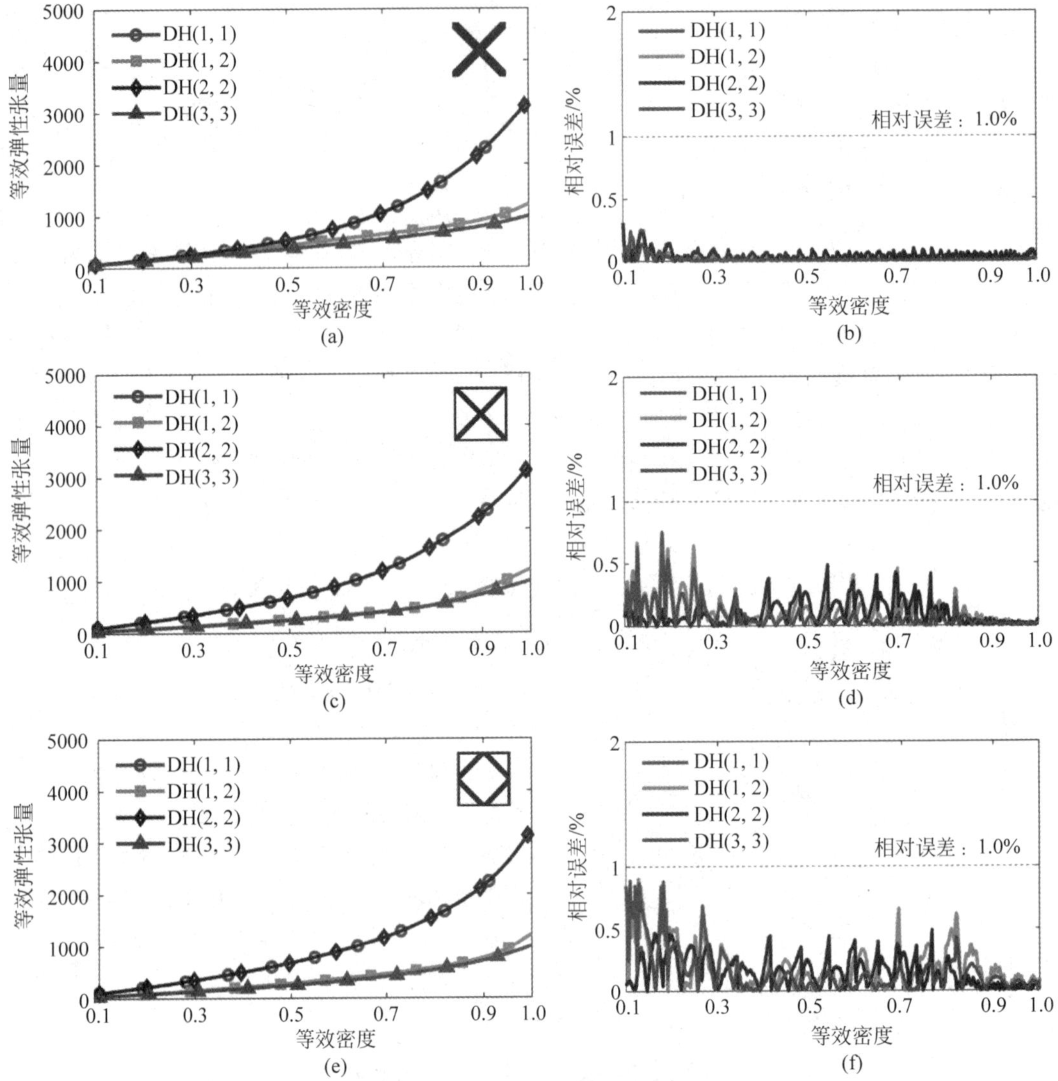

图 7-11　预测点阵单胞的力学性能

(a) 点阵单胞 1 的等效弹性张量；(b) Kriging 元模型对点阵单胞 1 的预测误差；(c) 点阵单胞 2 的等效弹性张量；(d) Kriging 元模型对点阵单胞 2 的预测误差；(e) 点阵单胞 3 的等效弹性张量；(f) Kriging 元模型对点阵单胞 3 的预测误差

图 7-12(a)～(c)展示了使用基于 Nitsche 法的跨尺度等几何拓扑优化算法所得到的三种点阵单胞的等效密度分布。随后，利用几何重构法，将三种点阵单胞按照图 7-12(a)～(c)中的密度分布填入设计域中，并获得最终的优化结果，参见图 7-12(d)～(f)。相较于图 7-12(d)的优化结果，图 7-12(e)和(f)中点阵单胞的密度分布更加均匀且由此构建的多孔结构的柔度值更小，说明这两种结构具有更好的力学性能。造成这种现象的主要原因是，相较于后两种点阵单胞，第一种点阵单胞在切向力的作用下更容易产生形变。因此，为了保证稳定的传

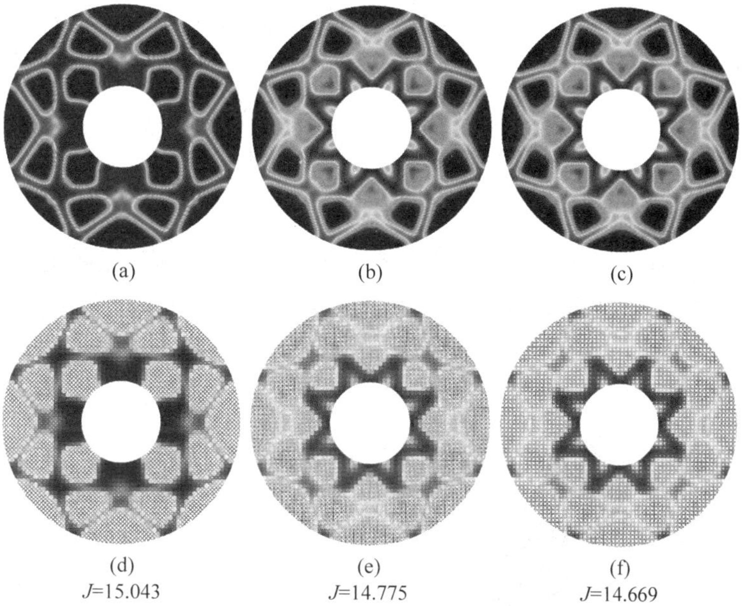

图 7-12　多孔结构的密度分布及优化结果

(a) 密度分布：点阵单胞 1；(b) 密度分布：点阵单胞 2；(c) 密度分布：点阵单胞 3；(d) 优化结果：点阵单胞 1；(e) 优化结果：点阵单胞 2；(f) 优化结果：点阵单胞 3

力路径，需要使用大量密度趋近于 1 的点阵单胞填充，参见图 7-12(d)。

接下来将讨论一个更复杂的算例，以验证本章所述的方法对任意 NURBS 面片都适用。图 7-13 为一个由四个 NURBS 面片构成的钩子结构。该结构长 $L=140\text{mm}$，高 $H=185\text{mm}$，各个 NURBS 面片半径分别为 $r_1=40\text{mm}$，$R_1=80\text{mm}$，$r_2=40\text{mm}$，$R_2=80\text{mm}$，$r_3=50\text{mm}$，$R_3=70\text{mm}$，$r_4=20\text{mm}$。在本算例中，1 号 NURBS 面片顶部位移为零，3 号 NURBS 面片左上方为 $F=100\text{N}$ 的集中载荷。与第一个算例类似，本算例使用二次样条单元离散该设计域，其具体信息可参见表 7-4。此外，材料的体积约束为 0.5，密度过滤半径 R_f 为 3.2。

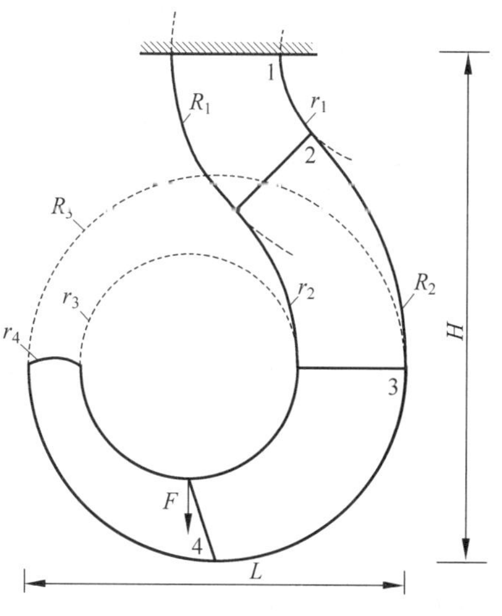

图 7-13　四个 NURBS 面片构成的钩子设计域

表 7-4　钩子结构的 NURBS 面片数据

算例 4.2：钩子结构			
面片编号	控制点	样条单元	曲线次数
1,4	60×60	58×58	$p=q=2$
2,3	120×70	118×68	$p=q=2$

值得注意的是，本算例将只考虑使用点阵单胞 3 进行填充。该结构的等效密度分布如图 7-14 所示。随后，使用几何重构法将点阵单胞 3 按照密度分布进行填充，其最终结果如图 7-14(b)所示。由图 7-14(c)可知，本算例在优化迭代前期略有波动，随后保持稳定，并在第 138 步时实现收敛，其结构柔度值为 430.8。

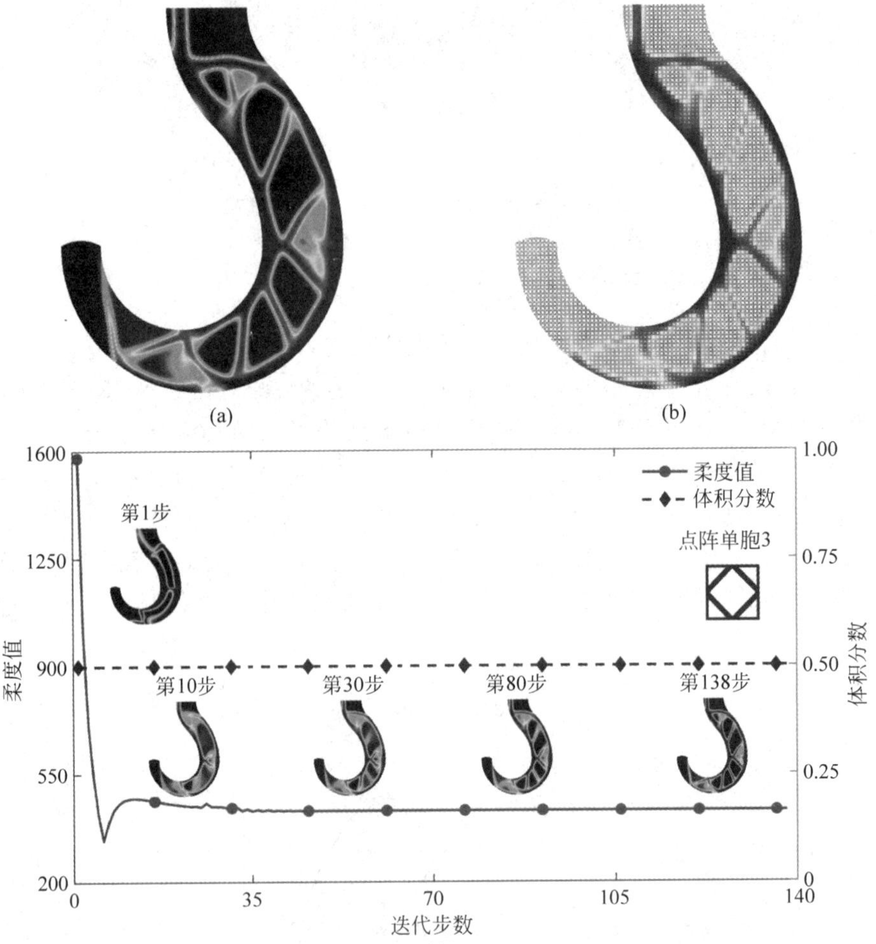

图 7-14　钩子结构的优化结果及其迭代曲线

(a) 密度分布；(b) 优化结果；(c) 迭代曲线：钩子结构

2. 三维蛇形梁

为了验证本章所述方法在处理三维问题时依然有效，本节创建了一个三维蛇形梁设计域，如图 7-15 所示。该设计域由两个 NURBS 面片构成。该设计域的长为 $L=120\text{mm}$，宽

为 $W=40\text{mm}$，高为 $H=40\text{mm}$，内径为 $r=40\text{mm}$，外径为 $R=80\text{mm}$。左端面的位移在三个方向上均为 0，且右端面边界中点处受到 $F=100\text{N}$ 的向下的集中载荷。构建设计域的 NUBRS 面片的信息可参见表 7-5。此外，材料的体积约束为 0.3，密度过滤半径 R_f 为 3.0。

表 7-5　构成三维蛇形梁结构的 NURBS 面片数据

算例 4.4：三维蛇形梁结构			
面片编号	控制点	样条单元	曲线次数
1,2	42×21×21	39×19×19	$p=q=r=2$

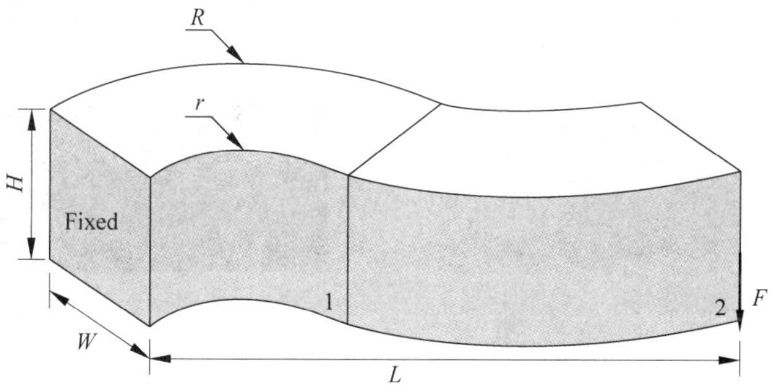

图 7-15　两个 NURBS 面片构成的蛇形梁设计域

由于体心立方点阵单胞(参见图 7-16(a))具有良好的自支撑性，且结构简单易于制造。因此，本算例将采用此点阵单胞对三维蛇形梁设计域进行填充。值得注意的是，本算例经过 116 步迭代实现收敛，其结构的柔度值为 1827.2。该结构的等效密度分布如图 7-16(b)所示。依据该密度分布，可将体心立方点阵单胞填充到该设计域中，其结果如图 7-16(c)所示。为了清楚地展示该结构的传力路径，图 7-16(d)展示了填充结构的剖面图。随后，优化结果将通过商业软件 Materialise Magics 25.0 转换成标准三角语言格式(即 STL 格式)，并使用三维打印技术，将该结构制造出来，以验证优化结果的可制造性。值得注意的是，在柔度问题中，相比于多孔结构，单尺度结构通常会展现出更优秀的结构柔度，但多孔结构能更好地抵抗由碰撞、疲劳失效、腐蚀或制造缺陷产生的局部损伤。故相比于单尺寸结构，多孔结构往往更加稳定。最后，该方法可以提供合理的梯度点阵排列，充分挖掘点阵结构的设计潜力，是一种可靠的多孔结构设计方法。

7.7.2　结构散热性能

为了验证本章所述方法的有效性，本节给出了四个面向散热性能的数值算例。为了便于实现，假定在本节的所有数值算例中，材料的热传导系数为 120W/(m・K)。此外，移动步长和数值阻尼系数分别设为 0.2 和 0.5。除非另有说明，在二维数值算例中，点阵单胞的设计域将使用 50×50 的四节点正方形样条单元进行离散，而在三维数值算例中，点阵单胞的设计域将使用 30×30×30 的八节点六面体样条单元进行离散。考虑到多孔结构的可制造性，TPMS 点阵单胞的有效密度将被限制在密度区间(0.2,1)内。为了获得具有梯度的密度场，本节将不对设计变量进行惩罚。最后，一旦相邻两次迭代中的设计变量之差的最大

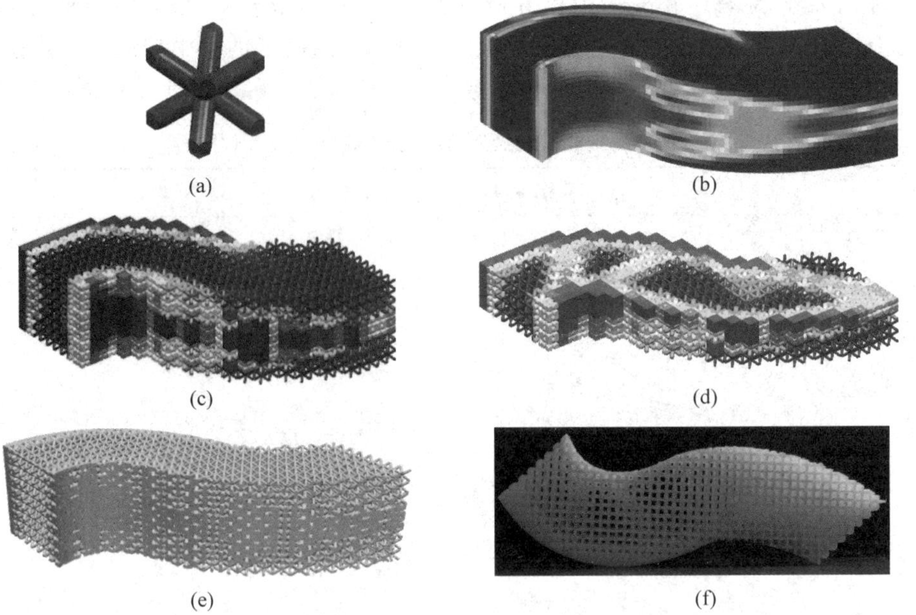

图 7-16　三维蛇形梁优化结果

(a) 体心立方点阵单胞；(b) 等效密度分布；(c)体心立方点阵单胞填充的设计域；(d) 三维蛇形域(剖视图)；(e) 通过几何重构所得的三维蛇形域模型；(f) 三维打印样件

值小于 0.1%，或达到最大的 200 次迭代步数，则认为该优化收敛，并终止优化程序。

1. 二维案例

本节将通过两个二维算例，即带孔方形平板和带孔半圆环，来验证本章所述方法的有效性。图 7-17(a)所示为一个由四个 NURBS 面片构成的带孔方形平板结构，其长度为$H=60\text{mm}$，中心圆孔的半径为$R_1=10\text{mm}$，四个角的圆弧半径为$R_2=15\text{mm}$。在中心圆孔内施加功率为$P=1\text{W/mm}^2$的均匀热载荷，并在四个角的圆弧中点处分别设置固定温度$T=T_0$作为该结构的散热点。图 7-17(b)所示为一个由六个 NURBS 面片构成的带孔半圆环结构，其中半圆环的内外径分别为$r=10\text{mm}$，$R=60\text{mm}$，圆孔半径为$r_1=5\text{mm}$。功率为$P=$

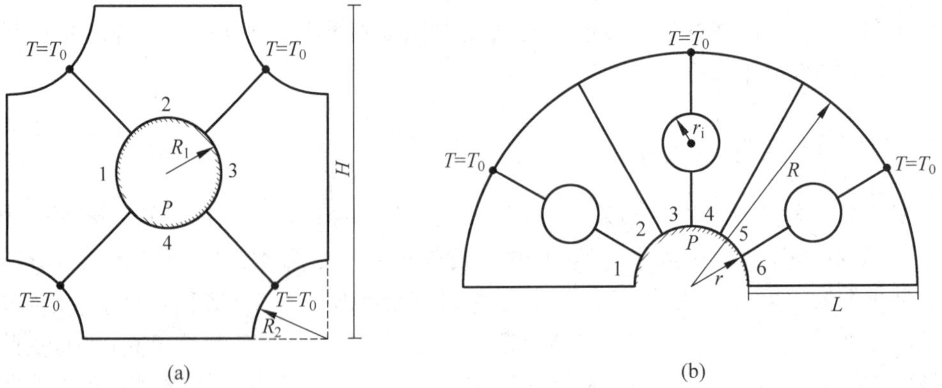

图 7-17　二维算例的设计域

(a) 带孔方形平板；(b) 带孔半圆环

$1W/mm^2$ 的均匀热载荷被施加在半圆环内环上，而三个散热点则分布在相邻面片的交界处，并将其温度设置为 $T=T_0$。表 7-6 列出了上述两个算例的 NURBS 面片数据。此外，假定材料体积约束为 0.5，密度过滤半径 R_f 为 2.0。

表 7-6　两个二维算例的 NURBS 面片数据

	面片编号	控制点	样条单元	曲线次数
算例 5.1：带孔方形平板	1～4	46×50	42×48	$p=q=2$
算例 5.2：带孔半圆环	1～6	22×47	20×42	$p=q=2$

针对上述两个算例，使用方框型点阵单胞进行填充。图 7-18 展示了基于方框型点阵单胞的热学属性、通过本章所述方法优化得到的密度分布及其相应的迭代历史。通过观察此图不难得出，在本节所述的两个算例中，由于优化前期密度分布变化较为明显，目标函数的数值出现较大幅度的变化，但是随着优化的不断进行，密度分布逐渐趋于稳定，目标函数的

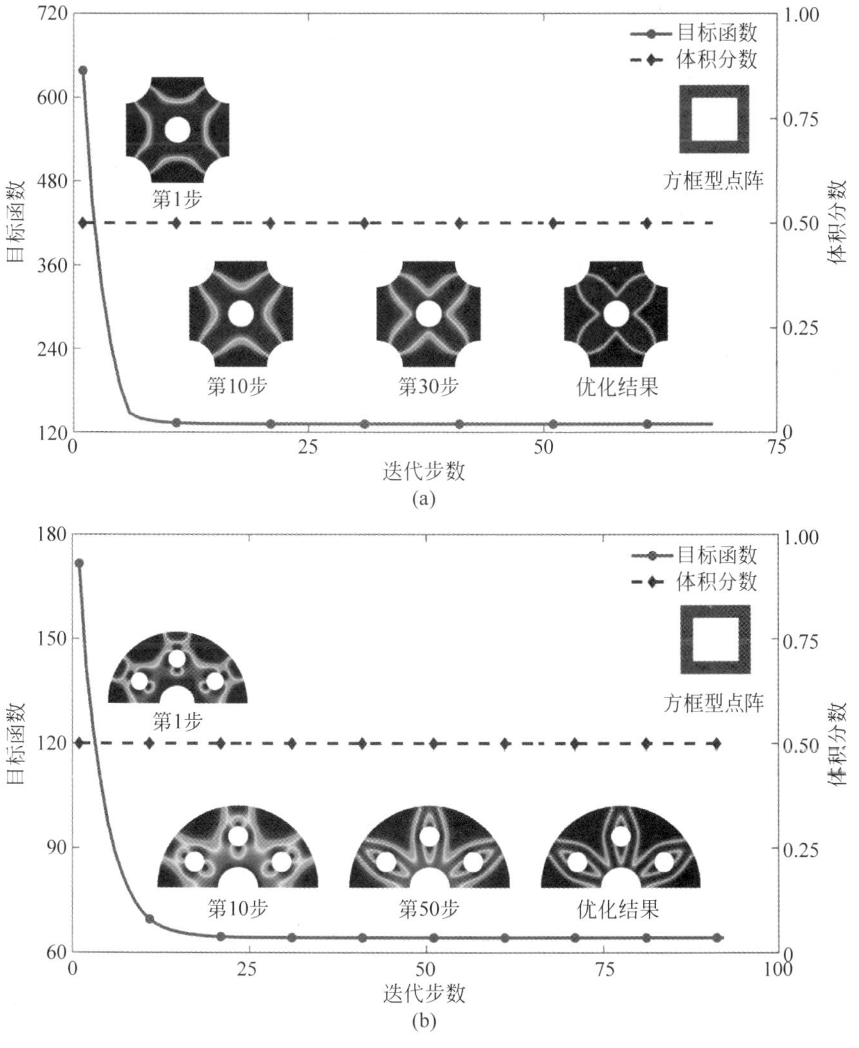

图 7-18　密度优化过程及迭代曲线

(a) 迭代曲线：带孔方形平板；(b) 迭代曲线：带孔半圆环

数值变化也逐渐变小，最终分别于第68步和第93步后达成收敛条件，并获得优化后的密度分布结果。

依据上述优化后的密度分布，将方框型点阵单胞填充至设计域内。与第5章不同，本章将不再采用几何重构技术，而是通过等几何映射技术将点阵单胞依据优化后的密度填充到设计域内。等几何映射技术的核心思想是在参数空间中构建多孔结构，然后利用控制点与NURBS基函数将几何模型从参数空间投影到笛卡儿坐标系内，实现多孔结构的形状变换。相比于传统的几何重构法，等几何映射法能确保非规则点阵单胞的结构完整性，避免了因几何边界裁剪导致点阵结构破损的情况出现。但需要强调的是，使用这种映射方法所得的结果与真实值存在一定的误差。这是因为均匀化理论必须建立在周期性条件之下，而映射后的非规则微观结构破坏了周期性假设，使得该理论失效。由于目前尚无精确计算非规则微观结构等效宏观属性的理论方法，因此需假定在相同的密度下，点阵单胞具有相同的宏观属性，且不考虑映射前后因结构变化产生的属性变化。然后，将点阵单胞视为一种具有特殊属性的材料，并利用均匀化理论在规则的参数空间中计算点阵单胞的宏观等效热学属性。使用等几何映射技术填充的多孔结构可参考表7-7。此外，该表还列出了近似散热柔度，真实散热柔度及其二者之间的误差。由该表可知，在多个NURBS面片所构成的设计域内，使用等几何映射技术后填充的多孔结构的柔度值与真实值之间的误差分别为4.55%和6.82%。

表7-7　填充后多孔结构的散热柔度值对比

填充后的多孔结构	近似散热柔度值	真实散热柔度值	误差
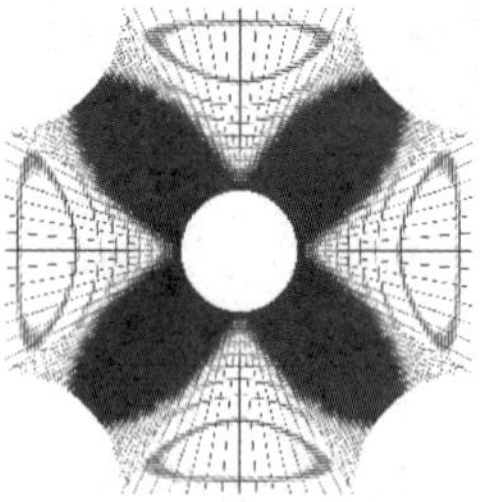	131.37	125.65	4.55%
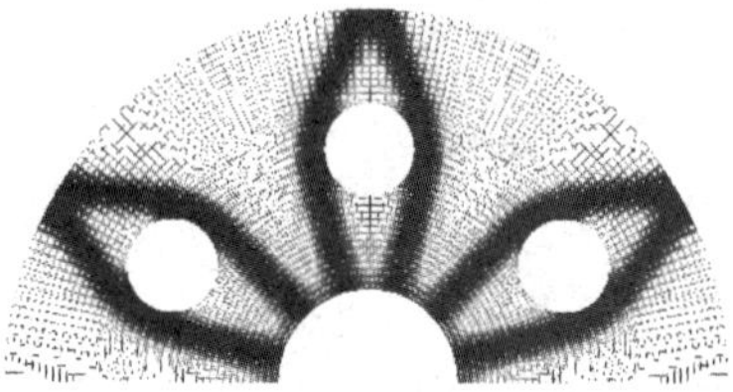	61.26	57.35	6.82%

2. 三维半圆环结构

图7-19(a)所示为一个由三个NURBS实体构成的半圆环结构，其中两个小半圆环(即NURBS实体1和3)的尺寸一致，其内外半径分别为 $r_1=20\text{mm}$，$R_1=40\text{mm}$，小半圆环厚度为 $W_1=20\text{mm}$。大半圆环(即NURBS实体2)的内外半径分别为 $r_2=20\text{mm}$，$R_2=60\text{mm}$，其厚度为 $W_2=40\text{mm}$。如图7-19(b)所示，功率为 $P=1\text{W/mm}^2$ 的四个均匀热载荷被分别施加在两小半圆环(即NURBS实体1和3)的底部，而散热点 $T=T_0$ 则被设置在大

半圆环(即 NURBS 实体 2)顶部中心位置。表 7-8 列出了上述两个算例的 NURBS 面片数据。此外,材料的体积约束为 0.5,密度过滤半径 R_f 为 2.0。

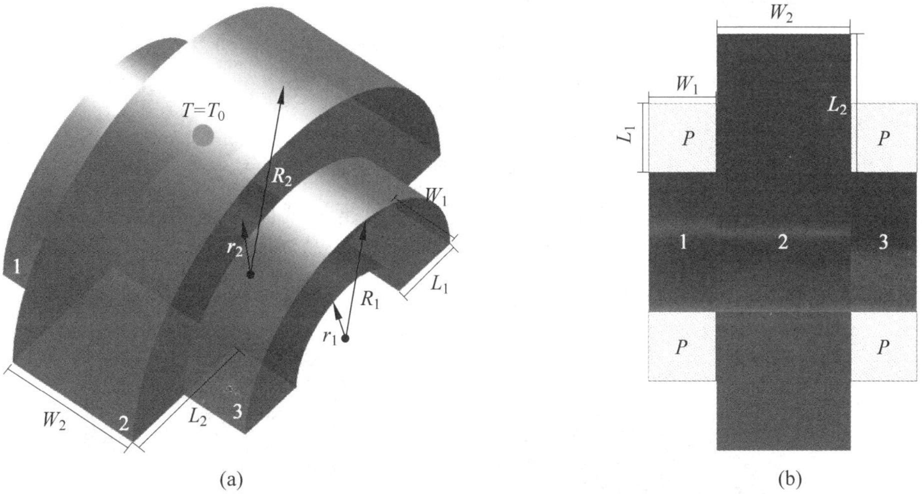

图 7-19　三个 NURBS 面片构成的三维半圆环结构设计域

(a) 侧视图;(b) 底部俯视图

表 7-8　三维半圆环的 NURBS 实体数据

算例 5.3:三维半圆环			
面片编号	控制点	样条单元	曲线次数
1 和 3	43×7×7	40×5×5	$p=q=r=2$
2	43×12×12	40×10×10	$p=q=r=2$

为了验证本章所述方法的有效性,本算例将选择 SD、SP 和 SG 三种 TPMS 点阵单胞对三维半圆环结构进行填充。图 7-20 展示了在这三种不同的 TPMS 点阵单胞下,三维半圆环结构优化后的密度分布及相应的散热柔度迭代曲线。通过观察该图可知,三种情况下,不

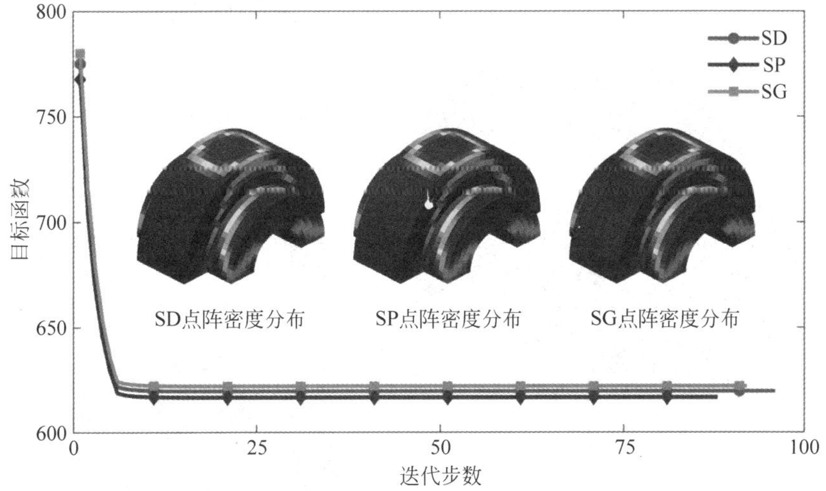

图 7-20　三种点阵(SD、SP 和 SG)的密度分布及相应的迭代历史

仅最终的密度分布几乎保持一致，而且它们的散热柔度值也相差无几，分别为 619.352、616.583 和 621.922。造成这一现象的原因主要是所选用的 TPMS 点阵单胞具有相似的热传导属性，且这些点阵单胞被假定为各向同性。

随后，依据优化后的密度分布，使用等几何映射法分别将三种 TPMS 点阵单胞填入三维半圆环结构内，如图 7-21、图 7-22 与图 7-23 所示。值得注意的是，在这些示意图中，左侧为使用 TPMS 点阵单胞填充后的整体结构，而右侧则分别展示了不同 NURBS 实体中 TPMS 点阵单胞填充结果。通过观察易知，在所设计的多孔结构内，各 TPMS 点阵单胞不仅具有较好的连接性，而且结构完整，不存在因点阵单胞的裁剪而造成的结构性能损失。此外，在这些多孔结构中，高密度与高导热性的 TPMS 点阵单胞集中分布在主传热路径上，而低密度、低导热性的 TPMS 点阵单胞则均匀地分布在剩余设计区域内。值得注意的是，与

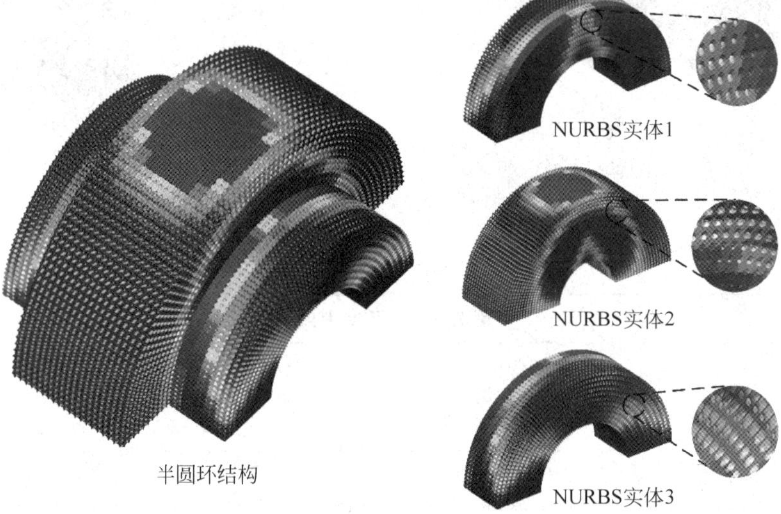

图 7-21　使用 SD 点阵单胞填充的半圆环结构

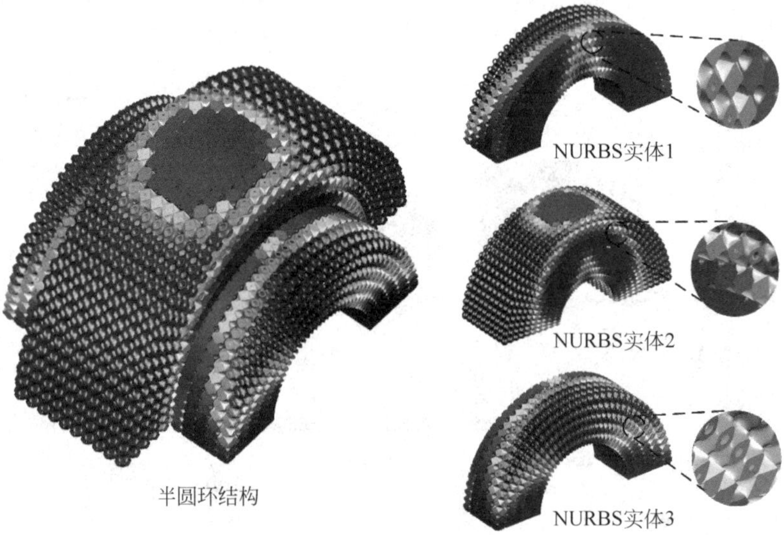

图 7-22　使用 SP 点阵单胞填充的半圆环结构

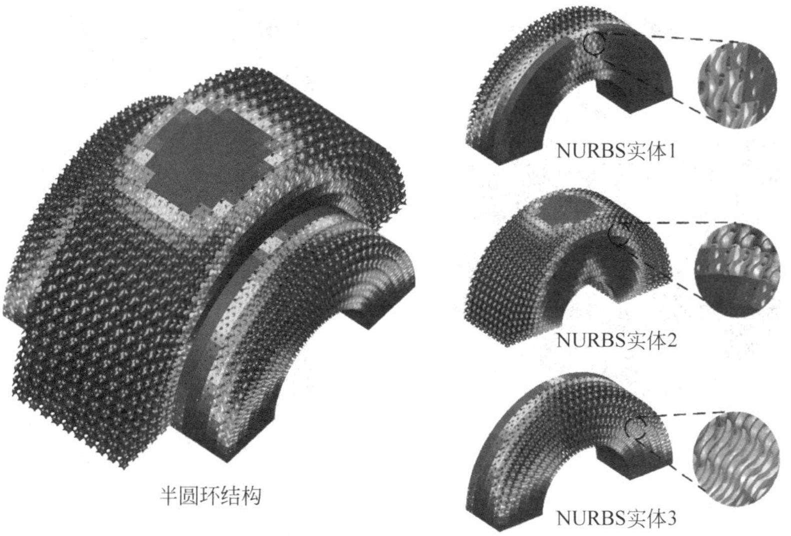

图 7-23　使用 SG 点阵单胞填充的半圆环结构

传统的均一式设计相比，本章所设计的多孔结构具有更好的散热性能。为了验证这一观点，图 7-24 为体积分数 0.5 时，上述三种 TPMS 点阵单胞使用均一式填充方案获得的多孔三维半圆环结构，其散热柔度分别为 992.223、981.045 和 1003.532。通过散热柔度值的对比可知，与均一式填充方案相比，本章所述方法大幅提升了多孔结构的散热性能，其提升幅度分别为 60.21%、59.11%和 61.35%。

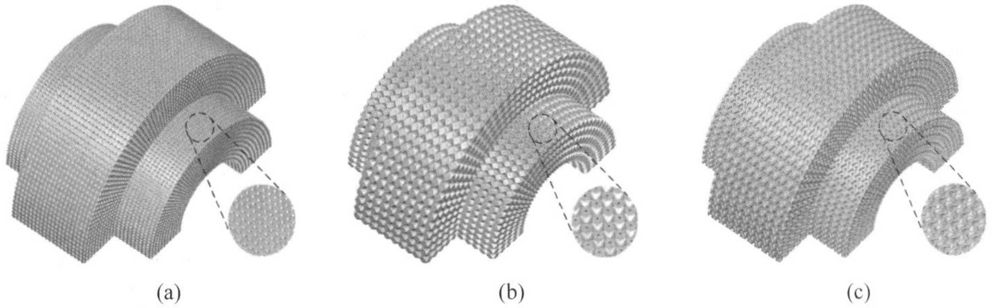

图 7-24　三种点阵单胞均匀填充
(a) SD 点阵单胞；(b) SP 点阵单胞；(c) SG 点阵单胞

3. 三维散热器结构

图 7-25(a)所示为一个由 10 个 NURBS 实体构成的散热器结构，其中 10 号 NURBS 实体为正方形的散热器底板，其尺寸为 $L_1=10\text{mm}$，$H_1=3\text{mm}$。1～9 号 NURBS 实体为柱状结构且具有相同的几何尺寸，其边长为 $L_2=2\text{mm}$，高度为 $H_2=5\text{mm}$。图 7-25(b)为散热器的二维俯视图，其柱状结构的间距 $L_3=2\text{mm}$ 和 $L_4=2\text{mm}$。在底座底部中心处施加一个功率为 $P=1\text{W/mm}^2$，边长为 $L_5=4\text{mm}$ 的方形均匀热载荷，而五个散热点分别被设置在柱状结构 2、4、5、6 和 8 的顶部中点。构建散热器的 NURBS 实体数据可参见表 7-9。此外，材料的体积约束为 0.5，密度过滤半径 R_f 为 2.0。

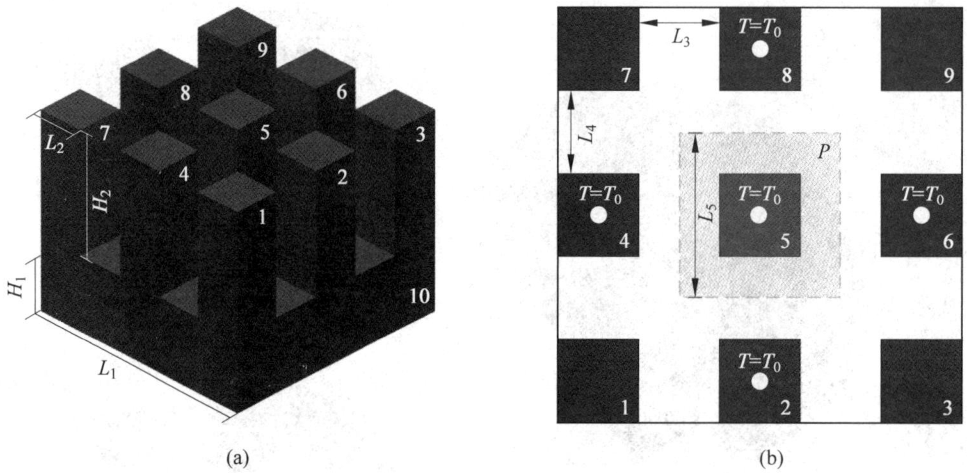

图 7-25　十个 NURBS 面片构成的散热片结构

(a) 侧视图；(b) 二维俯视图

表 7-9　散热器结构的 NURBS 实体数据

算例 5.4：散热器结构			
面片编号	控制点	样条单元	曲线次数
1～9	6×6×12	4×4×10	$p=q=r=2$
10	22×22×8	20×20×6	$p=q=r=2$

图 7-26 展示了使用 SIWP、SFRD 和 FKS 的点阵填充时的密度分布及相应的迭代曲线。通过观察可知，当使用上述三种点阵单胞时，其散热柔度分别为 167.937、166.113 和 171.237。与前例类似，三种 TPMS 点阵单胞由于热传导系数相差无几，因此无论是在优化后的密度分布，还是在散热柔度数值上都无明显区别。随后，依据优化后的密度分布，将三种 TPMS 点阵单胞填入散热器结构中，如图 7-27、图 7-28 和图 7-29 所示。

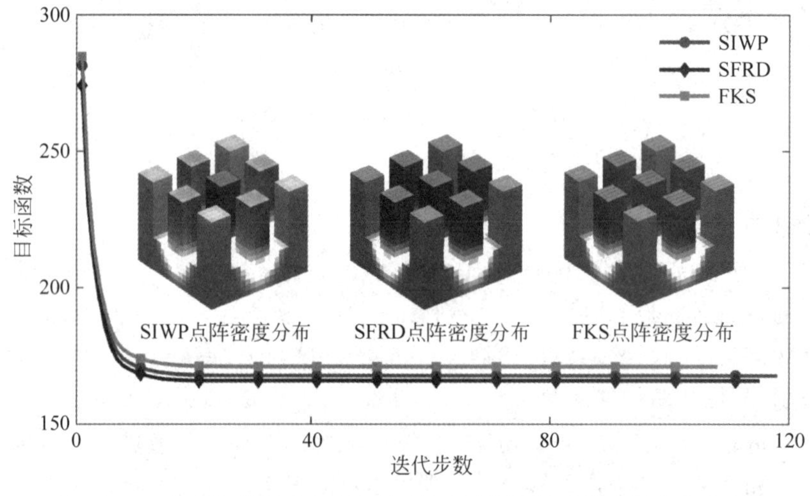

图 7-26　三种点阵(SIWP、SFRD 和 FKS)的密度分布及相应的迭代历史

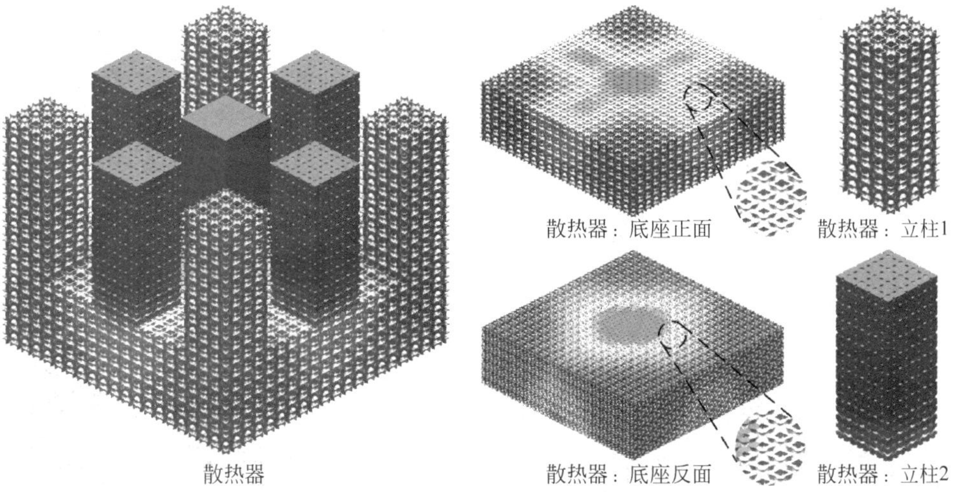

图 7-27　使用 SIWP 点阵单胞填充的散热器结构

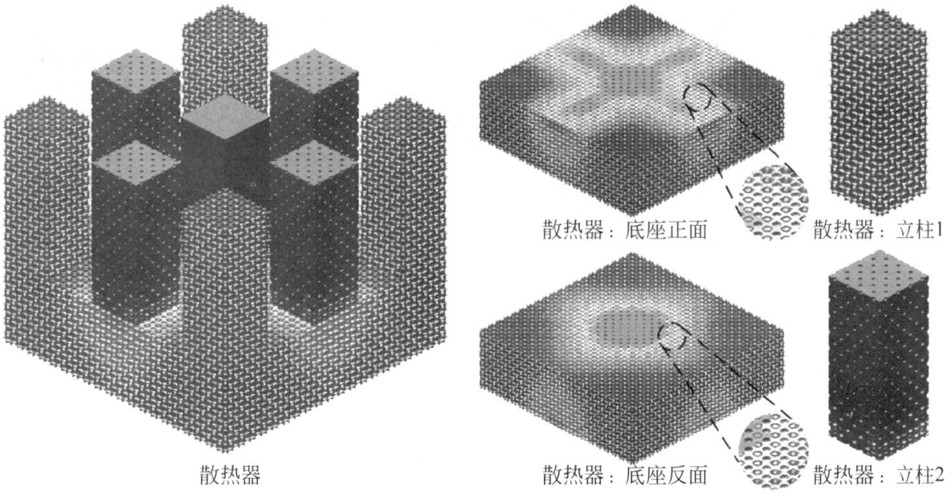

图 7-28　使用 SFRD 点阵单胞填充的散热器结构

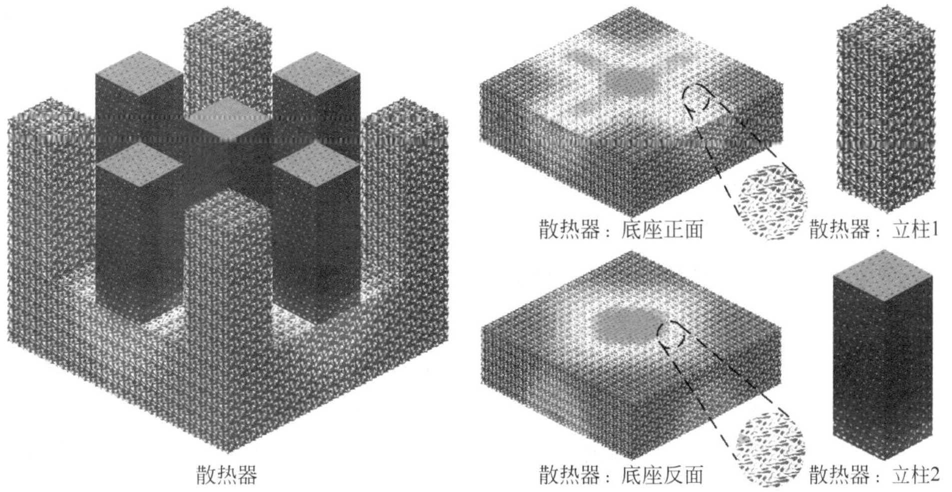

图 7-29　使用 FKS 点阵单胞填充的散热器结构

值得注意的是，示意图中不仅展示了使用三种 TPMS 点阵单胞填充后散热器的整体结构，同时还展示了散热底座正反面及散热器 1 号和 2 号立柱的结构细节。此外，在三种填充结构中，高密度、高导热性的 TPMS 点阵单胞始终分布于主传热路径上，而剩余位置则有低密度、低导热系数的单胞填充，这一现象符合热传导的客观物理规律。此外，图 7-30 为使用传统的面心立方体(face-center cubic，FCC)填充的散热结构，其散热柔度值为 178.627。由此可知相比于传统点阵结构，TPMS 点阵填充的结构具有更好的散热性能。上述算例进一步证明了本章所述方法对面向散热性能的多孔结构设计具有较好的通用性和工程适用性。

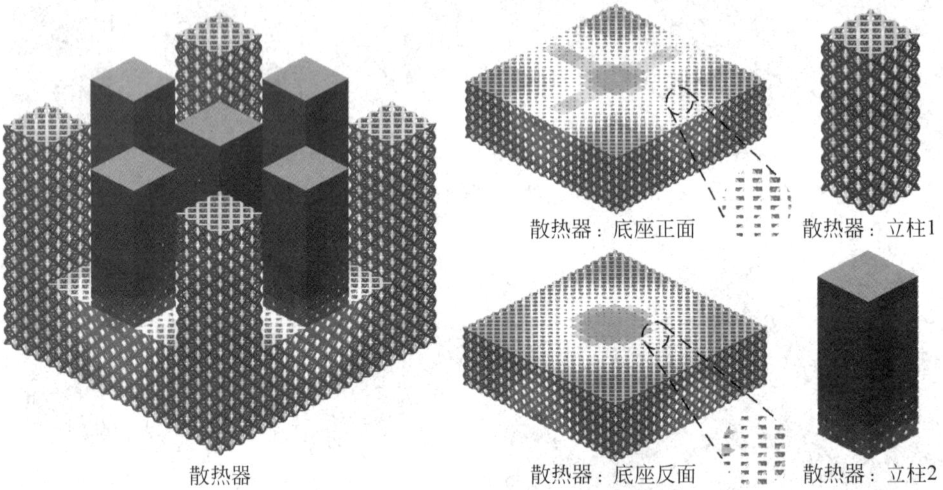

图 7-30 使用 FCC 点阵单胞填充的散热器结构

7.8 本章小结

本章提出了一种基于等几何分析的跨尺度拓扑优化方法，用于在多个 NURBS 面片构成的设计域内进行多孔结构设计。在宏观尺度上，基于 Nitsche 法的等几何拓扑优化被用来耦合相邻面片的边界并获得优化后的密度分布。在微观尺度上，采用基于水平集函数的形状插值方案生成样本点阵单胞。然后利用这些点阵单胞构建 Kriging 元模型，以较低的计算成本预测随空间变化的点阵单胞的力学性能。随后，通过一系列二维和三维数值算例，验证本章所述方法的有效性。此外，三维打印样件表明了优化结构的可制造性及所述方法在提升跨尺度等几何拓扑优化在工程应用上的潜力。同时为满足实际工程需求并摆脱等几何拓扑优化对单个 NURBS 面片的依赖，本章提出了一种面向散热性能的多片等几何跨尺度拓扑优化方法。在宏观上使用基于 Nitsche 法的多片等几何拓扑优化方法在多个 NURBS 面片构成的设计域内获得优化的密度分布。在微观上通过 Kriging 元模型预测 TPMS 点阵单胞的热学属性，依据宏观密度分布将点阵单胞填入设计域内，并使用等几何映射技术实现面向散热性能的多孔结构设计，保证了 TPMS 点阵的结构完整性，避免了因点阵裁剪导致的性能损失。优化结果充分表明，本章所述方法能有效地实现多片设计域内的散热性能优化设计，为跨尺度等几何拓扑优化在实际工程中的应用打下了坚实的基础。然而相对来讲，目前工作仍存在一定的缺陷与不足：①多片等几何拓扑优化在跨尺度设计中的必要性从案例中还尚未能够比较清晰地展示出来，只能说具备一定的有效性和通用性；②针对实际工程结构，多片 TPMS 曲面点阵的多孔填充优异性展示得还不是很充分，并且由于 TPMS 内墙构型特征，导致其优化 TPMS 多孔填充后的整体宏观结构拓扑并不具备可制造性，难以应用于实际工程结构。

习题

7.1 详细阐述跨尺度设计中尺度分离的含义，并说明其与全尺度设计的差异性。

7.2 详细阐述跨尺度拓扑优化设计发展概况，并用图进行绘制说明。

7.3 简要概述跨尺度拓扑优化设计的分类模式。

7.4 基于表 7-1，针对悬臂梁、Michell 结构、MBB 梁、L 形梁等经典结构做深入讨论和验证，参数自拟。

7.5 详细对比 TPMS 构型的优缺点。

7.6 简要绘制跨尺度拓扑优化设计流程图，并说明其基本思想，详细阐述其与单尺度拓扑优化的差异性。

7.7 详细阐述跨尺度拓扑优化设计在工程结构应用中的局限性，并简要说明该如何解决？

7.8 简要阐述面向跨尺度设计的等几何拓扑优化方法建立的优缺点。

7.9 深入对比 TPMS 构型与表 5.1 实施的周期性多孔结构设计，并阐述其优缺点。

7.10 详细阐述如何解决跨尺度拓扑优化设计的高计算成本等问题，并给出合理的解决方案。

参考文献

[1] LIU L, YAN J, CHENG G. Optimum structure with homogeneous optimum truss-like material[J]. Computers & Structures, 2008, 86(13-14): 1417-1425.

[2] HUANG X, ZHOU S W W, Xie Y M M, et al. Topology optimization of microstructures of cellular materials and composites for macrostructures[J]. Computational Materials Science, 2013, 67: 397-407.

[3] YAN X, HUANG X, ZHA Y, et al. Concurrent topology optimization of structures and their composite microstructures[J]. Computers & Structures, 2014, 133: 103-110.

[4] JIA J, DA D, HU J, et al. Crashworthiness design of periodic cellular structures using topology optimization[J]. Composite Structures, Elsevier Ltd, 2021, 271: 114164.

[5] ZHANG W, SUN S. Scale-related topology optimization of cellular materials and structures[J]. International Journal for Numerical Methods in Engineering, 2006, 68(9): 993-1011.

[6] LI H, LUO Z, ZHANG N, et al. Integrated design of cellular composites using a level-set topology optimization method[J]. Computer Methods in Applied Mechanics and Engineering, Elsevier B. V., 2016, 309: 453-475.

[7] ZHANG Y, XIAO M, GAO L, et al. Multiscale topology optimization for minimizing frequency responses of cellular composites with connectable graded microstructures[J]. Mechanical Systems and

Signal Processing,Elsevier Ltd,2020,135: 106369.

[8] SIVAPURAM R,DUNNING P D,KIM H A. Simultaneous material and structural optimization by multiscale topology optimization[J]. Structural and Multidisciplinary Optimization, 2016, 54(5): 1267-1281.

[9] LI H,LUO Z,GAO L,et al. Topology optimization for concurrent design of structures with multi-patch microstructures by level sets[J]. Computer Methods in Applied Mechanics and Engineering, Elsevier B. V.,2018,331: 536-561.

[10] GAO J,LUO Z,LI H,et al. Topology optimization for multiscale design of porous composites with multi-domain microstructures[J]. Computer Methods in Applied Mechanics and Engineering,2019, 344: 451-476.

[11] DU Z, ZHOU X-Y, PICELLI R, et al. Connecting microstructures for multiscale topology optimization with connectivity index constraints[J]. Journal of Mechanical Design,American Society of Mechanical Engineers,2018,140(11): 111417.

[12] RODRIGUES H,GUEDES J M,BENDSOE M P. Hierarchical optimization of material and structure [J]. Structural and Multidisciplinary Optimization,2002,24(1): 1-10.

[13] COELHO P G,FERNANDES P R,GUEDES J M,et al. A hierarchical model for concurrent material and topology optimisation of three-dimensional structures [J]. Structural and Multidisciplinary Optimization,Springer,2008,35(2): 107-115.

[14] XIA L,BREITKOPF P. Concurrent topology optimization design of material and structure within FE2 nonlinear multiscale analysis framework[J]. Computer Methods in Applied Mechanics and Engineering,Elsevier,2014,278: 524-542.

[15] GAO J,CAO X, XIAO M, et al. Rational designs of Mechanical Metamaterials: Formulations, Architectures, Tessellations and Prospects[J]. Materials Science and Engineering R: Reports, Elsevier B. V.,2023,156(May): 100755.

[16] NIU B,YAN J,CHENG G. Optimum structure with homogeneous optimum cellular material for maximum fundamental frequency [J]. Structural and Multidisciplinary Optimization, 2009, 39(2): 115.

[17] ZUO Z H,HUANG X,RONG J H,et al. Multi-scale design of composite materials and structures for maximum natural frequencies[J]. Materials & Design,2013,51: 1023-1034.

[18] XU B,JIANG J S, XIE Y M. Concurrent design of composite macrostructure and multi-phase material microstructure for minimum dynamic compliance[J]. Composite Structures,Elsevier,2015, 128: 221-233.

[19] VICENTE W M, ZUO Z H, PAVANELLO R, et al. Concurrent topology optimization for minimizing frequency responses of two-level hierarchical structures[J]. Computer Methods in Applied Mechanics and Engineering,North-Holland,2016,301: 116-136.

[20] GAO J,LUO Z, LI H, et al. Dynamic multiscale topology optimization for multi-regional micro-structured cellular composites[J]. Composite Structures,2019,211: 401-417.

[21] NAKSHATRALA P B,TORTORELLI D A. Nonlinear structural design using multiscale topology optimization. Part Ⅱ: Transient formulation[J]. Computer Methods in Applied Mechanics and Engineering,2016,304: 605-618.

[22] ZHENG J,LUO Z,JIANG C,et al. Robust topology optimization for concurrent design of dynamic structures under hybrid uncertainties[J]. Mechanical Systems and Signal Processing,2019,120: 540-559.

[23] GUO X,ZHAO X,ZHANG W,et al. Multi-scale robust design and optimization considering load uncertainties[J]. Computer Methods in Applied Mechanics and Engineering,2015,283: 994-1009.

[24] JIA J,CHENG W,LONG K. Concurrent design of composite materials and structures considering thermal conductivity constraints[J]. Engineering Optimization,2017,49(8): 1335-1353.

[25] YAN J,DUAN Z,LUND E,et al. Concurrent multi-scale design optimization of composite frames with manufacturing constraints[J]. Structural and Multidisciplinary Optimization, 2017, 56(3): 519-533.

[26] HUANG X,ZHOU S, SUN G, et al. Topology optimization for microstructures of viscoelastic composite materials[J]. Computer Methods in Applied Mechanics and Engineering,Elsevier B. V., 2015,283: 503-516.

[27] YACHI D,KATO J, TAKASE S,et al. Topology Optimization of Microstructure for Composites with Hyperelastic Formulation[J]. Structural and Multidisciplinary Optimization,2014,19(3): 6-8.

[28] CHENG G,XU L. Two-scale topology design optimization of stiffened or porous plate subject to out-of-plane buckling constraint[J]. Structural and Multidisciplinary Optimization, 2016, 54(5): 1283-1296.

[29] KATO J,YACHI D,KYOYA T,et al. Micro-macro concurrent topology optimization for nonlinear solids with a decoupling multiscale analysis[J]. International Journal for Numerical Methods in Engineering,2018,113(8): 1189-1213.

[30] LI H,LUO Z,GAO L,et al. Topology optimization for functionally graded cellular composites with metamaterials by level sets[J]. Computer Methods in Applied Mechanics and Engineering,Elsevier B. V.,2018,328: 340-364.

[31] GAO J,LUO Z,XIA L,et al. Concurrent topology optimization of multiscale composite structures in Matlab[J]. Structural and Multidisciplinary Optimization,2019,60(6): 2621-2651.

第8章

等几何拓扑优化MATLAB程序实施

8.1 MATLAB 简介

MATLAB 是由 MathWorks 公司开发和研制的，是 Matrix Laboratory（矩阵实验室）的缩写，是一种用于算法开发、数据可视化、数据分析及数值计算的高级技术计算机语言和交互式环境。它具有强大的矩阵处理功能和绘图功能，已经广泛地应用于科学研究和工程技术的各个领域。

MATLAB 的主要功能具体包括：一般数值分析、矩阵运算、数字信号处理、建模和系统控制和优化等应用程序，并集应用程序和图形于便于使用的集成环境中。在此环境下所解问题的 MATLAB 语言表述形式和其数学表达形式相同，不需要按传统的方法编程。在科学研究和工程应用中，往往要进行大量的数学计算，其中包括矩阵运算，这些运算一般来说难以用手工精确和快捷地进行，而要借助计算机编制相应的程序做近似计算。而 MATLAB 语言降低了对使用者的数学基础和计算机语言知识的要求，而且编程效率和计算效率极高，还可在计算机上直接输出结果和精美的图形。

MATLAB 具有以下语言特点：

（1）编程语言接近人的思维方式，编程效率高，易学易懂：它是一种面向科学与工程计算的高级语言，允许用数学形式的语言编写程序，且比其他计算机语言更加接近我们书写计算公式的思维方式，用 MATLAB 编写程序犹如在演算纸上排列出公式与求解问题。因此，MATLAB 语言也可通俗地称为演算纸式科学算法语言，由于它编写简单，所以编程效率高，易学易懂。

（2）程序调试方便灵活：MATLAB 语言是一种解释执行的语言，其调试程序手段丰富，调试速度快，需要学习的时间少。MATLAB 语言与其他语言相比，省去了编辑、编译、连接以及执行四个步骤。它把编辑、编译、连接和执行融为一体。它能在同一画面上进行灵活操作快速排除输入程序中的书写错误、语法错误以至语义错误，从而加快了用户编写、修改和调试程序的速度。MATLAB 语言不仅是一种语言，广义上讲是一种该语言开发系统，即语言调试系统。

（3）源程序开放，库函数丰富，扩展能力强：高版本的 MATLAB 语言有丰富的库函数，在进行复杂的数学运算时可以直接调用，而且 MATLAB 的库函数同用户文件在形式上一样，所以用户文件也可作为MATLAB的库函数来调用。因而，用户可以根据自己的需要方便地建立和扩充新的库函数，以便提高MATLAB使用效率和扩充它的功能。

（4）程序语言简洁，准确，含义丰富：MATLAB语言中最基本最重要的成分是函数，其一般形式为：一个函数由函数名，输入变量和输出变量组成，同一函数名F，不同数目的输入变量（包括无输入变量）及不同数目的输出变量，代表着不同的含义。这不仅使MATLAB的库函数功能更丰富，使得MATLAB编写的M文件简单、短小而高效。

（5）矩阵和数组运算高效方便：MATLAB语言中规定了矩阵的算术运算符、关系运算符、逻辑运算符、条件运算符及赋值运算符，而且这些运算符大部分可以毫无改变地照搬到数组间的运算，程序设计的自由度大。另外，它不需定义数组的维数，并可给出矩阵函数、特殊矩阵专门的库函数，使之在求解诸如信号处理、建模、系统识别、控制、优化等领域的问题时，显得大为简捷、高效、方便，这是其他高级语言所不能比拟的。在此基础上，高版本的MATLAB已逐步扩展到科学及工程计算的其他领域。

（6）方便而强大的绘图功能：MATLAB的绘图功能是十分方便的，它有一系列绘图函数（命令），例如线性坐标、对数坐标，半对数坐标及极坐标，均只需调用不同的绘图函数（命令），在图上标出图题、XY轴标注，格（栅）绘制也只需调用相应的命令，简单易行。另外，在调用绘图函数时调整自变量可绘出不变颜色的点、线、复线或多重线。

8.2 方法原理

8.2.1 B样条

给定一个开放型节点矢量$\boldsymbol{\Xi}=\{\xi_1,\xi_2,\cdots,\xi_{n+p+1}\}(0\leqslant\xi_i\leqslant\xi_{i+1},i=1,2,\cdots,n+p)$，对应的B样条基函数可以由Cox-de Boor递归公式得到：

当$p=0$时，

$$N_{i,0}(\xi)=\begin{cases}1, & 如果\ \xi_i\leqslant\xi<\xi_{i+1}\\0, & 其他\end{cases}\tag{8-1}$$

对于$p\geqslant1$，

$$N_{i,p}(\xi)=\frac{\xi-\xi_i}{\xi_{i+p}-\xi_i}N_{i,p-1}(\xi)+\frac{\xi_{i+p+1}-\xi}{\xi_{i+p+1}-\xi_{i+1}}N_{i+1,p-1}(\xi)\tag{8-2}$$

式中，p和n分别表示B样条基函数的阶次和个数。结合一组控制点$\boldsymbol{P}=\{\boldsymbol{P}_i\}_{i=1}^n$在B样条基函数$\mathbf{N}(\xi)=\{N_{i,p}(\xi)\}_{i=1}^n$空间中直接生成B样条曲线，其公式为

$$C_{B\text{-spline}}(\xi)=\sum_{i=1}^n\boldsymbol{P}_iN_{i,p}(\xi)=\boldsymbol{P}^{\mathrm{T}}\mathbf{N}(\xi)\tag{8-3}$$

基于B样条的张量积结构，将二维参数空间的B样条基函数表述为

$$N_{(i_1,i_2),(p_1,p_2)}(\xi,\eta)=N_{i_1,p_1}(\xi)\cdot N_{i_2,p_2}(\eta)\tag{8-4}$$

其中，(ξ,η)表示参数坐标，$i_d(d=1,2)$和$p_d(d=1,2)$分别表示B样条基函数在第d个参数方向上的索引和阶数。

8.2.2 NURBS

一组B样条基函数通常定义在相应的标准参数空间$\xi\in[0,1]$中，一维参数空间可以称

为节点矢量。节点矢量是一组非递减的参数坐标，表示为$\boldsymbol{\Xi}=\{\xi_1,\xi_2,\cdots,\xi_{n+p+1}\}$，其中$\xi_i\in\mathbb{R}(\xi_i\leqslant\xi_{i+1})$是第$i$个节点，$n$是基函数总数，$p$是多项式阶数。给定一组开放型节点矢量$\boldsymbol{\Xi}$，对应的B样条基函数$N$由Cox-de Boor递推公式得到，其公式与式(8-1)和式(8-2)相同。由单位分解框架中B样条基函数的加权平均得到NURBS基函数R，表示为

$$R_{i,p}(\xi)=\frac{N_{i,p}(\xi)\omega_i}{\sum_{j=1}^{n}N_{j,p}(\xi)\omega_j} \tag{8-5}$$

式中，ω_i是第i个权重，n为ξ向B样条基函数的总数。NURBS基函数的矩阵形式可表示为

$$\boldsymbol{R}(\xi)=\frac{1}{W(\xi)}\boldsymbol{WN}(\xi) \tag{8-6}$$

其中$\boldsymbol{N}(\xi)$是B样条基函数矩阵，$\boldsymbol{W}$是权重矩阵。NURBS跨越了包含多个单元的参数空间，其整体结构使传统有限元环境下的实现复杂化。

8.2.3 贝塞尔单元与Bernstein多项式

贝塞尔单元由一个没有内部节点值的节点矢量构成，在每个参数维度上具有常规的跨度[0,1]，由该节点矢量形成的相应基函数称为Bernstein多项式，类似于拉格朗日多项式。一般将Bernstein多项式定义在区间(−1,1)内，使贝塞尔单元与有限元的四边形单元处于同一区间内。给定一组开放型节点矢量$\boldsymbol{\Xi}=\{\xi_1,\xi_2,\cdots,\xi_{n+p+1}\}$，其中$\xi_i\in\mathbb{R}(\xi_i\leqslant\xi_{i+1})$是第$i$个节点，$n$是基函数总数，$p$是多项式阶数。参照式(8-1)和式(8-2)，Bernstein多项式定义为

$$B_{i,p}(\xi)=\frac{1}{2}(1-\xi)B_{i,p-1}(\xi)+\frac{1}{2}(1+\xi)B_{i-1,p-1}(\xi) \tag{8-7}$$

其中

$$B_{1,0}(\xi)\equiv 1,\quad B_{i,p}(\xi)\equiv 0,\quad 若\ i<1\ 或\ i>p+1 \tag{8-8}$$

Bernstein多项式的导数由式(8-7)得到

$$\frac{\mathrm{d}}{\mathrm{d}\xi}B_{i,p}(\xi)=\frac{p}{2}\{B_{i-1,p-1}(\xi)-B_{i,p-1}(\xi)\} \tag{8-9}$$

由于Bernstein多项式的归一化性质，它在整个定义域中是非负的。图8-1显示了1～4阶的Bernstein多项式。贝塞尔曲线是Bernstein多项式$\boldsymbol{B}(\xi)=\{B_{i,p}(\xi)\}_{i=1}^{p+1}$和贝塞尔控制点$\boldsymbol{P}=\{\boldsymbol{P}_i\}_{i=1}^{p=1}$的线性组合，表示为

$$\boldsymbol{C}(\xi)=\sum_{i=1}^{p}\boldsymbol{P}_iB_{i,p}(\xi)=\boldsymbol{P}^{\mathrm{T}}\boldsymbol{B}(\xi),\quad \xi\in[0,1] \tag{8-10}$$

其中控制点矩阵满足$\boldsymbol{P}_i\in\boldsymbol{R}^d$，$d$是空间维数，具体为

$$\boldsymbol{P}=\begin{bmatrix} P_1^1 & P_1^2 & \cdots & P_1^s \\ P_2^1 & P_2^2 & \cdots & P_2^s \\ \vdots & \vdots & & \vdots \\ P_{p+1}^1 & P_{p+1}^2 & \cdots & P_{p+1}^s \end{bmatrix} \tag{8-11}$$

8.2.4 基于贝塞尔提取的NURBS

贝塞尔提取算法是将一系列NURBS基函数映射为一系列Bernstein多项式的线性组

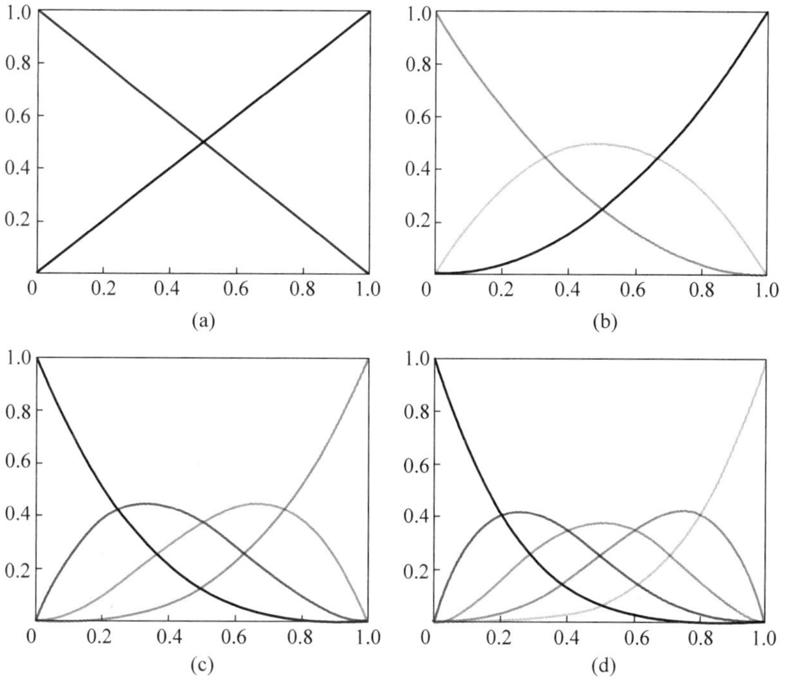

图 8-1　Bernstein 多项式

(a) $p=1$；(b) $p=2$；(c) $p=3$；(d) $p=4$

合，可以将 NURBS 单元分解为连续的贝塞尔单元。贝塞尔提取操作也被认为是从 Bernstein 多项式到 NURBS 基函数的映射操作，其维持任意阶 NURBS 的 IGA 都可以用 C^0 连续贝塞尔单元来描述。与传统 FEM 中的拉格朗日单元相比，其与基于 NURBS 的 IGA 单元具有类似的数据结构。

在 NURBS 曲线的贝塞尔分解中，算法使用节点插入重复开放型节点矢量中的每个内部节点，直到重复次数达到 NURBS 的阶数。给定节点矢量$\boldsymbol{\Xi}=\{\xi_1,\xi_2,\cdots,\xi_{n+p+1}\}$，插入的新节点 $\bar{\xi}\in[\xi_k,\xi_{k+1}]$，当 $k>p$ 时，$n+1$ 个新的基函数仍然可以用新的节点矢量$\boldsymbol{\Xi}=\{\xi_1,\xi_2,\cdots,\xi_k,\bar{\xi},\xi_{k+1},\xi_{n+p+1}\}$在式(8-12)和式(8-13)中定义得到。新控制点$\{\bar{\boldsymbol{P}}_i\}_{i=1}^{m}$ 由原有控制点组成，其个数为 $m=n+1$，具体公式为

$$\bar{\boldsymbol{P}}_i=\begin{cases}\boldsymbol{P}_1, & i=1\\ \alpha_i\boldsymbol{P}_i+(1-\alpha_i)\boldsymbol{P}_{i-1}, & 1<i<m\\ \boldsymbol{P}_n, & i=m\end{cases} \tag{8-12}$$

具中

$$\alpha_i=\begin{cases}1, & 1\leqslant i\leqslant k-p\\ \dfrac{\bar{\xi}-\xi_i}{\xi_{i+p}-\xi_i}, & k-p+1\leqslant i\leqslant k\\ 0, & i\geqslant k+1\end{cases} \tag{8-13}$$

其中，k 为插入节点的个数。

给出一个具体的例子来演示贝塞尔分解过程，如图 8-2 所示。在节点矢量中逐渐插入节点，并且每一次只插入一个新节点，而基函数的数量则从 6 个增加到 10 个。

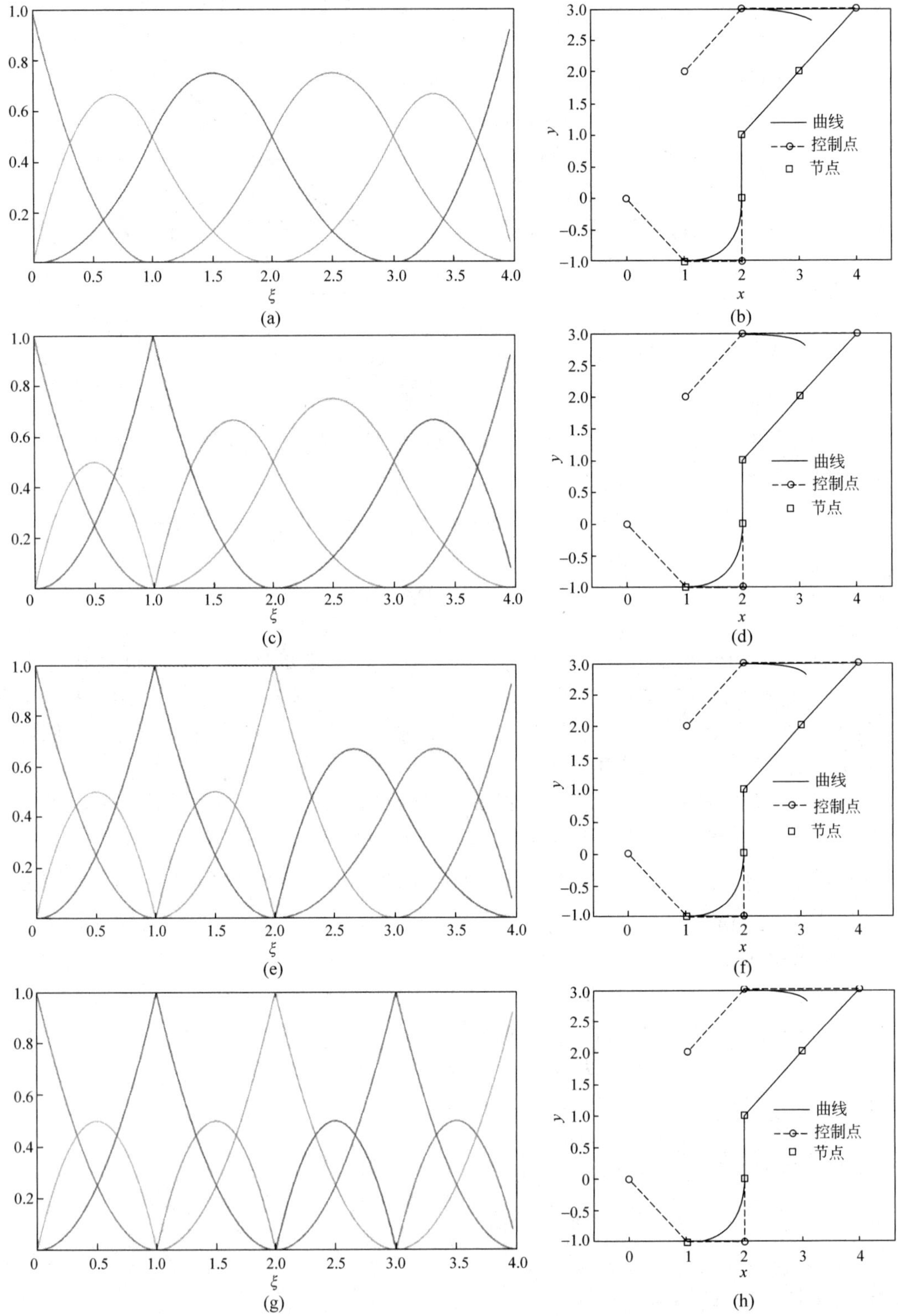

图 8-2　节点矢量为$\boldsymbol{\Xi}=\{0,0,0,1,2,3,4,4,4\}$的贝塞尔分解过程以及相对应的 NURBS 曲线

(a) NURBS 基函数；(b) NURBS 曲线；(c)、(e)、(g) 节点插入后的 NURBS 基函数；(d)、(f)、(h) 节点插入后的 NURBS 曲线

贝塞尔提取算子由新插入的控制点和原有控制点构成。假设$\{\bar{\xi}_1,\bar{\xi}_2,\cdots,\bar{\xi}_j,\cdots,\bar{\xi}_m\}$是B样条曲线的贝塞尔分解所需的一组节点，而$\alpha_i^j, i=1,2,\cdots,n+j$是由式(8-13)定义的第$i$次$\alpha$插入的第$j$个节点，由下式定义为

$$C^j=\begin{bmatrix}\alpha_1 & 1-\alpha_2 & 0 & \cdots & & 0\\ 0 & \alpha_2 & 1-\alpha_3 & 0 & \cdots & 0\\ \vdots & & & \ddots & & \\ 0 & \cdots & & & \alpha_{n+j-1} & 1-\alpha_{n+j}\end{bmatrix} \tag{8-14}$$

用式(8-14)可以构造出式(8-12)的矩阵形式为

$$\bar{\boldsymbol{P}}^{j+1}=(\boldsymbol{C}^j)^{\mathrm{T}}\bar{\boldsymbol{P}}^j \tag{8-15}$$

其中$\bar{\boldsymbol{P}}^1=\boldsymbol{P}$，$\boldsymbol{P}$在实施贝塞尔提取前控制点的初始定义，最后一组控制点满足$\bar{\boldsymbol{P}}^{m+1}=\boldsymbol{P}^b$，则全局提取算子为

$$\boldsymbol{C}^{\mathrm{T}}=(\boldsymbol{C}^m)^{\mathrm{T}}(\boldsymbol{C}^{m-1})^{\mathrm{T}}\cdots(\boldsymbol{C}^1)^{\mathrm{T}} \tag{8-16}$$

新的贝塞尔控制点与初始控制点之间的关系满足下式

$$\boldsymbol{P}^b=\boldsymbol{C}^{\mathrm{T}}\boldsymbol{P} \tag{8-17}$$

在二维案例中，$\boldsymbol{P}$的矩阵大小为$n\times 2$，$\boldsymbol{P}^b$的矩阵大小为$(n+m)\times 2$，$\boldsymbol{C}$的矩阵尺寸为$n\times(n+m)$，其中n为贝塞尔分解前基函数的数目，而m是插入节点的总数。因此，B样条曲线$S(\xi)$可以表示为B样条基函数与控制点的乘积。需要注意的是，贝塞尔提取的曲线在几何上与原始B样条曲线相同，根据式(8-10)和式(8-17)给出如下关系为

$$S(\xi)=(\boldsymbol{P}^b)^{\mathrm{T}}\boldsymbol{B}(\xi)=(\boldsymbol{C}^{\mathrm{T}}\boldsymbol{P})^{\mathrm{T}}\boldsymbol{B}(\xi)=\boldsymbol{P}^{\mathrm{T}}\boldsymbol{C}\boldsymbol{B}(\xi)=\boldsymbol{P}^{\mathrm{T}}\boldsymbol{N}(\xi) \tag{8-18}$$

B样条基函数与Bernstein多项式的关系可由式(8-18)得到，表示为

$$\boldsymbol{N}(\xi)=\boldsymbol{C}\boldsymbol{B}(\xi) \tag{8-19}$$

其中，$\boldsymbol{C}$是贝塞尔提取算子。图8-2所对应的提取算子计算结果如图8-3所示。基函数和控制点对贝塞尔提取算子的计算没有影响，而节点矢量是创建贝塞尔提取算子的唯一输入。因此，对于B样条和NURBS而言，贝塞尔提取算子是相同的。二维贝塞尔提取算子的定义为

$$\boldsymbol{C}^e=\boldsymbol{C}_\xi^i\otimes\boldsymbol{C}_\eta^j \tag{8-20}$$

其中，$\boldsymbol{C}_\xi^i$和$\boldsymbol{C}_\eta^j$分别为ξ和η方向上的第i，j个单变量单元提取算子，而e为单元编号。对于矩阵$\boldsymbol{M}$和$\boldsymbol{N}$，运算符号$\otimes$的计算方法为

$$\boldsymbol{M}\otimes\boldsymbol{N}=\begin{bmatrix}M_{11}\boldsymbol{N} & M_{12}\boldsymbol{N} & \cdots\\ M_{21}\boldsymbol{N} & M_{22}\boldsymbol{N} & \\ \vdots & & \ddots\end{bmatrix} \tag{8-21}$$

由式(8-19)和式(8-20)可以很容易得到二维B样条基函数与Bernstein多项式的关系为

$$\boldsymbol{N}^e(\xi)=\boldsymbol{C}^e\boldsymbol{B}^e(\xi) \tag{8-22}$$

图8-3为B样条单元的局部提取算子。单变量单元提取算子可以通过改变现有的贝塞尔分解算法[1]直接确定。将式(8-6)与式(8-22)结合使用贝塞尔提取算子可得到NURBS基函数，表示为

$$\boldsymbol{R}^e(\xi,\eta)=\frac{1}{W^b(\xi,\eta)}\boldsymbol{W}^e\boldsymbol{C}^e\boldsymbol{B}^e(\xi,\eta) \tag{8-23}$$

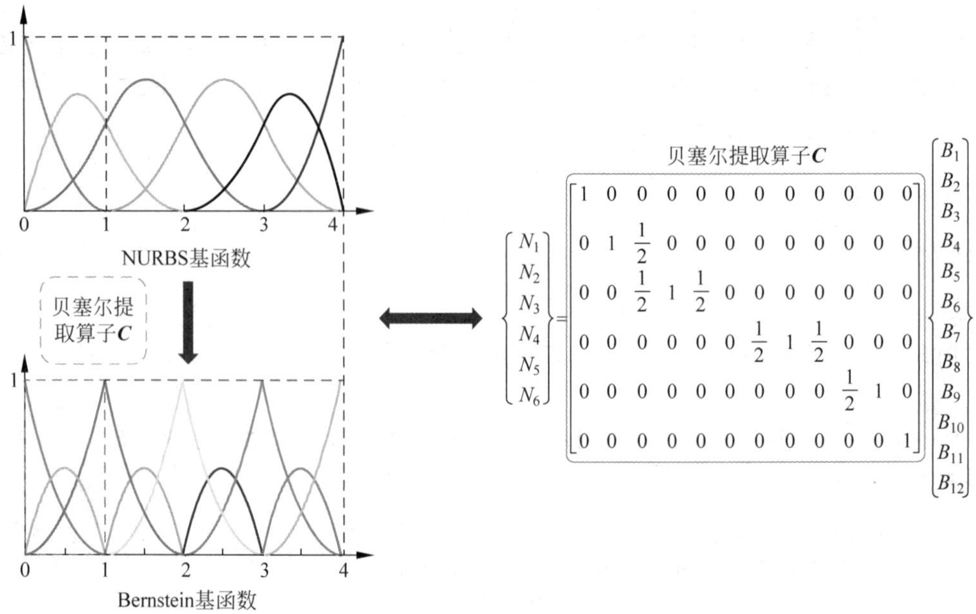

图 8-3　图 8-2(a)所示的 NURBS 基函数和图 8-2(g)所示的 Bernstein 基函数间的贝塞尔提取算子(见文前彩图)

其中，$\boldsymbol{W}^e$ 是 NURBS 的权函数，$W^b(\xi,\eta)$ 可以定义为

$$W^b(\xi,\eta)=\sum_{i=1}^{(p+1)^{d_p}}\sum_{j=1}^{(q+1)^{d_p}}B_{i,p}(\xi)B_{j,q}(\eta)\omega_{i,j}^b=(\boldsymbol{w}^b)^{\mathrm{T}}\boldsymbol{B}(\xi)\tag{8-24}$$

其中，d_p 是参数维度，而 $\boldsymbol{w}^b=\boldsymbol{C}^{\mathrm{T}}\boldsymbol{w}$ 是贝塞尔权重的矩阵形式。每个基于 NURBS 的 IGA 单元所涉及的控制点由 $\boldsymbol{W}^e\boldsymbol{P}^e$ 进行升维。贝塞尔控制点与 NURBS 控制点之间存在如下对应关系为

$$\boldsymbol{P}^{b,e}=(\boldsymbol{W}^{b,e})^{-1}(\boldsymbol{C}^e)^{\mathrm{T}}\boldsymbol{W}^e\boldsymbol{P}^e\tag{8-25}$$

其中，$\boldsymbol{W}^{b,e}$ 是贝塞尔单元权重的对角矩阵。根据式(8-6)和式(8-25)可得到由 C^0 连续贝塞尔单元表示的 NURBS 曲线的方程为

$$\boldsymbol{S}(\xi)=\frac{1}{W^b(\xi)}(\boldsymbol{W}^{b,e}\boldsymbol{P}^{b,e})^{\mathrm{T}}\boldsymbol{B}^e(\xi)\tag{8-26}$$

如图 8-3 所示，第一个单元的贝塞尔提取算子可以表示为 *NURBS* 基函数和贝塞尔单元基函数的线性组合，其对应的关系如图 8-4 所示，可反映上述推导过程。

8.2.5　基于贝塞尔提取的等几何分析

1. B-ITO 的通用版本：基于贝塞尔提取的等几何分析

利用贝塞尔控制点和 Bernstein 多项式可以定义 IGA 的几何映射和场近似为

$$\begin{cases}\boldsymbol{S}(\xi,\eta)=\displaystyle\sum_{i=1}^{n}\sum_{j=1}^{m}R_{i,j}^{p,q}(\xi,\eta)\boldsymbol{P}_{i,j}=\sum_{r=1}^{(2n-3)}\sum_{s=1}^{(2m-3)}\frac{\boldsymbol{W}^b}{W^b}B_{r,s}(\xi,\eta)\boldsymbol{P}_{r,s}^b\\ \boldsymbol{u}(\xi,\eta)=\displaystyle\sum_{i=1}^{n}\sum_{j=1}^{m}R_{i,j}^{p,q}(\xi,\eta)\boldsymbol{u}_{i,j}=\sum_{r=1}^{(2n-3)}\sum_{s=1}^{(2m-3)}\frac{\boldsymbol{W}^b}{W^b}B_{r,s}(\xi,\eta)\boldsymbol{u}_{r,s}^b\end{cases}\tag{8-27}$$

其中，$n=p+1$ 和 $m=q+1$ 分别表示两个参数方向上 NURBS 单元的个数。$\boldsymbol{P}_{i,j}$ 和 $\boldsymbol{u}_{i,j}$ 分

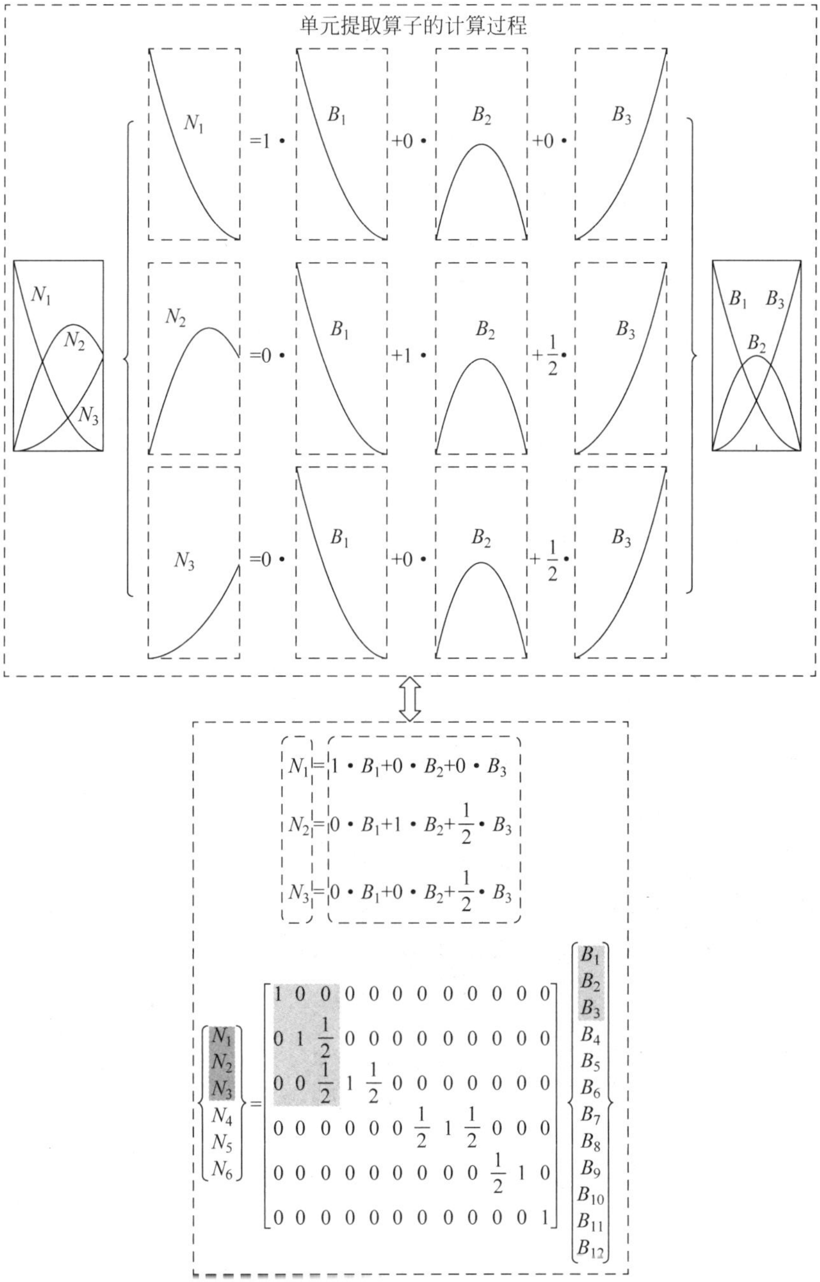

图 8-4　图 8-3 所示第一个单元的贝塞尔提取算子表示为 NURBS 基函数与贝塞尔单元基函数的线性组合

别表示第(i,j)个控制点的坐标和位移，而 $\boldsymbol{P}^{b}_{r,s}$ 和 $\boldsymbol{u}^{b}_{r,s}$ 表示第(r,s)个贝塞尔控制点的坐标和位移。则未知结构位移场的计算公式为

$$\boldsymbol{K}\boldsymbol{u}=\boldsymbol{f} \tag{8-28}$$

其中，$\boldsymbol{K}$ 和 $\boldsymbol{u}$ 分别是全局刚度矩阵和位移，则 $\boldsymbol{f}$ 为施加的力矢量。全局刚度矩阵可以由单元刚度矩阵组装得到

$$\boldsymbol{K}=\sum_{e=1}^{N_e}\boldsymbol{K}_e \tag{8-29}$$

其中，$\boldsymbol{N}_e$ 是贝塞尔单元的总数。如图 8-5 所示的单元刚度矩阵的尺寸为 $(p+1)^2+(q+1)^2$，计算为

$$\boldsymbol{K}_e=\int_{\widetilde{\Omega}_e}\boldsymbol{B}^{\mathrm{T}}\boldsymbol{D}\boldsymbol{B}\mid\boldsymbol{J}_e\mid\mathrm{d}\widetilde{\Omega}_e \tag{8-30}$$

其中，$\boldsymbol{B}$ 是单元应变位移矩阵，$\boldsymbol{D}$ 为弹性张量矩阵，$\boldsymbol{J}_e$ 是参数空间到物理空间映射的雅可比矩阵。例如，二阶应变位移矩阵 $\boldsymbol{B}$ 可表示为

$$\boldsymbol{B}=\begin{bmatrix}\dfrac{\partial R_1^e}{\partial x} & \dfrac{\partial R_2^e}{\partial x} & \cdots & \dfrac{\partial R_9^e}{\partial x} & 0 & 0 & \cdots & 0\\ 0 & 0 & \cdots & 0 & \dfrac{\partial R_1^e}{\partial y} & \dfrac{\partial R_2^e}{\partial y} & \cdots & \dfrac{\partial R_9^e}{\partial y}\\ \dfrac{\partial R_1^e}{\partial y} & \dfrac{\partial R_2^e}{\partial y} & \cdots & \dfrac{\partial R_9^e}{\partial y} & \dfrac{\partial R_1^e}{\partial x} & \dfrac{\partial R_2^e}{\partial x} & \cdots & \dfrac{\partial R_9^e}{\partial x}\end{bmatrix}_{3\times 18} \tag{8-31}$$

x 和 y 在物理空间中的导数 $\partial R^e/\partial x$ 和 $\partial R^e/\partial y$ 可以由下式给出为

$$\begin{bmatrix}\dfrac{\partial R_i^e}{\partial x}\\ \dfrac{\partial R_i^e}{\partial y}\end{bmatrix}=\begin{bmatrix}\dfrac{\partial x}{\partial \xi} & \dfrac{\partial y}{\partial \xi}\\ \dfrac{\partial x}{\partial \eta} & \dfrac{\partial y}{\partial \eta}\end{bmatrix}^{-1}\begin{bmatrix}\dfrac{\partial R_i^e}{\partial \xi}\\ \dfrac{\partial R_i^e}{\partial \eta}\end{bmatrix} \tag{8-32}$$

其中 $\partial R_i^e, i=1,2,\cdots,(p+1)^2$ 是贝塞尔单元基函数 $\boldsymbol{R}^e(\xi,\eta)$ 的第 i 项。

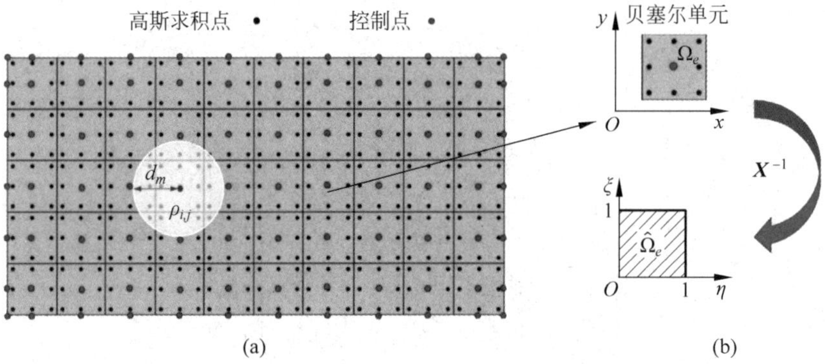

图 8-5　贝塞尔单元刚度矩阵示意图

(a) 几何模型的物理空间；(b) 映射 $\boldsymbol{X}:\hat{\Omega}_e\rightarrow\Omega_e$

以 3×3 高斯正交点为例，对单元刚度矩阵进行了详细数值计算为

$$\boldsymbol{K}_e^0=\sum_{i=1}^{3}\sum_{j=1}^{3}\{\boldsymbol{B}(\xi_i,\eta_j)^{\mathrm{T}}\boldsymbol{D}_0\boldsymbol{B}(\xi_i,\eta_j)\mid\boldsymbol{J}_e(\xi_i,\eta_j)\mid\omega_i\omega_j\} \tag{8-33}$$

式中，ξ_i,η_j 为高斯正交点坐标，ω_i,ω_j 为相应的正交权值，$\boldsymbol{D}_0$ 为固体材料的本构弹性张量矩阵。

2. B-ITO 的高效版本：基于 Bernstein 特性的等几何分析

由式(8-27)中的几何映射和场近似可知，在 IGA 中可以直接使用贝塞尔控制点和 Bernstein 多项式，其表达式为

$$\boldsymbol{u}^b = (\boldsymbol{W}^b)^{-1}\boldsymbol{C}^{\mathrm{T}}\boldsymbol{W}\boldsymbol{P}\boldsymbol{u} \tag{8-34}$$

式中，$\boldsymbol{u}$ 为 NURBS 控制点位移场，$\boldsymbol{u}^b$ 为贝塞尔控制点位移场。式(8-45)中的实体单元刚度矩阵 $\boldsymbol{K}_e^0$ 可以用贝塞尔提取算子和对应的 Bernstein 多项式等效为

$$\boldsymbol{K}_e^0 = \int_{\Omega_e} \boldsymbol{B}_{e\text{-NURBS}}^{\mathrm{T}} \cdot \boldsymbol{D}_0 \cdot \boldsymbol{B}_{e\text{-NURBS}} \mathrm{d}\Omega_e \tag{8-35}$$

式中，$\boldsymbol{B}_{e\text{-NURBS}}$ 为 NURBS 单元的应变位移矩阵，如式(8-31)所示。基于 Bernstein 多项式的应变位移矩阵为

$$\boldsymbol{B}_{e\text{-Berntein}} = \begin{bmatrix} \frac{\partial B_1^e}{\partial x} & \frac{\partial B_2^e}{\partial x} & \cdots & \frac{\partial B_9^e}{\partial x} & 0 & 0 & \cdots & 0 \\ 0 & 0 & \cdots & 0 & \frac{\partial B_1^e}{\partial y} & \frac{\partial B_2^e}{\partial y} & \cdots & \frac{\partial B_9^e}{\partial y} \\ \frac{\partial B_1^e}{\partial y} & \frac{\partial B_2^e}{\partial y} & \cdots & \frac{\partial B_9^e}{\partial y} & \frac{\partial B_1^e}{\partial x} & \frac{\partial B_2^e}{\partial x} & \cdots & \frac{\partial B_9^e}{\partial x} \end{bmatrix}_{3\times 18} \tag{8-36}$$

根据式(8-31)和式(8-36)可以得到

$$\boldsymbol{B}_{e\text{-NURBS}} = \frac{\boldsymbol{W}_e\boldsymbol{C}_e}{\boldsymbol{W}_b} \cdot \boldsymbol{B}_{e\text{-Berntein}} \tag{8-37}$$

式中，$\boldsymbol{C}_e$ 为单元提取算子的对角矩阵，$\boldsymbol{W}_e$ 为 NURBS 基函数权值的对角矩阵。$\boldsymbol{C}_e$，W_e 及 $\boldsymbol{W}_b$ 的详情如下：

$$\boldsymbol{C}_e = \begin{bmatrix} \boldsymbol{C}^e & 0 \\ 0 & \boldsymbol{C}^e \end{bmatrix} \quad \boldsymbol{W}_e = \begin{bmatrix} \boldsymbol{W} & 0 \\ 0 & \boldsymbol{W} \end{bmatrix} \quad W_b = \begin{bmatrix} W^b & 0 \\ 0 & W^b \end{bmatrix} \tag{8-38}$$

根据式(8-35)和式(8-37)可以得到单元刚度矩阵的另一种形式的计算方程，表示为

$$\boldsymbol{K}_e^0 = \frac{1}{W_b \cdot W_b} \cdot \boldsymbol{W}_e \cdot \boldsymbol{C}_e \cdot \int_{\Omega_e} \boldsymbol{B}_{e\text{-Berntein}}^{\mathrm{T}} \cdot \boldsymbol{D} \cdot \boldsymbol{B}_{e\text{-Berntein}} \mathrm{d}\Omega_e \cdot \boldsymbol{C}_e^{\mathrm{T}} \cdot \boldsymbol{W}_e^{\mathrm{T}} \tag{8-39}$$

给定一个符号 $\boldsymbol{K}_e^{\text{Bezier}}$ 来表示贝塞尔单元的标准刚度矩阵

$$\boldsymbol{K}_e^{\text{Bezier}} = \int_{\Omega_e} \boldsymbol{B}_{e\text{-Berntein}}^{\mathrm{T}} \cdot \boldsymbol{D} \cdot \boldsymbol{B}_{e\text{-Berntein}} \mathrm{d}\Omega_e \tag{8-40}$$

同时，式(8-39)中的单元刚度矩阵可以有另一种形式，即：

$$\boldsymbol{K}_e^0 = \frac{1}{W^b \cdot W^b} \cdot \boldsymbol{W}_e \cdot \boldsymbol{C}_e \cdot \boldsymbol{K}_e^{\text{Bezier}} \cdot \boldsymbol{C}_e^{\mathrm{T}} \cdot \boldsymbol{W}_e^{\mathrm{T}} \tag{8-41}$$

由于 Bernstein 多项式的局部特征，Bernstein 基函数在贝塞尔单元中是相同的。因此，所有贝塞尔单元中的标准单元刚度矩阵相等，表示为

$$\boldsymbol{K}_1^{\text{Bezier}} = \boldsymbol{K}_2^{\text{Bezier}} = \cdots = \boldsymbol{K}_{ne}^{\text{Bezier}} = \boldsymbol{K}_e^{\text{Bezier}} \tag{8-42}$$

在矩形设计域内，各控制点的权值均为 1，且各单元中的贝塞尔基函数也相等。每个贝塞尔单元中提取算子值的总和等于 1，所以 W^b 等于 1。设 $\boldsymbol{C}_{ei} = \boldsymbol{W}_e \cdot \boldsymbol{C}_e$，则实体单元刚度矩阵 $\boldsymbol{K}_e^0$ 可以进一步表示为

$$\boldsymbol{K}_e^0 = \boldsymbol{C}_{ei} \cdot \boldsymbol{K}_e^{\text{Bezier}} \cdot \boldsymbol{C}_{ei}^{\mathrm{T}} \tag{8-43}$$

图 8-6 系统地描述了上述推导过程。

8.2.6　基于贝塞尔提取的等几何拓扑优化

柔度最小化设计对应于寻求具有最佳承载能力的合理材料布局，是一个经典的设计问

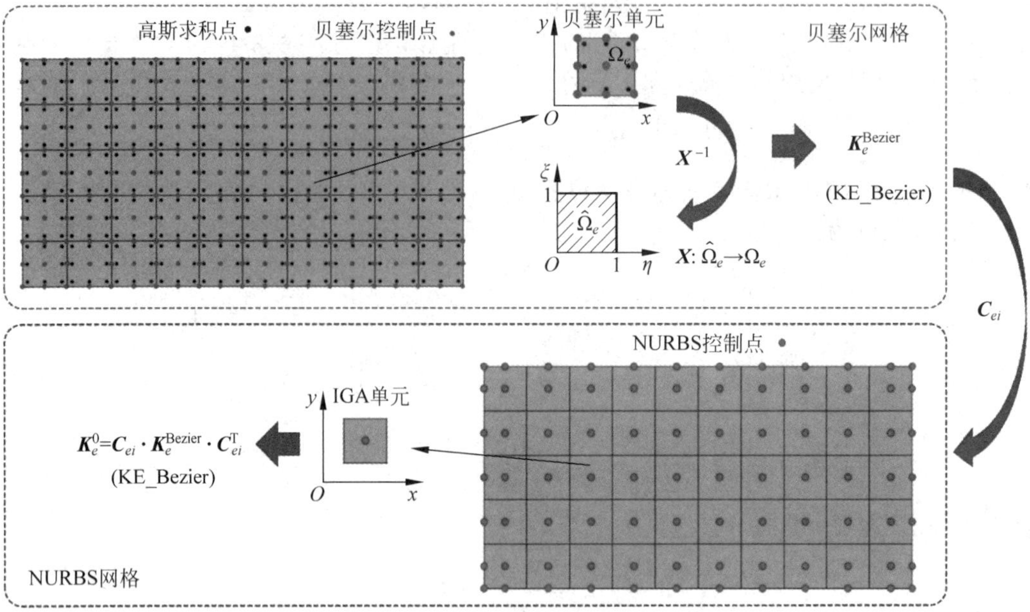

图 8-6 计算实体单元刚度矩阵的系统描述

题，许多教育论文或公开的代码都对其进行了讨论，以验证代码的有效性和效率，例如 SIMP 的 99 行代码[2]、88 行代码[3]等。因此，本文同样研究经典的柔度最小化问题，目的是证明开发的 MATLAB 工具箱 B-ITO 的有效性和效率，并给出在材料体积约束下的柔度最小化拓扑优化的数学公式为

$$\begin{cases} \text{求}: \rho_{i,j}\ (i=1,2,\cdots,n;\ j=1,2,\cdots,m) \\ \text{Min}: J(\boldsymbol{x})=\sum_{e=1}^{N_e}(\boldsymbol{u}_e)^{\mathrm{T}}\boldsymbol{K}_e\boldsymbol{u}_e \\ \text{s. t.}: \begin{cases} \boldsymbol{K}\boldsymbol{u}=\boldsymbol{f} \\ G(\boldsymbol{x})=\sum_{e=1}^{N_e} v_e - V_{\max} \leqslant 0 \\ 0<\rho_{\min}\leqslant \rho_{i,j}\leqslant 1 \end{cases} \end{cases} \tag{8-44}$$

式中，$\rho_{i,j}$ 为控制点 $\boldsymbol{P}_{i,j}$ 处的初始密度，(i,j) 为控制点的编号，$\rho_{\min}$ 是控制点密度的最小值，n 和 m 分别是 u、v 方向基函数的数目。J 是由结构柔度定义的目标函数，G 为物料体积约束，其中 v_e 为实体单元的体积分数，$V_{\max}$ 为材料最大消耗值。$\boldsymbol{K}$ 和 $\boldsymbol{u}$ 分别为全局刚度矩阵和位移向量，$\boldsymbol{K}_e$ 和 $\boldsymbol{u}_e$ 分别为单元刚度矩阵和位移向量，$\boldsymbol{f}$ 是全局力向量。N_e 为 IGA 单元的数量。而单元刚度矩阵 $\boldsymbol{K}_e$ 可以由下式计算

$$\boldsymbol{K}_e(\boldsymbol{x}_e)=E(\boldsymbol{x}_e)\cdot \boldsymbol{K}_e^0 \tag{8-45}$$

与

$$E(\boldsymbol{x}_e)=E_{\min}+(\boldsymbol{x}_e(\xi_i,\eta_j))^{\gamma}(E_0-E_{\min}) \tag{8-46}$$

其中，$\boldsymbol{K}_e^0$ 是实体单元刚度矩阵，E_0 和 $E_{\min}$ 分别为实体相和空洞相的杨氏模量，γ 为优化中保证黑白设计的惩罚系数。而柔度最小化问题是自伴随的，目标函数和约束函数对控制密

度的敏感性分析可以推导为

$$\begin{cases}\dfrac{\partial J}{\partial \rho_{i,j}}=-\displaystyle\sum_{e=1}^{N_e}(\boldsymbol{u}_e)^{\mathrm{T}}\cdot\int_{\widetilde{\Omega}_e}\boldsymbol{B}^{\mathrm{T}}\gamma(\boldsymbol{x}_e(\xi,\eta))^{\gamma-1}R_{i,j}^{p,q}(\xi,\eta)\psi(\rho_{i,j})\boldsymbol{D}_0\boldsymbol{B}\mid\boldsymbol{J}_e\mid \mathrm{d}\widetilde{\Omega}_e\cdot\boldsymbol{u}_e\\ \dfrac{\partial G}{\partial \rho_{i,j}}=\displaystyle\int_{\widetilde{\Omega}_e}R_{i,j}^{p,q}(\xi,\eta)\psi(\rho_{i,j})\mid\boldsymbol{J}_e\mid \mathrm{d}\widetilde{\Omega}_e\end{cases}\tag{8-47}$$

其中，$R_{i,j}^{p,q}(\xi,\eta)$表示计算点(ξ,η)的 NURBS 基函数，$\psi(\rho_{i,j})$为当前控制点(i,j)处的 Shepard 函数值。灵敏度分析的详细推导和数值实现见文献[4]。

8.3 MATLAB 代码框架

8.3.1 IgaTop：基于 NURBS 的等几何拓扑优化

文献[5]开发了一个具有 56 行的针对柔度最小化的 ITO 方法的 MATLAB 实现代码的主函数 IgaTop2D，主要包括以下组成部分：在第 5 行基于 NURBS 构造几何模型(Geom_Mod)，在第 7 行实现 IGA 后续分析所需要的矩阵预计算(Pre_IGA)，在第 9 行施加 Dirichlet 和 Newman 边界条件(Boun_Cond)，初始化设计变量和 DDF(第 11～20 行)，在第 22 行定义平滑机制(Shep_Fun)，在第 28 行基于 NURBS 的 IGA 求解结构响应(Stiff_Ele2D，Stiff_Ass2D，Solving)，计算目标函数和灵敏度分析(第 32～46 行)，并且能绘制优化结果(第 25 行-Plot_Data，第 47 行-Plot_Topy)，最后在第 52 行更新设计变量和 DDF(OC)。对该 ITO 方法的 MATLAB 实现的系统说明如图 8-7 所示。

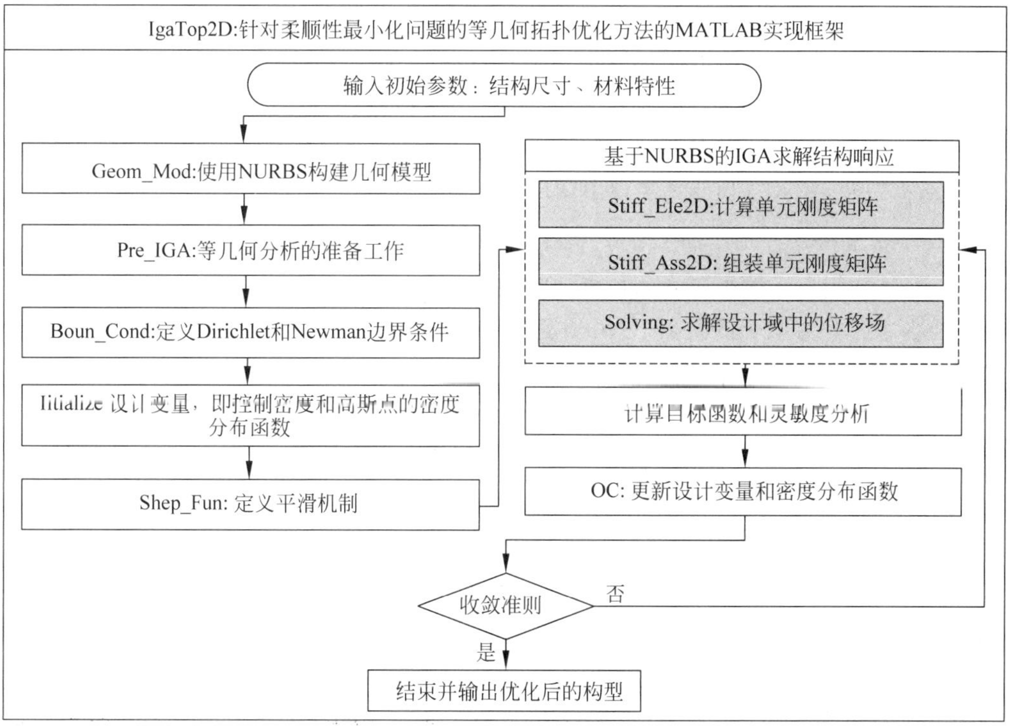

图 8-7　IgaTop 代码的系统框架图

IgaTop2D 主函数的使用方式需要从 MATLAB 实现中调用如下命令行：

```
IgaTop2D(L, W, Order, Num, BoundCon, Vmax, penal, rmin)
```

其中，L 和 W 分别表示结构长度和宽度，Order 表示 NURBS 基函数在两个参数方向上的阶数，Num 表示单位区间中在两个参数方向上的节点总数。BoundCon 表示边界和载荷条件的选择，在该代码中共研究 5 个数值案例，即悬臂梁（BoundCon＝1），MBB 梁（BoundCon＝2），Michell 型结构（BoundCon＝3），L 梁（BoundCon＝4）和四分之一圆环（BoundCon＝5）。Vmax 是最大的材料消耗量，Penal 是将设计变量推向 0 或 1 的惩罚系数，rmin 是控制 Shepard 函数中当前控制点影响面积的参数，即沿第一法参数方向的圆域半径长度。

8.3.2 B-ITO：基于贝塞尔提取的等几何拓扑优化

B-ITO 工具箱的基本代码框架和主函数的基本流程图如图 8-8 所示，该工具箱包含 INPUT，MODEL，PREPARATION，INITIALIZE，OPTIMIZATION，CONVERGENCE 和 OUTPUT 7 个部分，涉及的模块列在图 8-8 的右侧。

模块中所有相关的功能和功能的输入输出参数的含义列在本章 8.7 附录中。具有贝塞尔提取的 ITO 的主要功能是通过调用 67 行的主函数 B_ITO2D 实现的，由以下组件组成：在第 5 行使用 NURBS 构建几何模型（MODEL），在第 7 行实现 IGA 的准备（PREIGA），在第 8 行定义 Dirichlet 和 Newman 边界条件（BOUND），在第 11 行构建二维贝塞尔单元提取算子（EXTRABEZIER2D），在第 15 行计算 Bernstein 多项式和贝塞尔单元的导数（SHAPE2D），在第 17 行计算实体单元刚度矩阵 $\boldsymbol{K}_e$ 和灵敏度（STIFFBEZ2D），在第 18～31 行初始化设计变量和单元中心点的 DDF 值（INITIALIZE），在第 33 行定义平滑机制（SHEPHARD），在第 39～42 行计算 IGA 单元刚度矩阵和导数，在第 43 行使用基于 NURBS 的 IGA（ASSEMBLE2D 和 SOLVE）求解结构响应，在第 46～57 行计算目标函数和灵敏度分析，并且在第 36 行呈现拓扑优化结果（PLOT），最后在第 63 行更新设计变量和 DDF（OC）。目前的框架是基于 IgaTop[5] 开发的，因此 B_ITO2D 主函数的使用方式与 IgaTop 基本一致，从 MATLAB 实现中调用如下命令行：

```
B_ITO2D(L, W, Order, Num, BoundCon, Vmax, penal, rmin)
```

其中，L 和 W 分别表示结构尺寸的长度和宽度。Order 是一个双参数数组，它包含 NURBS 基函数在各个参数方向上的阶数。Num 是一个双参数数组，包含两个参数方向上的节点总数，本文认为新节点是均匀地插入到节点矢量中的。BoundCon 表示边界条件和负载的选择。Vmax 是体积分数，Penal 是将设计变量推向 0 或 1 的惩罚系数。Rmin 是 Shepard 函数中当前控制点影响区域的参数，是圆域半径沿参数方向的长度。

8.3.3 B-ITO 与常规 ITO 之间的区别

基于贝塞尔提取的 ITO 方法而开发的工具箱 B-ITO 与常规 ITO 的区别主要体现在分析部分，即基于贝塞尔提取的 IGA 与常规 IGA 的计算过程不同。因此，本节主要描述基于贝塞尔提取的 IGA 与传统 IGA 的区别。在微分方程数值解的方法上，IGA 采用了与有限元分析（FEA）相同的数学基础，这意味着 IGA 的抽象计算结构与有限元分析非常相似。两者的主要区别在于所使用的基函数集足够紧凑，从而影响了分析和优化中的预处理和求解。

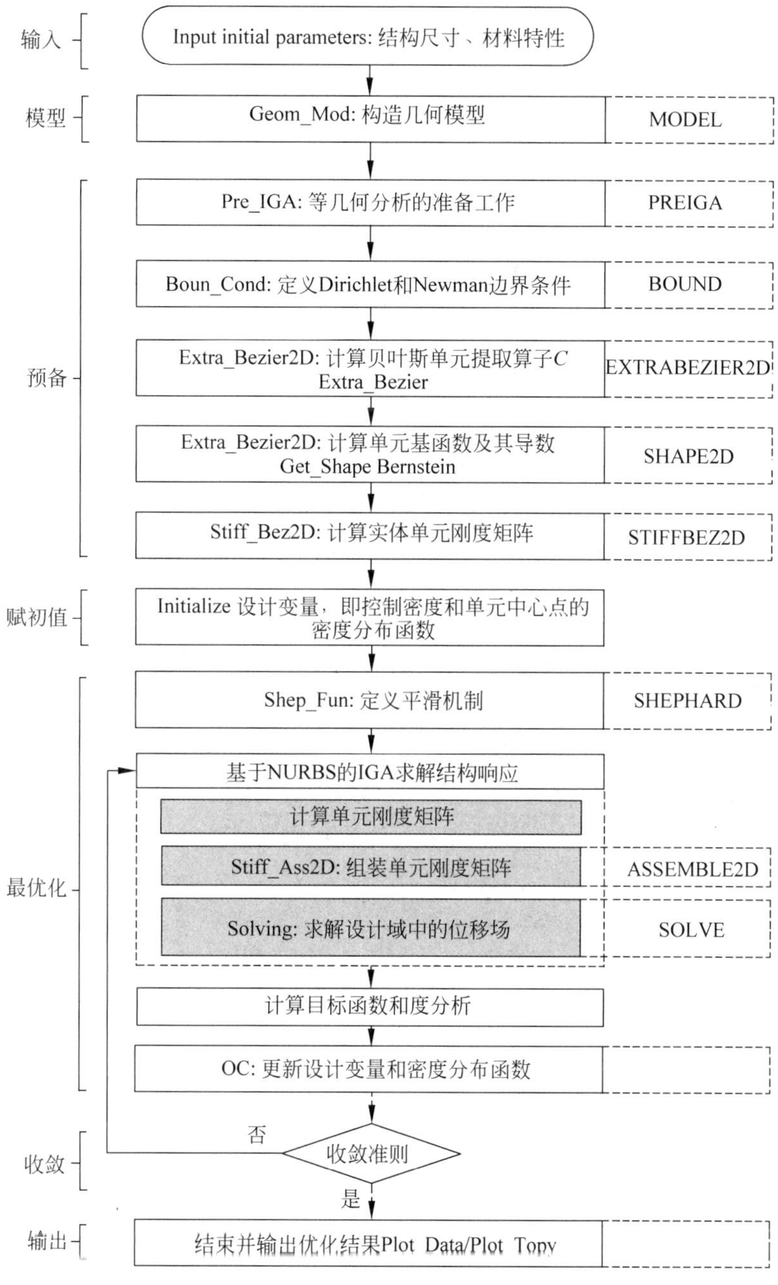

图 8-8　B-ITO 工具箱的主函数 B_ITO2D 的流程图

本节比较了基于贝塞尔提取的 IGA 和传统 IGA 的计算过程之间的差异。首先简要介绍了基于 B 样条的常规 IGA 算法的计算过程。在此基础上，提出了基于贝塞尔提取 NURBS 的等几何数据结构。

1. 常规 IGA 程序

由于本书的主要目标群体是具有有限元分析和 SIMP 优化方法的基础学习背景的读者，因此简要介绍了传统的 IGA 和有限元分析，以便读者能够快速理解 IGA 和 B-ITO 工具箱的基础理论。图 8-9(a)显示了常规 IGA 程序的流程图。对比图 8-9(b)所示的有限元分析程序流程图可以发现，常规 IGA 的主要步骤发生了变化，下面将对这些差异进行简要描述。

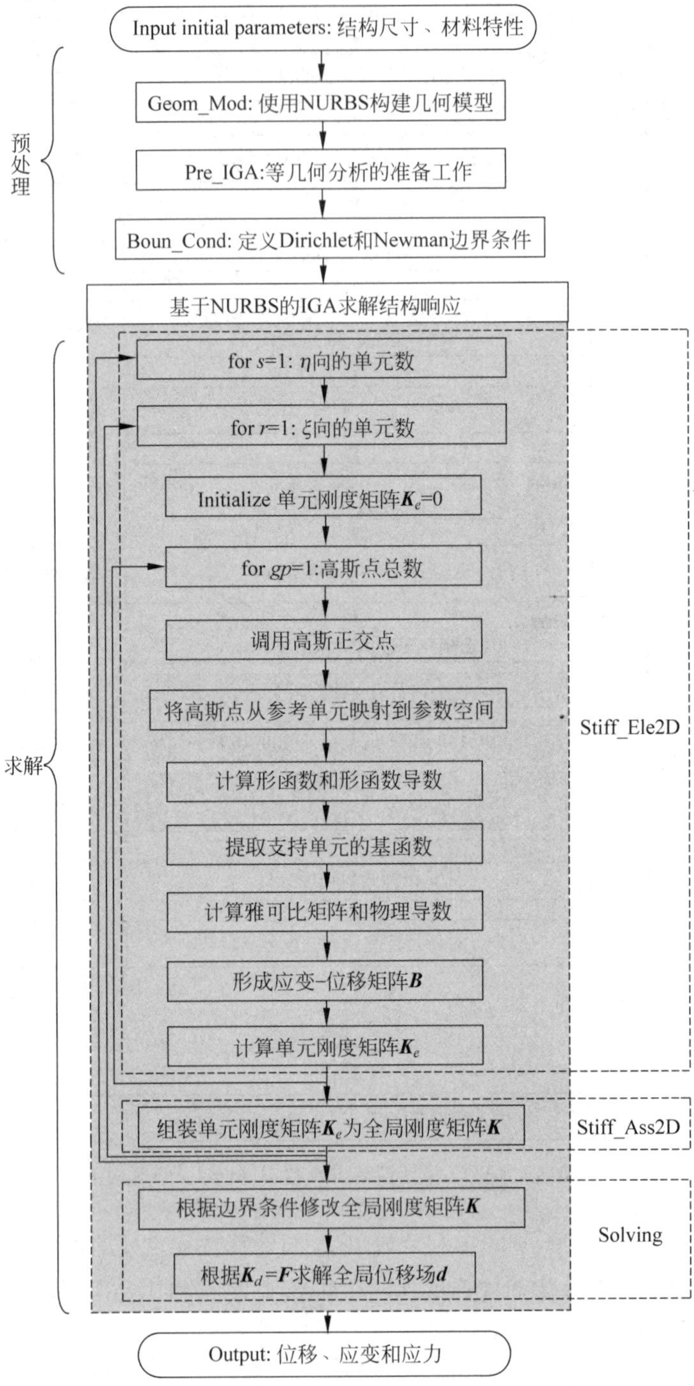

(a)

图 8-9　传统 IGA 和有限元分析的流程图

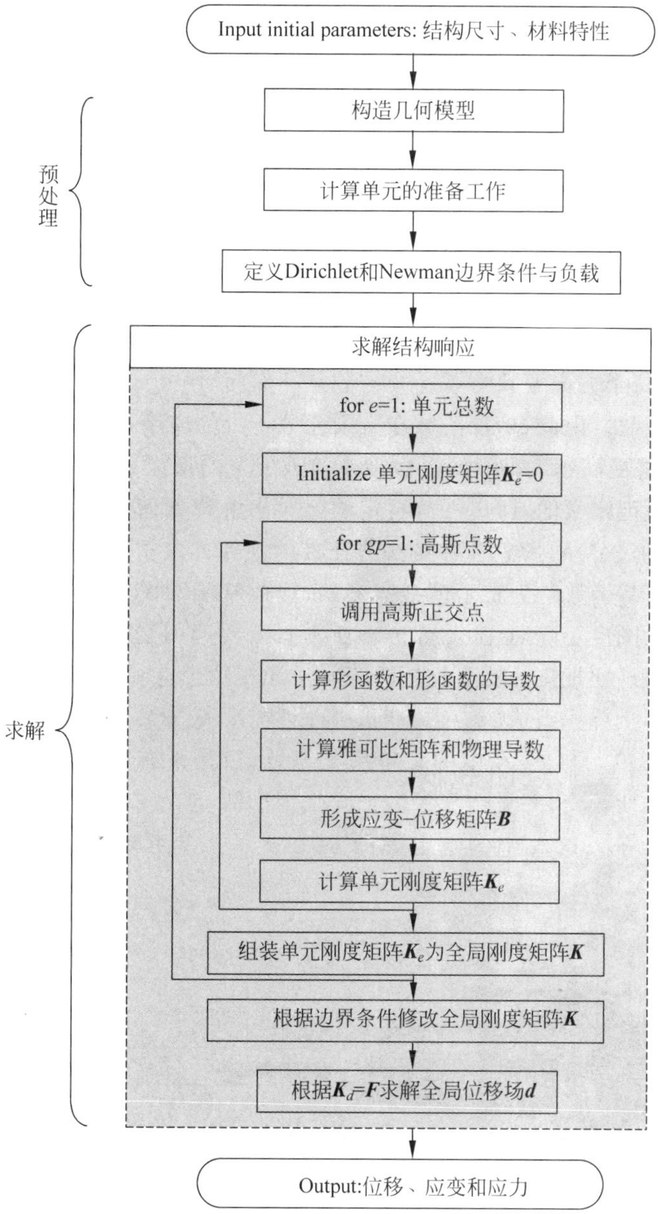

(b)

图 8-9 （续）

预处理：由于 IGA 的基函数与控制点相关，因此单元拓扑与控制点编号相关。其中，使用一阶单元的 IGA 与使用 Q4 单元的 FEM 编号相同，控制点与 Q4 单元的节点一致，但对于二阶及以上的单元，IGA 的控制点与 FEA 的节点是不同的。IGA 网格中的控制点比 FEA 网格中的节点少，全局自由度也更小。控制点不像节点均匀间隔分布，而更倾向于在物理空间的边界聚集。并且这种分布特点与单元边界的位置无关，因为控制点是由基函数的数量决定的，并根据节点插入算法放置。因此，在预处理部分的输入模块中进行相应的修改。

在构建几何模型时，IGA 比 FEA 更加复杂，因为几何结构是由节点矢量和控制点定义的。例如，在有限元分析中只需要输入角节点的 x 和 y 坐标，就可以构造简单的方形区域。但对于 IGA，需要在输入角的 x、y 坐标和阶数后，根据 Geom_Mod 模块中的脚本生成初始节点矢量和控制点。然后基于式(8-12)和式(8-13)的节点插入算法进行网格细化，当插入节点时，全局节点矢量相应扩展，并保持参数化和几何形状不变。在有限元分析中，只有单元边界上的节点属于两侧的单元。但是 IGA 中单元之间在每个方向上都有多个控制点是共享的，控制点的共享行为与基函数的局部支持有关。与有限元分析的相似之处在于，与单个二维单元相关的控制点数量为 $(p+1)^2$。

基函数和控制点的数量是单元的数量加上每个方向的多项式阶数。因此，与二阶单元相比，三阶单元在每个方向上只多了一个控制点。然而，用 Q16 单元代替 Q9 单元显著增加了有限元中的节点数。因此，增加阶数在有限元分析中的应用是有限的，但增加单元的阶数可以在 IGA 中获得更高精度的解。一致节点荷载矢量的形成必须采用数值积分方法，因为基函数是为整个模型定义的，所以没有特定的公式来解释如何在控制点上分散分布负载的参考单元。IGA 的边界条件与 FEA 的边界条件的施加方式相同。

求解：IGA 的基函数是为整个模型定义的，因此基函数的局部支持对于求解步骤尤为重要。在计算单元刚度矩阵时(如图 8-9(a)所示)，需要调用当前环中支持该单元的基函数和控制点来计算雅可比矩阵。雅可比矩阵表示单元在物理空间和参数空间之间的映射。由于基函数跨越由多个单元组成的参数空间，因此还需要每个参考单元与参数空间之间的映射。IGA 中的参考单元与 FEA 中的参考单元等效，只是没有节点。在参考单元水平上定义了数值积分的高斯正交，并且由于参数空间是矩形的，参考单元与参数空间之间的映射是一个常数雅可比矩阵。IGA 中的映射如图 8-10 所示。参考单元与参数空间的映射过程如下：

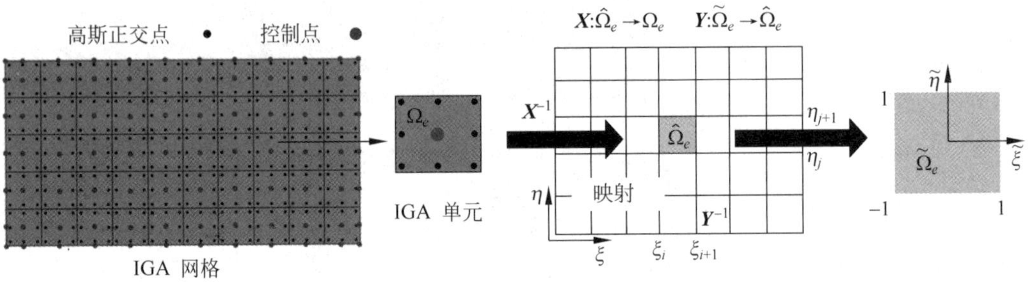

图 8-10　IGA 参考单元与参数空间的映射过程

(1) 调用参考单元的高斯点。

(2) 将高斯点从参考单元映射到参数空间。

(3) 计算参数空间中单元的基函数和导数。

(4) 将参数空间的导数映射回具有常量雅可比矩阵的参考单元($l/2$，其中 l 是参数空间中单元的长度)。

(5) 计算雅可比矩阵和参考单元上的物理导数。

(6) 计算单元刚度矩阵 $\boldsymbol{K}_e$，整体刚度矩阵 $\boldsymbol{K}$ 的构造与有限元相似。

传统 IGA 计算单元刚度矩阵和组装整体刚度矩阵的函数及其详细解释见文献[5]。

2. 基于贝塞尔提取程序的 IGA

将原 IGA 程序由 B 样条修改为基于贝塞尔提取的 NURBS。贝塞尔提取使等几何有限元数据结构偏离了传统 IGA 的全局结构，而更接近 FEA 的局部结构，这将使 IGA 更容易在现有的有限元代码中实现。基于贝塞尔提取的 IGA 程序流程图如图 8-11 所示。与有限元分析相比，传统的 IGA 的主要的变化是参考单元与参数空间的映射，但由于使用了贝塞尔基函数，这些变化在基于贝塞尔提取的 IGA 中消失，流程图更类似于有限元分析。然而，样条曲线仍然是分析的基础，该程序共享了传统 IGA 的大部分计算公式。

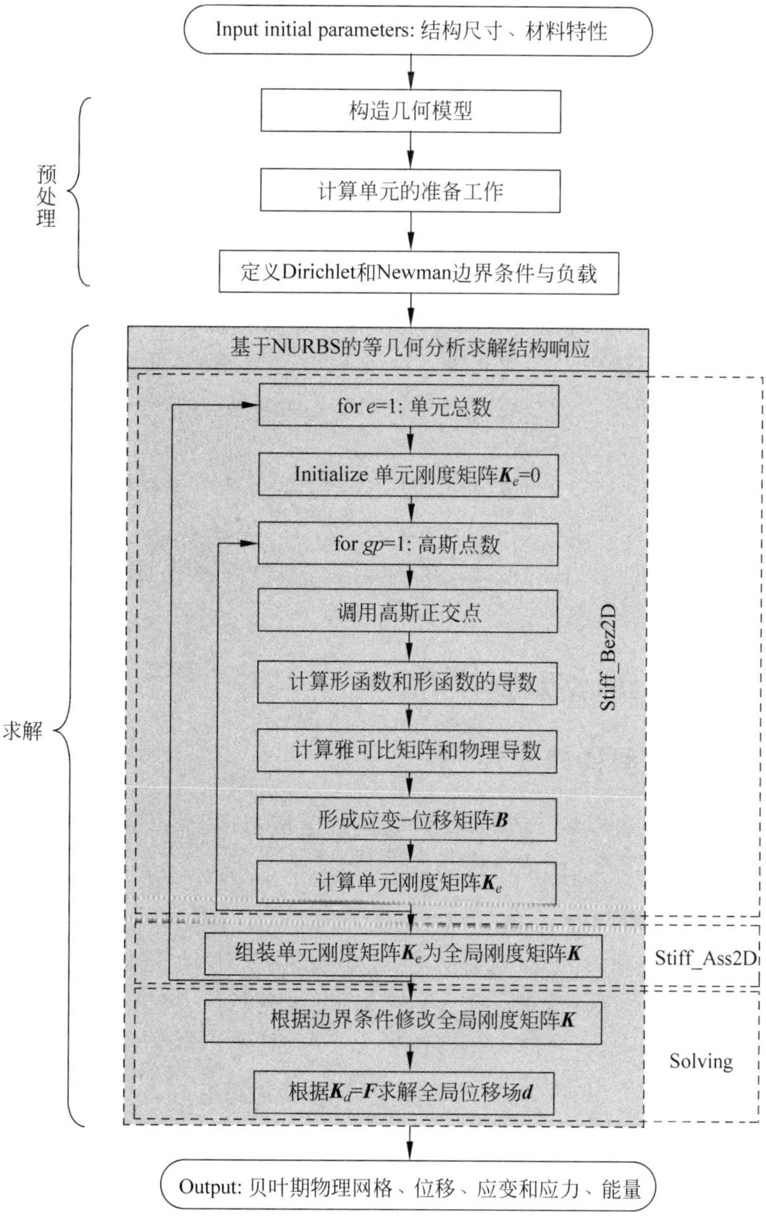

图 8-11　基于贝塞尔提取的 IGA 流程图

预处理：控制点和单元拓扑的生成与最初的 IGA 程序相比没有变化，因为依然是基于全局控制点而不是贝塞尔控制点进行处理。几何模型的构建也与常规 IGA 相同，控制点和权值都采用了同样的方法，使用了节点插入算法。基于贝塞尔提取的 IGA 程序的额外输入是贝塞尔提取算子。局部提取算子 $\boldsymbol{C}_{\xi}^{i}$ 直接以节点矢量作为输入计算，具体详细过程见算法 1，而每个二维单元 e 都存在二元提取算子 $\boldsymbol{C}^{e}$。因此，在求解增加前可预先计算提取算子来提高程序运行的效率。在 B-ITO 工具箱中，预先计算的单元提取运算符对应于 EXTRABEZIER2D 模块，详细信息见 8.4.3 节。在计算实体单元刚度矩阵之前，需要计算单元的基函数和导数。这部分功能是在 SHAPE2D 模块中实现的，该模块功能的详细描述见 8.4.3 节。由于单元拓扑结构不变，将传统 IGA 的边界条件和载荷应用到基于贝塞尔提取的 IGA 中。

求解：调用单元提取算子和贝塞尔单元的基函数，计算基于贝塞尔提取的 NURBS 基函数。与传统的 IGA 相比，寻找基函数的过程涉及更多的方程和子函数，这在 8.4.4 节中进行了详细讨论。由于贝塞尔提取算子将全局 NURBS 基函数映射到贝塞尔单元，因此参考单元与参数空间之间的映射就消失了。出于同样的原因，支持单元的全局基函数是不必要的，因此 NURBS 的张量积特性没有被利用，从而简化了雅可比矩阵的计算，使其与有限元中的形式相同。这些变化导致单元刚度矩阵的计算与传统有限元结构几乎相同，这意味着 IGA 在现有有限元规范中更容易实现。在 B-ITO 工具箱中，通用版本 STIFFBEZ2D 模块与高效版本 STIFFBER2D 模块计算二维贝塞尔单元的实体单元刚度矩阵 $\boldsymbol{K}_e$，详细内容见 8.4.4 节。

与传统的 ITO 相比，基于贝塞尔提取的 ITO 的缺点是由于提取算子的计算和基函数计算的附加过程计算成本略高。而用矩阵乘法代替 for 循环，以单元中心点为基点进行计算，可以更好地利用 MATLAB 的框架，在分析优化过程中减少一定的计算量。

8.4 B-ITO 的具体实施模块

8.4.1 几何模型构建模块

工具箱中的几何构建模块 MODEL 中仅包含子函数 Geom_Mod，使用具有五个参数(L，W，Order，Num，BoundCon)来开发结构几何：

```
NURBS = Geom_Mod(L, W, Order, Num, BoundCon)
```

输入参数含义与主函数 B_ITO2D 的输入含义相同。输出参数为 NURBS，是包含 form，dim，number，coefs，knots 和 order 六个域的结构数组。例如，当输入参数为(L=10，W=10，Order=[0 1]，Num=[11 5]，BoundCon=5)时，输出参数的具体含义如下：

NURBS
- form：'B-NURBS'
- dim：4
- number：[12 6]
- coefs：[4×12×6 double]
- knots：{[0 0 0 0.1 0.2 0.3 0.4 0.5 0.6 0.7 0.8 0.9 1 1 1] [0 0 0 0.25 0.50 0.75 1 1 1]}
- order：[3 3]

在该子函数的第 2～21 行定义两个参数方向的初始节点矢量，并提供了对应的齐次坐标控制点($\omega x, \omega y, \omega z, \omega$)，其中 ω 表示 NURBS 基函数定义中的权重。在该子函数中使用了由 Spink 等开发的 NURBS 工具箱，而 Piegl 和 Tiller 等详细介绍了 NURBS 的算法，因此在本节仅使用该工具箱而不深入介绍。Geom_Mod 子函数利用 NURBS 工具箱中的函数 nrbmak，基于给定的初始节点矢量和控制点构造 NURBS 初始曲面，如图 8-12(b)所示；而后利用 nrbdegelev 函数提高 NRUBS 基函数在第二参数方向上的阶数，相应的 NURBS 表面如图 8-12(c)所示；最后通过 nrbkntins 函数实现一系列新节点均匀插入到初始节点矢量，最终的 NURBS 曲面如图 8-12(d)所示。该构建 NURBS 的过程对应于 k 型细化，即首先提高 NURBS 基函数的阶次，而后将节点均匀插入到初始节点矢量中。以上构造 NURBS 曲面的具体实现由以下命令行调用：

```
NURBS = nrbmak (coefs, knots);
NURBS = nrbdegelev (NURBS, Order);
NURBS = nrbkntins (NURBS, {setdiff(iknot_u, NURBS.knots{1}), setdiff(iknot_v, NURBS.knots
{2}));
```

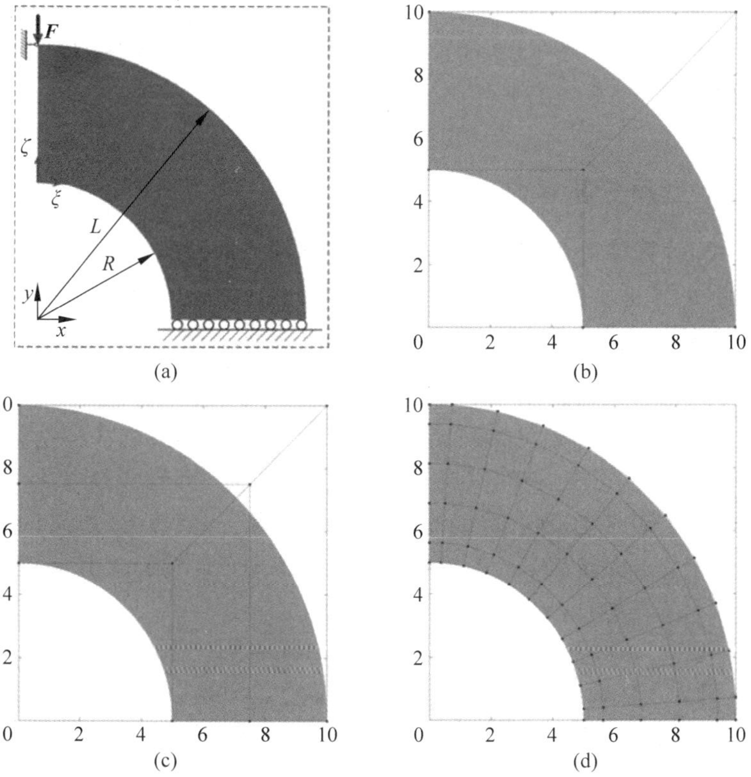

图 8-12　四分之一圆环构建的中间曲面

子函数 Geom_Mod 的代码具体如下：

```
1  function NURBS = Geom_Mod(L, W, Order, Num, BoundCon)
2  switch BoundCon
3  case {1, 2, 3}
4      knots{1} = [0 0 1 1];knots{2} = [0 0 1 1];
5      ControlPts(:,:,1) = [0 L; 0 0; 0 0; 1 1];
```

```
 6      ControlPts(:,:,2) = [0 L; W W; 0 0; 1 1];
 7    case 4
 8      knots{1} = [0 0 0.5 1 1]; knots{2} = [0 0 1 1];
 9      ControlPts(:,:,1) = [0 0 L; L 0 0; 0 0 0; 1 1 1];
10      ControlPts(:,:,2) = [W W L; L W W; 0 0 0; 1 1 1];
11    case 5
12      W = W/2;
13      knots{1} = [0 0 0 1 1 1]; knots{2} = [0 0 1 1];
14      ControlPts(:,:,1) = [0 W W; W W 0; 0 0 0; 1 sqrt(2)/2 1];
15      ControlPts(:,:,2) = [0 L L; L L 0; 0 0 0; 1 sqrt(2)/2 1];
16    end
17    coefs = zeros(size(ControlPts));
18    coefs(1,:,:) = ControlPts(1,:,:).*ControlPts(4,:,:);
19    coefs(2,:,:) = ControlPts(2,:,:).*ControlPts(4,:,:);
20    coefs(3,:,:) = ControlPts(3,:,:).*ControlPts(4,:,:);
21    coefs(4,:,:) = ControlPts(4,:,:);
22    NURBS = nrbmak(coefs, knots);
23    NURBS = nrbdegelev(NURBS,Order);
24    nrbplot(NURBS,[100 100],'light','on')
25    iknot_u = linspace(0,1,Num(1)); iknot_v = linspace(0,1,Num(2));
26    NURBS = nrbkntins(NURBS,{setdiff(iknot_u,NURBS.knots{1}),setdiff(iknot_v,NURBS.knots{2})});
27  end
```

8.4.2 IGA 预分析模块

1. PREIGA：计算控制点、IGA 单元以及高斯求积点的数据

工具箱中的 IGA 准备模块 PREIGA 中包含子函数 Pre_IGA，其重点是开发控制点、IGA 单元以及高斯求积点的数据。子函数 Pre_IGA 由如下命令进行调用：

[CtrPts, Ele, GauPts] = Pre_IGA(NURBS)

输入参数只有 NURBS，输出参数为 CtrPts、Ele 和 GauPts。CtrPts 是包含五个字段的结构数组，具体为：①CtrPts.Cordis：控制点在物理空间的齐次坐标(x,y,z,w)；②CtrPts.Num：控制点总数；③CtrPts.NumU：第一个参数方向的控制点数目；④CtrPts.NumV：第二个参数方向的控制点数目；⑤CtrPts.Seque：控制点编号矩阵，并且每个控制点都按照从左到右、从下到上的顺序编号。

Ele 是一个包含 11 个字段的结构数组：①NumU：第一个参数方向上 IGA 单元的数量；②NumV：第二个参数方向上 IGA 单元的数量；③Num：IGA 单元的总数；④Seque：物理空间中 IGA 单元的数目以及所有 IGA 单元的编号，同样从左到右、从下到上分布；⑤KnotsU：第一参数方向上每个 IGA 单元的节点跨度；⑥KnotsV：第二个参数方向上每个 IGA 单元的节点跨度；⑦CtrPtsNum：对 IGA 单元有影响的控制点总数，也表示 IGA 单元中非零 NURBS 基函数的总数；⑧CtrPtsNumU：在第一个参数方向上影响每个 IGA 单元的控制点总数；⑨CtrPtsNumV：第二个参数方向上影响每个 IGA 单元的控制点总数；⑩CtrPtsCon：影响每个 IGA 单元的控制点的数量（=CtrPtsNum）；⑪GauPtsNum：后续数值积分在每个 IGA 单元中的高斯求积点数目。

GauPts 是一个包含六个域的结构阵列，它包括：①QuaPts：双单元父空间高斯求积点的坐标；②Weigh：每个高斯求积点对应的权重；③Num：高斯求积点的总数；④CorU：高斯求积点从父空间映射到参数空间时，第一个参数方向上对应的高斯求积点节点；⑤Corv：高斯求积点从父空间映射到参数空间时，第二个参数方向上对应的高斯求积点节点；⑥Seque：高斯求积点的数目(=Ele.GauPtsNum)。

而子函数Pre_IGA主要用于计算后续分析的相关数据。在第3～13行计算结构数组CtrPts五个字段，而包含11个字段的结构数组Ele在第15～26行实现。而后调用子函数Guadrature来计算高斯求积点及其相应的权值，在第26～37行具体计算GauPts阵列所有字段，其对应的编号分布如图8-13所示。子函数Pre_IGA的MATLAB代码的详细信息如下：

```
1  function [CtrPts, Ele, GauPts] = Pre_IGA(NURBS)
2  %% 两参数方向的不重复节点
3  Knots.U = unique(NURBS.knots{1})';
4  Knots.V = unique(NURBS.knots{2})';
5  %% 控制点的信息,包括物理坐标、编号和分布
6  CtrPts.Cordis = NURBS.coefs(:,:);
7  CtrPts.Cordis(1,:) = CtrPts.Cordis(1,:)./CtrPts.Cordis(4,:);
8  CtrPts.Cordis(2,:) = CtrPts.Cordis(2,:)./CtrPts.Cordis(4,:);
9  CtrPts.Cordis(3,:) = CtrPts.Cordis(3,:)./CtrPts.Cordis(4,:);
10 CtrPts.Num = prod(NURBS.number);          % 控制点总数
11 CtrPts.NumU = NURBS.number(1);            % 第一个参数方向的控制点总数
12 CtrPts.NumV = NURBS.number(2);            % 第二个参数方向的控制点总数
13 CtrPts.Seque = reshape(1:CtrPts.Num,CtrPts.NumU,CtrPts.NumV)';
14 %% 参数空间中单元(节点跨度)的信息,包括总数、编号
15 Ele.NumU = numel(unique(NURBS.knots{1})) - 1; % 第一个参数方向的单元总数
16 Ele.NumV = numel(unique(NURBS.knots{2})) - 1; % 第二个参数方向的单元总数
17 Ele.Num = Ele.NumU * Ele.NumV;                % 单元总数
18 Ele.Seque = reshape(1:Ele.Num, Ele.NumU, Ele.NumV)';
19 Ele.KnotsU = [Knots.U(1:end-1) Knots.U(2:end)]; % 第一个参数方向上的不重复节点
20 Ele.KnotsV = [Knots.V(1:end-1) Knots.V(2:end)]; % 第一个参数方向上的不重复节点
21 Ele.CtrPtsNum = prod(NURBS.order);
22 Ele.CtrPtsNumU = NURBS.order(1); Ele.CtrPtsNumV = NURBS.order(2);
23 [~, Ele.CtrPtsCon] = nrbbasisfun({(sum(Ele.KnotsU,2)./2)', (sum(Ele.KnotsV,2)./2)'},
NURBS);
24 %% 母空间中高斯求积点的信息
25 [GauPts.Weigh, GauPts.QuaPts] = Guadrature(3, numel(NURBS.order));
26 Ele.GauPtsNum = numel(GauPts.Weigh);
27 GauPts.Num = Ele.Num * Ele.GauPtsNum;
28 GauPts.Seque = reshape(1:GauPts.Num,Ele.GauPtsNum,Ele.Num)';
29 GauPts.CorU = zeros(Ele.Num, Ele.GauPtsNum); GauPts.CorV = zeros(Ele.Num, Ele.
GauPtsNum);
30 for ide = 1:Ele.Num
31     [idv, idu] = find(Ele.Seque == ide);
32     Ele_Knot_U = Ele.KnotsU(idu,:);
33     Ele_Knot_V = Ele.KnotsV(idv,:);
34     for i = 1:Ele.GauPtsNum
35         GauPts.CorU(ide,i) = ((Ele_Knot_U(2) - Ele_Knot_U(1)).* GauPts.QuaPts(i,1) +
(Ele_Knot_U(2) + Ele_Knot_U(1)))/2;
36         GauPts.CorV(ide,i) = ((Ele_Knot_V(2) - Ele_Knot_V(1)).* GauPts.QuaPts(i,2) +
(Ele_Knot_V(2) + Ele_Knot_V(1)))/2;
37     end
```

```
end
end
```

子函数 Guadrature 的 20 行 MATLAB 代码也如下所示：

```
function [quadweight,quadpoint] = Guadrature(quadorder, dim)
quadpoint = zeros(quadorder^dim ,dim);
quadweight = zeros(quadorder^dim,1);
r1pt = zeros(quadorder,1);
r1wt = zeros(quadorder,1);
r1pt(1) = 0.774596669241483;
r1pt(2) = -0.774596669241483;
r1pt(3) = 0.000000000000000;
r1wt(1) = 0.555555555555556;
r1wt(2) = 0.555555555555556;
r1wt(3) = 0.888888888888889;
n = 1;
for i = 1:quadorder
    for j = 1:quadorder
        quadpoint(n,:) = [ r1pt(i), r1pt(j)];
        quadweight(n) = r1wt(i) * r1wt(j);
        n = n+1;
    end
end
end
```

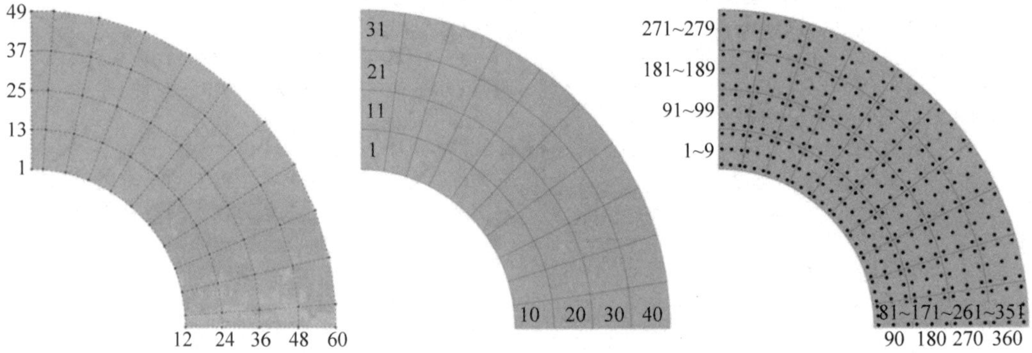

(a) (b) (c)

图 8-13　控制点、单元和高斯点的总数及分布

2. BOUND：定义 Dirichlet 和 Neumann 边界条件

Dirichlet 和 Neumann 边界条件定义的 MATLAB 实现是通过 BOUND 模块的包含四个输入参数(CtrPts，BoundCon，NURBS，Dofs. Num)的子函数 Boun_Cond，其在主函数中相应的命令行为

```
[DBoudary, F] = Boun_Cond(CtrPts, BoundCon, NURBS, Dofs.Num)
```

输出参数为 DBoudary 和 F，其中 DBoudary 是只包含字段 CtrPtsOrd 的结构数组，表示负载在物理空间的施加位置。但若在一个参数方向上的控制点总数是偶数，并且在一个参数方向上没有控制点位于物理空间的中心，则有可能无法在精确的控制点施加相应的载荷。因此，载荷施加的方式包含以下步骤：①计算受力点的参数坐标；②计算当前参数坐

标上的所有非零 NURBS 基函数；③在所有相关控制点上按比例施加载荷。在该子函数中给出了悬臂梁、MBB 梁、Michell 型结构、L 形梁、四分之一圆环这五种数值案例的 Dirichlet 和 Neumann 边界条件，具体代码如下：

```
1   function [DBoudary, F] = Boun_Cond(CtrPts, BoundCon, NURBS, Dofs_Num)
2   switch BoundCon
3       case 1 % 悬臂梁
4           DBoudary.CtrPtsOrd = CtrPts.Seque(:,1);
5           load.u = 1; load.v = 0.5;
6           [N, id] = nrbbasisfun([load.u; load.v], NURBS);
7           NBoudary.CtrPtsOrd = id'; NBoudary.N = N;
8       case 2 % MBB 梁
9           DBoudary.CtrPtsOrd1 = CtrPts.Seque(:,1); DBoudary.CtrPtsOrd2 = CtrPts.Seque(1,end);
10          load.u = 0; load.v = 1;
11          [N, id] = nrbbasisfun([load.u; load.v], NURBS);
12          NBoudary.CtrPtsOrd = id'; NBoudary.N = N;
13      case 3 % Michell 结构
14          DBoudary.CtrPtsOrd1 = CtrPts.Seque(1,1); DBoudary.CtrPtsOrd2 = CtrPts.Seque(1,end);
15          load.u = 0.5; load.v = 0;
16          [N, id] = nrbbasisfun([load.u; load.v], NURBS);
17          NBoudary.CtrPtsOrd = id'; NBoudary.N = N;
18      case 4 % L 形梁
19          DBoudary.CtrPtsOrd = CtrPts.Seque(:,1);
20          load.u = 1; load.v = 1;
21          [N, id] = nrbbasisfun([load.u; load.v], NURBS);
22          NBoudary.CtrPtsOrd = id'; NBoudary.N = N;
23      case 5 % 四分之一圆环
24          DBoudary.CtrPtsOrd = CtrPts.Seque(:,end);
25          load.u = 0; load.v = 1;
26          [N, id] = nrbbasisfun([load.u; load.v], NURBS);
27          NBoudary.CtrPtsOrd = id'; NBoudary.N = N;
28  end
29  %% 结构施加载荷
30  F = zeros(Dofs_Num,1);
31  switch BoundCon
32      case {1,2,3,4}
33          F(NBoudary.CtrPtsOrd + CtrPts.Num) = -1 * NBoudary.N;
34      case 5
35          F(NBoudary.CtrPtsOrd) = -1 * NBoudary.N;
36  end
37  end
```

8.4.3 贝塞尔预计算模块

1. EXTRABEZIER2D：计算贝塞尔单元提取算子 C^e

局部提取算子 C_ξ^i 以节点矢量为输入直接进行计算，具体步骤见算法 1。在求解前可预先计算提取算子，提高程序运行效率。在 B-ITO 工具箱中，提取算子的计算在 EXTRABEZIER2D 模块中实现，该模块主要包含 Extra_Bezier 和 Extra_Bezier2D 两个子函数。子函数 Extra_Bezier2D 使用带有四个参数(Uknots,Vknots,p,q)的命令行来计算提

取操作符 $\boldsymbol{C}_{\xi}^{i}$：

```
[C] = Extra_Bezier2D(Uknots,Vknots, p, q)
```

输出数据是全局提取算子 C，而输入参数 Uknots 和 Vknots 是双参数方向的节点矢量，p 和 q 是双参数方向的阶数。在该子函数的第 3～4 行调用子函数 Extra_Bezier，并计算 $\boldsymbol{C}_{\xi}^{i}$ 和 $\boldsymbol{C}_{\eta}^{j}$ 单变量提取算子，而局部提取算子 $\boldsymbol{C}_{\xi}^{i}$ 可以通过修改贝塞尔分解算法直接计算。

子函数 Extra_Bezier 使用两个输入参数(Knots，p)计算局部提取算子，而局部提取算子 $\boldsymbol{C}_{\xi}^{i}$ 则用于计算其中一个方向上的二维贝塞尔单元的提取算子。子函数 Extra_Bezier 被以下命令行调用：

```
[C, nb] = Extra_Bezier (Knots, p)
```

输入参数 p 是所计算参数方向的单元提取算子的参数方向阶数，而 knots 是该方向的节点矢量。参数所在方向的单元提取算子用输出参数 C 表示，该方向的单元个数用 nb 表示。该子函数是 Piegl 和 Tiller 中贝塞尔分解算法的改进版本，其中局部提取算子的系数由式(8-14)单独计算，调整相邻单元之间的重叠系数可以通过从左到右添加新节点来降低总体计算成本。而根据式(8-21)，第 7～20 行计算两个提取算子 $\boldsymbol{C}_{\xi}^{i}$ 和 $\boldsymbol{C}_{\eta}^{j}$ 的 Kronecker 积。改进贝塞尔分解算法如下所示：

算法 1　贝塞尔分解算法用于计算一维局部提取算子

```
1: 初始化 m = length(Knots) - p - 1,a = p + 1,b = a + 1,nb = 1, C^1 = I
2: while b < m do 初始化下一个提取算子: C^(nb+1) = I i = b
3:   while b <= m && Knots(b + 1) == Knots(b) do b = b + 1;
4:   end while
5:   multiplicity = b - i + 1;
6:   if multiplicity < curve degree p do
7:     计算 alphas: numerator = Knots(b) - Knots(a);
8:     for j = p: - 1:multiplicity + 1 do
9:        alphas(j - multiplicity) = numerator/(Knots(a + j) - Knots(a));
10:    end for
11:    更新 r 个新节点的矩阵系数: r = curve degree - multiplicity;
12:    for j = 1:r do
13:       save = r - j + 1;s = multiplicity + j;
14:       for k = p + 1: - 1:s + 1 do
15:          alpha = alphas(k - s);
16:          计算提取算子(式(8 - 12)): C^nb_k = alpha·C^nb_k + (1 - alpha)·C^nb_(k-1)
17:       end for
18:       if b <= m do
19:          更新以下算子的重叠系数
20:          C^(nb+1)(save:save + j,save) = C^nb(p - j + 1:p + 1,p + 1)
21:       end if
22:   end for
23:   完成当前算子的计算: nb = nb + 1
24:   if b <= m do
25:       更新下一个算子的索引编号: a = b;b = b + 1;
26:   end if
27:   对于情况 m = p + 1
28:   elseif multiplicity == curve degree || multiplicity == curve degree + 1
29:       if b <= m do
```

```
30:                更新下一个提取算子:nb = nb + 1; a = b; b = b + 1;
31:        end if
32:    end if
33: end while
34: return 单元提取算子 C^e 和单元数目 nb
```

子函数 Extra_Bezier2D 的程序如下：

```
1  function [C] = Extra_Bezier2D(UKnots,VKnots,p,q)
2  % U 和 V 方向的提取算子
3  [CU,nU] = Extra_Bezier(UKnots,p);
4  [CV,nV] = Extra_Bezier(VKnots,q);
5  size1 = size(CU(:,:,1),1); size2 = size(CV(:,:,1),1);
6  C = zeros(size1 * size2,size1 * size2,nU * nV);
7  for V = 1:nV
8    for U = 1:nU
9        e = (V - 1) * nU + U;
10       for row = 1:size2
11           ri = (row - 1) * size1 + 1;
12           rj = row * size1;
13           for col = 1:size2
14               ci = (col - 1) * size1 + 1;
15               cj = col * size1;
16               C(ri:rj,ci:cj,e) = CV(row,col,V) * CU(:,:,U);
17       end
18   end
19  end
20 end
```

2. SHAPE2D：计算贝塞尔单元的基函数和导数

SHAPE2D 模块包含三个子函数：Get_Shape2D，Get_Shape 和 Bernstein。Get_Shape2D 函数使用带有四个输入参数(Uorder,Vorder,U,V)的命令行来计算二维贝塞尔单元的基函数及其导数：

[B, dB] = Get_Shape2D (Uorder, Vorder, U, V)

输入参数为 Uorder 和 Vorder 两个参数方向上的节点矢量，两参数方向上相关高斯点的坐标值为 U 和 V，而输出参数为基函数 B 和导数 dB。在第 5~6 行调用子函数 Get_Shape 来计算一个参数方向上的基函数和导数。SHAPE2D 模块中的 Get_Shape 函数使用命令行，有两个输入参数(Uorder,U)，该参数方向上的 Bernstein 基函数用参数 Bu 表示，输出参数 dBdu 表示基函数在每个单元上的导数。基函数 Bu 在子函数 Get_Shape 的第 7 行使用子函数 Bernstein 计算，导数 dBdu 在子函数 Get_Shape 的第 8 行通过式(8-9)计算。Get_Shape 函数的代码如下：

```
1  function [Bu, dBdu] = Get_Shape(order,U)
2  % 计算 Bernstein 基函数和一阶导数
3  Ele.GauPtsNumU = order + 1;
4  Bu = zeros(Ele.GauPtsNumU,1);
5  dBdu = zeros(Ele.GauPtsNumU,1);
6  for i = 1:order + 1
7      Bu(i) = Bernstein(order,i,U);
8      dBdu(i) = 0.5 * order * (Bernstein(order - 1,i - 1,U) - Bernstein(order - 1,i,U));
9  end
```

此外，在第7～14行中确定了每个贝塞尔单元中的基函数B和导数dB。基函数B是在第10行通过两个参数方向上基函数Bu和Bv相乘计算得到的。通过将基函数及其导数在第11～12行中两个参数的方向上相乘，得到贝塞尔单元的导数dB。Get_Shape2D子函数的代码如下：

```
1  function [B, dB] = Get_Shape2D (Uorder, Vorder, U, V)
2   % 计算 Bernstein 基函数
3  Ele.GauPtsNum = (Uorder + 1) * (Vorder + 1);
4  B = zeros(Ele.GauPtsNum,1); dB = zeros(Ele.GauPtsNum,2);
5  [Bu, dBdu] = Get_Shape(Uorder,U);
6  [Bv, dBdv] = Get_Shape(Vorder);
7  for j = 1:Vorder + 1
8      for i = 1:Uorder + 1
9          id = (Uorder + 1) * (j - 1) + i;
10         B(id) = Bu(i) * Bv(j);
11         dB(id,1) = dBdu(i) * Bv(j);
12         dB(id,2) = Bu(i) * dBdv(j);
13     end
14 end
```

模块SHAPE2D中的子函数Bernstein使用带有三个输入参数(order,i,U)的命令行来计算Bernstein多项式的值：

```
B = Bernstein(order,i,U)
```

输入参数order为多项式的阶数，其中i表示第i个Bernstein多项式，U表示相关高斯点指向参数方向的坐标值。Bernstein多项式的值为输出参数B。第2～8行通过式(8-8)对Bernstein多项式的值进行了限制，第10～12行通过式(8-7)确定了Bernstein多项式的值。Bernstein子函数的代码如下：

```
1  function B = Bernstein(order,i,U)
2  if order == 0 && i == 1
3      B = 1;
4  elseif order == 0 && i~ = 1
5      B = 0;
6  else
7      if i < 1 || i > order + 1
8          B = 0;
9      else
10         B1 = Bernstein(order - 1,i,U);
11         B2 = Bernstein(order - 1,i - 1,U);
12         B = 0.5 * (1 - U) * B1 + 0.5 * (1 + U) * B2;
13     end
14 end
```

8.4.4 IGA分析模块

1. 通用版本STIFFBEZ2D：计算实体单元刚度矩阵

在通用版本STIFFBEZ2D模块调用单元提取算子和贝塞尔单元的基函数和导数，并利用贝塞尔提取计算NURBS基函数。由于贝塞尔提取算子可以直接将全局NURBS基函数映射到 IGA 单元，因此消去了参考单元与参数空间之间的映射，从而简化了雅可比矩阵的计算，实际上其计算除了单元的导数不同，其他与有限元中的形式相同：

$$
\boldsymbol{J}_e=\begin{bmatrix}\dfrac{\partial x}{\partial \xi} & \dfrac{\partial y}{\partial \xi}\\ \dfrac{\partial x}{\partial \eta} & \dfrac{\partial y}{\partial \eta}\end{bmatrix}=\begin{bmatrix}\displaystyle\sum_{i=1}^{(p+1)^2}\frac{\partial R_i(\xi,\eta)}{\partial \xi}x_i & \displaystyle\sum_{i=1}^{(p+1)^2}\frac{\partial R_i(\xi,\eta)}{\partial \xi}y_i\\ \displaystyle\sum_{i=1}^{(p+1)^2}\frac{\partial R_i(\xi,\eta)}{\partial \eta}x_i & \displaystyle\sum_{i=1}^{(p+1)^2}\frac{\partial R_i(\xi,\eta)}{\partial \eta}y_i\end{bmatrix} \tag{8-48}
$$

所有这些变化导致单元刚度矩阵的计算与传统有限元结构几乎相同，这意味着 IGA 在现有有限元规范实施中更容易实现。在 B-ITO 工具箱中，STIFFBEZ2D 模块计算二维贝塞尔单元的实体单元刚度矩阵 $\boldsymbol{K}_e^0$。STIFFBEZ2D 模块只包含子函数 Stiff_Bez2D，子函数 Stiff_Bez2D 调用带有六个输入参数（C，DH，NURBS，CtrPts，Ele，GauPts）的命令行来计算二维贝塞尔单元的实体单元刚度矩阵：

```
[KE, dv] = Stiff_Bez2D (C, DH, NURBS, CtrPts, Ele, GauPts)
```

输入参数包含：①C 为全局提取算子；②DH 为材料本构弹性张量矩阵；③NURBS 为包含 6 个域的数据结构（form，dim，number，coefs，knots，and order）；（4-6）结构数组 CtrPts、Ele 和 GauPts。输出参数为实体单元刚度矩阵 KE 和基于单元高斯点的体积灵敏度分析 dv。计算单元刚度矩阵所需要的数据为 NURBS 权值和支持单元的控制点个数 Nen，如第 2～3 行所示。第 6～33 行中的 MATLAB 循环计算每个单元的实体单元刚度矩阵：在第 7～10 行中首先调用控制点和单元提取算子的相应物理坐标，之后在第 12 行中确定贝塞尔权重 Wb，而计算得到的矩阵 temp 是每个高斯正交点的实体单元刚度矩阵值。然后在 MATLAB 子循环第 14～31 行中计算当前单元的实体单元刚度矩阵。在这个循环中，首先在第 15～16 行调用贝塞尔调用的基函数 Be 和导数 dBe_dPara，然后在第 17～19 行计算贝塞尔单元和导数 dwb_dPara 的权重函数。根据式(8-24)，从第 20～21 行开始计算贝塞尔单元的导数 dRx_dPara。雅可比矩阵 $\boldsymbol{J}$ 是物理空间对参数空间的一阶导数 dPhy_dPara，在第 22～24 行计算，而应变位移矩阵 B 则在第 25～27 行计算，随后，在第 28～29 行根据式(8-33)计算单元刚度矩阵 temp。最后，在第 30 行获得单元的体积灵敏度，并将 temp 存储在实体刚度矩阵 KE 中。Stiff_Bez2D 的代码如下：

```
1  function [KE, dv] = Stiff_Bez2D (C, DH, NURBS, CtrPts, Ele, GauPts)
2  Nen = Ele.CtrPtsNum;
3  weights = reshape(NURBS.coefs(4,:,:),CtrPts.Num,1);
4  KE = cell(Ele.Num,1);
5  dv = zeros(Ele.Num,1);
6  for iel = 1:Ele.Num
7      Ele_NoCtPt = Ele.CtrPtsCon(iel,:);
8      Ele_CoCtPt = CtrPts.Cordis(1:2,Ele_NoCtPt);
9      B = zeros(3,2 * Nen);
10     Ce = C(:,:,iel);
11     we = diag(weights(Ele_NoCtPt));
12     Wb = Ce' * weights(Ele_NoCtPt);
13     temp = zeros(2 * Nen,2 * Nen);
14     for ide = 1:Ele.GauPtsNum
15         Be = Ele.shapes(ide,:)';
16         dBe_dPara = reshape(Ele.derivs(ide,:,:),Ele.Basis,2);
```

```
17          wb = dot(Be,Wb);
18          dwb_dPara(1) = dot(dBe_dPara(:,1),Wb);
19          dwb_dPara(2) = dot(dBe_dPara(:,2),Wb);
20          dRx_dPara(:,1) = we * Ce * (dBe_dPara(:,1)/wb - dwb_dPara(1) * Be/(wb * wb));
21          dRx_dPara(:,2) = we * Ce * (dBe_dPara(:,2)/wb - dwb_dPara(2) * Be/(wb * wb));
22          dR_dPara = dRx_dPara';
23          dPhy_dPara = dR_dPara * Ele_CoCtPt';
24          J = dPhy_dPara;
25          dR_dPhy = inv(J) * dR_dPara;
26          B(1,1:Nen) = dR_dPhy(1,:); B(2,Nen + 1:2 * Nen) = dR_dPhy(2,:);
27          B(3,1:Nen) = dR_dPhy(2,:); B(3,Nen + 1:2 * Nen) = dR_dPhy(1,:);
28          weight = GauPts.Weigh(ide) * det(J);
29          temp = temp + weight * (B' * DH * B);
30          dv(iel) = dv(iel) + weight;
31      end
32      KE{iel} = temp;
33  end
34  end
```

2. 高效版本 STIFFBER2D：计算实体单元刚度矩阵

基于 Bernstein 多项式特性而开发的更高效率的模块 STIFFBER2D，由于 Bernstein 多项式的局限性仅适用于矩形设计域的求解，该模块的功能与 STIFFBEZ2D 模块相同。类似地，该模块包含子函数 Stiff_Ber2D，采用具有 6 个输入参数(C，DH，NURBS，CtrPts，Ele，GauPts)的命令行来计算二维贝塞尔单元的实体单元结构刚度矩阵 $\boldsymbol{K}_e^0$：

```
[KEBezier, dv] = Stiff_Ber2D (C, DH, NURBS, CtrPts, Ele, GauPts)
```

输入参数包含以下部分：①C 为全局单元提取算子；②DH 为材料本构弹性张量矩阵；③NURBS 包含 6 个域的数据结构(form，dim，number，coefs，knots，and order)；3 个结构数组 CtrPts，Ele，和 GauPts。输出参数为实体材料的单元结构刚度矩阵 KE_Bezier 和体积分数相对于 DDF 的导数 dv。在子函数的第 14～32 行中构造了一个 MATLAB 循环来求解标准单元刚度矩阵 KE_Bezier。在该部分中仅计算第一个单元的标准刚度矩阵而不是遍历所有单元计算单元刚度矩阵，由于 Bernstein 基函数的保留空间性质，所有单元的标准刚度矩阵都是相同的，因此仅需计算第一个单元的单元刚度矩阵。在这个循环中，首先在第 15～16 行调用基函数 Be 和基函数的导数 dBe_dPara，然后在第 17～19 行计算贝塞尔单元的权重函数，即式(8-27)的分母 $W^b(\xi)$。根据式(8-36)，在第 20～21 行计算贝塞尔单元的导数 dRx_dPara。在第 22～25 行计算物理空间对参数空间的一阶导数 dPhy_dPara，并且在 26～28 行计算应变位移矩阵 Bbezier，随后在第 29～31 行根据式(8-40)计算标准单元刚度矩阵 KE_Bezier。而第 33～47 行包含一个用于计算实体单元刚度矩阵的 MATLAB 循环。单元提取算子 CE 和权重数据 WE 在第 35～42 行中构造。在第 43 行中，单元集成运算符 Cei 是根据 $\boldsymbol{C}_{ei}=\boldsymbol{W}_e\cdot\boldsymbol{C}_e$ 计算的，最后根据式(8-43)计算当前单元刚度矩阵 KE_Bezier，从第 44～46 行计算体积约束相对于 DDF 的一阶导数 dv。Stiff_Ber2D 子函数的 MATLAB 代码如下：

```
1  function [KEBezier, dv] = Stiff_Ber2D (C, DH, NURBS, CtrPts, Ele, GauPts)
2  KEBezier = cell(Ele.Num,1);
3  dv = zeros(Ele.Num,1);
4  Nen = Ele.CtrPtsNum;
```

```
Je = zeros(Ele.GauPtsNum,1);
weights = reshape(NURBS.coefs(4,:,:),CtrPts.Num,1);
Ele_NoCtPt = Ele.CtrPtsCon(1,:);
Ele_CoCtPt = CtrPts.Cordis(1:2,Ele_NoCtPt);
Ce = C(:,:,1);
we = diag(weights(Ele_NoCtPt));
Wb = Ce' * weights(Ele_NoCtPt);
temp = cell(Ele.GauPtsNum,1);
KE_Bezier = zeros(2 * Nen,2 * Nen);
for i = 1:Ele.GauPtsNum
    Be = Ele.shapes(i,:)';
    dBe_dPara = reshape(Ele.derivs(i,:,:),Ele.Basis,2);
    wb = dot(Be,Wb);
    dwb_dPara(1) = dot(dBe_dPara(:,1),Wb);
    dwb_dPara(2) = dot(dBe_dPara(:,2),Wb);
    dRx_dPara(:,1) = we * Ce * (dBe_dPara(:,1)/wb - dwb_dPara(1) * Be/(wb * wb));
    dRx_dPara(:,2) = we * Ce * (dBe_dPara(:,2)/wb - dwb_dPara(2) * Be/(wb * wb));
    dR_dPara = dRx_dPara';
    dPhy_dPara = dR_dPara * Ele_CoCtPt';
    J = dPhy_dPara; Je(i,:) = det(J);
    dR_dPara = dBe_dPara';
    dR_dPhy = inv(J) * dR_dPara;
    BBezier(1,1:Nen) = dR_dPhy(1,:);BBezier(2,Nen + 1:2 * Nen) = dR_dPhy(2,:);
    BBezier(3,1:Nen) = dR_dPhy(2,:);BBezier(3,Nen + 1:2 * Nen) = dR_dPhy(1,:);
    temp{i} = BBezier' * DH * BBezier;
    weight = GauPts.Weigh. * det(J);
    KE_Bezier = KE_Bezier + temp{i}. * weight(i);
end
for ide = 1:Ele.Num
    Ele_NoCtPt = Ele.CtrPtsCon(ide,:);
    Ce = C(:,:,ide);
    CE = zeros(2 * Nen,2 * Nen);
    CE(1:Nen,1:Nen) = Ce;
    CE(Nen + 1:2 * Nen,Nen + 1:2 * Nen) = Ce;
    we = diag(weights(Ele_NoCtPt));
    WE = zeros(2 * Nen,2 * Nen);
    WE(1:Nen,1:Nen) = we;
    WE(Nen + 1:2 * Nen,Nen + 1:2 * Nen) = we;
    CEi = WE * CE;
    KEBezier{ide} = CEi * KE_Bezier * CEi';
    Weight = (GauPts.Weigh' * Je)';
    dv(ide) = Weight;
end
end
```

8.4.5　初始化模块

早期的等几何拓扑优化研究见文献[4]，文献[5]构建了一个具有足够连续性和平滑性的分布函数(DDF)来表示设计域中的结构拓扑。在优化过程中，将初始控制密度作为设计变量来决定如何演化和推进 DDF，直到发现具有所需结构特性的理想材料分布。函数 B_ITO2D 中的第 19 行将初始控制密度值定义为 1。与文献[5]相比，目前的代码在该部分定义中使用了 IGA 单元的中心点，即 Centr. Pcor 和 Centr. Pw。在 IgaTop 中计算高斯正交点的密度，然后应用高斯正交法计算单元刚度矩阵，这意味着整个回路将被重新计算多次，计算次数等于每个单元中所有高斯正交点的数量。这种计算方式会在一定程度上增加计算成本。在目前的工作中，直接计算单元中心点处的密度值，在建立惩罚对实体单元刚度矩阵的幂函数时考虑到这一点。这种相比更为简单的计算方式可以消除循环在单元刚度矩阵中的重复，节省了计算成本。如第 23 行 NURBS 工具箱的 nrbeval 子函数，使用第 27 行 NURBS 工具箱的 nrbbasisfun 子函数计算每个单元中心点的参数坐标。最后，第 29～31 行确定单元中心的 DDF 值。该部分的代码具体在 B_ITO2D 函数的第 18～31 行，详情如下：

```
X.CtrPts = ones(CtrPts.Num,1);
Centr.Uknots = sum(Ele.KnotsU,2)./2; Centr.Uknots = Centr.Uknots';
Centr.Vknots = sum(Ele.KnotsV,2)./2; Centr.Vknots = Centr.Vknots';
Centr.NumU = length(Centr.Uknots); Centr.NumV = length(Centr.Vknots); Centr.Num = Centr.NumU * Centr.NumV;
[Centr.PCor,Centr.Pw] = nrbeval(NURBS, {Centr.Uknots, Centr.Vknots});
Centr.PCor = Centr.PCor./Centr.Pw;
Centr.PCorx = reshape(Centr.PCor(1,:),numel(Centr.Uknots),numel(Centr.Vknots))';
Centr.PCory = reshape(Centr.PCor(2,:),numel(Centr.Uknots),numel(Centr.Vknots))';
[Centr.N, Centr.id] = nrbbasisfun({Centr.Uknots, Centr.Vknots}, NURBS);
Centr.R = zeros(Centr.Num,CtrPts.Num);
for i = 1:Centr.Num, Centr.R(i,Centr.id(i,:)) = Centr.N(i,:); end
Centr.R = sparse(Centr.R);
X.EleC = Centr.R * X.CtrPts;
```

8.4.6 光滑机制模块

该工具箱的光滑机制模块 SHEPHARD 包含基于 Shepard 函数定义平滑机制的子函数 Shep_Fun，Shepard 函数的主要目的是在每次迭代中提高初始控制密度的光滑性，相应的数学模型为

$$\tilde{\rho}_{N,M}=\sum_{i=1}^{N}\sum_{j=1}^{M}\psi(\rho_{i,j})\rho_{i,j}=\sum_{i=1}^{N}\sum_{j=1}^{M}\left(w(\rho_{i,j})\Big/\sum_{\hat{i}=1}^{N}\sum_{\hat{j}=1}^{M}w(\rho_{\hat{i},\hat{j}})\right)\rho_{i,j} \tag{8-49}$$

式中，$\psi(\rho_{i,j})$为 Shepard 函数，N 和 M 分别为两个参数方向上位于当前控制密度局部支持区域的控制密度总数。该子函数采用紧支持的具有 C4 连续的径向基函数来定义 w，计算为

$$w(\vartheta)=(1-\vartheta)^6+(35\vartheta^2+18\vartheta+3) \tag{8-50}$$

式中，$\vartheta=r/r_m$，r_m 为影响面积半径，r 为局部支撑域与当前控制密度和其他控制密度的欧氏距离，对应如图 8-5 中所示的淡色圆区域。在该子函数中采用具有两个输入参数(CtrPts，rmin)的命令行来定义平滑机制：

```
[Sh, Hs] = Shep_Fun (CtrPts, rmin)
```

输入参数 rmin 表示参数沿法线方向的圆的半径长度，一般等于 2。该工具箱中平滑机制的 MATLAB 实现类似于 88 行 SIMP 代码中的滤波机制[3]，但具有本质的区别，在文献[4]中有详细论述。Shep_Fun 子函数的 MATLAB 代码具体如下：

```
1   function [Sh, Hs] = Shep_Fun(CtrPts, rmin)
2   Ctr_NumU = CtrPts.NumU; Ctr_NumV = CtrPts.NumV;
3   iH = ones(Ctr_NumU * Ctr_NumV * (2 * (ceil(rmin) - 1) + 1)^2,1);
4   jH = ones(size(iH)); sH = zeros(size(iH));
5   k = 0;
6   for j1 = 1:Ctr_NumV
7       for i1 = 1:Ctr_NumU
8           e1 = (j1 - 1) * Ctr_NumU + i1;
9           for j2 = max(j1 - (ceil(rmin) - 1),1):min(j1 + (ceil(rmin) - 1),Ctr_NumV)
10              for i2 = max(i1 - (ceil(rmin) - 1),1):min(i1 + (ceil(rmin) - 1),Ctr_NumU)
11                  e2 = (j2 - 1) * Ctr_NumU + i2;
12                  k = k + 1;
13                  iH(k) = e1;
14                  jH(k) = e2;
15                  theta = sqrt((j1 - j2)^2 + (i1 - i2)^2)./rmin/sqrt(2);
16                  sH(k) = (max(0, (1 - theta)).^6).*(35 * theta.^2 + 18 * theta + 3);
17              end
18          end
19      end
20  end
21  Sh = sparse(iH,jH,sH); Hs = sum(Sh,2);
22  end
```

8.4.7 求解结构响应模块

1. ASSEMBLE2D：组装全局刚度矩阵

在计算单元刚度矩阵后需要在 ASSEMBLE2D 模块中组装全局刚度矩阵，该模块包含子函数 Stiff_Ass2D，在主函数中通过调用具有五个输入参数（KE，CtrPts，Ele，Dim，Dofs.Num）的命令行进行组装：

[K] = Stiff_Ass2D(KE, CtrPts, Ele, Dim, Dofs.Num)

输入参数 Dim 表示结构维度，Dofs.Num 是自由度的总数，而输出参数 K 则表示全局刚度矩阵。在子函数的第 2～4 行定义矩阵 KX 的两个方向的索引 II 和 JJ，这是全局刚度矩阵的另一种形式，是循环程序的计数三联体。在第 5～16 行中调用所有 IGA 定义刚度矩阵以将所有 IGA 定义刚度矩阵组装成 KX 的循环代码，在子函数的第 17 行中获得了具有稀疏形式的全局刚度矩阵 K 的最终组装。该子函数的具体代码为

```
1   function [K] = Stiff_Ass2D(KE, CtrPts, Ele, Dim, Dofs_Num)
2   II = zeros(Ele.Num * Dim * Ele.CtrPtsNum * Dim * Ele.CtrPtsNum,1);
3   JJ = II; KX = II; ntriplets = 0;
4   for iel = 1:Ele.Num
5       Ele_NoCtPt = Ele.CtrPtsCon(iel,:);
6       edof = [Ele_NoCtPt,Ele_NoCtPt + CtrPts.Num];
7       for krow = 1:numel(edof)
8           for kcol = 1:numel(edof)
9               ntriplets = ntriplets + 1;
10              II(ntriplets) = edof(krow);
11              JJ(ntriplets) = edof(kcol);
12              KX(ntriplets) = KE{iel}(krow,kcol);
```

```
            end
        end
    end
    K = sparse(II,JJ,KX,Dofs_Num,Dofs_Num); K = (K + K')/2;
    end
```

2. SOLVE：求解结构位移场

全局位移场的求解是通过具有六个输入参数(CtrPts, DBoudary, Dofs, K, F, BoundCon)的子函数 Solving 求解实现的，具体命令行为

```
U = Solving(CtrPts, DBoudary, Dofs, K, F, BoundCon)
```

输出参数即为位移场 U。该子函数在第 2～9 行中定义了五种不同的数值案例，其中在狄利克雷边界条件下相应的位移为 0，即 U_fixeddofs 和 V_fixeddofs。然后，在第 10～13 行中求解矩阵 U。子函数 Solving 的 MATLAB 代码为

```
1  function U = Solving(CtrPts, DBoudary, Dofs, K, F, BoundCon)
2  switch BoundCon
3      case {1, 4, 5}
4          U_fixeddofs = DBoudary.CtrPtsOrd;
5          V_fixeddofs = DBoudary.CtrPtsOrd + CtrPts.Num;
6      case 2
7          U_fixeddofs = DBoudary.CtrPtsOrd1;
8          V_fixeddofs = DBoudary.CtrPtsOrd2 + CtrPts.Num;
9      case 3
10         U_fixeddofs = DBoudary.CtrPtsOrd1;
11         V_fixeddofs = [DBoudary.CtrPtsOrd1; DBoudary.CtrPtsOrd2] + CtrPts.Num;
12 end
13 Dofs.Ufixed = U_fixeddofs; Dofs.Vfixed = V_fixeddofs;
14 Dofs.Free = setdiff(1:Dofs.Num,[Dofs.Ufixed; Dofs.Vfixed]);
15 U = zeros(Dofs.Num,1);
16 U(Dofs.Free) = K(Dofs.Free,Dofs.Free)\F(Dofs.Free);
17 end
```

8.4.8 目标函数和灵敏度分析模块

由式(8-47)可明确目标函数和约束函数对设计变量的灵敏度分析的最终详细形式，灵敏度分析的 MATLAB 实现在主要函数的第 46～57 行中给出，主要包括基于灵敏度分析推导的两个步骤：计算目标函数和约束函数对其在高斯正交点上的 DDF 的一阶导数，并通过以下命令调用相应的 MATLAB 实现：

```
J = 0;
dJ_de = zeros(Ele.Num,1);
for iel = 1:Ele.Num
    Ele_NoCtPt = Ele.CtrPtsCon(iel,:);
    edof = [Ele_NoCtPt,Ele_NoCtPt + CtrPts.Num];
    Ue = U(edof,1);
    J = J + Ue' * Ke{iel} * Ue;
    dJ_de(iel) = - Ue' * dKe{iel} * Ue;
end
Data(loop,1) = J; Data(loop,2) = mean(X.EleC(:));
```

其次，计算了 DDF 相对于初始控制密度的链导数，并通过调用相应的命令来实现目标函数和约束函数相对于初始控制密度的导数的 MATLAB 实现：

```
dJ_dp = Centr.R' * dJ_de; dJ_dp = Sh * (dJ_dp./Hs);
dv_dp = Centr.R' * dv_de; dv_dp = Sh * (dv_dp./Hs);
```

8.4.9 更新模块

在计算了目标函数和约束函数对初始控制密度的灵敏度分析后，该工具箱采用最优性准则(OC)方法来解决数值优化问题。更新模块 OC 的 MATLAB 调用一个包含七个输入参数(X,Centr,Vmax,Sh,Hs,dJ_dp,dv_dp)的子函数 OC 在主函数的第 63 行实现：

```
X = OC(X, Centr, Vmax, Sh, Hs, dJ_dp, dv_dp)
```

输出参数只包含在控制密度和单元中心点处更新的 DDF。在子函数第 2 行中，定义了更新后的参数 l1、l2 和 move，而后在第 3～13 行的循环中实现设计变量的更新，直到满足最大材料消耗的约束。需要注意的是，控制密度的平滑机制在每次迭代中工作，并应用单元中心点的密度来近似计算材料体积分数。子函数 OC 的具体 MATLAB 代码为

```
1  function X = OC(X, Centr, Vmax, Sh, Hs, dJ_dp, dv_dp)
2  l1 = 0; l2 = 1e9; move = 0.2;
3  while (l2 - l1)/(l1 + l2) > 1e - 3
4      lmid = 0.5 * (l2 + l1);
5      X.CtrPts_new = max(0,max(X.CtrPts - move,min(1,min(X.CtrPts + move,X.CtrPts. * sqrt(- dJ_dp./dv_dp/lmid)))));
6      X.CtrPts_new = (Sh * X.CtrPts_new)./Hs;
7      X.EleC = Centr.R * X.CtrPts_new;
8      if mean(X.EleC(:)) > Vmax
9          l1 = lmid;
10     else
11         l2 = lmid;
12     end
13 end
14 end
```

8.5 案例验证

本节通过数值算例验证了 B-ITO 工具箱在柔度最小化设计问题中的有效性和高效性。本节的所有案例均采用以下相同的参数设置：针对实体和空隙的杨氏模量设置为 1 和 1e-9，泊松比规定为 0.3，并且将设计变量的初始值设为 1。工作台采用 Xeon © Gold 5120 CPU @ 2.20GHz 英特尔核心和 64GB RAM 作为所有数值示例的硬件测试环境，采用 Windows 10 操作系统和 MATLAB R2021a 构建所有基准测试的软件环境。B-ITO 工具箱的收敛性有两种方式：设计变量的 L-范数在连续两次迭代之间的差小于 1%，或最多迭代次数为 150 次。

8.5.1 四分之一圆环

第一个案例为四分之一圆环，其结构尺寸 L 和 W 都定义为 10，其边界条件和负载如图 8-14 所示。优化过程中允许的材料消耗设定为 40%，并且设置了两个参数方向上的 NURBS 基函数的阶数为 3。输入参数 Order 和 Num 分别设置为[0 1]和[101 51]，而对应控制点的总数为 102×52，单元数量为 100×50。通过采用如下 MATLAB 命令调用工具箱中的主函数 B_ITO2D 来优化该结构：

```
B_ITO2D (10, 10, [0 1], [101 51], 5, 0.4, 3, 2)
```

四分之一圆环的初始设计如图 8-15 所示，控制密度的总体分布如图 8-15(a)所示，基于 DDF 的整个设计域布局如图 8-15(b)所示。设计域内所有元素的值相等，可以避免所有设计变量的优化陷入局部最优。图 8-16 所示为四分之一圆环的优化结果，主要包括以下部分：①最终控制点密度分布如图 8-16(a)所示；②优化结果对应的 DDF，即密度响应面如图 8-16(b)所示；③四分之一圆环的最终结构拓扑如图 8-16(c)所示，该拓扑由 DDF 值为 0.5 的等值面得到。由以上结果可以很容易地观察到，优化后的 DDF 平滑且连续，与之前的工作保持一致。在图 8-16 中，我们也给出了使用 B-ITO 工具箱和 IgaTop 优化拓扑的比较，我们可以发现 B-ITO 可以获得相同的四分之一圆环设计结果。结果表明，在 ITO 方法中对贝塞尔提取的考虑是合理并且有效的，从而也证明了 B-ITO 工具箱的有效性与适用性。

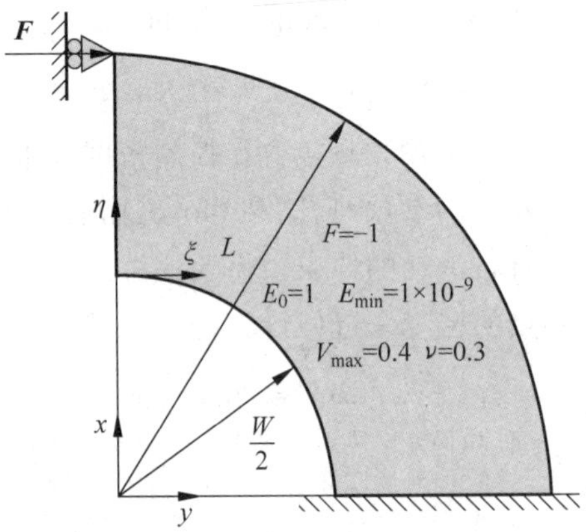

图 8-14 四分之一圆环的结构几何、载荷和边界条件

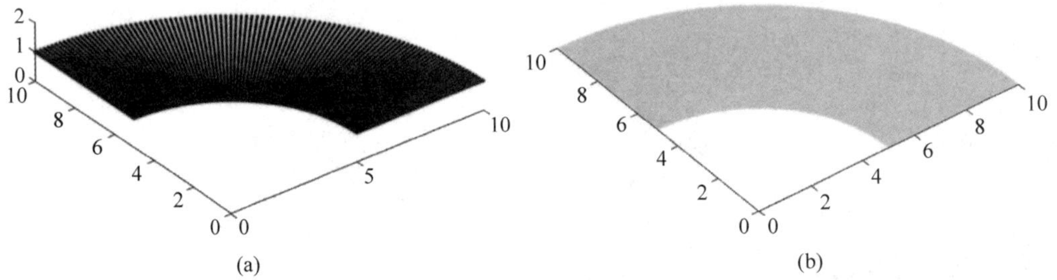

图 8-15 四分之一圆环的初始设计

(a) 控制点的密度；(b) DDF

图 8-17 所示为四分之一圆环的优化过程的结构柔度和体积分数的收敛历史，其中虚曲线为目标函数的演化曲线，实曲线为体积分数的演化曲线。体积分数能够达到规定的最大消耗值，结构柔度最终优化值为 106.4132。另外，在图 8-17 中可以发现，目标函数和体积分数迭代曲线收敛平稳、速度快，证明了 B-ITO 工具箱求解柔度最小设计问题的有效性和效率。

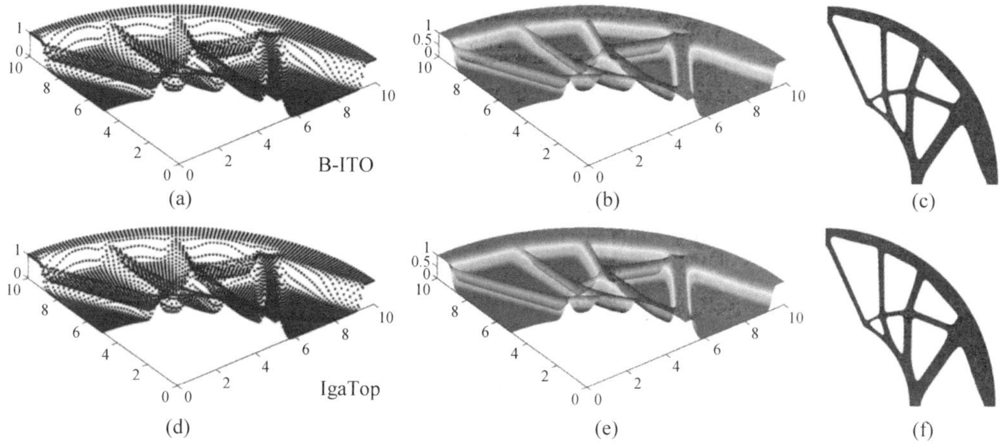

图 8-16　采用(a)所示的 B-ITO 和(b)所示的 IgaTop 对四分之一圆环的优化结果

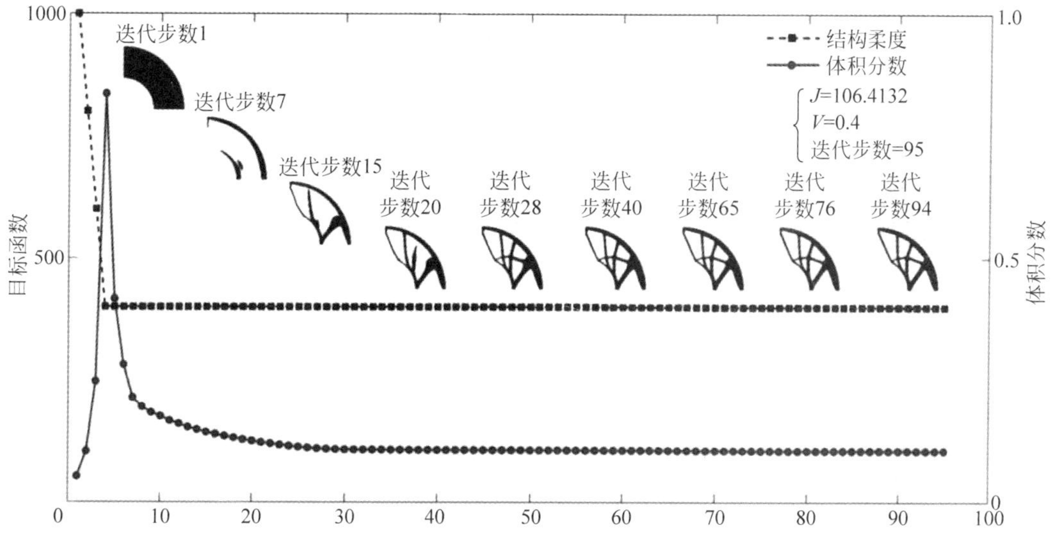

图 8-17　四分之一圆环的收敛历史

8.5.2　L 形梁

在该案例中,采用 B-ITO 工具箱对图 8-18 所示的具有载荷和边界约束的 L 形梁进行了讨论。结构参数 L 和 W 分别设置为 10 和 5,规定材料体积分数的最大值为 0.3。Order 的输入参数值为[1 1],同时使用 100×50 的网格分辨率对区域进行离散化设计。在 NURBS 曲面上定义的控制点总数为 102×52,输入参数 Num 为[101 51],将控制设计变量的初始值(控制点的密度)定义为 1。调用以下 MATLAB 命令对 L 形梁进行优化:

```
B_ITO2D (10, 5, [1 1], [101 51], 4, 0.3, 3, 2)
```

优化设计结果如图 8-19 所示,包括采用 B-ITO 和 IgaTop 分别优化得到的 L 形梁的优化拓扑结构,控制密度的离散化布局和优化后的 DDF。我们可以很容易地观察到,优化后

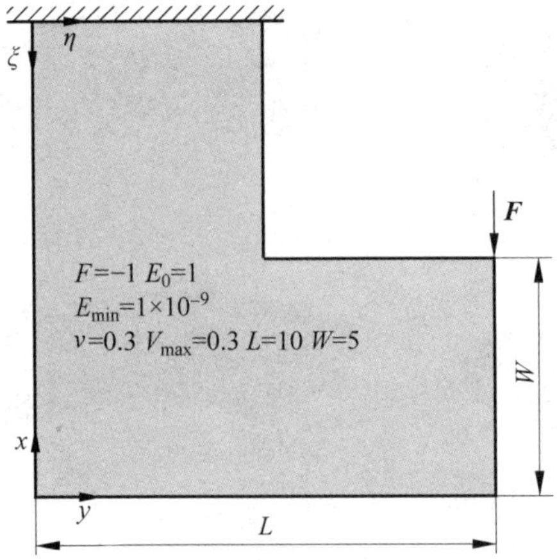

图 8-18 L 形梁的结构几何和边界条件

的拓扑、离散密度和 DDF 的对应分布几乎保持一致，这也证明了现有的 B-ITO 工具箱对基于贝塞尔提取的 ITO 方法的有效性。L 形梁的设计实例具有复杂的几何结构，这也可以证明 B-ITO 工具箱在这种不规则设计领域的有效性。

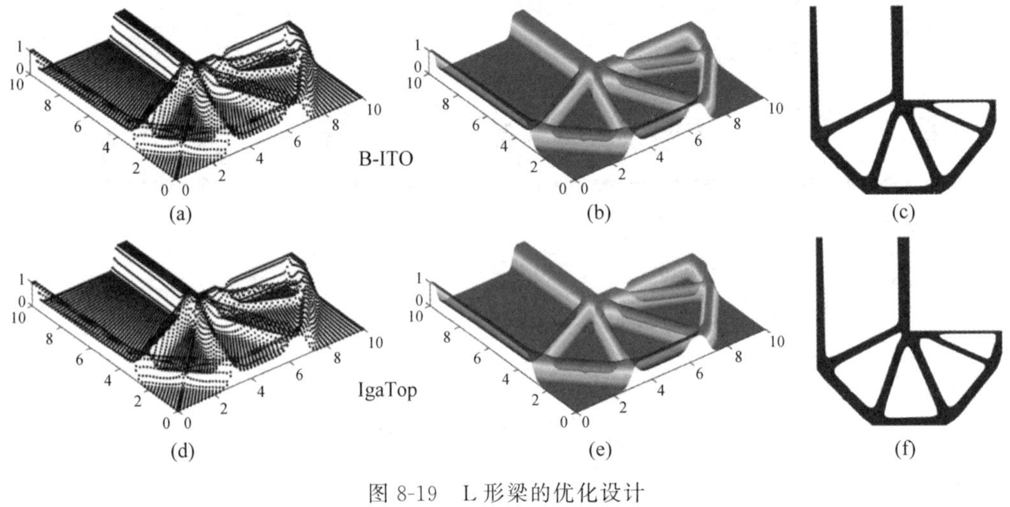

图 8-19 L 形梁的优化设计

(a) 控制密度；(b) DDF；(c) 结构拓扑

8.5.3 基准案例：MBB 梁、悬臂梁和 Michell 型结构

本节主要讨论了矩形设计领域的几个基准数值示例，包括 MBB 梁、悬臂梁和 Michell 型结构。由于矩形设计域的特殊性，物理坐标系与参数坐标系重合。基准案例的阶数输入参数为[1 1]，因为矩形设计域的参数化使用了二阶 NURBS 基函数。在 MBB 梁的优化中，结构尺寸分别设置为 12 和 4。输入参数 Num 为[121 41]，参数空间由不同值的 121×41 节点组成，则其控制点总数为 122×42，网格具有 120×40 个单元。悬臂梁的结构参数 L 为 10，W 为 5，输入参数 Num 为[121 61]，IGA 网格中考虑 120×60 个单元，则其控制点总数为 122×62。在 Michell 型结构优化中，将结构尺寸 L 和 W 分别设置为 10 和 4，将输入参

数 Num 设置为[121 51]，并应用 120×50 单元对整个设计域进行网格化。三个数值案例的最大体积分数皆定义为 0.2。以下 MATLAB 命令分别为使用 B-ITO 工具箱优化 MBB 梁、悬臂梁和 Michell 型结构的调用命令行：

```
B_ITO2D (12, 4, [1 1], [121 41], 2, 0.2, 3, 2)
B_ITO2D (10, 5, [1 1], [121 61], 1, 0.2, 3, 2)
B_ITO2D (10, 4, [1 1], [121 51], 3, 0.2, 3, 2)
```

优化设计方案主要包括控制点离散化分布密度、三种情况下的光滑连续 DDF 以及相应的优化拓扑，由高维密度响应函数等值线表示，其中 MBB 梁的优化结果如图 8-20 所示，经典悬臂梁的设计结果如图 8-21 所示，图 8-22 所示为 Michell 型结构的优化结果。

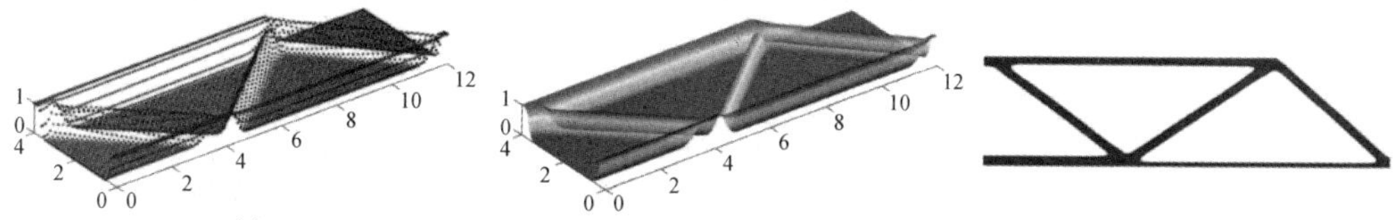

(a)　(b)　(c)

图 8-20　MBB 梁的优化设计

(a) 控制密度；(b) 设计领域的 DDF；(c) 结构拓扑

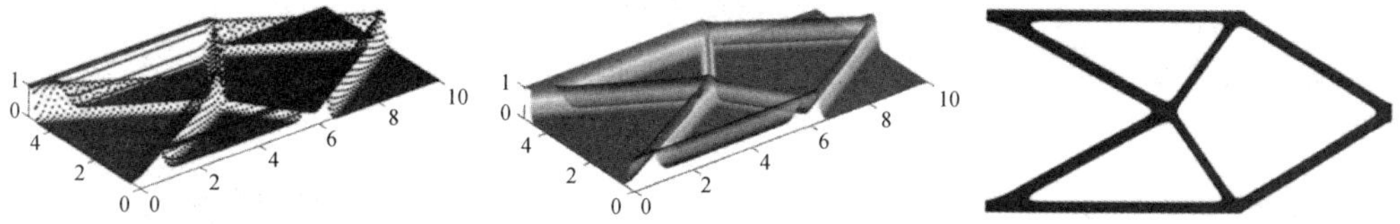

(a)　(b)　(c)

图 8-21　悬臂梁的优化设计

(a) 控制密度；(b) 设计领域的 DDF；(c) 结构拓扑

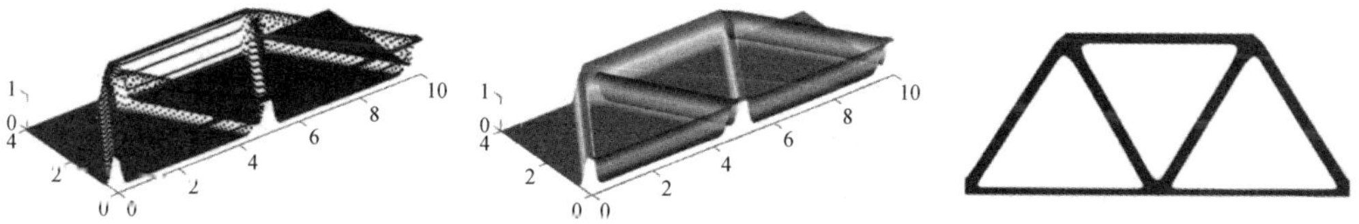

(a)　(b)　(c)

图 8-22　Michell 型梁的优化设计

(a) 控制密度；(b) 设计领域的 DDF；(c) 结构拓扑

显然，一方面，三个基准案例中相应的设计方案都能与先前的 MATLAB 代码保持一致，这有效地证明了在 ITO 中开发等几何贝塞尔单元数据结构的有效性。此外，通过现有的 B-ITO 工具箱可以表示 ITO 方法在几个设计基准示例上的有效性。另一方面，考虑等几何贝塞尔单元数据结构可以有效地促进研究人员和工程师对 ITO 的快速理解，主要原因是等几何贝塞尔单元数据结构与经典有限元极为相似。因此，现有 B-ITO 工具箱的修改、扩展和应用可以使用现有的 FEM 和拓扑优化代码轻松实现，这可以帮助研究人员和工程师快速开发自己的工作。

为了进一步证明所提出的 B-ITO 工具箱的有效性，还通过基于密度的 SIMP 方法的经典 88 行代码对 MBB 梁、悬臂梁和 Michell 型结构的上述三个基准案例进行了求解。SIMP 方法的优化结果如图 8-23 所示。由该结果可以发现，上述三种结构的优化拓扑实际上是整个设计域中一系列离散密度单元，其中中间密度也存在于已知的模糊结构边界中。当然，这些关键问题近年来已经得到了相当多的研究和解决。IgaTop 参考文献研究了经典的基于密度的 SIMP 设计结果与使用 ITO 优化的拓扑之间的详细比较。

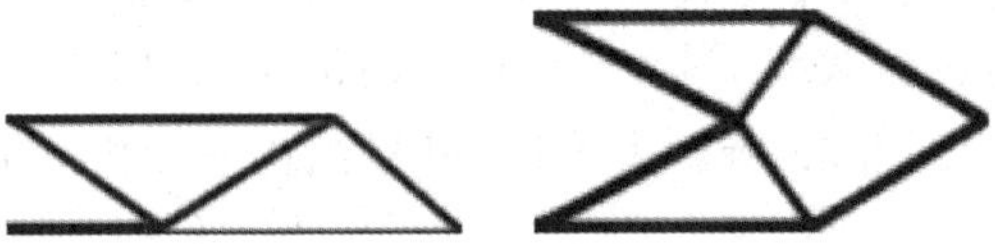

图 8-23 基于经典的 SIMP 方法对三个拓扑结构的设计实例进行优化

而包含模块 STIFFBER2D 的高效率 B-ITO 工具箱仅能处理矩形设计域的优化设计问题，因此以 MBB 梁、悬臂梁和 Michell 型结构作为验证该高效率版本工具箱的验证案例。数值算例的参数设置与 5.3 节相同，并且仍通过调用 5.3 节中的命令来实现案例的优化。使用 B-ITO 工具箱通用版优化后的三个数值算例设计结果分别如图 8-24(a)～(c)所示。更新后的 B-ITO 优化设计结果分别如图 8-24(d)～(f)所示。图 8-24 给出了 MBB 梁、悬臂梁和 Michell 型结构优化后的结构拓扑及相应迭代步骤的目标值。显然，优化结果具有相同的目标函数值和迭代步骤可以证明上述公式对于仅在矩形设计域有效的更新 B-ITO 代码的有效性。

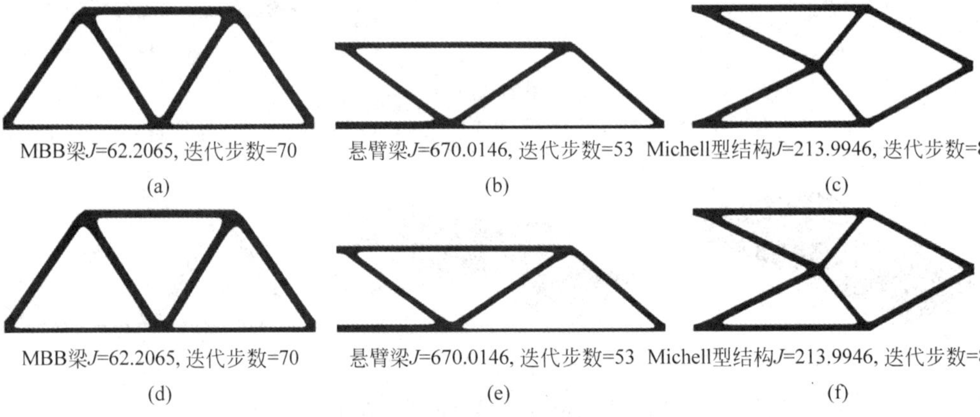

MBB梁J=62.2065, 迭代步数=70 悬臂梁J=670.0146, 迭代步数=53 Michell型结构J=213.9946, 迭代步数=86

(a) (b) (c)

MBB梁J=62.2065, 迭代步数=70 悬臂梁J=670.0146, 迭代步数=53 Michell型结构J=213.9946, 迭代步数=86

(d) (e) (f)

图 8-24 数值算例的优化结果

(a)～(c) STIFFBER2D; (d)～(f) STIFFBEZ2D

使用高效版本的 STIFFBER2D 模块和通用版本的 STIFFBEZ2D 模块计算单元刚度矩阵的计算时间如图 8-25 所示。此外，考虑单元中心点的 DDF 的改进 IgaTop 求解上述三个设计实例所对应的计算时间也如图 8-25 所示。我们可以很容易地看到，在这三个设计示例中，传统 ITO 的计算成本是最大的。B-ITO 工具箱通用版本的计算时间也比更新后的 B-ITO 版本大得多。更新后的 B-ITO 工具箱在这三个设计实例上的计算效率最高，说明了更新后的 B-ITO 工具箱在矩形设计领域的有效性和不可或缺性。因此，我们可以得出高效版的 B-ITO 工具箱在简单设计领域具有数值有效性、优化效率和未来可扩展性。

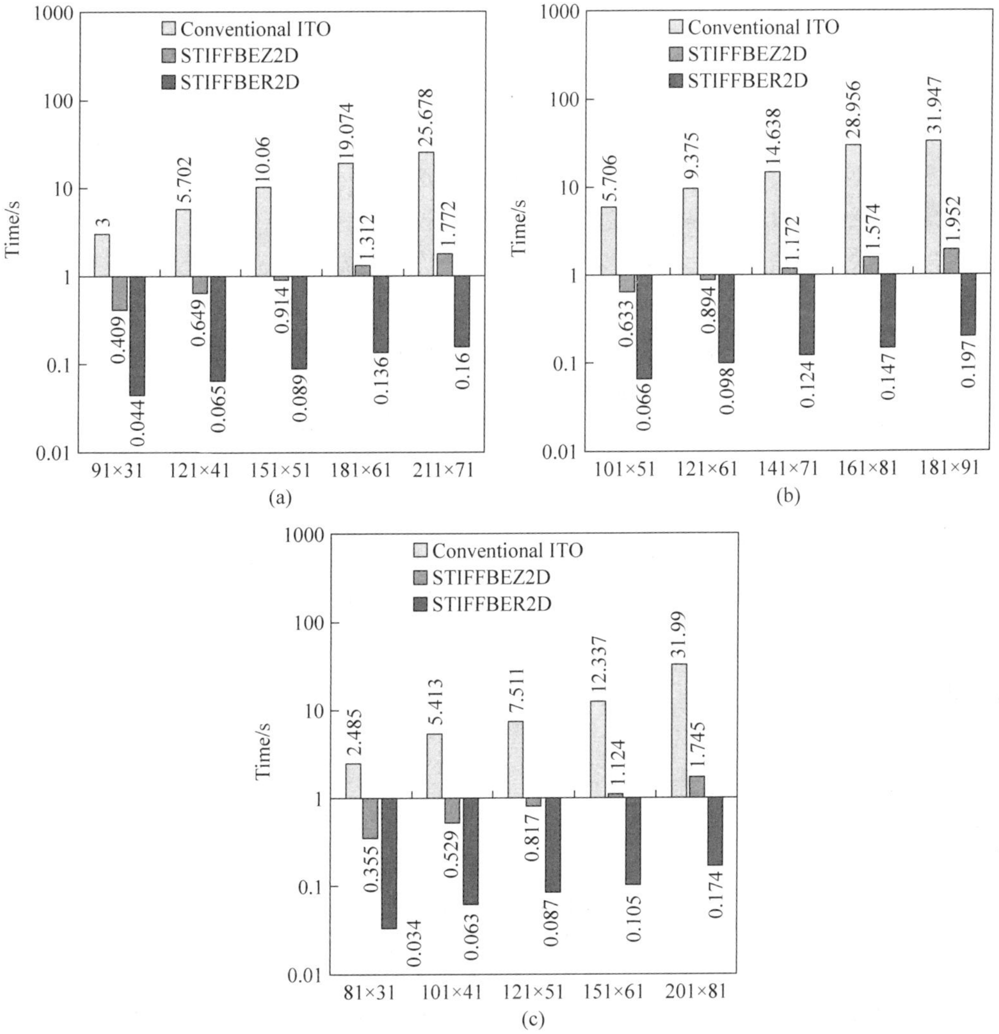

图 8-25　数值算例的有效型、通用型和常规型 ITO 的耗时比较

(a) MBB 梁；(b) 悬臂梁；(c) Michell 型结构

8.6　本章小结

本章主要介绍了一种基于贝塞尔提取的高效的等几何拓扑优化的 MATLAB 工具箱 B-ITO，主要目的是降低研究人员和工程师快速理解、修改、扩展 ITO 方法的难度，并促进 ITO 方法在多种优化问题上的发展。本章详细介绍了 B-ITO 工具箱中涉及并开发的所有功能模块（MODEL、PREIGA、BOUND、EXTRABEZIER2D、SHAPE2D、STIFFBEZ2D、SHEPHARD、ASSEMBLE2D、SOLVE、PLOT、OC），并简略介绍了 IGA 和 ITO 中贝塞尔提取的基本理论，利用 B-ITO 工具箱处理了曲面设计域、复杂几何域和矩形域基准结构的数值算例。优化结果清楚地证明了 B-ITO 工具箱开发的正确性和有效性。同时还开发并介

绍了高效率版本的 B-ITO 工具箱，基于 Bernstein 多项式的特性标准化单元刚度矩阵的计算，显著降低了计算成本，提高了工具箱的优化效率。

习题

8.1 简要概述贝叶斯提取在 NURBS 中的必要性。

8.2 详细阐述贝叶斯提取原理，并绘制原理图说明。

8.3 简要说明基于贝叶斯提取的等几何拓扑优化方法与第 3 章的等几何拓扑优化方法之间的关联性和差异性，并绘制流程图说明。

8.4 详细阐述 IgaTop 工具包的每一个子函数的功能及其对应的输入输出。

8.5 以四分之一圆环为例，深入探讨 NURBS 阶数、平滑机制对结构拓扑优化的影响。

8.6 针对 Michell 型结构、MBB 梁、L 形梁，实现等几何拓扑优化设计。

8.7 详细阐述 B-ITO 与 IgaTop 之间的关联性和差异性。

8.8 基于本章程序，探究如何扩展至三维，建立三维 IgaTop 程序实施架构。

8.9 基于本章程序，探究如何实现多材料等几何拓扑优化方法。

8.10 基于本章程序，探究如何实现拉胀超材料等几何拓扑优化设计。

附录

B-ITO 工具箱中的子函数简介

Geom_Mod	构造几何模型
Pre_IGA	执行 IGA 的准备工作
Bound_Cond	定义了 Dirichlet 和 Neumann 边界条件
Extra_Bezier	计算局部提取算子
Extra_Bezier2D	构造贝塞尔单元提取算子
Bernstein	计算 Bernstein 多项式的值
Get_Shape	计算参数方向上的基函数和导数
Get_Shape2D	计算二维贝塞尔单元的 Bernstein 基函数和导数
Stiff_Bez2D	计算单元实体刚度矩阵
Shep_Fun	定义平滑机制
Plot_Data	构建优化结果数据
Stiff_Ass2D	组装全局刚度矩阵
Plot_Topy	绘制优化结果
OC	更新设计变量和 DDF
Stiff_Ber2D	基于 Bernstein 多项式特性计算实体刚度矩阵

B-ITO 工具箱中的输入输出参数简介

UKnots/Uorder	第一个方向的节点矢量

VKnots/Vorder	第二个方向的节点矢量
p	第一个方向的阶数
q	第二个方向的阶数
Knots/order	某个方向的节点矢量
U	第一个方向高斯点的坐标值
V	第二个方向高斯点的坐标值
i	第 i 个 Bernstein 多项式
DH	材料本构弹性张量矩阵
NURBS	NURBS 曲面的数据结构
CtrPts	控制点的结构阵列
Ele	单元的结构数组
GauPts	高斯点的结构阵列
Centr	中心点的结构阵列
C	提取算子
nb	单一方向上的单元数量
CU	第一个方向的提取算子
CV	第二个方向的提取算子
B	贝塞尔单元的基函数
dB	基函数的导数
Bu	第一个方向的基函数
dBdu	第一个方向的基函数导数
KE/KEBezier	实体单元刚度矩阵
dv	体积密度的导数

B-ITO 工具箱的主函数 B-ITO2D

```
function B_ITO2D (L, W, Order, Num, BoundCon, Vmax, penal, rmin)
%% 设置材料性质,构建几何模型
path = genpath(pwd); addpath(path);
E0 = 1; Emin = 1e-9; nu = 0.3; DH = E0/(1-nu^2)*[1 nu 0; nu 1 0; 0 0 (1-nu)/2];
NURBS = Geom_Mod(L, W, Order, Num, BoundCon);
%% 计算 IGA 所需的结构数组,设置边界条件
[CtrPts, Ele, GauPts] = Pre_IGA(NURBS);
Dim = numel(NURBS.order), Dofs.Num = Dim*CtrPts.Num;
[DBoudary, F] = Bound_Cond(CtrPts, BoundCon, NURBS, Dofs.Num);
%% 计算 Bézier 单元所需的结构数组
[C] = Extra_Bezier2D(NURBS.knots{1},NURBS.knots{2},NURBS.order(1)-1,NURBS.order(2)-1);
Ele.Basis = NURBS.order(1)*NURBS.order(2);
Ele.shapes = zeros(Ele.GauPtsNum,Ele.Basis); Ele.derivs = zeros(Ele.GauPtsNum,Ele.Basis,2);
for i = 1:Ele.GauPtsNum
[Ele.shapes(i,:), Ele.derivs(i,:,:)] = Get_Shape2D(NURBS.order(1)-1,NURBS.order(2)-1,GauPts.QuaPts(i,1),GauPts.QuaPts(i,2));
end
[KE, dv_de] = Stiff_Bez2D(C, DH, NURBS, CtrPts, Ele, GauPts);
%%初始化控制设计变量
X.CtrPts = ones(CtrPts.Num,1);
Centr.Uknots = sum(Ele.KnotsU,2)./2; Centr.Uknots = Centr.Uknots';
```

```
Centr.Vknots = sum(Ele.KnotsV,2)./2; Centr.Vknots = Centr.Vknots';
Centr.NumU = length(Centr.Uknots); Centr.NumV = length(Centr.Vknots); Centr.Num = Centr.NumU * Centr.NumV;
[Centr.PCor,Centr.Pw] = nrbeval(NURBS, {Centr.Uknots, Centr.Vknots});
Centr.PCor = Centr.PCor./Centr.Pw;
Centr.PCorx = reshape(Centr.PCor(1,:),numel(Centr.Uknots),numel(Centr.Vknots))';
Centr.PCory = reshape(Centr.PCor(2,:),numel(Centr.Uknots),numel(Centr.Vknots))';
[Centr.N, Centr.id] = nrbbasisfun({Centr.Uknots, Centr.Vknots}, NURBS);
Centr.R = zeros(Centr.Num,CtrPts.Num);
for i = 1:Centr.Num, Centr.R(i,Centr.id(i,:)) = Centr.N(i,:); end
Centr.R = sparse(Centr.R);
X.EleC = Centr.R * X.CtrPts;21
%% 平滑机制
[Sh, Hs] = Shep_Fun(CtrPts, rmin);
%%优化迭代循环
change = 1; nloop = 150; Data = zeros(nloop,2); Iter_Ch = zeros(nloop,1);
[DenFied, Pos] = Plot_Data(Num, NURBS);
for loop = 1:nloop
%% 计算结构位移响应
temp = Emin + X.EleC.^penal * (1 - Emin);
Ke = arrayfun(@(i)temp(i) * KE{i},1:Ele.Num,'un',0)';
temd = penal * X.EleC.^(penal - 1) * (1 - Emin);
dKe = arrayfun(@(i)temd(i) * KE{i},1:Ele.Num,'un',0)';
[K] = Stiff_Ass2D(KE, CtrPts, Ele, Dim, Dofs.Num);
U = Solving(CtrPts, DBoudary, Dofs, K, F, BoundCon);
%%目标函数和灵敏度分析
J = 0;
dJ_de = zeros(Ele.Num,1);
for iel = 1:Ele.Num
Ele_NoCtPt = Ele.CtrPtsCon(iel,:);
edof = [Ele_NoCtPt,Ele_NoCtPt + CtrPts.Num];
Ue = U(edof,1);
J = J + Ue' * Ke{iel} * Ue;
dJ_de(iel) = - Ue' * dKe{iel} * Ue;
end
Data(loop,1) = J; Data(loop,2) = mean(X.EleC(:));
dJ_dp = Centr.R' * dJ_de; dJ_dp = Sh * (dJ_dp./Hs);
dv_dp = Centr.R' * dv_de; dv_dp = Sh * (dv_dp./Hs);
%%输出、绘图结果
fprintf('It.:%5i Obj.:%11.4f Vol.:%7.3f ch.:%7.3f\n',loop,J,Data(loop,2),change);
[X] = Plot_Topy(X, CtrPts, DenFied, Pos);
if change < 0.01, break; end
%% 基于最优性准则更新设计变量
X = OC(X, Centr, Vmax, Sh, Hs, dJ_dp, dv_dp);
change = max(abs(X.CtrPts_new(:) - X.CtrPts(:))); Iter_Ch(loop) = change;
X.CtrPts = X.CtrPts_new;
end
end
```

参考文献

[1] BORDEN M J,SCOTT M A,EVANS J A,et al. Isogeometric finite element data structures based on

Bézier extraction of NURBS[J]. International Journal for Numerical Methods in Engineering, John Wiley & Sons, Ltd, 2011, 87(1-5): 15-47.

[2] SIGMUND O. A 99 line topology optimization code written in Matlab [J]. Structural and multidisciplinary optimization, Springer-Verlag, 2001, 21(2): 120-127.

[3] ANDREASSEN E, CLAUSEN A, SCHEVENELS M, et al. Efficient topology optimization in MATLAB using 88 lines of code[J]. Structural and Multidisciplinary Optimization, Springer-Verlag, 2011, 43(1): 1-16.

[4] GAO J, GAO L, LUO Z, et al. Isogeometric topology optimization for continuum structures using density distribution function[J]. International Journal for Numerical Methods in Engineering, 2019, 119(10): 991-1017.

[5] GAO J, WANG L, LUO Z, et al. IgaTop: an implementation of topology optimization for structures using IGA in MATLAB[J]. Structural and Multidisciplinary Optimization, 2021, 64(3): 1669-1700.

第9章

总结与展望

等几何拓扑优化(ITO)将等几何分析与拓扑优化相结合，利用了 NURBS(非均匀有理B样条)构建几何与分析模型的优势，在设计和分析阶段实现更高层次的连续性和精确性。在本教材中，我们深入探讨了等几何拓扑优化的多个方面，对等几何分析(IGA)的精确几何表示能力和相关拓扑优化创新设计策略进行理论深层的详细介绍。通过一系列章节的学习，使读者对 ITO 的理论和实践有较为全面的了解。

本教材的章节如图 9-1 所示，首先介绍 ITO 的理论基础等几何分析方法。IGA 作为一种新兴的分析方法，通过使用 NURBS 作为几何和分析的基础，实现了 CAD 模型和 CAE 分析之间的无缝集成，其优势在于能够处理具有高阶连续性的复杂几何形状。在介绍 IGA 的基础上，对变密度法、水平集方法等经典拓扑优化方法进行了回顾，其中对变密度法进行详细的介绍。随着对 IGA 的理解加深，我们探讨了基于 NURBS 的拓扑优化方法。这种方法利用 NURBS 的几何表示能力，通过调整控制点和权重来构建几何与分析模型，利用基于 NURBS 的密度分布函数构建相对应的拓扑描述模型，并给出经典二维与三维案例讨论。虽然这种方法在处理具有简单边界和拓扑变化的结构时显示出了其独特的优势，但为了处理更复杂的几何形状和更大的设计空间，我们研究了基于多片 NURBS 的等几何拓扑优化方法。该方法通过耦合多个 NURBS 片来构建整个设计域，每个分片都可以独立优化，以满足特定的设计要求。由于结构拓扑的多片表示具有更高的复杂性，提出了受限构建各子域的密度分布函数，而后通过解耦拓扑描述和有限元分析的离散网格双分辨率方案解决非一致性网格所带来的分析与优化问题，最后组合各子域的密度分布函数来表示整个设计域中的结构拓扑这一创造性的多片 NURBS 结构拓扑描述模型。因此多片等几何拓扑优化方法的先进性与创新性不言而喻，并且我们也对多片 NURBS 在复杂结构设计中的应用进行了探索，发现在多孔结构等领域显示出其强大的设计和分析能力。

拉胀超材料是一类具有负泊松比属性的人工结构材料，在工程中具有广泛的应用，如运动装备、防弹衣、防撞结构等。在本教材中也基于等几何拓扑优化方法和能量均匀化数值实施方法构造了拉胀超材料微观结构拓扑优化设计模型，分别围绕二维、三维单相材料微观结构和多相材料微观结构开展了深入的讨论。而通过相关的二维与三维案例讨论也可以清晰有效地说明当前微观结构拓扑优化设计模型的有效性和高效性。

而多孔结构因其兼具承载与功能特性的特点而被广泛研究，而在本教材中详细讨论了基于多片等几何拓扑优化的多孔结构设计方法。该方法引入多片 NURBS 实现复杂结构设计域区域化灵活性建模，围绕复杂结构域建立拓扑描述模型，清晰地描述结构拓扑高效灵活

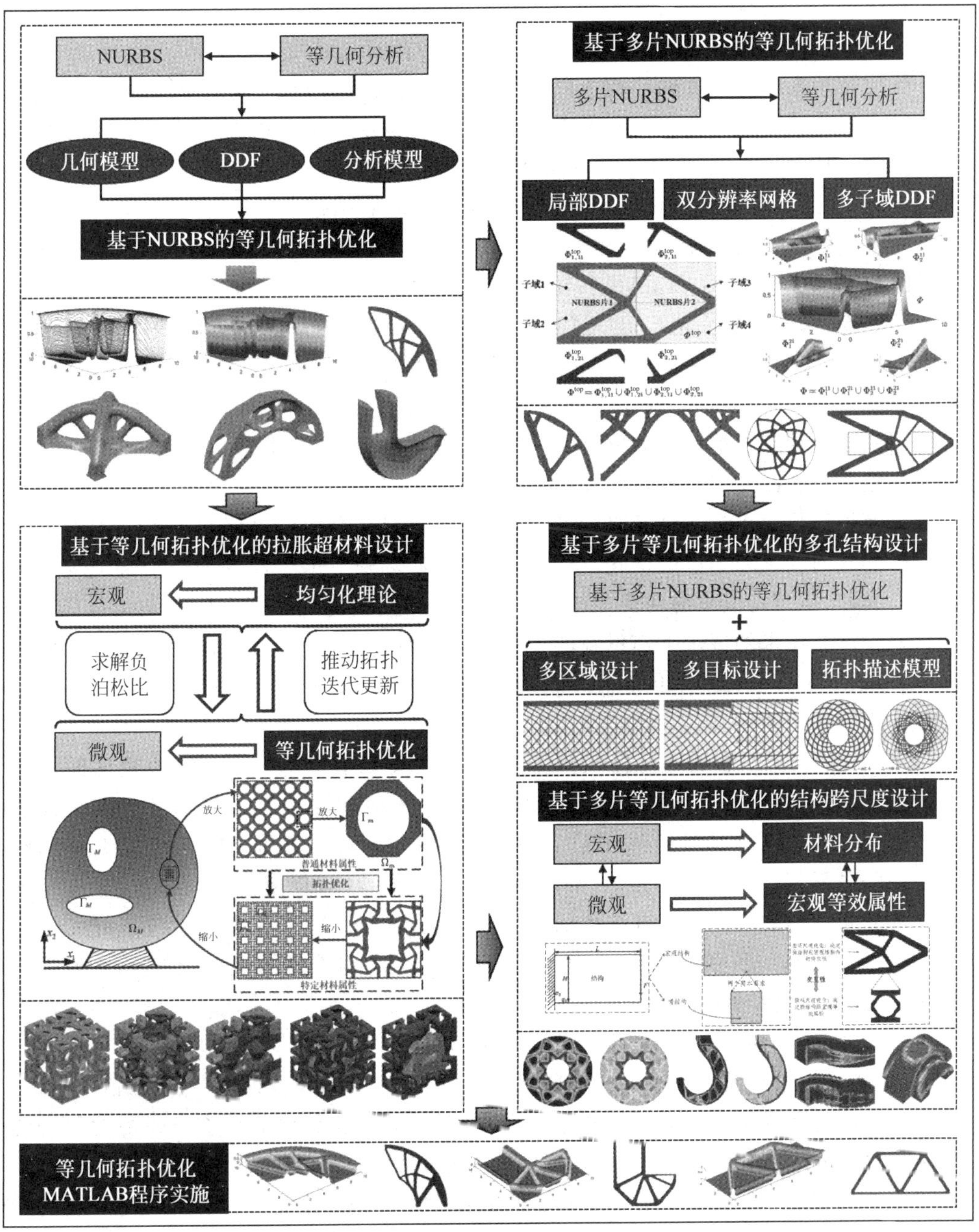

图 9-1　教材章节设置

性变化，实现了结构拓扑在优化迭代中的清晰表征，并为后续数值优化求解奠定了重要基础。在该方法中搭建了多孔结构区域化灵活性设计与功能性设计优化模型，创新性提出面向多类设计需求的实体-多孔结构设计构型，充分考虑了实体结构与多孔结构各类特征的独特优异性，并满足现代工程结构实际的复杂性设计需求。

跨尺度设计是近些年以“尺度分离”为基本理念的新兴研究方向，其主要思想是实现宏观结构拓扑与微观结构拓扑之间的协同优化。在前面章节中已经证明了多片等几何拓扑优化在多孔结构全尺度设计中的有效性与必要性，而后我们对于基于多片等几何拓扑优化的结构跨尺度设计方法同样进行了探讨研究。该方法在宏观尺度上，基于 Nitsche 法的等几何拓扑优化被用来耦合相邻面片的边界并获得优化后的密度分布，在微观尺度上，采用基于水平集函数的形状插值方法生成样本点阵单胞，进一步提出了一种面向散热性能的多片等几何跨尺度拓扑优化方法，优化结果充分表明，该方法能有效地实现多片设计域内的散热性能优化设计，为跨尺度等几何拓扑优化在实际工程中的应用打下了坚实的基础。

而为了使 ITO 方法更加易于理解和应用，在本教材的最后介绍了基于贝塞尔提取的高效的等几何拓扑优化的 MATLAB 工具箱 B-ITO，详细介绍了 B-ITO 工具箱中涉及并开发的所有功能模块，并简略介绍了 IGA 和 ITO 中贝塞尔提取的基本理论，同时还介绍了高效率版本的 B-ITO 工具箱，基于 Bernstein 多项式的特性标准化单元刚度矩阵的计算，显著降低了计算成本，提高了工具箱的优化效率。最后利用 B-ITO 工具箱处理了曲面设计域、复杂几何域和矩形域基准结构的数值算例。该工具箱不仅提供了对 ITO 方法的直观演示，还允许用户根据自己的需求进行定制和扩展。

等几何拓扑优化作为一种新兴的设计方法，已经在多个领域显示出其巨大的潜力。它通过精确的几何表示和先进的优化算法，为工程设计带来了革命性的变化。希望读者通过本教材的学习，不仅可以掌握等几何拓扑优化的理论基础，还可以通过实践加深对其应用的理解。随着计算技术的进步和新材料的出现，等几何拓扑优化将继续作为一个多学科交叉的研究领域，为工程设计带来创新和变革，如图 9-2 所示，ITO 的未来工作将更加注重精度、效率和应用范围的拓展。

（1）与其他样条结合的等几何拓扑优化：因 NURBS 在处理工程复杂案例时的冗余与低效表现，值得进一步优化该样条技术，而目前也出现多种样条例如 B 样条、RHT 样条等来实现这一挑战。以 B 样条为例，B 样条是 NURBS 的一种变体，它在处理复杂几何形状时具有更高的灵活性。结合 B 样条的等几何拓扑优化可以探索更复杂的设计空间，实现更高效的材料分布和结构布局。而其衍生的研究内容也较为丰富，例如可以专注于开发适用于工程复杂形状的基于多种样条表示的拓扑优化算法，考虑算法的收敛性和稳定性，或基于此进行全尺度/跨尺度结构的设计。

（2）经典拓扑优化方法的改进：结合 IGA 的高精度几何表示，可以对经典拓扑优化方法进行改进，以解决传统方法中的一些限制，提高设计连续性和一致性，减少数值误差。

（3）优化超材料性能：ITO 在优化超材料性能方面的工作将集中在开发更为先进的设计策略，以实现超材料的高性能特性。研究将探索如何通过拓扑优化算法更精确地控制材料的微观结构，从而在宏观层面上获得期望的物理性能，如负折射率、声波或电磁波的特殊传输特性。

（4）多物理场耦合：ITO 在多物理场耦合方面的工作将致力于开发能够同时考虑多个物理场的设计方法，包括热-结构、流-结构相互作用，以及电-热-力学等多场耦合问题。研究的重点将是如何建立统一的数学模型来描述这些耦合效应，并开发高效的数值求解策略。例如，在热-结构耦合中，ITO 将用于优化那些在热效应影响下的结构性能，如热交换器设计。在流体-结构相互作用中，ITO 可以用于设计能够与流体动力学特性协同工作的轻量化结构。此外，研究还可以探索如何将这些耦合效应与材料特性和制造工艺相结合，以实现更为复杂和实用的工程应用。通过这些工作，ITO 将能够为多物理场问题提供更为全面和高

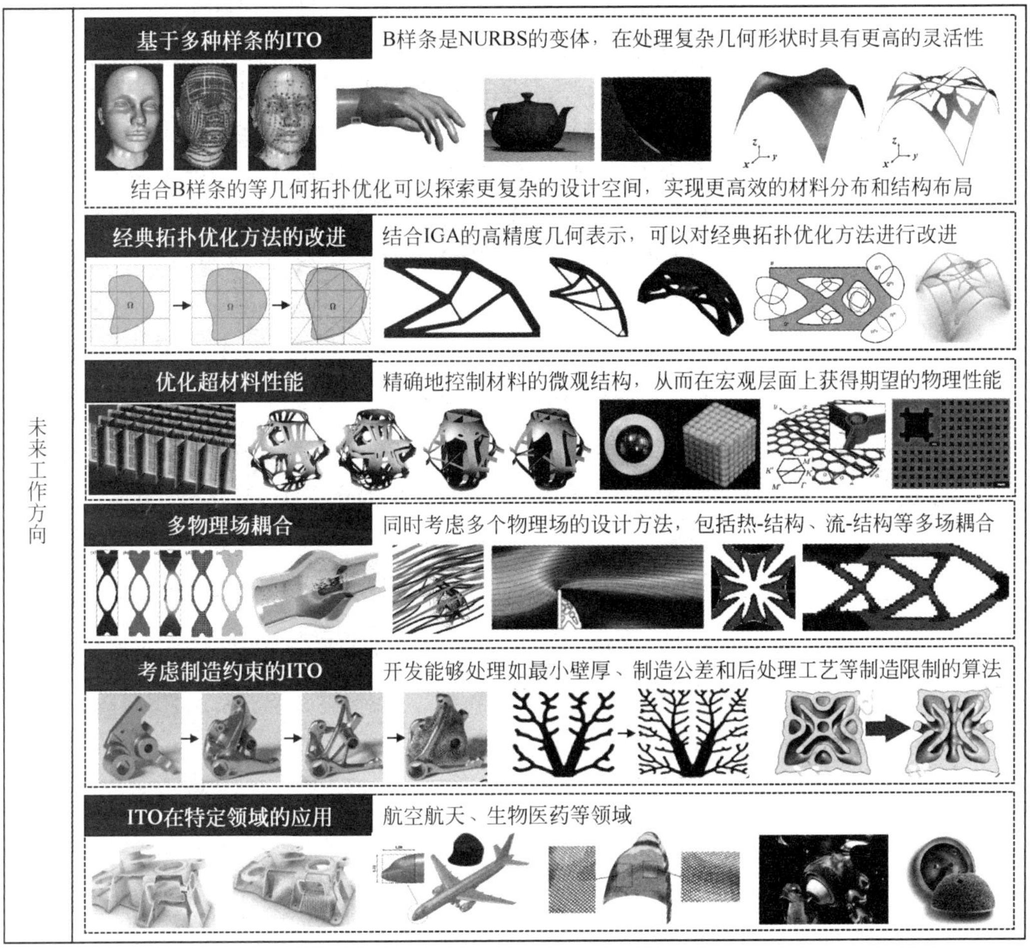

图 9-2 未来工作方向

效的解决方案，推动跨学科领域的创新。

（5）考虑制造约束的等几何拓扑优化：考虑制造约束的等几何拓扑优化是将实际制造工艺的限制整合到设计过程中的前沿研究领域。这项工作的核心在于确保拓扑优化结果不仅在理论上最优，同时也能够在实际加工中被准确地制造出来。研究可以集中在开发能够处理如最小壁厚、制造公差、材料各向异性和后处理工艺等制造限制的算法。此外，将探索如何利用等几何分析（IGA）的优势，结合先进的CAD/CAM技术，实现从设计到制造的无缝衔接，包括对多尺度制造工艺的建模，开发能够预测和优化制造过程中可能出现的缺陷（如变形、应力集中）的设计策略以及如何将这些耦合效应与材料特性和制造工艺相结合，以实现更为复杂和实用的工程应用。通过这些工作，等几何拓扑优化有望显著提高产品的制造质量和效率，同时降低成本和开发时间。

（6）等几何拓扑优化在特定领域的应用：等几何拓扑优化在航空航天和生物医药等领域的应用日益增多，其核心优势在于能够基于精确的几何表示和先进的数学模型来设计高性能的结构和组件。在航空航天领域，ITO能够用于开发轻量化的飞机部件和卫星结构，同时确保所需的强度和刚度，这对于提高燃油效率和降低发射成本至关重要。通过拓扑优化，可以设计出具有复杂内部结构的部件，这些结构在减轻重量的同时，还能提供优异的机械性能。在生物医药领域，等几何拓扑优化有助于设计符合人体解剖学和生物力学特性的植入物和医疗器械。例如，可以创建具有最佳力学性能的人工骨骼，或者设计出能够与人体组织更好融合的植入物形状。此外，ITO 还能够用于开发药物输送系统，优化药物载体的形状和结构，以提高药物的疗效和减少副作用。同时等几何拓扑优化还可以探索特定应用中的特定问题，如声学优化、热管理或冲击吸收等。随着这些领域的技术进步和对高性能设计需求的增加，等几何拓扑优化将继续作为推动创新的重要工具，其应用前景广阔，有望在未来带来革命性的变革。